国家自然科学基金重点项目"水力机械的空化特性及对策"（编号51239005）资助

Fundamentals of Cavitation in
Pumps

泵空化基础

潘中永　袁寿其　编著

江苏大学出版社
JIANGSU UNIVERSITY PRESS
镇江

图书在版编目(CIP)数据

泵空化基础 / 潘中永,袁寿其编著. —镇江:江
苏大学出版社,2013.4
ISBN 978-7-81130-461-9

Ⅰ.①泵… Ⅱ.①潘… ②袁… Ⅲ.①泵－空化－流
体力学 Ⅳ.①TH3

中国版本图书馆 CIP 数据核字(2013)第 060247 号

泵空化基础

BENGKONGHUA JICHU

编　著/	潘中永　袁寿其
责任编辑/	汪再非　张小琴　郑晨晖
出版发行/	江苏大学出版社
地　址/	江苏省镇江市梦溪园巷 30 号(邮编:212003)
电　话/	0511-84446464(传真)
网　址/	http://press.ujs.edu.cn
排　版/	镇江文苑制版印刷有限责任公司
印　刷/	句容市排印厂
经　销/	江苏省新华书店
开　本/	787 mm×1 092 mm　1/16
印　张/	31
字　数/	820 千字
版　次/	2013 年 4 月第 1 版　2013 年 4 月第 1 次印刷
书　号/	ISBN 978-7-81130-461-9
定　价/	125.00 元

如有印装质量问题请与本社营销部联系(电话:0511-84440882)

Preface to *Fundamentals of Cavitation in Pumps*

It is a pleasure for me to commend to the reader this scholarly book, "Fundamentals of Cavitation in Pumps". I have had the pleasure of working with the authors, Pan Zhongyong and Yuan Shouqi, on several other projects over the past few years. I have also visited the Research Center of Fluid Machinery Engineering and Technology at Jiangsu University, P R China, and have been deeply impressed by their collective knowledge of cavitation and turbomachinery and by their enthusiastic pursuit of new knowledge. Indeed, it is clear that this Research Center at Jiangsu University has become an important national and international resource for turbomachinery expertise and that its publications will be increasingly valuable in the years to come.

Therefore, despite my inability to read Chinese, I am confident that this exposition on cavitation and its effects in pumps is thoughtful, knowledgeable and insightful. The list of contents clearly includes an appropriate listing of the relevant topics. I am confident that the book will become an important reference for Chinese speaking engineers and scholars around the world. I recommend it very enthusiastically.

Christopher Earls Brennen
Hayman Professor of Mechanical Engineering, Emeritus,
California Institute of Technology, February 2013.

作 者 的 话

很早就有写一本有关泵空化知识著作的想法。因为自10多年前开始系统地接触泵空化以来,笔者一直没有发现适合国内初学者使用的介绍泵空化知识的书籍,泵空化的内容散落在各种著作和论文中,没有系统性;之所以这些年一直没有写,主要是因为每次提笔时,总感觉自己具备的相关知识不够且有些方面还不知甚解,担心没有透彻地理解前辈的研究成果会对读者产生误导。

最近几年,很多年轻的科研工作者以及在读研究生在研究泵空化的过程中遇到了笔者10余年前同样的困惑,正是因为没有系统的泵空化领域的参考资料,他们在研究的起步阶段很难着手。同时,江苏大学相关领导和同仁也建议系统地总结一下泵空化方面的相关内容,特别是研究团队去年获批了国家自然科学基金重点项目"水力机械的空化特性及对策"(编号:51239005),笔者深感有责任有义务将泵空化基础部分整理出版。在前辈的鼓励以及年轻教师和研究生的期待下,耗时近3年,本书终能成稿。成稿后承蒙各位前辈以及一些研究生进行审阅,他们对书稿中论点的指导和出现异议的宽容令人感激和释然,于是笔者不再诚惶诚恐,最终决定出版该书。

自从1891年以来,空化一直是水力机械领域的一个世界性难题,也是液体式透平机械流体力学的两个特有重大问题之一。本书对空化基础进行阐述,全书分为4篇16章,各篇内容之间既相互独立又相互联系,这有利于读者清晰地了解本书的结构和内容并根据自己的需求进行取舍阅读。

在第1篇中,对各种水力机械内不同空化形式的介绍主要是为了使读者更清晰地了解空化的本质特性及其物理特征,其微观物理特征就是空泡、空穴和旋涡3种形式。

第2篇主要介绍空化对泵外特性的影响,空化会导致泵扬程和效率等性能降低。诱导轮是改善泵吸入性能的重要水力部件,因此第2篇利用较大的篇幅介绍诱导轮的理论与设计。

第3篇介绍空化破坏,包括空化破坏的表现、机理以及与之相关的空化振动与空化噪声,还有空化破坏的预测和诊断等方面的内容。该篇内容是最近几年刚刚发展起来的,因此既不完善也不是特别清晰明了,关于空化破坏的研究还有很长的路要走。

第4篇主要介绍现代空化计算及泵空化不稳定性。基于CFD技术的现代空化计算是当前空化研究最活跃的领域,空化研究的国际专题会议每隔3~4年召开一次,以CFD技术为基础的空化计算文献瀚若烟海,本书仅对现代空化计算的一些基础知识进行介绍;水力机械空化不稳定性分析是现代空化研究的另外一个重要方向,其研究主要是基于一些经典的数值解析方法和现代测试技术,书中主要对航天飞机主发动机(SSME)涡轮泵诱导轮空化不稳定性的形式、经典计算以及部分试验方法进行了介绍。

本书参考了大量的英文和日文文献,对极少数专有名词的翻译,笔者没有采用中文的传统翻译方法，而是借用了日语汉字，这部分借用的日语汉字全部来自于大阪大学辻本良信教授所著的相关文献。

2004年学校领导和前辈促成了与日本科学技术振兴机构（JST）的合作研究，正是这次合作机会使笔者对水力机械专业有了新的认识，并对水力机械内部流动的一些更深层次的知识产生了浓厚的兴趣。这里特别提出对在日本工作期间日方责任教授三重大学陈鹏先生以及株式会社エクストラネット・システムズ董事长山本隆義先生的钦佩和尊崇，他们的敬业精神无时无刻不激励着笔者，这种激励正是本书终能出版的动力所在。

这次非常荣幸地邀请到美国加州理工学院前副校长 Christopher Earls Brennen 教授为本书作序，并得到北京大学"千人计划"学者、英国华威大学李胜才教授以及日本流体工学部门编辑委员会委员长大阪大学辻本良信教授的帮助和鼓励，在此向水力机械空化领域的3位前辈致以最诚挚的谢意。

此外，河海大学王惠民教授在百忙之中对本书原稿进行审阅并提出了中肯的意见和建议，特此致谢。江苏大学流体机械工程技术研究中心研究生曹英杰、谢蓉、李晓俊、刘威、李俊杰、李帅、陈士星、吴涛涛、潘希伟、张大庆、黄丹、申占浩等同学在文字编辑、图形绘制以及数据处理等方面做了大量的工作，非常感谢他们。在编辑出版过程中，得到江苏大学出版社编辑林卉、汪再非、张小琴以及郑晨晖的热情关心和帮助，在此一并表示感谢。

由于本书内容较多且限于笔者能力和知识水平，必然有谬误之处，恳请读者批评指正。

目录

CONTENTS

PART 3 Cavitation Noise, Vibration and Cavitation Damage

PART 4   CFD Simulation and Cavitation Instabilities in Pumps

符号表

英文字母	释义	出现章节
a	管道(路)内的声速	8.2,9.4,14.3
a	正交化的空穴体积	15.5,15.6
a	管道(路)半径	16.1,16.3
A	空泡群的尺寸	4.1
A	过流断面面积	5.1,6.2,8.3,16.1
AM	动量矩	15.9
b	叶轮叶片宽度	5.1
b	空穴厚度	4.2,14.2,15.7
b_{ks}	固载噪声加速度	8.2,8.3
B	热力学空化系数 V_B/V_L	5.7,13.3
$BPML$	叶片流道调制能级	10.3
B_1	$\Delta H=1$ m 时的 B 值	4.1,5.7
c	叶栅或者翼型的弦长、叶片长度	2.2,6.5,7.1,15.7
c	声速	16.1
c_u	弦长在圆周方向的投影	15.2
c_{PL}	液体的比热	4.1,5.7,11.2
c_∞	介质仅为流体的环境中的声速	16.1
C	吸入比转速	1.2
C	转子动力学阻尼	13.2
C	(元件、部件的)柔性(度)	16.3,16.7,16.8
C_a	对应 σ_a 的吸入比转速	5.5
C_b	对应 σ_b 的吸入比转速	5.5
C_D	阻力系数	4.2
C_i	对应 σ_i 的吸入比转速	5.5
C_L	升力系数	4.2
C_p	压力系数	1.2,10.1,14.2
C_{p*}	一阶已知常数	4.1
$C_{p\min}$	最小压力系数	1.2,4.1,8.3

Z	不做特别说明时表示叶片数	16.8
Z_R	叶轮叶片数	4.1,8.3,16.5,15.10
Z_S	压水室(吸水室)叶片(流道)数	15.10

希腊字母	释义	出现章节
α	(对叶栅)冲角;(对翼型)攻角	2.2,15.5,15.1
α	含气率,含气量	4.1,10.1,16.7,16.10
α_3	蜗壳螺旋角	5.1
α_L	液体的热扩散率	4.1
α_T	总吸声系数	9.4
β'	液流角	2.2
β	叶片安放角	2.2
β	临界时间比 $\Omega\varphi t_{cri}$	4.1
β_S	叶片安装角	2.2,6.5,15.6,15.7
β_Σ	叶片弯角 $\beta_2-\beta_1$	6.5
γ	气化蒸气/液体界面的表面张力	2.1,4.1,14.1,14.2
γ	锥角	7.1
γ	诱导轮流道当量扩散角	7.2
γ	单元回转流面偏角	13.3
γ	空气的比热比	16.7
γ_C	诱导轮叶片前倾角	7.1
γ_n	波数	16.3
Γ_t	湍流扩散率	12.5
δ	轮缘间隙	2.2,7.1
δ	管道壁厚	16.1
δH	用于确定 σ_a 的扬程降低值	5.4
δL	空穴长度的波动分量	8.3
ΔH	第Ⅰ临界空化工况与第Ⅱ临界空化工况间的扬程差(即用于确定 σ_b 的扬程降低值)	5.5
ΔL	声级差	8.2
Δp	压力脉动值	8.2

τ	翼型、叶片厚度	2.2,5.4,6.5,7.1
τ	黏性切应力	11.2,12.2
φ	包角	7.5,14.3
φ	流动特征	12.1
φ_0	隔舌安放角	5.1
ϕ	流量系数	1.2,5.1
ϕ	流动问题变量	11.1
ψ	扬程系数 $\psi = gH/u_2^2$	5.1
ψ_s	静压系数	15.2,15.5,15.10
ω	波动或者其他激励频率 $\omega = 2\pi f$	15.1,15.6,15.7,16.2,16.7,16.8
ω_v	涡空穴传播速度,"定子"转速	15.10
Φ	耗散函数	11.4
Φ	流动特征 φ 的平均量	12.3
Φ	速度势函数	13.1
Ω	轴转速	5.1,13.2

下标	释义	出现章节
0	初始值,叶轮叶片进口稍前位置	4.1,5.3
0	关死点的值	5.1
0	额定点的值	5.5
0	流动无撞击进入叶轮	6.2
0	参照值	8.2,8.3,9.4
1	叶轮叶片进口边的值	1.2
2	叶轮叶片出口边的值	1.2
3	压水室进口的值	5.1
3	扬程下降3%对应的值	5.6
∞	空泡外无穷远处的值	4.1
A	A声级	8.2
AV	平均值	6.5,15.6
B	空泡或空化区的值	4.1,5.7
B	回流区的值	6.2

s	泵进口(法兰)处	5.3,5.4,10.1
SS	叶片背面	10.1,13.3
t	轮缘	2.2
t	理论值(指流量、扬程等)	5.1,13.3
THR	表示空化侵蚀发生与否的临界阈值点	9.5
tot	总和	8.2,15.5
V	饱和蒸气的值	4.1,12.3,14.2
v	旋涡中心	6.2
u	圆周方向分量	5.6,6.2
u	上游	15.9,16.7
w	壁面	12.4

对于任何变量 ϕ

上标及其他 标识符号	释义	出现章节
$\vec{\phi}$	矢量	11.1,14.1
ϕ' 或 $\tilde{\phi}$	波动量或波动分量	12.1,12.3,16.2,16.3
$\bar{\phi}$	相对值,时均值或定常分量	6.2,12.3,15.5,15.7,15.9
$\bar{\phi}$	共轭复数	16.4
$\dot{\phi}$	对时间的一次导数	13.2,15.9
$\ddot{\phi}$	对时间的二次导数	13.2
Re{ϕ}	ϕ 的实部	16.2,16.3,15.6
Im{ϕ}	ϕ 的虚部	15.6
ϕ^*	量纲一的 ϕ 值	8.3,15.9

第1篇

空化的一般知识

物理上,空化表现为空泡、空穴和旋涡3种形式.本篇主要介绍描述空化的相关参数、空化在各种水力机械中的具体呈现形式,还介绍了空化初生领域的难点及计算空化的两种基本方法.

第1章 空化简介

1.1 引言

空化是指在液体流场的低压区域形成蒸气空泡的过程.Knapp这样描述空化过程的主要特征:当液体内的压力在恒温下由于某种原因降低,然后达到某种状态,此时蒸气空泡或者充满气体或者蒸气的空穴开始出现并生长,空泡或空穴的生长是爆炸性的,这一过程称为空化.空化是以液体为介质的泵、水轮机、水泵水轮机以及螺旋桨等透平机械的两个特有流体力学问题之一.在某些方面,空化同沸腾相似,二者的不同在于,沸腾主要是温度升高的结果,而空化的主要原因是压力的降低,参见图1.1和图1.2.从图1.2所示的相图上很容易看出空化和沸腾状态变化方向的不同.要想使整个有限体积液体的温度进行快速均一地变化事实上是不可能的.最通常的温度变化通过固体边界的热交换发生,沸腾过程中包括蒸气空泡与固体表面以及固体表面上的热边界层之间的相互干涉等.然而,在液体中快速均一的压力变化比较容易实现,所以空化过程的细节内容与沸腾过程中发生的情况有很大的差别.在4.1节中将对二者的区别从数学角度进行说明,参见式(4.9)和式(4.15).

图 1.1 沸腾与空化

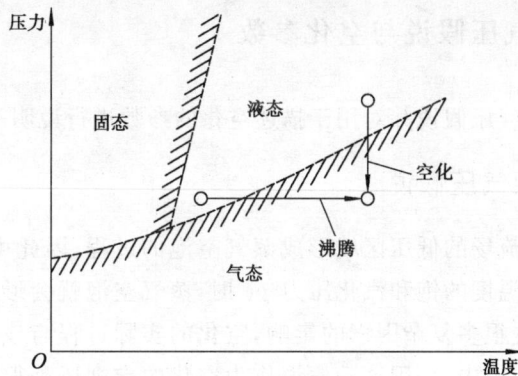

图 1.2 空化与沸腾相图

1.1.1 空化的危害以及本书的结构

在医疗、水加工领域,可以利用空化进行结石破碎、机加工毛刺清除等工作.但是在水力机械领域,到目前为止得出的结论是:在水力机械内发生的空化过程都是有害的,其危害主要表现在 3 个方面.

第一,空化会导致水力机械水力性能明显降低.对于泵而言,通常当进口压力降低到某种程度时,其性能会急剧下降,这种现象定义为空化断裂.空化的这种负面作用自然会影响到泵的设计,也就是说需要对泵的设计进行改进以使空化对泵性能的负面影响降到最低,或者在空化依然存在的情况下通过其他方法提高泵的性能.在离心泵或者斜流泵叶轮进口上游安装诱导轮就是一种设计的改进方法.另外一种情况是采用超空化转桨式叶片形状,这种超空化翼型的形状像弧形的楔子,进口边很锋利,出口边较钝、较厚.后者主要用于螺旋桨的设计领域.

第二,空化会导致材料表面的破坏.当空泡输送到高压区时,空泡破裂,靠近空泡破裂位置的材料表面就会受到破坏.空化破坏的强度可能非常高,而且很难消除.对于大多数水力机械的设计者而言,空化破坏可能是空化研究中最大的问题.以完全消除空化为目标的研究曾经有很多,但是事实证明这几乎是不可能的.因此,对空化破坏的研究方向已经调整为尽量降低空化的负面作用.同时,通常与空化破坏相伴随的,还有空化振动和空化噪声等问题.

空化的第三个负面作用并不为人周知.要了解空化的第三个负面作用,首先应明确的是空化不仅对定常态的流体流动产生影响,而且还会影响流动的非定常特性或者动态响应特性.对动态响应特性的改变会使流动内部出现不稳定性,这种不稳定性在没有空化的时候不会发生.这些不稳定性包括旋转空化和空化喘振等,旋转空化与压缩机中的旋转失速现象相似,空化喘振与压缩机喘振有些类似.这些不稳定特性会导致流量和压力的振荡,从而引起泵及其进出口管路的结构破坏.由空化引起的各种各样的非定常流动的分类目前还没有完全建立起来.

本书第 1 篇介绍空化的一般知识,随后 3 篇分别介绍与泵内空化的上述 3 方面危害相关的内容.

1.2 饱和蒸气压假说与空化参数

本节介绍饱和蒸气压假说并对用于描述空化的参数进行说明.

1.2.1 饱和蒸气压假说

空化是指在液体流场的低压区域形成蒸气空泡的过程.因此可以认为当液体中的压力降低到流体工作温度的饱和汽化压力 p_V 时,蒸气空泡就会形成.这就是空化的饱和蒸气压假说.由于受很多复杂因素的影响,空化的实际过程与该假说不一致.尽管有所差别,但在初步的讨论中,采用这一假说作为空化的准则还是很方便的.该假说事实上提供了一种大致的基准.

1.2.2　压力系数和空化数

通常应用下式将任意流动中的静压力 p 量纲一化为压力系数 C_p，即

$$C_p = \frac{p - p_1}{\frac{1}{2}\rho U^2}, \tag{1.1}$$

式中，p_1 为基准静压力，在泵中采用泵进口压力；U 为基准速度，在泵中采用叶轮叶片进口边与前盖板交点处的圆周速度，即

$$U = \frac{n\pi D_1}{60},$$

其中，n 为轴转速，$\mathrm{r/min}$；D_1 为叶轮叶片进口边与前盖板交点处的直径，参见图 5.1. 需要注意的是，对于刚性边界内不可压缩流体流动，C_p 仅与边界的形状和雷诺数 Re 相关，此处雷诺数 Re 定义为

$$Re = \frac{UD_1}{\nu},$$

式中，ν 为流体的运动黏度. 还应指出的是，在没有发生空化的时候，流速和压力系数与压力本身的大小没有关系. 例如当进口压力 p_1 发生变化时，会引起其他点压力的同等变化，C_p 自身并没有变动. 对于预先给定流速、形状和雷诺数的流动，其中存在最低压力点，其最低压力 $p_{\min}$ 和进口压力 p_1 的差满足

$$C_{p\min} = \frac{p_{\min} - p_1}{\frac{1}{2}\rho U^2}, \tag{1.2}$$

式中，$C_{p\min}$ 的值是负的，它仅与水力机械的形状和雷诺数相关. 如果可以通过试验或者理论的方法得到 $C_{p\min}$ 的值，将 p_1 降低到空化发生，并假设空化开始出现时 $p_{\min} = p_\mathrm{V}$，那么就可以得到空化刚刚出现时 p_1 的值，即

$$(p_1)_{空化出现} = p_\mathrm{V} + \frac{1}{2}\rho U^2 (-C_{p\min}), \tag{1.3}$$

当具体的水力机械、流体和流体温度确定后，该值是基准速度 U 的函数.

在传统的方法中，有几个量纲一的专用参数用于表述空化发生的可能性，其中最基本的就是空化数 σ，其定义为

$$\sigma = \frac{p_1 - p_\mathrm{V}}{\frac{1}{2}\rho U^2}. \tag{1.4}$$

很显然，不论是否有空化发生，不同的流动有不同的 σ 值. 不过，随着进口压力 p_1 的降低，当空化开始发生时，此特定条件下的进口压力 p_1 对应一个特定的 σ 的值. 该值称为初生空化数，用 σ_i 表示：

$$\sigma_\mathrm{i} = \frac{(p_1)_{空化出现} - p_\mathrm{V}}{\frac{1}{2}\rho U^2}, \tag{1.5}$$

如果认为空化初生在 $p_{min}=p_v$ 时发生,那么式(1.3)成立,由式(1.3)和式(1.5)得到 $\sigma_i=-C_{pmin}$. 在 2.2.2 节中会发现,实际上 σ_i 与 $-C_{pmin}$ 的值有差别.

空化数 σ 的定义在不同的文献中会有不同的形式.通常应用叶片进口边与前盖板交点处的圆周速度 $U=\dfrac{n\pi D_1}{60}$ 作基准速度,如无特别说明,本书中都采用该速度.

1.2.3 其他空化参数及吸入比转速

在泵和水轮机行业中,除了专用术语外,还频繁采用一些其他形式的空化参数.净正吸入压力 $NPSP$ 表示的是压力差 $p_1^T-p_v$,其中,p_1^T 是进口总压,即

$$p_1^T=p_1+\frac{1}{2}\rho v_1^2. \tag{1.6}$$

假设进口无预旋,定义进口流量系数为

$$\phi_1=\frac{v_{m1}}{U}=\frac{v_1}{U}, \tag{1.7}$$

由式(1.4)、式(1.6)和式(1.7)得

$$p_1^T-p_v=\frac{1}{2}\rho U^2(\sigma+\phi_1^2). \tag{1.8}$$

此外,净正吸能 $NPSE$ 定义为 $\dfrac{p_1^T-p_v}{\rho}$,净正吸头 $NPSH$ 定义为 $\dfrac{p_1^T-p_v}{\rho g}$.还有一个量纲一的参数

$$S=\frac{\Omega\sqrt{Q}}{(gNPSH)^{\frac{3}{4}}}, \tag{1.9}$$

S 称为吸入比转速.

吸入比转速就是量纲一的进口压力或者吸入压力,从这个意义上说它与空化数 σ 的概念相同.空化开始发生的时候吸入比转速的值是其临界值,该值称为初生吸入比转速,用 S_i 表示.

国内一般用 C 表示吸入比转速,即

$$C=\frac{5.62n\sqrt{Q}}{(NPSH)^{\frac{3}{4}}}, \tag{1.9a}$$

C 和 S 的实质和意义都一样,二者只差一个常数.关于二者的换算关系参见 5.6 节.

由式(1.4)、式(1.6)、式(1.7)和式(1.9)可以得到吸入比转速 S 和空化数 σ 之间的关系:

$$S=\frac{30}{\pi}\frac{\left[\pi\phi_1\left(1-\dfrac{d_{h1}^2}{D_1^2}\right)\right]^{\frac{1}{2}}}{\left[\dfrac{1}{2}(\sigma+\phi_1^2)\right]^{\frac{3}{4}}}, \tag{1.10}$$

式中,d_{h1} 是叶轮叶片进口边与轮毂交点处的直径,参见图 5.1.

除了空化数 σ 和吸入比转速 S 以外,常用的还有第三个量纲一的空化参数,称为托

马(Thoma)空化系数 σ_{TH}，其定义为

$$\sigma_{TH} = \frac{p_1^T - p_v}{p_2^T - p_1^T},\qquad (1.11)$$

式中，$p_2^T - p_1^T$ 为经过泵的总压升量. 泵的扬程为

$$H = \frac{p_2^T - p_1^T}{\rho g},\qquad (1.12)$$

因此可以得到

$$\sigma_{TH} = \frac{NPSH}{H}.\qquad (1.13)$$

通常空化发生在泵的进口，$p_2^T - p_1^T$（即扬程 H）并不是与空化特别相关的量，因此 σ_{TH} 并不是特别适用的参数.

第 2 章　空化初生

为了便于对问题进行说明,在 1.2 节中假设当流动中最低压力刚刚达到汽化压力,即 $\sigma_i = -C_{p min}$ 时就会发生空化. 如果情况果真如此,空化的预测就是一件简单的事情,但是实际情况与该假设差别很大. 本章 2.1 节中简略介绍出现这种差别的原因,即介绍空化初生的影响因素,2.2 节中介绍叶栅和叶轮中的空化初生,2.3 节中介绍目前尚未有效解决的空化初生换算问题.

2.1　空化初生的影响因素

2.1.1　核

首先需要认识到的重要一点是,当流体中的压力 p 低于汽化压力 p_v 时汽化并不是必然发生的. 真正的情形是,在成核或者蒸气空泡出现前,纯粹的流体理论上能够承受 $10 \sim 100$ MPa 的张力为 $\Delta p = p_v - p$. 这样的过程称为均质化成核,在实验室中的清洁状态下用纯净液体(不是水)试验观测到了这一现象. 在实际工程流动中,由于蒸气空泡的成核点存在于周围边界上或者悬浮在流体中,所以并不会产生巨大的张力. 与固体的情形一样,固体的极限强度是由最弱的地方(应力集中的位置)决定的,在流体中强度最弱的地方就是成核点或者"核". 研究表明,在决定空化初生时,流体中的悬浮核比边界面上的成核点所起的作用更大. 悬浮核以微小空泡或者含有微小空泡的固体粒子的形式存在. 例如,假设一个只含有蒸气的微小空泡(空化核)的半径为 R_N,当液体压力为

$$p = p_v - \frac{2\gamma}{R_N} \tag{2.1}$$

时达到平衡状态,式中,γ 为表面张力. 由此,这样的微小空泡会产生的临界张力为 $\frac{2\gamma}{R_N}$, 只有当液体压力降到 $p = p_v - \frac{2\gamma}{R_N}$ 以下时,微小空泡才能生长到可见大小. 例如,水中一个 $10\ \mu m$ 的空泡在常温下能承受 $14\ 000$ Pa 的张力.

事实上不可能将液体中的所有粒子、微小空泡和溶解的空气全部去除. 由于这些污染物的影响,在不同的水洞里以及在同一个试验设备中采用不同的流程用水进行试验所得到的初生空化数(以及空化的形式)有很大的差别. 根据国际船模拖曳水池会议 (International Towing Tank Conference, ITTC)的比较试验,在世界各地不同的水洞中对同样的轴对称头型进行空化试验得到的初生空化数 σ_i 有很大的差别,如图 2.1 所示.

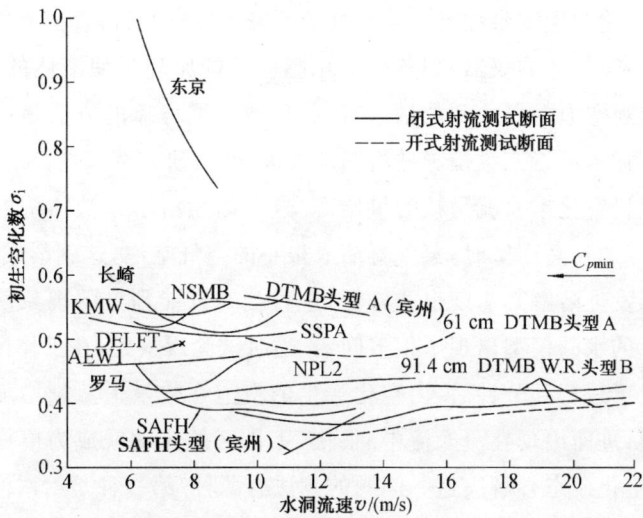

图 2.1 不同水洞中相同轴对称头型的初生空化数试验值

由于空化核对认识空化初生非常重要,因此在研究空化初生时必须测试液体中核的数量.核的数量通常用核数量密度分布函数 $N(R_N)$ 表示,在半径 R_N 和 (R_N+dR_N) 之间单位体积内核的数量可以用 $N(R_N)dR_N$ 计算.图 2.2 所示为水洞水和海水中的典型核数量密度分布.

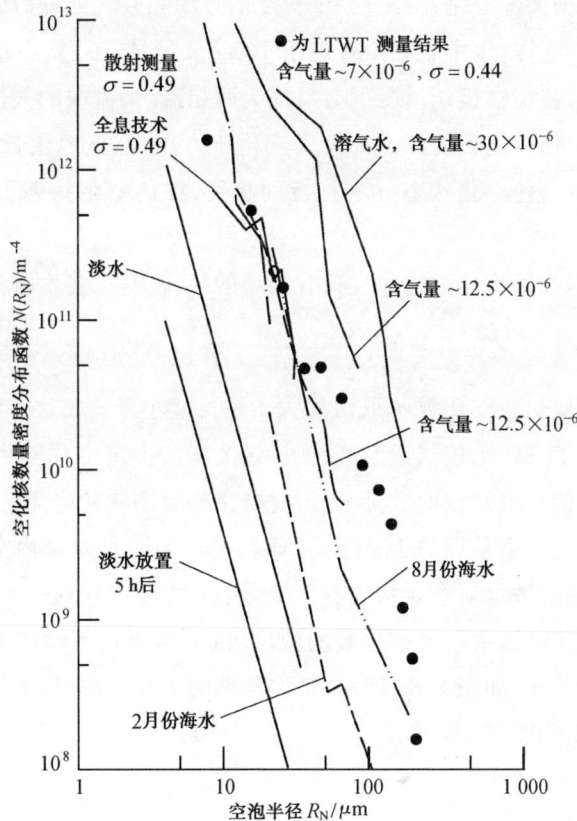

图 2.2 采用不同方法测得的水洞水和海水中的核数量密度分布函数

目前,用于空化初生测量的方法大都处于开发阶段.已经研发出来的有基于声学散射和光散射的设备.其他的仪器,如各种空化感应计的原理是使液体的样本发生空化,然后对产生的宏观空泡的尺寸和数量进行测量.或许最可靠的方法是应用全息技术对一定体积的液体样本进行三维摄影并将图像放大,然后研究图像内部的核.

在许多装置里空化本身就是核的供给源.这是因为溶解于液体中的空气会在低压区析出.当空泡输送到高压区时,蒸气凝缩成很小的空气空泡,这就形成了核,这些小空泡(核)即使会再发生溶解其速度也非常慢.这种当时没能预见的现象使第一个在风洞基础上直接设计的水洞模型出现了很多问题.当时试验观察到,在工作区域当空化体在出现空化的情况下运行几分钟后,由空化产生的空泡在数量上急剧增加并且开始充满装置的整个回路,进而出现在流入流中.很快,工作区的流动就成为模糊的两相流状态(因此无法看清空化流态).解决这一问题的方法有两种.第一种是给水洞安装一个又长又深的回流装置,这样就会使水在足够的时间内承受高压作用,从而使大部分空化产生的核再溶解,这样的回路称为"再溶解装置".第二种是设置一种"脱气装置"将水中的含气量降低到大气压下饱和状态的 20%～50%,大多数水洞装置都是采用的第二种方法.这说明装置中的 $N(R_N)$ 可以根据工作条件发生变化,也可以利用脱气和过滤处理加以调整.

图 2.2 中的数据大部分是在经过一定程度的过滤和脱气处理后的水洞水或者很纯净的海水中得到的.这样,水中就很少有大于 100 μm 的核.不过,在很多泵装置中很可能有大量的大空泡,甚至在极端情况下会呈现为两相流.来流中的气体空泡在经过泵的低压区时(即使其中任何位置的压力都大于汽化压力)会充分地生长,这样的现象称为伪空化.初生空化数与伪空化状态并不是特别相关,在伪空化状态下测量的 σ_i 值明显大于 $-C_{pmin}$.

与之相反的是,如果流体很纯净且只有很小的核,在空化初生时流体所能承受的张力就是最小压力低于汽化压力的值 $\left(\dfrac{2\gamma}{R_N}=p_v-p_{min}\right)$,所以 σ_i 要比 $-C_{pmin}$ 小得多.因此水质和其中的核会使初生空化数 σ_i 既可能大于也可能小于 $-C_{pmin}$.

根据图 2.1 中 ITTC 比较试验可以看出空化核在决定空化初生中所起的重要作用.由此看来,除非能够确定核的数量,否则对空化初生的测量毫无价值,因而这就使人们怀疑图 2.1 中空化初生数据是否有意义.而且更重要的是对泵内空化初生的观察都是这样的(即泵内核的数量对空化初生有重要影响).为了说明这一点,参见图 2.3 所示的测量得到的半球体绕流中初生空化数的数据.试验水通过不同的方式进行了处理以使其含有不同数量的核,如图 2.3a 所示.正如预期的那样,含有较多的核数量的水的初生空化数要大得多,如图 2.3b 所示.

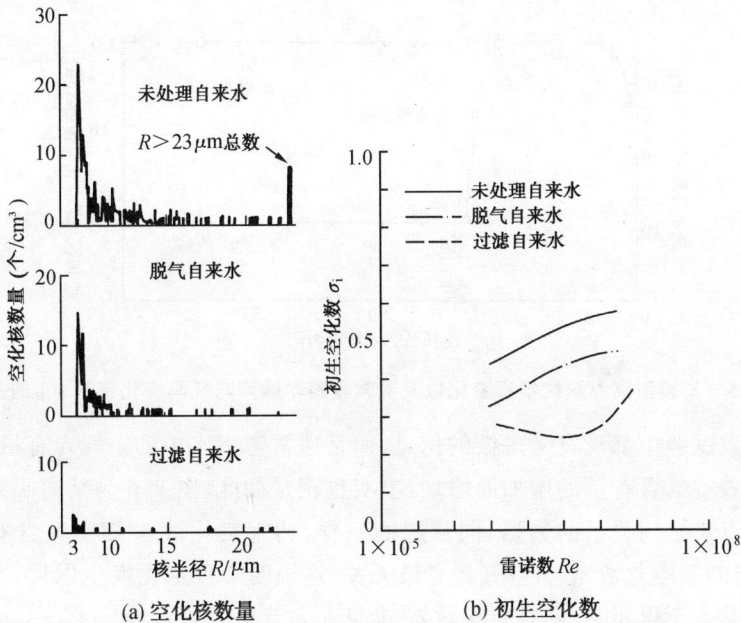

(a) 空化核数量

(b) 初生空化数

图 2.3　初生空化数与核数量间的关系

　　由于空化初生与核数量存在如图 2.3 所示的联系，由此引起的一个现象是：当压力从低升高到空化消失时的空化数（即消失空化数 σ_d）要大于当压力由高降低到空化发生时的值（即初生空化数 σ_i），这种现象称为"空化滞后"．如前所述，在循环回路中空化自身会使核的数量增加，由此引起的结果就是"空化滞后"．图 2.4 所示为闭式回路中轴流泵试验时出现空化滞后的一个例子．

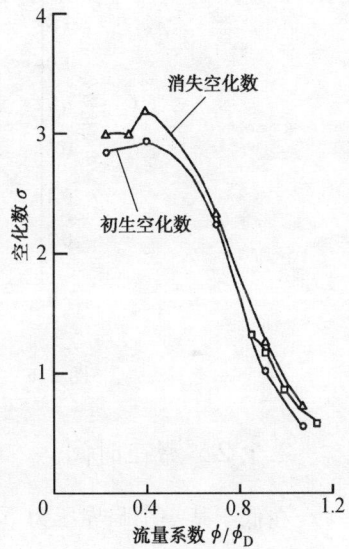

　　还有一个令问题复杂的因素是对空化发生的判断是主观性的．很多时候可视化观察无法实现，而且由于空泡存灭（指空泡的生长及破裂）的发生频度在一定的空化数范围内是趋于增加的，所以可视化观察的客观性也不足．因此，如果依靠空泡存灭发生频度的某个临界值进行判断的话，毫无疑问初生空化数会随着核数量的增加而增大（如图 2.3 所示）．不过，试验发现，相比于可视化观测，噪声生成是一种更简单而且重复性更好的空化初生的测量方法．虽然仍然受核数量不同的影响，

图 2.4　轴流泵内初生空化数和消失空化数——空化滞后

但是这种方法已经具有可以量化的优点了．图 2.5 表明当离心泵内空化初生发生以后，噪声就会迅速上升．空化发展到一定程度以后，泵扬程开始下降（参见第 5 章），但是在泵扬程出现下降之前，空化初生早已发生．图 5.23 和表 5.2 中的空化初生数据就是由这种声学法测量得到的．

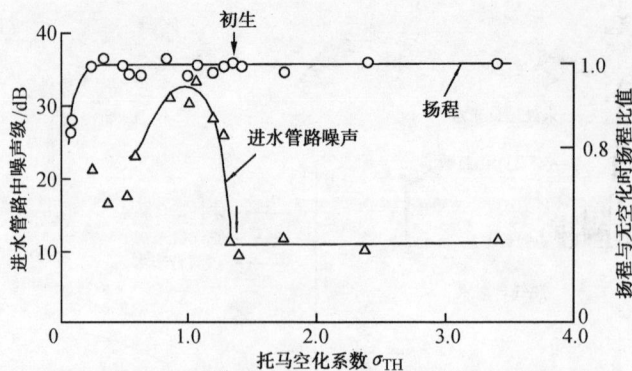

图 2.5　某典型离心泵内扬程变化以及吸入管路中噪声与托马空化系数 σ_{TH} 的关系

在大多数试验中都没有考虑核的信息,而是通常考虑水中的空气含有量.通常认为核的数量随着空气含有量的增加而增加,事实也正是如此.图 2.6 为某离心泵初生空化数与空气含有量之间关系的数据,同预想的一样,初生空化数 σ_i 随空气含有量的增加而增加(但是断裂空化数 σ_b 与空气含有量无关,这说明一旦空化发生以后,空化与空化核的数量就基本不再相关,断裂空化数 σ_b 参见 5.5 节).

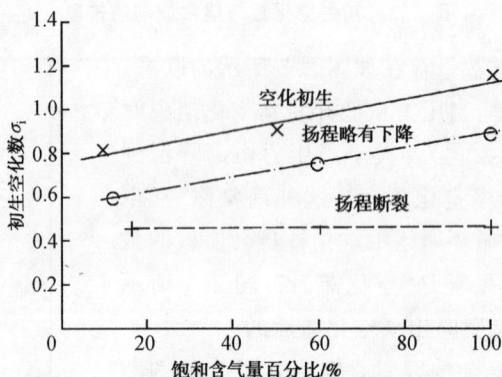

图 2.6　某离心泵空气含量对初生空化数的影响

2.1.2　滞在时间

在低于某一个临界压力下,由于核必须需要足够长的时间才能生长到可视尺寸,这样就形成了滞在时间效应,其与水力机械的大小以及流动的速度有关.在 4.1 节中还会发现,由于空泡的生长速度与液体的温度有关,所以滞在时间还与液体的温度有关.滞在时间效应要求流体在有限区域内低于临界压力,因此导致考虑滞在时间效应计算的 σ_i 值比不考虑滞在时间效应的预期结果要低.

2.1.3　湍流和粗糙度

到目前为止,一直假定流动和压力是层流和定常的.但是,所研究的水力机械中的绝大多数流动不仅仅是湍流,而且是非定常的.旋涡是湍流的内在特征,因此湍流中必然有旋涡存在,而且旋涡存在自由脱落和强迫脱落.由于旋涡中心的压力明显低于流动的平均压力,因此旋涡对空化初生有很大的影响.对最小压力系数$-C_{p\min}$进行测量和计算可以得出最小平均压力,不过瞬变旋涡的中心压力低于最小平均压力,空化最早会在瞬变旋涡中发生.考虑流动的湍流特性和非定常特性计算的σ_i值比不考虑湍流特性和非定常特性的预期结果要大.还应注意的是,由于湍流会导致流动分离位置的变化,因此会影响整个压力场.

表面粗糙度和流动中湍流程度的作用在某种程度上是相互联系的,这是因为表面粗糙度会影响湍流程度.表面粗糙度还会延迟边界层分离,进而影响压力场和速度场的整体特性.

另外,雷诺数 Re 的不同也会引起σ_i值的变化,但是需要注意区分的是,这与雷诺数 Re 对最小压力系数 $C_{p\min}$ 的影响不同.

2.2 叶栅和叶轮中的空化初生

2.2.1 叶栅的有关参数

图 2.7 所示为液流流场及流场中的平面直列无限叶栅.来流与叶栅列线之间的夹角为进口液流角 β'_1,出流与叶栅列线之间的夹角为出口液流角 β'_2,翼型骨线在来流处与叶栅列线之间的夹角为进口叶片安放角 β_1,翼型骨线在出流处与叶栅列线之间的夹角为出口叶片安放角 β_2,翼型弦线与平面内垂直列线的直线之间的夹角称为叶片安装角 β_S,对于平板叶栅,$\beta_1 = \beta_2 = \dfrac{\pi}{2} - \beta_S$,进口叶片安放角与进口液流角之间的差称为冲角,即冲角 $\alpha = \beta_1 - \beta'_1$.注意,冲角与攻角不同,通常冲角是针对叶栅而言,而在翼型领域采用攻角的概念,攻角是来流与弦线之间的夹角,本书中同样采用 α 表示攻角($\alpha = \dfrac{\pi}{2} - \beta_S - \beta'_1$),二者物理意义不同.出口叶片安放角与出口液流角之间的差称为偏移角 $\delta = \beta_2 - \beta'_2$.弦长 c 与叶片节距 t 之比为叶栅稠密度 $s = \dfrac{c}{t}$.

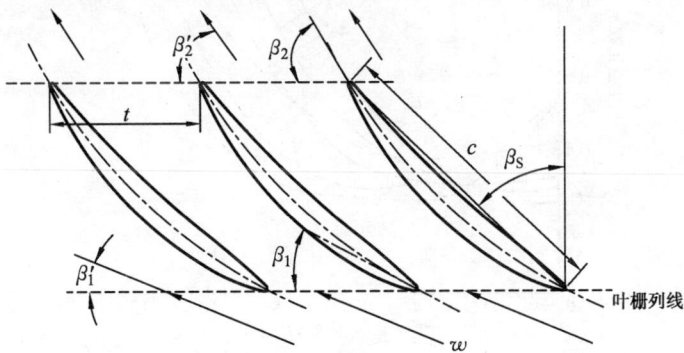

图 2.7 叶栅的相关参数

2.2.2 叶栅和叶轮中的空化初生

叶栅是由翼型按照一定的规律排列得到的. 首先考虑在冲角变化时单个翼型的空化初生特性. 图 2.8 是 NACA4412 水翼的经典数据. 在正冲角时,低压区和空化初生发生在背面,在负冲角时,这些现象转而在工作面发生. 此外,当冲角在任何一个方向增加时,$-C_{pmin}$ 的值都会增加,相应的初生空化数也会增加.

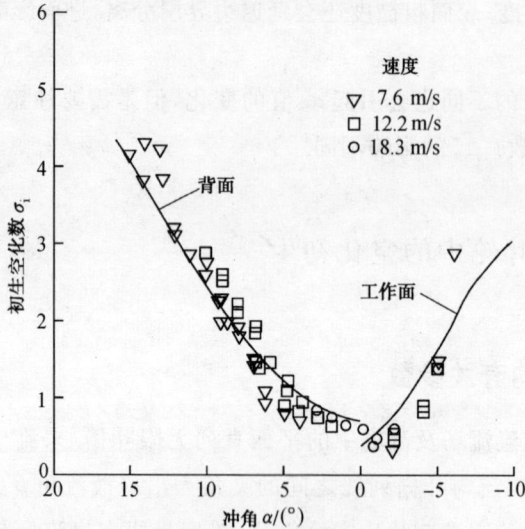

图 2.8 NACA 4412 水翼的空化初生曲线

当这样的翼型组合成叶栅时,结果还与叶栅稠密度 s 有关. 绕叶栅中一个叶片的压力分布数据可以用于确定 C_{pmin},后者是进口叶片安放角 β_1、叶栅稠密度 s 和冲角 α 的函数. 假设一级近似 $\sigma_i = -C_{pmin}$,那么根据这些参数就可以计算初生空化数的变化. 图 2.9 是这种数据的一个例子.

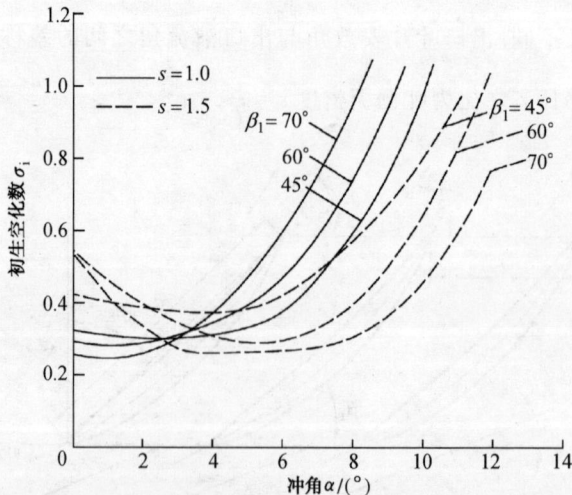

**图 2.9 NACA-65-010 翼型叶栅初生空化数 σ_i(或者 $-C_{pmin}$)与进口
叶片安放角 β_1、叶栅稠密度 s 以及冲角 α 之间的关系**

对于每种叶栅,都会对应有一个大约几度左右的正冲角,在该冲角下 σ_i 值最小.随着 s 和 β_1 的不同最优冲角会发生变化,不过在很宽的设计参数范围内最优冲角的范围相当窄,即大约为 $1°\sim5°$.在泵中,设计流量附近的冲角通常都很小,但是在高于和低于设计值时,冲角会有很大的变化.因此,泵的初生空化数在设计流量时的值较小.图2.10是一个典型离心泵的一些数据,图2.11是轴流泵的数据.

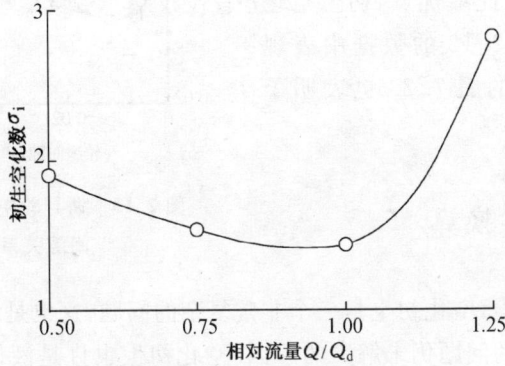

图 2.10　离心泵中初生空化数与流量的关系

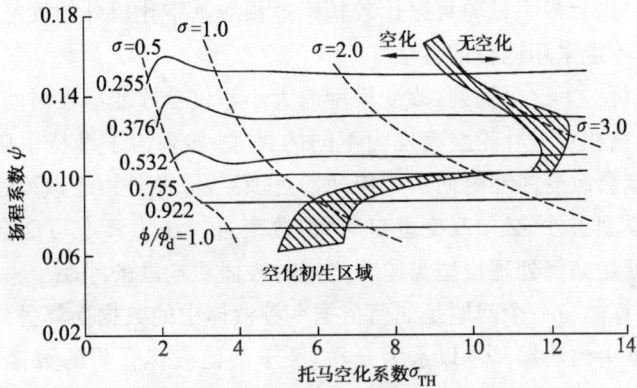

图 2.11　轴流泵空化性能曲线

在开式透平机械中,空化通常在轮缘间隙流动的旋涡中开始,因此研究轮缘间隙如何影响初生空化数很重要.图 2.12 和图 2.13 分别为轴流泵和诱导轮轮缘间隙流的初

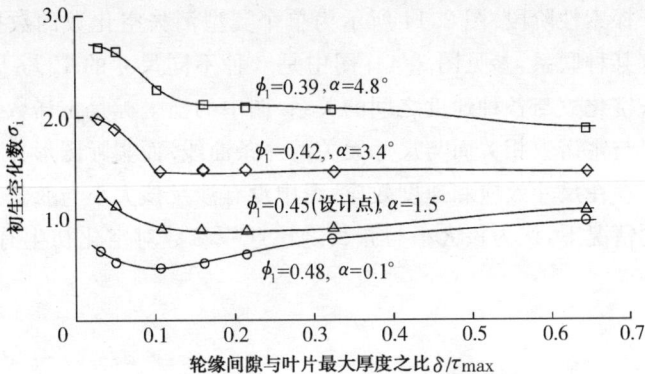

图 2.12　轴流泵中初生空化数与轮缘间隙关系的两组数据

生空化数.图 2.12 为初生空化数随冲角和流量系数变化的典型情况,随着冲角的增加,叶片两侧的压力差增大,轮缘间隙中的流速相应增大,因此 σ_i 也就增加.在图 2.13 中可以看出,轮缘间隙的最优值是叶片宽度的 1%.在此最优点,初生空化数最小,此特征在图 2.12 的数据中表现得不明显.第 7 章中的图 7.23 也表明了类似的特征.

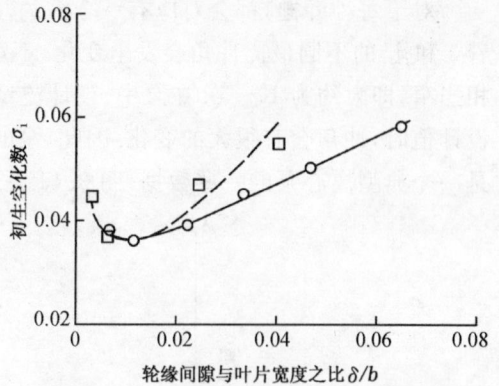

图 2.13 诱导轮中初生空化数与轮缘
间隙关系的两组数据

2.3 空化初生换算

由 2.1 节可以看出,空化初生是一个非常复杂的问题,这也是现今如何对空化初生进行换算等非常重要的问题仍未解决的原因.空化初生也许是液体式透平机械的开发人员所面临的最棘手的问题之一.设计人员通过对船用螺旋桨或者大型水轮机(这是两个最普通的例子)进行模型试验可以比较精确地预测其空化以外的性能,但是对空化初生进行换算时却不能采用同样的方法.

更详细地分析一下这个问题:改变模型的大小不仅会改变滞在时间的作用,还会改变雷诺数.而且,核相对于叶轮会表现为不同的尺寸.如果为了维持雷诺数不变而改变速度,那么必然就会改变滞在时间从而使问题更加混乱.此外由于改变速度就会改变空化数,为了复原模型条件,必须改变进口压力,改变进口压力又有可能会引起核信息的变化.还有一个就是如何处理模型与原型之间的表面粗糙度的问题.

空化初生换算的另一个问题是如何依据一种液体中的数据换算另外一种液体的空化现象.现有文献中的数据基本以水为介质,关于其他液体介质的数据非常少,尤其是关于任何其他液体介质中核数量密度分布的数据到目前为止还没有相关文献.由于核具有非常重要的作用,因此就不难解释为什么目前由一种液体的空化初生换算另外一种液体的空化初生还处于试探性阶段.

空化现象在尺寸和速度上的换算是一个重要问题.如前所述,初生空化数的换算问题目前仍然处于探索性阶段.图 2.14 所示为单个翼型消失空化数的数据(消失空化数与初生空化数有某种联系,参见图 2.4).图中是 3 种不同尺寸的 12% Joukowski 翼型(零冲角)的消失空化数与各种速度之间的关系.图中的横坐标是雷诺数,这样绘图的目的是希望得到只与雷诺数相关而与尺寸无关的一条曲线.而实际图形并非如此,这说明除雷诺数以外还存在尺寸效应和速度效应.图中没有涉及核大小与弦长之比这一参数,在缺乏核信息的情况下,认为核大小与弦长之比这一参数对空化初生有影响也只是推测性的.

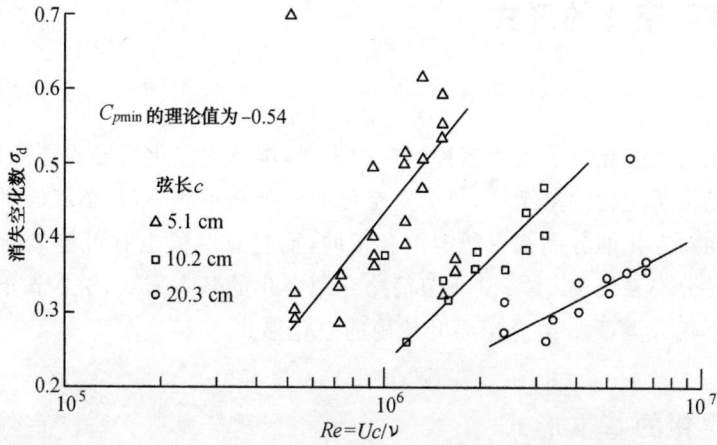

图 2.14 3 种尺寸的相似 Joukowski 翼型(零冲角)的消失空化数同雷诺数的关系

本章主要讨论了空化初生问题.第 3 章将介绍完全发展的空化问题,空化一旦形成,空化现象就对空化核的大小等一些特别的因素不再敏感.因此,相比于空化初生换算,对发展后的空化进行换算则可靠得多.但是对于那些力求完全避免空化的工程师来说,空化初生问题的研究仍然任重道远.

第 3 章　空化的形式

　　水力机械内的空化可表现为多种多样的形式,本章对空化的形式进行分类和说明.需要解释的是由于空化的复杂性,目前对空化的分类并不统一,各领域的研究者根据各自的研究方向对空化的分类都有所侧重和不同,而且有时候也有可能某种空化类型不会包含在某一分类系统中.本章 3.1 节简略介绍空化的基本形式,3.2 节介绍螺旋桨与水轮机内的空化分类,3.3 节介绍泵叶轮内的空化形式.

3.1　空化的基本形式

　　将各种不同的空化进行分类的方法主要有两种,一种是根据空化在水力机械中发生的位置来分类,另外一种是按照空化的主要物理特性分类.后一种分类方法因为符合空化的物理特性,所以比较容易接受.根据 Knapp 对空化过程特征的描述,可以知道空化的微观物理现象是蒸气空泡、充满气体或者蒸气的空穴,据此,本节根据其物理特性将空化的基本形式分为游移空泡、附着空穴以及旋涡空化等几种形式.

　　此外,有时候会按照空化发生的环境条件将空化分为水流中的空化、运动物体上的空化以及无主流的空化.水流中的空化和在静水中运动物体上的空化之间并无本质的区别,二者的重要因素都是相对速度和绝对压力.当这两个因素相似时,空化就可能出现相同的形态,就是游移空泡、附着空穴以及旋涡空化等形式.而对于无主流的空化,其造成空穴生长和溃灭的作用力是由于液体中有一系列连续的高振幅、高频率的压力脉动(相对速度和绝对压力不是其重要因素).这些压力脉动是由于一个潜没表面沿其法向振动、从而在液体中产生的压力波.当压力变化幅度大到足以引起压力降低到或者低于液体的汽化压力时,就会形成空穴.因为振动的压力场是这类空化的特征,因此无主流的空化也称为振动空化.这种空化也是实验室内测定材料空化抵抗的磁激振荡法的原理.振动空化的研究分为两个重要方面,一是产生脉动压力场的振动物体表面的特性及其引起的波谱,二是脉动压力场对液体和液体内的空穴的影响.振动空化不属于本书内容,仅在此处略作介绍.

3.1.1　游移空泡

　　游移空泡是一种由单个瞬变空泡或者空穴组成的空化现象,如图 3.1 所示.这种游移的瞬变空泡或者空穴可能沿着固体壁面的低压点或者微米级的核出现,也有可能在液体中的旋涡核心或者湍动剪切场的高湍动区域内出现.这种空化的"游移"特性是其区别于其他瞬变空化的标志.在随着液流的运动中,当压力增加时,空泡或者空穴就会向内破裂或者溃灭,破裂或者溃灭至微不可见的大小后常常随即发生一系列重新开始或者再生的过程,这就表明流动中会出现压力脉动.液体中空气的含量对这些空泡或者空穴有很强的影响.

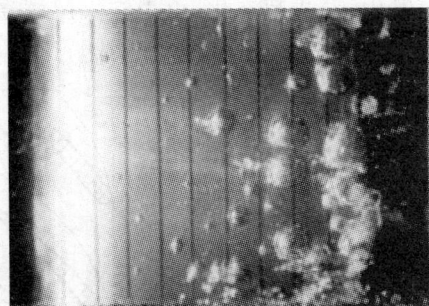

(a) 俯视图

(b) 侧视图

图 3.1　二维翼型 SR230－NC3 中的游移空泡($\alpha=0.5°,\sigma=0.19$)

对于单个的空泡或者空穴,可以假设它是球形的.在这种情况下,应用 Rayleigh-Plesset 方程可以对其进行近似求解,求解过程参见 4.1 节.

3.1.2　附着空穴

附着空穴也称为固定空化,是指水流从潜体或者过流通道的固体边界脱离,形成附着在边界上的空穴.从准恒定的意义上来说,附着空穴是稳定的,如图 3.2a 所示.附着空穴有时候也呈现出具有强烈湍动的沸腾表面,如图 3.2b 所示.附着空穴是一种普遍而又复杂的空化类型,随着水动力学条件的不同,附着空穴会呈现为不同的形式.一种形式称为片状空化,其表现为具有光滑透明边界的稳定空穴薄层,在片状空化的尾部,空穴闭合.在这种空化中,由于空化引起的脉动既轻又弱,引起侵蚀的危险性很小.另一种形式是云状空化,图 3.2c 所示是一种典型的云状空化.云状空化具有很强的不稳定特性,其强烈的脉动状态会导致空穴长度强烈的振荡.空穴的界面是波状和湍动的.云状空化是一种具有强侵蚀力的有害的空化形式,当这种形式的空化在透平机械中发生时,会诱发不正常的力学状态并产生严重的侵蚀.

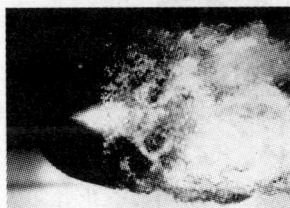
(a) 头型

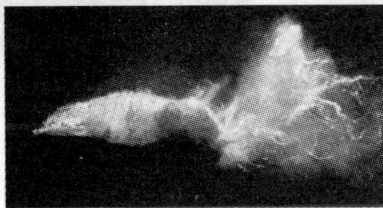
(b) 翼型

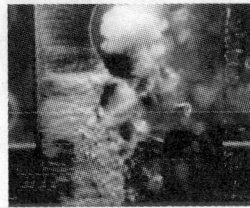
(c) 云状空化

图 3.2　附着空穴

此外,参照翼型或者叶栅,附着空穴又可以分为部分空化和超空化两种类型,如图3.3 所示.如果附着空穴在叶栅或者翼型的表面溃灭,这种情况称为部分空化.如果附着空穴延伸到叶栅或者翼型出口边下游的流动中去,则称之为超空化,这种长长的空穴容易在低稠密度的叶栅中发生.对于超空化,由于空穴尾端受回流液流的不稳定性作用,空穴的长度会剧烈地变动,因此会产生强烈的振荡力.

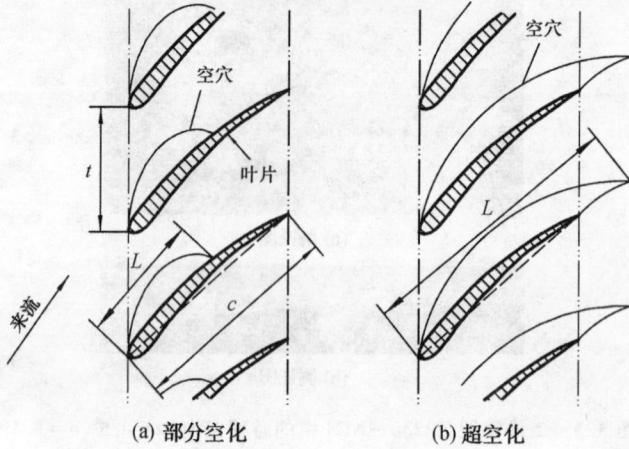

(a) 部分空化　　　　　　　(b) 超空化

图 3.3　部分空化和超空化

3.1.3　旋涡空化

在有强剪切形成旋涡的流场内,在旋涡的核心区压力很低,其中就会有空化发生,这种空化称为旋涡空化.旋涡空化是最早被观察到的空化之一,因为它经常出现在船用螺旋桨的叶梢,出现在船用螺旋桨上的这种旋涡空化也称作是轮缘空化.图 3.4a 所示是一种典型的轮缘空化.轮缘空化并不仅仅发生在明流螺旋桨中,还会发生在导管螺旋桨以及斜流泵和轴流泵叶片轮缘的进口边附近.图 3.4b 是另一种旋涡空化,即冯·卡门脱落旋涡,这种空化发生在翼型的出口边.冯·卡门旋涡的脱落会激发同步的压力波动,当其波动频率接近固体的固有频率时会导致固体的疲劳破坏.

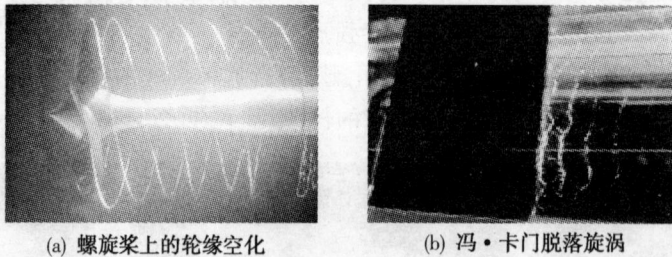

(a) 螺旋桨上的轮缘空化　　　　　　(b) 冯·卡门脱落旋涡

图 3.4　旋涡空化

在钝体边界层分离所造成的尾迹中也会发生旋涡空化.在这种情形中,空化并不是发生在物体上或者临近物体表面,而是发生在分离区的表面上.旋涡空化也会发生在淹没射流的界面上.当足够大的剪切梯度出现在某一区域处形成旋涡时,旋涡中心的压力低于临界压力,这种条件下就会发生旋涡空化.

旋涡空穴的寿命可能很长,因为旋涡一旦形成,即使流体流动到压力较高的区域,液体内的角动量也会延长空穴的寿命.缓慢的溃灭速率是旋涡空穴的固有特性.

3.2 螺旋桨与水轮机内的空化形式

3.2.1 船用螺旋桨内的空化

空化最早是在螺旋桨内发现的,因此与船用螺旋桨有关的空化文献非常多.早在1895年,Parsons就建造了世界上第一个用于研究螺旋桨空化的水洞,如图3.5所示.

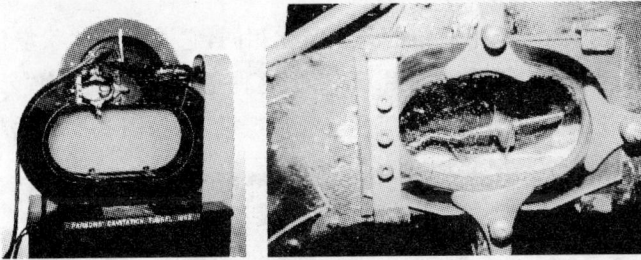

图3.5 用于研究空化的水洞

为了统一ITTC各会员组织对在空化试验中所观察到的空化现象的描述,2002年第23届ITTC会议推进委员会制订了有关空化描述的推荐标准.ITTC建议,对船用螺旋桨内空化进行的描述应当包括空穴的位置、大小、结构及其动力学特性,而且还要参照其主流的动力学特征.根据ITTC推荐的描述空化的方法,螺旋桨内的空化形式分为但不局限于图3.6所示的几种.

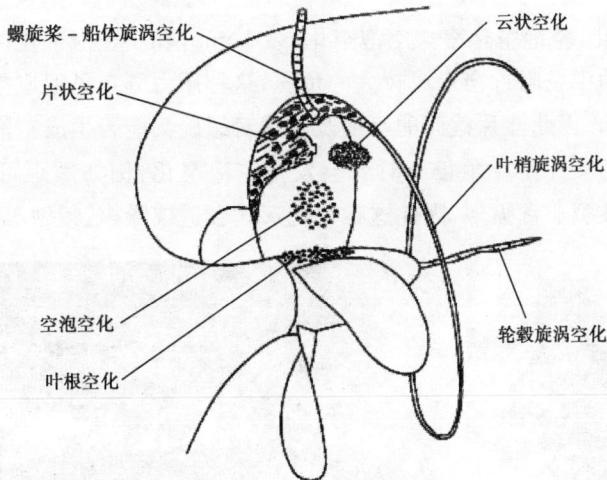

图3.6 螺旋桨内的空化形式

(1)片状空化.在靠近叶片进口边的位置发生,表现为透明、光滑的空化薄层.常常呈现为泡沫形式,其在叶片上的位置与攻角成正比.当攻角为正值时片状空化发生在叶片背面,当攻角为负值时片状空化发生在叶片工作面.图 3.7 所示左侧为在头型上发生的片状空化,右侧为螺旋桨内的片状空化.

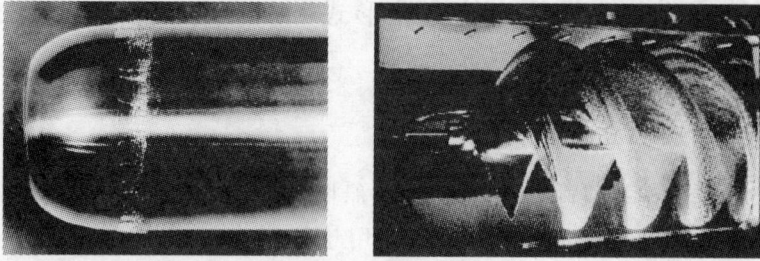

图 3.7 片状空化

(2)云状空化.与 3.1 节中介绍的云状空化相同,它通常是片状空化发展到一定程度破碎后形成的,因此也称为非定常片状空化.这种空化表现为空泡"云团"或者雾状空泡的形式.云状空化的出现表明空化程度已经很严重了,如图 3.8 所示.

图 3.8 云状空化

(3)空泡空化.空泡空化有大空泡空化(约 1 mm)和小空泡空化(约 20 μm)两种形式.在叶片截面的中弦附近会形成较大的负压,这种压力分布是形成空泡空化的主要原因,如图 3.9 所示.因此叶片截面的厚度及骨线对螺旋桨能否生成空泡空化起着非常重要的作用.较厚的叶片在攻角很小时就会发生空泡空化,例如螺距可控螺旋桨叶根位置.空泡空穴的破裂非常强烈,因此这种空化形式会造成噪声、侵蚀等破坏.

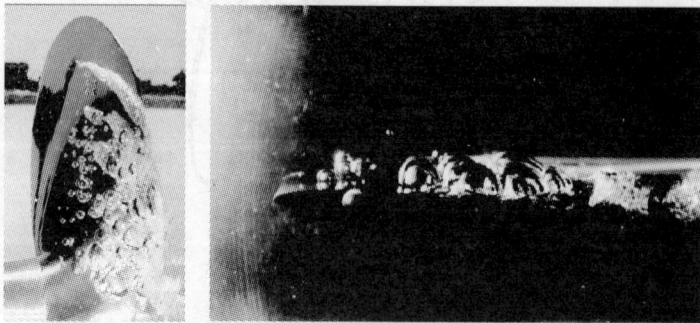

图 3.9 空泡空化

（4）条纹空化. 条纹空化是一种特殊的空泡空化. 形状很窄,通常在叶片表面或者进口边上某个粗糙点或者不规则点上开始形成,如图 3.10 所示.

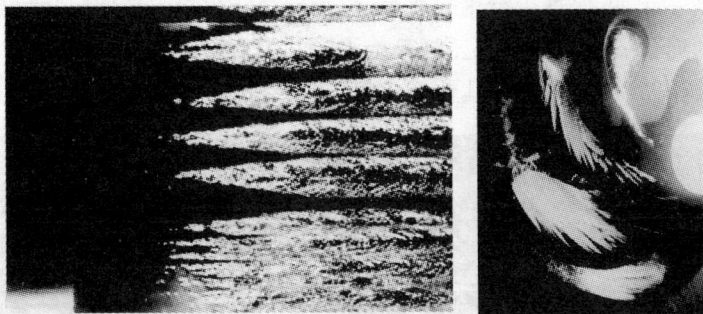

图 3.10 条纹空化

（5）叶根空化. 如图 3.11 所示,叶根空化表现为三维楔形空泡团的形式. 通常发生在螺距可控螺旋桨上. 叶根空化与在叶根或者斜轴上形成的马蹄旋涡以及由于轴支架和其他不规则凸起引起的尾迹有关. 楔形的上端有可能在进口边、也有可能在叶片表面上开始.

图 3.11 叶根空化

（6）旋涡空化. 螺旋桨内的旋涡空化与 3.1 节中的旋涡空化的原理相同,根据其发生的位置不同有轮缘旋涡空化(在螺旋桨中也称为叶梢旋涡空化)、轮毂旋涡空化以及螺旋桨-船体旋涡空化等几种形式.

轮缘旋涡空化开始的时候是在螺旋桨轮缘下游的一段距离后发生的,因此是"非附着"状态,随着叶面负荷的增加或者 σ 的降低,旋涡增强,旋涡的起始点逐步向叶片轮缘靠近并最终"附着"在叶片上,如图 3.12 所示.

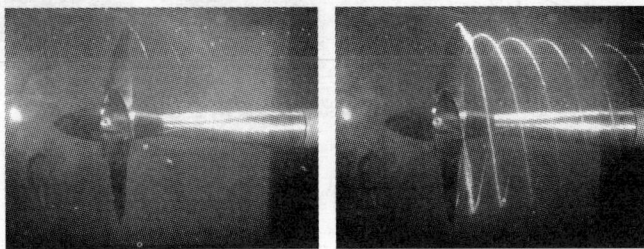

图 3.12 轮缘旋涡空化

每个叶片的叶根处脱落的旋涡组合在一起就形成了轮毂旋涡空化,如图3.13所示.虽然单个叶片叶根脱落的旋涡不易引起空化,但是收缩的螺旋桨锥形轮毂将叶片叶根旋涡汇集到一起,就促进了空化的发生.轮毂旋涡空化看起来像同叶片数一样的几条带子拧起来的绳子一样,比较稳定.轮毂旋涡空化对螺旋桨下游的舵是有害的.有时候采用螺旋桨载帽鳍(PBCF)或者其他形式的导叶来减缓这种破坏.

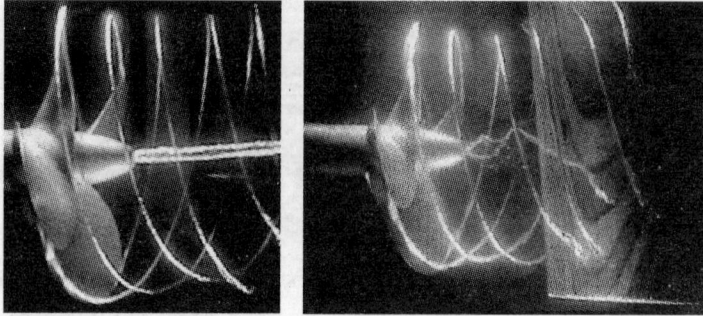

图3.13 轮毂旋涡空化

螺旋桨-船体旋涡空化是20世纪70年代才发现的,它是连接螺旋桨轮缘和船体的"拱形"旋涡,螺旋桨叶片轮缘和船体之间的间隙太小是发生这种旋涡的主要原因.假定在大负荷时螺旋桨内缺水,就需要船尾的水流来补充,从而形成滞止流线.影响螺旋桨-船体旋涡空化的因素有小进速系数,较小的螺旋桨轮缘-船体间间隙以及螺旋桨上部船体的平坦表面.

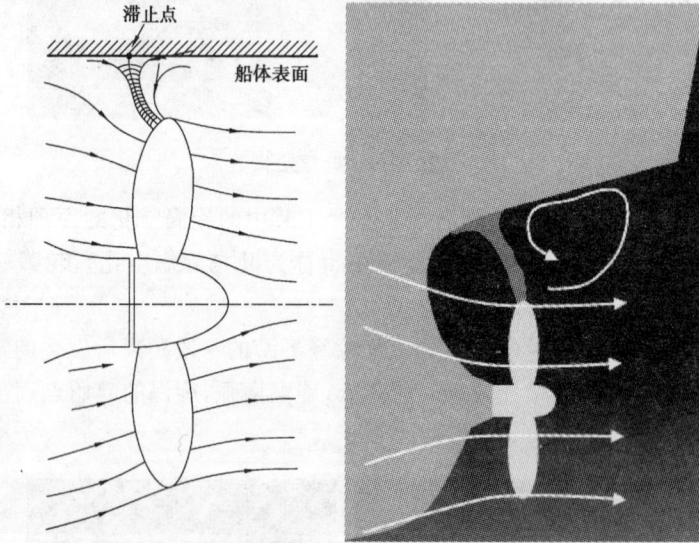

图3.14 螺旋桨-船体旋涡空化

3.2.2 水轮机内的主要空化形式

水轮机主要有混流式水轮机和轴流式水轮机两种形式.发生在混流式水轮机中的常见空化形式有进口边空化、游移空泡空化、尾水管涡带、叶片间旋涡空化以及冯·卡门旋涡空化等(如图 3.15 所示).

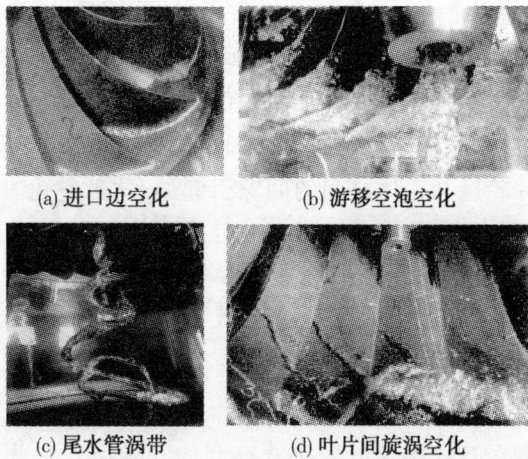

(a) 进口边空化   (b) 游移空泡空化

(c) 尾水管涡带   (d) 叶片间旋涡空化

图 3.15　水轮机内的空化形式

(1) 进口边空化.进口边空化表现为附着空穴的形式.当水轮机运行在高水头工况时,此时进口冲角为正值,进口边空化发生在转轮叶片的背面.反过来,如果水轮机运行在低水头工况,此时的进口冲角为负值,进口边空化发生在转轮叶片的工作面.这种空化不稳定时,会具有很强的破坏能力,会严重侵蚀叶片,还会诱发压力波动.

(2) 游移空泡空化.在叶片背面临近出口边的弦中位置,这种空化表现为单个孤立的空泡的形式.这些空化会随着负载的增加而生长.当水轮机在最大流量下工作时,这些空化也会生长到最大状态.这是一种很剧烈而且噪声很大的空化形式,会严重降低水轮机的效率,如果这些空泡在叶片上破裂,就会对叶片造成侵蚀.

(3) 尾水管涡带.发生在转轮泄水锥正下方尾水管中的、核心是旋涡的涡流带.其大小与 σ 有关,在部分载荷和过载荷工况下,受转轮中流出的液体残留的圆周方向速度分量的作用,就会发生尾水管涡带.在部分载荷工况下,涡带的旋转方向与转轮转向相同,在过载荷工况下则相反.当流量在最优效率流量点的 $50\% \sim 80\%$ 之间时,涡带呈螺旋形,其旋转速度为转轮转速的 $0.25 \sim 0.35$ 倍.在这种情况下就会出现相应频率的周向低频压力脉动.如果该频率与尾水管或者管路的某一固有振荡频率一致,就会发生强烈的波动,从而会强烈激发尾水管中的压力脉动,导致水轮机甚至机房的振动.在高于最优效率流量点的工况下,旋涡轴向集中在尾水管的泄水锥上.

(4) 叶片间旋涡空化.转轮叶片从上冠到下环之间存在冲角的变化,从而引起流动分离形成二次旋涡.这些二次旋涡在叶片间流道内引起叶片间旋涡空化.这种空化会附着在叶片进口边与上冠的交叉点处或者两叶片之间靠近叶片背面一侧的上冠处.如果其尾部与转轮表面有接触就会造成侵蚀.这种旋涡在部分载荷工况下出现,并会产生高宽带噪声.在极端的高水头工况范围内(此时的水头与设计水头之比远远大于1),由于 σ 相对较低,因此也会发生这种旋涡和空化.这种情况下的空化不稳定并会引起强烈的振动.

(5) 冯·卡门旋涡空化.在叶片和导叶的出口边会发生周期性的旋涡脱落,当这种旋涡脱落锁定以后就会引起强烈的脉动和振鸣噪声,出口边会受到破坏.

对于轴流式水轮机,进口边空化发生的可能性要比混流式水轮机低.这是因为轴流式水轮机叶轮叶片的螺距可变,因此总可以运行在协联工况下.由于转轮叶片进口角和导叶角度之间的良好组合,在很宽的运行范围内攻角 α 总能接近于最优值.由于同样的原因,其尾水管内的涡流也不像混流式水轮机的那么强.当出现较大的叶片负荷时,在其叶片背面也会发生游移空泡空化.轴流式水轮机特有的一种空化形式是轮缘旋涡空化.这种空化是由叶片轮缘和壳体之间的间隙引起的.这种空化表现得很强烈,它会对叶片背面外围的弦中附近造成破坏,因为在此处旋涡尾部与叶片表面接触,当然,在这一区域的轮缘端面上也会遭受侵蚀.

3.3 泵叶轮内的空化形式

图 3.16 所示为能在开式轴流叶轮中观察到的几种空化形式.随着进口压力的降低,空化初生几乎总是在轮缘旋涡中发生,轮缘旋涡发生在进口边和轮缘的交汇处.

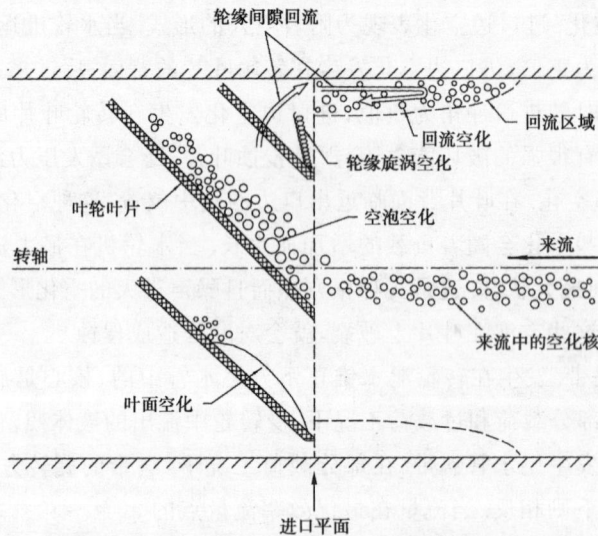

图 3.16 泵内空化类型

图 3.17 是在测试中发现的某诱导轮的典型轮缘旋涡空化图像.注意回流流动使旋涡附近出现一个向上游流动的速度分量.将进口边与轮缘之间的转角修圆可以降低 σ_i,但是不会消除旋涡或旋涡空化.

通常在空化数有相当程度的降低以后才会在叶片的背面发生第二种空化,这种空化一般表现为游移空泡空化的形式.当来流中的核进入叶片背面的低压区时就会增长,随后进入高压区域后就会溃灭.为了方便,将这种空化称为空泡空化.图 3.18所示为单个翼型内的空泡空化.

图 3.17 诱导轮内的轮缘旋涡空化

随着空化数的进一步降低,空泡可能会在叶片背面聚集形成较大的附着空穴或者充满蒸气的尾迹.如3.1节所述,在比较通用的文献中,这种现象称为附着空化,泵行业称为叶面空化.图3.19所示为离心泵叶轮内的叶面空化,图中的相对流动由左向右,空穴从叶片的进口边开始.

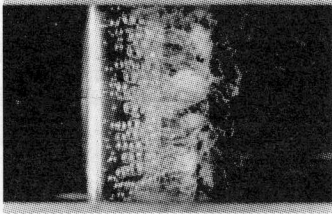

图3.18 NACA4412水翼表面的空泡空化

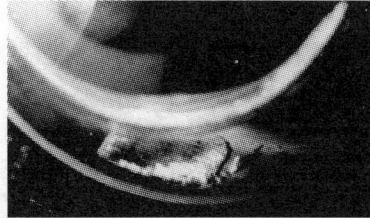

图3.19 离心泵叶轮内的叶面空化

当叶面空穴(空泡空穴或者旋涡空穴)延伸到正对着下一个叶片进口边的叶片背面时,叶片流道内压力的升高使空穴溃灭.因此,正对着下一个叶片进口边的叶片背面就是常发生空化破坏的位置.

当空化数非常低时,叶片流道内的空穴可能会延伸到叶片出口边下游的出口流动中去,这类长长的空穴容易在低稠密度的叶轮中发生,称为超空穴.为了与超空穴区别,前述在叶片背面发生的叶面空化也称为部分空化.泵叶轮内部分空化与超空化的差别与一般意义的概念相同(参见图3.3).有些泵就是设计在超空化工况下运行,其优点是空泡溃灭发生在叶片的下游,这样就能使空化破坏尽可能减小.

同图3.15所示的水轮机尾水管涡带空化相似,在泵的进口也会出现一种由于吸入压力较低引起的空化涡带,如图3.20所示.涡带进入叶轮时会被叶片切断.

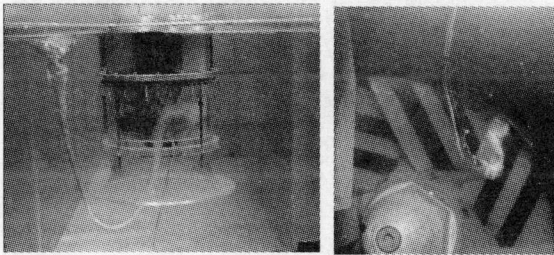

图3.20 泵进口的旋涡涡带

最后介绍回流空化,这种空化包括空泡和旋涡两种物理特征.当泵在低于设计流量点工况运行时,在进口平面上游的环形回流区域内发生的空化空泡和空化旋涡一起称为回流空化.在这种条件下,泵前后压力差的增加会使轮缘间隙内的流动穿过上游并在进口平面上游几倍半径的范围内形成回流.如果此时泵发生空化,空化产生的空泡和旋涡扫过这一回流区域,这时就非常容易看到回流空化.图3.21所示为诱导轮进口平面上游回流空化

图3.21 诱导轮内典型回流空化

的一种典型的形式.第 6 章图 6.11 和图 6.28 所示的示意图中也展示了这种回流(未涉及空化).

　　本章中,从对一般的空化形式到各种液体式透平机械内的空化形式的介绍中可以看出,空化的物理表现有 3 种形式,即空泡、空穴和旋涡.空化是一种不稳定的现象.空化会引起低频的压力振荡和高频的压力脉冲,其中压力振荡与空泡动力学相关,压力脉冲则是由空穴的溃灭引起的.因此,空化会引起振动和噪声并通过液体介质和机械系统传播.为了更深入地了解空化现象,需要对其进行计算和分析,第 4 章将简单介绍空化的一些初步分析方法及相关结论.

第4章 空化分析初步

前面 3 章介绍了空化空泡的初生以及发展的空化的几种具体形式,显然不同类型的空化需要不同的分析模型.应用较广的经典空化模型主要有两种.一种是球形空泡模型,这种模型适用于空泡空化的形成,即适用于描述空化核在低压区成长为可见尺寸,然后在高压区破裂的过程.4.1 节对球形空泡模型及由其得到的经典结论进行介绍,并介绍对泵内的游移空泡空化进行建模所做的一些工作.另一种主要方法是自由流线方法,这种方法特别适用于含有附着空穴和充满蒸气的尾迹的流动,对该方法的介绍为4.2 节的内容.

对于其他与二次流相关的空化(例如轮缘旋涡空化和回流空化等)尚有许多未知的领域,其中包括空化的强非定常特性以及瞬变空化的重要作用等.第 4 篇中将对这些研究内容的进展进行叙述性的介绍.

4.1 球形空泡模型及其应用

4.1.1 Rayleigh-Plesset 方程

实际上所有球形空泡模型都是建立在 Rayleigh-Plesset 方程基础上的,该方程定义了球形空泡半径 $R(t)$ 和空泡外远离空泡处压力 $p(t)$ 之间的关系.对于静止的不可压缩牛顿流体,Rayleigh-Plesset 方程的形式为

$$\frac{p_B(t) - p(t)}{\rho_L} = R\frac{\mathrm{d}^2 R}{\mathrm{d}t^2} + \frac{3}{2}\left(\frac{\mathrm{d}R}{\mathrm{d}t}\right)^2 + \frac{4\nu}{R}\frac{\mathrm{d}R}{\mathrm{d}t} + \frac{2\gamma}{\rho_L R}, \tag{4.1}$$

式中,ν,γ 和 ρ_L 分别为运动黏度、表面张力和液体密度.该方程(不含黏性和表面张力项)最早由 Rayleigh 在 1917 年得到,Plesset 于 1949 年首次应用该方程求解一个游移空化空泡问题.

$p(t)$ 是空泡外部的压力,可以通过核沿流线运动过程中压力变化规律来确定.$p_B(t)$ 是空泡内部的压力,通常假设空泡中包括蒸气和不凝性气体,因此,

$$p_B(t) = p_V(T_B) + \frac{3m_G K_G T_B}{4\pi R^3} = p_V(T_\infty) - \rho_L \Theta + \frac{3m_G K_G T_B}{4\pi R^3}, \tag{4.2}$$

式中,T_B 为空泡内部的温度;$p_V(T_B)$ 为汽化压力;m_G 为空泡内气体的质量;K_G 为气体常数.计算 p_V 时,应用空泡外部周围液体的温度 T_∞ 要比应用 T_B 方便.因此,应用 T_∞ 计算 p_V 时要在方程(4.1)中引入 Θ 项以修正 $p_V(T_B)$ 和 $p_V(T_\infty)$ 之间的差别.这就是为什么 Θ 项表示空化中热效应的原因.应用克劳修斯-克拉佩龙(Clausius-Clapeyron)关系式,可得

$$\Theta \cong \frac{\rho_V L}{\rho_L T_\infty}(T_\infty - T_B(t)), \tag{4.3}$$

式中,ρ_V 为蒸气密度;L 为汽化潜热.

应用方程(4.2)计算 $p_B(t)$ 时,在方程(4.1)中引入了一个未知函数 $T_B(t)$. 为了确定该函数,需要构建并求解一个热扩散方程和空泡内的一个热平衡方程. 如果对流进入空泡的热等于界面上潜热的利用率,那么

$$\left(\frac{\partial T}{\partial r}\right)_{r=R} = \frac{\rho_V L}{k_L}\frac{\mathrm{d}R}{\mathrm{d}t}, \tag{4.4}$$

式中, $\left(\frac{\partial T}{\partial r}\right)_{r=R}$ 为界面上液体的温度梯度; k_L 为液体热导率. 此外,液体中热扩散方程的近似解为

$$\left(\frac{\partial T}{\partial r}\right)_{r=R} = \frac{T_\infty - T_B(t)}{(\alpha_L t)^{\frac{1}{2}}}, \tag{4.5}$$

式中, α_L 为液体的热扩散率 $\left(\alpha_L = \frac{k_L}{\rho_L c_{PL}},\text{其中 } c_{PL} \text{ 为液体的比热}\right)$; t 为从空泡生长或者破裂开始算起的时间. 把式(4.4)和式(4.5)代入式(4.3)中,得到热项 Θ 的近似值为

$$\Theta = \sum (T_\infty)\, t^{\frac{1}{2}}\frac{\mathrm{d}R}{\mathrm{d}t}, \tag{4.6}$$

式中,

$$\sum (T_\infty) = \frac{\rho_V^2 L^2}{\rho_L^2\, c_{PL}\, T_\infty\, \alpha_L^{\frac{1}{2}}}. \tag{4.7}$$

这里在不考虑热效应的条件下 $(\Theta = 0, T_B(t) = T_\infty)$ 分析 Rayleigh-Plesset 方程解的一些性质. 图 4.1 是一个核流过低压区时 $R(t)$ 的典型解,图示为初始半径为 R_0 的空化核在量纲一的时间 0 时进入低压区,在量纲一的时间 500 时回到初始压力,低压区域的压力为正弦形式、且以量纲一的时间 250 轴对称. 空泡响应是非线性的,其生长过程和破裂过程截然不同. 下面分别介绍空泡的生长和破裂过程.

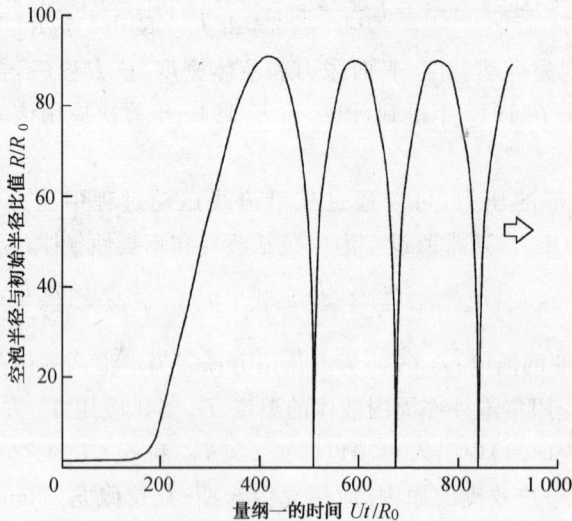

图 4.1 Rayleigh-Plesset 方程的典型解

1. 空泡生长

在空泡的生长过程中,Rayleigh-Plesset 方程中的主导项是压力差 $p_V - p$ 及其右侧

第二项,即

$$\frac{\mathrm{d}R}{\mathrm{d}t} \propto \left[\frac{2(p_\mathrm{v} - p)}{3\rho_\mathrm{L}} \right]^{\frac{1}{2}}, \tag{4.8}$$

生长过程稳定且有约束,生长速度迅速达到一条渐近线.需要说明的是该方程有解的条件是环境压力要低于汽化压力.对于游移空泡空化,张力 $p_\mathrm{v} - p$ 采用量纲一的形式($-C_{p\mathrm{min}} - \sigma$)来表示(参见式(1.2)和式(1.4)),因此生长速度的计算公式改写为

$$\frac{\mathrm{d}R}{\mathrm{d}t} \propto (-C_{p\mathrm{min}} - \sigma)^{\frac{1}{2}} U. \tag{4.9}$$

式(4.9)形式上表明空泡的生长速度是一个比较平稳的过程,空泡的体积与 t^3 成正比增加(因为空泡的半径与 t 成正比增加).对于发生在火炉上水壶内的沸腾,其典型特性是 $\frac{\mathrm{d}R}{\mathrm{d}t}$ 与 $t^{-\frac{1}{2}}$ 成正比(参见式(4.15)),与之相比,空化生长显然可以说是一个爆炸过程.

接下来就可以通过生长速度和生长所用的时间来计算空化空泡的最大半径 R_{max}.应用全项 Rayleigh-Plesset 方程的数值计算表明,空泡的生长时间就是空泡经历低于汽化压力的时间.在游移空泡空化中,可以根据最低压力点附近的压力分布形式来计算空泡的生长时间.压力分布的形式假定为

$$C_p = C_{p\mathrm{min}} + C_{p*} \left(\frac{s}{D} \right)^2, \tag{4.10}$$

式中,s 为沿表面的坐标;D 为物体或者流动的特征尺寸;C_{p*} 为一阶已知常数.空泡生长所用的时间 t_G 可以近似地由式

$$t_\mathrm{G} \approx \frac{2D(-\sigma - C_{p\mathrm{min}})^{-\frac{1}{2}}}{C_{p*}^{\frac{1}{2}} U(1 + C_{p\mathrm{min}})^{\frac{1}{2}}} \tag{4.11}$$

计算,因此,

$$\frac{R_{\mathrm{max}}}{D} \approx \frac{2(-\sigma - C_{p\mathrm{min}})}{C_{p*}^{\frac{1}{2}} (1 + C_{p\mathrm{min}})^{\frac{1}{2}}}. \tag{4.12}$$

需要说明的是,空泡的最大半径与初始空化核的大小无关.

生长过程还有一个重要特征.由于表面张力具有稳定空泡的作用,因此,只有那些达到一定临界尺寸的空泡,张力 $p_\mathrm{v} - p$ 才会使其发生爆炸式生长.也就是说,在给定的空化数下,只有那些比相应的临界尺寸大的核才能够具有使其生长成为可视大小的空化空泡的必要生长速度.空化数的降低将会激活更小的核,也就会使空化的体积增加.图 4.2 展示了这一现象,即在绕流轴对称头型的流动中,空化空泡的最大半径 R_{max} 与原始核的尺寸以及空化数的关系曲线.图中左侧曲线的竖直部分表示空化核的临界半径 R_{cri},其表达式为

$$R_{\mathrm{cri}} \approx \frac{\kappa\,\gamma}{\rho_\mathrm{L} U^2 (-\sigma - C_{p\mathrm{min}})}, \tag{4.13}$$

式中,系数 κ 约为 1.如开始预想的那样,所有不稳定的空化核都生长成了大小基本相等的核.

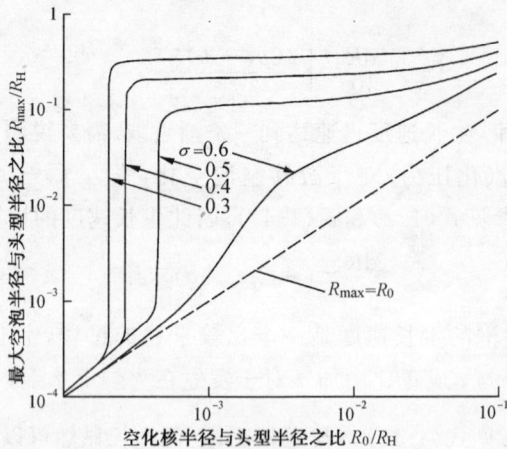

图 4.2   轴对称头型中空化空泡的最大半径 R_{max} 与原始核大小 R_0 以及空化数 σ 的函数关系

2. 空泡破裂

对于破裂过程,从图 4.1 中可以看出空化空泡破裂是一个激变现象,其间仍然假设为球形的空泡减小到远远低于初始空化核的尺寸.当空泡变得很小时发生很大的加速度和压力.如果空泡内含有不凝结的气体,那么该过程就会像图 4.1 所示的那样发生回弹.理论上,球形空泡会经历破裂和回弹很多次循环.但是实际上,由于受非球形干扰的影响,破裂过程中的空泡不稳定,基本上在第一次破裂和回弹中就碎裂为很多小的空泡,形成的小空泡群很快消失.空泡的破裂是一个剧烈的过程,会产生噪声并且会对附近的表面造成潜在的材料破坏.

4.1.2   基于热力学平衡的泵内空泡空化分析

在固定在叶轮上的坐标系内,给定沿某一已知流线上的压力和速度分布,对 Rayleigh-Plesset 方程求积分就可得到其轨迹上每点空泡的大小.该计算过程也同样适用于两相流或者气体/液体两种成分的流动.

应用 Rayleigh-Plesset 方程计算游移空泡空化的研究很多,其中一个著名的例子是网幕效应:即通过考虑空泡对液体的相对运动证明了这种网幕效应出现的可能性.网幕效应是空泡由于受向心力的作用而做横穿流线的运动形成的.大多数文献讨论的是绕流简单头型的单个空泡求解问题,如果在无空化条件下,沿流线的压力分布可以通过解析方法、数值方法或者试验方法得到,那么这一同样的求解过程可用于求解绕流泵叶片的流动.这样的研究能够分析空泡破裂的强度和位置,能够了解更多的空化破坏的潜在可能.

然而上述方法具有很强的局限性.首先,Rayleigh-Plesset 方程只适用于球形空泡,破裂中的空泡会失去其球型的匀称性.因此,任何关于空化破坏的研究除了 Rayleigh-Plesset 方程外还需要考虑很多其他因素.其次,以上分析的假设是空泡的浓度足够小,所以空泡就不会相互干扰,而且由于空泡的数量有限,可以把流场看作是无空化流动.这就说明上述方法在预测空化对泵性能的影响方面没有什么价值,这是因为这种影响本身就表明了空泡和液体流场之间存在着相互作用.

因此,要分析由于游移空泡空化引起的性能降低必须采用两相流模型或者两种成分的流动模型,模型中隐含着空泡和液体流场间的相互作用.早期的研究假设两相混合流是处于热力学平衡状态.在 Rayleigh-Plesset 方程的表达式中需要描述不平衡的动态特性,这显然表明了空化流动热力学不平衡.

除了热力学平衡假设外,两相空泡流动模型还需要进一步发展,通过合理应用Rayleigh-Plesset 方程将空泡动力学包含其中.近年来,很多研究者通过利用空泡与流动相互干涉的模型来研究空化空泡群的动力学特性和声学特性.其中一些研究成果表明一群气泡具有它们自己的一组固有频率,这组频率和空泡的固有频率不同(但是有联系),当参数 $\frac{\alpha A^2}{R^2}$ 大于 1 时就说明空泡和流动的相互作用非常重要,其中 α 为含气率,A和 R 分别为空泡群和空泡的尺寸.到目前为止,这些更适合于求解游移空泡空化的模型还没有用于研究空化对泵的影响.

还有几个与泵内泡状空化相关的概念应当但事实上没有引起关注:有人试验观测发现叶轮叶片背面的附着空穴趋向于在靠近附着空穴的闭合处或者其再附着处破裂为泡状混合流,并认为在这种泡状混合流中发生了凝缩冲击波,而且扬程断裂的机理就与这种冲击波有关.

在对泵送泡状气体/液体混合物的研究中,获得了很多成果和想法.其中最重要的一点是,在大多数实际泵送条件下,在气体空泡进入叶片流道的过程中,进口处的湍流和剪切力会将大于某一尺寸的空泡全部打碎,使空泡破裂的力与抵抗空泡破裂的力(表面张力 γ)之间的比值为韦伯数 $We = \frac{\rho U^2 t_1}{\gamma}$,$U$ 为对应泵叶轮直径 D_1 处的速度.能够承受进口剪切力的最大空泡半径 R_{max} 与进口叶片节距 t_1 的比值是韦伯数 We的函数.图 4.3 是离心泵和轴流泵的空泡直径 $\frac{2R_{max}}{t_1}$ 与韦伯数 We 之间的一些试验数据.

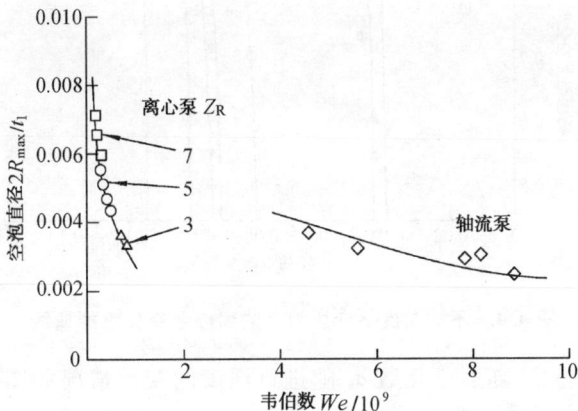

图 4.3　离心泵和轴流泵叶片流道内空泡直径与韦伯数的函数关系

叶片流道中空泡的大小非常重要,因为这些空泡的移动和合并会导致泵性能的下降.空泡和液体之间相对运动的速度同空泡尺寸的某种幂函数——该幂函数与雷诺数相关——成正比关系.由于空泡向低压区移动,因此越大的空泡越容易在叶片流道内形成大的空隙.正如在离心泵和旋转流道内试验观察到的现象一样,低压区不仅会出现在叶片的背面,也会出现在离心泵的盖板下面.这些巨大的空隙会使流动离开叶轮时的偏移角发生重要的变化,因此会严重影响泵的性能.扬程下降的这种机理不仅对气体/液体流动,而且对空化流动都非常明显.在气体/液体流动中,速度越快,空泡在进口处破碎的程度越高,空泡的尺寸越小.但是对于速度大的流动,作用在空泡上的力也很大,因此最终的结果不明显.最终的结果仅仅是两个过程:即进口破碎和在叶片流道内的移动很重要,对叶片流道中空泡大小的作用仍然需要进行更深入的研究.

4.1.3 泵内空泡空化的热效应

前面讨论了 Rayleigh-Plesset 方程在研究单个空化空泡特性中的应用.这里仍然应用上述方法计算分析不同液体或者相同液体在不同的温度下发生空化的情况.

泵抽送液体的温度变化对汽化压力 p_v 有明显的影响,因此对 $NPSH$ 或空化数的影响也非常显著,这种影响将在 5.7.2 节中讨论.此外还存在另外一种不太明显的液体温度的影响需要进行讨论和分析.图 4.4 所示为一个离心泵在不同的进口温度下运行时的空化性能数据.图中表明随着温度的升高,断裂空化数 σ_b 稳步下降(σ_b 的定义参见5.5节).也就是说,随着温度的上升,空化性能反而提高了,这似乎与直觉正好相反.

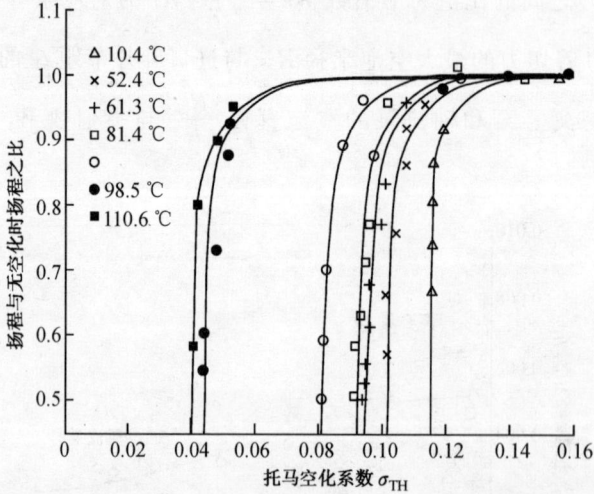

图 4.4 不同温度下介质为水的离心泵空化性能曲线

在另外一组试验中,断裂空化数 σ_b 随进口温度的变动情况如图 4.5 所示,图中为两种转速下的数据,随着温度的升高,σ_b 持续降低.两种速度下的数据在最低温度处有些差异.图 4.6 所示为土星 J-2 液氧诱导轮泵的试验数据,其结果与图 4.5 的形式相同.

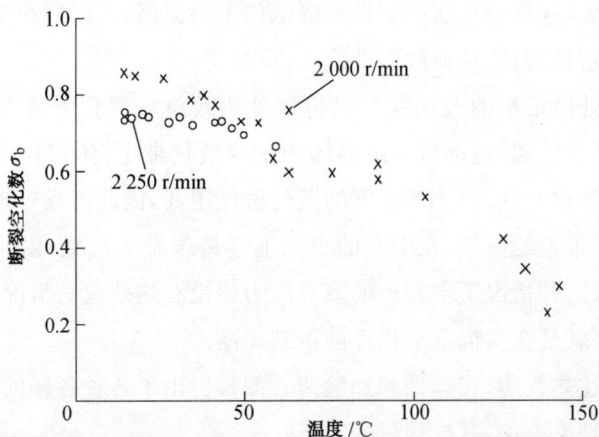

图 4.5 某商用离心泵空化断裂的热效应

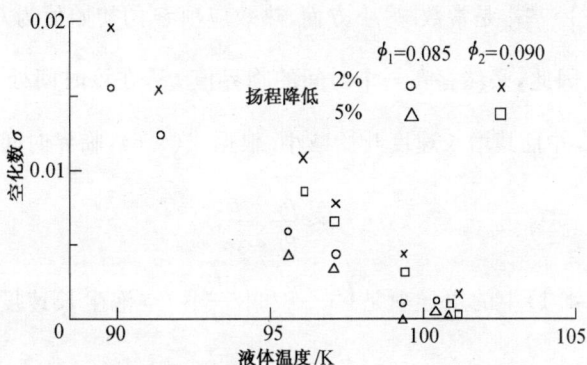

图 4.6 温度对空化性能的影响(J-2 液氧诱导轮泵)

　　为了比较容易说明上述这种效应,仍然以游移空泡空化作为对象(暂时不考虑其他空化形式).为了更进一步简化问题,只考虑进入低压区开始生长的单个空泡(或者核).空泡表面的液体发生汽化为空泡的体积增长提供蒸气.现在考虑,在一"高"一"低"的两种不同的温度下会发生什么.在"低"温下,饱和蒸气的密度小,因此空泡生长所需要的液体质量汽化速度就小.相应的结果就是,这种汽化所需要的汽化潜热供给速度就小.由于热从液体中传导,而且热传导速度较小,这表明界面温度低于环境液体温度的温度差值就小.这样,空穴内的蒸气压力只是略低于周围液体温度下的汽化压力.因此,空泡增长背后的驱动力(即内部蒸气压力)与远离空泡的压力之间的差值并不太受热效应的影响.

　　现在来看同样的现象发生在"高"温下会是什么情况.由于"高"温下的蒸气密度会比"低"温下的蒸气密度大很多数量级,因此在同样的体积增长速度下,其液体质量汽化速度要大得多.这样传导到界面上的热就很多,从而在界面附近的液体中形成了热边界层.这就使空泡中的温度远低于周围液体中的温度,由此,空泡内的蒸气压力就远远低于通常的情况.这样,空泡增长背后的驱动力降低.由于热效应引起的这种空泡增长速度的减小,正是泵的空化性能具有热效应的原因.由于泵内蒸气体积的生长和破裂导致液相相对流速增大,这是空化状态下扬程降低的主要原因,所以减小空泡生长速度能够降低相对流速的这种增长,从而改善性能.

只要对细微处做很小的改动就可以将这种热效应拓展到附着空穴或者叶面空穴中.在叶面空穴的下游端,流动以一定的体积比将蒸气带走,体积比的大小与流动速度和其他一些几何参数有关.由于高温下的蒸气密度很高,因此流动带走的蒸气质量比就大.为了平衡流动带走的蒸气,在空穴的表面上会持续发生汽化,因此在高温下会存在较大的温差.所以这种情况下空穴内的蒸气压力比没有热效应的情况要低,"等价"空化数会变大.其结果就是在高温下空化性能得到提高.

为了定量描述热效应,在理论和经验两方面都提出了各种各样的方法.首先介绍适用于空泡空化的理论方法,其推导过程如下:

在空泡生长的初期,生长速度很快达到式(4.8)所表示的值附近,Rayleigh-Plesset 方程中的重要项 $\left(\dfrac{\mathrm{d}R}{\mathrm{d}t}\right)^2$ 基本是常数.另一方面,热效应项 Θ 的初始值为 0,根据式(4.6),它随 $t^{\frac{1}{2}}$ 成正比增长.因此,必然存在一个时间的临界值 t_{cri},在该时间处,热效应项 Θ 的值接近 $\dfrac{p_{\mathrm{B}}(T_\infty)-p}{\rho_{\mathrm{L}}}$,并且其增长速度开始减小.根据式(4.6),临界时间为

$$t_{\mathrm{cri}} \approx \frac{p_{\mathrm{B}}-p}{\rho_{\mathrm{L}}\sum^2}, \tag{4.14}$$

当 $t \ll t_{\mathrm{cri}}$ 时,方程(4.1)中的主导项是 $\dfrac{p_{\mathrm{B}}-p}{\rho_{\mathrm{L}}}$ 和 $\left(\dfrac{\mathrm{d}R}{\mathrm{d}t}\right)^2$,空泡生长速度由式(4.8)计算.

当 $t \gg t_{\mathrm{cri}}$ 时,方程(4.1)中的主导项是 $\dfrac{p_{\mathrm{B}}-p}{\rho_{\mathrm{L}}}$ 和 Θ,空泡生长速度由式(4.4)和(4.5)计算得

$$\frac{\mathrm{d}R}{\mathrm{d}t} = \frac{c_{\mathrm{PL}}(T_\infty - T_{\mathrm{B}}(t))}{L}\left(\frac{\alpha_{\mathrm{L}}}{t}\right)^{\frac{1}{2}}, \tag{4.15}$$

这是沸腾状态下空泡生长速度的典型表达式.一个核或者空泡通过泵所用时间的数量级为 $1/(\Omega\phi)$.如果 $1/(\Omega\phi) \ll t_{\mathrm{cri}}$,空泡的生长不会受热效应的抑制,此时空化空泡的生长是爆炸性的,空泡阻塞流道使相对流速增大从而导致泵性能下降.另一方面,如果 $1/\Omega\phi \gg t_{\mathrm{cri}}$,大多数空泡的生长会受到热效应的抑制,空化性能会有效改善.

为了应用式(4.14)计算 t_{cri},需要确定 $\sum$ 的值.根据方程(4.7)中 $\sum$ 的定义,它只是液体温度的函数.各种流体的 $\sum$ 值与温度的关系如图 4.7 所示(横坐标采用温度与临界温度的比值是为了能够将所有流体的数据显示在同一幅图中).需要指出的是 $\sum$ 值大的变化主要是由于蒸气密度随温度的变化引起的.

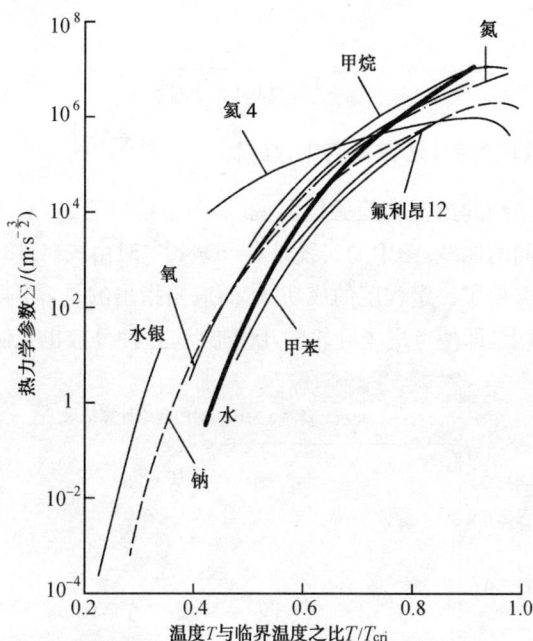

图 4.7　各种饱和流体中热力学参数 $\sum$ 与温度的关系

　　例如,在水空化流动中,其张力 p_B-p 的数量级为 10 000 Pa. 因为水在 20 ℃时的 $\sum$ 值大约为 1 m/s$^{\frac{3}{2}}$,t_{cri} 值的数量级为 10 s. 因此,对于所有的泵,$1/(\Omega\phi)$ 都会远远小于 t_{cri},因此不会产生热效应. 当在 100 ℃时,水的 $\sum$ 值大约为 10^3 m/s$^{\frac{3}{2}}$,$t_{cri}=10$ μs. 因此 $1/(\Omega\phi)$ 远远大于 t_{cri},热效应非常明显. 在实际中,装置一旦确定就会存在一个"临界"温度值,在此温度以上就会出现空化的热效应. 对于转速为 3 000 r/min 的水泵,此临界温度值约为 70 ℃,该值与泵性能的试验数据一致.

　　上述方法的主要困难在于,为了应用式(4.14)计算 t_{cri},需要找到计算张力 p_B-p 的方法. 为了避开这一困难,在上述模型的基础上利用试验数据来建立一个新的准则. 将式(4.14)改写为量纲一的形式:

$$\Omega\phi\, t_{cri}=\frac{1}{2}\frac{p_B-p}{\frac{1}{2}\rho_L U^2}\frac{U^2\Omega\phi}{\sum^2},\qquad(4.16)$$

式中,$\dfrac{p_B-p}{\frac{1}{2}\rho_L U^2}$ 可以进一步近似为 $-C_{pmin}-\sigma$. 时间比 $\Omega\phi\, t_{cri}$ 存在某一临界值 β,该临界值是两种流动的分界线:一种流动是在无热效应时由于空化的作用引起性能下降,另外一种流动得益于热效应不会引起性能下降. 令式(4.16)的 $\Omega\phi\, t_{cri}$ 等于 β,那么可以定义临界断裂空化数 σ_x(σ_a 或者 σ_b)如下:

$$\sigma_x=-C_{pmin}-2\beta\frac{\sum^2}{U^2\Omega\phi}.\qquad(4.17)$$

当没有热效应时,σ_x 的值为 $(\sigma_x)_0=-C_{pmin}$,式(4.17)可以表示为

$$\frac{\sigma_x}{(\sigma_x)_0}=1-2\beta\frac{\sum^2}{U^2\Omega\phi(\sigma_x)_0}.\qquad(4.18)$$

定义

$$\sum{}^{*}=\frac{\sum}{\left[U^2\Omega\phi(\sigma_{\mathrm{x}})_0\right]^{\frac{1}{2}}}, \tag{4.19}$$

称 $\sum{}^{*}$ 为修正后的热效应参数，则临界空化数的比 $\dfrac{\sigma_{\mathrm{x}}}{(\sigma_{\mathrm{x}})_0}$ 是 $\sum{}^{*}$ 的一个简单函数. 图 4.8 列出了一系列不同试验中得到的数据来检验该假说. 从图中可以看出，对于不同的泵和液体，所有数据都符合一条共同的曲线. 图中的实线是 $\beta=5\times10^{-6}$ 时由式(4.18)计算得到的. 这样，对热效应建模的努力就取得了一定程度的成功. 然而应当指出的是，图 4.8 中的数据在水平方向上的分散有 10 倍以上，即使考虑了叶轮的几何形状，这种分散也无法避免.

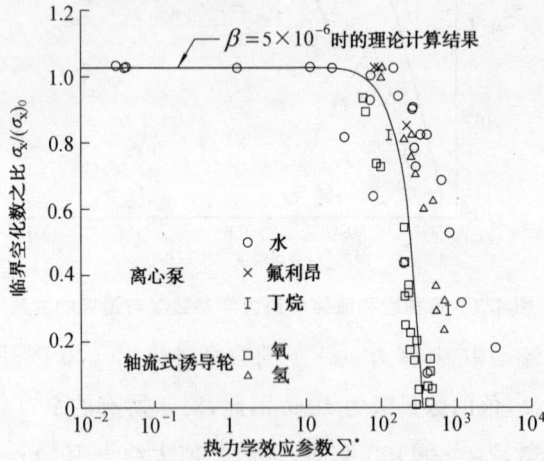

图 4.8　各种泵和液体的 $\dfrac{\sigma_{\mathrm{x}}}{(\sigma_{\mathrm{x}})_0}$ 与 $\sum{}^{*}$ 的关系

另外，除了上述的理论方法，还提出了很多纯经验的方法. 所有的经验方法都是寻求预测热效应引起的 $NPSH$ 的变化，也就是 $\Delta NPSH$. $\Delta NPSH$ 就是由于热效应的影响，空化性能曲线向左侧移动的量. 对于运行在特定转速下的特定的泵，其输送两种不同的液体(或者具有不同温度的同种液体)时其空化曲线的水平方向移动距离为

$$\Delta NPSH=H_{\mathrm{T1}}-H_{\mathrm{T2}}, \tag{4.20}$$

式中，H_{T1} 和 H_{T2} 只与各自流体的热力学特性有关，这一固有性质用 H_{T} 表示. 由于 $\dfrac{\rho_{\mathrm{L}}^2\,c_{\mathrm{PL}}\,T_\infty}{\rho_{\mathrm{V}}^2\,L^2}$ 会在 $\sum$ 中(式 4.7)以及几乎所有热效应分析中出现，因此为了方便，用符号 B_1 来表示参数 $\dfrac{g\rho_{\mathrm{L}}^2\,c_{\mathrm{PL}}\,T_\infty}{\rho_{\mathrm{B}}^2 L^2}$. 通过对大量转速为 3 500 r/min 单级泵数据的研究，得到了下述形式的 H_{T} 与热力学特性的经验关系式：

$$H_{\mathrm{T}}=\frac{28.9\rho_{\mathrm{L}}g}{p_{\mathrm{V}}(B_1)^{\frac{4}{3}}}, \tag{4.21}$$

式中，H_{T} 单位是 m；$\dfrac{p_{\mathrm{V}}}{g\rho_{\mathrm{L}}}$ 为汽化压力水头，单位是 m；B_1 为热力学参数，单位是 m^{-1}. 该关系式的图形表示如图 4.9 所示. 很明显，式(4.21)(或图 4.9)可以用来查看所需液体在运行温度下的 H_{T} 值以及参考液体在参考运行温度下的 H_{T} 值. 这样，应用式(4.20)

将参考工况下已知的空化性能进行平移，就可以得到期望工况下的空化性能.

4.2 自由流线理论及其应用

泵内空化形式的多样性及其产生的两相流的复杂性意味着事实上不存在预测空化性能的可靠解析方法.然而,如果每个叶片上的空穴流动可以近似为单一的、充分发展的空穴或者附着空穴,就可以寻求采用自由流线理论方法进行分析.这些分析方法可以细分为线性理论和非线性理论,线性理论适用于细长、流线型物体的绕流流动,非线性理论更精确,但在数学上要复杂得多.自由流线流动的这两种方法已经应用于很多空穴流动问题中,在这里仅限于讨论与泵内附着空化相关的一些结论.

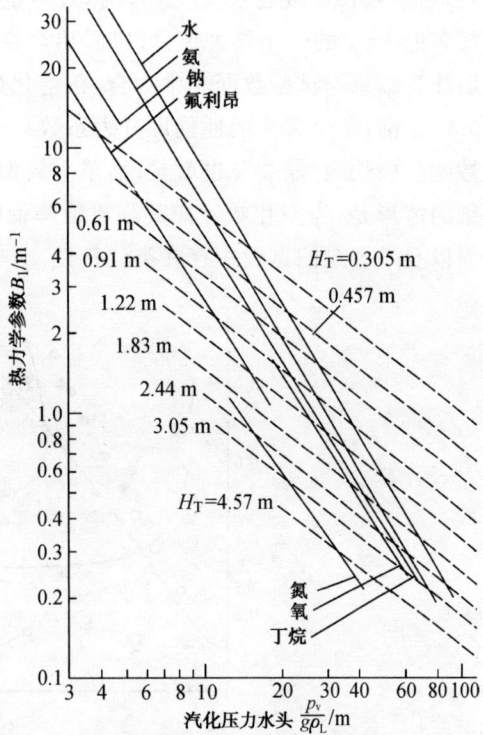

图 4.9　设计流量下扬程降低 3% 时离心泵内对应不同液体和 H_T 的 B_1 值

4.2.1 翼型的自由流线理论

1. 线性解结论

首先介绍自由流线法在简单水翼中的应用,主要介绍应用近似线性理论分析部分空化或超空化平板水翼得出的结论.部分空化求解得到的升力系数为

$$C_L = \pi\alpha \left[1+(1-l)^{-\frac{1}{2}}\right], \qquad (4.22)$$

式中,l 为空穴长度 L 与翼型弦长 c 的比值.l 与空化数 σ 之间的关系为

$$\frac{\sigma}{2\alpha} = \frac{2-l+2(1-l)^{\frac{1}{2}}}{l^{\frac{1}{2}}(1-l)^{\frac{1}{2}}}. \qquad (4.23)$$

因此,对于给定的空穴长度 l 和攻角 α(对于平板翼型,攻角和冲角相等),升力系数和空化数分别由式(4.22)和式(4.23)计算.注意当 $l \to 0$ 时,C_L 的值趋向于无空化平板的理论值,即 $2\pi\alpha$.对于超空化平板水翼,相应的解为

$$C_L = \pi\alpha l\left[l^{\frac{1}{2}}(l-1)^{-\frac{1}{2}}-1\right], \qquad (4.24)$$

$$\alpha\left(\frac{2}{\sigma}+1\right) = (l-1)^{\frac{1}{2}}, \qquad (4.25)$$

显然,超空化即表示 $l>1$.

图 4.10 所示为攻角 $\alpha=4°$ 时,根据式(4.22)—(4.25)计算得到的升力系数和空化长度与空化数的关系曲线.图中,实线表示升力系数 C_L,虚线表示空穴相对长度 l,离散的小三角是 l 的试验数据,小圆圈和小黑点为 C_L 的试验数据.当 $\sigma \to \infty$ 时,部分空化升力系数的解为全湿升力系数(无空化升力系数)$2\pi\alpha$;当 $\sigma \to 0$ 时,升力系数向 $\frac{\pi\alpha}{2}$ 逼近.注

意,当空穴长度接近弦长($l \to 1$)时,升力系数的两个解都是病态的.不过,如果将每条曲线靠近$l=1$的一小段去掉,可以看出当空化数减小时水翼的性能是降低的.图中还表明计算结果与试验数据非常吻合.在空化数σ降低到某一临界值(图4.10的情况约为0.7)以前,单个翼型的性能即升力系数只有微小的变动.但是,低于该临界值时,升力系数就会极快地"断裂".也就是说,单个翼型的情况也反映了泵内的典型空化性能.更详细的情形是,当空化数σ向其临界值降低时,超空化升力系数会略微增加,很多单一水翼以及一些泵的试验中存在类似特性.

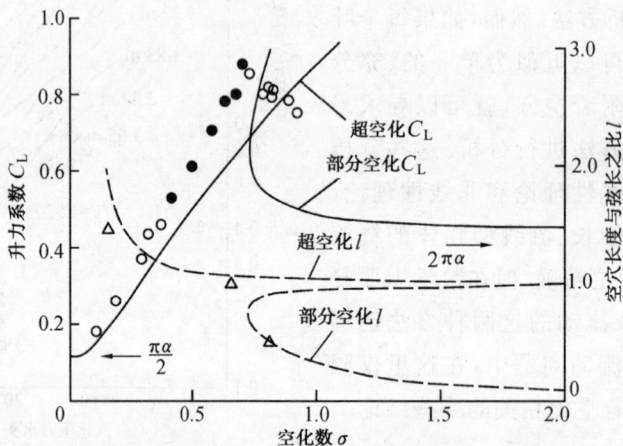

图4.10 $\alpha=4°$时空化平板翼型的线性理论计算结果

在靠近临界空化数时解析解的这种特有性质同空穴长度与水翼弦长大小相近时出现的不稳定性是相关的.下面简要介绍这种不稳定性,第15章将对已明确的一些空化不稳定性进行分析.

2. 空穴振荡

在某些情况下,即使不存在外部激励,空穴也会表现出自我维持的振荡状态.其中一种情况与部分空穴有关,当部分空穴的长度接近翼型弦长时就会出现不稳定特性.试验中观察到:随着空化数的降低,当单个水翼上的附着部分空穴的长度接近大约翼型弦长c的0.7倍时,空穴就会开始剧烈地振荡.振荡的空穴可能生长到$1.5c$,此时空穴会在$0.5c$处断开,断开的空化云会在向下游游动的过程中破裂.破裂的空泡云中伴有脱落旋涡,因此作用在翼型上的升力也在同时振荡.这种现象称为"部分空化振荡".在空化数进一步降低到某一临界空化数以前,这种振荡是持续发生的,当空化数低于该临界值时,流动又重新变得非常稳定,对应此临界空化数条件下的空穴在水翼出口边下游约$0.3c$的临界位置溃灭.单个翼型上的部分空化振动频率通常低于$\dfrac{0.1U}{c}$,其中,U为来流流速,c为翼型弦长.在叶栅或者泵中,超空化通常只会在小叶栅稠密度的情况下才会发生,不过在这种情况中也会发生部分空化振荡,而且振荡可能非常强烈.

本节前面的内容可以对这种部分空化不稳定性进行说明.根据式(4.22)—(4.25),在给定空化数时可以绘制升力系数与攻角之间的关系曲线,图4.11中包括部分空化和超空化的这种曲线.图中还有两条点划线,在超空化区域的点划线对应的点为 $\dfrac{dC_L}{d\alpha}=0$,此时 $l=\dfrac{4}{3}$.在部分空化区域的点划线对应的点为 $\dfrac{dC_L}{d\alpha}\to\infty$,此时 $l=\dfrac{3}{4}$.这两条点划线是 $\dfrac{dC_L}{d\alpha}>0$ 区域与 $\dfrac{dC_L}{d\alpha}<0$ 区域的分界线.可以认为 $\dfrac{dC_L}{d\alpha}<0$ 表示不稳定的流动,即图4.11中两条点划线之间的部分表示不稳定运行区域.该不稳定区域的边界是 $\dfrac{3}{4}<l<\dfrac{4}{3}$,实际试验观察到的不稳定空化振荡的区域与该结论非常接近.

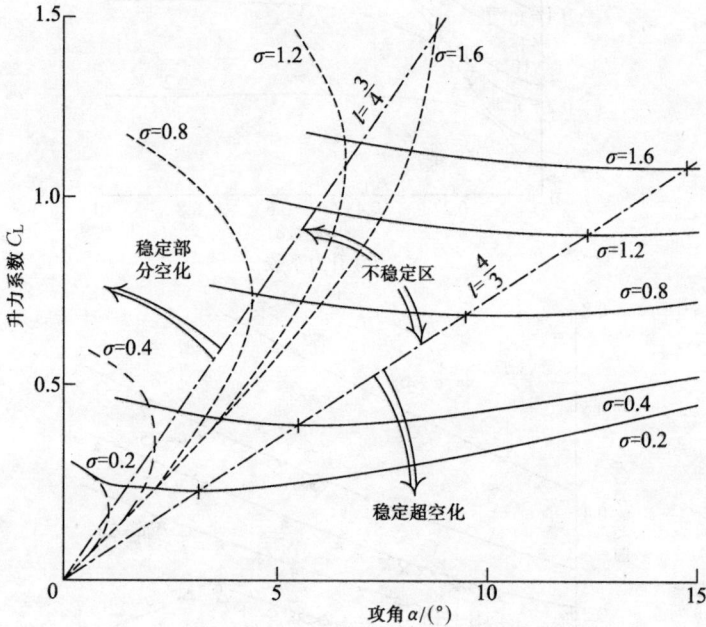

图 4.11　平板空化翼型中升力系数 C_L 与攻角 α 的关系

空穴振荡的第二种情况出现在"通气空穴"中,这种空穴是通过在翼型的尾迹中引入空气形成的.当空气的流量超过某一临界值时,空穴开始振荡,在每个振荡周期都会有大的空气包从空穴的尾部脱落.这种振荡的辐射频率约为 $\dfrac{6U}{L}$(L 为附着空穴长度).显然,这种不稳定性与泵的应用无关.

3. 非线性解

自由流线理论中的非线性方法可以更精确地求解平板及任意形状物体的空化问题.图 4.12 是单个翼型中非线性理论计算的一个例子,图中为不同攻角下升力系数和阻力系数与空化数之间的关系曲线,同时还有试验数据与之对比.图中既包括超空化数据又包括部分空化数据,后者发生在高空化数和小攻角条件下(曲线中的虚线部分是指对于空穴长度接近弦长的临界区域采用任意光滑的曲线进行连接).这一比较表明非线性理论得到的结果与试验结果非常一致.在圆弧形翼型的计算中,非线性理论的计算结果与试验数据的一致性同图 4.12 具有基本相同的精度.

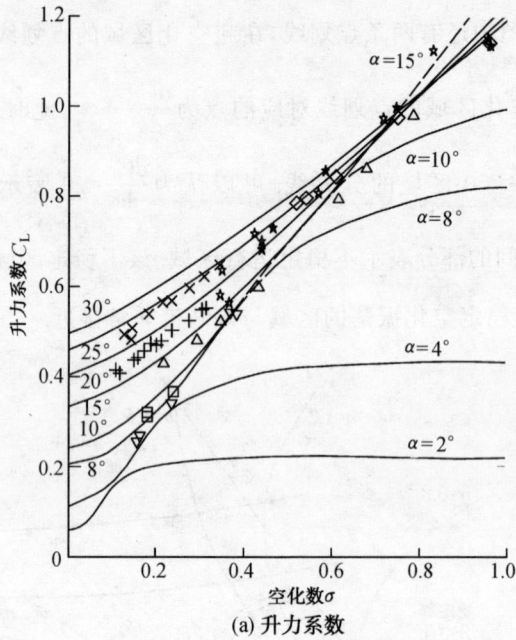

(a) 升力系数

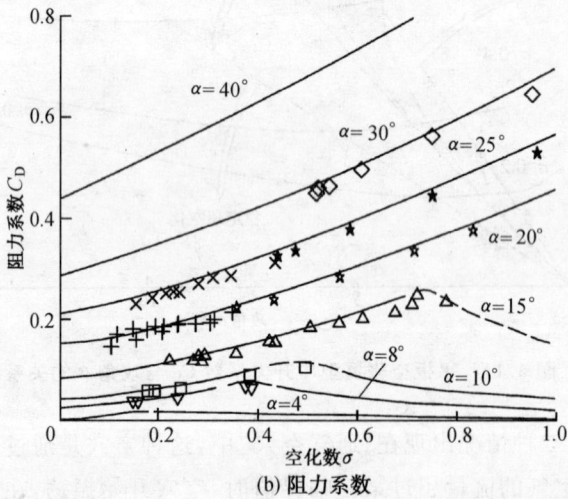

(b) 阻力系数

图 4.12 平板翼型的非线性解与试验值比较(离散点为试验值)

4.2.2 超空化叶栅

现在开始介绍最适用于透平机械的自由流线分析,即介绍应用自由流线理论求解空化叶栅的一些结论.通常,部分空化叶栅和超空化叶栅(参见图 3.3)都采用自由流线法进行分析.显然,当叶栅稠密度和安装角较小时,在进口边初生的空穴较容易发展到出口边之后.这种叶栅的形状具有螺旋桨的特征,因此超空化叶栅的结论多用于螺旋桨领域.另一方面,大多数泵的叶栅稠密度和安装角都很大,通常空穴在流出叶片流道前泵内的压力升量已使其溃灭,因此泵内常发生的是部分空化.这里先对超空化叶栅的计算情况进行简要的介绍,后对适用于泵内空化流动的部分空化叶栅的情况进行较详细的说明.

图 4.13 所示为某一叶栅的升力系数与阻力系数的测量值与理论计算结果的对比,

其中叶栅的叶栅稠密度为 0.625,叶片安放角 $\beta=45°+\alpha$,攻角 α 取 8°(图中"△"表示其测量值)和 9°(图中"□"表示其测量值)两种情况,虚线为采用线性理论计算的结果,实线为采用非线性理论的计算值.

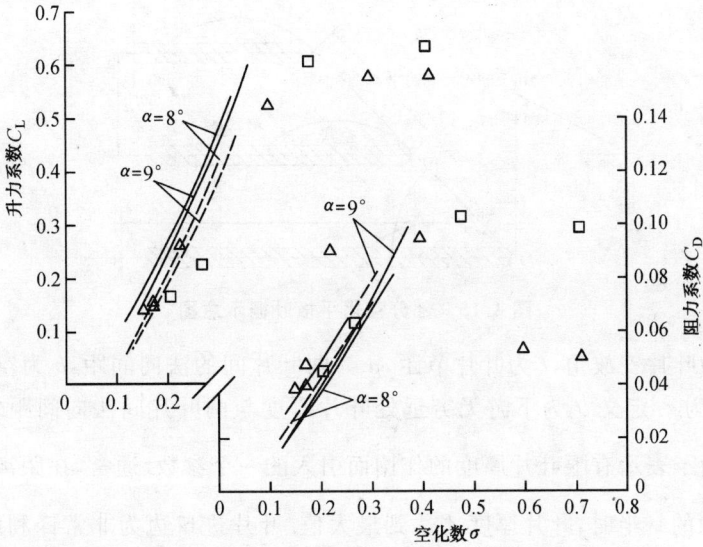

图 4.13   超空化叶栅(低稠密度)升力系数和阻力系数与空化数关系

从图中可以看出,随着空化数的降低以及超空穴的增长,升力系数测量值表明空化性能有明显的下降.不过,试验中观察到的重要一点是这种性能的降低是在空化非常严重时才会出现的.试验得到的初生空化数为 $\sigma_i=2.35(\alpha=8°$时)和 $\sigma_i=1.77(\alpha=9°$时).不过,只有空化数降低到约 0.5 时,性能才会有较明显的影响.因此,在部分空化发生与性能有些许下降之间,有较宽的空化数范围.

对于图 4.13 所采用实例中的叶栅和攻角,应用线性和非线性超空化理论得出的结果相近而且接近试验结果.不过在有些情况下采用线性理论会出现很大的误差,此时显然需要采用非线性理论进行计算.

叶栅稠密度是确定泵或者螺旋桨叶片数的一个重要参数,它对结果的影响也很重要.图 4.14 所示为出现大的超空穴时($\sigma=0.18$)叶栅稠密度的作用.从图中可以看出,当攻角很小的时候,稠密度的影响很小.

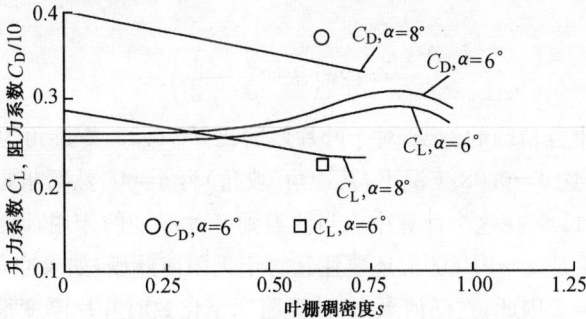

图 4.14   升力系数和阻力系数与叶栅稠密度的函数关系

4.2.3 部分空化叶栅结论及其在泵与诱导轮内的应用

图 4.15 所示为部分空化叶栅示意图.

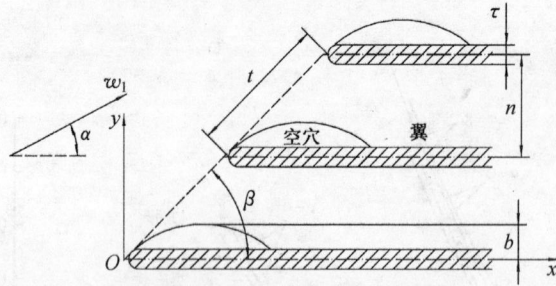

图 4.15 部分空化平板叶栅示意图

图中 β 为叶片安放角, t 为叶片节距, n 为两叶片间的法向间距, b 为空穴的最大厚度, 叶片厚度为 τ. 定义 d 为下游无穷远处叶片厚度与两叶片间法向间距之间的比值, $d=\dfrac{\tau}{n}$, d 是为了表示有限叶片厚度的作用而引入的一个参数. 通常, 在距离叶片进口边约为叶片间距的一半时, 叶片厚度才达到最大值. 叶片进口边为非常锋利的抛物线形, 进口边的曲率半径为

$$\kappa \approx \frac{\pi t(1+\sigma_{c})}{d^{2}\beta^{3}}, \tag{4.26}$$

式中, σ_{c} 是阻塞空化数, 其推荐计算公式为

$$\sigma_{c}=\left(1+2\sin\frac{\alpha}{2}\sec\frac{\beta}{2}\sin\frac{\beta-\alpha}{2}+2d\sin^{2}\frac{\beta}{2}\right)^{2}-1. \tag{4.27}$$

阻塞空化数 σ_{c} 是一个临界最小空化数, 在该空化数时空穴变得无限长, 低于该空化数时则自由流线理论没有解. 实际中会出现这种流动, 在流出处有很大的偏移角, 性能下降很大. 因此, 应用叶栅方法分析泵流动的时候, 常常认为阻塞空化数 σ_{c} 是断裂空化数 σ_{b} 的近似值.

式(4.27)只在冲角 α 很小时有效, 而且通常 β 也很小, 因此,

$$\sigma_{c}\approx\alpha(\beta-\alpha)+\beta^{2}d. \tag{4.28}$$

对于一般的空化数 σ, 空穴的最大厚度 b 满足

$$\frac{b}{n}=2\pi\left[d-(1+\sigma)^{\frac{1}{2}}+\frac{\sin(\beta-\alpha)}{\sin\beta}\right], \tag{4.29}$$

或者

$$\frac{b}{n}\approx2\pi\left(d-\frac{\alpha}{\beta}-\frac{\sigma}{2}\right). \tag{4.30}$$

举一个不是十分精确的例子, 对于叶片厚度比 $d=0.15$、螺旋角为 $10°(\beta=10°)$ 的平板诱导轮, 在流量系数 $\phi=0.08$ 工况下, 其冲角(攻角)为 $\alpha=4°$. 然后根据式(4.28)得到阻塞空化数为 $\sigma_{c}=0.0119$. 在这个计算中应当注意到叶片厚度的作用, 因为取 $d=0$ 时根据式(4.28)得到的结果是 $\sigma_{c}=0.0073$. 还要注意对于无限薄叶栅, 如果冲角是 $0°$ 时用式(4.28)得到的结果为 $\sigma_{c}=0$. 因此, 在任何泵中, 计算阻塞空化数时叶片厚度很重要.

之所以说上述例子不是十分精确, 是因为在进口面内, 几乎所有的泵和诱导轮的参数 α,

β和d都是沿半径方向变化的(如图 4.16 所示),因此上述理论应当是进口径向位置的函数.

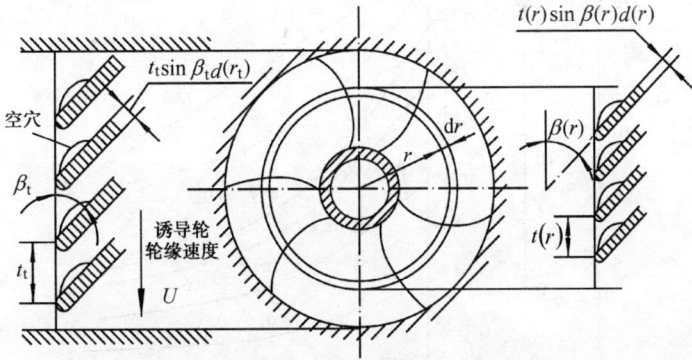

图 4.16　诱导轮流动参数随半径不同的变化

图 4.17,图 4.18 和图 4.19 分别为土星 J2 和 F1 发动机氧化剂涡轮泵、9°螺旋诱导轮 B 以及 SSME 低压液氧涡轮泵诱导轮 C(参见 6.1 节表 6.1)进口的叶片安放角β、相对叶片间距的叶片厚度d以及冲角(攻角)α在径向的变动情况.

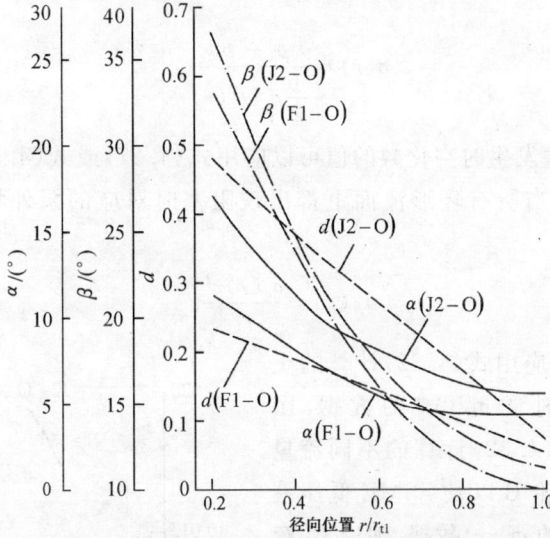

图 4.17　土星 J2 和 F1 发动机氧化剂涡轮泵各变量沿径向的变化($\phi=0.097$)

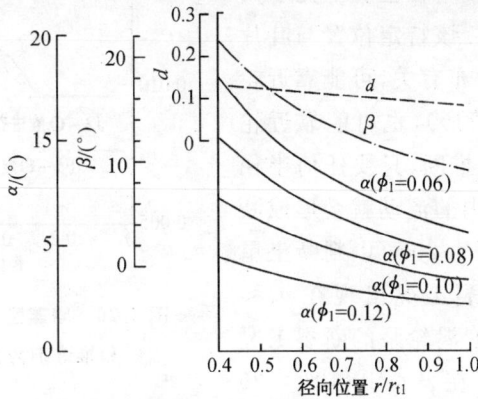

图 4.18　9°螺旋诱导轮 B 各变量沿径向的变化

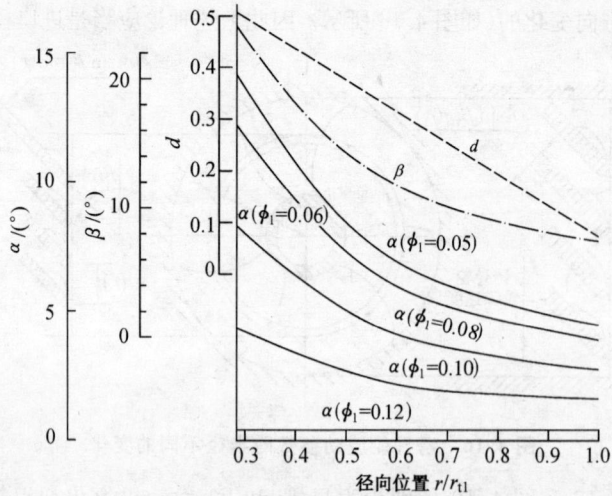

图 4.19　SSME 低压液氧涡轮泵诱导轮 C 进口各变量沿径向的变化

为了进行流动计算,在每个半径方向流面上的叶栅分析必须对应于该特定半径的空化数

$$\sigma(r) = \frac{p_1 - p_{\mathrm{V}}}{\frac{1}{2}\rho_{\mathrm{L}}U^2(r)}. \tag{4.31}$$

每个叶栅内阻塞发生时空化数的值可以应用式(4.27)或式(4.28)求解,该空化数表示为 $\sigma_{\mathrm{c}}(r)$.因此,当所有环形流面上都出现阻塞时对应的泵外特性阻塞空化数定义为

$$\sigma_{\mathrm{ct}}(r) = \frac{\sigma_{\mathrm{c}}(r)r^2}{r_{\mathrm{t}}^2}. \tag{4.32}$$

图 4.20 所示为应用式(4.32)计算的土星 J2 和 F1 氧化剂泵 $\sigma_{\mathrm{ct}}(r)$ 的数据,图 4.21 所示为应用式(4.32)计算的不同流量系数下 9° 螺旋诱导轮 B 以及 SSME 低压液氧涡轮泵诱导轮 C 的 $\sigma_{\mathrm{ct}}(r)$ 数据.理论上,存在某一特定的半径,在该半径位置上先于其他半径上发生流动阻塞.该特定位置与叶片角和叶片厚度的径向分布有关,可能靠近轮毂(如图 4.20 所示的情形),也可能靠近轮缘.不过,有人会直观地推断,只要任何半径上的流动发生阻塞,泵内的流动就会形成断裂.根据这种直觉,从图 4.20 可以判断土星 J2 氧化剂涡轮泵的断裂工况出现在 $\sigma_{\mathrm{b}} \approx 0.019$ 处,土星 F1 氧化剂涡轮泵的断裂工况出现在 $\sigma_{\mathrm{b}} \approx 0.0125$ 处.在表 4.1 和图 4.20

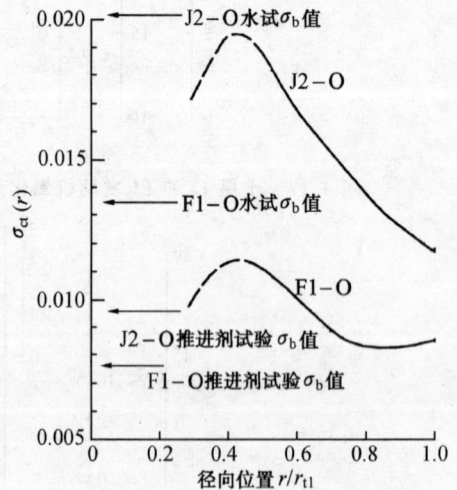

图 4.20　阻塞空化数计算值与以水和推进剂为介质的试验值

中对上述预测值与介质为水的试验观测值进行比较,可以看出结果非常接近.用推进剂替代水进行试验获得的数据也绘制在图 4.20 中,其结果很不理想.这可能是由于推进剂中的热效应引起的,这种热效应在水中不存在.此外,正如预料的一样,预测的结果会随着流量系数的不同而发生变化(因为改变了冲角),如图 4.21 所示.

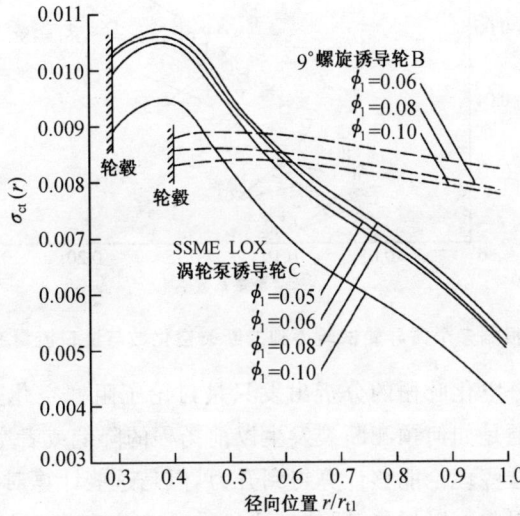

图 4.21   不同流量系数下 9°螺旋诱导轮 B 以及 SSME 低压液氧涡轮泵诱导轮 C 的阻塞空化数

表 4.1   各种诱导轮泵的断裂空化数计算值与水试结果比较

诱导轮	σ_c 理论值	σ_b 观测值
土星 J2 氧化剂诱导轮	0.019	0.020
土星 F1 氧化剂诱导轮	0.012	0.013
SSME LOX 泵	0.011	0.012
9°螺旋诱导轮 B	0.009	0.012

图 4.22 为一些有关诱导轮断裂空化数的试验数据.这些数据考虑了很多情况,例如诱导轮的轮缘叶片角 β_{t1} 从 5.6°变化到 18°、变动叶片进口边形状、采用了 3 和 4 两种叶片数、以及采用不同的轮毂比等.正如图中所表现出来的,这些数据只与 ϕ_1 一个参数有很强的相关性.对于 σ_b 与 ϕ_1 这种较好的相关性还没有合理的解释.

图 4.22 中绘出了在均方根半径 r_{RMS} 位置上应用式(4.28)计算的结果,实线考虑了叶片的厚度,虚线没有考虑叶片厚度,其中均方根半径为

$$r_{RMS} = \left[\frac{1}{2} (r_{t1}^2 + r_{h1}^2) \right]^{\frac{1}{2}}. \tag{4.33}$$

图中实线比虚线更接近试验值,这表明考虑叶片厚度的计算结果比不考虑叶片厚度的计算结果更精确.事实上在有些半径上的 σ_c 值要比 r_{RMS} 上的大,因此断裂首先在这些半径上发生,这是计算结果与试验结果仍然存在差异的原因.

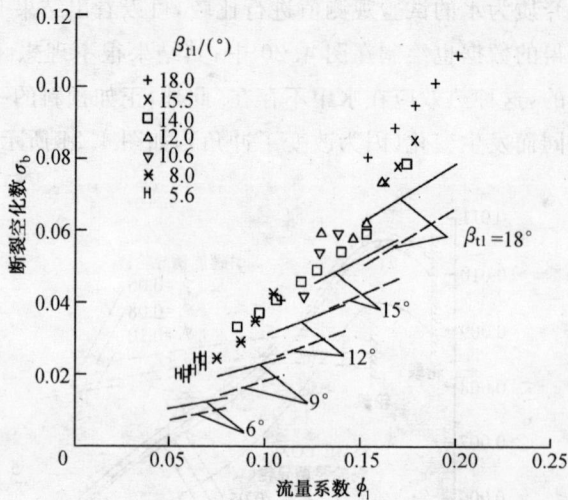

图 4.22　根据多个诱导轮试验得到的断裂空化数与进口流量系数的关系

直到这里,从部分空化叶栅的分析出发只是讨论了阻塞空化数或者断裂空化数的计算,仍然存在的问题是如何预测断裂发生以前扬程的降低或者空化扬程损失.这里的问题在于,虽然根据这些理论能够计算得到升力,但是这些计算对空化引起的扬程损失计算没有什么作用.因此可以想象,即使有小部分的空穴存在,但是由于大稠密度叶栅的出流事实上是受叶栅的控制沿叶片方向流动的,不管出流存在或不存在空穴,叶栅内的部分空化对叶栅性能不会有明显的改变.在这里要计算的水力损失是由于空化引起的附加(也有可能是负的)摩擦损失,这种摩擦损失是由于空化引起的流动流态的变化形成的.很多人想通过修正叶栅理论来计算空化引起的扬程损失.分析这种损失的一个方法认为叶片流道内空穴的存在会使液体流动的过流断面面积减小.当空穴溃灭时,过流断面面积增加形成一个原来不存在的"扩散管".可以将这个"扩散管"内流动的水力损失看作空化扬程损失,通过考虑空穴排挤 $\dfrac{b}{n}$ 计算.

第 2 篇

空化对泵性能的影响

　　本篇介绍泵内空化最基本的一种负面作用,即空化对泵水力性能的影响.当泵中发生空化时,会使泵的水力性能下降.首先介绍空化对泵的性能影响的基本知识,随后讨论诱导轮理论和设计,在泵的主叶轮前安装诱导轮可以有效提高泵的空化性能.

第5章　泵空化性能

本章介绍泵最重要的一个相似数——比转速及其与泵叶轮形式和性能曲线的关系,空化对不同比转速泵特性曲线的影响,泵空化基本方程式及对与之有关的净正吸头的分析,提高泵抗空化性能的一些方法.空化的相似特性以及吸入比转速也是本章的重要内容.

5.1　泵的比转速与无空化性能

5.1.1　比转速

泵比转速的计算公式为

$$n_s = \frac{3.65n\sqrt{Q}}{H^{\frac{3}{4}}}, \tag{5.1}$$

式中,n 为泵的转速,r/min;Q 为泵的流量,m³/s;H 为泵的扬程,m.比转速 n_s 是叶片泵最重要的相似数,关于 n_s 应当明确:比转速 n_s 指最高效率点处对应的值;n_s 是根据相似理论推导得到的,因此几何相似、运动相似的泵其 n_s 值相同,但是反过来未必成立.就是说 n_s 相同的泵,未必就几何相似和运动相似.另外,比转速的单位是 $(m/s^2)^{\frac{3}{4}}$,量纲不为一,但是不影响其作为相似判据的实质意义.

有时将比转速的计算公式(5.1)量纲一化为

$$N = \frac{2\pi n}{60}\frac{\sqrt{Q}}{(gH)^{\frac{3}{4}}} = \frac{\Omega\sqrt{Q}}{(gH)^{\frac{3}{4}}}, \tag{5.1a}$$

式中,Ω 为泵的转速,rad/s;N 为量纲一的泵比转速,

$$n_s = 193.2N. \tag{5.1b}$$

如前所述,比转速 n_s 相同的泵,未必几何相似和运动相似.但是如果不做特别说明,通常认为比转速 n_s 相同的泵是几何相似和运动相似的,即比转速 n_s 相同的泵的几何形状(与几何相似相关)和性能曲线(与运动相似相关)是相似的.下面分别介绍比转速与泵几何形状以及性能曲线的关系.

5.1.2　比转速与泵的几何形状

首先介绍泵叶轮的主要几何参数.图 5.1 所示为叶轮的主要几何参数,需要说明的是,通常叶轮叶片流道的进口宽度 b_1 和出口宽度 b_2 与叶片的进口边和出口边不重合.D_{c1} 和 D_{c2} 分别为进出口过流断面轴面截线中点处的直径.对于离心泵,有 $D_{t2} = D_{c2} = d_{h2} = D_2$;对于轴流泵,通常有 $D_1 = D_{t2} = D, d_{h1} = d_{h2} = d_h$.$D_j$ 为叶轮进口直径,有时也用 D_e 表示.D_1 为叶片进口边与前盖板交点处的直径.对于高速离心泵,建议 $D_{c1} = 0.94D_j$.

除图 5.1 中标注的叶轮参数外,还有下述 3 个几何参数:

① 叶轮进口当量直径 D_0,
$$D_0^2 = D_j^2 - d_h^2;$$
② 进口平均有效直径 d_1,
$$d_1 = \sqrt{\frac{D_1^2 + d_{h1}^2}{2}}; \tag{5.2}$$
③ 出口平均有效直径 d_2,
$$d_2 = \sqrt{\frac{D_{t2}^2 + d_{h2}^2}{2}}. \tag{5.3}$$

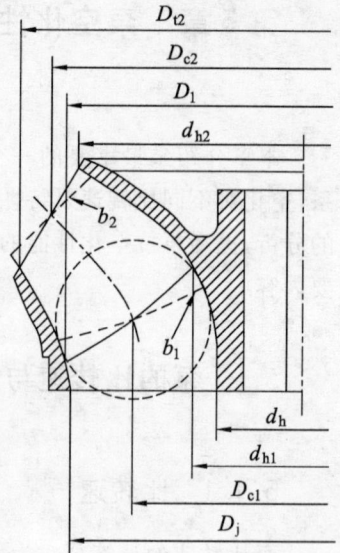

图 5.1 泵叶轮几何参数

显然,对于离心泵,$d_2 = D_2$. 平均有效直径是针对泵扬程计算定义的,即在直径 d_1 和 d_2 处计算得到的扬程等于泵的平均积分扬程.

比转速 n_s 是泵的相似准则数. 如无特别说明,一般认为比转速相同的泵是几何相似的,因此,根据比转速一个参数就可以将所有的泵分类. 如图 5.2 所示,当 $38 < n_s < 235$ 时叶轮为离心式,当 $235 < n_s < 525$ 时为叶轮斜流式或者混流式,当 $525 < n_s < 1\ 240$ 时叶轮为轴流式. 也可以说,当比转速大时应采用轴流泵,当比转速小时应采用离心泵,这样才能获得较高的效率.

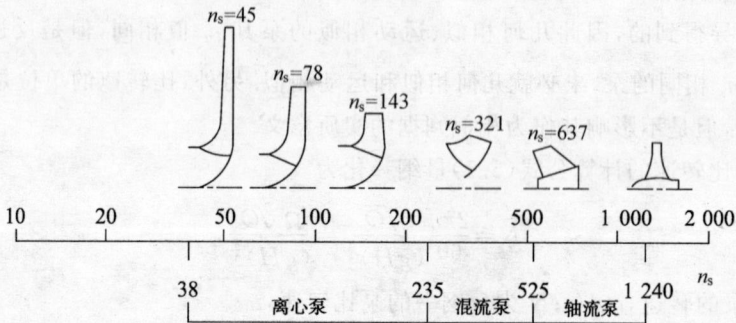

图 5.2 比转速与叶轮形状间的关系

需要说明的是,上述叶轮形式与比转速之间的关系并不是非常严格的,特别是边界点附近,不同的研发人员可能会采用不同的叶轮形式. 例如,由于斜流泵(导叶式混流泵)特有的优点,目前已向传统的离心泵和轴流泵的领域内发展,远远突破了上述界限的限制.

图 5.3 为叶轮形式与比转速之间定量的关系曲线,除了给出的 b_2,D_1 和 D_{t2} 与比转速之间的关系曲线以外,还有设计点的流量系数 ϕ_2 和设计点的扬程系数 ψ 与比转速之间的关系曲线,其中,

$$\phi_2 = \frac{v_{m2}}{u_2}, \tag{5.4}$$

$$\psi = \frac{gH}{u_2^2}. \tag{5.5}$$

设计点的流量系数 ϕ_2 也称为出口流量系数,注意其与式(1.7)所定义的进口流量系数不同,除了 v_{m1} 与 v_{m2} 的不同之外,式(1.7)中的 U 是 D_1 处的圆周速度,式(5.4)中的 u_2

是 d_2 处的圆周速度,即 $u_2 = \dfrac{n\pi d_2}{60}$.

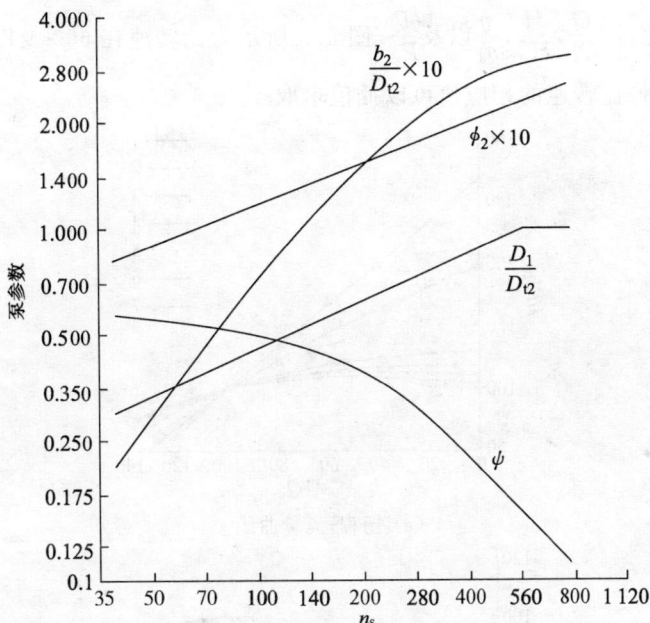

图 5.3 泵参数与比转速之间的量化关系

5.1.3 比转速与量纲一的泵非空化性能曲线

泵的非空化性能曲线包括 $H\text{-}Q$, $\eta\text{-}Q$ 以及 $P\text{-}Q$ 三条曲线. 如 2.3 节所述,除了空化性能以外,泵的其他性能可以用模型试验换算得到,即可以采用量纲一的性能曲线来比较其随比转速 n_s 的变化情况. 性能曲线量纲一化的方法有很多种,常用的有流量系数和扬程系数的方法. 流量系数和扬程系数的计算公式为式(5.4)和式(5.5).

流量系数和扬程系数还有另外一种定义方式:

扬程系数　$K_H = H_1 = \dfrac{H}{n^2 D_2^2}$, 　　(5.6a)

流量系数　$K_Q = Q_1 = \dfrac{Q}{n D_2^3}$. 　　(5.6b)

一般地,如无特别说明,流量系数和扬程系数的计算公式为式(5.4)和式(5.5). 图 5.4 所示为量纲一的泵性能曲线.

泵非空化性能变量除流量和扬程以外,还有效率、功率等,因此采用上述方法量纲一化得到的泵性能曲线不全面. 而且,上述量纲一化表示方法中都涉及线性尺寸 D_2. 在没有进行设计之前 D_2 是未知的,所以上述量纲一的性能曲线的表示形式在使用上有时候不太方便.

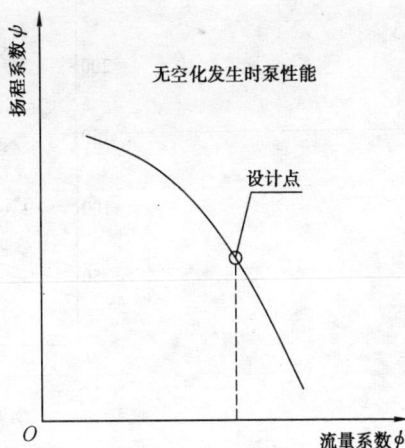

图 5.4 量纲一的泵非空化性能曲线

另外一种表示量纲一的泵性能曲线的做法是,以设计工况点的性能参数即流量 Q_d、扬程 H_d、效率 η_d 和轴功率 P_d 为 1,定义量纲一的量为任一工况点的参数与设计工况点的参数之比,即 $\dfrac{Q}{Q_d},\dfrac{H}{H_d},\dfrac{\eta}{\eta_d}$ 以及 $\dfrac{P}{P_d}$。图 5.5 所示为比转速在 600 及以下的量纲一的泵性能曲线,其他比转速的相应值可以插值求取.

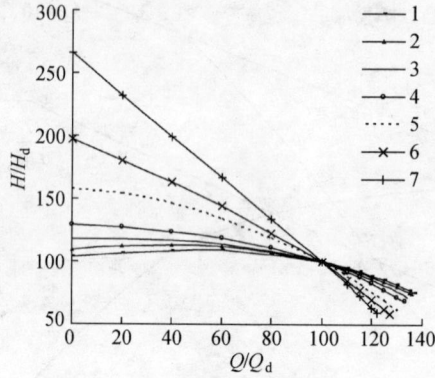

（a）扬程-流量曲线

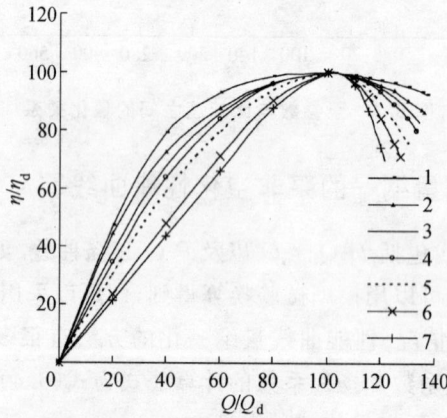

（b）效率-流量曲线

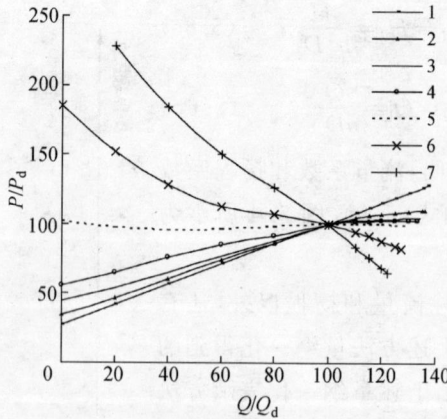

（c）功率-流量曲线

1—$n_s=50$, 2—$n_s=100$, 3—$n_s=150$, 4—$n_s=200$, 5—$n_s=300$, 6—$n_s=400$, 7—$n_s=600$

图 5.5　各种比转速量纲一的性能曲线

通过图 5.5 所示的曲线可以看出,随着 n_s 的增加,$H\text{-}Q$ 曲线越来越陡峭,关死点扬程越来越高,$\eta\text{-}Q$ 的高效区范围越来越窄.n_s 较小时,$P\text{-}Q$ 曲线是正斜率曲线;n_s 较大时,$P\text{-}Q$ 曲线是负斜率曲线;当 $n_s = 300$ 时,$P\text{-}Q$ 曲线近似为一条水平直线.因此通常低 n_s 泵关阀启动,高 n_s 泵开阀启动.

5.1.4 关于泵效率

通常,经典的泵设计要求在其设计点的效率达到最高.图 5.6 所示为设计点效率与对应的比转速之间的关系,由于效率还受泵的大小以及转速的影响,因此图 5.6 中的效率为换算到 $Re = \dfrac{u_2 D_2}{\nu} = 10^8$ 的值,图 5.7 为雷诺数变化时效率修正曲线.从图 5.6 中可以看出,这组曲线在 $n_s = 193$ 附近存在一个最大值,当 n_s 大于或者小于 193 时,效率都是下降的.因此,"理想的"泵的 n_s 应该为 193.在实际设计中,流量和扬程都不能改变,可以通过调整转速 n 使设计点的 n_s 为 193.

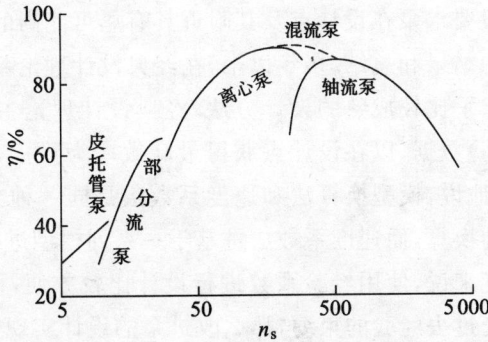

图 5.6 效率与比转速的关系 $\left(Re = \dfrac{u_2 D_2}{\nu} = 10^8 \right)$

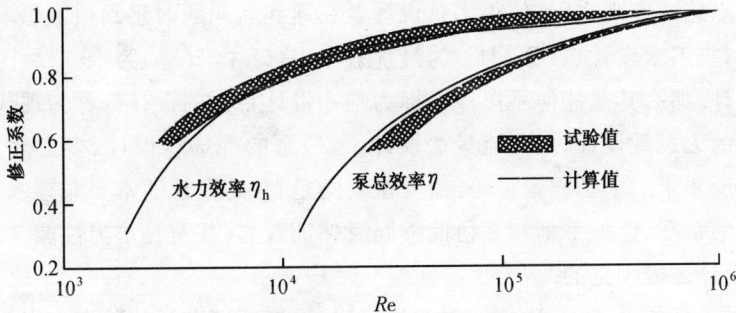

图 5.7 雷诺数不同时泵水力效率及总效率的修正

图 5.8 是根据泵的试验数据统计得到的泵的总效率和比转速 n_s 的关系曲线,并以流量为参变量,即考虑到泵尺寸的影响.这些统计结果可以作为泵工程师评价其设计质量的参照.此外,效率的确定也可以参照相应的国家标准或者行业标准.

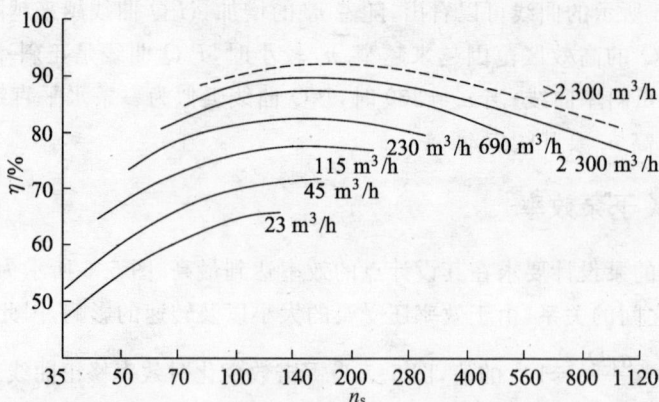

图 5.8　效率与比转速和流量的关系

5.1.5　关于泵设计理论的说明

经典设计理论一般要求泵在设计点及其附近具有尽可能高的效率,图 5.2—5.8 都是这种经典设计理论的结果和总结.多年以来,在经典设计理论基础上已经得到了大量的经验资料并总结积累了比较成熟的设计方法.经典设计理论主要是以泵基本方程式为基础,结合大量的试验数据,以在设计点获得最高效率为目标,总结得到了模型换算法和速度系数法.严格地说,模型换算法和速度系数法是同一种方法,因为模型换算法是基于一个模型进行的换算,而速度系数法是基于一系列模型进行的换算.

从泵设计者的角度来说,使用经验系数进行设计比较方便,而且也非常可靠,但是如果所有的设计总是受过去经验的束缚,那么改进泵的设计实现创新是很困难的.这一点在近年来的泵设计领域尤其严重,由于目前国内几部主导性的泵参考书过度强调模型换算法的可靠性,而在介绍设计方法时有意无意地忽略了泵的性能是 4 条曲线而不是一个工况点这一客观实际,使很多泵设计者在遇到新问题时感到很困惑.

在这里,将追求设计点 (Q_d, H_d) 为最优效率点 (Q_{BEP}, H_{BEP}) 为唯一设计目标的设计称为经典设计.那么其他任何不以该目标为唯一设计目标的设计都称为现代设计,例如低比转速泵的无过载设计、加大流量法设计,一般泵的等扬程设计、多工况点设计以及高比转速泵所要求的平扬程设计等.需要说明的是,泵的设计通常要兼顾水力性能和结构要求之间的平衡,这种平衡和妥协能够同时保证双方(甚至是水力性能一方的几个指标)最优的设计是极少见的.

不过,对于泵的设计,无论设计要求如何,其性能都遵守泵的基本方程式,即理论流量 Q_t 和理论扬程 H_t 之间的关系式为

$$H_t = \frac{u_2}{g}\left(\sigma u_2 - \frac{Q_t}{A_2 \tan \beta_2}\right), \tag{5.7}$$

对于性能良好的叶轮,式(5.7)中的滑移系数一般取值为 $\sigma = 0.76$.

此外,泵关死点扬程 H_0 的经验公式为

$$H_0 = \sigma_0 \frac{u_2^2}{g}, \tag{5.8}$$

上式中关死点滑移系数 σ_0 的统计值为 $\sigma_0 = 0.585$.

关死点理论扬程 H_{0t} 的经验公式为

$$H_{0t} = \sigma_{0t} \frac{u_2^2}{g}, \qquad (5.9)$$

σ_{0t} 的统计值为 $\sigma_{0t} = 0.725$.

假若已经确定了设计目标,那么式(5.7)—(5.9)就仅仅是叶轮外径和叶轮叶片出口安放角的函数. 也就是说,根据要求的性能曲线确定关死点扬程和设计点参数,然后就可以应用式(5.7)—(5.9)计算叶轮直径 D_2 和出口叶片安放角 β_2. 叶轮直径 D_2 和出口叶片安放角 β_2 是与泵扬程—流量曲线关系最密切的两个参数.

式(5.7)—(5.9)确定的是设计点和小流量点的情况,没有涉及大流量点. 在泵设计中,除叶轮以外的其他水力部件,尤其是蜗壳的重要作用,一直没有得到应有的重视. 蜗壳对泵的性能有全局性的影响,虽然有关蜗壳设计的面积比理论很早就已经提出,但是在实际工作中,蜗壳基本上采用速度系数法进行设计. 这里仅采用一个例子说明蜗壳设计对泵性能所起的重要影响.

如图 5.9 所示,叶轮叶片数 $Z = 5$,叶轮出口直径 $D_2 = 162$ mm,出口叶片安放角 $\beta_2 = 23°$,叶片出口宽度 $b_2 = 15.7$ mm. 其设计参数为 $Q_d = 22.5$ m³/h,$H_d = 4.6$ m,$n = 1\ 200$ r/min,$n_s = 110.2$.

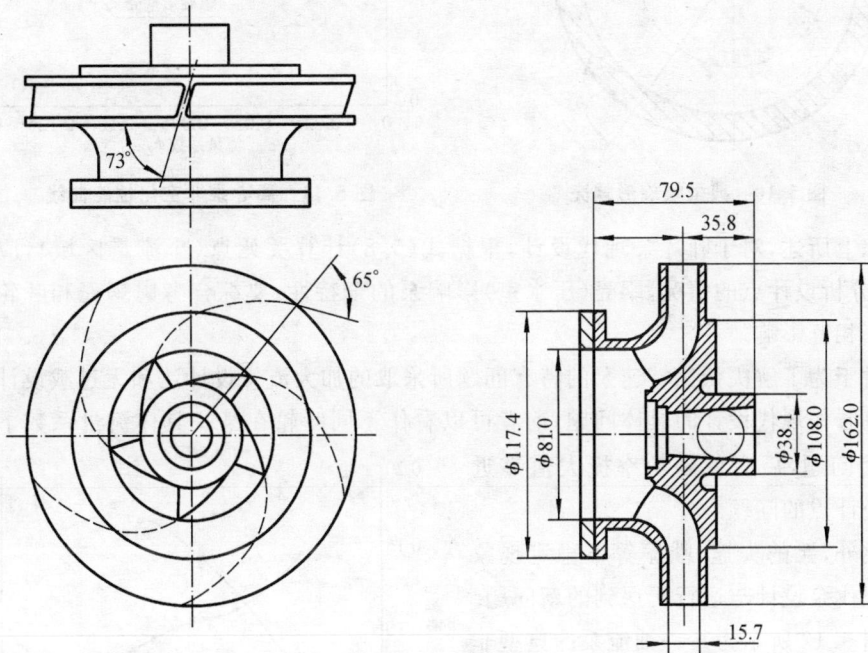

图 5.9　离心叶轮

图 5.10 所示的蜗壳是与图 5.9 的叶轮配合设计的,该蜗壳基圆直径为 $D_3 = 183$ mm,蜗壳螺旋角为 $\alpha_3 = 4°$,隔舌安放角 $\varphi_0 = 5°$. 图 5.9 所示离心叶轮设计点流量系数为 $\phi_2 = 0.092$. 图 5.10 中的蜗壳就是对应 $\phi_2 = 0.092$ 点设计的,也就是说,在该设计点,理论上蜗壳内压力分布周向均一,在流动减速过程中损失最小. 当蜗壳和叶轮的大

小确定以后,仅在设计点满足上述结论.因此需要明确的是,影响泵性能的因素不仅是叶轮和蜗壳自身的设计,还有它们之间的相互匹配问题.

图5.11所示为图5.9中的叶轮和图5.10所示的蜗壳组合的典型扬程—流量特性曲线,该泵的设计流量系数为 $\phi_2=0.092$.应当说明当流量降低到设计流量的30%时其运行还是相当好的,这一适应性是离心泵的特性.从图中也可以看出不同蜗壳的影响,环形蜗壳的周向面积均一,其过流断面面积等于螺旋形蜗壳的第Ⅷ断面面积.理论上该环形蜗壳与叶轮出口流动不匹配,结果在很大的流量系数范围内,其水力性能要低于螺旋形蜗壳.但是在大流量系数时,环形蜗壳更好.这更进一步表明了蜗壳(压水室)的重要性以及要理解设计工况和非设计工况下蜗壳内流动的必要性.

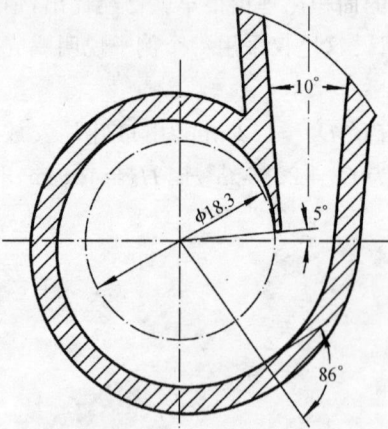

图5.10 典型螺旋形蜗壳

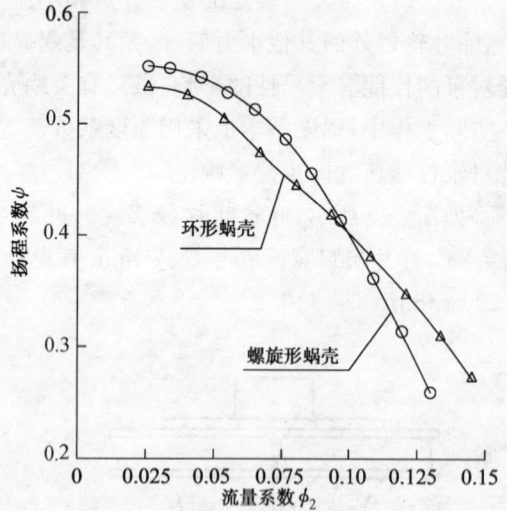

图5.11 离心泵非空化性能曲线

综上所述,对于叶片泵现代设计,根据式(5.8)计算关死点(小流量区域),应用式(5.7)分析设计点的情况,蜗壳(压水室)影响泵的全特性,要综合考虑蜗壳和叶轮的设计及其相互影响.

对于为了解决低比转速泵的特有问题所采取的加大流量设计法和无过载设计理论都可以看作现代设计的具体问题,前者可以看作不同叶轮在某一具体流量系数下的效率最优问题,后者就是功率极大值靠近最优设计点的问题.

此外,泵的失速、喘振等不稳定现象也是现代泵设计与运行所遇到的新问题.

图5.12所示为某一轴流泵的典型非空化性能特性.该泵的设计点流量系数为 $\phi_2=0.171$,在设计点的最大效率约为85%.与离心泵相比,轴流泵更易受流动分离和失速的影响,因此其通用性要差一些(高效区窄).图5.12中扬程曲线在

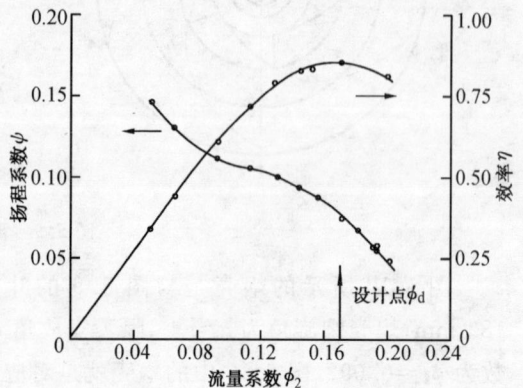

图5.12 三叶片轴流泵非空化性能曲线

$\phi_2=0.08\sim0.12$ 范围内的下降说明在此处发生了流动分离,由于微小的表面不规则变动都会对分离有很大作用,因此该区域的扬程—流量曲线对叶片形状的设计细节非常敏感. 图 5.13 所示为 4 个轴流泵的非空化特性,4 个相近的轴流泵只是在叶片形状上有微小的差别. 各曲线上的弯曲部分非常明显而且相互之间的差别也很大. 在扬程特性中还有小段的正斜率,在这种正斜率段时会受喘振和失速的激励引起不稳定性并导致压力和流量出现波动. 有时候扬程特性的这种正斜率区域更明显,如图 5.14 所示,失速发生在大约设计流量的 80% 处.

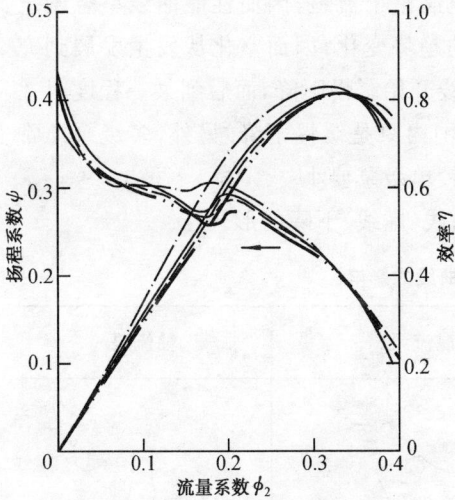

图 5.13 四叶片轴流泵非空化性能曲线

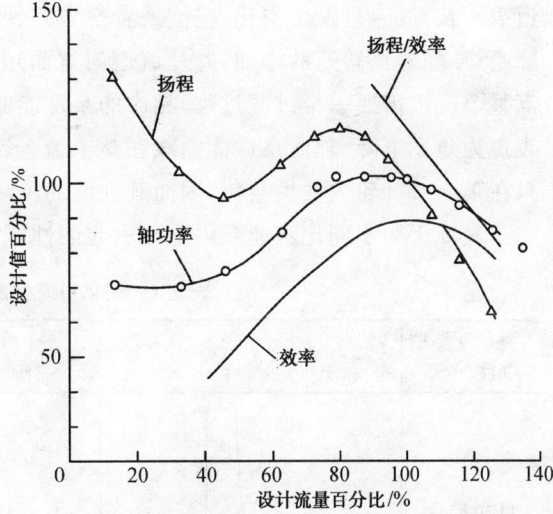

图 5.14 斜流泵性能曲线

图 5.15 所示是轴流泵叶片角的作用,可以看出叶片角在 $20°\sim30°$ 之间时适用性最好.

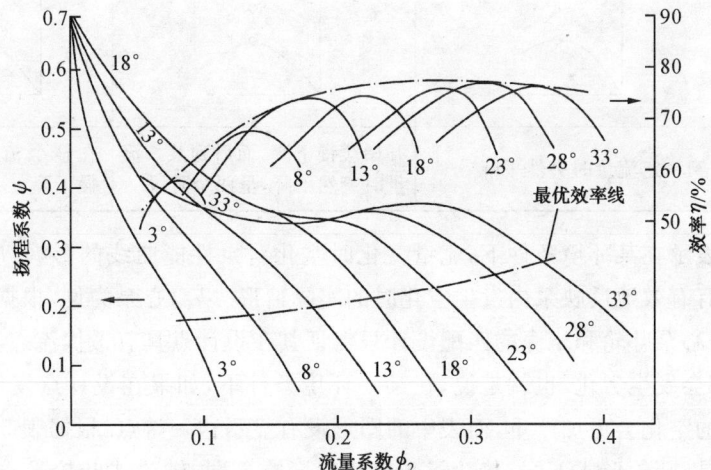

图 5.15 不同轮缘叶片角 β_1 对应的轴流泵扬程和效率曲线

对于上述提到的一些不稳定现象,由于不是本书空化方面的内容,因此不再做进一步的说明. 与空化问题相关的流动不稳定性,参见第 4 篇.

5.2 空化对泵性能曲线的影响

图 5.11—5.15 展示了非空化泵性能曲线. 泵内发生空化时叶轮和液体的能量交换受到干扰和破坏,在外特性上表现为 H-Q 曲线、η-Q 曲线、P-Q 曲线下降. 严重时会使泵中的液流中断,泵不能有效工作. 应当指出,泵发生空化初期,性能曲线并无明显变化,当性能曲线发生变化时,空化已发展到了一定程度.

空化对不同比转速泵性能曲线的影响形式不同. 对于低比转速泵,由于叶片间的流道窄而长,故一旦发生空化,空泡或者空穴很快充满整个流道,因而性能曲线呈急剧下降趋势. 随着比转速的增加,叶片流道向宽而短的趋势变化,因而空化从发生发展到充满整个流道需要一个过渡过程,相应的泵性能曲线开始缓慢下降,而后到某一程度时才表现为急剧下降. 轴流泵性能曲线在整个流量范围内只是缓慢下降. 另外,多级泵通常只在第一级叶轮内发生空化,因而其性能的下降较单级泵要小.

表 5.1 为不同比转速泵因空化引起的性能曲线(虚线)下降的形式.

表 5.1 空化对泵性能曲线的影响

泵类型 项目	离心泵	混流泵	轴流泵
叶轮形状			
性能曲线			
特点	到一定流量时突然下降	开始缓慢下降,而后到某一流量时突然下降,呈两个阶段	在整个流量范围内缓慢下降

表 5.1 表示在某环境条件下,流量变化时空化对泵性能曲线的影响. 应该说,表中的图形并没有有效地反映泵内发生空化时的实际情形. 以离心泵为例,根据 5.1 节介绍已经知道,离心泵叶轮和蜗壳的匹配设计只保证其在设计点具有最优流态,当偏离设计点时,流态都会发生劣化. 也就是说,在某一环境条件下,如果在设计点发生空化,那么在小流量点的空化会更加严重,而表中的图形没有显示这一特点. 根据表 5.1 可以得到的明确结论是:叶轮形式不同,其性能受空化的影响不同,轴流式叶轮受空化的影响不是十分严重. 因此有时候轴流式叶轮可以在一定的空化状态下运行. 此外,第 1 篇的内容已经明确空化的主要原因是压力,而不是流量,表 5.1 中并没有表示和说明压力的变化,更深入的理解参见 5.3 节和 5.4 节.

5.3 泵空化基本方程式

泵非空化运行时,其运行工况点 (Q, H) 是由泵的性能曲线 $H\text{-}Q$ 与装置特性曲线 $H_s\text{-}Q$ 共同决定的.同泵的非空化运行一样,泵空化也是由泵和装置两个方面的空化特性决定的,泵的空化特性和装置的空化特性分别用两个参数 $NPSHR$ 和 $NPSHA$,即泵净正吸头和装置净正吸头来表示.本节将介绍二者的关系与泵是否发生空化之间的联系,即泵空化基本方程式.

一台泵在运转中发生空化,但在完全相同的条件下,换另外一台泵可能不发生空化,这说明泵是否发生空化与泵本身有关.另外,同一台泵在某一条件下使用时发生空化,改变使用条件可能不会发生空化,这说明泵是否空化还与装置条件有关.所以泵是否发生空化是由泵本身和装置共同决定的.因此,研究泵空化发生的条件应从泵本身和装置双方来考虑.

泵是增加液体压力的机器,液体从叶轮进口到出口压力逐渐增加.但是由于叶片进口绕流的影响,泵内的最低压力点通常发生在叶片进口稍后的背面,如图 5.16 中的 K 点. K 点的压力为 p_K,这里仍然采用 1.2 节中的饱和蒸气压假说,即:$p_K < p_v$,发生空化;$p_K > p_v$,无空化;$p_K = p_v$,临界空化状态.

以图 5.16 的离心泵装置为例推导泵空化基本方程式.

图 5.16 中,定义在叶轮叶片进口处并且与 K 点在同一条流线上的点为 0 点,泵吸入管路内一点 c 为参考点,则 c 点到 0 点的绝对运动 Bernoulli 方程为

$$z_c + \frac{p_c}{\rho g} + \frac{v_c^2}{2g} = z_0 + \frac{p_0}{\rho g} + \frac{v_0^2}{2g} + h_{c-0},$$

$$(5.10)$$

从 0 点到 K 点的相对运动 Bernoulli 方程为

$$z_0 + \frac{p_0}{\rho g} + \frac{w_0^2 - u_0^2}{2g} = z_K + \frac{p_K}{\rho g} + \frac{w_K^2 - u_K^2}{2g} + h_{0-K},$$

$$(5.11)$$

图 5.16　离心泵装置

根据上述两式消掉共有项 $z_0 + \frac{p_0}{\rho g}$ 得到

$$z_c + \frac{p_c}{\rho g} + \frac{v_c^2}{2g} - \frac{v_0^2}{2g} - h_{c-0} + \frac{w_0^2 - u_0^2}{2g} = z_K + \frac{p_K}{\rho g} + \frac{w_K^2 - u_K^2}{2g} + h_{0-K},$$

进一步改写为

$$\left(z_c + \frac{p_c}{\rho g} + \frac{v_c^2}{2g}\right) - \left(z_K + \frac{p_K}{\rho g}\right) - h_{c-0} - h_{0-K} = \frac{v_0^2}{2g} - \frac{w_0^2 - u_0^2}{2g} + \frac{w_K^2 - u_K^2}{2g}.$$

因为 K 点和 0 点在圆周方向上距离很接近,所以 $u_K \approx u_0$(注意,此式对于高速泵不成立),则上式改写为

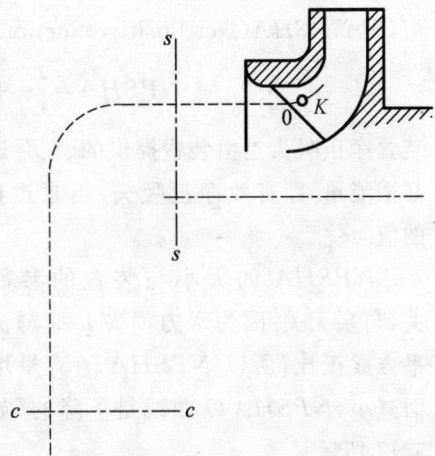

$$\left(z_c+\frac{p_c}{\rho g}+\frac{v_c^2}{2g}\right)-\left(z_K+\frac{p_K}{\rho g}\right)-h_{c-K}=\frac{v_0^2}{2g}+\frac{w_K^2-w_0^2}{2g}=\frac{v_0^2}{2g}+\frac{w_0^2}{2g}\left[\left(\frac{w_K}{w_0}\right)^2-1\right],$$

令 $\left(\dfrac{w_K}{w_0}\right)^2-1=K'$，则上式改写为

$$\left(z_c+\frac{p_c}{\rho g}+\frac{v_c^2}{2g}\right)-\left(z_K+\frac{p_K}{\rho g}\right)-h_{c-K}=\frac{v_0^2}{2g}+K'\frac{w_0^2}{2g}. \tag{5.12}$$

在实际应用中，由于很难精确地确定 0 点，通常用叶轮叶片进口处的平均绝对速度 v_1 和平均相对速度 w_1 代替式(5.12)中的 v_0 和 w_0，分别加上速度不均匀系数 K_1 和 K'' 进行修正，即式(5.12)改写为

$$\left(z_c+\frac{p_c}{\rho g}+\frac{v_c^2}{2g}\right)-\left(z_K+\frac{p_K}{\rho g}\right)-h_{c-K}=K_1\frac{v_1^2}{2g}+K'K''\frac{w_1^2}{2g}, \tag{5.12a}$$

式(5.12a)左侧减去一项 $\dfrac{p_v}{\rho g}$ 然后再加上，并定义右侧的 $K'K''=K_2$，则公式(5.12a)改写为

$$\left[\left(z_c+\frac{p_c}{\rho g}+\frac{v_c^2}{2g}\right)-z_K-h_{c-K}-\frac{p_v}{\rho g}\right]+\left(\frac{p_v}{\rho g}-\frac{p_K}{\rho g}\right)=K_1\frac{v_1^2}{2g}+K_2\frac{w_1^2}{2g}, \tag{5.12b}$$

式中，$K_1=1.0\sim1.2,K_2=0.15\sim0.4.$

式(5.12b)左侧方括号内的项由装置决定，称为装置净正吸头，也称为有效净正吸头，用 $NPSHA$(Net Positive Suction Head-available)表示，即

$$NPSHA=\left(z_c+\frac{p_c}{\rho g}+\frac{v_c^2}{2g}\right)-z_K-h_{c-K}-\frac{p_v}{\rho g}, \tag{5.13}$$

装置净正吸头是由装置提供的、在泵进口处单位重量液体具有的超过汽化压力水头的富裕能量，即有效净正吸头，指泵进口液体具有的全水头减去汽化压力水头所净剩的值.

$NPSHA$ 的大小与装置的参数有关，与泵无关. 因为水力损失 h_{c-K} 与流量平方成正比，所以 $NPSHA$ 随流量增加而减小，$NPSHA$-Q 曲线是下降的(如图 5.17 所示).

式(5.12b)右面两项由泵内的流动决定，用 $NPSHR$ 表示(Net Positive Suction Head-required)，称为泵净正吸头，也称为必需净正吸头，即

$$NPSHR=K_1\frac{v_1^2}{2g}+K_2\frac{w_1^2}{2g}. \tag{5.14}$$

图 5.17　**NPSHA 和 NPSHR 随流量变化的情况**

根据统计规律 $K_1=1.0\sim1.2$，通常直接取 $K_1=1$，所以式(5.14)也常改写为

$$NPSHR=\frac{v_1^2}{2g}+\lambda\frac{w_1^2}{2g}. \tag{5.14a}$$

同泵的扬程一样，泵净正吸头 $NPSHR$ 是泵自身的一个性能参数，它与装置无关，只与

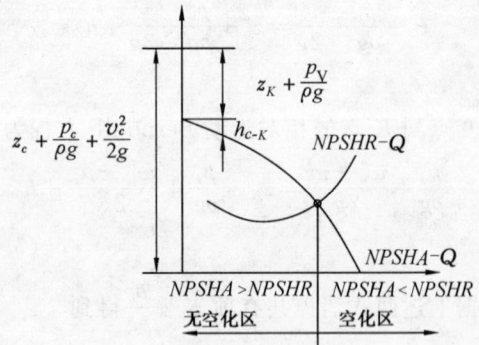

泵叶轮叶片进口处的流动参数 v_1 和 w_1 有关.流动参数在一定转速和流量下与几何形状有关,也就是说 $NPSHR$ 是由泵本身决定的.对既定的泵,不论何种液体(除黏性很大影响速度分布外)流过泵进口,因为速度大小相同,$NPSHR$ 的值相同,所以 $NPSHR$ 的值与液体性质无关.

由于 v_1,w_1 随流量增加,因此根据式(5.14)可以知道 $NPSHR$ 随流量 Q 的增加是增加的(参见图 5.17).但是泵空化不仅仅受流量这一个因素影响,当泵内流量减小时,液流角发生变化,冲角变化引起的脱流会激化空化的发展.当冲角变化引起的负面作用超过流量减小形成的积极作用时,$NPSHR$ 反而会随着流量的降低而增大.所以,当泵流量大于设计点流量时,$NPSHR$ 会增大,当流量从设计点持续降低时,$NPSHR$ 先降低后增大.

由式(5.12b),式(5.13)和式(5.14)得

$$NPSHA + \left(\frac{p_\text{v}}{\rho g} - \frac{p_\text{K}}{\rho g} \right) = NPSHR,$$

即
$$\frac{p_\text{K}}{\rho g} - \frac{p_\text{v}}{\rho g} = NPSHA - NPSHR. \tag{5.15}$$

式(5.15)就是泵发生空化条件的物理表达式,又称泵空化基本方程式,也就是装置净正吸头和泵净正吸头之间的关系式.

由泵空化基本方程式和饱和蒸气压假说可以看出:
① $NPSHA = NPSHR$,对应 $p_\text{K} = p_\text{v}$,泵临界空化状态;
② $NPSHA < NPSHR$,对应 $p_\text{K} < p_\text{v}$,泵空化状态;
③ $NPSHA > NPSHR$,对应 $p_\text{K} > p_\text{v}$,泵内无空化.

根据泵空化基本方程式可以进一步了解泵净正吸头的物理意义.首先,泵净正吸头 $NPSHR$ 是泵本身的属性,泵一旦设计结束后,$NPSHR$ 只与转速和流量有关.另外,从泵基本方程式来看,为了使泵在运行中不发生空化,要求装置提供的水头能量不能低于 $NPSHR$,这也是泵净正吸头 $NPSHR$ 又称为"必需净正吸头"的原因.

5.4 净正吸头计算与泵空化性能试验

5.3 节介绍了泵空化基本方程式,泵净正吸头 $NPSHR$ 和装置净正吸头 $NPSHA$ 是该方程式的两个主要参数.虽然泵净正吸头 $NPSHR$ 和装置净正吸头 $NPSHA$ 都有各自的计算公式,但是式(5.14)中的 K_1 和 K_2 不确定.因此到目前为止试验仍然是确定 $NPSHR$ 值的唯一可靠的方法.本节介绍装置净正吸头 $NPSHA$ 和泵净正吸头 $NPSHR$ 的计算以及试验确定 $NPSHR$ 的方法.

5.4.1 装置净正吸头计算

装置净正吸头的计算公式为式(5.13).参见图 5.16,根据泵进口法兰与参考点 c 之间的 Bernoulli 方程:

$$z_c + \frac{p_c}{\rho g} + \frac{v_c^2}{2g} = z_s + \frac{p_s}{\rho g} + \frac{v_s^2}{2g} + h_{c-s},$$

将式(5.13)换算到泵的进口基准面上，

$$NPSHA = \left(z_s + \frac{p_s}{\rho g} + \frac{v_s^2}{2g} + h_{c-s} \right) - z_K - h_{c-K} - \frac{p_V}{\rho g},$$

并忽略 z_s 与 z_K 的差别(根据泵是卧式还是立式安装的不同，z_s 与 z_K 的差别不同，对于大泵，二者的差别比较大)，即看作

$$z_s \approx z_K,$$

则有

$$NPSHA = \frac{p_s}{\rho g} + \frac{v_s^2}{2g} - h_{s-K} - \frac{p_V}{\rho g}, \tag{5.16}$$

式中，h_{s-K} 为泵进口法兰到 K 点的损失，此值很小，可以忽略. 因此如果测得泵进口法兰处的流速 v_s 和压力 p_s，就可以应用上式计算装置净正吸头 $NPSHA$.

另外，在图 5.16 中，式(1.4)为 $\sigma = \dfrac{p_s - p_V}{\frac{1}{2}\rho u^2}$，将其代入式(5.16)得到

$$NPSHA = \frac{u^2}{2g}\sigma + \frac{v_s^2}{2g} - h_{s-K}, \tag{5.16a}$$

即空化数 σ 与装置净正吸头的意义相同.

根据泵空化基本方程式，当 $NPSHA = NPSHR$ 时，泵内最低压力等于汽化压力($p_K = p_V$)，泵处于临界空化状态. 实际上不允许泵在这种状态下运转. 通常装置净正吸头要大于泵净正吸头，即

$$[NPSH] = NPSHR + K_0, \tag{5.17}$$

式中，$[NPSH]$ 为许用净正吸头；K_0 为空化安全余量，一般取 $K_0 = 0.3$ m.

如果是重要装置，或经常在大流量下运转，$NPSHA$ 应比 $[NPSH]$ 大，通常会选取 $NPSHA = (1.0 \sim 1.3)[NPSH]$. 因此，

$$NPSHA \geqslant [NPSH] = NPSHR + K_0. \tag{5.17a}$$

5.4.2 泵净正吸头计算

泵净正吸头的计算公式为式(5.14a)，式中 λ 值与泵叶轮叶片进口处的几何形状(叶片数、冲角、叶片厚度及其分布等)有关. λ 值通常为 $\lambda = 0.15 \sim 0.40$. 对 $n_s < 120$ 的泵，λ 值可近似用下面经验公式估算：

$$\lambda = 1.2\tan\beta_0 + (0.07 + 0.42\tan\beta_0)\left(\frac{\tau_0}{\tau_{max}} - 0.615 \right), \tag{5.18}$$

式中，β_0 为前盖板流线叶片进口稍前(不考虑排挤)的相对液流角；τ_0，τ_{max} 分别为叶片进口厚度和叶片最大厚度.

泵设计完成后根据式(5.14a)估算泵的 $NPSHR$ 值. 计算时一般按空化危险性最大的前盖板流线进行计算(最新的研究发现该流线未必是最危险的)，且 v_1，w_1 不考虑叶片的排挤.

设计流量下的 λ 值最小，随着与设计流量的偏离，因冲角的变化，脱流严重，λ 值增加，尤其是大于设计流量时 λ 随流量变化增加得很快.

5.4.3 试验确定泵净正吸头

如前所述,泵净正吸头目前还难以准确地用计算方法确定,可以说通过空化试验确定 $NPSHR$ 是唯一可靠的方法,所谓空化试验就是确定泵 $NPSHR$-Q 曲线的试验.

泵空化试验的原理是:对一台确定的泵,在一定转速和流量下其 $NPSHR$ 为定值.而对某一固定流量,装置净正吸头 $NPSHA$ 会随装置参数而变化.泵空化试验就是通过改变装置参数,也就是改变装置净正吸头 $NPSHA$ 使泵达到所谓的临界空化状态,即 $NPSHA = NPSHR$,从而确定泵净正吸头 $NPSHR$.

因此,泵空化试验有两个关键问题:一是如何使装置净正吸头发生变化,即如何变化 $NPSHA$;二是如何判断临界空化状态,即采用什么准则或者说以什么为依据确定 $NPSHA = NPSHR$.

以图 5.18 所示的闭式试验台对泵的空化试验进行说明.对于上面提到的第一个问题,根据 $NPSHA$ 的计算公式(5.13)和(5.16),减小 $NPSHA$ 的方法如下:

① 用真空泵抽真空,降低压力罐也就是泵进口处的压力 p_s,这是图 5.18 所示的闭式试验台进行空化试验最普通的方法;

② 关进口闸阀增大损失 h_{c-K},这是开式试验台常用的方法;

③ 降低水位或者提高泵的安装高度增加 z_K;

④ 改变环境温度使 p_V 发生变化.

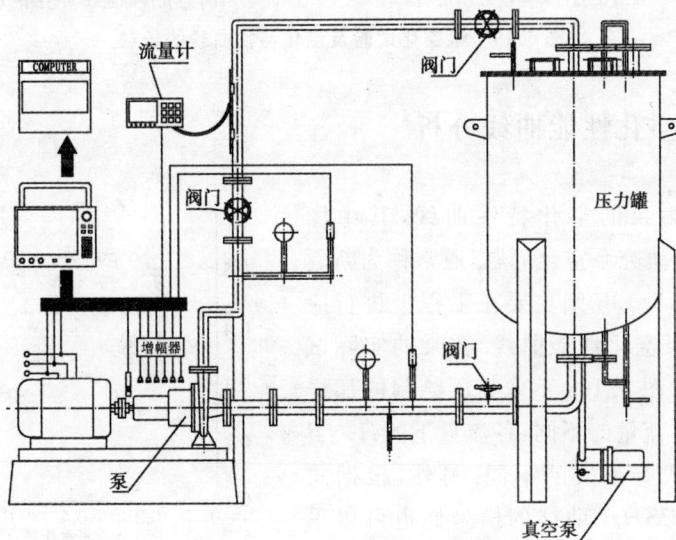

图 5.18 泵空化试验闭式试验台

对于第二个问题,如何确定泵发生空化,也就是说泵发生临界空化的标准是什么.现在通常以扬程与无空化时的扬程(多级泵为第一级扬程)相比下降 3% 的点为临界点,因此试验得到的泵净正吸头 $NPSHR$ 有时候也写作 $NPSH_3$.即在试验中,从大到小持续变动 $NPSHA$ 并记录观察泵扬程的变动情况,当扬程下降 $\delta H = 3\% H$ 时,认为此时泵内发生临界空化(事实上空化已经发展到了一定程度),即 $NPSHR = NPSHA$,计算此时的装置净正吸头就得到泵净正吸头,如图 5.19a 所示.此外,也有不同的行业标准或者出于研究的需要而规定扬程下降 1% 和 2% 甚至 4% 和 5% 的点为临界点,在这些情况下,泵净正吸头 NPSHR 会分别写成 $NPSH_1$,$NPSH_2$,$NPSH_4$ 和 $NPSH_5$.

空化性能试验规定在一定转速下进行,如果试验转速和规定转速不同,试验转速下得到的 NPSHR 应按相似理论向规定转速进行换算. 试验时,应随时调节出口闸阀保持流量不变.

根据试验得到不同流量的 NPSHR,绘制图 5.19b 所示的 NPSHR-Q 曲线,这就是泵的空化性能曲线. 在实际工程应用中,泵净正吸头 NPSHR 和装置净正吸头 NPSHA 的关系要满足式(5.17a).

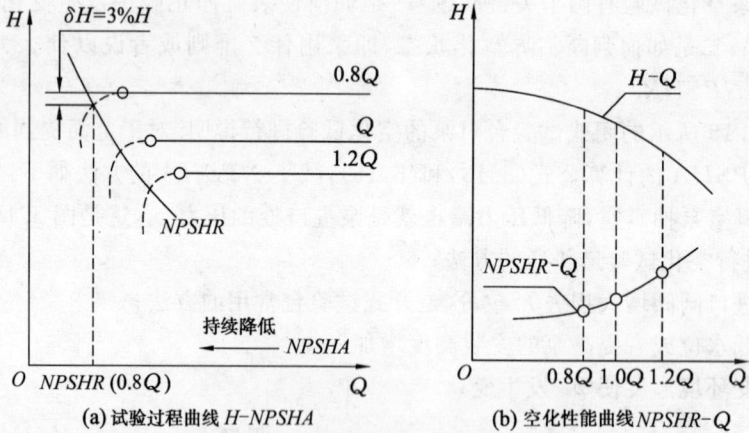

(a) 试验过程曲线 H-NPSHA   (b) 空化性能曲线 NPSHR-Q

图 5.19   泵空化试验及空化特性曲线的绘制

5.5   泵空化性能曲线分析

图 5.19 为泵的空化特性曲线,其中图 5.19a 主要用于研究泵空化问题,通常称为断裂空化特性曲线,5.19b 则主要在工程上进行应用,通常称为泵空化性能曲线. 在泵的实际试验情形中,通常图 5.19a 不像其所绘制的那样一致,而是随着流量的不同,各流量下的 H-NPSHA 曲线形式有很大的不同. 另外,根据式(5.16a),H-NPSHA 曲线的横坐标也可以采用空化数 σ(如图 5.20 所示).

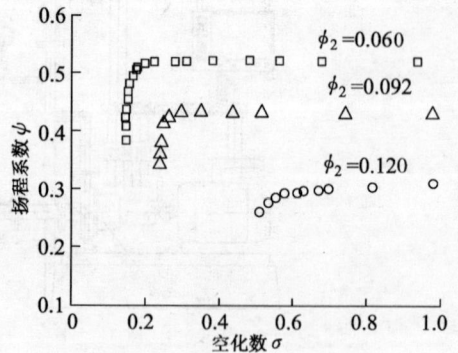

图 5.20   图 5.9 的叶轮和图 5.10 的蜗壳组合的泵空化性能

5.5.1   临界空化工况

对运行在某流量或者某流量系数下的泵,随着进口压力、NPSHA 或者空化数的逐步降低,明确理解空化性能曲线图上的 3 个特定空化数是很有必要的. 如前面章节中所讨论的,空化开始出现的点对应第一个临界空化数,称之为初生空化数 σ_i. 通常空化的初生是由其产生的典型爆裂声监测到的(参见

8.3 节). 随着压力的进一步降低, 空化的程度 (和噪声) 会增强. 但是通常 σ 持续降低到一定程度后泵性能才会有所降低, 这种情况的空化数通常是以扬程 H 或者扬程系数 ψ 下降一定的百分点来定义 (同 5.4.3 节中关于 $NPSH_3$ 的说明), 如图 5.21 所示.

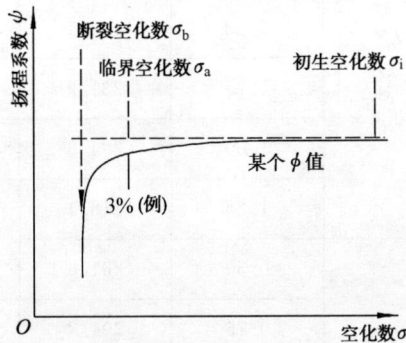

图 5.21　两个临界空化数

典型的临界空化数 σ_a 定义为扬程下降 2%, 3% 或者 5% 时对应的空化数的值. 更进一步的降低空化数会导致泵性能的严重劣化, 在这种情况下的空化数定义为断裂空化数, 用 σ_b 表示, 此工况点也称为第 II 临界空化工况. 关于第 I 临界空化工况点将在 5.5.2 节中进行介绍.

应当明确, 上述 3 个空化数 σ_i, σ_a 和 σ_b 的值有很大的差别, 混淆它们的差别就无法清晰地理解空化问题. 例如, 初生空化数 σ_i 可能会比 σ_a 或者 σ_b 大一个数量级. 与 σ_i, σ_a 和 σ_b 相对应, 存在一系列与之对应的临界吸入比转速, 即 C_i, C_a 和 C_b. 表 5.2 中的值用于说明 C_i 与 C_b 之间的巨大差别.

表 5.2　一些典型泵的初生吸入比转速和断裂吸入比转速

泵形式	n_s	$\dfrac{Q}{Q_d}$	C_i	C_b	$\dfrac{C_b}{C_i}$
带有导叶和蜗壳的流程泵	59.9	0.24	74.3	594.5	8.00
		1.20	237.8	743.2	3.12
蜗壳双吸泵	185.5	1.00	<178.4	624.3	>3.50
		1.20	237.8	624.3	2.62
带有导叶和蜗壳的离心泵	106.3	0.75	178.4	716.4	4.02
		1.00	237.8	793.7	3.34
冷却水泵 (1/5 比例模型)	260.8	0.50	193.2	1 010.7	5.23
		0.75	178.4	1 096.9	6.15
		1.00	246.7	1 004.8	4.07

泵形式	n_s	$\dfrac{Q}{Q_d}$	C_i	C_b	$\dfrac{C_b}{C_i}$
冷却水泵 (1/8 比例模型)	260.8	0.50	163.5	781.8	4.78
		0.75	231.9	1 022.6	4.41
		1.00	294.3	1 215.8	4.13
		1.25	318.1	728.3	2.29
冷却水泵 (1/12 比例模型)	260.8	0.50	261.6	1 132.6	4.33
		0.75	294.3	1 385.3	4.71
		1.00	223.0	966.1	4.33
		1.25	214.0	475.6	2.22
蜗壳泵	193.2	0.60	225.9	517.2	2.28
		1.00	246.7	737.2	2.99
		1.20	359.7	734.3	2.04

图 5.22 是美国国家水力协会 HI(Hydraulic Institute)制订的泵和水轮机运行的空化标准,该图建议泵在运行时其托马空化系数 σ_{TH} 应该大于图中给出的对应比转速下的值.图中的曲线对应的是临界吸入比转速为 870 时的情况,图中曲线的值应该理解为 C_a 而不是 C_i.运行在图 5.22 中的曲线之上并不说明没有空化或者空化破坏.

图 5.23 为某典型泵的 σ_i 和 σ_a 数据与不同流量和雷诺数(或者速度)之间的关系.从中看出初生数据的分布非常分散,与雷诺数的关系也没有明确的趋势.

当泵在初生空化工况和第 Ⅱ 临界空化工况之间($\sigma_b < \sigma < \sigma_i$)运行时,虽然存在着相当发展的空化和扬程的某些改变,但在很多情况下并不引起运行上的任何不良现象(振动、工况的不稳定、效率的很大改变等).不过泵在这种工况下长期运行时,在泵的过流部件的壁面上有可能发生破坏.泵一般不容许在 $\sigma \leqslant \sigma_b$ 工况下运行.

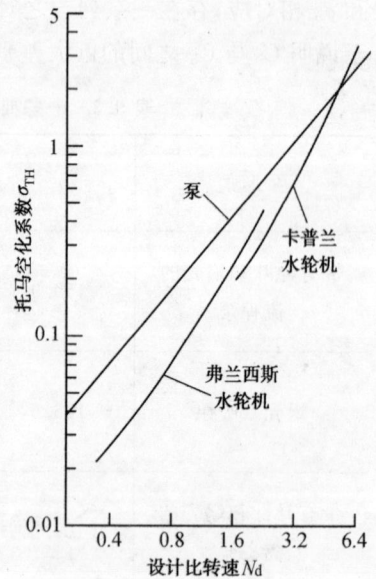

图 5.22　泵和水轮机运行的空化标准(美国水力协会)

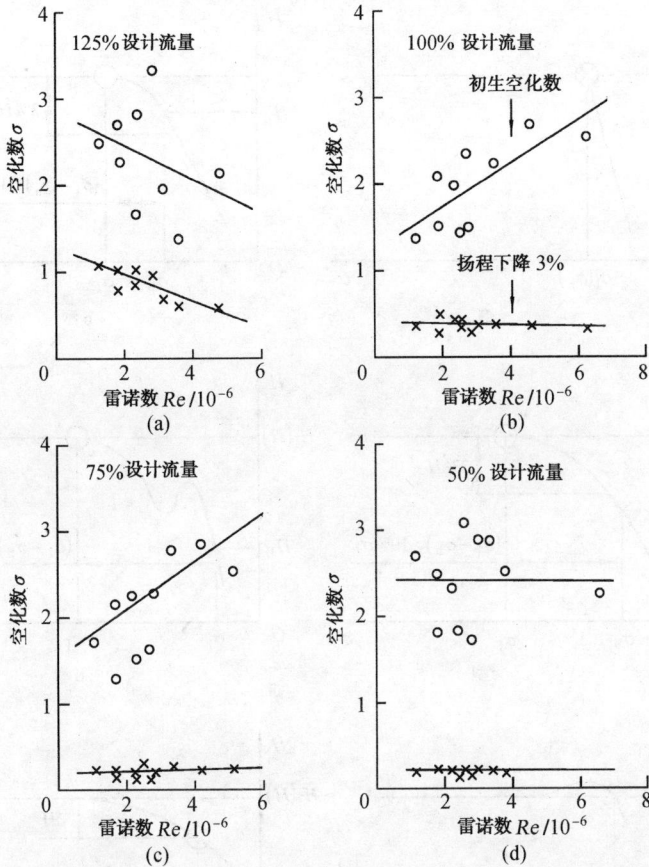

图 5.23　4 种不同流量下初生空化数和对应扬程下降 3% 的空化数与雷诺数的关系分析

5.5.2　泵断裂空化特性曲线类型

除了图 5.21 所示的泵临界空化工况点以外,还有一个临界空化工况点称为第 I 临界空化工况点,该点是指在断裂空化特性曲线上扬程 H 开始改变(下降或者上升)的点,对应的空化数称为第 I 临界空化数 σ_I. 很显然,第 I 临界空化数 σ_I 与初生空化数 σ_i 不同,二者的关系为 $\sigma_i > \sigma_I$. 而且,只要型式试验做得足够精细,可以精确得到 σ_I,σ_i 则无法通过型式试验获取.

图 5.24 所示为离心泵最常见的断裂空化特性曲线 H-σ(等价于 H-$NPSHA$)的类型,图中还标注了第 I 临界空化工况和第 II 临界空化工况的具体位置. 下面对该图中的各种曲线形式作一些解释性说明. 图中 H_I 为第 I 临界空化工况点 σ_I 对应的扬程,显然,H_I 与初生空化工况点对应的扬程以及无空化工况对应的扬程相同,即 $H_I = H$. H_{II} 为第 II 临界空化工况点也就是断裂空化工况点 σ_b 对应的扬程,定义 $\Delta H = H_I - H_{II} = H - H_{II}$.

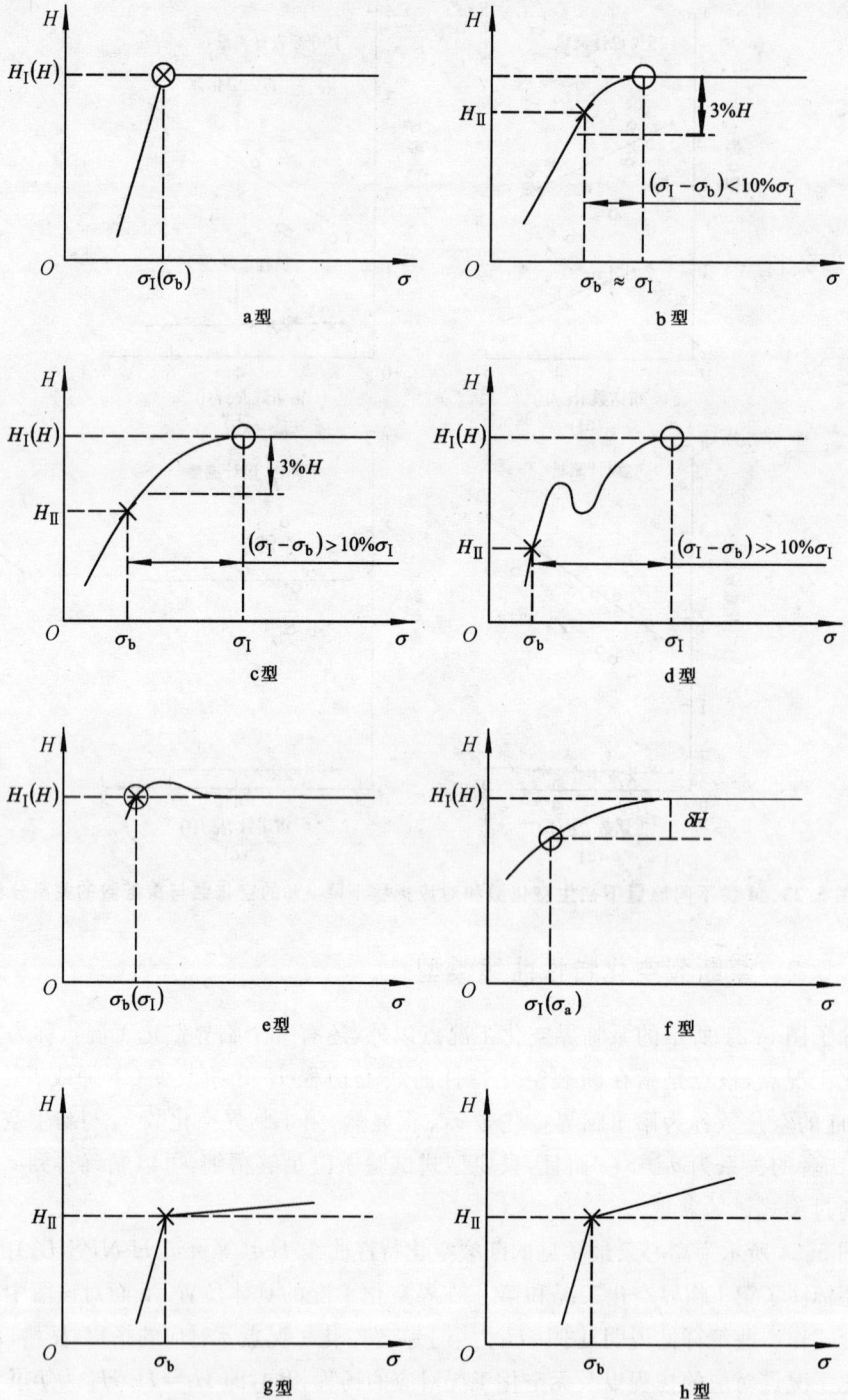

○—第Ⅰ临界空化工况，　×—第Ⅱ临界空化工况

图 5.24　常见离心泵断裂空化特性曲线的形式

　　a 型,断裂空化特性曲线上具有明显的泵断裂工况.该点可以看作两个临界空化工况点重合在了一起,即 $\sigma_{cri} = \sigma_{\rm I} = \sigma_{\rm b}$,也就是只有一个临界空化工况点.这种断裂空化特性曲线的型式是最简单明确的.

b 型,断裂空化特性在水平段和下降段之间具有平稳的弯折过渡. 在此过渡段上扬程的降低小于 $3\%H$,而且弯折过渡段开始和结束处的空化数之差 $\Delta\sigma<10\%\sigma_{cri}$. 认为这种形式的空化性能曲线也只具有一个临界空化工况,即 $\sigma_{cri}=\sigma_{I}=\sigma_{b}$(即认为 σ_{I} 和 σ_{b} 差别不大).

c 型,断裂空化特性曲线上明显地表达出了两个临界空化工况点(σ_{I} 和 σ_{b}). 在这种曲线中,从第 I 临界空化工况过渡到第 II 临界空化工况时,泵的扬程降为 $\delta H>3\%H$,而两个临界空化点之间的差($\Delta\sigma=\sigma_{I}-\sigma_{b}$)大于 $10\%\sigma_{cri}$,在这里 $\sigma_{cri}=\sigma_{I}$.

d 型,断裂空化特性曲线上存在两个临界工况点,在两种临界工况之间线段上的关系曲线型式,可能具有任意的特性. ($\Delta\sigma=\sigma_{I}-\sigma_{b}$)$\gg10\%\sigma_{cri}$,这里 $\sigma_{cri}=\sigma_{I}$. 参见图 15.36 和图 15.41 中小流量系数下的断裂特性曲线.

e 型,在最终的断裂工况出现之前泵的扬程 H 出现某种程度的提高. 临界空化数 σ_{cri} 由断裂空化特性曲线的水平段和倾斜段的交点来决定. 可以认为,具有这种断裂空化特性曲线的泵只有一个临界工况 $\sigma_{cri}=\sigma_{I}=\sigma_{b}$. 在 4.2 节中对图 4.10 的说明中提到过这种空化性能曲线,这种扬程的升高是叶面空穴空化的发展形成的,这也是泵中较常见的一种典型的曲线形式. 现代 CFD 技术的计算中也已经发现了叶面空穴空化能够引起升力的增加.

f 型,断裂空化特性曲线具有水平段和很平稳的弯折线段 $H=f(\sigma)$. 弯折线段起始点也就是第 I 临界空化工况点 σ_{I} 和最终断裂工况点也就是第 II 临界空化工况点 σ_{b} 不确定. 因此,这种情况的临界工况点可以按扬程降低的百分数来决定(例如 $\delta H=2\%$ 或 3% 的 H_{I}). 这是 5.4 节中试验确定临界空化数的方法,在工程中可以认为,该临界空化数就是第一临界空化数 $\sigma_{cri}=\sigma_{I}$. 更确切地说,这里的临界空化数应该是 σ_{a},即 $\sigma_{cri}=\sigma_{a}$. 在这种空化性能曲线上第 II 临界空化工况点 σ_{b} 不确定.

g 型,断裂空化特性曲线上没有水平段. 由曲线可以相当明显地确定出泵的断裂工况点. 曲线右边一段的斜度不很大($\frac{\delta H}{\Delta\sigma}\leqslant0.15$),这大概是由过流部件中存在不大的局部空化而引起的. 可以认为,这种曲线只具有一个临界空化工况点 $\sigma_{cri}=\sigma_{b}$,该工况由特性曲线左右两边线段的交点确定.

h 型,这种断裂空化特性曲线的型式与 g 型相似,其不同之处只是 h 型曲线右边线段的倾角大些($\frac{\delta H}{\Delta\sigma}>0.15$). 这种空化性能曲线的型式说明,该泵的过流部分设计或者制造的不太理想,有很大的改进空间.

以上列举的断裂空化特性曲线的分类并不是非常严格,因此,由其确定的两个临界空化数有时候也很模糊,但是在工程应用中,确定断裂工况下的断裂空化数 σ_{b} 很有必要.

a,b,e,g 等型式的曲线常常在 $n_{s}<80$ 的诱导轮离心泵中出现,c 型曲线则常常在 $120<n_{s}<150$ 的泵中出现,而 d,f,h 等型式的特性曲线则常常在 $n_{s}>150$ 的泵中出现.

泵断裂空化特性曲线的形状除了与比转速有关外,还与是否为设计点有关,通常对大于设计流量的情况,出现 f,g,h 类型的曲线更多一些,而低于设计流量的工况,则出现 a,e 等型式的曲线多一些. 在泵中,当工况变化时,导致液流与叶片之间的冲角发生变化,从而在叶片工作面或者背面发生脱流,脱流与空化流动之间的相互作用和影响还有待更进一步地深入探析.

5.5.3 泵断裂空化特性曲线示例

图 5.20 所示为离心泵的典型断裂空化特性曲线.需指出的是,大流量系数的空化扬程损失要比小流量系数下更渐进性地发生,这是很多泵——包括离心泵和轴流泵——空化性能的一个共同特征.这个图中 $\phi_2 = 0.06$ 和 $\phi_2 = 0.092$ 的曲线属于前述的 b 型,$\phi_2 = 0.12$ 的曲线属于 g 型.

为了更进一步说明上述断裂空化特性曲线的不同,下面举一个更详尽的例子.图 5.25 所示的离心泵有 5 个叶片,额定转速为 3 500 r/min. 图 5.26 为该泵量纲一的性能曲线,最高效率点 (Q_{BEP}, H_{BEP}) 处的比转速为 68.6,在推荐运行点 $Q_0 = 37\% Q_{BEP}$,$H_0 = 1.28 H_{BEP}$ 处的比转速为 34.7. 由这些参数可以看出该泵是低比转速离心泵加大流量设计得到的,实际运行点偏离最高效率点,同时该泵在大流量区域功率有极值,所以该泵也具有无过载特性.

图 5.25 试验用离心泵

该泵的空化试验在图 5.18 所示的试验台上进行,试验结果如图 5.26 所示.

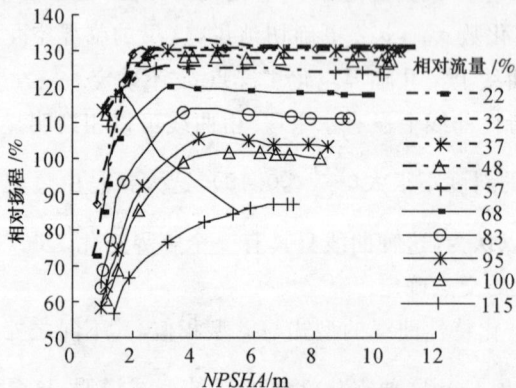

图 5.26 离心泵空化性能试验数据

由图中可以看出,不同流量下的 H-NPSHA 曲线基本包括了图 5.24 的所有可能. 在最高效率点,曲线的形式接近前述的 f 型,在额定运行点(实际运行点),曲线的形式接近 a 型.图中类似于 e 型的曲线至少有 3 条,而且都位于推荐运行点和最高效率点之间.在该图中可以得到如下启示:相较比转速,流量的变化更能影响空化性能曲线的形状.正如前面提到的,当流量变化时,导致液流与叶片之间的冲角发生变化,从而在叶片工作面或者背面发生脱流.

对于轴流泵和斜流泵的空化情况,仍然看 5.1 节中图 5.12—5.15 涉及的例子. 在

第 2 章中已经应用过上述轴流泵的一些空化数据. 例如图 2.4 说明了泵内空化存在的滞后效应. 图 2.11 所示的轴流泵的空化特性数据很丰富, 该图表明在设计流量时初生空化数是最小的, 随着流量系数的降低, 初生空化数越来越大; 但是当流量系数很小时, 初生空化数又出现下降, 这一原因尚不清楚. 图 2.11 的空化数据还显示了另外几种空化特有的现象. 在扬程断裂降低的前面, 扬程会发生明显的增长, 该图中的这种情况发生在小流量系数点. 然而, 其他一些泵的这种现象发生在大流量区而不是小流量区, 例如图 5.27 所示的数据.

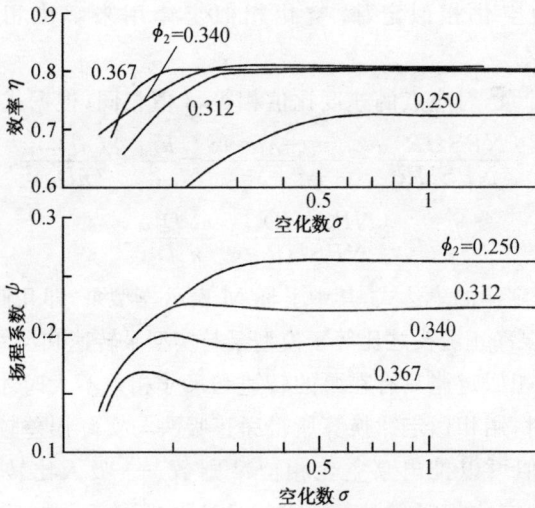

图 5.27 空化对图 5.13 中一个轴流泵扬程系数和效率的影响

图 2.11 的空化数据还有一个特点, 相比于大流量系数的情况, 发生在小流量系数下的扬程断裂点出现的较突然、空化数较大 (这一结论依赖于扬程断裂点的定义). 效率的降低与扬程断裂点的出现相伴随, 如图 5.27 所示. 此外, 通过对图 5.13 所示的 4 个叶片截面不同的轴流泵的空化试验表明, 叶片截面的变化对扬程断裂点空化数的影响较小, 如图 5.28 所示.

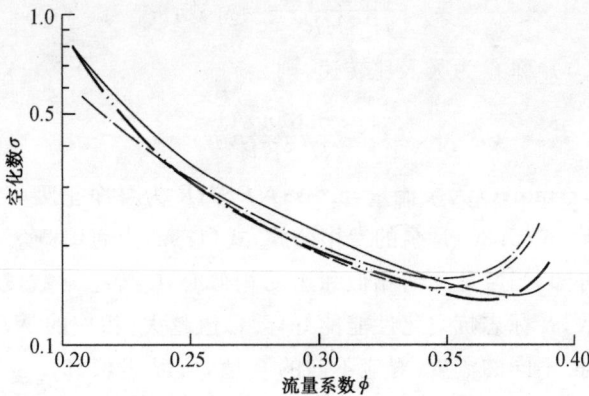

图 5.28 图 5.13 中轴流泵的临界空化数

5.6 泵空化相似

与空化相似相关的最重要的参数是吸入比转速 C,其定义公式已在 1.2 节中给出并在 5.5 节等章节中进行了应用. 本节从泵空化相似着手,详细介绍泵吸入比转速及其应用.

5.6.1 泵空化相似与吸入比转速

$NPSHR$ 表示泵的空化性能,可以找出一系列几何相似的泵,在相似工况下空化性能之间的关系称为空化相似定律. 空化相似定律用来解决相似泵之间净正吸头 $NPSHR$ 的换算关系.

对于几何相似的泵,对应点的速度比值相等,λ 值相同,根据式(5.14a)得

$$\frac{(NPSHR)_M}{NPSHR} = \frac{(v_1^2 + \lambda w_1^2)_M}{w_1^2 + \lambda w_1^2} = \frac{u_{2M}^2}{u_2^2} = \frac{(nD_2)_M^2}{(nD_2)^2},$$

即
$$\frac{(NPSHR)_M}{NPSHR} = \frac{n_M^2 D_{2M}^2}{n^2 D_2^2}, \tag{5.19}$$

式(5.19)是空化相似定律的表达式,其中下标 M 表示模型泵,即几何相似的泵. 在相似工况下,模型泵与实型泵净正吸头之比等于模型泵与实型泵转速和尺寸乘积的平方之比.

需要注意的是,相似定律只有在泵的转速和尺寸相差不大时才较为准确,当转速或者尺寸相差比较大时,用相似定律换算所得净正吸头与实际误差较大.

与比转速 n_s 类似可以推出泵空化相似准则数——吸入比转速 C. 对几何相似的泵,在相似工况下,由空化相似定律表达式(5.19)得

$$\frac{NPSHR}{(D_2 n)^2} = 常数,$$

另一方面,由泵的相似定律有

$$\frac{Q}{D_2^3 n} = 常数,$$

将上述两式加以适当变化,去掉几何参数 D_2 得

$$\frac{5.62 n \sqrt{Q}}{NPSHR^{0.75}} = 常数,$$

令上式中常数为 C,并称 C 为吸入比转速,则

$$C = \frac{5.62 n \sqrt{Q}}{NPSHR^{0.75}}, \tag{5.20}$$

式中,n 为泵转速,r/min;Q 为泵流量,m³/s;$NPSHR$ 为泵净正吸头,m. 该计算公式与式(1.9a)略有不同,式(5.20)是泵的专用公式,式(1.9a)为通用概念.

由上述推导可知,当泵是几何相似和运动相似时,C 等于常数,所以 C 的值可以作为空化相似准则数,并标志抗空化性能的好坏. C 值越大(相应的 $NPSHR$ 值越小),泵的抗空化性能越好. 不同的流量,对应不同的 C 值,所以 C 值和 n_s 一样,通常是指最高效率工况点的值,吸入比转速 C 与 n_s 一样都是相似准则数,其不同点在于吸入比转速强调泵进口部分(吸入室和叶轮进口)的相似,且用空化基本参数 $NPSHR$ 来表示.

对抗空化性能高的泵,$C = 1\,000 \sim 1\,600$;对兼顾效率和抗空化性能的泵,$C = 800 \sim$

1 000;对抗空化性能不作要求,主要考虑提高效率的泵,$C=600\sim800$.通常离心泵的吸入比转速很难超过 1 400,第一代工业用诱导轮的 C 值达到了 2 500,高性能螺旋桨的 C 值会远远大于 3 300.

对于一台确定的泵,根据其试验 $NPSHR$ 计算其吸入比转速 C 的值,根据计算结果确定该泵的空化性能是否优良.如果 $C>1\,000$,则该泵的空化性能很好,反之,则有很大的提升空间.对于诱导轮而言,如果 $C>2\,500$,则其空化性能良好,反之就有较大的改进潜力.吸入比转速还与泵比转速 n_s 有关,参见表 5.7.

5.6.2　吸入比转速图谱及泵容许空化运行范围

泵的空化性能与泵的进口流动相关,因此首先需要了解泵进口的流动状态.对于直锥形吸水室采用来流无预旋假设,即 $v_{u1}=0$;对于螺旋形吸水室,可按经验公式确定 v_uR,经验公式为

$$K=v_uR=m\sqrt[3]{Q^2n},$$

式中,m 为经验系数,$m=0.055\sim0.08$,n_s 小者取小值.

这里为了分析问题的方便,假设进口无预旋,即 $v_1=v_{m1}$.这样,式(5.14)可改写为

$$NPSHR=\frac{u_1^2}{2g}\left[(K_1+K_2)\tan^2\beta_1'+K_2\right],\qquad(5.21)$$

将式(5.21)代入式(5.20)得到进口无预旋时吸入比转速

$$C_{NP}=\frac{168.6(2g)^{\frac{3}{4}}}{\sqrt{\pi}}\frac{\left[1-\left(\frac{d_h}{D_1}\right)^2\right]^{0.5}}{\tan\beta_1'\left(K_1+\frac{K_2}{\sin^2\beta_1'}\right)^{0.75}}=\frac{886.6\left[1-\left(\frac{d_h}{D_1}\right)^2\right]^{0.5}}{\tan\beta_1'\left(K_1+\frac{K_2}{\sin^2\beta_1'}\right)^{0.75}},\quad(5.22)$$

式中,下标 NP 表示无预旋(No Pre-rotation).这样,将应用 3 个流动参数即转速、流量和 $NPSHR$ 表示的吸入比转速改写成了由几何参数轮毂比、进口叶片安放角(与液流角对应)以及常数 K_1 和 K_2 表示的形式.

式(5.22)可以作为工具来分析 K_1,K_2,β_1' 及轮毂比对吸入比转速 C 的影响.更方便的是,将该式图形化后,可以用于分析离心泵的空化特性.

在 5.3 节中已经给出 K_1 和 K_2 值的范围:$K_1=1.0\sim1.2$,$K_2=0.15\sim0.4$.二者的具体数据由许多学者根据各自的研究结果提出了不同的建议值,参见表 5.3.

表 5.3　K 值

研究者		K_1	K_2
Balje		1.2	$0.2\sim0.35$
Pfleiderer		1.2	$0.25\sim0.35$
Vlaming		1.2	0.28
Gonger	扬程下降 1/2	1.8	0.23
	扬程断裂状态	1.4	0.085
Kovats		1.1	$0.16\sim0.3$
Lock		$1.0\sim1.2$	$0.16\sim1.4$

另外，Balje 还提出 K_1 和 K_2 的取值范围，即 $K_1 = 1.0 \sim 1.2$ 和 $K_2 = 0.1 \sim 0.3$. 对于不锈钢叶轮，介质为清水时，如果要求寿命为 40 000 h，Vlaming 认为 $K_1 = 1.2$，$K_2 = 0.28$，当 U 大于 30 m/s 时，K_2 的值与 U 一起上升，变化关系为

$$K_2 = 0.28 + \left(\frac{U}{120}\right)^4.$$

不考虑轮毂直径，即假设 $\frac{d_h}{D_1} = 0$，将表 5.3 中各 K_1 和 K_2 的值代入式 (5.22)，则吸入比转速 C 仅仅是液流角 β'_1 的函数，将 $C = f(\beta'_1)$ 绘成图形如图 5.29 所示.

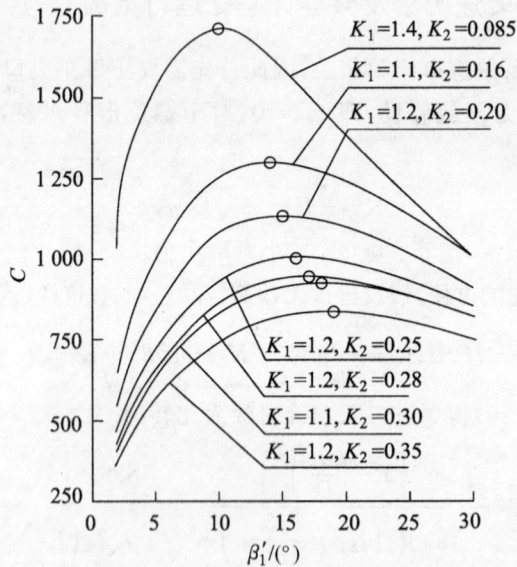

图 5.29　吸入比转速 C 与 β'_1 的关系

根据表 5.3 的数据绘制得到的吸入比转速曲线都非常平滑，并且具有很相似的规律. 最大吸入比转速及其对应的液流角见表 5.4. 可以看出，对于不同 K 值的选用，吸入比转速的最大值差别在 2 倍左右，对应的液流角也不同，但液流角基本可以确定在 $10° \sim 20°$ 之间. 通常情况下，取进口叶片冲角在 $0° \sim 10°$ 之间. 液流角与冲角之和为叶片安放角，它与叶轮叶片的进口安放角基本一致.

表 5.4　最大吸入比转速及对应的液流角

K_1	K_2	C_{max}	$\beta'_1/(°)$
1.4	0.085	1 709.1	9.6
1.1	0.160	1 297.9	14.1
1.2	0.200	1 130.7	15.0
1.2	0.250	1 002.5	16.4
1.2	0.280	942.4	17.1
1.1	0.300	923.2	18.1
1.2	0.350	833.3	18.7

现有的研究结果认为，无预旋条件下初生空化的发生条件是

$$NPSHA = NPSHA_3 + \frac{u_1^2}{2g},$$

根据该式得到空化初生时的吸入比转速为

$$C_i = \frac{886.6 \left[1 - \left(\dfrac{d_h}{D_1}\right)^2\right]^{0.5}}{\tan\beta_1'\left(K_{13} + \dfrac{K_{23}}{\sin^2\beta_1'} + \dfrac{1}{\tan^2\beta_1'}\right)^{0.75}}. \qquad (5.23)$$

与式(5.22)相比,式(5.23)的分母中多了一项 $\dfrac{1}{\tan^2\beta_1'}$;下标 3 表示扬程下降3%时得到的相应值,$K_{13} = 1.46$,$K_{23} = 0.102$;$C_i$ 为初生吸入比转速,其曲线见图 5.30.空化初生曲线的峰值为 $C_i = 468.7$(对应 $\beta_1' = 31°$),这比几乎所有的标准都低很多(根据表 5.2 中的数据可以看出其值可能还要低),这么低的值在系统中几乎不存在.

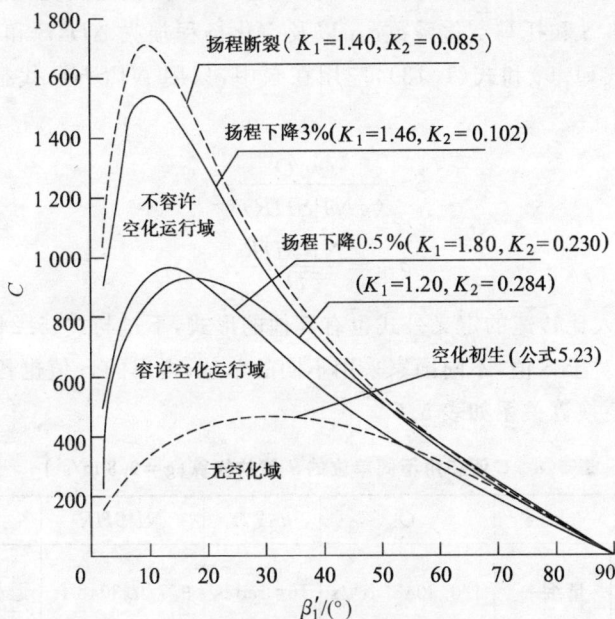

图 5.30 容许空化运行范围

根据上述的初生吸入比转速,可以认为几乎所有的离心泵中都存在空化.通过对设计寿命为 40 000 h 的泵进行的试验划分了泵容许运行范围,如图 5.30 所示.泵容许运行范围曲线对应的 K 值为 $K_1 = 1.2$,$K_2 = 0.284$.该曲线在 $\beta_1' = 17.2°$ 时吸入比转速达到最大值 935.2.

图 5.30 中最上面一条曲线是扬程断裂时的吸入比转速曲线,紧接着的第二条曲线是扬程下降3%时对应的吸入比转速曲线,最下面一条是空化初生时的吸入比转速曲线,该曲线是根据式(5.23)绘制的.从空化初生到扬程下降3%,曲线的峰值相差约3.3倍.扬程下降 0.5% 时对应的曲线与容许空化运行区域边界基本一致(参见图 5.30).因此以扬程下降 0.5% 为泵的容许空化运行区域边界.

图 5.30 中各曲线的吸入比转速极值及对应的液流角参见表 5.5.

表 5.5　图 5.30 中各曲线对应的最大吸入比转速及对应的液流角

K_1	K_2	C_{max}	$\beta_1'/(°)$
1.40	0.085	1 709.1	9.6
1.46	0.102	1 540.6	10.2
1.80	0.230	960.9	13.4
1.20	0.284	935.2	17.2
式(5.23)值		468.7	31.0

5.6.3　空化性能参数间的相互关系

除了泵净正吸头 $NPSHR$ 和泵的吸入比转速 C 以外,描述空化性能的参数还有量纲一的吸入比转速 S 和托马空化系数 σ_{TH} 以及空化扬程损失 ΔH, S 和 σ_{TH} 的定义公式参见 1.2 节中的式(1.9)和式(1.13),应用在泵中,只用 $NPSHR$ 代替两个公式中的 $NPSH$,即

$$S = \frac{\Omega\sqrt{Q}}{(gNPSHR)^{\frac{3}{4}}}, \tag{5.24}$$

$$\sigma_{TH} = \frac{NPSHR}{H}. \tag{5.25}$$

另外,有关吸入比转速的定义公式也有其他的形式,不过与式(5.24)相比相差仅仅是一个常数系数. 对于 S 值,不同国家采用不同的单位,得出的 S 值也各不相同,C 值和用不同量纲的 S 值换算关系如表 5.6.

表 5.6　C 值和用不同单位的 S 值的换算($g = 9.8\ \text{m/s}^2$)

计算公式		Q	n 或 Ω	$NPSHR$	C 或 S
$S = \dfrac{\Omega\sqrt{Q}}{(gNPSHR)^{\frac{3}{4}}}$	量纲一	$4/0.3048^3\ \text{ft}^3/\text{s}$	$16\pi\ \text{rad/s}$	$9.7/0.3048\ \text{ft}$	3.302 $g = 9.8/0.304\ 8\ \text{ft/s}^2$
$C = \dfrac{5.62n\sqrt{Q}}{NPSHR^{\frac{3}{4}}}$	中、俄	$4\ \text{m}^3/\text{s}$	$480\ \text{r/min}$	$9.7\ \text{m}$	981.587
$S = \dfrac{n\sqrt{Q}}{NPSHR^{\frac{3}{4}}}$	日	$240\ \text{m}^3/\text{min}$	$480\ \text{r/min}$	$9.7\ \text{m}$	$1\ 352.907$
	英	$4\ 000\times13.197$ Imp. gal/min	$480\ \text{r/min}$	$9.7/0.304\ 8\ \text{ft}$	$8\ 230.785$
	美	$4\ 000\times15.851\ 4$ U.S. gal/min	$480\ \text{r/min}$	$9.7/0.304\ 8\ \text{ft}$	$9\ 020.642$
$S = \dfrac{52.932\ 6\Omega\sqrt{Q}}{(gNPSHR)^{\frac{3}{4}}}$	法、德	$4\ \text{m}^3/\text{s}$	$16\pi\ \text{rad/s}$	$9.7\ \text{m}$	174.793

由表 5.6 可得

$$C = \frac{S_\text{日}}{1.38} = \frac{S_\text{美}}{9.2} = \frac{S_\text{英}}{8.4} = 5.616S_\text{法、德} = 297.27S_\text{量纲一}.$$

对于托马空化系数 σ_{TH}，根据比转速 n_s 和吸入比转速 C 的定义公式得

$$\frac{n_s}{C}=\frac{3.65NPSHR^{0.75}}{5.62H^{0.75}}=\frac{3.65}{5.62}\left(\frac{NPSHR}{H}\right)^{\frac{3}{4}},$$

所以，

$$\frac{NPSHR}{H}=\left(\frac{5.62n_s}{3.65C}\right)^{\frac{4}{3}},$$

将上式代入托马空化系数 σ_{TH} 的定义公式（5.25）得

$$\sigma_{TH}=\left(\frac{5.62n_s}{3.65C}\right)^{\frac{4}{3}}=\left(\frac{5.62}{3.65C}\right)^{\frac{4}{3}}n_s^{\frac{4}{3}}. \tag{5.26}$$

单吸泵和双吸泵分别取 $C=864$ 和 $C=1\ 216$，即得到斯捷潘诺夫推荐的 σ_{TH} 值如下：

单吸泵　$\sigma_{TH}=216\times10^{-6}n_s^{\frac{4}{3}}$；

双吸泵　$\sigma_{TH}=137\times10^{-6}n_s^{\frac{4}{3}}$.

因此，斯捷潘诺夫推荐的 σ_{TH} 值建立在统计的基础之上，对单个泵的适用性有限. 而且 σ_{TH} 的计算公式（5.25）中的扬程 H 并不与空化相关，因此托马空化系数并不是特别适用的量，在应用时要慎重.

上述由斯捷潘诺夫得到的托马空化系数 σ_{TH} 的推荐值存在很大的误差，原因就在于其忽略了不同的 n_s 时吸入比转速的不同. 一般情况下，吸入比转速 C 与泵比转速存在某种联系，如表 5.7 所示.

表 5.7　泵比转速 n_s 与泵吸入比转速 C 的一般关系

n_s	C	$\sigma_{TH}=NPSHR/H$（中间值）
50～70	600～750	0.070
70～80	800	0.076
80～150	800～1 000	0.114
150～250	1 000～1 200	0.183

最后，简单介绍一下在实际中用于估算泵空化扬程损失的两种纯经验方法. 在很多情况下空化扬程损失 δH（或 ΔH）、相对应的净正吸头 $NPSH$ 以及吸入比转速 S 之间存在一个关系式. 通常该关系式写为

$$\delta H=P(S)\cdot NPSH, \tag{5.27}$$

式中，量纲一的参数 $P(S)$ 由经验确定，图 5.31 所示为典型 $P(S)$ 函数的两组数据，横坐标为式（5.24）确定的吸入比转速. 式（5.27）确定的关系是近似的，而且，对于一个给定的泵、一种给定的液体、在一给定的雷诺数和温度下虽然确实与 $P(S)$ 参数相

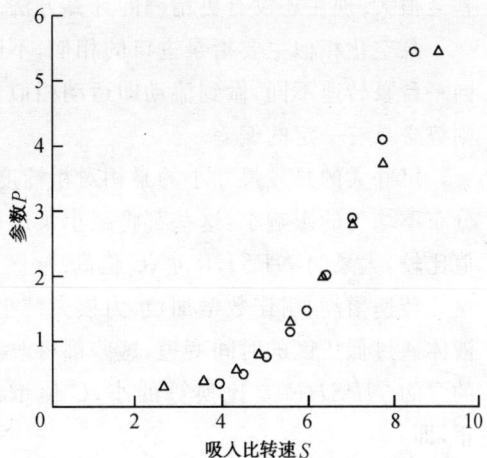

图 5.31　诱导轮泵 $\delta H/NPSH$ 曲线

关,但是没有令人信服的依据证明所有泵的 $\delta H/NPSH$ 仅仅是吸入比转速 S 的函数.

一种更符合实际情况的方式是,选用一个表示流动与叶片相互干涉的空化数

$$\sigma_{\mathrm{w}}=\frac{p_1-p_{\mathrm{v}}}{\frac{1}{2}\rho_{\mathrm{L}}w_1^2},\tag{5.28}$$

然后,利用 1.2 节中 $NPSH$ 的定义 $NPSH=\dfrac{p_1^{\mathrm{T}}-p_{\mathrm{v}}}{\rho g}$ 和速度三角形,得到

$$NPSH=\frac{(1+\sigma_{\mathrm{w}})v_{\mathrm{m1}}^2+\sigma_{\mathrm{w}}\Omega^2R_{\mathrm{t1}}^2}{2g},\tag{5.29}$$

斜流泵内空化没有发生时的 $NPSH$ 估算值为

$$\frac{1.8v_{\mathrm{m1}}^2+0.23\Omega^2R_{\mathrm{t1}}^2}{2g},\tag{5.30}$$

断裂工况下的 $NPSH$ 值为

$$\frac{1.49v_{\mathrm{m1}}^2+0.085\Omega^2R_{\mathrm{t1}}^2}{2g},\tag{5.31}$$

与相应工况下 σ_{w} 的值,即 $\sigma_{\mathrm{w}}\approx0.3$,$\sigma_{\mathrm{w}}\approx0.1$,非常接近.

这种方法考虑了流动与叶片的相互干涉,也就是前面数次提到的泵的空化与脱流之间的相互作用,因此有了一定的进步,尤其是对非设计流量尤其如此.但是这些结论也都是经验性的,对这些问题更深入的理解还有很长的路要走.

5.7　泵空化相似修正

5.7.1　空化相似误差分析

实践证明,随着泵尺寸的增大和转速的升高,泵试验得到的抗空化性能比按空化相似理论(式 5.19)换算的性能要高.同一台泵,转速越高,试验得到的抗空化性能亦较换算值高.理论推得的相似准则只能适用于尺寸和转速变化范围不大的相似泵,否则,误差会很大.现在还没有更精确的计算方法.

泵空化相似主要指泵进口的相似,不同尺寸的泵要做到完全几何相似几乎不可能;同一台泵转速不同,做到流动即运动相似也几乎不可能,因而按相似理论推得的相似准则势必具有一定的偏差.

尺寸大的泵较尺寸小的泵相对粗糙度小,吸入室和叶轮进口的曲率半径大,对速度分布不均匀的影响小,这些都将减小泵进口的压力降,因而与按照相似理论换算得到的值比较,大泵的 $NPSHR$ 小,C 值高.

转速增高,雷诺数增加,水力损失减小,另外速度加快会改善速度分布的不均匀性,液体通过低压区的时间变短,这些都将改善泵的抗空化性能,所以随转速增高试验得到的泵的 $NPSHR$ 要比换算的小,C 值增高.在确定 C 值时,有时按水力效率进行修正,即

$$C_1=C_2\frac{\eta_{\mathrm{h1}}}{\eta_{\mathrm{h2}}}.\tag{5.32}$$

空化参数的试验值 NPSHR 与换算值不一致的另一种解释认为,空化相似理论只适用于空化开始发生的 σ_i 点,σ_i 点之后,性能已下降,空化已发展到相当严重的程度,流动状态发生变化,从而破坏了相似理论的前提.空化试验确定的参数是对应性能下降 δH(如 $\delta H = 3\%H$)的值,不是临界点 σ_i,故按相似理论和试验求得的值不符.不过,根据 2.1 节可知,空化初生的影响因素众多、复杂,对空化初生进行换算的不可控因素更多.

图 5.32 所示是一台 $n_s = 88$ 的泵在不同转速时最高效率工况点 NPSHR 的试验值和按 σ_{TH} 等于常数所得的换算值.随着转速增高,NPSHR 的试验值较换算值逐渐变小(即 C 变大,σ_{TH} 值小).所以,低转速(小尺寸)向高转速(大尺寸)按相似理论换算,所得的空化性能偏于安全,反之,从高转速(大尺寸)向低转速(小尺寸)换算所得的空化性能不可靠.

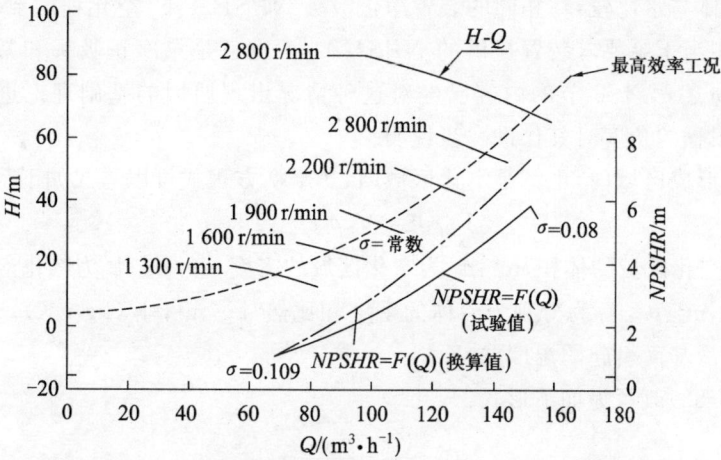

图 5.32 不同转速下 NPSHR 的换算值和试验值的差别

5.7.2 其他液体介质的热力学特性及其空化

所谓其他液体是指与常温清水不同的液体,如高温水和油等.在 2.3 节中提到,现有文献中有关空化的数据基本上是以水为介质,关于其他液体介质的数据非常少.为了将常温清水的试验数据换算成其他液体介质的数据,本节介绍其他液体介质的空化过程.

图 5.33 所示是常温清水和其他液体的空化过程.由图可知,假定常温清水和其他液体的汽化压力相同,也就是两者性能开始下降的点相同,如图中 i 点.但是随着装置净正吸头的进一步降低,其他液体与水发展的程度不同.与水相比,对应相同的扬程下降程度

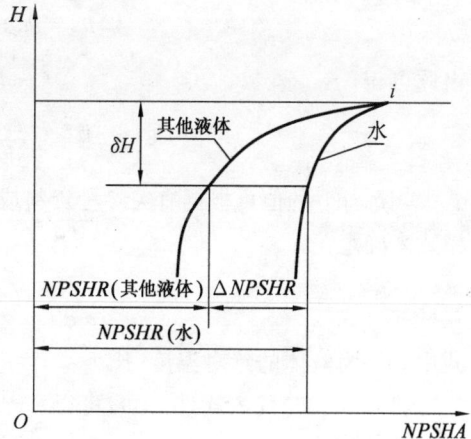

图 5.33 常温清水和其他液体空化特性的不同

δH,其他液体的装置净正吸头 $NPSHA$ 的值要小得多.将扬程下降 δH 看作一个临界状态,从图中可以看出该临界状态下二者的 $NPSH$(临界状态下 $NPSHA=NPSHR$)值不同.根据 5.3 节对泵空化基本方程式的说明:对既定的泵,不论何种液体(除黏性很大影响速度分布外),在一定流量和转速下,流过泵进口,因为速度大小相同,$NPSHR$ 值相同,所以 $NPSHR$ 值与液体性质无关.那么为什么会出现图 5.33 所示的空化程度不同呢?这是因为空化的发展过程与热力学因素有关,根据 4.1.3 节的内容可以知道,因汽化产生蒸气体积大的液体,将促使空化向严重程度发展,另外液体因汽化要从周围液体中吸取热量,吸取该热量多的液体继续汽化,也就阻止空化进一步发展.总之不同液体的比热、比容、汽化潜热等不同,因而空化过程也不同.对于涉及其他液体空化内容的数据,目前还非常少见.

其他液体与水比较,在相同的装置净正吸头 $NPSHA$ 下,空化程度要小,即不容易发生空化,相当于泵要求装置提供的 $NPSHA$ 小,也就是泵净正吸头和常温清水相比要小.如上所述,4.1.3 节的内容已经对这种情况出现原因的基础理论进行了初步介绍,这里从工程的角度对其作进一步说明.

在蒸气形成区域内,也就是空化区域内,热平衡方程式可以写成如下形式:

$$V_B \rho_B L = V_L \rho_L c_{PL} \Delta T, \tag{5.33}$$

式中,V_B 为空化区域的体积,m^3;ρ_B 为空化区域的密度,kg/m^3;L 为汽化潜热,J/kg;V_L 液体的体积,m^3;ρ_L,c_{PL} 为分别为液体的密度和比热,kg/m^3,$J/(kg \cdot K)$;ΔT 为空化时由于液体的冷却而引起的温度差,K.

把式(5.33)改写为如下形式:

$$B = \frac{V_B}{V_L} = \frac{\rho_L c_{PL}}{\rho_B L} \Delta T,$$

其中,比值 B 为热力学空化系数,其表征了所研究区域内空化的强度或空化发展的程度.各种液体流动中该比值相同的话,则意味着各液流中空化发展的程度是相同的.

空化区域内温度降低 ΔT,会导致该处饱和蒸气压力下降,下降的大小为

$$\Delta p_B = \rho_L g \Delta H_B = \frac{d p_B}{d T} \Delta T,$$

由此可得

$$B = \frac{\rho_L^2 c_{PL}}{\rho_B L} \frac{g}{d p_B / d T} \Delta H_B, \tag{5.34}$$

式中,$d p_B / d T$ 的值可根据有关参考资料或者克劳修斯－克拉佩龙(Clausius-Clapeyron)关系式来确定:

$$\frac{d p_B}{d T} = \frac{L \rho_L \rho_B}{(\rho_L - \rho_B) T_\infty}, \tag{5.35}$$

式中,T_∞ 为液体的绝对温度,K.

将式(5.35)代入式(5.34),可得

$$B = \frac{\rho_L (\rho_L - \rho_B) c_{PL} T_\infty g}{\rho_B^2 L^2} \Delta H_B. \tag{5.36}$$

因此,根据式(5.34)可以判断,当空化区域中液流的静压头降 ΔH_B 相同,并且液体中当其他

条件相同时,具有较大的液体密度 ρ_L 对蒸气密度 ρ_B 之比以及有较大的比热 c_{PL} 与汽化潜热 L 之比,同时在此液体中具有较小的饱和蒸气压对温度的梯度 dp_B/dT,那么这种液体的空化强度(即空化空穴形成的体积与流经空化区域的液体体积之比)将较大.

表 5.8 中援引了各种液体的热力学空化系数对温度为 15 ℃的水的热力学空化系数之比的计算结果. 注意,在所有液体中空化区域内液流的静压头降 ΔH_B 相同.

表 5.8 不同液体的热力学系数

液体名称	分子式	$T_\infty/$ ℃	$\rho_L/$ (kg/m³)	$\rho_B/$ (kg/m³)	$c_{PL}/10^3$ (J/(kg·K))	$L/10^5$ (J/kg)	$\dfrac{dp_B}{dT}/$ 10(Pa/K)	$\dfrac{B}{B_{15℃水}}$
		15	999	0.013	4.19	24.7	11.1	1.0
		100	958	0.598	4.19	22.6	361	6.62×10^{-4}
水	H₂O	150	917	2.547	4.21	21.15	1 285	4.32×10^{-5}
		200	864.6	7.862	4.23	19.44	3 250	5.34×10^{-6}
		230	827	13.99	4.27	18.16	5 130	1.87×10^{-6}
		250	799	19.98	4.27	17.17	6 720	9.9×10^{-7}
硝酸	HNO₃	15	1 520	0.081	1.74	6.25	22.65	0.295
四氧化氮	N₂O₄	15	1 450	3.0	2.0	4.15	370	7.66×10^{-4}
过氧化氢	H₂O₂	15	1 455	0.002	3.05	17.68	14.65	113.5
液态氧	O₂	−183	1 140	4.33	1.68	2.14	904	2.18×10^{-4}
液态氟	F₂	−183	1 508	5.64	1.54	1.72	1 182	2.55×10^{-4}
乙醇	C₂H₅OH	15	805	0.334	2.60	9.63	33.3	0.013
甲醇	CH₃OH	15	800	0.134	2.52	11.0	53.3	1.74×10^{-2}
煤油		15	840	0.034	1.97	3.31	3.3	3.1
液态氢	H₂	−252	70	1.6	10.0	4.5	287	2×10^{-6}
液态氨	NH₃	−34	682.6	0.863	4.47	13.7	496	2.97×10^{-4}

由表 5.8 可知,对于大多数被研究的液体来说,其热力学空化系数 B 值都比 15 ℃时水的 B 值小. 这就是说,这些液体的空化强度(析出蒸气的相对体积)都比 15 ℃时水的空化强度小. 因此,可以得出结论:这些液体的空化倾向性比水小,而当液流中的静压头降相同时,上述液体由于空化生成之故而引起的液流结构的变化,也不像在 15 ℃的水中那样大. 低温液体具有特别小的 B 值,在这些低温液体中液态氢的情况又特别突出.

有趣的是对高温的水所得到的计算数据. 这些数据表明了用各种温度的普通水来代替各种实际液体进行空化现象分析的可能性.

这样,液体的物理性质和热力学性质综合作用形成的结果是,只有当空化区域的压力大大地低于空化初生时的饱和蒸气压 p_v 时,空化现象才会严重地破坏液流的流动结构. 也就是说,空化发生后,由于空化的作用空穴区域周围流体的温度降低,温度的降低导致使空化发生的汽化压力降低. 所以,只有当流动区域的压力低于液流的初始温度

（因为空化发生后液流温度会下降）下的饱和蒸气压力也就是汽化压力 p_V 一定程度以后，空化才会持续发生. 因此，式(1.4)可改写为

$$\sigma_V = \frac{p_1 - p_{B,V}}{\frac{1}{2}\rho U^2}, \tag{5.37}$$

式中，$p_{B,V}$ 为空化区域内的饱和蒸气压力，$p_{B,V} = p_V - \Delta p_T$，$\Delta p_T$ 为由于汽化而（引起的温度降低）导致的饱和蒸气压力的减少值，根据式(5.36)，有

$$\Delta p_T = \rho_L g \Delta H_B = \frac{B \rho_B^2 L^2}{(\rho_L - \rho_B) c_{PL} T_\infty}. \tag{5.38}$$

计算和试验都表明，对于冷水来说（$T \leqslant 50\ ℃$），Δp_T 值与泵净正吸头相比极小，可以略去不计. 这就允许把冷水当作标准液体，当以冷水作为工作液体时，泵的空化特性仅仅与过流部分中的流体力学现象以及来流中的饱和蒸气压力有关.

如图 5.33 表示的泵以水和其他液体为介质的断裂空化特性曲线，其他液体的热力学性质与水的热力学性质大为不同. 由图中可知，其他液体的必需净正吸头 $NPSHR_{其他液体}$ 可应用下式确定：

$$NPSHR_{其他液体} = NPSHR_水 - \Delta NPSHR.$$

式中，$\Delta NPSHR$ 为热力学修正值，其大小只与液体的物理性质和热力学性质有关，与泵的结构与运行工况无关. 根据试验数据统计得到 $\Delta NPSHR$ 的计算公式为

$$\Delta NPSHR = \frac{29}{B_1^{\frac{4}{3}} H_B}, \tag{5.39}$$

式中，H_B 为空化区域的静压水头，即 $H_B = \frac{p_B}{\rho_L g}$. B_1 为当 $\Delta H_B = 1$ m 时由式(5.36)计算得到的 B 值，即

$$B_1 = \frac{\rho_L (\rho_L - \rho_B) c_{PL} T_\infty g}{\rho_B^2 L^2}. \tag{5.40}$$

表 5.9 给出了按式(5.39)和(5.40)计算得到的不同液体的热力学修正值，并把这些结果与各种温度下水的参数进行了比较. 由表中数据可以看出，低温液体（特别是液态氢）和高温水的热力学修正值最大. 其中，对于温度在 $250\ ℃$ 以下的水，可以参照热力学空化系数 B_1 分析表 5.9 中列举的液体.

表 5.9　不同液体的热力学修正值

液体名称	$T_\infty/℃$	H_B/m	B_1/m^{-1}	$\Delta NPSHR/\text{m}$
水	15	0.173 9	1.18×10^4	0.000 65
	100	10.78	2.36	0.176
	150	52.90	0.505	1.36
	200	183.3	0.063 1	6.71
	230	345	0.022 4	13.4
	250	508	0.011 9	20.85
硝酸	15	0.268 4	4.48×10^3	0.001 5
四氧化氮	15	5.38	7.63	0.372
	30	11.13	2.01	1.06

液体名称	$T_\infty/℃$	H_B/m	B_1/m^{-1}	$\Delta NPSHR/m$
过氧化氢	15	0.011 16	$1.34×10^6$	$0.195×10^{-4}$
液态氧	−183	9.04	2.22	1.14
液态氟	−183	6.92	3.07	0.97
甲醇	15	1.19	206	0.020 7
乙醇	15	0.544	45.7	0.34
煤油	15	0.137 5	$3.11×10^4$	0.000 218
液态氢	−252	175	0.019 65	32.1
液态氨	−34	14.65	3.19	0.435

应该说明,$\Delta NPSHR$ 的大小在很大程度上与泵的工况及其转速有关,其大小近似地服从 $\dfrac{\Delta NPSHR}{\Omega^x}=$ 常数,其中 $x=1.5\sim2.0$.

在工程应用中,针对具体的介质,热力学修正值 $\Delta NPSHR$ 可以在图 5.34 中查取.

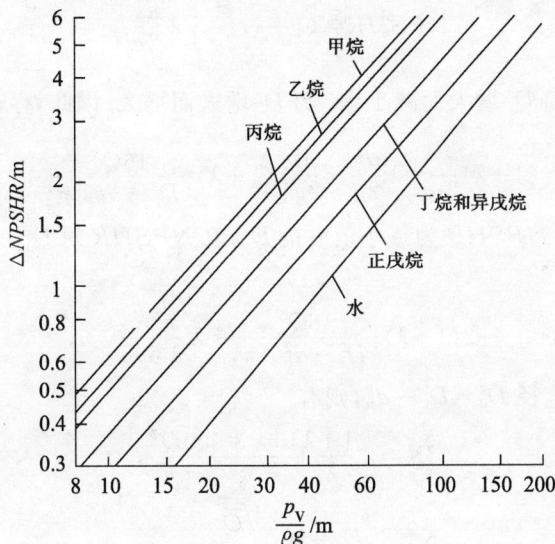

图 5.34　其他液体必需净正吸头的热力学修正值 $\Delta NPSHR$

在研究以热水为介质的诱导轮离心泵空化特性的过程中发现,由于泵内空化的热力学效应,泵可以在吸入压力比原来温度下的饱和蒸气压力 p_V 低的条件下正常地泵水.在此情况下液体常常会在吸入管内沸腾起来,稍许冷却以后,就以两相流的形式进入泵.当然,此时液体中允许的蒸气量越大,泵具有的抗空化性能就越好.泵出现这种运行工况的可能性较小(一般是要求避免的),本书对该内容不再作进一步的说明.

5.8　提高泵抗空化性能的措施

根据 5.3 节可知,泵发生空化的临界状态是 $NPSHA=NPSHR$,欲使泵不发生空化,必须增加装置净正吸头 $NPSHA$ 或者减小泵净正吸头 $NPSHR$.前者是使用泵的问题,后者是设计泵的问题,现分别加以叙述.

5.8.1　考虑抗空化性能泵的设计要点

根据式(5.14a),要减小 $NPSHR=\dfrac{v_1^2}{2g}+\lambda\,\dfrac{w_1^2}{2g}$,必须通过减小其中的 v_1,w_1 和 λ 来实现.因为泵的抗空化性能主要与泵叶轮的进口参数有关.泵叶轮的进口参数见图5.1.泵叶轮进口的参数有叶轮进口直径 D_j、叶轮叶片进口直径 D_1、叶片进口宽度 b_1 以及叶片进口安放角 β_1 等.

1. 叶轮进口直径 D_j

最易发生空化的点在叶轮叶片进口半径最大的位置(D_1)处,由于在设计开始时尚未确定 D_1,而且 D_1 与 D_j 差别不大,在初步分析时可用 D_j 代替 D_1.假设叶轮进口来流无预旋,即 $v_{u1}=0$,则 $w_1=v_1+u_1$,因为 $v_1=\dfrac{4Q}{(D_j^2-d_h^2)\pi}$(对于悬臂式转子结构 $d_h=0$),所以,

$$NPSHR=(1+\lambda)\frac{v_1^2}{2g}+\lambda\frac{u_1^2}{2g}.$$

由于 $u_1=\dfrac{\pi D_j n}{60}$,$v_1$ 随 D_j 增大而减小,u_1 随 D_j 增大而增大.因此,存在一个 D_j 值,使

$$NPSHR=(1+\lambda)\frac{v_1^2}{2g}+\lambda\frac{u_1^2}{2g}=\frac{1}{2g}\left[(1+\lambda)\frac{16Q^2}{(D_j^2-d_h^2)^2\pi^2}+\lambda\frac{\pi^2 D_j^2 n^2}{3\,600}\right]$$

具有最小值.为求使 $NPSHR$ 为最小值时的 D_j,取 $NPSHR$ 对 D_j^2 的导数,并令其等于 0,得

$$-2(1+\lambda)\frac{16Q^2}{(D_j^2-d_h^2)^3\pi^2}+\lambda\frac{\pi^2 n^2}{3\,600}=0,$$

定义叶轮进口当量直径 $D_0^2=D_j^2-d_h^2$,则有

$$D_0^6=2\,\frac{1+\lambda}{\lambda}\frac{16\times 3\,600}{\pi^4}\frac{Q^2}{n^2},$$

即

$$D_0=K_0\sqrt[3]{\frac{Q}{n}},\tag{5.41}$$

式中,Q 为流量,$\mathrm{m^3/s}$;n 为转速,$\mathrm{r/min}$;K_0 为系数,

$$K_0=\sqrt[6]{\frac{2(1+\lambda)}{\lambda}}\sqrt[3]{\frac{4\times 60}{\pi^2}}=3.252\sqrt[6]{\frac{1}{\lambda}+1}.$$

根据 5.3 节,$\lambda=K_2=0.15\sim0.40$,则 $K_0=4.57\sim4.01$.显然,增加 K_0 可以减小 v_1 从而减小 $NPSHR$,改善泵的抗空化性能.但 K_0 取的过大,液流在进口处的扩散严重(指泵进口到叶轮进口之间),破坏了流动的平滑性和稳定性,形成旋涡使水力效率下降(而进口存在的旋涡正是泵抗空化能力提高的重要因素).另一方面,D_0 大,口环所在直

径大,口环的泄漏量增加,容积效率也下降. K_0 一般按下述原则选取:

① 对要求高抗空化性能的叶轮,取 $K_0=4.5\sim5.5$;

② 对兼顾抗空化和效率的叶轮,取 $K_0=4.0\sim4.5$;

③ 对于主要考虑提高效率的叶轮,取 $K_0=3.5\sim4.0$.

采用较大的叶轮进口能够提高泵的抗空化能力,对这一点更详细的解释参见6.2节和6.3节有关进口回流(旋涡)的说明和解释:正是进口存在的旋涡提高了泵的抗空化能力.

2. 叶轮叶片进口宽度

增加叶轮叶片进口宽度 b_1 能增加进口过流面积,减小 v_1 和 w_1(由进口速度三角形)从而减小 $NPSHR$,但 b_1 增至很大时会增加轴向尺寸并会降低效率,下面关系式可供参考:

$$\frac{4b_1 D_{c1}\pi}{D_0^2\pi}=1.1\sim2.5. \tag{5.42}$$

表5.10中数据表示 b_1 的变化对泵抗空化性能的影响.

表 5.10　b_1 的变化对泵抗空化性能的影响

叶轮编号	D_j/mm	d_h/mm	b_1/mm	D_{c1}/mm	$\dfrac{b_1 D_{c1}\pi}{D_0^2\pi/4}$	β_1/(°)	$NPSHR$/m	C
A	145	60	34	140	1.09	20	4.00	1 075
B	145	60	36	140	1.16	20	2.96	1 350
C	145	60	40	130	1.19	15	2.77	1 420
D	145	60	46	121	1.28	15	2.07	1 810

3. 叶轮盖板进口部分曲率半径

由于叶轮进口部分的液流受流道转弯离心力的影响,靠前盖板的液体,压力小速度大,造成叶轮进口的速度分布不均匀.适当增加盖板的曲率半径,有利于减小前盖板处的 v_1 和 w_1 速度分布的均匀性,减小泵进口部分的压力降,从而使 $NPSHR$ 减小,提高泵的抗空化性能.

4. 叶片进口边的位置和叶片进口部分形状

叶片进口边应当向吸入方向延伸,可使液体提早接受叶片的作用,且能增加叶片表面积使工作面和背面的压差减小.另外,叶片前伸使叶片进口边的所在半径减小,从而使 u_1 和 w_1 减小.

叶片进口边倾斜,其上各点的半径不同,因而周围速度不同,w_1 也就各不相同.当然前盖板处的半径最大,w_1 也最大,这样就可以把空化区域控制在前盖板附近的局部,从而推迟空化对泵性能的影响.

叶片进口边前伸并倾斜,进口边上各点的 u_1,w_1 不同.为保证轴面速度相同,则各点的相对液流角不同,为符合这种流动状态,减小撞击损失,叶片进口部分应做成空间扭曲形状的.这就是目前很多低比转速的叶轮叶片进口部分也做成扭曲形状的原因.

5. 叶片进口冲角

叶片进口角 β_1 通常都大于进口液流角,即 $\beta_1 > \beta_1'$,即采用正冲角 $\alpha = \beta_1 - \beta_1'$。冲角值一般为 $\alpha = 3° \sim 10°$,个别情况可到 $15°$,采用正冲角能提高抗空化性能,且对效率的影响不大。其原因如下:一是叶片进口角 β_1 的增加可以减小叶片的弯曲并减小叶片进口的排挤,从而增加进口过流面积,减小 v_1 和 w_1,如图 5.35a 所示。二是采正冲角时,在设计流量下,液体在叶片进口背面产生脱流,因背面是流道的低压侧,该脱流引起的旋涡不易向高压侧扩散,因而旋涡是稳定的,对空化的影响较小。反之,负冲角时液体在叶片工作面产生旋涡,该旋涡易于向低压侧扩散,对空化的影响较大。从图 5.35b 可见冲角 α 为正值时,压降系数 λ 变化不大,为负值时 λ 值急剧上升。三是随着泵流量的增加,β_1' 增加,采用正冲角可以避免泵在大流量下运转时出现负冲角。

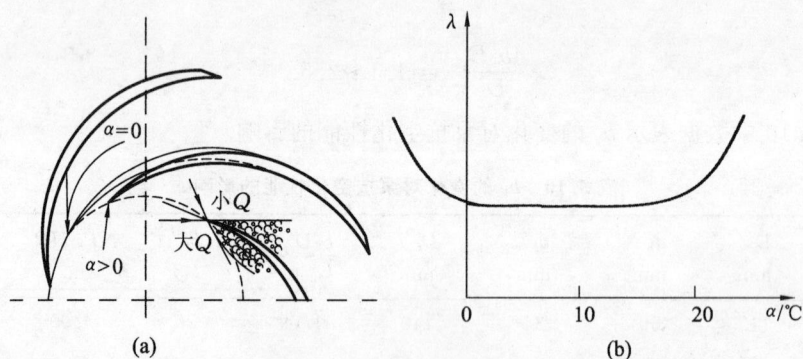

图 5.35 进口冲角 α 的作用

本章中数次提到脱流与空化的关系,与脱流关系最密切的参数就是进口叶片安放角。在泵设计的一些著作中,特别是采用方格网保角变换技术设计叶片型线的一些方法中,通常为了获得理想的型线而改动进口叶片安放角,因此可能会严重影响泵的抗空化性能。此外,有时候设计中为了保证大流量下的性能采用大的正冲角,这样做也会带来负面影响,在这种设计结果下,当泵运行在小流量下时,由于正冲角过大,在叶片背面形成的脱流区域不能在叶轮流道内有效地消除,因此引起约为转频 $5\% \sim 10\%$ 倍左右低频压力脉动并向下游传播,出现这种脱流现象时会使泵的能量特性降低。

6. 叶片进口厚度

叶片进口厚度越薄,越接近流线形,泵的抗空化性能越好。

7. 平衡孔

叶片上的平衡孔对叶轮进口主液流起着破坏干扰作用,平衡孔的面积应不小于密封间隙面积的 5 倍,以减小泄漏流速,从而减小对主液流的影响、提高泵的抗空化性能。通常叶轮密封环的间隙采用 H8/h8 配合,间隙的允许值参见表 5.11。根据表 5.11 可以这样设计密封环间隙:在 $0.20 \sim 0.65$ 范围内取值基本满足所有情况,小口径偏小取值,大口径偏大取值。

表 5.11　密封环间隙　　　　　　　　　　　　　　　　　　单位：mm

密封环名义直径	半径方向间隙允许值	密封环名义直径	半径方向间隙允许值
>50～80	0.06～0.36	>320～360	0.12～0.68
>80～120	0.06～0.38	>360～430	0.13～0.76
>120～150	0.07～0.44	>430～470	0.14～0.80
>150～180	0.08～0.48	>470～500	0.15～0.84
>180～220	0.09～0.54	>500～630	0.16～0.92
>220～260	0.10～0.58	>630～710	0.18～1.02
>260～290	0.10～0.60	>710～800	0.20～1.10
>290～320	0.11～0.64	>800～900	0.20～1.14

5.8.2　防止空化的措施

欲防止发生空化必须提高 $NPSHA$，使 $NPSHA>NPSHR$，根据式(5.13)得到提高 $NPSHA$ 的措施如下：

① 减小几何吸上高度 z_K；

② 减小吸入液流的水力损失 h_{c-K}；

③ 泵在大流量下运转时 $NPSHR$ 增加，$NPSHA$ 减小，所以应考虑 $NPSHA$ 有足够的余量，否则应防止在大流量下长期运转，有时因泵的扬程选的过高，实际上泵处在大流量下运转，易于发生空化，这点在选泵时应加以注意；

④ 同样转速和流量下，双吸泵不易发生空化；

⑤ 泵发生空化时，应把流量调小或降速运行.

第6章 诱导轮空化计算

诱导轮用于提高离心泵和斜流泵的吸入性能,它通过提高泵主叶轮进口的压力使其在不出现空化引起过大性能损失的情况下运行.如图 6.1 所示,通常诱导轮是安装在泵主叶轮上游的一个轴流段.诱导轮的进口冲角很小且进口边很薄,因此对流动的扰动很小,所以使空化的发生及其对流动的有害作用最小化,其作用是使压力逐步提高到期望的大小.

图 6.1 带诱导轮的离心泵

通常,泵加装理想诱导轮后有下述作用:能使泵 NPSHR 降低至少 50%,能改善泵输送黏性物料的能力,在真空应用中能消除噪声并可以改善泵输送气相的能力,此外,在 NPSHA 不足及处理含气和黏性物料的应用中,可以延长叶轮、泵体和盖板等过流部件的使用寿命.安装诱导轮后泵的典型优点如图 6.2 所示,这是一组安装和没有安装诱导轮的流程泵吸入性能的比较图.

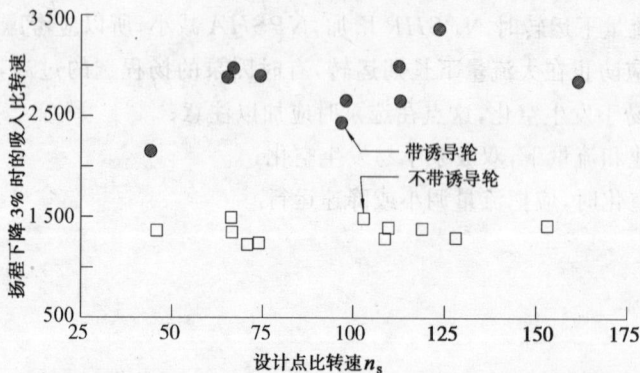

图 6.2 安装和没有安装诱导轮时某流程泵扬程下降 3% 对应的吸入比转速

6.1 诱导轮性能简介

首先对几个诱导轮进行说明,图 6.3 所示为一种最简单的平板诱导轮,该诱导轮的螺旋角(轮缘进口处叶片安放角)为 $\beta_{t1} = 9°$,外径为 $D_{t1} = 75.8$ mm,进口边后掠,定义为诱导轮 A,其他参数相同,进口边不后掠的情况定义为诱导轮 B.图 6.4 所示为 SSME 低压液氧涡轮泵诱导轮换算到外径为 75.8 mm 的模型,定义为诱导轮 C,其外径换算到 102.0 mm 的模型定义为诱导轮 D.图 6.5 为 9.4° 平板诱导轮的进口边示意图,该诱导轮定义为诱导轮 E.这些诱导轮的相关参数如表 6.1 所示.

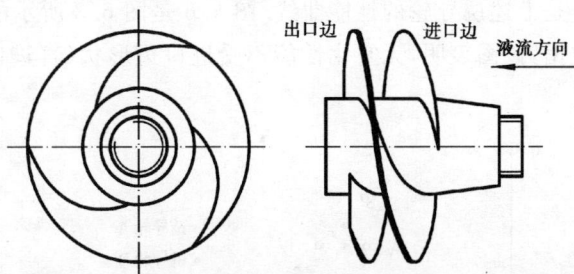

图 6.3　平板螺旋诱导轮 A

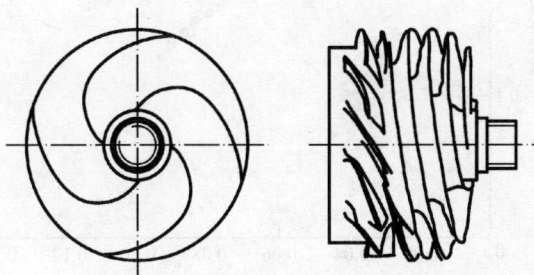

图 6.4　SSME LOX 涡轮泵诱导轮 C

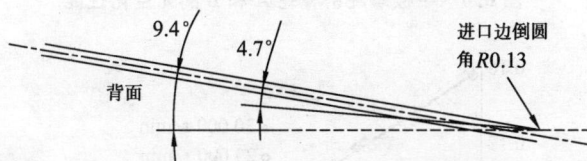

图 6.5　诱导轮 E 的进口边轮缘处示意图

表 6.1　诱导轮的性能和结构参数

参数	9°平板螺旋诱导轮 A	9°平板螺旋诱导轮 B	SSME LOX 涡轮泵诱导轮 C	SSME LOX 涡轮泵诱导轮 D	9.4°平板螺旋诱导轮 E
叶片数	3	3	4/12	4/12	3
D_{t1}/mm	75.8	75.8	75.8	102.0	126.5
d_{h1}/D_{t1}	0.42		0.29		0.496
D_{t2}/D_{t1}			1.0		
d_{h2}/d_{h1}	1.0		2.6		1.0
进口边	后掠	径向直边	后掠		径向直边
β_{t1}/(°)	9		7.3		9.4
ϕ_1	0.09～0.10		0.076		
ψ			0.366		
α/(°)			4.3		
s					2.35
叶片包角/(°)					280

图 6.6—6.10 是上述诱导轮的性能曲线. 图 6.6 是图 6.3 所示的 9°螺旋诱导轮的无空化性能试验数据,该图表明,无空化性能不受进口边形状(直进口边或者后掠进口边)的影响.

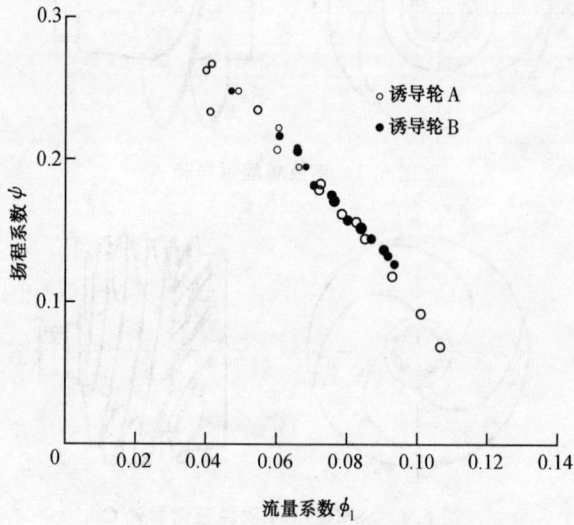

图 6.6　平板螺旋诱导轮 A 和 B 的无空化性能

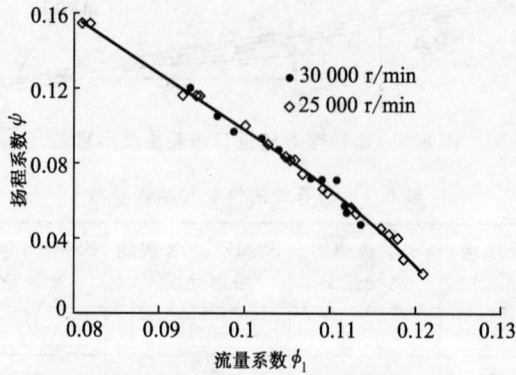

图 6.7　诱导轮 E 无空化性能曲线

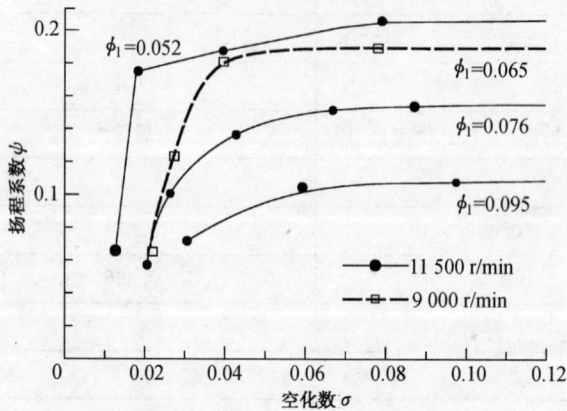

图 6.8　平板螺旋诱导轮 A 的断裂空化特性曲线

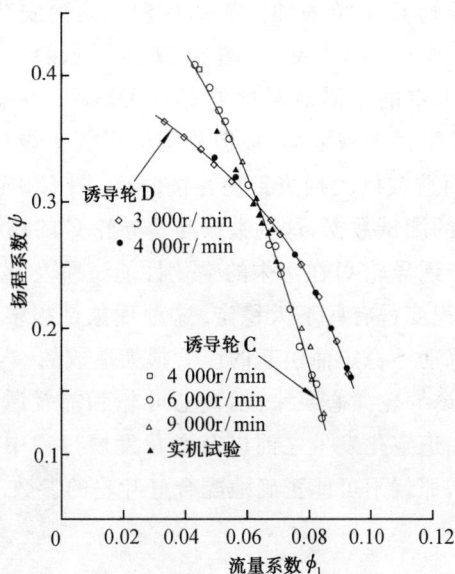

图 6.9　SSME LOX 涡轮泵诱导轮无空化性能

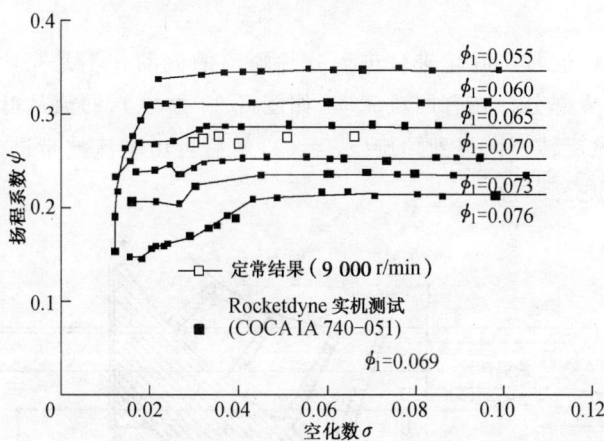

图 6.10　模型诱导轮 C 在 9 000 r/min 运行时以及原型诱导轮的试验数据

图 6.7 是诱导轮 E 在转速为 25 000 r/min 和 30 000 r/min 时的无空化性能曲线,从图中可以看出,转速的变化对量纲一的扬程—流量曲线基本没有影响,即雷诺数的变化对泵量纲一的扬程—流量曲线基本没有影响.这一点已经在很多试验数据中得到了验证.该诱导轮还有一个显著特点就是其扬程系数随着流量系数的变化基本呈直线变化规律.

图 6.8 为 9°螺旋诱导轮 A 的断裂空化性能曲线.大流量系数时 ψ-σ 曲线的变化很平缓,这是泵断裂空化特性曲线的典型形式(参见图 5.24).注意相比于零冲角($\phi=$ 0.095)的工况,非零冲角(例如 $\phi=0.052$)的断裂空化数要小.通常期望在零冲角时断裂空化数达到最小,但是由于在小流量下回流及回流引起的预旋(参见 6.2 节和 6.3 节)等原因使流动非常复杂,因而实际结果与期望的不同.

图 6.9 为诱导轮 C 和 D 的无空化性能.二者性能之间之所以有如图中所示的那么

大的差别,原因在于诱导轮 C 下游的轴向流动环形空间内安装了一组导叶叶片,而诱导轮 D 则没有安装这种形式的压水室.与图 5.11 所展示的有关离心泵的研究结果一样,图 6.9 也说明了压水室的不同对泵性能有很大影响.当流量低于设计流量($\phi_1 \approx 0.076$)时,导叶大大改善了压力恢复能力.但是当流量大于设计流量时,进入导叶的流动会呈现为负冲角,从而造成巨大损失致使性能降低.图 6.9 还包括 Rocketdyne 公司对带导叶的原型诱导轮的测试数据,这些数据与诱导轮 C 的测试数据非常一致.

图 6.10 所示为模型诱导轮 C 在水中的空化性能试验及其原型全比例测试的试验数据.空化数较小时,扬程变得有些不太稳定.这种现象是很多轴流式诱导轮的一种典型情况,它可能是由于流动不稳定而引起的压力损失造成的.

对于高吸入性能的诱导轮离心泵来说,离心叶轮和前置诱导轮各参数的合理配合具有重要意义.如果不知道空化发生之前以及空化发展过程中诱导轮和离心叶轮过流部分中流动的实际情况,那就不可能正确地配合好叶轮的参数.下面首先介绍关于这一问题的知识.

6.2　无空化条件下叶轮和诱导轮进口流动结构

在泵的进口区域,通常从叶轮进口进入叶片流道的流动并不是完全充满整个过流断面的.在外缘的边界部分存在有回流流动(如图 6.11 所示),回流从叶轮的叶片流向泵的进口并顺着叶轮旋转方向强烈预旋($v_{u1} \neq 0$),然后再由主流挟带进入叶轮.这种流动状态在 3.3 节中也提到过.

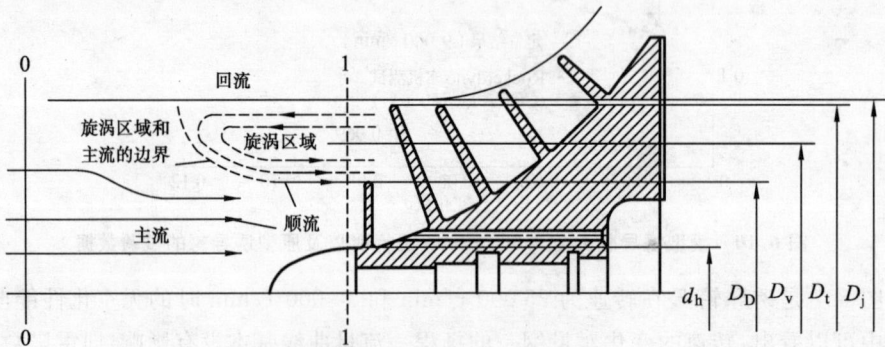

图 6.11　诱导轮进口处流动

进口过流断面的其余部分充满着的流动称为主流.通过主流断面的液体流量等于通过叶轮的液体流量.需要注意的是,图 6.11 中的顺流部分包括主流,顺流中除了主流的另外一部分与回流形成了所谓的旋涡区域.当泵的流量增大时,旋涡区域变小,在某一临界流量时旋涡区域完全消失,这时泵进口处的整个过流断面都充满着主流.进口处流动的这种结构,既是诱导轮的特征,又是离心泵的特征.

由于叶轮进口处流动对泵的抗空化性能和泵的空化断裂特性曲线的形状有很重要的影响,因此确定叶轮进口处各种流态之间的关系很有必要.

6.2.1 回流和主流区的大小

图 6.11 中,回流区的面积为 $A_B = \dfrac{\pi(D_j^2 - D_v^2)}{4}$,主流区的面积为 $A_D = \dfrac{\pi(D_D^2 - d_h^2)}{4}$,

二者的相对面积分别为 $\bar{A}_B = \dfrac{D_j^2 - D_v^2}{D_j^2 - d_h^2}$ 和 $\bar{A}_D = \dfrac{D_D^2 - d_h^2}{D_j^2 - d_h^2}$. 需要说明的是,当存在回流时,二者的和不等于 1,这是因为还存在另外一部分顺流区域;但是当不存在回流区域时,二者的和等于 1,这是因为此时除主流以外的另一部分的顺流区域面积也是零了,即 $\bar{A}_B + \bar{A}_D = 1$.

分析大量试验资料表明,叶轮进口处的几何参数和泵的运行工况 Q/n 对进口段的流动结构有决定性的影响. 这两种因素可以合并为一个综合参数 m,该参数等于流量 Q 与流动无撞击进入叶轮叶片时的流量 Q_0 之比为

$$m = \frac{Q}{Q_0} = \frac{\tan \beta_1'}{\tan \beta_{1,0}'}, \tag{6.1}$$

式中,β_1' 为流量为 Q 时的进口液流角,$\beta_{1,0}'$ 为流动无撞击进入叶轮叶片时的进口液流角,也就是进口叶片安放角 β_1,即

$$\beta_{1,0}' = \beta_1,$$

因此,式(6.1)可以改写为

$$m = \frac{\tan \beta_1'}{\tan \beta_1}. \tag{6.1a}$$

图 6.12 所示为 $\bar{A}_B$ 和 $\bar{A}_D$ 与参数 m 之间的试验结果. 表 6.2 列出了图 6.12 所用到的部分试验对象的参数. 图 6.12 的试验用诱导轮和叶轮具有各种叶栅稠密度 $s = 0.5 \sim 2.6$ 和不同的叶片数 $Z = 2 \sim 4$,也有变螺距和等螺距的不同. 试验点的分散很小(图中未标出各具体的试验点),基本与图中的两条直线一致,这说明上述参数不影响叶轮前的流动特性.

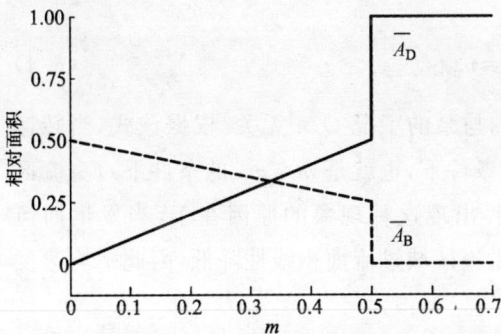

图 6.12 回流区和主流区的相对面积与 m 的关系

表 6.2 部分试验用诱导轮和叶轮的参数

叶轮形式	D_t/mm	Rd	D_j/mm	s
诱导轮 1	77	0.39	78	2.2
诱导轮 2	43	0.28	45	2.5
诱导轮 3	32	0.38	33	2.4
诱导轮 4	112	0.32	120	1.0
诱导轮 5	102	0.33	105	1.8
轴流叶轮	228	0.44	230	0.5

诱导轮前速度场的测量结果表明,在 $m > 0.5$(大流量)的时候,诱导轮前部流场的回流区域面积为 0,主流区的相对面积为 1. 当 m 下降到 0.5 左右时,突然出现回流,此时旋涡区域大约占据进水管截面积的 50%(即 0.25×2),称此时的 m 值为临界值 m_{cri}.

通常,叶轮的进口叶片安放角比较小,因此式(6.1a)可以改写为

$$m = \frac{\tan \beta'_1}{\tan \beta_1} \approx \frac{\beta'_1}{\beta_1},$$

由于 $\beta_1 = \beta'_1 + \alpha$,因此 $\beta'_1 = \beta_1 - \alpha$,所以上式又可以改写为

$$m \approx \frac{\beta'_1}{\beta_1} = \frac{\beta_1 - \alpha}{\beta_1} = 1 - \frac{\alpha}{\beta_1},$$

即

$$1 - m = \frac{\alpha}{\beta_1}. \qquad (6.2)$$

根据式(6.2)可以看出,随着流量的持续降低(m 逐渐减小),冲角 α 越来越大,当 α 达到进口叶片安放角的一半时($m = 0.5$),回流突然出现.

表 6.3 中数据显示,泵叶轮和风机的试验数据也表现出同样的规律.也就是说,当流动以大致等于叶轮轮缘处叶片安放角一半大小的冲角进入叶片时,就会在叶轮进口处出现回流.随着流量减少到低于临界值($m < m_{\text{cri}}$),旋涡区域的面积增大,在零流量时,旋涡区域占据泵吸入口的整个过流断面.

表 6.3 部分泵叶轮和风机的试验数据

叶轮	$\alpha_{\text{cri}}/(°)$	$\beta_1/(°)$	$(\alpha/\beta_1)_{\text{cri}}$	m_{cri}
离心风机	30.00	60.0	0.50	0.33
离心叶轮	9.10	18.5	0.49	0.49
离心叶轮	12.53	24.0	0.52	0.46
离心叶轮	13.54	29.3	0.46	0.50
离心叶轮	11.00	22.0	0.50	0.48
混流叶轮	9.65	22.0	0.44	0.54

由图 6.12 可知,当 $m < m_{\text{cri}}$ 时,主流的相对面积数值上等于参数 m.于是,对诱导轮就有

$$\overline{A}_{\text{D}} = m = \frac{240}{\pi S_1 (D_j^2 - d_h^2)} \frac{Q}{n}, \qquad (6.3)$$

上式中,$S_1 = \pi D \tan \beta_1$,即直径 D 处的进口导程.

由于 $D_j \approx D_t$,由式(6.3)得

$$A_{\text{D}} = \frac{60}{S_1} \frac{Q}{n},$$

因此,

$$\frac{Q}{A_{\text{D}}} = \frac{n S_1}{60} = v_{\text{m1,D}}. \qquad (6.4)$$

由式(6.4)可以看出,主流区的平均速度 $v_{\text{m1,D}}$ 与泵的工况 Q/n 无关.根据该式,当转速不变时,无论流量如何变化(在存在回流区的条件下,也就是 $m < m_{\text{cri}}$ 的条件下),主流区的平均速度 $v_{\text{m1,D}}$ 不变,这与通常的理解不同.出现这种现象的原因在于,当发生回流时,随着流量的降低,回流区域线性增加,则主流区域过流面积线性降低,因此平均速度不变.

在离心式叶轮和混流式叶轮中都得到过类似的试验结论.

这样,如果设计中保证液流以零冲角流入诱导轮叶栅,那么在 $0 < m < m_{\text{cri}}$ 范围内,在主流区的全部半径上都是零冲角运行.虽然在小的 m 值下,在主流中会出现不大的圆周速度分量使流动在进入诱导轮流道时带有不大的负冲角.但是由于主流在诱导轮内的运动过程是从中心向外缘移动的,诱导轮(即使是等螺距的)还是会产生很大的

扬程.

许多关于离心泵和混流泵的试验研究结果都符合上述结论,即在叶轮的进口会形成有回流的流动,此时水流进入叶轮叶片的冲角接近于零.

6.2.2 诱导轮进口处流动的预旋

图 6.13 所示为在各种 m 值下,诱导轮叶片进口处流动绝对速度的圆周速度分量的相对值 $\bar{v}_{u1} = \dfrac{v_{u1}}{u_t}$ 沿直径方向 $\dfrac{D}{D_t}$ 的变化曲线.

在额定工况下($m=0.443$),主流的基本部分是无预旋的,在 m 小(或 Q/n 小)的工况下,主流就会在整个过流断面出现预旋,v_{u1} 值从轮缘向中心线单调减小.

在 $D/D_t = 0.3$ 和 $\bar{v}_{u1} = 0.1 \sim 0.15$ 时,主流进入诱导轮和离心泵叶轮叶片时的冲角可取为 $\alpha = -4° \sim -3°$.

$\bar{D}_{cri}$ 对应 $\bar{v}_{u1} = 0$ 时的相对直径.当 $D < D_{cri}$ 时,取 $\bar{v}_{u1} = 0$.

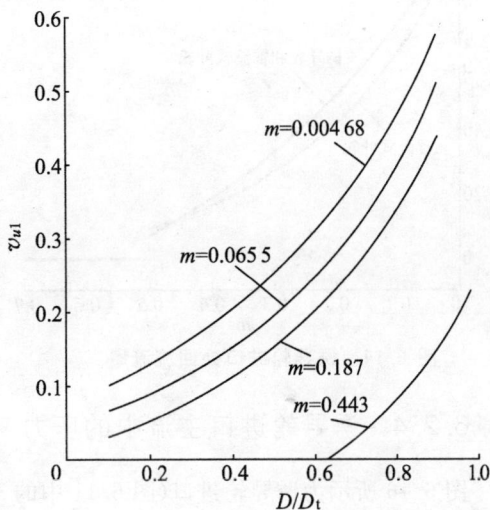

图 6.13 诱导轮前流动绝对速度的
圆周速度分量

6.2.3 回流流量和旋涡区中的轴向速度分布

图 6.14 所示为诱导轮、轴流叶轮和混流式叶轮的回流流量 Q_B 与顺流流量 Q_F 之比同参数 m 的试验关系曲线. 从图中可以看出,在 $m=0.3 \sim 0.4$ 的工况下(对泵而言,这很有可能是设计工况),回流流量超过了顺流流量的 20%,也就是说,回流流量超过了主流流量的一半,所以回流流动具有很大的能量. 因此,为了使回流再流到叶轮中去,可能要消耗主流很大一部分能量.

定性地来说,在诱导轮和离心叶轮流道进口处,流动情况相同. 由于离心叶轮叶片进口边与中心线的倾斜程度对于回流深入吸水管的大小有很大的影响,所以在泵的进口处可以看到有差别:在 $D_{cl} \geqslant D_j$(参见图 5.1)的叶轮中,泵进口过流断面处旋涡区的尺寸和流动预旋强度都要比叶片向进口延伸的叶轮($D_{cl} < D_j$)中小得多.

根据测量结果,得到旋涡区中计算 $v_{m1,v}$ 的关系式如下:

$$v_{m1,v} = v_{m1,D}\frac{D_v - D}{D_v - D_D} \quad \text{或} \quad \bar{v}_{m1,v} = \frac{v_{m1,v}}{v_{m1,D}} = \frac{D_v - D}{D_v - D_D}. \tag{6.5}$$

这样,根据式(6.4)和式(6.5),当泵进口流动出现旋涡时,叶轮进口前的轴面流动可以理想化为图 6.15 所示的情形. 在主流区,$v_{m1,D}$ 为常数并由式(6.4)计算;在旋涡区,$v_{m1,v}$ 随直径线性变化,由式(6.5)计算. 在 $0.25 < m < 0.5$ 范围内,图 6.15 与测试结果的误差小于 20%.

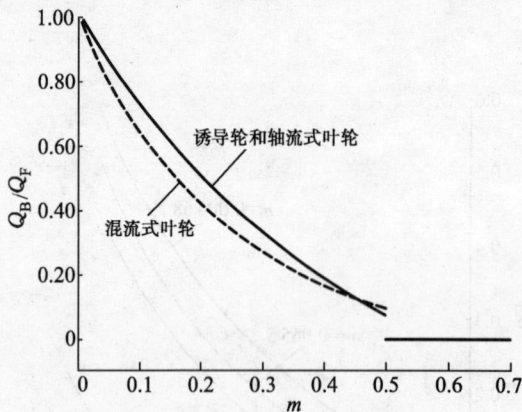

图 6.14 诱导轮进口处回流流量

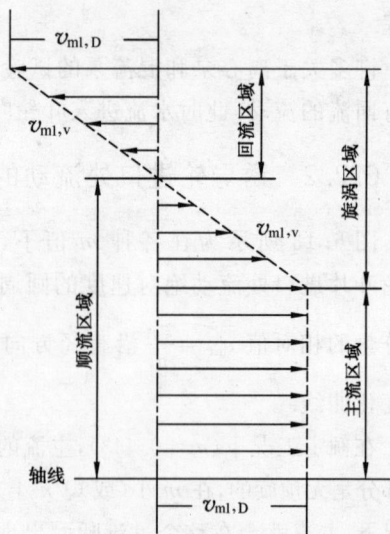

图 6.15 叶轮和诱导轮进口前的轴面流速分布

6.2.4 诱导轮进口主流中的压力

图 6.16 所示为诱导轮进口(图 6.11 中的 1—1 断面)和泵进口(图 6.11 中的 0—0 断面)的压力差场 $\frac{\Delta p}{\rho g} = f(D)$. 由图中可以看出,在主流中($D < D_\mathrm{D}$),所有工况下诱导轮进口处压力都小于泵进口处的压力(即 $\frac{\Delta p}{\rho g} < 0$). 随着通过泵流量的减少,此压力差增大.

主流中压力之所以减少,可以解释为因旋涡区引起的主流的收缩、因旋涡区引起的主流的预旋以及使回流返回到叶轮中去时主流的能量损失.

图 6.17 所示为轴线上诱导轮上游的压力与泵进口处的压力之间的差值随工况的变化情况.(锥管内径为 $m = 0.32$ 工况时回流区开始的直径,关于锥管参见 7.3.8 节)

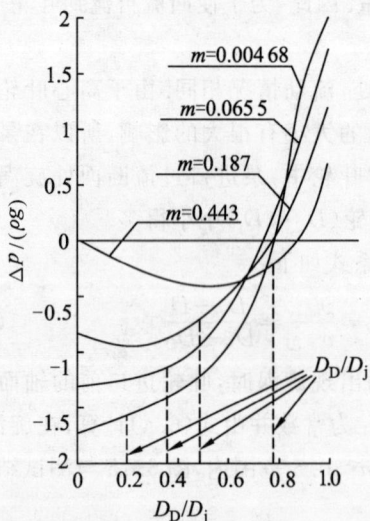

图 6.16 诱导轮前与泵
进口处的压力差

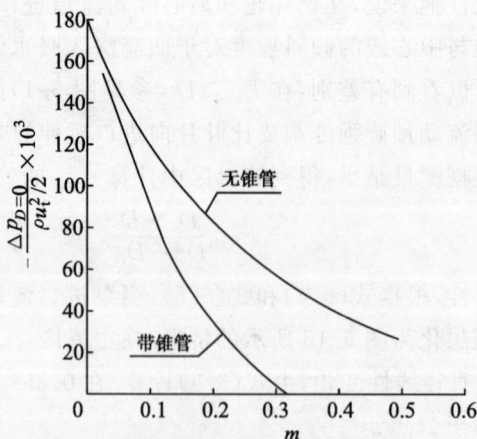

图 6.17 轴线上诱导轮上游与泵进口处的
压力差随工况的变化

由图 6.17 可以看出，随着 m 的降低，从 $m=0.5$ 开始，$\dfrac{\Delta p_{D=0}}{\rho u_{\mathrm{t}}^2/2}$ 值就急剧增加. 图 6.17 中的无锥管诱导轮的试验关系曲线可以拟合成如下形式：

$$\frac{\Delta p_{D=0}}{\rho u_{\mathrm{t}}^2/2}=-\frac{57.2-73m}{0.32+m}\times10^{-3}. \tag{6.6}$$

上述关于诱导轮进口处流动结构的研究结果可推广到其他形式的叶轮上去，主要参数 m 具有普遍性，与诱导轮的具体几何尺寸无关. 所以可以利用上述公式和图形来定量估算诱导轮或者其他叶轮进口处的流动参数.

6.2.5 诱导轮进口处流动水力损失

根据前面的分析可以看出，主流冲刷从诱导轮流出的回流，并把它重新带回诱导轮. 这要损失一部分主流的扬程，还有可能导致泵吸入性能和能量特性的恶化.

假设诱导轮进口前的主流没有预旋，并对诱导轮进口处的流动作下列假设：流动为定常流动、液体不可压缩、沿主流过流断面轴面速度为常数（如图 6.15 所示），则此时的诱导轮进口流动水力损失 h_1 可以应用伯努利方程求得. 图 6.11 中，0—0 断面和 1—1 断面之间在中心流线上的伯努利方程为

$$z_0+\frac{p_{0,D=0}}{\rho g}+\frac{v_{\mathrm{m}0,D=0}^2}{2g}=z_1+\frac{p_{1,D=0}}{\rho g}+\frac{v_{\mathrm{m}1,D=0}^2}{2g}+h_1,$$

上式中，$z_0\approx z_1$，因此，

$$h_1=\frac{p_{0,D=0}-p_{1,D=0}}{\rho g}+\frac{v_{\mathrm{m}0,D=0}^2-v_{\mathrm{m}1,D=0}^2}{2g}=-\frac{\Delta p_{D=0}}{\rho g}-\frac{Q^2}{2g}\left(\frac{1}{A_{\mathrm{D}}^2}-\frac{1}{A_{\mathrm{t}}^2}\right),$$

即

$$h_1=-\frac{\Delta p_{D=0}}{\rho g}-\frac{Q^2}{2gA_{\mathrm{t}}^2}\left(\frac{1}{A_{\mathrm{D}}^2}-1\right),$$

将式 (6.3) 和式 (6.6) 代入上式得

$$\begin{aligned}
h_1&=\frac{57.2-73m}{0.32+m}\times10^{-3}\times\frac{u_{\mathrm{t}}^2}{2g}-\frac{v_{\mathrm{m}0}^2}{2g}\left(\frac{1}{m^2}-1\right)\\
&=\frac{u_{\mathrm{t}}^2}{2g}\left[\frac{57.2-73m}{0.32+m}\times10^{-3}-\tan^2\beta_{\mathrm{t}1}\left(\frac{1}{m^2}-1\right)\right],
\end{aligned}$$

或者改写为

$$\bar{h}_1=\frac{h_1}{u_{\mathrm{t}}^2/2g}=\frac{57.2-73m}{0.32+m}\times10^{-3}-\tan^2\beta_{\mathrm{t}1}\left(\frac{1}{m^2}-1\right). \tag{6.7}$$

当主流预旋不大时（$m\approx0.3\sim0.5$），可以应用式 (6.7) 来计算主流使回流返回叶轮内所做的功，即扬程损失.

但是对于 m 值小的工况来说，主流预旋不可忽略. 这时，需要在式 (6.7) 中添加一项来计算回流引起的预旋导致主流扬程的增加量. 在这种情况下，使回流返回的主流扬程损失的计算表达式可以写成

$$h_{\mathrm{D}}=h_1-h_2-h_3, \tag{6.8}$$

式中，h_2 为由于主流中存在圆周分速 v_{u1} 而造成的主流动扬程的增量；h_3 为由于压力沿半径的增加而造成的主流静扬程的增量.

诱导轮进口段中主流的总水力损失由使回流返回的损失和主流在某些冲角下进入

诱导轮叶片流道时的撞击损失所组成,即

$$h = h_1 - h_2 - h_3 + h_4, \tag{6.9}$$

式中,h_4 为撞击损失.

对于厚度为 $\Delta r\left(\Delta r \cdot i = \dfrac{D_t}{2}\right)$ 的主流的环形流束,计算 h_2,h_3,h_4 值的表达式可以分别表示为

$$\overline{h}_{2,i} = \frac{h_{2,i}}{u_t^2/2g} = \frac{v_{u1,i}^2/2g}{u_t^2/2g} = \overline{v}_{u1,i}^2,$$

$$\overline{h}_{3,i} = \frac{h_{3,i}}{u_t^2/2g} = 2\int_{\overline{r}_h}^{\overline{r}} \frac{\overline{v}_{u1}^2}{\overline{r}}\mathrm{d}\overline{r},$$

$$\overline{h}_{4,i} = \frac{h_{4,i}}{u_t^2/2g} = \xi\,\overline{v}_{u1,i}^2,$$

式中,$\xi \approx 0.6$ 为撞击损失系数.

通过对上述公式积分可以得到 $\overline{h}_2,\overline{h}_3$ 和 $\overline{h}_4$ 的结果:

$$\overline{h}_2 = \frac{2\pi\int_{\overline{r}_h}^{r_D}\overline{h}_{2,i}\overline{v}_{m1}\overline{r}\mathrm{d}\overline{r}}{2\pi\int_{\overline{r}_h}^{r_D}\overline{v}_{m1}\overline{r}\mathrm{d}\overline{r}} = \frac{2}{\overline{r}_D^2 - \overline{r}_h^2}\int_{\overline{r}_h}^{r_D}\overline{v}_{u1}\overline{r}\mathrm{d}\overline{r},$$

$$\overline{h}_3 = \frac{2\pi\int_{\overline{r}_h}^{r_D}\overline{h}_{3,i}\overline{v}_{m1}\overline{r}\mathrm{d}\overline{r}}{2\pi\int_{\overline{r}_h}^{r_D}\overline{v}_{m1}\overline{r}\mathrm{d}\overline{r}} = \frac{2}{\overline{r}_D^2 - \overline{r}_h^2}\int_{\overline{r}_h}^{r_D}\overline{h}_{3,i}\overline{r}\mathrm{d}\overline{r},$$

$$\overline{h}_4 = \frac{\xi 2\pi\int_{\overline{r}_h}^{r_D}\overline{h}_{4,i}\overline{v}_{m1}\overline{r}\mathrm{d}\overline{r}}{2\pi\int_{\overline{r}_h}^{r_D}\overline{v}_{m1}\overline{r}\mathrm{d}\overline{r}} = \frac{2\xi}{\overline{r}_D^2 - \overline{r}_h^2}\int_{\overline{r}_h}^{r_D}\overline{v}_{u1}^2\overline{r}\mathrm{d}\overline{r},$$

将上述 3 个公式代入式(6.9),可得

$$\overline{h} = \frac{h}{u_t^2/2g}$$

$$= \frac{57.2 - 73m}{0.32 + m} \times 10^{-3} - \tan^2\beta_{t1}\left(\frac{1}{m^2} - 1\right) -$$

$$\frac{2(1-\xi)}{\overline{r}_D^2 - \overline{r}_h^2}\int_{\overline{r}_h}^{r_D}\overline{v}_{u1}^2\,\overline{r}\mathrm{d}\overline{r} - \frac{2}{\overline{r}_D^2 - \overline{r}_h^2}\int_{\overline{r}_h}^{r_D}\overline{h}_{3,i}\overline{r}\mathrm{d}\overline{r}. \tag{6.10}$$

利用式(6.10)可以计算出主流进入诱导轮叶片流道时的扬程损失.图 6.18 所示为 $Rd = 0.25$ 和 $\beta_{t1} = 10°$ 诱导轮的计算结果.由图中曲线可知,对于 $m \approx 0.2 \sim 0.5$ 的工况(通常为设计工况)来说,$\overline{h}$ 的值约为 0.012.如果取圆周速度 $u_t = 50$ m/s,则主流的扬程损失就约等于 1.5 m,而当 $u_t = 150$ m/s 时,该损失就等于 14 m.

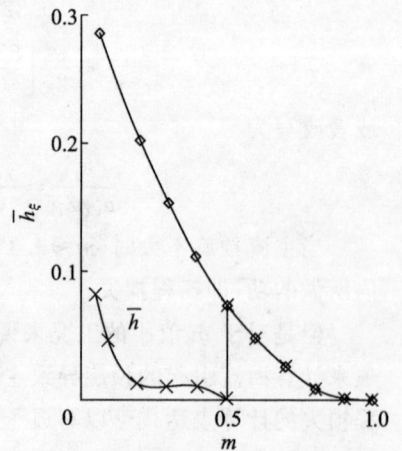

图 6.18 诱导轮上游 $\overline{h}_\xi = f(m)$ 和 $\overline{h} = f(m)$ 的关系曲线

6.2.6 诱导轮进口回流形成原因分析

对于诱导轮进口回流的形成原因,到目前为止仍然不是十分确定,而且存在着相互矛盾的解释.

一种理论认为,诱导轮进口处的回流是由叶片上大的负荷和沿叶片流道半径方向上的压力梯度太大所引起的,也就是说,这种解释认为诱导轮的出口参数起了很大的作用.这种解释与轴流泵进口回流的解释相近.对于轴流泵,通常认为其叶轮进口处回流的发生与叶轮出口轮毂区域形成的旋涡区密切相关,而出口处旋涡区的形成与轴流泵的出口参数有关.

另外一种解释则认为,叶轮前流动的状态同叶轮的出口参数没有联系,本节前面的分析采用了这一理论.

在这里,应用第三种假设解释诱导轮进口处形成回流的原因.实质上,液体流动有其自身的规律,也就是说,液体总是以这样的流动方式进行,即在完成某种流动的过程中其损失最小.在诱导轮的进口出现回流这样的流动状态是使主流以最少的损失进入流道的最佳流态,即叶轮进口处具有回流的工况是最佳流动工况,其损失最小.

该假设来源于热力学第二定律,在求解离心喷射器(离心式喷嘴)中心气体旋涡中已得到成功应用.由此可以得到如下结论:在诱导轮进口处具有回流旋涡的情况下,其主流的能量(扬程)损失应该小于流动无回流时的损失.下面对该结论进行证明.

对具有回流的流动,主流的扬程损失可按方程(6.10)来算出.对于没有回流旋涡的情况,可以看到,在实际条件下,这种情况只能在 $m > 0.5$ 时发生.计算时假设轴面速度和压力沿流动的整个横截面都是常数.诱导轮进口处无回流时,主流进入诱导轮流道时主要的能量(扬程)损失是撞击损失,因为当 $m < 1$ 时,流动以某一正冲角进入流道.

图 6.19 所示为诱导轮进口处的速度三角形,对于微小环形流束,进口前的相对流速为 $w'_{1,\mathrm{ri}}$,进入流道后由于受流道作用方向变为与叶片安放角方向相同,即 $w_{1,\mathrm{ri}}$.不考虑叶片排挤的影响,则进入叶片前和进入叶片后的轴面流速相同.那么撞击损失的计算公式为

$$h_{\xi,\Delta \mathrm{ri}} = \xi \frac{\Delta w^2}{2g} = \xi \frac{(w_{1,\mathrm{ri}} - w'_{1,\mathrm{ri}})^2}{2g} = \xi \frac{v_{u,\mathrm{ri}}^2}{2g},$$

式中,Δw 为流动进入诱导轮流道时相对速度的变化.

根据图 6.19,有

$$v_{u,\mathrm{ri}} = u_{1,\mathrm{ri}} - \frac{v_{m1,\mathrm{ri}}}{\tan \beta_{1,\mathrm{ri}}},$$

因此,

$$
\begin{aligned}
h_{\xi,\Delta \mathrm{ri}} &= \xi \frac{u_{1,\mathrm{ri}}^2}{2g}\left(1 - \frac{v_{m1,\mathrm{ri}}}{u_{1,\mathrm{ri}}}\frac{1}{\tan \beta_{1,\mathrm{ri}}}\right)^2 \\
&= \xi \frac{u_{1,\mathrm{ri}}^2}{2g}\left(1 - \frac{\tan \beta'_{1,\mathrm{ri}}}{\tan \beta_{1,\mathrm{ri}}}\right)^2 \\
&= \xi \frac{u_{1,\mathrm{ri}}^2}{2g}(1 - m_{\mathrm{ri}})^2.
\end{aligned}
$$

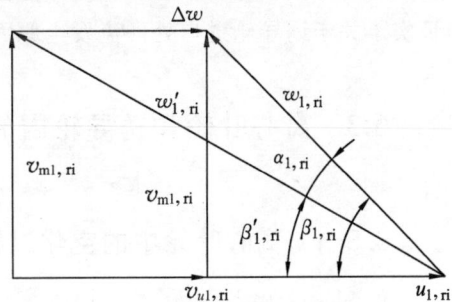

图 6.19　诱导轮半径 ri 处进口前后速度三角形

对于进口过流断面上的所有流动,有

$$h_\xi = \frac{2\pi \int_{r_h}^{r_t} h_{\xi,\mathrm{ri}} v_{\mathrm{m1}} r \mathrm{d}r}{2\pi \int_{r_h}^{r_t} v_{\mathrm{m1}} r \mathrm{d}r}$$

$$= \frac{u_t^2}{2g} \frac{\xi(1-m)^2(1+Rd^2)}{2},$$

或者
$$\bar{h}_\xi = \frac{h_\xi}{u_t^2/2g} = \frac{\xi(1-m)^2(1+Rd^2)}{2}. \tag{6.11}$$

图 6.18 中也包括了假定没有回流时应用式(6.11)计算的得到的主流的扬程损失,即撞击损失 $\bar{h}_\xi$,研究对象与应用公式(6.10)计算 $\bar{h}$ 的对象相同,都是 $Rd=0.25$ 和 $\beta_{t1}=10°$ 的诱导轮,此外,$\xi \approx 0.6$. 由图中可以看出,对于有回流的实际流动,即 $m<0.5$ 时诱导轮进口段中主流的扬程损失 $\bar{h}$ 要比诱导轮进口处假设没有回流的情况下的损失 $\bar{h}_\xi$ 小几倍. 因此,当诱导轮的工况从 $m=1$ 向 $m=0.5$ 逐步减小时,主流的扬程损失会逐步增大. 当 m 逐渐减小到 $m=0.5$ 时,诱导轮流道进口处就突然出现回流流动,此时,主流的扬程损失就突然减小,当 m 继续减小时,损失又重新逐渐增大,但仍然远远小于无回流情况下的主流扬程损失. 这一过程也就证明了前述的假设,即液体流动有其自身的规律,也就是说,液体总是以这样的流动方式进行,即在完成某种流动的过程中其损失最小.

对轴流式叶轮的研究也发现了同样的情况. 图 6.20 所示为 4 种轴流叶轮的总水力损失系数 $\bar{h}\left(\bar{h}=\dfrac{H_t-H}{u_t^2/2g}\right)$ 与流量系数 ϕ_2 之间的试验关系. 参数 $\phi_2(\phi_2=v_{\mathrm{m2,D}}/u_t)$ 相当于参数 m,代表不同的工况. 轴流叶轮曲线上各点 A,B,C,D 与诱导轮在 $m=0.5$ 时的工况一致,即当流量系数 ϕ_2 由高降低到此点时,叶轮进口处开始出现回流. 由图中可以看出,在叶轮进口处出现回流之前,当减小 ϕ_2 时水力损失增大,而在进口处出现回流以后,随着

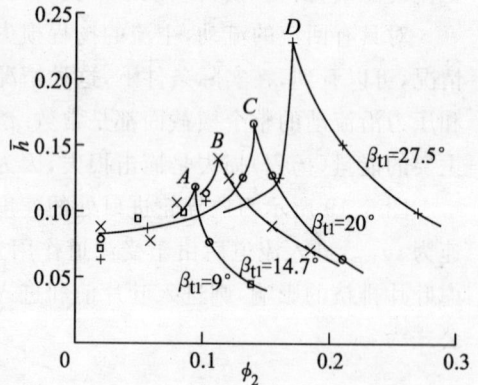

图 6.20　轴流式叶轮的水力损失

ϕ_2 的减小水力损失就突然减少. 同上述对诱导轮的计算分析一样,这些试验的结果也证实了关于诱导轮进口处回流发生原因假说的正确性.

6.3　离心叶轮和诱导轮内的空化过程及其特点

6.3.1　离心叶轮中的空化过程

1. 叶轮内空化过程

图 6.21 所示为离心泵的 3 个临界空化数 σ_i,σ_I 和 σ_b 随叶轮流道进口处流动冲角 α

的变化,根据式(6.1)和式(6.2),冲角的变化可以通过改变泵的流量来实现. 由图中可以看出,当 $\alpha \approx 0$ 时 σ_i 的值最小. 这种条件下空化会同时在叶轮前盖板进口处(在该处,叶片进口边的圆周速度具有最大值)的叶片工作面和背面上开始发生从而会出现不稳定的交变空化. 空化初生之后不久,随着吸入压力的降低,泵的外部性能就开始改变,即出现了第Ⅰ临界工况和第Ⅱ临界工况. 在泵的零冲角工况下,初生空化数 σ_i 接近 σ_I 和 σ_b.

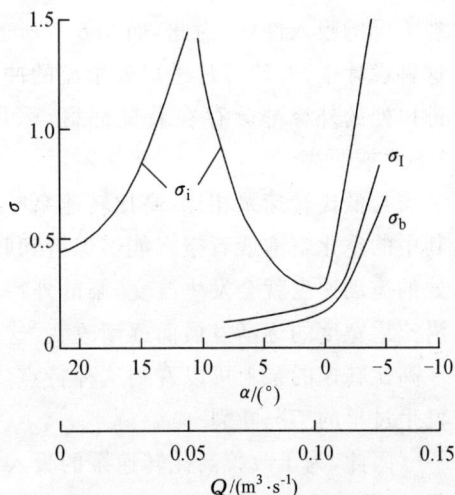

图 6.21 离心泵空化数同流量(进口冲角)的关系($n=960$ r/min)

σ_i 值既随着流动的正冲角 α、也随着流动的负冲角绝对值 $|\alpha|$ 的增大而增加,这分别是由于在叶轮叶片的背面和工作面的压降增加形成的. $\alpha > 0$ 时,空化在叶片的背面发生; $\alpha < 0$ 时,则在叶片的工作面形成. $\alpha > 0$ 时, $\sigma_i = f(\alpha)$ 曲线存在最大值. 通过对各种离心叶轮进口处的速度场和压力场的测量表明, $\alpha > 0$ 时, $\sigma_i = \sigma_{i,max}$ 时的临界流量 Q_{cri} 近似对应叶轮进口轮缘处出现回流时的流量,即 $m \approx 0.5$ 时的流量.

与进入泵之前主流的能量相比,从叶轮流道流出的回流能量更高. 因此,空化的初生并不发生在旋涡区中,而是发生在紧靠叶片进口处的主流中,由于受排挤、流动的预旋以及损失等的作用,该处的静压最小. 当泵的流量减少到出现回流的工况时,空化初生区(主流的边界)向较小半径处的移动和主流中冲角的减小(直到零冲角)都会引起 σ_i 的减小.

由图 6.21 可以看出,空化数 σ_I 和 σ_b 随着流量的减小而单调减小. 在 $\alpha > 0$ 的工况下,空化数 σ_I 和 σ_b 可能比 σ_i 小得多,即当降低压力 p_1 时,叶轮过流区域中的空化过程比第Ⅰ和第Ⅱ临界工况的来临要开始得早的多. 空化初生并不影响泵的外部特性,这种现象通常称为淹没空化. 淹没空化的物理本质在于液流中的空化循环(空化空泡和空穴的形成和消失)在叶轮出口之前就完成了. 此时,叶轮出口处的液流速度并不改变,也就不会改变泵的外特性.

如上所述,当泵在叶轮进口处存在回流的工况下工作时,空化过程就在主流中开始发生. 由于形成了空化空泡和空化空穴,随着空化的发展,主流就增大其本身的过流断面面积,逐渐排挤旋涡区. 紧靠泵的断裂工况之前,旋涡区完全消失,此时叶轮的叶片间流道和进口段就完全充满了主流. 当继续降低 p_1 时,空化区已不再向宽度方向扩展,而是沿着叶轮叶片的长度方向扩展,从而导致泵的工况断裂. 在断裂工况下,空穴几乎包围着整个流道的进口段. 在这种流道内,空化并不是一种带有一定的相分界线的分离射流,而是一种带有大量运动着的空泡和空穴的流动. 因此,占有一部分过流断面的叶轮进口处的旋涡区是空化在主流中发展的情况下主流的一种后备流道.

2. 空化对不同比转速泵外特性的影响

泵在淹没空化工况下工作不会改变泵的外特性,可以利用这一特点来提高泵按断裂工况的吸入性能. 为此, 如5.8节所述, 在设计中可以取较大的叶轮流道进口面积. 在这种设计中, 叶轮叶片进口处水流的冲角通常大于 $0.5\beta_1$, 也就是 $m<0.5$, 这时在叶轮进口处的外缘部分存在着旋涡区. 采用大叶轮进口的泵, 其吸入比转速 C 的值可达 1 800 或更高.

与低比转速泵相比, 高比转速泵叶轮流道相对长度小、流动速度大(流量大), 因此其中的空化空泡或者空穴能够保持到叶轮出口. 所以, 空化状态下的高比转速叶轮出口处的流动速度就会发生改变, 泵的外特性也就同时改变, 而且泵的外特性还会随着空穴沿流道宽度的逐渐发展而逐渐改变. 这种泵的断裂空化特性曲线是倾斜的, 实践中通常在高比转速的泵上可以看到这种特点(参见图5.24). 不但如此, 在高比转速泵中还会发生过早的工况断裂.

因此, 为了改善高比转速泵的吸入能力, 仅增加其流道宽度可能不会出现期望的结果. 因此还应当同时增加叶片流道的相对长度, 以使淹没空化不会影响泵的外特性(但是这种改变事实上已经改变了泵的外特性).

对于带圆柱叶片的离心叶轮, 通过切削叶轮外径的方法来改变叶轮叶片流道的相对长度, 在不改变压水室的情况下, 试验结果表明当叶轮叶片流道的相对长度

$$\bar{L}_c = \frac{(D_2-D_1)Z_c}{(D_2+D_1)\sin\dfrac{\beta_1+\beta_2}{2}} \geqslant 1.4$$

时, 叶轮出口流动并不影响泵的断裂工况.

6.3.2 诱导轮中的空化

如图6.22所示, 诱导轮的断裂空化特性曲线分为4个特征区. 这4个区域的界限为初生空化数 σ_i、第 Ⅰ 临界空化工况点空化数 $\sigma_Ⅰ$、第 Ⅱ 临界空化工况点空化数(断裂空化数) σ_b 和第 Ⅲ 临界空化工况点空化数 $\sigma_Ⅲ$.

区域①: 泵的流道中没有空化区域, 当压力 p_1 (或 $NPSHA$, σ)降低时, 泵的外特性不变.

区域②: 在不存在回流的工况下, 当 $\sigma=\sigma_i$ 时, 空化空穴最早在诱导轮叶片进口边的轮缘处出现,

图 6.22 诱导轮断裂空化特性曲线

通常把这种现象称为叶面空穴空化. 同区域①相比, 在区域②中噪声的强度增大了, 叶片进口边处的空化区域从叶片的进口边开始, 随着 σ 的减少而以较狭长的密幕形式延伸, 形成了明显的条纹状的间隙空化. 间隙空化沿叶片的长度增长, 向叶片的出口方向扩展成楔形(参见图3.10).

诱导轮在出现回流的工况下工作时, 诱导轮中空化的第一个现象是诱导轮上游的旋涡区域变得浑浊, 这是由于在诱导轮主流的外径处发生了间隙空化或空化初生的原因. 当减少 σ 时, 看不出诱导轮泵外特性的变化.

区域③: 区域②和区域③之间的界限由诱导轮第 Ⅰ 临界空化工况点空化数($\sigma=$

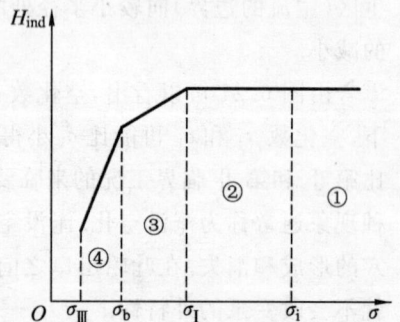

σ_{I})来表征,即诱导轮的外特性参数扬程开始改变(降低,有时也会升高).对 3 叶片诱导轮流动的观测表明,当前述的叶面空穴空化沿诱导轮叶片背面($\alpha_{\mathrm{ind}} > 0$)扩展到距叶片进口边的长度为 $L = \pi D \cos \beta_{\mathrm{ind}}/Z$ 处时,对应的空化数就是第 Ⅰ 临界空化工况点空化数 σ_{I}.

观测发现叶片表面上空穴尾部灵活善变.空穴似乎是由两部分组成:由其原本的形状发展而成的主要区和次要的不稳定区,有学者曾建议把后者称为空化尾迹.在主要区的增长过程中,空化尾迹没有什么规律性,时而出现,时而消失.

随着靠近区域③ 的左侧边界,噪声和振动的强度急剧增加.

同泵的外特性即扬程开始急剧下降对应的工况点就是第 Ⅱ 临界空化工况点,对应的是断裂空化数 σ_{b}.该工况是区域③和区域④之间的分界点.

根据观测,可以在诱导轮流道中把区域③分为两个特征区:一是在诱导轮出口之前就在叶片背面上闭合的空化空穴;二是空化空穴与叶片工作面之间无空化空泡的流动.

诱导轮流道中的这种流动也称为部分空化,4.2 节中已经介绍了这种空化的求解方法.

区域④:此区域表征从诱导轮叶片的部分分离绕流过渡到完全分离绕流——空穴在诱导轮后闭合.在区域④中,随着 σ 的减小,空穴伸长,其闭合发生在距诱导轮叶栅下游越来越远的位置.在过渡到分离绕流的工况后,泵内的噪声和振动急剧减小,诱导轮进口处的旋涡趋于消失,而整个过流断面都充满着主流.

诱导轮泵断裂空化断裂曲线上的极限点就是第 Ⅲ 临界空化工况点 $\sigma = \sigma_{\mathrm{Ⅲ}}$,该工况与完全分离的叶栅绕流对应,空穴在无限远处闭合.

6.3.3 诱导轮离心泵的空化特性

在诱导轮离心泵的前置诱导轮中发生的空化过程,与孤立工作的诱导轮中相应的过程基本一样.

如图 6.23 所示,与孤立的诱导轮相比,在前置诱导轮的泵断裂空化特性曲线上,第 Ⅰ 临界空化工况向净正吸头较小的方向偏移,即 $NPSH_{\mathrm{I}} < NPSH_{\mathrm{ind,I}}$.泵扬程远远大于诱导轮扬程,诱导轮不大的扬程降在断裂空化特性曲线上非常不明显.对于具有高抗空化性能的诱导轮离心泵来说,泵的断裂工况(第 Ⅱ 临界工况)在前置诱导轮的第 Ⅱ 临界工况和第 Ⅲ 临界工况之间的某点发生($NPSH_{\mathrm{ind,Ⅲ}} < NPSH_{\mathrm{b}} < NPSH_{\mathrm{ind,b}}$).

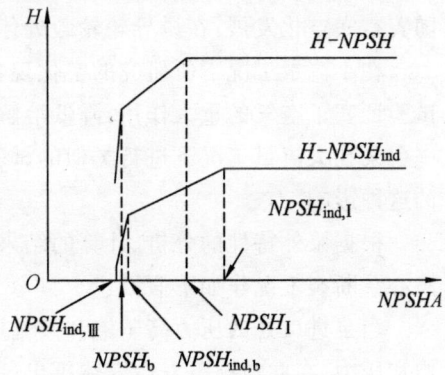

图 6.23　诱导轮离心泵和诱导轮的断裂空化特性曲线

对于这种泵来说,空化断裂的原因在于空化区域已经发展到诱导轮叶栅下游,即此时诱导轮已经由于空化而完全分离绕流.这样,诱导轮无法给离心泵叶轮进口提供足够的能量,于是就发生了离心叶轮的空化断裂工况,即出现了整个诱导轮离心泵的工况断裂.断裂之后,诱导轮中空化区域的前边界实际上是不变的.空化区域通常并不覆盖叶片沿宽度的整个表面,其在半径方向的可见部分约占诱导轮叶片宽度的 $40\% \sim 50\%$.空化区域的可见部分也并不完全占有沿流道宽度的全部流道空间.泵断裂工况下,空化区域的最大宽度为流道宽度的 $2/3$.

空化断裂工况下,诱导轮进口处的旋涡区($m < 0.5$ 时)实际上消失了,诱导轮前的整个截面充满主流.可以推测,诱导轮进口处的旋涡区起着"后备流道"的作用,就像在离心叶轮中发生的那样.

上述情形出现在离心叶轮的断裂工况发生在前置诱导轮的空化断裂工况之后的条件下.有时候还可以看到相反的情况,即当降低吸入压力时,首先发生的是离心叶轮的断裂工况而不是诱导轮的断裂工况,这可能是由诱导轮产生的扬程不足引起的.在这种情况下,泵通常具有较低的吸入性能,且认为设计不正确,因为设计的诱导轮并没有满足改善泵吸入性能的要求.

6.3.4 小流量工况下诱导轮离心泵中空化发展的特点

图 6.24 所示为诱导轮离心泵以普通自来水为工作介质时的吸入性能曲线的一般形式.由图中可知,在大多数工况下,随着流量 Q 的减少,第Ⅱ临界工况的泵净正吸头是降低的.但是在小流量工况下,随着 Q 的进一步减少,$NPSH_b$ 值急剧增大.而且在小流量范围内,$NPSH_b = f(Q)$ 的关系并不遵守空化的基本相似定律 $NPSH_{cri}/n^2 =$ 常数.

根据诱导轮空化的可视化研究表明,在小流量下泵吸入性能曲线的这种特点可以解释为是

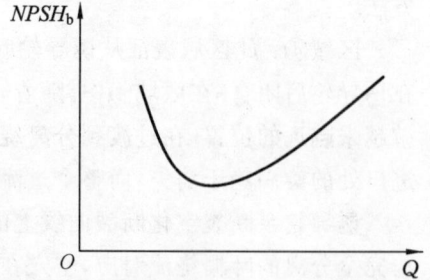

图 6.24　泵吸入性能曲线的一般形式

随着空穴空化发展,在诱导轮轮毂处伴随着形成纽带形式的蒸气空穴而导致的.

在小流量工况下所研究的空化现象中,泵以含有不同的空气溶解量的水所进行的试验证实了空气的重大作用:降低溶解于水中的空气量会导致断裂压力的大大减小.同一台泵在大流量工况下进行类似的试验却未曾显示出溶解于水中的空气对泵吸入性能的这种影响.

根据泵外特性的分析、计算的结果和空化发展的目测观察,可以对小流量时诱导轮离心泵断裂工况作如下假设:

当泵进口处的压力高于饱和蒸气压力时,诱导轮叶片上游主流中的压力可能小于饱和压力.在此情况下发生气体析出过程.

在小流量工况下对诱导轮流道区域内进行的可视化研究表明,当降低 p_1 时,可以在诱导轮和离心叶轮之间的轮毂上看到出现第一批可见的空泡.在所有其他位置处,其中包括诱导轮叶片进口处,液体都是透明的.显然,诱导轮进口处从水中析出的肉眼看不见的空气空泡在诱导轮下游局部合并、向轮毂运动并在那里汇合成更大的气泡.对诱导轮和离心叶轮之间球形气泡的运动所作的分析结果证实了这种现象的可能性.

泵进口处压力降虽然很小,但是该负压力梯度足以使气泡沿诱导轮的轮毂向上游运动,然后传播到轴线上诱导轮前的区域内.当继续把压力 p_1 降低到低于饱和压力 p_V

时,气体的析出过程还可能在管道中发生,气泡的数量增加,它们汇集起来,既沿着直径方向、又沿着与流动相反的方向占据越来越大的空间.

根据可视化试验研究的结果可以确认,当压力 p_1 接近于断裂压力时,诱导轮前空穴的长度约大于 8 倍口径.当继续降低 p_1 时,就发生泵的工况断裂.

6.4 诱导轮空化计算——进口流量系数分析

诱导轮安装在泵主叶轮前来提高泵的吸入性能.首先,诱导轮自身必须具有很好的吸入性能,其次要满足泵主叶轮的吸入要求.本节介绍诱导轮自身的吸入性能,6.5 节介绍诱导轮与泵主叶轮的能量匹配关系.

诱导轮必需净正吸头与泵主叶轮的必需净正吸头的计算公式相同,因为诱导轮本身就是一种高比转速($n_s=280\sim640$)轴流式叶轮.由于叶片进口绕流的影响,诱导轮内的最低压力点一般在速度最快的轮缘处,这是因为此处相对速度较大,进口压力损失和绕流引起的压降就相应变大.通常情况下,假设诱导轮进口液流为均匀、无旋和定常流动,则

$$NPSHR_{\mathrm{ind}}=\frac{v_1^2}{2g}+\lambda\,\frac{w_1^2}{2g}. \tag{6.12}$$

假设诱导轮进口无预旋,则

$$w_1^2=v_1^2+u_{\mathrm{t1}}^2,$$

$$v_1=v_{\mathrm{m1}}=\frac{4Q}{\pi D_{\mathrm{t1}}^2(1-Rd^2)},$$

$$u_{\mathrm{t1}}=\frac{n\pi D_{\mathrm{t1}}}{60},$$

将上述各式代入式(6.12)整理得

$$NPSHR_{\mathrm{ind}}=\frac{1}{2g}\Big(\frac{\pi}{60}\Big)^{\frac{4}{3}}n^{\frac{4}{3}}D_{\mathrm{t1}}^{\frac{4}{3}}\Big[(1+\lambda)\Big(\frac{v_1}{u_{\mathrm{t1}}}\Big)^{\frac{4}{3}}+\lambda\Big(\frac{u_{\mathrm{t1}}}{v_1}\Big)^{\frac{2}{3}}\Big]v_1^{\frac{2}{3}}, \tag{6.13}$$

诱导轮进口轮缘流量系数 ϕ_{t1} 定义为

$$\phi_{\mathrm{t1}}=\frac{v_{\mathrm{m1}}}{u_{\mathrm{t1}}}=\frac{v_1}{u_{\mathrm{t1}}}=\frac{240Q}{n\pi^2 D_{\mathrm{t1}}^3(1-Rd^2)},$$

在零轮毂比情形下得

$$\phi_{\mathrm{t1}}=\tan\beta_{\mathrm{t1}}'=\frac{240}{\pi^2}\frac{Q}{nD_{\mathrm{t1}}^3}=24.317\frac{Q}{nD_{\mathrm{t1}}^3}.$$

由此,对式(6.13)进一步整理得

$$NPSHR_{\mathrm{ind}}=\frac{1}{2g}\Big(\frac{1}{30}\Big)^{\frac{4}{3}}\pi^{\frac{2}{3}}(1-Rd^2)^{-\frac{2}{3}}Q^{\frac{2}{3}}n^{\frac{4}{3}}\Big[(1+\lambda)\phi_{\mathrm{t1}}^{\frac{4}{3}}+\lambda\phi_{\mathrm{t1}}^{-\frac{2}{3}}\Big]$$

$$=0.0011732(1-Rd^2)^{-\frac{2}{3}}Q^{\frac{2}{3}}n^{\frac{4}{3}}\Big[(1+\lambda)\phi_{\mathrm{t1}}^{\frac{4}{3}}+\lambda\phi_{\mathrm{t1}}^{-\frac{2}{3}}\Big]. \tag{6.14}$$

具有零预旋和固定轮毂比的诱导轮在最佳流动状态下最佳流量系数 $\phi_{\mathrm{t1,opt}}$ 使 $NPSHR_{\mathrm{ind}}$ 最小,所以,

$$\frac{\partial NPSHR_{\mathrm{ind}}}{\partial\phi_{\mathrm{t1,opt}}}=0,$$

即得到所谓的 Brumfield 准则：

$$\begin{cases} \phi_{t1,opt}^2 = \dfrac{\lambda}{2(1+\lambda)}, \\ \lambda = \dfrac{2\phi_{t1,opt}^2}{1-2\phi_{t1,opt}^2}. \end{cases}$$

Brumfield 准则实际上就是诱导轮入口流动状态和几何参数的最优配合.

将 Brumfield 准则代入式(6.14)即得到 $NPSH_{ind,min}$ 的值，

$$NPSHR_{ind,min} = \frac{3}{2^{\frac{5}{3}}g}\left(\frac{1}{30}\right)^{\frac{4}{3}}\pi^{\frac{2}{3}}(1-Rd^2)^{-\frac{2}{3}}Q^{\frac{2}{3}}n^{\frac{4}{3}}\lambda^{\frac{2}{3}}(1+\lambda)^{\frac{1}{3}}$$

$$= 0.002\,22(1-Rd_1^2)^{-\frac{2}{3}}Q^{\frac{2}{3}}n^{\frac{4}{3}}\lambda^{\frac{2}{3}}(1+\lambda)^{\frac{1}{3}},$$

或

$$NPSHR_{ind,min} = \frac{3}{2g}\left(\frac{1}{30}\right)^{\frac{4}{3}}\pi^{\frac{2}{3}}(1-Rd^2)^{-\frac{2}{3}}Q^{\frac{2}{3}}(n\phi_{t1,opt})^{\frac{4}{3}}(1-2\phi_{t1,opt}^2)^{-1}$$

$$= 0.003\,52(1-Rd^2)^{-\frac{2}{3}}Q^{\frac{2}{3}}(n\phi_{t1,opt})^{\frac{4}{3}}(1-2\phi_{t1,opt}^2)^{-1}.$$

从而根据吸入比转速 C_{ind} 定义：

$$C_{ind} = \frac{5.62n\sqrt{Q}}{NPSHR_{ind}^{0.75}},$$

得

$$C_{ind,max} = 168.6\left(\frac{3}{2g}\right)^{-\frac{3}{4}}\pi^{-\frac{1}{2}}(1-Rd^2)^{\frac{1}{2}}\frac{(1-2\phi_{t1,opt}^2)^{\frac{3}{4}}}{\phi_{t1,opt}}$$

$$= 388.717(1-Rd^2)^{\frac{1}{2}}\frac{(1-2\phi_{t1,opt}^2)^{\frac{3}{4}}}{\phi_{t1,opt}},$$

或

$$C_{ind,max} = 168.6\sqrt{2}\left(\frac{3}{2g}\right)^{-\frac{3}{4}}\pi^{-\frac{1}{2}}(1-Rd^2)^{\frac{1}{2}}\lambda^{-\frac{1}{2}}(1+\lambda)^{-\frac{1}{4}}$$

$$= 549.729(1-Rd^2)^{\frac{1}{2}}\lambda^{-\frac{1}{2}}(1+\lambda)^{-\frac{1}{4}},$$

在零轮毂比情形下得到

$$C_{ind,max} = 388.717\frac{(1-2\phi_{t1,opt}^2)^{\frac{3}{4}}}{\phi_{t1,opt}}. \tag{6.15}$$

诱导轮的轮毂比通常为 $Rd = 0.2 \sim 0.5$，图 6.25 分别为 $Rd = 0, 0.2$ 和 0.5 时 $C_{ind,max} = f(\phi_{t1,opt})$ 的曲线，因为流量系数的定义就是进口轮缘处的液流角 β_{t1}'，因此图 6.25中也标出了 β_{t1}' 的值. 从图中可以看出，当 $\phi_{ind,opt}$ 值分别取 0.06 和 0.20 时，液流角分别为 $\beta_{t1}' = 3.4°$ 和 $\beta_{t1}' = 11.3°$，对应的 $C_{ind,max}$ 分别在 6 000 和 1 700 附近. 由于这里计算

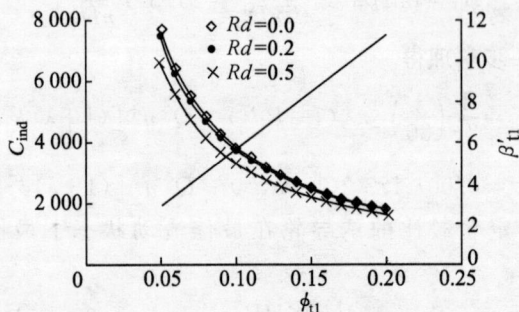

图 6.25　诱导轮吸入比转速与流量系数和进口液流角之间的关系

的流量系数是最优值,而在实际运行中,由于还有冲角的影响,因此可以认为诱导轮的流量系数在 0.06～0.20 范围内与诱导轮吸入比转速在 1 500～5 000 范围内是直接相关的.建议流量系数最大不要超过 0.20,轮缘进口叶片安放角不要大于 14°,参见表 6.4.航天领域的诱导轮流量系数可以达到 0.05 甚至更低.

表 6.4　诱导轮性能参数推荐范围

吸入比转速 C_{ind}	流量系数 ϕ_{t1}	轮缘进口叶片安放角 β_{t1}
1 500～5 000	0.06～0.20	5°～14°

为了使诱导轮入口性能良好,系数 ϕ_{t1} 应取小值,但是这样诱导轮直径会相应增大,从而导致泵效率下降,因此必须根据诱导轮和离心轮的结构匹配合理的选择 ϕ_{t1}.

6.5　诱导轮空化计算——扬程特性

在 6.3 节中已经说明,如果泵的断裂工况发生在前置诱导轮的断裂工况之后,即 $\sigma_b < \sigma_{ind,b}$ 时,泵就具有最好的吸入性能.在这种情况下,泵的断裂工况主要由诱导轮的参数确定,同离心叶轮的参数无关.

现在分析带前置诱导轮的离心泵无断裂工作的条件.除了自身具有很好的抗空化能力以外,诱导轮还应当使离心叶轮叶片前的流动参数能保证离心叶轮无断裂工作.

由于断裂工况点就是一个临界空化工况点,根据 5.3 节泵空化基本方程式,保证离心叶轮无断裂工作的叶轮流道进口前必需的最小压力(必需净正吸头 $NPSHR_b$)的计算公式为

$$NPSHR_b = \frac{v_1^2}{2g} + \lambda_b \frac{w_1^2}{2g}, \tag{6.16}$$

式中,λ_b 为对应离心叶轮断裂工况点的速度不均匀系数.

对于叶片式水力机械,由于流动的复杂性,一般都是应用平均流动参数来分析流动问题.对于离心叶轮叶片前的参数而言,一般以直径 D_1 处的参数为代表进行分析(参见图 5.1).而对于诱导轮内的流动,通常计算平均有效直径(也称作计算直径)处的值.

定义诱导轮进口平均有效直径为

$$d_1 = \sqrt{\frac{D_{t1}^2 + d_{h1}^2}{2}}, \tag{6.17}$$

诱导轮出口平均有效直径为

$$d_2 = \sqrt{\frac{D_{t2}^2 + d_{h2}^2}{2}}. \tag{6.18}$$

诱导轮出口平均有效直径 d_2 的物理意义为:直径 d_2 处的扬程等于诱导轮平均积分扬程,或者说在直径 d_2 处计算的扬程就是诱导轮的扬程.进口平均有效直径 d_1 的物理意义也是一样的.

假设诱导轮和离心叶轮之间的流动遵循"$v_u r =$ 常数"的规律,则可得离心叶轮叶片

前流动预旋的值为

$$v_{u1} = v_{u2,\text{ind}} \frac{d_2}{D_1} = \frac{gH_{\text{t,ind}}}{u_{2,\text{ind}}} \frac{d_2}{D_1} = \frac{gH_{\text{t,ind}}}{u_1}, \tag{6.19}$$

式中，$H_{\text{t,ind}}$ 为诱导轮的理论扬程.

式(6.19)事实上建立了诱导轮理论扬程与泵主叶轮(离心叶轮)进口流动之间的关系. 另一方面，由于前置诱导轮的做功，叶轮叶片前的扬程(有效净正吸头 $NPSHA$)为

$$NPSHA = H_{\text{ind}} + NPSHA_{\text{ind}} \tag{6.20}$$

式中，$NPSHA_{\text{ind}}$ 为诱导轮前的有效净正吸头；H_{ind} 为诱导轮无空化条件下的实际扬程. 根据式(5.13)有

$$NPSHA_{\text{ind}} = \frac{p_{1,\text{ind}}}{\rho g} + \frac{v_{\text{t1}}^2}{2g} - \frac{p_\text{V}}{\rho g}.$$

比较式(6.16)和式(6.20)，根据泵空化基本方程式可以看出，离心叶轮无断裂工作的条件是

$$NPSHA \geqslant NPSHR_\text{b}, \tag{6.21}$$

即

$$H_{\text{ind}} + NPSHA_{\text{ind}} \geqslant \frac{v_1^2}{2g} + \lambda_\text{b} \frac{w_1^2}{2g}, \tag{6.21a}$$

或

$$H_{\text{ind}} + NPSHA_{\text{ind}} - \frac{v_1^2}{2g} \geqslant \lambda_\text{b} \frac{w_1^2}{2g}, \tag{6.21b}$$

不等式(6.21b)左边部分是诱导轮无空化条件下离心叶轮前的静扬程. 显然，上述分析没有考虑诱导轮的空化对诱导轮扬程的影响，也就是说，前述分析还有一个前提，即 $NPSHA_{\text{ind}} > NPSH_{\text{ind,I}}$ (参见图 6.23).

对于泵因空化而引起的断裂空化点来说，如果要求离心叶轮在无断裂工况下工作，则式(6.21b)应该是如下形式：

$$H_{\text{ind}} + NPSHR_{\text{ind}} - \frac{v_1^2}{2g} - h_{\text{I-b}} \geqslant \lambda_\text{b} \frac{(w_1')^2}{2g}, \tag{6.22}$$

式中，$h_{\text{I-b}}$ 为泵从第 I 临界空化工况点过渡到第 II 临界空化工况点时，因诱导轮中的空化引起的离心叶轮叶片前的静扬程降低量；w_1' 为当 $NPSHA_{\text{ind}} = NPSHR_{\text{ind}}$ 时，离心叶轮叶片进口流动的相对速度.

目前要精确地计算 w_1' 值还有困难. 所以，这里假设 $w_1' \approx w_1$. 这一假设并不会产生较大的误差，这是因为在大多数高吸入性能的泵中，$\lambda_\text{b} \frac{w_1^2}{2g}$ 的绝对值通常远小于 $\frac{v_1^2}{2g} + h_{\text{I-b}}$ 的值. 因此式(6.22)可以改写为

$$H_{\text{ind}} + NPSHR_{\text{ind}} - \frac{v_1^2}{2g} - \lambda_\text{b} \frac{w_1^2}{2g} \geqslant h_{\text{I-b}}. \tag{6.22a}$$

根据大量的研究结果进行总结，当工况接近于设计工况时，$h_{\text{I-b}}$ 的最大值在如下范围内变化：

$$\left(\frac{h_{\text{I-b}}}{u_{2,\text{ind}}^2 / g} \right)_{\text{max}} = 0.10 \sim 0.15, \tag{6.23}$$

式中，$u_{2,\text{ind}}$ 为诱导轮计算直径 d_2 处的圆周速度.

离心叶轮断裂工况点速度不均匀系数 λ_b 的推荐计算公式为

$$\lambda_b = 1.2\, \frac{v_{m1,c}}{u_{c1}} + (0.07 + 0.421)\frac{v_{m1,c}}{u_{c1}}(22.5\bar{\tau}_1 - 0.615), \tag{6.24}$$

其中, τ_1 为距叶片进口边 $\dfrac{D_1}{50}$ 距离处离心叶轮叶片的厚度.

因此,由式(6.22a)和式(6.23)得

$$\frac{H_{ind} + NPSHR_{ind} - \dfrac{v_1^2}{2g} - \lambda_b\dfrac{w_1^2}{2g}}{u_{2,ind}^2/g} \geqslant 0.10 \sim 0.15, \tag{6.25}$$

根据式(6.16),上式可以改写成更易理解的形式:

$$H_{ind} \geqslant NPSHR_b - NPSHR_{ind} + (0.10 \sim 0.15)u_{2,ind}^2/g, \tag{6.25a}$$

可以应用该式计算诱导轮的扬程.

此外,还应该遵守保证前置诱导轮正常工作的条件. 诱导轮上游的流动应该具有足以使其无断裂工作的有效净正吸头 $NPSHA_{ind}$,即

$$NPSHA_{ind} \geqslant NPSHR_{ind}, \tag{6.26}$$

或者反过来说,设计得到的诱导轮的必需净正吸头必须不大于装置净正吸头. 式(6.26)中诱导轮净正吸头的计算公式为

$$NPSHR_{ind} = \frac{v_{m1,ind}^2}{2g} + \lambda_{ind}\frac{w_{1,ind}^2}{2g}, \tag{6.27}$$

这里, $v_{m1,ind}$ 为诱导轮进口轴面平均速度,

$$v_{m1,ind} = \frac{4Q}{\pi(D_{t1}^2 - d_{h1}^2)};$$

$w_{1,ind}$ 为诱导轮进口平均直径 D_{AV1} 上的相对速度,

$$D_{AV1} = \frac{D_{t1} + d_{h1}}{2}.$$

设计中,诱导轮的必需净正吸头也可以借助于表6.4中的推荐数据和吸入比转速的计算公式初步确定.

通过上述分析可以看出,为了使带诱导轮的离心泵正常工作,诱导轮的设计应当满足关系式(6.25)和(6.26). 于是,按第Ⅱ临界工况的泵吸入性能只与诱导轮的参数相关,同离心叶轮的参数无关.

上述结论同样适用于泵的第Ⅰ临界工况. 采用同样的推导过程,只需将式(6.16)中的 λ_b 用 λ_I 替代(当然,这两个系数的确定都很困难),就可以得到同样的结论.

例如,图6.26所示为带诱导轮的离心泵叶轮和不带诱导轮的离心泵叶轮的断裂空化特性曲线,通过修尖离心泵叶轮叶片进口边(不加工诱导轮)的方法来改善离心叶轮的吸入性能,所设计的诱导轮满足关系式(6.25). 从图中可以得出如下结论:一是安装诱导轮后改善了泵的吸入性能;二是对于不带诱导轮的离心叶轮而言,修尖进口边可以改善其吸入性能;三是对于安装了诱导轮的离心叶轮来讲,对离心叶轮叶片进口边的修尖并不改变诱导轮泵的吸入性能,这证明了前述的结论,即诱导轮泵的吸入能力是由诱导轮决定的,与叶轮的参数无关.

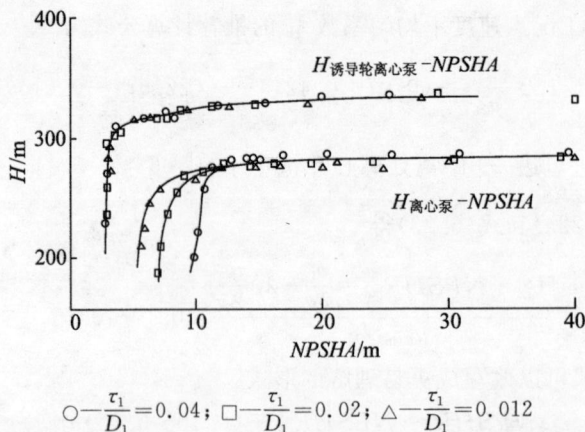

$$\bigcirc - \frac{\tau_1}{D_1} = 0.04; \quad \square - \frac{\tau_1}{D_1} = 0.02; \quad \triangle - \frac{\tau_1}{D_1} = 0.012$$

图 6.26 诱导轮设计满足方程(6.25)时离心叶轮和诱导轮离心泵的断裂空化特性

不过,如果设计的诱导轮不满足关系式(6.25),结果就不一样(应当说这样的诱导轮设计是失败的). 这种情况下,离心叶轮吸入性能的变化就能极大的影响整个诱导轮泵的吸入性能. 如图 6.27 所示,该例子中诱导轮的设计不满足关系式(6.25),随着离心叶轮吸入性能的改善,泵断裂特性的形状在逐步改善. 但是在加装诱导轮的条件下,随着离心叶轮抗空化性能的变化,诱导轮泵的断裂特性曲线也在变化,应该说这种情况下诱导轮的设计是不成功的.

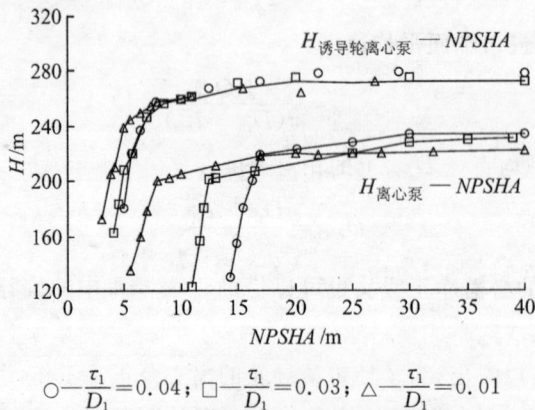

$$\bigcirc - \frac{\tau_1}{D_1} = 0.04; \quad \square - \frac{\tau_1}{D_1} = 0.03; \quad \triangle - \frac{\tau_1}{D_1} = 0.01$$

图 6.27 诱导轮设计不满足方程(6.25)时离心叶轮和诱导轮离心泵的断裂空化特性

6.5.1 离心叶轮对诱导轮能量特性的影响及诱导轮计算直径的说明

轴流式叶轮的扬程常常是按照计算直径算出的,所谓计算直径就是前述的平均有效直径,该直径的物理意义是指在该直径处流动的扬程与基于所有微小流束做功的积分总和所得的叶轮扬程相等.

通常把轴流叶轮出口处流动的面积平均直径取为计算直径,即应用式(6.18)计算诱导轮出口平均有效直径 d_2. 此外,也有研究认为,由于小轮毂比诱导轮出口处的扬程和流量沿半径方向的分布不均匀,最大值在轮缘位置,而在轮毂处存在着明显的回流旋涡区,而主流则通过诱导轮的轮缘部分,如图 6.28 所示. 因此,定义孤立诱导轮的计算直径为

$$D_{ei} = \sqrt{\frac{D_{t2}^2 + d_2^2}{2}} = \sqrt{\frac{3D_{t2}^2 + d_{h2}^2}{4}}, \tag{6.28}$$

显然,

$$D_{ei} > d_2. \tag{6.29}$$

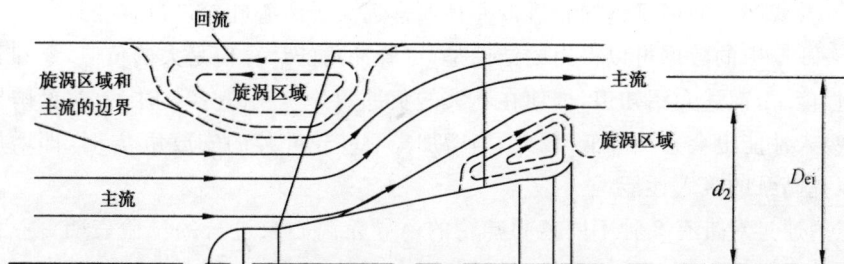

图 6.28 孤立工作的诱导轮下游旋涡

将具有高吸入性能的孤立诱导轮按式(6.28)的计算扬程同试验资料进行对比,结果发现对于孤立诱导轮运行的情况,试验值与根据式(6.28)计算的结果非常一致.图 6.29 所示为按上述方法计算的两种孤立诱导轮的扬程特性,由图中可以看出,对于两种诱导轮来说,不论是理论扬程还是实际扬程,试验结果与计算值非常一致.

可是,当诱导轮加装在离心叶轮的前面时,基于式(6.28)计算得到的诱导轮的理论扬程偏高.表 6.5 所示为带前置诱导轮的离心泵空化试验结果以及离心叶轮叶片进口处流动冲角的计算值,

$$\alpha = \beta_1 - \beta_1',$$

$$\beta_1' = \arctan \frac{v_{m1}}{u_1 - v_{u1}},$$

v_{u1} 根据式(6.19)计算,用来确定 v_{u1} 的诱导轮理论扬程值则按式(6.28)确定的计算直径来计算.

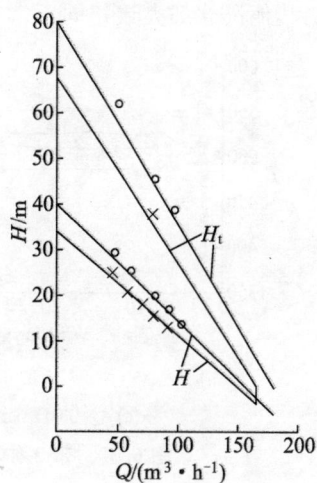

图 6.29 两种孤立诱导轮的试验扬程和基于式(6.28)的计算扬程(离散点为试验值)

表 6.5 诱导轮泵的相关参数

$\dfrac{Q}{n}/$ $10^{-7}((\text{m}^3/\text{s})/(\text{r}/\text{min}))$	$K_{D,t1}$	C	$\delta H/$ %	基于式(6.28)		基于式(6.18)	
				H_t/m	$\alpha/(°)$	H_t/m	$\alpha/(°)$
9.75	7.05	4 700~5 000	0	179	-32	131	18
7.82	7.6	4 900~5 000	0	202	-127	147	15
8.87	7.04	4 800	0	201	-12	151	19
6.68	7.75	4 600	0	231	-140	172	16
2.2	6.48	4 000	2	191	-4	147	4
2.37	6.58	4 800~5 300	1.5~2.5	227	-7	165	7

表 6.5 中的参数 $K_{D,t1}$ 为诱导轮当量直径速度系数,用于计算诱导轮的进口轮缘直径,即

$$\sqrt{D_{t1}^2 - d_{h1}^2} = K_{D,t1} \sqrt[3]{\frac{Q}{n}}, \qquad (6.30)$$

由表 6.5 及式(6.30)可见诱导轮进口外径通常远大于离心叶轮进口直径.

由表 6.5 中的数据可以得出的结论是,尽管冲角的计算值是大的负值,泵却具有高的吸入性能. 由前述介绍知道,即使在不大的负冲角($\alpha \leqslant -5° \sim 0°$)时,无前置诱导轮离心泵的吸入性能也会急剧降低.因此,当增加离心叶轮叶片的安放角 β_1 时,即增加冲角时,可以提高泵的吸入性能.

不过,通过对带有 3 种不同离心叶轮的诱导轮离心泵进行的试验表明,随着 β_1 的增加,泵的吸入性能不但没有改善,相反却大大恶化了,特别是带 $\beta_1 = 90°$ 的离心叶轮的泵.如图 6.30 所示,3 种离心叶轮具有不同进口叶片安放角,分别为 37°,60° 和 90°,叶轮的其他尺寸都大致相同.

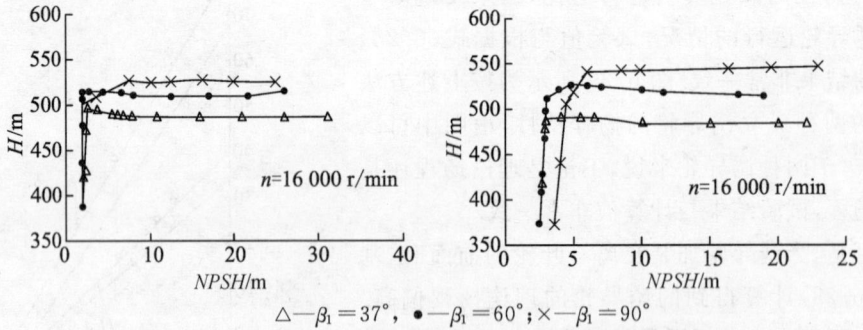

(a) $Q = 0.012\,5\,\mathrm{m}^3/\mathrm{s}$ (b) $Q = 0.015\,6\,\mathrm{m}^3/\mathrm{s}$

图 6.30 带 3 种不同离心叶轮的诱导轮离心泵的空化特性曲线

图 6.30 中的试验数据以及许多其他类似试验的结果表明,在表 6.5 的数据所表征的泵中,离心叶轮叶片进口处水流的冲角 α 实际上是正的,而在诱导轮同离心叶轮联合工作的情况下计算 α 值时的误差是由于在此情况下基于式(6.28)所计算的诱导轮的理论扬程 $H_{t,ind}$ 偏高所引起的.

为了证明上述结论,采用四孔探针在 3 个无空化工况点对诱导轮和离心叶轮之间距诱导轮出口边 6 mm 处水流的速度场和压力场进行了测量分析.诱导轮叶片出口边和离心叶轮之间的距离是 45 mm.图 6.31 所示为根据测量结果计算得到的 3 个工况下诱导轮实际扬程和理论扬程.(图中实线基于式(6.28)计算,虚线基于式(6.18)计算,离散点为试验值)

在图 6.31 中,基于式(6.28)计算的诱导轮

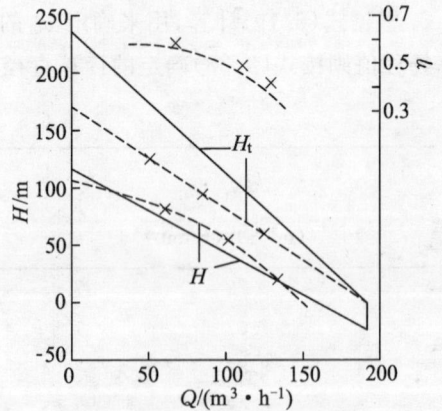

图 6.31 前置诱导轮的扬程特性
($n = 13\,500\,\mathrm{r/min}$)

的实际扬程与试验扬程基本相符,但计算的理论扬程却大大高于试验值.这大概是因为基于公式(6.28)的计算值针对的是孤立工作的诱导轮,因为这种情况下的诱导轮在较大的工况范围内(也包括设计工况)其出口的轮毂处存在着回流从而把主流挤向轮缘的缘故(参见图 6.28).基于上述原因,按式(6.28)确定的诱导轮的计算直径 D_{ei} 就远大于按式(6.18)算出的 d_2(参见式(6.29)).当诱导轮和离心叶轮一起工作时,诱导轮出口轮毂处的旋涡回流消失,主流在离心叶轮的作用下移向轮毂处.由于这种原因,计算直径以及诱导轮的理论扬程 $H_{t,ind}$ 减小.实际上,按前置诱导轮下游的流动速度场和压力场的测定结果所得的诱导轮计算直径要小于按式(6.28)计算得到的值.在诱导轮泵的试验中,所有的研究工况下都没有发现诱导轮轮毂处存在回流.

因此,离心叶轮对前置诱导轮的能量特性有影响.根据对诱导轮泵的前置诱导轮下游速度场和压力场的试验研究,诱导轮计算直径的试验值接近根据式(6.18)计算的 d_2.对前置诱导轮来说,由于主流占有诱导轮后的整个面积,所以前置诱导轮的计算直径要用式(6.18)来计算.

6.5.2 前置诱导轮的理论扬程

根据泵基本方程式,即理论扬程的欧拉方程:

$$H_t = \frac{v_{u2} u_2 - v_{u1} u_1}{g}, \tag{6.31}$$

假设诱导轮进口无预旋并将式(6.18)定义的计算直径用于计算诱导轮理论扬程,结合诱导轮进出口速度三角形得

$$H_{t,ind} = \frac{\pi d_2^2 n^2}{3\,600 g} - \frac{\pi d_2}{60 g A \tan \beta'_{2,ind}} nQ,$$

式中,$\beta'_{2,ind}$ 为诱导轮计算直径 d_2 处的出口液流角,对于叶栅密度 $s \geqslant 1.5$ 的等螺距诱导轮,可近似地取 $\beta'_{2,ind} = \beta_{2,ind}$,后者为对应诱导轮直径 d_2 处的出口叶片安放角;A 为诱导轮轴截面内过流断面的面积,对于等螺距诱导轮,有

$$A = \left(\pi D_{AV1} - \frac{Z\tau}{\sin \beta} \right) b;$$

其中,D_{AV1} 为诱导轮进口平均直径 $D_{AV1} = \frac{D_{t1} + d_{h1}}{2}$;$b$ 为诱导轮叶片宽度度;Z 为诱导轮叶片数;τ 为诱导轮平均直径处叶片厚度.

当诱导轮叶片安放角 β 小时,可以取 $\sin \beta \approx \tan \beta$,于是有

$$A = \frac{\pi (D_t^2 - d_h^2)}{4} \left(1 - \frac{Z\tau}{S} \right), \tag{6.32}$$

式中,$S = \pi D \tan \beta$ 为诱导轮的导程.这样,等螺距诱导轮理论扬程的最终表达式就成为

$$H_{t,ind} = A_0 n^2 - B_0 nQ, \tag{6.33}$$

式中,

$$\begin{cases} A_0 = \dfrac{\pi d_2^2}{3\,600\,g} = 2.79 \times 10^{-4} d_2^2, \\ B_0 = \dfrac{\pi^2 d_2^2}{60 g A S} = 16.75 \times 10^{-3} \dfrac{d_2^2}{AS}. \end{cases}$$

如果在式(6.33)中代入直线翼型当量叶栅的参数,则该式还可以用来计算变螺距诱导轮的理论扬程.当用当量平板叶栅来代替曲线翼型叶栅时,可以把每个诱导轮叶片都看作单独的孤立翼型.用同样是原始单独翼型的、具有相同升力的当量平板来代替孤立曲线翼型,具体方法如下:

图 6.32 所示为变螺距诱导轮的展开叶栅,从翼弦的中点引垂线与翼型的骨线相交于点 A.过点 A 和翼型的出口边作直线,该直线与圆周(叶栅列线)方向之间的夹角 $\beta_{a=0}$ 就是同当量平板的安放角相等的零升力角

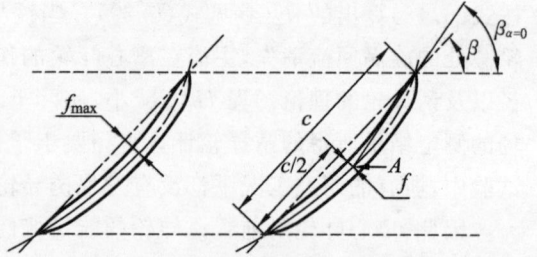
图 6.32 变螺距诱导轮的展开叶栅

$$\beta_{a=0} = \beta + \arctan\frac{2f}{c}, \quad (6.34)$$

式中,β 为翼弦和圆周速度方向间的夹角;f 为翼弦中点处翼型的挠度;c 为翼型弦长.

于是,带有当量平板叶栅的诱导轮导程可以按公式

$$S_{a=0} = \pi D \tan\beta_{a=0} \qquad (6.35)$$

计算.

因为高吸入性能的诱导轮翼型的相对厚度和相对弯度都比较小,所以可以认为,当量叶栅稠密度等于已知叶栅的稠密度:

$$s_{a=0} = s = \frac{cZ}{\pi D}. \qquad (6.36)$$

如图 6.31 所示的扬程特性曲线 $H_t = f(Q)$,按式(6.33)来计算前置诱导轮的理论扬程与试验数据是一致的.表 6.5 中最后一列的离心叶轮叶片进口处流动冲角的结果就是采用上述公式计算的,计算结果与高吸入性能离心泵所推荐的值接近.根据这些比较可以认为上述计算方法有效.

6.5.3 前置诱导轮的实际总扬程和实际静扬程

从诱导轮的理论扬程中减去水力损失,通过对试验数据进行统计分析得到计算前置诱导轮实际总扬程特性的近似公式为

$$H_{ind} = A_0 n^2 - B_0 nQ - KQ^2, \qquad (6.37)$$

式中,

$$\begin{cases} A_0 = 1.82 \times 10^{-4} d_2^2, \\ B_0 = 6.8 \times 10^{-3} \dfrac{d_2^2}{AS}, \\ K = 0.554 \dfrac{d_2^2}{A^2 S^2}. \end{cases}$$

在式(6.37)中,线性量和扬程的单位是 m,诱导轮轴转速的单位是 r/min,而流量的单位是 m^3/s.

根据实际总扬程和理论扬程可以确定前置诱导轮的静扬程 $H_{ind,p}$,

$$H_{\text{ind,p}} \approx H_{\text{ind}} - \frac{v_{u2}^2}{2g} = H_{\text{ind}} - \frac{gH_t^2}{2u_2^2},$$

经过变换,可得计算前置诱导轮静扬程的表达式为

$$H_{\text{ind,p}} = A_1 n^2 - B_1 nQ - K_1 Q^2, \tag{6.38}$$

式中,

$$\begin{cases} A_1 = 0.42 \times 10^{-4} d_2^2, \\ B_1 = 10^{-2} \dfrac{d_2^2}{AS}, \\ K_1 = 1.06 \dfrac{d_2^2}{A^2 S^2}. \end{cases}$$

由图 6.31 可以看出,试验点与式(6.38)计算出的值非常一致.

定义 m_0 为诱导轮的任意流量 Q 与诱导轮的理论扬程等于零时的流量 $Q_{\text{t,H=0}}$ 之比:

$$m_0 = \frac{Q}{Q_{\text{t,H=0}}},$$

其具体计算可参照式(6.3),用带当量平板叶栅的诱导轮导程 $S_{a=0}$ 来替代诱导轮进口处导程 S_1 代入式(6.3). 对于等螺距诱导轮,$S_1 = S_{a=0}$ 和 $m_1 = m_0$. 根据式(6.38),则在 $m_0 = 0.25 \sim 0.3$ 时前置诱导轮静扬程得到最大值.

计算诱导轮扬程特性的上述关系式对具有下列主要参数的诱导轮来说都是合理的:$Z \leqslant 3, 1.5 < s < 3, 0.25 \leqslant Rd \leqslant 0.5, 0 \leqslant Q \leqslant Q_{\text{t,H=0}}, \beta_{t1} = 10° \sim 20°$ 以及对应平均直径 D_{AV1} 处的诱导轮叶片弯度角 $0° \leqslant (\beta_{\sum} = \beta_2 - \beta_1) \leqslant 15°$.

第 7 章　诱导轮设计

第 6 章介绍了诱导轮扬程的计算方法,诱导轮的流量和转速与泵主叶轮相同,根据这些性能参数就可以进行诱导轮设计.本章首先介绍诱导轮的结构参数及结构形式,然后通过几个例子介绍诱导轮的设计过程,其中特别强调叶栅稠密度和轮缘间隙这两个参数的作用.

7.1　诱导轮结构形式及几何参数

各种各样诱导轮的设计如图 7.1 所示,诱导轮的一些相关数据参见表 6.1 和表 7.1.

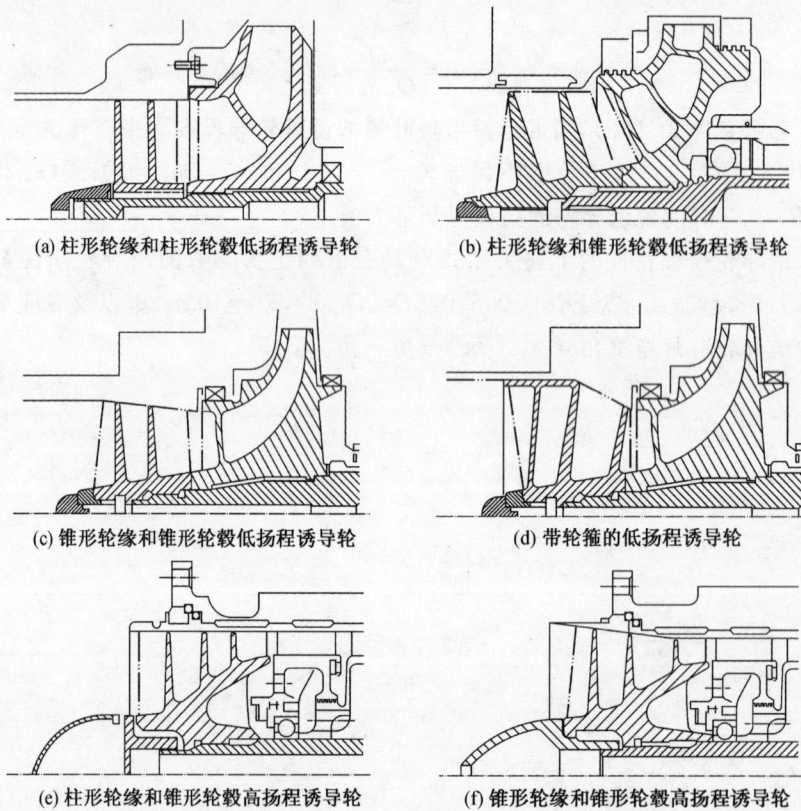

(a) 柱形轮缘和柱形轮毂低扬程诱导轮

(b) 柱形轮缘和锥形轮毂低扬程诱导轮

(c) 锥形轮缘和锥形轮毂低扬程诱导轮

(d) 带轮箍的低扬程诱导轮

(e) 柱形轮缘和锥形轮毂高扬程诱导轮

(f) 锥形轮缘和锥形轮毂高扬程诱导轮

图 7.1　诱导轮结构形式

经过多年的试验、应用和发展,现在设计的大多数诱导轮都是图 7.1a 和图 7.1b 类型的,与 SSME 低压 LOX 泵中的诱导轮一样(参见图 6.4),即开式的、进口边后掠、叶片通常有一个前倾角.由于进口边后掠会导致进口边在轴向的位置发生变动,设计叶片前倾角的目的就是为了使叶片的进口边在同一个平面上.通常冲角取 $3° \sim 5°$,如果冲角设计为 $0°$,空化就有可能在叶片工作面或者背面发生,也有可能在两个面上交替振荡发生.设计 $3° \sim 5°$ 的冲角是为了消除这种不确定性并确保空化在叶片背面发生.

表 7.1   火箭发动机诱导轮的形状和性能

火箭	介质	叶片数	d_{h1}/D_{t1}	D_{t2}/D_{t1}	d_{h2}/d_{h1}	进口边形状	$\beta_{t1}/(°)$	ϕ_{t1}
THOR	LOX	4	0.31	1.0	1.0	径向直边,修圆	14.15	0.116
J−2	LOX	3	0.20	1.0	2	后掠	9.75	0.109
X−8	LOX	3	0.23	0.9	1.5	后掠	9.8	0.106
X−8	LOX	2	0.19	0.8	1.5	前掠	5.0	0.05
J−2	LH2	4+4	0.42	1.0	2	后掠	7.9	0.094
J−2	LH2	4+4	0.38	0.9	2	后掠	7.35	0.074

ψ	扬程类型	图例	n_s	$\alpha/(°)$	σ	试验值 C	式(6.15)计算 C 值
0.075	低	图 7.1a	813	7.5	0.028	3 098	3 121
0.11	低	图 7.1b	591	3.5	0.021	3 728	3 432
0.10	低	图 7.1c	628	3.7	0.025	3 391	3 509
0.063	低	图 7.1d	609	2.1	0.007	6 304	7 604
0.21	高	图 7.1e	338	2.5	0.011	4 696	3 703
0.20	高	图 7.1f	311	3.1	0.011	4 804	4 819

注:表中吸入比转速 C 的试验值对应扬程下降 10% 点的值.

分析表 7.1 中的数据,可以看出各数据满足流量系数的定义公式(参见 6.4 节):

$$\phi_{t1} = \tan \beta'_{t1} = \tan(\beta_{t1} - \alpha),$$

应用式(6.15)计算得到的吸入比转速(考虑进口轮毂比)C 值与试验值也比较接近.

7.1.1   诱导轮结构形式说明

如前所述,现在诱导轮一般采用图 7.1a 和图 7.1b 的形式,即开式(无轮箍)、单级、进口边后掠、有轮毂、轮缘为圆柱形的形式,有时候叶片有一个前倾角.下面简单介绍其他形式的诱导轮的缺点.

1. 整体双级诱导轮

进行整体双级诱导轮设计的一种解释是第二级诱导轮主要用于阻止来自离心叶轮的回流对前置诱导轮空化性能特性的负面作用,其中第二(辅助)级诱导轮应当位于离心叶轮之内约等于叶轮叶片进口宽度一半的距离,其主要任务是阻止来自离心叶轮的回流进入到诱导轮的第一级(主级)中去.设计整体双级诱导轮的另外一个原因在于受早期加工技术的限制,它是变螺距诱导轮的一种变通设计方法,其中第一级诱导轮为小安放角的等螺距叶片,以实现较好的吸入性能,第二级是安放角较大的等螺距叶片,以便为下游的离心叶轮提供足够的能量,近来随着加工技术的发展特别是精密铸造技术的成熟,已经很少应用整体双级诱导轮.

2. 无轮毂诱导轮

无轮毂诱导轮的叶片由叶片轮缘处的轮箍支撑,轮箍可直接连接在叶轮前盖板上旋转,也可通过诱导轮出口部分短轮毂(与叶片和轮箍相连)装在轴上旋转.无轮毂诱导轮的优点是:可以消除轮缘旋涡空化,可以像离心机一把空泡驱向中心区,并使之在中心区无害地消失;提供用大前掠叶片的可能性.其显著缺点是制造加工困难,受力情况不好,限制了其转速的使用范围.

3. 锥形轮缘诱导轮

通常诱导轮的进口外径会大于下游离心叶轮的进口直径,因此合理的方式是诱导轮的轮缘直径由进口到出口逐步降低,即呈圆锥形(如图 7.1c 和图 7.1f 所示).但是这种形式的诱导轮需要泵转子与泵体装配后再安装诱导轮,诱导轮装配困难,而且由于存在轴向和径向两个自由度,诱导轮轮缘与泵体之间的间隙很难保证.

4. 带轮箍的诱导轮

在高速诱导轮离心泵中,诱导轮上安装轮箍(如图 7.1d 所示)的优点有:增加诱导轮的强度;减小或者完全阻隔了诱导轮叶片工作面向叶片背面的泄漏流动从而改善诱导轮的性能.但是,当具有轮箍时,在轮箍与泵体间的高压流体的泄漏流动同诱导轮内液流的方向相反,是具有很强的旋转速度的射流流动,因此会增大进口处速度场的不均匀性并增加诱导轮进口处流动所必需的压力,因此导致诱导轮和整个泵的吸入性能恶化.

轮箍可以限于诱导轮的整个叶栅或其一部分,如图 7.2 所示,轮箍长度 l_{shd} 越长,来自离心叶轮的高压泄漏流动越向诱导轮叶片的进口边发展,因此对吸入性能的负面影响也就越大.

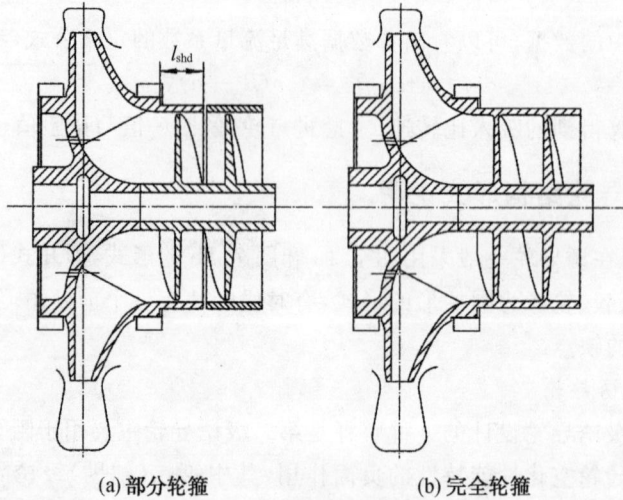

| (a) 部分轮箍 | (b) 完全轮箍 |

图 7.2 装有轮箍的诱导轮

图 7.3 为诱导轮轮箍相对长度与吸入比转速 C 的关系的试验研究结果.由图 7.3 可以看出,轮箍越长,C 值越小.也就是说,诱导轮没有轮箍时,泵具有最好的吸入性能.因此不建议设计带轮箍的诱导轮,诱导轮轮缘和泵体之间的半径间隙 δ 的范围为 $(0.009 \sim 0.011)D_t$.必须指出,上述建议只对叶栅稠密度 $s \geqslant 1.5$ 的诱导轮才是正确的,有试验研究表明,当诱导

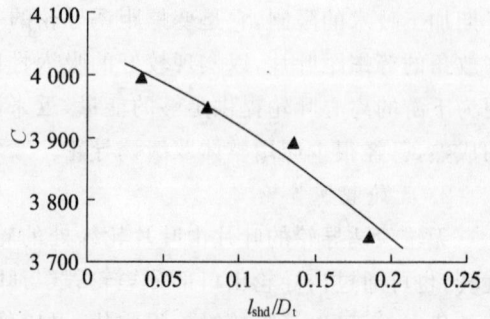

图 7.3 诱导轮轮箍相对长度与诱导轮泵吸入性能的关系

轮的叶栅稠密度 $s=0.9\sim1.27$ 时,带轮箍诱导轮的泵的吸入性能要比无轮箍诱导轮的泵好.不过,在 7.3 节的内容中将会看到,不管是吸入性能还是无空化时的能量特性,诱导轮轮缘处的最小也是最优叶栅稠密度为 $s=1.5$.所以,在设计中要求保证诱导轮的最优叶栅稠密度,不建议设计轮箍.

此外,一般工业用诱导轮扬程系数的范围通常为

$$0.06<\psi=\frac{gH_{\text{ind}}}{u_2^2}<0.15, \tag{7.1}$$

属于低扬程诱导轮; $\psi>0.15$ 时为高扬程诱导轮.诱导轮扬程系数的取值范围与诱导轮泵的效率特性有关,具体分析参见 7.4 节.

7.1.2 诱导轮几何参数及其推荐范围

在前述章节中,已经陆续介绍了一些诱导轮的几何参数,这里对诱导轮设计中几何参数的选用范围进行简单介绍以为 7.2 节的诱导轮设计做准备.至于这些参数的选用范围的确切原因将在 7.2 节中介绍.

首先,图 2.7 中叶栅的相关参数以及图 5.1 所标注的一般泵叶轮的参数都适用于诱导轮.此外,在第 6 章中还介绍了轮毂比、诱导轮的导程、计算直径等参数.诱导轮的其他设计参数还有:

l_t——诱导轮叶片轮缘的轴向长度;

l_h——诱导轮叶片轮毂侧轴向长度;

S'——诱导轮叶片螺距,$S'=\dfrac{S}{Z}$;

D_t——平均轮缘直径,$D_t=\dfrac{D_{t1}+D_{t2}}{2}$;

γ_t——轮缘半锥角,$\tan\gamma_t=\dfrac{D_{t1}-D_{t2}}{2l_t}$;

γ_h——轮毂半锥角,$\tan\gamma_h=\dfrac{d_{h2}-d_{h1}}{2l_h}$;

γ_c——叶片前倾角.

诱导轮参数的选用范围见表 7.2.

表 7.2　诱导轮几何参数推荐选用范围

参数	推荐范围	参数	推荐范围
轮毂比 Rd	$0.25\sim0.35$	叶片前倾角 γ_c	$0°\sim15°$
轮缘长径比 $S_L=\dfrac{l_t}{D_t}$	$0.3\sim0.6$	叶片进口角 β_1	$8°\sim16°$
叶栅稠密度 s	$1.5\sim3.0$	叶片进口冲角 α	$3°\sim8°$
叶片数 Z	$2\sim4$	轮缘出口修正角 $\Delta\beta_2$	$1°\sim3°$
叶片最大厚度 $\tau_{\max}$	$(0.07\sim0.30)c_t$	轮缘半锥角 γ_t	$0°\sim15°$
轮缘间隙 δ	$(0.009\sim0.011)D_t$	轮毂半锥角 γ_h	$0°\sim15°$

7.2 影响诱导轮离心泵抗空化性能的关键参数

7.2.1 影响空化初生的参数

叶轮内空化初生时,泵的净正吸头 $NPSHR_i$ 为

$$NPSHR_i = \frac{p_{1,i} - p_V}{\rho g} + \frac{v_1^2}{2g} = \frac{v_{m1}^2}{2g} + \lambda_i \frac{w_1^2}{2g}, \qquad (7.2)$$

式中,λ_i 为对应空化初生时的相对速度不均匀系数.

空化最早在叶轮叶片的进口边区域靠近叶轮的外径处发生.λ_i 对应最早发生空化的点的相对速度 w_1,

$$w_1^2 = v_{m1}^2 + u_{1,i}^2,$$

式中,$u_{1,i}$ 为叶轮叶片进口边最大直径处(即空化初生发生点)的圆周速度.

目前还不能准确计算 λ_i 的值.通过对离心泵、混流泵、轴流泵、诱导轮和诱导轮离心泵中空化初生的可视化试验发现,决定 λ_i 值的主要参数是式(6.1)定义的 m.图 7.4 所示为各种型式泵的 λ_i 与参数 m 之间的试验关系.试验点的分布表明,当 $m \approx 1$(流动以零冲角进入叶轮叶片)时,曲线 $\lambda_i = f(m)$ 具有最小值,λ_i 的最小值接近 0.3.当增加冲角时,λ_i 就增加,这种规律符合翼型绕流的流体动力学理论.

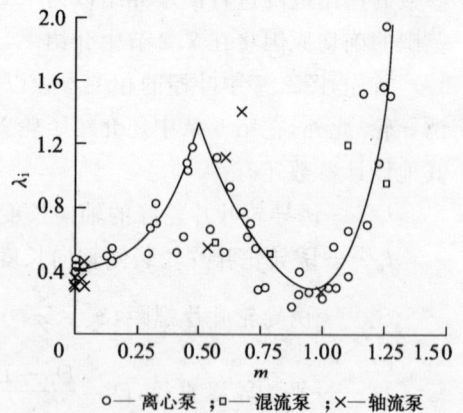

图 7.4 λ_i 与 m 的关系
○—离心泵 ;□—混流泵 ;×—轴流泵

由图 7.4 还可以看出,在 $m=0.5$ 时,曲线 $\lambda_i = f(m)$ 存在一个极大值,这很可能同叶轮进口处流动结构的变化相关(参见 6.2 节):$m=0.5$ 时,在进口段的外缘出现了旋涡区,其中的静压力得到提高.由 6.2 节可以知道,当继续减小参数 m($m<0.5$)时,会引起旋涡区尺寸的增大和主流直径的相应减小.此时,主流对叶片的绕流情况实际上并不改变,因为冲角保持不变且大约为零.所以,对于主流而言 λ_i 保持不变.

因此,根据式(7.2)和图 7.4 可以得出如下结论:当进口出现旋涡区时($m \leqslant 0.5$),随着参数 m 的减小,主流中的初生空化(由于主流直径的减小从而致使 w_1 也减小)发生时的 $NPSHR_i$ 值也减小.

图 7.4 中的 λ_i 属于叶片进口边最大直径位置上的值,而当 $m<0.5$ 时,由于提高了静压力,旋涡区中发生空化的可能性很小,所以当 $0<m<0.5$ 时,随着 m 的减小自然就出现 λ_i 的下降.从图中可以看出,$m=0$ 和 $m=1$ 时 λ_i 的两个极值点的值很接近.

对于大多数高速诱导轮离心泵来说,设计工况下的参数 m 在 0.3～0.7 范围内,对应于图 7.4 中的 $\lambda_i = 0.7$～1.35.值 $\lambda_i = 1.35$ 比按泵的断裂工况所确定的 λ_b 值要大 9 倍.

最后需要说明的是,图 7.4 中的关系曲线只能用于 λ_i 的估算,因为从图中可以看出试验点的分散相当大,而且除了 m 值以外,泵的其他参数(特别是叶片进口边的修尖

和修尖的形状)也都会对 λ_i 值产生很大的影响.

7.2.2 影响第 I 临界空化工况发生的参数

根据叶栅理论,第 I 临界空化工况的发生与下列参数有关:叶栅稠密度 s、诱导轮叶片弯度角 β_Σ、诱导轮叶片进口处流动冲角 α 以及翼型形状等.不过试验研究表明,对于叶栅稠密度大($s \geqslant 1.5$)的诱导轮,叶片的翼型形状并不影响诱导轮的空化特性,因此对整个诱导轮泵第 I 临界空化工况的空化特性也无影响.因此,这里不再考虑翼型形状的作用.此外,通常用参数 m 代替冲角 α(参见式(6.2)).所以,影响第 I 临界空化工况的参数可确定为诱导轮平均直径处的叶栅稠密度 s、诱导轮叶片弯度角 β_Σ 以及参数 m,其中参数 m 既是流动参数,又是几何参数.

诱导轮泵发生第 I 临界空化工况时,诱导轮泵的净正吸头 $NPSHR_I$ 为

$$NPSHR_I = \frac{v_{m1}^2}{2g} + \lambda_I \frac{w_{AV1}^2}{2g} = \frac{v_{m1}^2}{2g} + \lambda_I \frac{v_{m1}^2 + u_{AV1}^2}{2g}, \tag{7.3}$$

式中,λ_I 为对应第 I 临界空化工况时的相对速度不均匀系数;u_{AV1} 为诱导轮进口平均直径处的圆周速度.

首先,取 $m \approx 0.63$ 值不变,分析中间参数 λ_I' 与前置诱导轮的参数 s 和 β_Σ 的试验关系.如图 7.5 所示,随着 β_Σ 的增加和 s 的降低,λ_I' 值变大.从图中可以看出,诱导轮叶片数 Z 对第 I 临界空化工况没有直接影响(实际上,叶栅稠密度 s 中已经包含了叶片数).将图 7.5 中的曲线拟合为

$$\lambda_I' = 0.02 + \frac{0.12 + (\sin \beta_{2,\text{ind}} - \sin \beta_{1,\text{ind}})}{s}, \tag{7.4}$$

式中,差值 $(\sin \beta_{2,\text{ind}} - \sin \beta_{1,\text{ind}})$ 表征诱导轮的叶片弯度角 β_Σ.

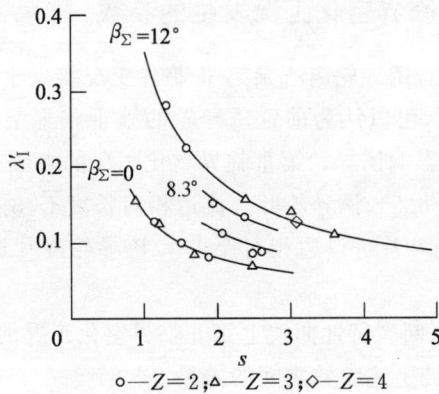

图 7.5　前置诱导轮的参数 s 和 β_Σ 同 λ_I' 的试验关系

引入符号 γ,定义为诱导轮流道的当量扩散角,其计算公式为

$$\sin \frac{\gamma}{2} = \frac{\dfrac{\pi D_{AV}}{Z}(\sin \beta_{2,\text{ind}} - \sin \beta_{1,\text{ind}})}{2c_{AV}} = \frac{\sin \beta_{2,\text{ind}} - \sin \beta_{1,\text{ind}}}{2s},$$

式中,D_{AV} 为诱导轮平均直径;c_{AV} 为直径 D_{AV} 上的诱导轮展开翼型的骨线长度.将上式代入式(7.4)得

$$\lambda_I' = 0.02 + \frac{0.12}{s} + 2\sin\frac{\gamma}{2}, \quad (7.5)$$

上式表明根据诱导轮的叶栅稠密度 s 和流道当量扩散角 γ 就可以通过计算得到 λ_I'.

图 7.5 中的数据是在 $m \approx 0.63$ 值不变的情况下获得的. 随着 m 值的变化,试验得到的 λ_I 的变化过程如图 7.6 所示. 图中曲线拟合为

$$\frac{\lambda_I}{\lambda_I'} = 1.44 - 0.7m, \quad (7.6)$$

根据式(7.4)和式(7.6)可得到计算诱导轮离心泵第 I 临界空化工况的 λ_I 值,即

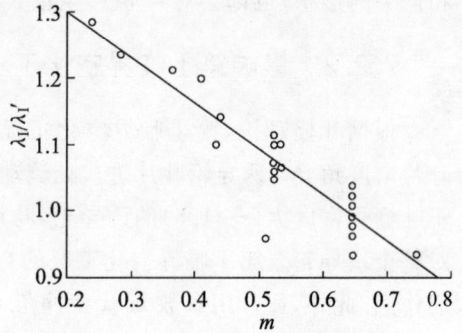

图 7.6 诱导轮离心泵的工况 m 变化与 λ_I 的试验关系

$$\lambda_I = (1.44 - 0.7m)\left[0.02 + \frac{0.12 + (\sin\beta_{2,\mathrm{ind}} - \sin\beta_{1,\mathrm{ind}})}{s}\right]. \quad (7.7)$$

对 6 台不同的高速诱导轮离心泵带有 37 种前置诱导轮的方案的试验数据进行整理后表明:当泵在如下参数范围内时,由式(7.7)计算得到的 λ_I 的值与试验值是一致的,即

① 泵的比转速为 $n_s = 70 \sim 200$;

② $m = 0.2 \sim 0.75$;

③ $s = 0.9 \sim 5.7$;

④ $\beta_\Sigma \leqslant 15°$.

在上述范围内,$NPSHR_I$ 的计算值和试验值的均方根偏差约为 $\pm 7\%$.

试验数据还表明,对于叶片弯度角 $\beta_\Sigma > 15°$ 的前置诱导轮而言,增大 β_Σ 和减小诱导轮叶栅稠密度 s 都会导致 λ_I 的进一步增大(通常理想的诱导轮不会出现过大的叶片弯度角).

7.2.3 影响第 II 临界空化工况发生的参数

由 6.3 节的内容可知,诱导轮离心泵第 II 临界工况接近于前置诱导轮的第 III 临界工况(参见图 6.23). 因此,可以认为前置诱导轮的第 III 临界空化工况就是诱导轮离心泵的第 II 临界空化工况. 影响诱导轮第 III 临界空化工况的参数有:诱导轮直径速度系数 $K_{D,\mathrm{t1}}$(参见式(6.30)及表 6.5)、诱导轮叶片流道相对长度 $\overline{L}$、诱导轮叶栅稠密度 s、诱导轮叶片弯度角 β_Σ、诱导轮叶片进口边相对厚度 $\overline{\tau}$、诱导轮叶片进口段楔形度 WD、诱导轮叶片安放角等.

现在来分析对应于泵断裂特性曲线上第 II 临界空化工况的相对速度分布不均匀系数 λ_b 同诱导轮平均直径处上述参数之间的关系.

系数 λ_b 对应诱导轮平均直径处的流动,因此,

$$NPSHR_b = \frac{v_{m1}^2}{2g} + \lambda_b \frac{w_{1,\mathrm{AV}}^2}{2g} = \frac{v_{m1}^2}{2g} + \lambda_b \frac{v_{m1}^2 + u_{1,\mathrm{AV}}^2}{2g}. \quad (7.8)$$

1. 诱导轮当量直径速度系数 $K_{D,\mathrm{t1}}$ 的影响

根据式(6.30)的变形

$$K_{D,\mathrm{t1}} = \frac{\sqrt{D_{\mathrm{t1}}^2 - d_{\mathrm{h1}}^2}}{\sqrt[3]{Q/n}} = \frac{D_{\mathrm{t1}}\sqrt{1 - Rd^2}}{\sqrt[3]{Q/n}}, \quad (7.9)$$

和 6.4 节中诱导轮进口轮缘流量系数 ϕ_{t1} 的定义

$$\phi_{t1}=\frac{v_{m1}}{u_{t1}}=\frac{v_1}{u_{t1}}=\frac{240Q}{n\pi^2 D_{t1}^3(1-Rd^2)}=\tan\beta'_{t1},$$

可以得到

$$\phi_{t1}=\frac{240}{\pi^2 K_{D,t1}^3}=\tan\beta'_{t1}, \tag{7.10}$$

式(7.10)表明,取较大的 $K_{D,t1}$ 值可以得到较小的进口液流角,在设计高抗空化性能的诱导轮离心泵时广泛采用 $K_{D,t1}=6\sim7$(参见表 6.5),相应的进口液流角为 $\beta'_{t1}=4°\sim6°$.

根据试验结果以及 6.4 节的内容可知,参数 $K_{D,t1}$(与 D_{t1},β'_{t1} 和 ϕ_{t1} 对应)的大小是影响 λ_b 的最重要的因素之一.图 7.7 所示为 $\lambda_b=f\left(\frac{1}{K_{D,t1}^3}\right)$ 的试验关系,试验对象为各种诱导轮泵,其中诱导轮的下列参数不变:$\bar{L}=3.3$,$\bar{\tau}=0.015$,$WD=0.5$ 以及 $Z=2$.由图 7.7 可以看出,随着 $K_{D,t1}$ 的增大,λ_b 值逐渐减小.图中的曲线可以拟合为

$$\lambda_{b,0}=0.024+\frac{2.8}{K_{D,t1}^3}, \tag{7.11}$$

将式(7.10)代入式(7.11)得

$$\lambda_{b,0}=0.024+0.115\phi_{t1}. \tag{7.11a}$$

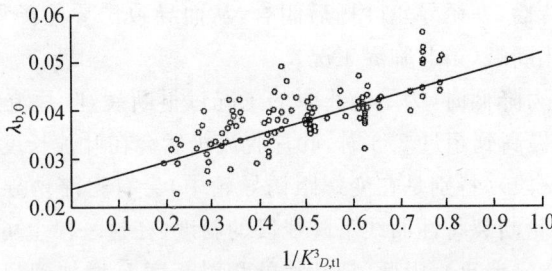

图 7.7　前置诱导轮的参数 $K_{D,t1}$ 与 λ_b 的试验关系

2. 诱导轮叶片流道相对长度 $\bar{L}$、叶栅稠密度 s 和诱导轮叶片弯度角 β_Σ 的影响

图 7.8 所示为试验得到的 λ_b 与诱导轮叶片流道相对长度 $\bar{L}=\dfrac{L_{f,AV}}{D_{AV}}$ 之间的关系.试验中采用了相同的进口叶片安放角和不同的出口叶片安放角,结果发现这些诱导轮泵的试验结果不受叶片弯度角变化($\beta_\Sigma=0°,12°,40°$)的影响.

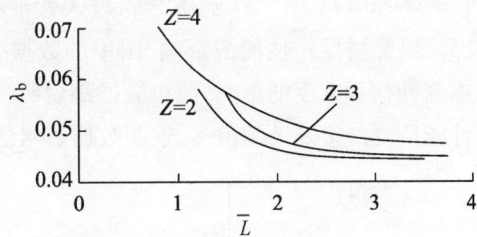

图 7.8　诱导轮叶片流道相对长度 $\bar{L}$ 对 λ_b 的影响

根据图 7.8,λ_b 的值随 Z 的增加而略微增大,这是由于叶片数增加时叶片排挤变化导致的,可以通过应用更薄的叶片翼型来消除这种变化.也就是说,当叶片足够薄时,可以认为 λ_b 的值与 Z 无关.将诱导轮叶片流道相对长度 $\bar{L}$ 对 λ_b 的影响总结为:

① $\bar{L}<2.3$ 时,随着 $\bar{L}$ 的减小,λ_b 值迅速增加;

② $\bar{L}>2.3$ 时,随着参数 $\bar{L}$ 的改变,λ_b 值变化很微小;

③ 可以不必考虑诱导轮叶片数 Z 和弯度角 β_{Σ} 对 λ_b 值的影响.

因此,为了获得高吸入性能的诱导轮离心泵,参数 $\bar{L}$ 值应不小于 2.3.

从图 7.9 中的试验数据中可以进一步看出,可以不用考虑诱导轮叶片数 Z 和弯度角 β_{Σ} 对 λ_b 值的影响. 将图中的试验数据进行拟合得到方程式

$$\Delta\lambda_{b,\bar{L}} = \frac{0.11}{\sqrt[6]{\bar{L}}} - 0.09, \quad (7.12)$$

式中,$\Delta\lambda_{b,\bar{L}} = \lambda_b - \lambda_{b,\bar{L}=3.3}$ 为由于参数 $\bar{L}$ 变化引起的 λ_b 绝对值的改变;$\lambda_{b,\bar{L}=3.3}$ 为 $\bar{L} = 3.3$ 时 λ_b 的值,参见图 7.7.

根据所得的试验数据可以设想诱导轮叶栅内空化发展的可能情况:当绕流叶片的

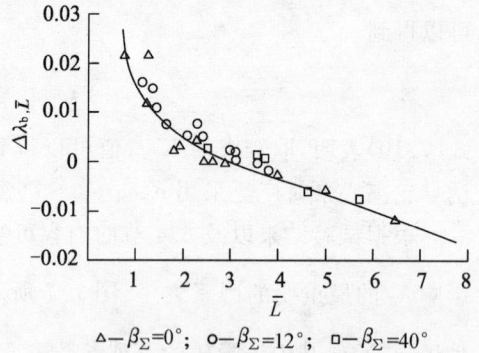

图 7.9 诱导轮叶片流道相对长度 $\bar{L}$ 和弯度角 β_{Σ} 对 λ_b 的影响

翼型时,空化发生在进口边处并形成封闭的空穴,该空穴随着吸入压力的降低沿长度和宽度方向增长. 当空穴达到叶片流道的最小截面时,就发生诱导轮扬程的下降,即发生诱导轮(泵)的第Ⅰ临界工况. 当空穴的长度沿叶片达到 $\bar{L} = 2.3$ 时,空穴就突然脱离叶片的表面并沿叶片传播,在诱导轮叶栅后闭合,从而导致诱导轮扬程的急剧下降,即引起诱导轮工况的空化断裂(第Ⅱ临界工况).

所以,当吸入压力降低时,为了防止泵的工况过早断裂,叶片流道的相对长度 $\bar{L}$ 不应小于 2.3. 当把 $\bar{L}$ 提高到超过 2.3 时,叶片脱流仍然会在叶片长度 $\bar{L} = 2.3$ 处发生,但是,叶片的余下部分(段)(特别是在变螺距诱导轮中)会有迟滞诱导轮扬程急剧下降的作用,还能减小诱导轮断裂特性曲线下降线段的斜度(在这一段上可能发生因随流动相对速度的减小而使空穴溃灭). 因此,把叶片的相对长度 $\bar{L}$ 增加到超过 2.3 会改善诱导轮离心泵按第Ⅱ临界空化工况的吸入性能.

在满足期望的出流角的前提下叶栅稠密度 s 要尽可能小. 图 7.10 所示为叶栅稠密度对一个 3 叶片 9°螺旋诱导轮吸入性能的影响,图 7.11 为叶栅稠密度对一个 4 叶片 8.5°螺旋诱导轮性能的影响. 图中的数据表明,除非叶栅稠密度小于 1,无空化性能基本不受叶栅稠密度的影响. 两组数据都表明,空化性能受叶栅稠密度变化的影响要比无空化性能所受的影响敏感得多. 这些数据表明诱导轮轮缘处叶栅稠密度 s 的最优值约为 1.5.

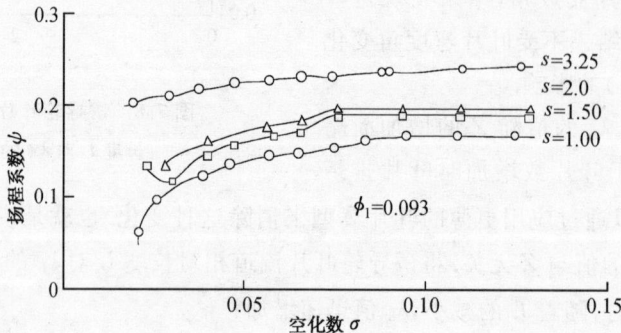

图 7.10 叶栅稠密度对 3 叶片 9°螺旋诱导轮空化性能的影响

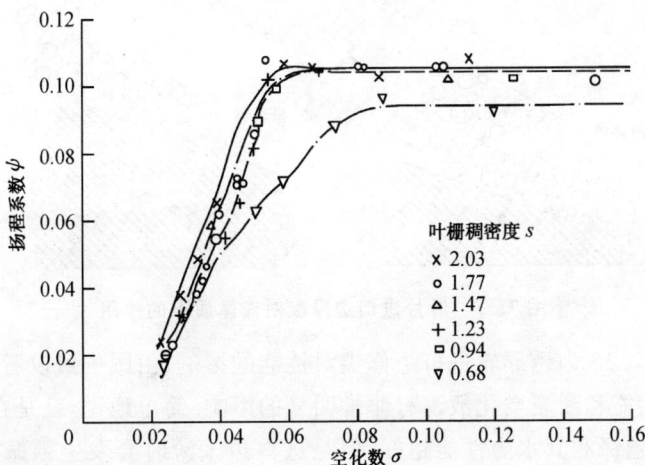

图 7.11　叶栅稠密度对 4 叶片 8.5°螺旋诱导轮性能的影响

　　当诱导轮的叶栅稠密度 s 大于 1.5 时,随着叶栅稠密度的进一步增加,其无空化性能的最优效率点向小流量方向偏移,大流量点的流态恶化,效率和扬程都降低,如图 7.12 所示.从图 7.11 还可以看出,当 s 大于 1.5 时,诱导轮吸入性能改善并不明显.

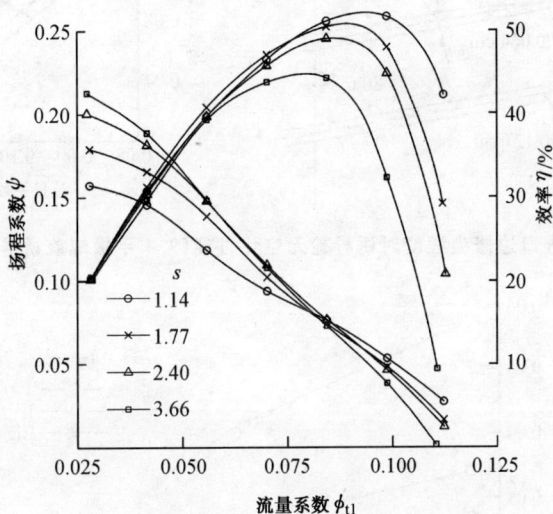

图 7.12　叶栅稠密度对诱导轮无空化性能的影响

　　3. 诱导轮叶片进口段的楔形度 WD 和进口边相对厚度 $\bar{\tau}$ 的影响

　　根据试验研究数据,为了改善泵的吸入性能,叶轮叶片的进口边应该做得尽可能地薄一些.如图 7.13 所示,如果叶片进口边厚度对液体质点的运动轨迹不起作用,就可以认为在此情况下泵具有最好的吸入性能.有研究认为,当 $\alpha \geqslant 6°$ 时,只有在叶片进口边的厚度小于 0.02 mm 的条件下叶片进口边才不会对液体的流动发生作用(当 $\alpha < 6°$ 时,这个值还要小).

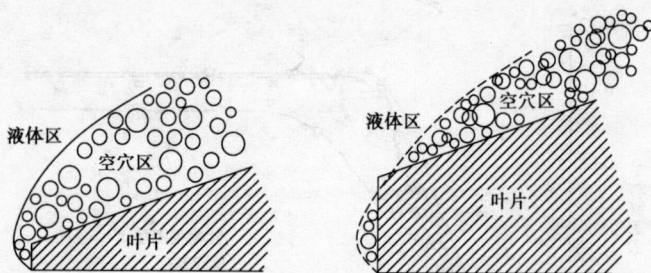

图 7.13   叶片进口边厚度对液体质点的作用

图 7.14 和 7.15 为诱导轮进口边修尖对性能的影响,由图中可以看出,进口边修尖情形对无空化性能和断裂空化数都有非常明显的影响.简单地说,就是在空化和无空化工况下,进口边越锋利其水力性能越好.但是进口边太薄时会发生颤振,因此进口边不能做得太锋利.另外,图 7.15 还反映了 4.1.3 节介绍过的空化特性的热效应.

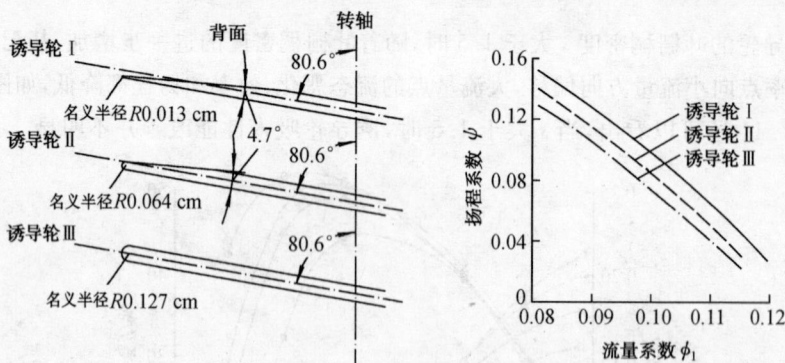

图 7.14   进口边修尖程度对诱导轮无空化性能(9.4°平板螺旋诱导轮)的影响

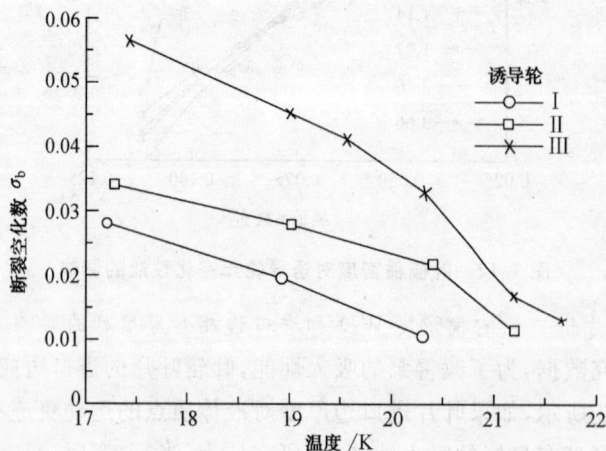

图 7.15   图 7.14 中 3 种诱导轮的断裂空化数 σ_b(对应扬程下降 30%)
与温度的关系(介质为液氢)

在实际情况下叶片进口边的厚度总是大于 0.02 mm,因此,叶片进口边厚度和形状一定会对泵第 Ⅱ 临界空化工况的吸入性能产生很大影响.描述叶轮或者诱导轮进口边厚度和修尖情形的几何参数有两个,即叶片进口段的楔形度 WD 和进口边相对厚度 $\dfrac{\tau_{1,\mathrm{ind}}}{D_{\mathrm{AV}}}$. 如图 7.16 所示,为了使诱导轮叶片进口边尽可能薄,诱导轮叶片在较小长度上予以修尖,在直径 D 处叶片进口边的修尖长度为 l,则叶片进口段的楔形度定义为

$$WD=\frac{l}{D}.$$

通常在设计制造中,l 随着 D 的增大线性增加,即 WD 为常数.诱导轮叶片进口边的厚度 $\tau_{1,\mathrm{ind}}$ 是指距其进口端 $\dfrac{D_{\mathrm{AV}}}{50}$ 距离处的厚度,则叶片进口段的相对厚度 $\bar{\tau}$ 定义为

$$\bar{\tau}=\frac{\tau_{1,\mathrm{ind}}}{D_{\mathrm{AV}}}.$$

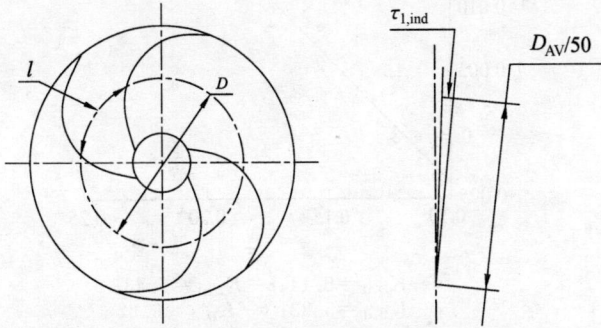

图 7.16　诱导轮进口边修尖与厚度

试验表明,在所有其他参数相同的情况下,随着参数 WD 增加到大致为 0.35,按第 Ⅱ 临界空化工况的泵的吸入性能大大改善,即 λ_b 值减小.诱导轮叶片进口段在轮缘处的楔形度对吸入性能的影响特别强烈.

在 $WD=0.35\sim0.5$ 的范围内变化时,参数 WD 对 λ_b 的影响较弱;当 $WD>0.5$ 时,WD 值实际上对 λ_b 没有影响.

图 7.17 所示为 $\Delta\lambda_{b,WD}$ 与 WD 的关系曲线,其中,

$$\Delta\lambda_{b,WD}=\lambda_b-\lambda_{b,WD=0.5},$$

式中,$\lambda_{b,WD=0.5}$ 为 $WD=0.5$ 时 λ_b 的值(参见图 7.7).$\Delta\lambda_{b,WD}$ 表示由于 WD 的变化引起的 λ_b 值的改变.此外,图 7.17 中的曲线可以拟合为

$$\Delta\lambda_{b,WD}=\frac{0.03}{1+0.1(WD\times10)^4},$$

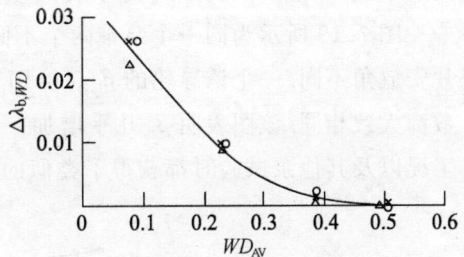

$\circ$—$K_{D,\mathrm{tl}}=5.11$;　$\times$—$K_{D,\mathrm{tl}}=5.43$;
$\triangle$—$K_{D,\mathrm{tl}}=5.83$;　$\diamond$—$K_{D,\mathrm{tl}}=6.22$.

图 7.17　诱导轮平均直径处进口段的楔形度 WD 对 λ_b 的影响

因此,由以上两式得

$$\lambda_b=\lambda_{b,WD=0.5}+\Delta\lambda_{b,WD}=\lambda_{b,WD=0.5}+\frac{0.03}{1+0.1(WD\times10)^4}. \tag{7.13}$$

如前所述,诱导轮叶片进口边的相对厚度 $\bar{\tau}$ 越小,泵按第Ⅱ临界空化工况的吸入性能越好,即 λ_b 越小.图 7.18 所示为诱导轮叶片进口边的相对厚度 $\bar{\tau}$ 对 λ_b 的影响.图中,

$$\Delta\lambda_{b,\bar{\tau}} = \lambda_b - \lambda_{b,\bar{\tau}=0.015} = 0.21\sqrt{\bar{\tau}} - 0.025, \tag{7.14}$$

式中, $\lambda_{b,\bar{\tau}=0.015}$ 为 $\bar{\tau}=0.015$ 时 λ_b 的值,参见图 7.7; $\Delta\lambda_{b,\bar{\tau}}$ 表示由于 $\bar{\tau}$ 的变化引起的 λ_b 值的改变.

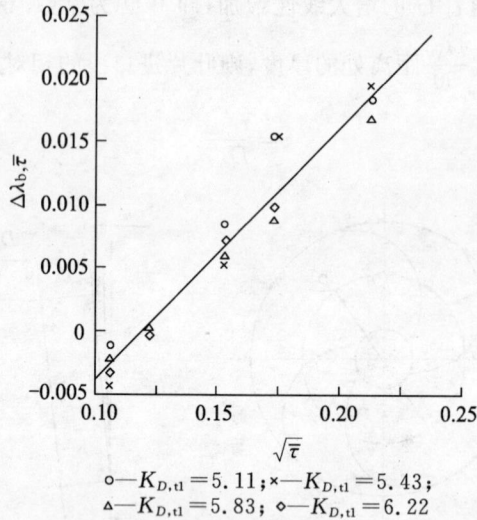

$\circ - K_{D,t1} = 5.11; \times - K_{D,t1} = 5.43;$
$\triangle - K_{D,t1} = 5.83; \diamond - K_{D,t1} = 6.22$

图 7.18 诱导轮进口边的相对厚度 $\bar{\tau}$ 对 λ_b 的影响

4. 诱导轮进口叶片安放角 β_1 的影响

根据图 6.25 和式(6.15)可知,诱导轮叶片安放角 β_1 越小,诱导轮的吸入性能就应该越好.不过,试验表明,对于前置诱导轮具有小的叶片安放角($\beta_{t1} \leqslant 20°$)的高吸入性能的泵来说,"$K_{D,t1} = $ 常数"时的参数 β_1 实际上并不影响泵按第Ⅱ临界工况的空化特性.

图 7.19 所示为同一个泵带两个不同前置诱导轮的断裂空化特性,两个诱导轮的叶片安放角不同.一个诱导轮的 $\beta_{1,AV} = 10°$,另一个是 $\beta_{1,AV} = 19.5°$.其余可能影响 λ_b 的参数都大致相同.该图表明 β_1 几乎增加一倍也不会引起泵吸入性能的明显劣化.在其他工况以及其他泵试验时都获得了类似的结果.

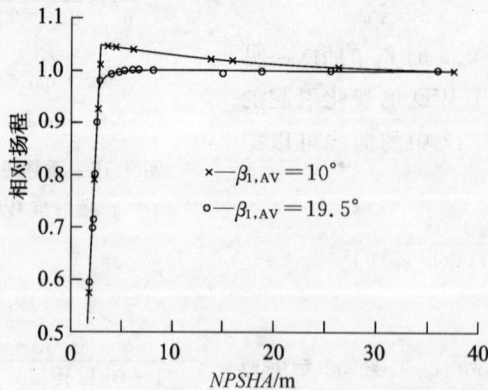

$\times - \beta_{1,AV} = 10°$
$\circ - \beta_{1,AV} = 19.5°$

图 7.19 诱导轮叶片安放角不同对泵断裂特性曲线的影响

关于叶片安放角的上述结论可以通过考虑叶片进口边有限厚度引起的诱导轮叶片的射流分离空穴绕流理论来解释.$K_{D,t1}$为常数时,减小 β_1 角会导致液流冲角的减小,从而增加了液体质点绕流诱导轮叶片进口边时运动轨迹的陡度.由于这一缘故,诱导轮叶片有限厚度的影响很大,并由于空化空穴对流道的较大堵塞而导致诱导轮叶片流道中液流相对速度增加.此外,当 β_1 值较小时,(因为过流断面会减小)相对速度还因叶片对流道较大的堵塞而增加.所有这些都会导致液流中的附加压力降,从而在实际上不可能由减小 β_1 来改善叶栅的空化性能.

综上所述,诱导轮离心泵的 λ_b 值同前置诱导轮参数的关系可以表示为如下形式:

$$\lambda_b = f(K_{D,t1}, \bar{L}, \bar{\tau}, WD) = \lambda_{b,0} + \Delta\lambda_{b,\bar{L}} + \Delta\lambda_{b,\bar{\tau}} + \Delta\lambda_{b,WD}, \qquad (7.15)$$

将式(7.11)—(7.14)代入上式,可得到 λ_b 值与上列前置诱导轮的参数之间的试验关系,即

$$\lambda_b = \frac{2.8}{K_{D,t1}^3} + 0.21\sqrt{\bar{\tau}} + \frac{0.11}{\sqrt[6]{\bar{L}}} + \frac{0.03}{1 + 0.1(WD \times 10)^4} - 0.091. \qquad (7.16)$$

根据试验统计资料,当泵的参数在下述范围内时,由式(7.16)得到的 λ_b 的计算值与试验值的一致性很好:

① $\beta_\Sigma = 0° \sim 60°$;

② $\bar{\tau} = 0.009 \sim 0.045$;

③ $WD = 0.07 \sim 0.5$;

④ $Z \leqslant 4$;

⑤ $\alpha_{ind} = 5° \sim 11°$;

⑥ $\bar{L} = 0.8 \sim 7$;

⑦ $\beta_{1,AV} = 10° \sim 20°$;

⑧ $Rd = 0.25 \sim 0.45$.

诱导轮的设计参数满足上述范围时 $NPSHR_b$ 的计算值与试验值的均方偏差为 $\pm 5\%$(实际上,如果诱导轮的设计参数不满足上述范围的话,诱导轮设计是不成功的).

5. 前置诱导轮参数按第 II 临界空化工况的最优值

在 6.4 节中,推导得到了最优流量系数,即所谓的 Brumfield 准则,但是在 Brumfield 准则中,描述叶片几何参数的 λ 值是一个未知量.本节中,探讨了基于第 II 临界空化工况的 λ_b 值与各参数之间的关系并总结得到了基于试验的关系式(7.16).以该关系式为基础,可以得到前置诱导轮参数按第 II 临界空化工况的最优值.

确定第 II 临界净正吸头的表达式(7.8)可以改写为如下形式:

$$NPSHR_b = (1 + \lambda_b)\frac{v_{m1}^2}{2g} + \lambda_b\frac{u_{AV1}^2}{2g}, \qquad (7.17)$$

由式(7.15)和式(7.16)可以看出,当增加 D_{t1} 时,λ_b 和 v_{m1} 值都减少,而 u_{AV1} 值却是增大的.因此存在一个诱导轮外径的最优值 $D_{t1,opt}$ 使 $NPSHR_b$ 具有最小值.

为了看起来更简捷,将式(7.16)改写为

$$\lambda_b = a_0 + \frac{2.8}{K_{D,t1}^3},$$

其中 $a_0 = 0.21\sqrt{\overline{\tau}} + \dfrac{0.11}{\sqrt[6]{\overline{L}}} + \dfrac{0.03}{1+0.1(WD\times10)^4} - 0.091$. 当 $\overline{L}$ 和 WD 为常数时, a_0 值只与诱导轮叶片进口边的相对厚度 $\overline{\tau}$ 有关. 由此, 式(7.17)可变换为

$$NPSHR_b = \frac{8(1+a_0)}{\pi^2 g(1-Rd^2)^2}\frac{Q^2}{D_{t1}^4} + \frac{8\times2.8}{\pi^2 g(1-Rd^2)^{\frac{7}{2}}}\frac{Q^3}{D_{t1}^7 n} +$$

$$\frac{a_0\pi^2(1+Rd)^2}{4g60^2}D_{t1}^2 n^2 + \frac{2.8\pi^2(1+Rd)^2}{60^2\times8g(1-Rd^2)^{\frac{3}{2}}}\frac{Qn}{D_{t1}}. \tag{7.18}$$

在 a_0, Rd, Q 和 n 值为已知的情况下, 将 $NPSHR_b$ 对 D_{t1} 微分并使微分后所得的表达式等于 0, 这样就可以确定 $NPSHR_b$ 值为最小值时诱导轮外径 D_{t1} 的最优值 $D_{t1,\mathrm{opt}}$. 确定诱导轮外径最优值 $D_{t1,\mathrm{opt}}$ 的方程式为

$$Y^3 + \left(-3M_0\frac{Q^2}{n^2}\right)Y + \left(-2M_1\frac{Q^3}{n^3}\right) = 0, \tag{7.19}$$

式中, $Y = D_{t1,\mathrm{opt}}^3 - M_2\dfrac{Q}{n}$,

$$M_0 = \frac{24\times64\times60^2 a_0(1+a_0)(1-Rd^2) + 2.8^2\pi^4(1+Rd)^2}{36\pi^4 a_0^2(1+Rd)^2(1-Rd^2)^3},$$

$$M_1 = \frac{2.8^3}{216a_0^3(1-Rd^2)^{\frac{9}{2}}} + \frac{32\times60^2\times2.8(1+a_0)}{\pi^4 a_0^2(1-Rd^2)^{\frac{7}{2}}(1+Rd)^2} +$$

$$\frac{112\times60^2\times2.8}{\pi^4 a_0(1-Rd^2)^{\frac{7}{2}}(1+Rd)^2},$$

$$M_2 = \frac{2.8^3}{6a_0(1-Rd^2)^{\frac{3}{2}}}.$$

方程(7.19)的解的形式与判别式 Δ 的正负相关, 其中,

$$\Delta = \left(-M_1\frac{Q^3}{n^3}\right)^2 + \left(-M_0\frac{Q^2}{n^2}\right)^3 = \frac{Q^6}{n^6}(M_1^2 - M_0^3),$$

当 $\Delta < 0$ 时,

$$D_{t1,\mathrm{opt}} = \sqrt[3]{M_2 + 2M_0^{\frac{1}{2}}\cos\frac{\arccos(M_1/M^{\frac{3}{2}})}{3}}\sqrt[3]{\frac{Q}{n}}; \tag{7.20}$$

当 $\Delta > 0$ 时,

$$D_{t1,\mathrm{opt}} = \sqrt[3]{M_2 + \sqrt[3]{M_1 + \sqrt{M_1^2 - M_0^3}} + \sqrt[3]{M_1 - \sqrt{M_1^2 - M_0^3}}}\sqrt[3]{\frac{Q}{n}}. \tag{7.21}$$

通常情况下, 不采用量 $D_{t1,\mathrm{opt}}$, 而是采用量 $K_{D,t1,\mathrm{opt}}$,

$$K_{D,t1,\mathrm{opt}} = \frac{D_{t1,\mathrm{opt}}\sqrt{1-Rd^2}}{\sqrt[3]{Q/n}}. \tag{7.22}$$

根据上述各关系式, 可以计算得到各种轮毂比 Rd 下的诱导轮最优直径系数 $K_{D,t1,\mathrm{opt}}$ 值和最佳吸入比转速 $C_{b,\mathrm{opt}}$, 该计算是对两个具体的值 $a_0 = 0.024$ 和 $a_0 = 0.015$ 进行的. 如果取

① $\overline{L} = 3.3$——诱导轮离心泵中最常用的诱导轮叶片流道的相对长度;

② $WD = 0.5$——诱导轮离心泵中最常用的诱导轮叶片进口段修尖的相对长度;

则 $a_0=0.024$ 值对应于诱导轮叶片进口边的相对厚度 $\bar{\tau}=0.015$,而 $a_0=0.015$ 值对应于 $\bar{\tau}=0.006$(通常 $\bar{\tau}=0.008\sim0.009$),如图 7.20 所示.

根据图 7.20 和式(7.16),可以得到如下结论:

① 随着轮毂比 Rd 的增加,诱导轮直径系数 $K_{D,t1}$ 和按第 II 临界空化工况的吸入比转速 C_b 的最优值都减小;

② 随着诱导轮叶片进口边相对厚度 $\bar{\tau}$ 的减小(假定轮毂比 Rd 不变),$K_{D,t1}$ 和 C_b 的最优值都增加.③ 当轮毂比为 $Rd=0.2\sim0.4$,诱导轮叶片进口边相对厚度为 $\bar{\tau}=0.015$ 时,诱导轮直径系数的最佳值为 $7.0\sim7.5$,而 $C_b=4\,200\sim5\,400$. 为了继续提高 C_{cri},应该应用叶片进口边修得更尖的诱导轮.

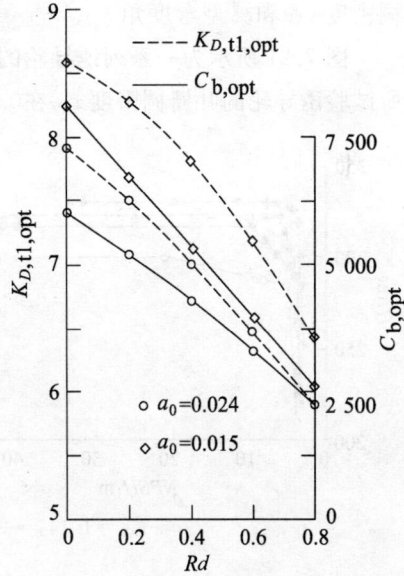

图 7.20 前置诱导轮按第 II 临界空化工况的最佳参数

7.2.4 泵断裂特性曲线上的倾斜段

当从第 I 临界工况过渡到第 II 临界工况时,诱导轮离心泵的扬程会有所降低. 在许多情况下,这种情形会限制泵的使用. 因此,需要知道采用什么样的措施能够改变泵断裂特性上倾斜段的发展特征,或者说怎样设计泵的过流部件以使断裂特性完全没有倾斜段,或者使泵的扬程下降处于许可的范围内.

表征倾斜段的最重要参数是从第 I 临界空化工况过渡到第 II 临界空化工况时泵的相对扬程降的大小,

$$\overline{\Delta H}=\frac{H_{\text{I}}-H_{\text{II}}}{H_{\text{I}}}\times100\%=\frac{\Delta H}{H_{\text{I}}}\times100\%,$$

根据试验统计,参数 $\overline{\Delta H}$ 与离心叶轮和前置诱导轮的几何参数间的函数关系在一般情况下可以表示为如下形式:

$$\overline{\Delta H}=f(s_{\text{AV}},\beta_{\Sigma},m,s_{\text{c}}), \tag{7.23}$$

其中,$s_{\text{c}}=\dfrac{Z_{\text{c}}(D_2-D_{\text{c1}})}{D_2+D_{\text{c1}}}$ 为离心叶轮当量叶栅稠密度,该值为平均直径处叶片的径向长度对叶轮的节距之比.

可以看出,关系式(7.23)包括了两部分,参数 s_{AV} 和 β_{Σ} 是与诱导轮有关的参数,而 m 和 s_{c} 则与主叶轮相关,因此方程(7.23)可以改写为

$$\overline{\Delta H}=f_1(s_{\text{AV}},\beta_{\Sigma})+\overline{\Delta H}_{\text{m}}+\overline{\Delta H}_{s_{\text{c}}}, \tag{7.23a}$$

式中,$f_1(s_{\text{AV}},\beta_{\Sigma})$ 表示 m 和 s_{c} 为常数时,诱导轮的叶栅稠密度 s_{AV} 和叶片弯度角 β_{Σ} 的变化对 $\overline{\Delta H}$ 值影响的函数.$\overline{\Delta H}_{\text{m}}$ 和 $\overline{\Delta H}_{s_{\text{c}}}$ 分别为 m 和 s_{c} 的变化对 $\overline{\Delta H}$ 值的影响. 下面就这两部分分别进行说明.

1. 前置诱导轮参数改变的影响

根据试验数据得到的结论是:诱导轮中影响 $\overline{\Delta H}$ 值的主要参数是平均直径处叶栅

稠密度 s_{AV} 和翼型弯度角 β_{Σ}.

图 7.21 所示为一系列诱导轮的试验数据,其中,$Q=0.021\ 6\ \text{m}^3/\text{s}$,$n=12\ 000\ \text{r/min}$,所试验诱导轮的叶栅稠密度 s_{AV} 在 $0.9\sim4.7$ 的范围内变化,而 β_{Σ} 在 $0°\sim40°$ 内变化.

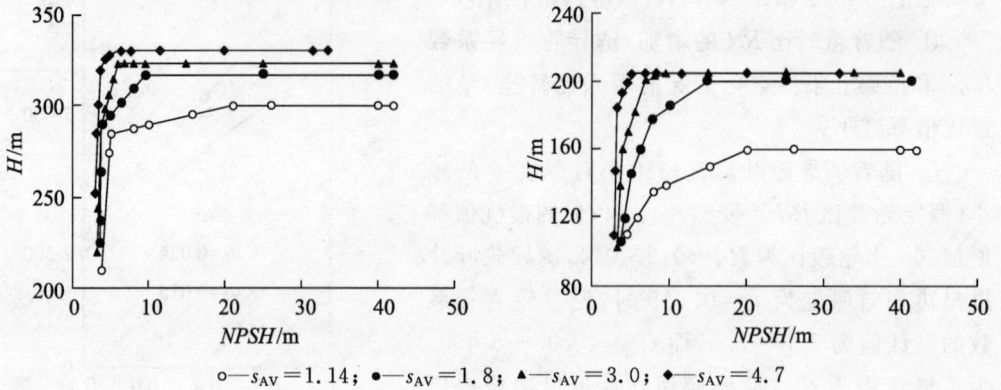

$\circ - s_{AV}=1.14;\quad \bullet - s_{AV}=1.8;\quad \blacktriangle - s_{AV}=3.0;\quad \blacklozenge - s_{AV}=4.7$

图 7.21　叶栅稠密度对诱导轮断裂空化特性的影响

由图 7.21 中可以看出,当诱导轮的叶栅稠密度 s_{AV} 在 $1.0\sim1.3$ 时,泵的参数 $NPSH_{\text{I}}$,$NPSH_{\text{II}}$,ΔH 甚至扬程都急剧变化,即发生了与诱导轮中的空化现象无关的、流动对诱导轮叶片绕流情况的质的变化. 这是因为当叶栅稠密度过渡到 $1.0\sim1.2$ 时,直线翼型的叶栅急剧改变其本身的特性. 此时随着叶栅稠密度的减小,升力减小. 因此,基本上不采用 $s_{AV}<1.2$ 的诱导轮,这是因为带这种诱导轮的泵不论从第 I 临界空化工况来说还是从第 II 临界空化工况来说其吸入性能都是不好的(参见图 7.5). 但是叶栅稠密度也不是越大越好,如前所述,因为叶栅稠密度过大时会影响诱导轮的效率.

图 7.22 所示为试验得到的前置诱导轮泵的 $f_1(s_{AV},\beta_{\Sigma})$ 数据,诱导轮具有不同的叶片数 Z 和不同的叶片弯度角 β_{Σ}. 全部诱导轮与同一个离心叶轮组合,离心叶轮的叶栅稠密度 $s_c=1.9$.

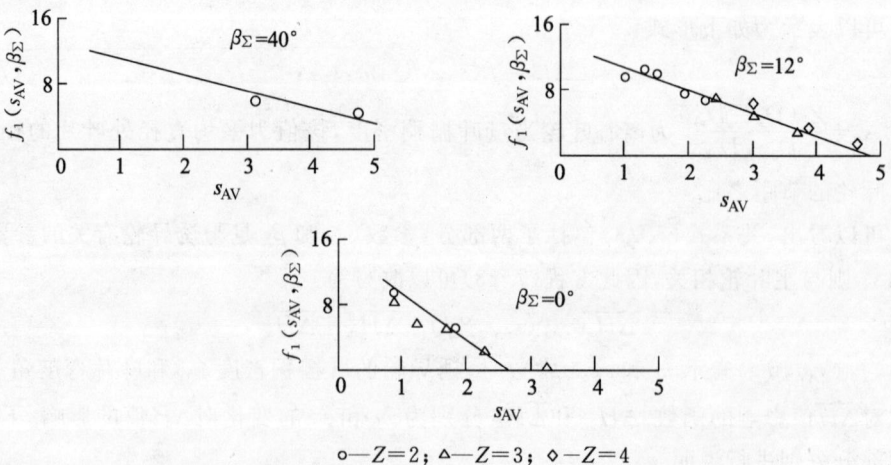

$\circ - Z=2;\quad \triangle - Z=3;\quad \diamond - Z=4$

图 7.22　诱导轮叶栅稠密度 s_{AV} 和叶片弯度角 β_{Σ} 对 $\overline{\Delta H}$ 的影响

由图 7.22 可以看出,随着诱导叶栅稠密度减小和翼型弯度角的增加,泵断裂空化特性的 $\overline{\Delta H}$ 值变大. 当"s_{AV}=常数"且"β_Σ=常数"时,$\overline{\Delta H}$ 与诱导轮叶片数无关. 图 7.22 的曲线可以拟合为

$$f_1(s_{AV},\beta_\Sigma)=12-\left(1.46+\frac{21.3}{5+\beta_\Sigma}\right)(s_{AV}-0.6).\tag{7.24}$$

对于 m 的影响,基于试验数据的统计公式为

$$\overline{\Delta H}_m=12.5(0.5-m).\tag{7.25}$$

2. 离心叶轮参数改变的影响

试验数据表明,对 $\overline{\Delta H}$ 值有影响的离心叶轮的主要参数是离心叶轮当量叶栅稠密度 s_c. 离心叶轮叶栅稠密度越小,泵断裂空化特性曲线的 $\overline{\Delta H}$ 值越大. 因此,对于高比转速离心叶轮,由于其叶栅稀疏,因此其 $\overline{\Delta H}$ 值很大.

根据试验数据统计得到的计算 $\overline{\Delta H}_{s_c}$ 的公式为

$$\overline{\Delta H}_{s_c}=26.1\left(\frac{1}{s_c}-0.53\right),\tag{7.26}$$

将式(7.24),式(7.25)和式(7.26)代入式(7.23a),就得到计算 $\overline{\Delta H}$ 的最终统计公式

$$\overline{\Delta H}=12-\left(1.46+\frac{21.3}{5+\beta_\Sigma}\right)(s_{AV}-0.6)+$$

$$12.5(0.5-m)+26.1\left(\frac{1}{s_c}-0.53\right),\tag{7.27}$$

由上式可知,当从第 I 临界空化工况过渡到第 II 临界空化工况时,为了降低诱导轮离心泵扬程的相对下降量 $\overline{\Delta H}$,应当增加离心叶轮和诱导轮的叶栅稠密度或者减小前置诱导轮的叶片弯度角.

根据试验统计资料,式(7.27)的计算结果与试验结果非常一致. $\overline{\Delta H}$ 的计算值同试验值的绝对值均方差为 $\pm 1.5\%$.

应用式(7.27)可以确定前置诱导轮的最优叶片数,此时诱导轮将具有最小的轴向尺寸和按第 II 临界空化工况的高吸入性能,则

$$s_{AV}=0.6+\frac{12+12.5(0.5-m)+26.1\left(\frac{1}{s_c}-0.53\right)-\overline{\Delta H}}{1.46+\frac{21.3}{5+\beta_\Sigma}},\tag{7.28}$$

因此,

$$Z_{opt}=\frac{\pi s_{AV}}{\overline{L}}=\frac{\pi}{L}\left[0.6+\frac{12+12.5(0.5-m)+26.1\left(\frac{1}{s_c}-0.53\right)-\overline{\Delta H}}{1.46+\frac{21.3}{5+\beta_\Sigma}}\right].\tag{7.29}$$

由图 7.8 可知,当 $\overline{L}$=2.3 时,按第 II 临界空化工况的吸入性能较好,诱导轮的轴向尺寸为最小. 于是,诱导轮的最优叶片数为

$$Z_{opt}=1.366\left[0.6+\frac{12+12.5(0.5-m)+26.1\left(\frac{1}{s_c}-0.53\right)-\overline{\Delta H}}{1.46+\frac{21.3}{5+\beta_\Sigma}}\right].\tag{7.29a}$$

应说明的是,通常采用叶片数多的诱导轮是不合适的,因为此时诱导轮叶片会使流动发生强烈的排挤,会导致泵按第Ⅱ临界空化工况的吸入性能严重劣化.

试验表明,当诱导轮叶片安放角很小时($\beta_{1,Av}=10°\sim15°$),如果叶片数超过 2 也会引起按第Ⅱ临界空化工况吸入性能某种程度的劣化.不过这种劣化不是很严重,并且如果修尖诱导轮叶片进口段也可以将其消除.

对于具有 4 个叶片的诱导轮来说,可以切割间隔两片叶片的进口段,其切割长度大致等于$\dfrac{0.38\pi D}{\cos\beta_1}$.

7.3 诱导轮结构特点对其吸入性能的影响

除了水力特性和翼型设计以外,有许多结构特性也会对泵的吸入性能产生很大的影响.本节介绍一些结构特点对泵吸入特性的影响.需要说明的是,由于受结构等诸多因素的影响,在实际设计中不可能将本节介绍的所有结构特点都进行考虑.

7.3.1 诱导轮上装置轮箍及轮缘间隙的影响

在 7.1 节中已经介绍,通常不建议设计轮箍,因此,在一般的设计中,诱导轮轮缘和泵体之间就存在间隙 δ,通常建议 $\delta=(0.009\sim0.011)D_t$,参见表 7.2.

图 7.23 为轮缘间隙对空化性能的影响.同叶栅稠密度的情形一样,空化性能受轮缘间隙变化的影响要比无空化性能所受影响敏感得多.从图 7.23 可以看出,当轮缘间隙低于叶片宽度的 2% 时,无空化性能几乎不受轮缘间隙的影响;当轮缘间隙大于叶片宽度的 2% 时,扬程开始急剧降低.空化发生后的性能受轮缘间隙的影响与无空化性能所受影响的变化趋势相同,而且变化的程度更大.扬程下降区域表明间隙的最优值约为叶片宽度的 1%,这与第 2 章(图 2.13)讨论的轮缘间隙对空化初生的影响性质上是一致的.

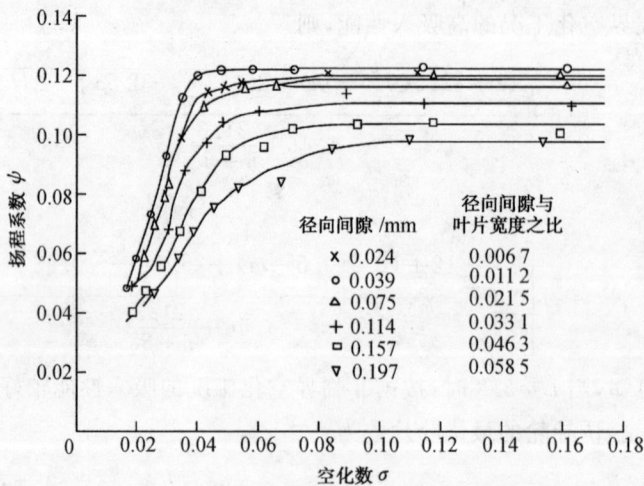

图 7.23 轮缘间隙对诱导轮空化性能的影响

7.3.2 诱导轮叶片前倾角及进口边上打孔的作用

图 7.24a 为诱导轮叶片前倾角 γ_c,参见表 7.2.在 7.1 节已经说明,由于进口边后掠会导致进口边在轴向的位置发生变动,设计叶片前倾角的目的就是为了使叶片的进口边在同一个轴平面上.此外,前倾角还可以改善诱导轮叶片的受力特性.如前所述,修尖诱导轮叶片的进口边可以大大改善泵的吸入性能.可是,当叶片进口段比较薄时,其强度就大大降低,受叶片工作面和背面压力差的影响叶片还会出现颤振.由于这一缘故,当泵工作时,可能发生叶片的变形或破坏,所以就采用叶片前倾来改善叶片背面和工作面的压力差.有时候也会在叶片上打孔,如图 7.24b 所示,在叶片上打孔后,工作面压力被卸载,因此这些孔也称为卸荷孔.卸荷孔并不影响诱导轮的吸入性能.

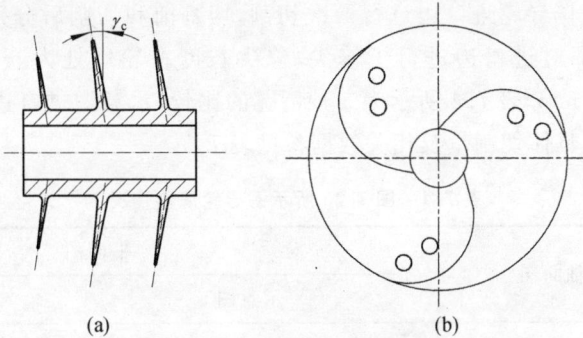

图 7.24　叶片前倾角和卸荷孔

7.3.3 诱导轮叶片进口边形状的影响

根据试验数据统计,当诱导轮叶片进口边采用图 7.25 所示的形状时,泵具有最优吸入性能.而且诱导轮叶片进口段的这种形状还具有最大的强度.

图 7.25 中,进口边修圆半径 $R_{le} = 0.35(D_{t1} - d_h)$,$\Delta\varphi$ 为叶片进口边修圆包角.

这里介绍一个与诱导轮进口边相关的综合试验结果,该试验的数据与上述结论有所不同.图 7.26 所示的诱导轮,其主要性能和结构参数参见表 7.3.

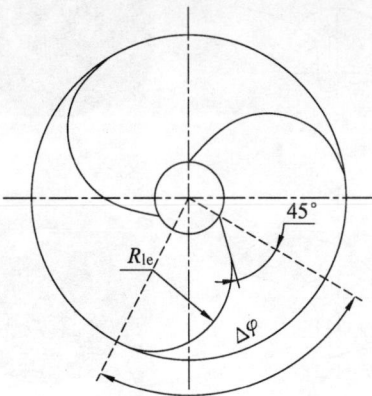

图 7.25　诱导轮叶片进口边的最优形状

图 7.26　诱导轮实物图

表 7.3　图 7.26 所示诱导轮的主要性能和结构参数

参数	数值
扬程系数	0.38
流量系数	0.15
转速	1 450 r/min
叶片数	3
叶片安放角(等螺距)	轮毂处 24.5°、轮缘处 15.5°
叶片厚度	5 mm
轮毂比	0.494
轮缘直径	235 mm
轮缘间隙	0.4 mm

　　该诱导轮未切割进口边前轮毂和轮缘的包角分别是 384°和 339°,进口边修圆包角 $\Delta\varphi=29°$. 然后对该诱导轮进口边进行两次切割,切割前和切割后分别标记为 X,Y,Z,切割前和切割后都对进口边进行了修尖,修尖长度在轮毂处为 0 mm,平均半径处 15 mm,轮缘处 25 mm. 表 7.4 所示为 3 种情况的比较,示意图进口边附近的虚线是按照图 7.25 绘制的,具体切割量及相关数据参见表 7.5.

表 7.4　图 7.26 所示诱导轮切割情况

序号	轴面图	平面图	
		示意图	实物图
X	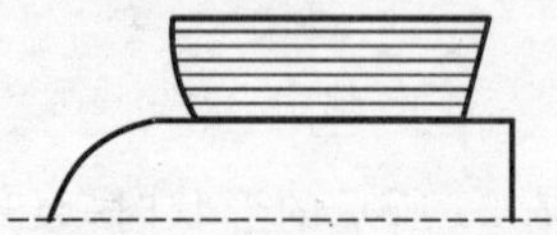	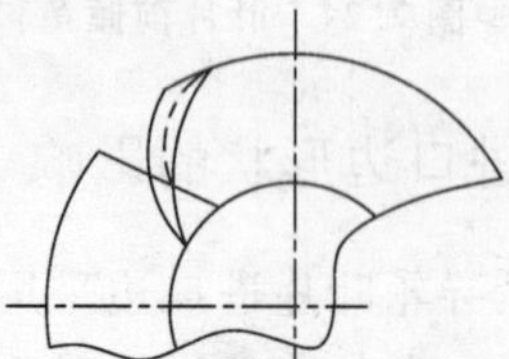	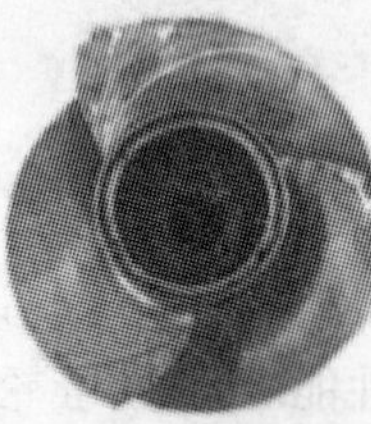
Y	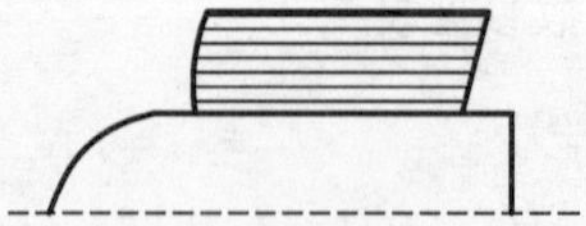	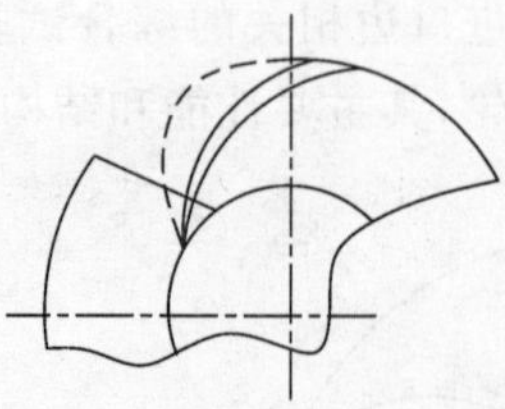	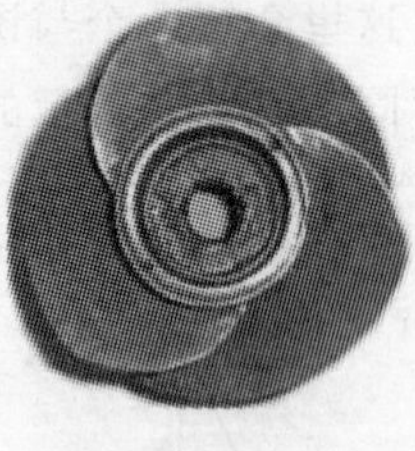
Z	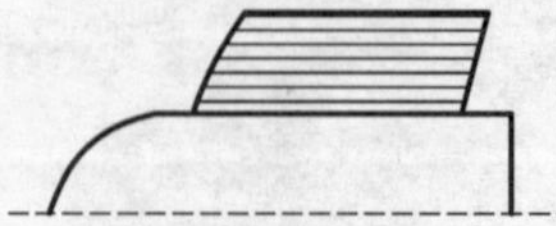	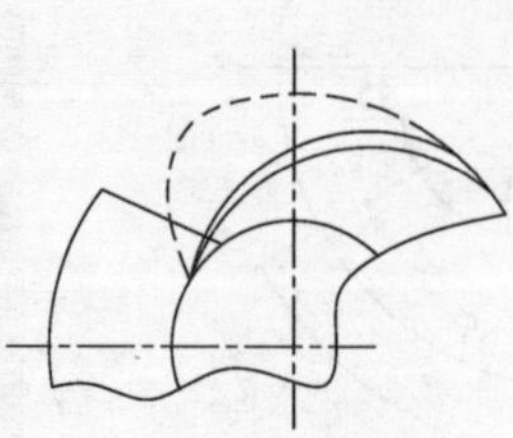	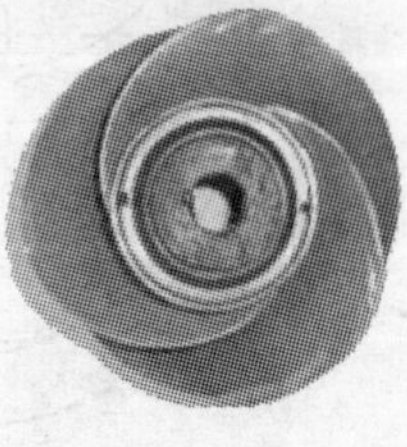

表 7.5　图 7.26 所示诱导轮切割量及相关参数

编号	$\Delta\varphi/(°)$			s	
	轮毂处	平均半径处	轮缘处	轮毂处	轮缘处
X	0	10	29	3.5	2.95
Y	0	33	65	3.5	2.65
Z	0	55	101	3.5	2.35

图 7.27 为试验得到的无空化性能曲线,曲线的变化规律同叶栅稠密度对性能的影响规律一致,即随着叶栅稠密度的增加,最高效率点向小流量方向偏移,小流量点的能量特性更好,大流量点的能量特性变差.

图 7.28 所示为空化性能曲线,从图中可以看出,对于进口边不同的诱导轮,其在小流量时的空化性能变化并不大,但是在大流量情况下,叶片进口边修圆包角 $\Delta\varphi$ 越大,其空化性能越好.

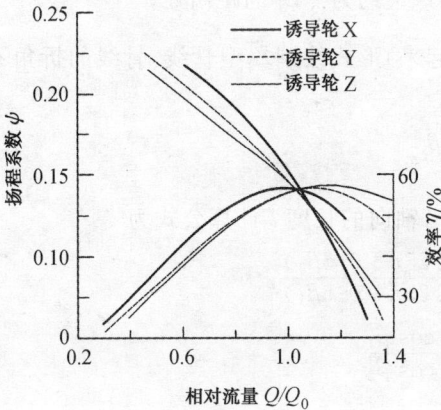

图 7.27　诱导轮无空化性能曲线

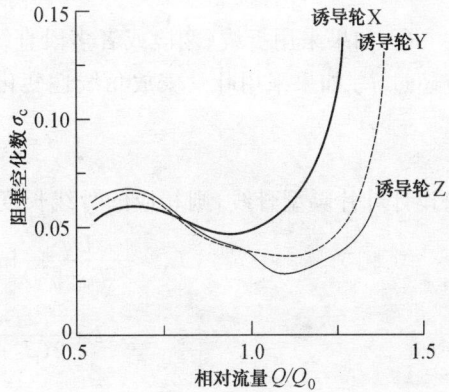

图 7.28　诱导轮空化性能曲线

图 7.29 所示为诱导轮在 $\dfrac{Q}{Q_0}=1.27$,$\sigma=0.12$ 工况下不同进口边诱导轮内的空化流动特征,可以看出诱导轮 X 内的空化已经完全发展,诱导轮 Y 内只有轻微的空化,而诱导轮 Z 内则完全没有空化发生.

(a) 诱导轮 X　　　　　　(b) 诱导轮 Y　　　　　　(c) 诱导轮 Z

图 7.29　不同进口边诱导轮在相同流动参数下空化图像

结合表 7.4 和图 7.28,图 7.29 可以看出,虽然诱导轮 X 的进口边最接近图 7.25

推荐的所谓最优进口边形状,但是其空化性能却是最差的.综合上述内容可得如下结论:诱导轮轮缘处最优叶栅稠密度为 $s=1.5$,大于该值会降低其效率,低于该值时空化性能会发生劣化,在保证叶栅稠密度并且其他条件(例如支撑刚度、结构空间等)允许的情况下,诱导轮进口边的修圆包角越大,就会使轮缘越晚与流体相互作用,从而对空化性能越有利.如果存在前倾角 γ_{c},通常设计得到的诱导轮进口边的轴面投影应当不是前倾的.

7.3.4 诱导轮叶片翼型及其骨线的影响

试验数据表明,当诱导轮叶栅稠密度 $s_{AV} \geqslant 1.5$ 时,叶片的翼型型式对其吸入性能没有影响.

假设翼型骨线的长度为 L_f,对诱导轮叶片翼型骨线的设计有如下建议:

① 在长度为 $(0.3 \sim 0.5)L_f$ 的翼型骨线的起始段内应设计成平板形式(等螺距诱导轮),在该区段上诱导轮的叶栅稠密度不应超过 $s_{AV}=1.8$;

② 翼型骨线的最大弯度应该位于距翼型进口边约为 $\frac{2}{3}L_f$ 的距离处;

③ 如果采用折线(两段或者多段直线段连起来)形式绘制翼型骨线,骨线的折角不应超过 $7°$.如果采用叶片安放角线性变化的形式

$$\beta = \beta_1 + \frac{\beta_2 - \beta_1}{\varphi}\varphi_{\beta}$$

来设计叶片翼型骨线,则相应的骨线长度 L_f 和沿轴向的长度 l 计算公式为

$$L_f = \frac{D\varphi}{2(\beta_2 - \beta_1)}\ln\frac{\tan(0.25\pi + 0.5\beta_2)}{\tan(0.25\pi + 0.5\beta_1)},$$

$$l = \frac{D\varphi}{2(\beta_2 - \beta_1)}\ln\frac{\cos\beta_1}{\cos\beta_2}.$$

7.3.5 诱导轮叶片数的影响

诱导轮的叶片数一般为 $Z=2$ 和 $Z=3$,也有 $Z=4$ 的情况.随着叶片数的增加,可以在诱导轮叶片长度不变的前提下改善泵断裂特性的形状(减小 $p_{1,\text{cri},\text{I}}$ 和 ΔH 值,参见图 7.8),或者在诱导轮叶栅稠密度 s 不变时大大地缩短诱导轮的轴向尺寸.不过,当诱导轮的叶片数 $Z=4$ 时,会发生流动的强烈排挤,常常导致泵按第Ⅱ临界空化工况的吸入性能严重劣化.

对具有高吸入性能的泵,诱导轮最优叶片数的选择(带有小的诱导轮叶片进口安放角 $\beta_1 = 10° \sim 15°$)主要与泵的两个参数有关:① 泵的比转速 n_s;② 诱导轮叶片的弯度角 β_{Σ}.

随着泵比转速 n_s 和弯度角 β_{Σ} 的增加,从第Ⅰ临界空化工况到第Ⅱ临界空化工况间泵的相对扬程降 $\overline{\Delta H}$ 也是增加的(参见图 5.24 和图 7.22).当增加前置诱导轮的叶栅稠密度 s 时,ΔH 值会有效降低.因此,对 n_s 和 β_{Σ} 值大的泵来说,为了获得小的 ΔH 值,应该在诱导轮长度不变的情况下把它的叶片数增加到 3 或 4,即增大诱导轮的叶栅稠密度.

建议等螺距诱导轮的叶片数不超过 3,否则由于叶片流道中的损失较大,诱导轮的

扬程就可能无法保证离心叶轮的无断裂工况工作. 对于变螺距诱导轮,允许叶片数 Z 增加到 4.

应当指出的一点是,当增加诱导轮的叶片数时,泵按第 II 临界空化工况的吸入性能会稍有劣化. 为了避免这种情况,在增加叶片数 Z 时应该把诱导轮叶片的进口边加工得更薄,或者像 7.2 节最后介绍的那样切割间隔两片叶片的进口段.

诱导轮的叶片数 Z、叶片安放角 β、叶栅稠密度 s、轮缘长径比 S_L 以及诱导轮叶片流道的相对长度 $\overline{L}$ 不是相互独立的参数,这些参数之间具有一定的关系(各参数都是轮缘位置的值). 叶栅稠密度为

$$s=\frac{c}{t}=\frac{c}{\pi D/Z}=\frac{Zc}{\pi D},$$

这里假设诱导轮叶片的弯度角 β_Σ 很小,或者说只考虑等螺距诱导轮的情况,那么可以看作有下述关系式存在:

$$\beta=\beta_1=\beta_2,$$

则诱导轮轮缘长径比

$$S_L=\frac{l_t}{D}=\frac{c\sin\beta}{D}.$$

由以上 3 式得

$$S_L=\frac{\pi\sin\beta}{Z}s, \tag{7.30}$$

式(7.30)包含了 4 个几何参数之间的关系. 图 7.30 为 $s=1.5$ 时其他 3 个参数的关系曲线.

图 7.30 中 S_L 的选用范围参见表 7.2. 此外,由 7.2 节可知,对于前置诱导轮具有小的叶片安放角($\beta_{t1}\leqslant 20°$)的高吸入性能的泵来说,$K_{D,t1}$ 为常数时参数 β_1 实际上并不影响泵按第 II 临界工况的空化特性. 因此,在实际设计中图 7.30 中的横坐标可以不用过多考虑,只要选取叶片数满足 S_L 的范围就可以了,由选取的 Z 和 S_L 反过来确定叶片安放角 β.

一般叶栅稠密度 s 选取最优值 $s=1.5$,s 进一步增大对空化性能基本无影响,还会影响泵的效率以及机组的刚性和紧凑性,因此近来的设计中很少再采用类似图 7.31 的大叶栅稠密度诱导轮.

7.2 节中诱导轮叶片流道相对长度 $\overline{L}=\frac{L_{f,AV}}{D_{AV}}$,

如前所述,假设诱导轮叶片的弯度角 β_Σ 很小,或者说只考虑等螺距诱导轮的情况,则

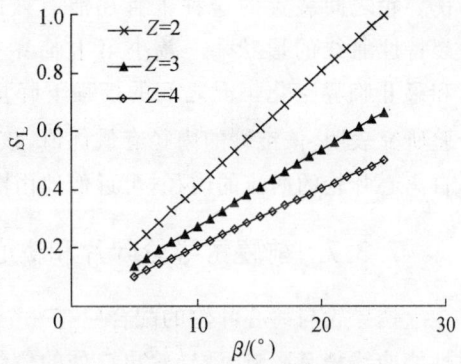

图 7.30 公式(7.30)的关系曲线($s=1.5$)

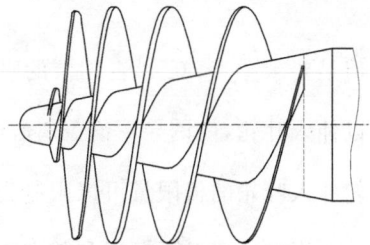

图 7.31 大叶栅稠密度诱导轮

$$\bar{L}=\frac{L_{\mathrm{f,AV}}}{D_{\mathrm{AV}}}\approx\frac{c_{\mathrm{AV}}}{D_{\mathrm{AV}}},$$

根据叶栅稠密度的定义,平均直径处叶栅稠密度为

$$s_{\mathrm{AV}}=\frac{Zc_{\mathrm{AV}}}{\pi D_{\mathrm{AV}}},$$

从而,

$$s_{\mathrm{AV}}=\frac{Z}{\pi}\bar{L}.$$

因此,叶栅稠密度和诱导轮叶片流道的相对长度是很接近的两个参数,可以说,最优叶栅稠密度 $s=1.5$ 和诱导轮叶片流道的相对长度的最优值 $\bar{L}=2.3$ 是一致的.

7.3.6 离心叶轮和前置诱导轮之间固定锥管的影响

如图 7.32 所示,在离心叶轮和前置诱导轮之间装置固定的穿孔锥管可以有效地改善泵的吸入性能.锥管的主要作用在于阻碍来自离心叶轮的强烈旋转着的液体回流发展到诱导轮所处的泵体中去.如果没有锥管,回流可达到前置诱导轮的叶片,使诱导轮和整个泵的空化特性严重劣化.锥管还可以调整来自离心叶轮的泄漏流动使其与主流具有相同的流动方向.而且在叶轮和诱导轮之间装置的这种锥管还能有效改善泵断裂特性曲线的形状——减小第 I 临界空化工况和第 II 临界空化工况之间的扬程下降量 ΔH. 试

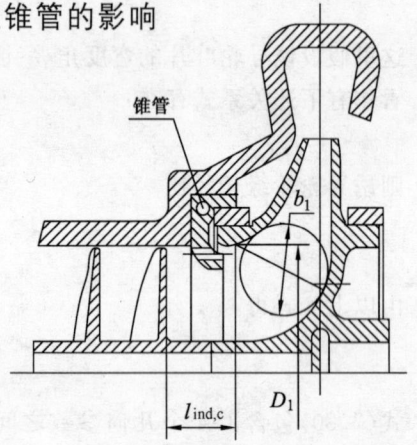

图 7.32 诱导轮和离心叶轮之间的锥管

验研究表明,该锥管的内径有最优值,该值同离心叶轮的工况和结构有关,它接近于来自离心叶轮的回流的内径,可近似地由图 6.12 中 $\bar{A}_{\mathrm{B}}=f(m)$ 的关系来确定.

7.3.7 前置诱导轮叶片和离心叶轮的轴向和周向(角向)配合

诱导轮与离心叶轮的配合应有一个光滑的轴面流动通道,这个流道的大小对泵的性能曲线稍有影响.诱导轮出口处的轮毂和轮缘直径应与离心叶轮入口尺寸紧密匹配,使得它可以得到光滑的轮廓.所以,如图 7.32 所示,诱导轮和离心叶轮之间的轴向长度上应该有一段最小间隙

$$l_{\mathrm{ind,c}}=\frac{\pi D_{\mathrm{t2}}}{Z}\sin\,\beta_{\mathrm{t2}},$$

但是要求 $\dfrac{l_{\mathrm{ind,c}}}{D_1}<0.4$,否则泵的吸入性能就明显劣化.当诱导轮的 $\bar{L}>4.5$ 时,诱导轮可以伸入叶轮,使诱导轮覆盖离心叶轮叶片流道一部分,而不会恶化泵的吸入特性.诱导轮伸入叶轮的极限量可以限制为 $\dfrac{l_{\mathrm{ind,c}}}{b_1}\approx0.5$.

周向位置对泵扬程和效率略有影响.其原因是诱导轮叶片出口边在液流中产生尾迹,此尾迹落在离心叶轮两叶片之间时对叶轮性能的负作用最小,泵扬程和效率相对最

高.当尾迹落在泵离心叶轮的进口叶片上时负作用最大,泵扬程和效率相对最低.由于泵离心叶轮和诱导轮之间没有相对运动,所以只考虑液流的相对运动.从诱导轮出口到离心叶轮进口液流的理论旋转角度 $\delta\theta$ 为

$$\delta\theta = \frac{l_{\text{ind,c}}}{D_{t2} \tan \beta_{t2}}.$$

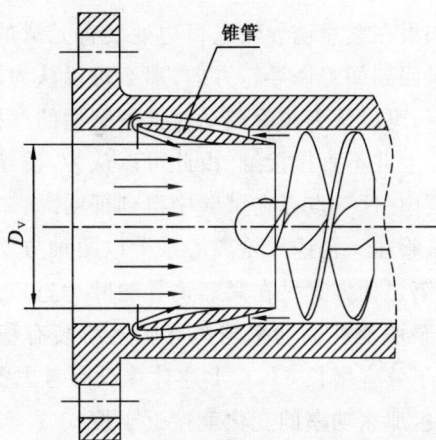

7.3.8　在前置诱导轮前安装锥管

由 6.2 节可知,在某些工况下,在进水管段中存在着从诱导轮流出的回流,回流的转向主要靠主流的作用来实现,因此要消耗主流的能量,从而减小主流中的压力.其结果就是导致前置诱导轮以及整个泵吸入性能的劣化——增大 σ_{I} 值和 ΔH 值,有时还会增大 σ_{b} 值,而且回流的强度常常会使吸入管路中的零件受到机械破坏.图 7.33 所示的进口防预旋板仅仅能够降低进口流动的旋转,对由于回流引起的吸入性能的严重劣化没有积极作用.

在诱导轮之前安装锥管可以消除回流对泵吸入性能的劣化作用,锥管的形式如图 7.34 所示.锥管有两个明显的作用,一是阻止来自诱导轮的回流侵入到吸入管路中去,二是回流的变向依靠锥管的流线型壁面而不是主流的作用来实现,所以主流的能量损失就降低,即静压增大,从而改善了诱导轮的吸入性能.

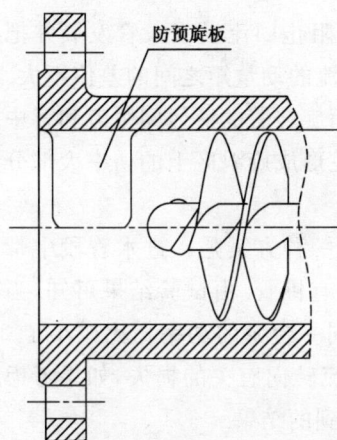

図 7.33　防预旋板　　　　　図 7.34　诱导轮前安装锥管

安装锥管与否压力的变化参见图 6.17,图中给出了诱导轮上游泵轴线上和泵进口处主流中的压力变化同参数 m 的试验关系,由该图可知,诱导轮前置锥管后,由于主流消耗在回流上的能量减少,所以轴线上的静压与没有锥管时泵轴线上的压力相比就大大增加,而在 $m = 0.3 \sim 0.5$ 时,诱导轮下游轴线上的静压接近于诱导轮上游的压力值;当 $m < 0.3$ 时,锥管壁面仅仅使部分回流转向,而回流的彻底转向折回诱导轮要靠主流来完成.

试验表明,在锥管并不隔断整个旋涡区而只是隔断回流,即锥管的最优内径等于回流区的直径 D_{v} 的情况下,带锥管诱导轮的吸入性能最好(参见图 6.11).直径 D_{v} 可以由图 6.12 中的关系式 $\overline{A}_{\text{B}} = f(m)$ 近似计算.

如果在泵的进口管段中具有阻止回流旋转运动的零件(例如图 7.33 所示的防预旋板就有这样的功能),则诱导轮前装置锥管还可提高泵的效率.这是因为诱导轮前回流的形成会消耗额外的泵轴功率.当泵进水管为直管或者锥形管时,这些功率的大部分以旋涡区中回流旋转能量的形式返回到叶轮中,参见图 6.11.

诱导轮消耗在形成回流旋涡区上的功率损失为

$$\delta P_{\mathrm{B}}=\frac{2\pi^2}{30}\frac{n\rho\left(\frac{D_{\mathrm{t}}}{2}\right)^3 u_{\mathrm{t}} v_{\mathrm{m1,AV,D}}}{(D_{\mathrm{v}}-D_{\mathrm{D}})/2}\left\{(0.1-1.47m^2)\left[\frac{D_{\mathrm{v}}}{3\times2^4}(D_{\mathrm{D}}^3-D_{\mathrm{j}}^3)-\frac{1}{4\times2^4}(D_{\mathrm{D}}^4-D_{\mathrm{j}}^4)\right]+\right.$$
$$\left.0.53\left[\frac{D_{\mathrm{v}}}{5\times2^6}(D_{\mathrm{D}}^5-D_{\mathrm{j}}^5)-\frac{1}{6\times2^6}(D_{\mathrm{D}}^6-D_{\mathrm{j}}^6)\right]\right\}, \tag{7.31}$$

式中,$v_{\mathrm{m1,AV,D}}$ 表示直径 D_{D} 处诱导轮进口平均轴向流速,其余各参数参见图 6.11.

如果在进水管段中布置有完全吸收回流旋转运动能量的零部件,则在叶片进口之前顺流区中的圆周分速 v_u 等于零,即消耗在回流预旋上的能量甚至是一部分也没有返回到叶轮中去.在此情况下,用于形成旋涡区的功率就有所增加并变为

$$\delta P'_{\mathrm{B}}=\frac{2\pi^2}{30}\frac{n\rho\left(\frac{D_{\mathrm{t}}}{2}\right)^3 u_{\mathrm{t}} v_{\mathrm{m1,AV,D}}}{(D_{\mathrm{v}}-D_{\mathrm{D}})/2}\left\{(0.1-1.47m^2)\left[\frac{D_{\mathrm{v}}}{3\times2^4}(D_{\mathrm{v}}^3-D_{\mathrm{j}}^3)-\frac{1}{4\times2^4}(D_{\mathrm{v}}^4-D_{\mathrm{j}}^4)\right]+\right.$$
$$\left.0.53\left[\frac{D_{\mathrm{v}}}{5\times2^6}(D_{\mathrm{v}}^5-D_{\mathrm{j}}^5)-\frac{1}{6\times2^6}(D_{\mathrm{v}}^6-D_{\mathrm{j}}^6)\right]\right\}. \tag{7.32}$$

如果在紧靠诱导轮进口边处装有光滑的锥管,以阻止回流沿吸入管发展并把回流转向返回到朝着诱导轮方向,那么可以认为回流和顺流的动量矩之间的差值不大.在此情况下,可以认为预旋流动对锥管壁面的摩擦很小,而旋转着的液体同主流和管中的零件实际上并不直接接触.由此可以认为,诱导轮消耗在形成旋涡区上的功率大部分重新返回泵内.这一点已在试验中得到证明.

试验在一台诱导轮离心泵上以两种方案进行:第一种方案是在进水管段中带有稳流栅,第二种方案是在紧靠诱导轮叶片进口边上游装有锥管.由试验结果可知,当有锥管时,泵所消耗的功率与诱导轮上游装有稳流栅时同一台泵的功率相比减小了 2 kW(相当于效率增长 6%).上述计算没有考虑锥管使回流转向有关的损失,如果考虑这部分损失,那么功率的变化就接近于按式(7.32)计算得到的结果.

7.4 诱导轮泵效率分析

泵的吸入性能与其效率是矛盾的,当设计中仅仅考虑吸入性能时,会导致泵效率特性的劣化.本节从诱导轮和离心叶轮两个方面介绍参数对泵效率的影响,以便在获得足够高的泵吸入性能的前提下能获得尽可能高的效率.

7.4.1 诱导轮参数对诱导轮离心泵效率的影响

图 7.35 所示为一台高速诱导轮离心泵在 3 种工况下的试验关系

$$\frac{\eta_{\mathrm{ind,c}}}{\eta_{\mathrm{c}}}=f(\bar{v}_{u,\mathrm{c1}}),$$

式中，$\eta_{\mathrm{ind,c}}$ 为带前置诱导轮的泵的效率；η_{c} 为不带前置诱导轮的泵的效率；$\bar{v}_{u,\mathrm{c1}}=\dfrac{v_{u,\mathrm{c1}}}{u_{\mathrm{c1}}}$ 为离心叶轮进口边平均直径 D_{c1} 处绝对速度的圆周速度分量（预旋速度）的相对值

$$\bar{v}_{u,\mathrm{c1}}=\frac{gH_{\mathrm{t,ind}}}{u_{\mathrm{c1}}^2}, \tag{7.33}$$

其中，$H_{\mathrm{t,ind}}$ 为根据式(6.33)计算得到的诱导轮理论扬程.

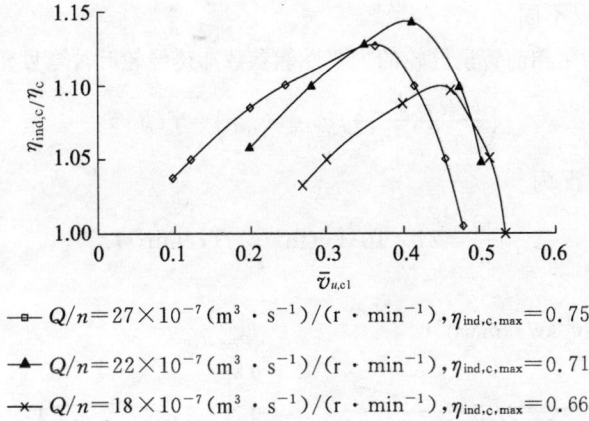

图 7.35 中 $\bar{v}_{u,\mathrm{c1}}$ 值的变化是通过在离心叶轮上游安装各种不同方案的前置诱导轮来实现的,各种诱导轮相互间的差别仅在于诱导轮叶片的出口安放角不同,其中叶片翼型的弯度角 β_{Σ} 在 $0°\sim60°$ 的范围变化. 在所有数据中,吸入压力都足够高,以便排除泵过流部分中的空化现象对所得效率数据的影响.

由图 7.35 可知,随着离心叶轮前圆周速度分量的增大,泵效率开始快速提高,并在 $\bar{v}_{u,\mathrm{c1}}=0.35\sim0.45$ 的范围内达到最大值,然后,再继续增大 $\bar{v}_{u,\mathrm{c1}}$ 时,泵效率就急剧下降. 到目前为止的所有的研究结果都表明:诱导轮泵在 $\bar{v}_{u,\mathrm{c1}}=0.35\sim0.45$ 时能够达到最优效率.

结合式(7.33)和扬程系数的定义

$$\psi=\frac{gH}{u_2^2}, \tag{5.5a}$$

且诱导轮外径 D_{t} 与离心叶轮进口直径 D_{j} 的最大比值建议不超过 1.35,即

$$\frac{D_{\mathrm{t}}}{D_{\mathrm{j}}}\leqslant1.35, \tag{7.34}$$

对于高速泵 $D_{\mathrm{c1}}=0.94D_{\mathrm{j}}$,有

$$\frac{D_{\mathrm{t}}}{D_{\mathrm{c1}}}\leqslant\frac{1.35}{0.94}.$$

由于不考虑轮毂的影响,因此,$D_{\mathrm{t}}=\sqrt{2}d_2$,即

$$\frac{d_2}{D_{\mathrm{c1}}}\leqslant\frac{1.35}{0.94\sqrt{2}},\frac{u_2}{u_{\mathrm{c1}}}\leqslant\frac{1.35}{0.94\sqrt{2}}.$$

根据式(5.5a)和式(7.33)得

$$\frac{\psi}{\overline{v}_{u,\mathrm{cl}}}=\frac{u_{\mathrm{cl}}^{2}}{u_{2}^{2}}\geqslant\left(\frac{0.94\sqrt{2}}{1.35}\right)^{2}=0.969\,7,$$

即
$$\psi\geqslant0.969\,7\overline{v}_{u,\mathrm{cl}}\approx\overline{v}_{u,\mathrm{cl}}=0.35\sim0.45. \tag{7.35}$$

从式(7.35)可以将 $\overline{v}_{u,\mathrm{cl}}$ 看作与诱导轮扬程系数的意义相同. 追求效率时, $\overline{v}_{u,\mathrm{cl}}=0.35\sim0.45$, 吸入性能良好的诱导轮扬程系数为

$$\psi=0.06\sim0.15.$$

因此,二者的侧重点不同.

图 7.36 所示为泵和前置诱导轮的主要性能参数与诱导轮叶片弯度角 β_{Σ} 之间的关系,

$$\left(\frac{H_{\mathrm{ind,c}}}{n^{2}},\frac{P_{\mathrm{ind,c}}}{n^{3}},\eta_{\mathrm{ind,c}},\overline{v}_{u,\mathrm{cl}}\right)=f(\beta_{\Sigma}),$$

图中数据对应的工况为

$$\frac{Q}{n}=27\times10^{-7}\,((\mathrm{m}^{3}/\mathrm{s})/(\mathrm{r/min})).$$

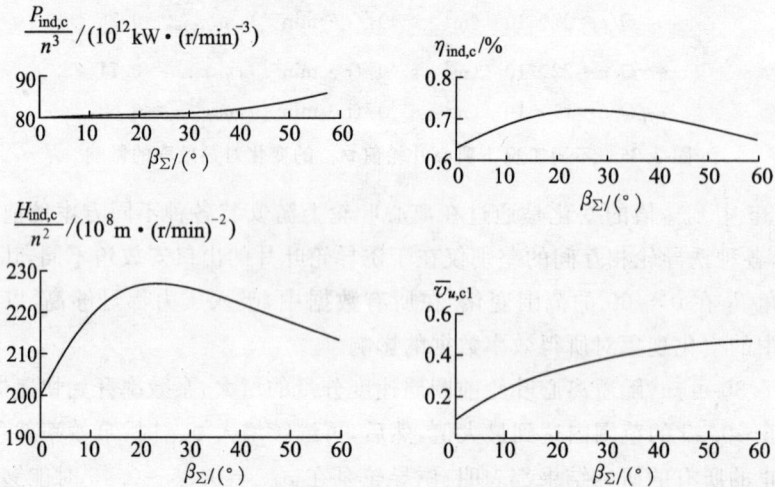

图 7.36 泵和诱导轮的能量参数随叶片翼型弯度角 β_{Σ} 的变化关系

由图 7.36 可知,在较宽的 β_{Σ} 变化范围 $0°\sim30°$ 内,泵所耗功率 $\dfrac{P_{\mathrm{ind,c}}}{n^{3}}$ 的变化不大,因此泵的理论扬程 $H_{\mathrm{t,c}}$ 也就变化很小. 这是因为

$$P_{\mathrm{ind,c}}=\frac{\rho g Q_{\mathrm{t}} H_{\mathrm{t,c}}}{\eta_{\mathrm{m}}},$$

但是,泵的实际扬程 $\dfrac{H_{\mathrm{ind,c}}}{n^{2}}$ 和效率 $\eta_{\mathrm{ind,c}}$ 在上述范围($\beta_{\Sigma}=0°\sim30°$)内却随着 β_{Σ} 的增加而大大地增大. 这说明,当 β_{Σ}(或 $\overline{v}_{u,\mathrm{cl}}$)增加时,泵叶轮流道中的水力损失大大地减小了.

在 $\beta_{\Sigma}>30°$ 的情况下,当 β_{Σ} 增加时泵功率增大,泵的扬程 $\dfrac{H_{\mathrm{ind,c}}}{n^{2}}$ 以及泵的效率 $\eta_{\mathrm{ind,c}}$ 却减小. 而前面已经说明泵的最优效率在 $\overline{v}_{u,\mathrm{cl}}=0.35\sim0.45$ 时获得,这与图 7.36 不一致.

与离心叶轮相比,诱导轮通常具有较低的效率,即使诱导轮的效率取为 100%,计算

所得到的泵效率也要比试验值小得多.因此诱导轮的效率对提高泵的效率没有明显的影响.

实际上,通过分析诱导轮离心泵过流部件中的水力损失组成表明,当装有前置诱导轮时,离心叶轮中的水力损失就发生变化.这样,前置诱导轮的参数对诱导轮离心泵效率的影响主要表现为诱导轮所引起的离心叶轮叶片前流动的相对圆周速度分量 $\bar{v}_{u1,c}$ 改变了离心叶轮中的水力损失.

上述情况表明,满足 $\bar{v}_{u,c1}=0.35\sim0.45$ 时就可以达到最优效率,在此前提下,可以在某种限度的范围内自由调整诱导轮的主要几何参数 $K_{D,t1}$,β_1(在 7.2.3 小节中已经表明,只要在一定的范围内,β_1 的变化不会引起泵吸入性能的明显劣化),β_Σ 和 s_{AV},这样就可以兼顾泵的高效率和足够高的吸入性能.

7.4.2 离心叶轮的参数对诱导轮离心泵效率的影响

到目前为止的试验数据表明,首先离心叶轮进口绝对速度的圆周速度分量相对值 $\bar{v}_{u,c1}$ 的最优值同叶轮叶片进口安放角 $\beta_{1,c}$ 和叶轮叶片流道的排挤程度无关,基本上保持在 $\bar{v}_{u,c1}=0.35\sim0.45$ 范围内;其次,决定 $\bar{v}_{u,c1}$ 最优值的水力损失同叶轮进口处的冲角大小关系不大;最后,$\bar{v}_{u,c1}$ 的最优值同诱导轮所消耗的泵功率无关.

图 7.37 所示为离心叶轮前装有最优前置诱导轮(即 $\bar{v}_{u,c1}=0.35\sim0.45$)时泵扬程和效率的最大提高值同参数 $\dfrac{D_{c1}}{D_2}$ 的试验关系.由图中可以看出,当装有前置诱导轮时,离心泵效率和扬程的增加只在 $\dfrac{D_{c1}}{D_2}>0.5$ 时发生,这大致对应于泵的比转速 $n_s>60$.此时关系曲线 $\dfrac{\eta_{ind,c}}{\eta_c}=f\left(\dfrac{D_{c1}}{D_2}\right)$ 的斜率较大.当 $\dfrac{D_{c1}}{D_2}=0.7\sim0.75$ 时,装有最优前置诱导轮(即 $\bar{v}_{u,c1}=0.35\sim0.45$)的泵效率可以增加 $25\%\sim30\%$.

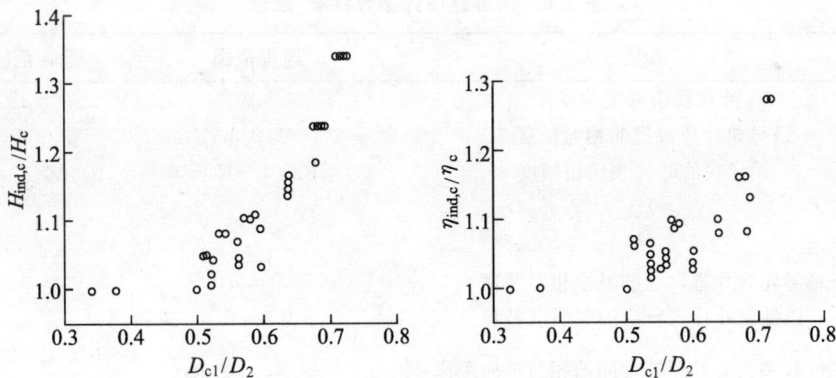

图 7.37 $\dfrac{D_{c1}}{D_2}$ 与诱导轮泵效率和扬程的试验关系

由图 7.37 可以看出,安装诱导轮后引起的泵效率的提高主要在于泵扬程的增加.因为安装诱导轮后泵的理论扬程变动很小,所以效率的改善只能由离心叶轮中水力损失的减小来获得.

对某一导流板的研究结果也证实了上述结论.在诱导轮和离心叶轮之间装上固定

导流板时,诱导轮下游的流动就成为 $\bar{v}_{u,c1}=0$. 试验结果表明泵的效率急剧降低,而泵的功率(以及泵的理论扬程)实际上并不改变,也就是说安装导流板反而增加了离心叶轮中的水力损失. 这一结论与工程经验并不一致(在工程中通常加装导流板提高泵的效率).

因此,根据上述内容可以得出如下两个结论:一是离心叶轮中最小的水力损失同其结构以及叶片进口边流动为 $\bar{v}_{u,c1}=0.35\sim0.45$ 时所具有的参数无关;二是 $\bar{v}_{u,c1}$ 对离心叶轮效率的影响只在 $\frac{D_{c1}}{D_2}>0.5$ 的情况下才显示出来. 此时,$\frac{D_{c1}}{D_2}$ 越大,参数 $\bar{v}_{u,c1}$ 对叶轮效率的影响就越大.

7.5 诱导轮设计算例

受结构条件和离心叶轮性能的限制,诱导轮的设计步骤可能有所差别,不过诱导轮的设计有一些基本原则和设计标准必须满足,本节首先列出诱导轮设计的一些标准,然后给出诱导轮设计的 3 个具体例子.

需要指出的是,诱导轮的性能受来流的影响很敏感,因此对泵吸水室过流断面的设计也很关键,吸水室应保证诱导轮上游的液体有均匀的速度场并保证小的水力阻力.

7.5.1 计算和设计诱导轮的标准数据

大多数有关的标准数据在前文中已经进行了介绍,这里进行集中总结并稍作补充.

首先,6.4 节的流量特性和 6.5 节的扬程特性必须满足,即表 6.4 和式(6.25)必须得到保证. 此外,诱导轮的基本参数通常应当符合表 7.2 所列的范围. 表 7.6 进一步总结和补充了一些参数要求.

表 7.6　诱导轮设计参数标准(部分)

参数	选用范围	推荐范围
叶片翼型弯度角 β_Σ	$0°\sim30°$	$0°\sim15°$
诱导轮叶片流道的相对长度 $\bar{L}$	>2.3	
诱导轮的叶片表面粗糙度	$<\text{Ra}3.2\sim\text{Ra}6.3$	
$\dfrac{D_t}{D_j}$	<1.35	
诱导轮叶片进口边的最小相对厚度 $\bar{\tau}$	$0.008\sim0.009$	
诱导轮叶片进口段的楔形度 WD	$\geqslant0.4\sim0.5$	
诱导轮叶片和离心叶轮叶片间的相对轴向距离 $\dfrac{l_{ind,c}}{D_1}$	<0.4	$0\sim0.1(\bar{L}=2.3\sim4)$ $-0.25\sim0(\bar{L}>4)$

此外,对于诱导轮的设计还有下述一些设计要点尽可能地满足:

① 不建议设计有轮箍的诱导轮,建议把来自离心叶轮的泄漏汇集到距诱导轮叶片进口边较远处.

② 如果安装条件允许的话,建议在叶轮和诱导轮之间安装固定的穿孔锥管,以阻止来自叶轮的回流进到诱导轮中去,并把来自离心叶轮前盖板处的泄漏汇集到液体主

流的运动方向,参见图 7.32.

③ 现在仍然取图 7.25 所示的形状作为诱导轮叶片进口边的最优形状,虽然 7.3.3 节对此有所怀疑.

④ 叶片翼型骨线可以用折线代替,但是相邻两线段间的最大交角不应超过 7°. 对于变螺距诱导轮,在长度为 $(0.3 \sim 0.5)L_f$ 的翼型骨线的起始段应设计成直线形式(等螺距诱导轮),在该区段上诱导轮的叶栅稠密度不应超过 $s_{AV} = 1.8$. 翼型骨线的最大弯度应该位于距翼型进口边约为 $\frac{2}{3}L_f$ 处.

⑤ 诱导轮平均直径 D_{AV} 处的冲角建议在 $\alpha_{AV} = 6° \sim 11°$ 的范围内选择. 大的 α_{AV} 值可用于多叶片诱导轮($Z = 3 \sim 4$)和叶片安放角小的诱导轮中($\beta_{1,AV} = 10° \sim 15°$).

⑥ 如果在吸水管路上紧靠泵处具有阻止回流区域中液体旋转运动的部件,则建议在紧靠诱导轮之前装设固定锥管,参见图 7.34.

对于与诱导轮匹配的离心叶轮,应当满足下述设计要点:

① 根据公式(5.41)计算离心叶轮进口当量直径时,建议取 $K_0 = 4.5 \sim 6.0$,比转速大的泵应选择小的 K_0 值.

② 叶片进口边处离心泵叶轮的流道宽度 b_1 应由下述表达式确定:

$$\chi = \frac{D_0^2}{4b_1 D_{c1}} = 0.4 \sim 0.7, \tag{7.36}$$

与式(5.42)确定的范围略有区别,对于具有大的 β_Σ 值($\beta_\Sigma > 8°$)的变螺距诱导轮来说,可以应用 $\chi = 0.8 \sim 1.0$ 的离心叶轮.

③ 离心叶轮叶片进口处液流的冲角建议在 $10° \sim 20°$ 内选取.

④ 在叶片进口边始端直径对叶轮出口直径之比 $\frac{D_{c1}}{D_2} > 0.5$ 时,比转速 $n_s > 60 \sim 70$ 的泵中,如果把离心叶轮叶片前的进口绝对速度的圆周速度分量 $\bar{v}_{u,c1}$ 的值设计在 $0.35 \sim 0.45$ 范围内,则安装前置诱导轮能有效改善泵的效率.

7.5.2 诱导轮设计实例 1

7.5.1 节的标准数据都是根据按第 II 临界空化工况获得尽可能好的泵吸入性能得到的. 在此基础上,这里介绍一个具有高吸入性能的诱导轮离心泵的计算实例,其中前置诱导轮根据泵能够获得最优效率计算.

设计参数为:$Q = 15.0 \times 10^{-3} \, \text{m}^3/\text{s}$,$n = 19\,000 \, \text{r/min}$,诱导轮轮毂直径 $d_h = 20 \, \text{mm}$,离心叶轮外径 $D_2 = 80 \, \text{mm}$,叶片数 $Z_c = 8$,比转速 $n_s \approx 100$,泵的容积效率 $\eta_V = 0.93$,$\overline{\Delta H} = 4\%$.

要求 $C_b > 4\,500$.

计算过程:

① 根据表 7.6 选取下述参数:$\bar{\tau} = 0.008\,5$,$WD = 0.7$,$\bar{L} = 3.6$,并且根据对式(7.22)的说明初步选取 $K_{D,t1} = 6.5$.

② 根据式(7.16)计算 λ_b:

$$\lambda_b = \frac{2.8}{6.5^3} + 0.21\sqrt{0.008\,5} + \frac{0.11}{\sqrt[6]{3.6}} + \frac{0.03}{1+0.1(0.7\times10)^4} - 0.091 = 0.027\,5.$$

③ 根据式(7.22)计算诱导轮直径 D_{t1}，由

$$K_{D,t1} = \frac{D_{t1}\sqrt{1-Rd^2}}{\sqrt[3]{Q/n}} = \frac{\sqrt{D_{t1}^2-d_h^2}}{\sqrt[3]{Q/n}},$$

得 $D_t = 63.3$ mm，则诱导轮的平均直径为

$$D_{AV} = \frac{D_t+d_h}{2} = 41.6\,(\text{mm}).$$

④ 诱导轮进口处流动的轴面流速 v_{m1} 以及平均直径处的圆周速度 $u_{1,AV}$ 为

$$v_{m1} = \frac{4Q}{\pi(D_{t1}^2-d_h^2)} = 5.29\,(\text{m/s}),$$

$$u_{1,AV} = \frac{n\pi D_{AV}}{60} = 41.4\,(\text{m/s}),$$

⑤ 根据式(7.8)计算 $NPSHR_b$：

$$NPSHR_b = \frac{v_{m1}^2}{2g} + \lambda_b\frac{v_{m1}^2+u_{1,AV}^2}{2g} = \frac{5.29^2}{2g} + 0.027\,5\frac{5.29^2+41.4^2}{2g} = 3.88\,(\text{m}),$$

并计算吸入比转速 C_b：

$$C_b = \frac{5.62n\sqrt{Q}}{NPSHR_b^{0.75}} = \frac{5.62\times19\,000\sqrt{15\times10^{-3}}}{3.88^{0.75}} = 4\,730,$$

然后给出一系列 $K_{D,t1}$ 值，并按上述②~⑤步计算 C_b 值. 计算结果见表 7.7.

表 7.7　系列 $K_{D,t1}$ 和 C_b 的值

$K_{D,t1}$	D_t/mm	D_{AV}/mm	v_{m1}/(m·s^{-1})	$u_{1,AV}$/(m·s^{-1})	λ_b	$NPSHR_b$/m	C_b
6.00	59.0	39.5	6.21	39.3	0.030 3	4.41	4 296
6.25	61.1	40.6	5.72	40.4	0.028 8	4.11	4 528
6.50	63.3	41.7	5.29	41.4	0.027 5	3.88	4 730
6.75	65.5	42.8	4.91	42.5	0.026 4	3.70	4 900
7.00	67.7	43.9	4.56	43.6	0.025 5	3.57	5 039
7.25	69.9	45.0	4.25	44.7	0.024 7	3.47	5 148
7.50	72.1	46.1	3.97	45.8	0.024 0	3.40	5 229
6.924	67.0	43.5	4.66	43.3	0.025 8	3.60	5 000

根据表 7.7 绘制 $C_b = f(K_{D,t1})$ 曲线，如图 7.38 所示. 由于设计要求 $C_b > 4\,500$，这里考虑设计余量，把吸入比转速的初值选作 $C_b = 5\,000$，并由图 7.38 中的曲线确定所必须的值 $K_{D,t1} = 6.924$. 它对应于下列诱导轮参数：$D_t = 67.0$ mm；$D_{AV} = 43.5$ mm；$u_{1,AV} = 43.3$ m/s；$v_{m1} = 4.66$ m/s；$NPSHR_b = 3.60$ m，参见表 7.7 最后一行.

⑥ 根据 7.5.1 节的要求，选取诱导轮进

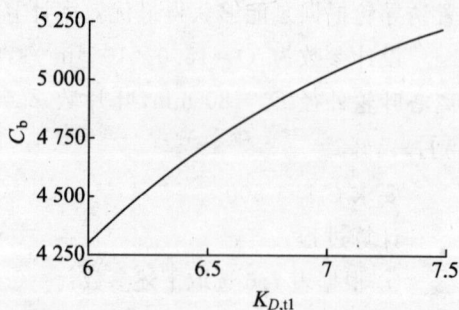

图 7.38　$C_b = f(K_{D,t1})$ 曲线

口平均直径处的冲角为

$$\alpha_{AV}=10°,$$

并选择离心叶轮的进口直径系数 $K_0=5.2$,计算离心叶轮的进口直径 D_j:

$$D_j=\sqrt{d_h^2+K_0^2\left(\frac{Q}{n\eta_v}\right)^{\frac{2}{3}}}=\sqrt{20^2+5.2^2\left(\frac{15\times10^{-3}}{19\,000\times0.93}\right)^{\frac{2}{3}}\times10^6}=53.1(\text{mm}),$$

由此得到的比值

$$\frac{D_t}{D_j}=\frac{67}{53.1}=1.26,$$

符合表 7.6 的推荐范围.

⑦ 根据设计高速离心泵的一般建议,确定离心叶轮叶片进口边的平均直径 D_{c1}:

$$D_{c1}=0.94D_j=0.94\times53.1=50(\text{mm}),$$

由此得到比值 $\frac{D_{c1}}{D_2}=\frac{50}{80}=0.625>0.5$.所以通过对诱导轮叶片流道的合理设计,可以使诱导轮离心泵的效率有所提高,参见 7.4 节,即选取离心叶轮进口绝对速度的圆周速度分量的相对值 $\bar{v}_{u1,c}=0.4$.

⑧ 计算出直径 D_{c1} 处的圆周速度:

$$u_{c1}=\frac{\pi D_{c1}n}{60}=\frac{50\times19\,000\times10^{-3}\pi}{60}=49.7(\text{m/s}),$$

并由式(7.33)确定前置诱导轮所必需的理论扬程为

$$\bar{v}_{u,c1}=\frac{gH_{t,ind}}{u_{c1}^2},$$

$$H_{t,ind}=\bar{v}_{u,c1}\frac{u_{c1}^2}{g}=0.4\times\frac{49.7^2}{9.8}=100.8(\text{m}).$$

⑨ 从强度的角度选取平均直径处诱导轮叶片的厚度 $\tau=3.5$ mm.

⑩ 在表 7.2 和表 7.6 中选取标准数据 $Z=2,\beta_\Sigma=0°$(优先采用等螺距诱导轮).

⑪ 根据式(6.32)计算在轴截面内诱导轮过流断面面积:

$$A=\frac{\pi(D_t^2-d_h^2)}{4}\left(1-\frac{Z\tau}{S}\right)=\frac{\pi(67^2-20^2)\times10^{-6}}{4}\left(1-\frac{2\times3.5\times10^{-3}}{S}\right)$$

$$=3.21\times10^{-3}\left(1-\frac{7\times10^{-3}}{S}\right).$$

⑫ 根据式(6.18)计算诱导轮的出口平均有效直径:

$$d_2=\sqrt{\frac{D_t^2+d_h^2}{2}}=\sqrt{\frac{67^2+20^2}{2}}=49.4(\text{mm}).$$

⑬ 根据式(6.33)计算诱导轮的扬程:

$$H_{t,ind}=A_0n^2-B_0nQ,$$

式中,$A_0=\frac{\pi d_2^2}{3\,600g}=2.79\times10^{-4}d_2^2=0.682\times10^{-6}$;

$$B_0=\frac{\pi^2 d_2^2}{60gAS}=16.75\times10^{-3}\frac{d_2^2}{AS}$$

$$=16.75\times\frac{49.4^2}{3.21\times10^{-3}\left(1-\frac{7\times10^{-3}}{S}\right)S}\times10^{-9}=\frac{12.76\times10^{-3}}{S-7\times10^{-3}},$$

由此得到诱导轮螺距的计算关系式:

$$100.8=0.682\times10^{-6}\times19\,000^2-\frac{12.76\times10^{-3}}{S-7\times10^{-3}}\times19\,000\times15\times10^{-3},$$

得到螺距 S 及轴截面内诱导轮过流断面面积 A 的值:

$$S=0.032\text{ m}=32\text{ mm},A=2\,508\text{ mm}^2.$$

⑭ 根据式(6.35)确定诱导轮平均直径处叶片的安放角 $\beta_{1,\mathrm{AV}}$:

$$\tan\beta_{1,\mathrm{AV}}=\frac{S}{\pi D_{\mathrm{AV}}}=\frac{32}{43.5\pi},$$

$$\beta_{1,\mathrm{AV}}=13.2°,$$

并计算诱导轮平均直径处流动的冲角:

$$\alpha_{\mathrm{AV}}=\beta_{1,\mathrm{AV}}-\arctan\frac{v_{\mathrm{m1}}}{u_{1,\mathrm{AV}}}=13.2°-\arctan\frac{4.66}{43.3}=7.1°,$$

得到的结果满足 7.5.1 节中 α_{AV} 应该在 6°~11°范围内的要求.

⑮ 根据式(6.3)计算工况系数 m:

$$m=\frac{240}{\pi S(D_{\mathrm{t}}^2-d_{\mathrm{h}}^2)}\frac{Q}{n}=\frac{240}{\pi\times32\times(67^2-20^2)\times10^{-9}}\times\frac{15\times10^{-3}}{19\,000}=0.46.$$

⑯ 根据公式(7.28)计算诱导轮平均直径处必需的叶栅稠密度.
首先,离心叶轮的叶栅稠密度 s_{c}:

$$s_{\mathrm{c}}=\frac{Z_{\mathrm{c}}(D_2-D_{\mathrm{c1}})}{D_2+D_{\mathrm{c1}}}=\frac{8\times(80-50)}{80+50}=1.846,$$

$$s_{\mathrm{AV}}=0.6+\frac{12+12.5(0.5-m)+26.1\left(\frac{1}{s_{\mathrm{c}}}-0.53\right)-\overline{\Delta H}}{1.46+\frac{21.3}{5+\beta_{\Sigma}}}$$

$$=0.6+\frac{12+12.5\times(0.5-0.46)+26.1\times\left(\frac{1}{1.846}-0.53\right)-4}{1.46+\frac{21.3}{5}}$$

$$=2.14.$$

⑰ 验证诱导轮所需的叶片数:

$$Z=\frac{\pi s_{\mathrm{AV}}}{\overline{L}}=\frac{2.14\pi}{3.6}=1.9\approx2,$$

计算得到的 Z 值应与第⑩步选取的值一致,如果这两个值差别过大,需要修正叶片数 Z 或者 $\overline{L}$.

⑱ 根据式(7.36)选取离心叶轮进口段的加宽系数:

$$\chi=\frac{D_0^2}{4b_1 D_{\mathrm{c1}}}=\frac{D_{\mathrm{j}}^2-d_{\mathrm{h}}^2}{4b_1 D_{\mathrm{c1}}}=0.5,$$

计算离心叶轮叶片进口边的流道宽度:

$$b_1 = \frac{D_{\mathrm{j}}^2 - d_{\mathrm{h}}^2}{4 D_{\mathrm{c1}} \times 0.5} = \frac{53.1^2 - 400}{4 \times 50 \times 0.5} = 24.2 \, (\mathrm{mm}).$$

⑲ 计算离心叶轮叶片进口边轴面流速 $v_{\mathrm{m1,c}}$ 以及进口边平均直径 D_{c1} 处液流的圆周速度分量:

$$v_{\mathrm{m1,c}} = \frac{Q}{\eta_{\mathrm{V}} \pi D_{\mathrm{c1}} b_1} = \frac{15 \times 10^{-3}}{0.93 \pi \times 50 \times 24.2 \times 10^{-6}} = 4.24 \, (\mathrm{m/s}),$$

$$v_{u,\mathrm{c1}} = \bar{v}_{u,\mathrm{c1}} u_{\mathrm{c1}} = 0.4 \times 49.7 \, \mathrm{m/s} = 19.88 \, \mathrm{m/s};$$

⑳ 给出离心叶轮进口处叶片的相对厚度值(距叶片进口边 $D_{\mathrm{c1}}/50$ 处) $\bar{\tau}_{\mathrm{c}}$:

$$\bar{\tau}_{\mathrm{c}} = \frac{\tau_{1,\mathrm{c}}}{D_{\mathrm{c1}}} = 0.011,$$

则根据式(6.24)计算离心叶轮断裂工况点的速度不均匀系数 λ_{b} 得

$$\lambda_{\mathrm{b}} = 1.2 \frac{v_{\mathrm{m1,c}}}{u_{\mathrm{c1}}} + \left(0.07 + 0.421 \frac{v_{\mathrm{m1,c}}}{u_{\mathrm{c1}}} \right)(22.5 \bar{\tau}_{\mathrm{c}} - 0.615)$$

$$= 1.2 \times \frac{4.24}{49.7} + \left(0.07 + 0.421 \times \frac{4.24}{49.7} \right) \times (22.5 \times 0.011 - 0.615)$$

$$= 0.063\,45,$$

㉑ 根据公式(6.37)计算前置诱导轮实际总扬程,其中,

$$A_0 = 1.82 \times 10^{-4} d_2^2 = 1.82 \times 49.4^2 \times 10^{-10} = 0.444 \times 10^{-6},$$

$$B_0 = 6.8 \times 10^{-3} \frac{d_2^2}{AS} = 6.8 \times \frac{49.4^2}{32 \times 2\,508} = 0.207,$$

$$K = 0.554 \frac{d_2^2}{A^2 S^2} = 0.554 \times \left(\frac{49.4}{32 \times 2\,508} \right)^2 \times 10^{12} = 0.210 \times 10^6,$$

那么,

$$H_{\mathrm{ind}} = A_0 n^2 - B_0 n Q - K Q^2$$

$$= 0.444 \times 19 \times 19 - 0.207 \times 19 \times 15 - 0.210 \times 15 \times 15$$

$$= 54.0 \, (\mathrm{m}).$$

㉒ 根据式(6.25)检查是否实现了离心叶轮无断裂工作的条件,其中,诱导轮出口平均有效直径处的圆周速度:

$$u_{2,\mathrm{ind}} = \frac{n \pi d_2}{60} = \frac{19\,000 \times 49.4 \pi}{60} \times 10^{-3} = 49.1 \, (\mathrm{m/s}),$$

离心叶轮叶片进口处流动的相对速度为

$$w_{1,\mathrm{c}}^2 = v_{m1,\mathrm{c}}^2 + (u_{\mathrm{c1}} - v_{u,\mathrm{c1}})^2 = 4.24^2 + (49.7 - 19.88)^2 = 907.21 \, (\mathrm{m^2/s^2}),$$

所以,

$$\frac{H_{\mathrm{ind}} + NPSHR_{\mathrm{b}} - \dfrac{v_{1,\mathrm{c}}^2}{2g} - \lambda_{\mathrm{b}} \dfrac{w_{1,\mathrm{c}}^2}{2g}}{\dfrac{u_{2,\mathrm{ind}}^2}{g}}$$

$$= \frac{54.0 + 3.6 - \dfrac{4.24^2 + 19.88^2}{2g} - 0.063\,45 \times \dfrac{907.21}{2g}}{\dfrac{49.1^2}{g}}$$

$$= 0.137,$$

该值在 $0.1\sim0.15$ 之间,因此满足离心叶轮无断裂工作的条件.

㉓ 根据 7.5.1 节的标准数据,选定离心叶轮叶片进口处水流的冲角 $\alpha_{c1}=15°$,计算离心叶轮进口处直径 D_{c1} 处叶片安放角:

$$\beta_{c1}=\arctan\frac{v_{m,c1}}{u_{c1}-v_{u,c1}}+\alpha_{c1}=\arctan\frac{4.24}{49.7-19.88}+15°=23.1°.$$

㉔ 绘制诱导轮和离心叶轮的水力图,这里只给出了诱导轮的设计图形,如图 7.39 所示,设计中采用背面加厚的方式.该诱导轮的其他一些具体参数参见表 7.8.

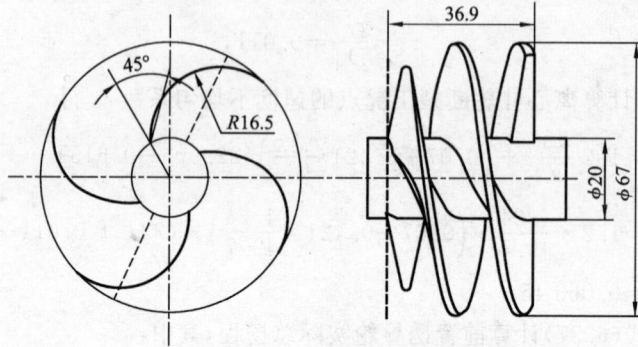

图 7.39   诱导轮轮廓图

表 7.8   图 7.39 中诱导轮的一些具体参数

位置	$\beta_1/(°)$	t/mm	s	c/mm	$\varphi/(°)$
轮缘处 $D_t=67$ mm	8.66	105.2	1.89	199	336.48
中间直径处 $D_{AV}=43.5$ mm	13.2	68.3	2.14	146.2	385
轮毂处 $d_h=20$ mm	27.0	31.4	2.59	81.3	415.17

7.5.3   诱导轮设计实例 2

本节前面两部分介绍了按第Ⅱ临界空化工况获得尽可能好的泵吸入性能条件的泵及诱导轮设计方法,设计方法和过程有点复杂.在工业泵设计中,可以将前述方法进行简化或者调整,例如式(6.25)可以简化为式(7.1).在实际设计中,由于各种条件的限制不得不忽略一些相对次要的因素,通常工业用诱导轮的设计只要满足 3 个基本原则,则设计出的诱导轮一般能够满足要求.这 3 个基本原则是:① 如果有效净正吸头 NPSHA 已知,设计得到的诱导轮的必需净正吸头必须低于装置净正吸头,即 $NPSHR_{ind}<NPSHA$;② 表 7.2 各数值为经验值,各设计参数与表 7.2 的差别不大,最好满足表 7.2 对各参数的限定范围;③ 根据式(6.15)计算得到的诱导轮吸入比转速必须大于根据式(5.20)计算得到的值.如果没有结构和效率要求,吸入比转速要求在 1 500 以下的泵通过叶轮的自身设计就能够达到要求.

本小节和下一小节介绍两个工业用诱导轮的设计算例.

泵参数为:$Q=0.089$ m³/s,$n=1$ 450 r/min,泵使用现场的有效净正吸头为 $NPSHA=1.0$ m,要求设计诱导轮满足空化性能的要求,其中离心叶轮的吸入比转速可以达到 $C_c=1$ 100.该诱导轮的具体设计步骤参见表 7.9,诱导轮水力设计图参见图 7.40.

表 7.9　诱导轮实例 2 设计过程

项目	序号	参数或变量名称	单位	符号或计算公式	计算值	备注
确定诱导轮设计性能参数	1	转速	r/min	n	1 450	已知
	2	泵净正吸头	m	$NPSHR_c = \left(\dfrac{5.62n\sqrt{Q}}{C_c}\right)^{\frac{4}{3}}$	2.88	
	3	诱导轮扬程	m	$H_{ind} = NPSHR_c - NPSHA$	1.88	
	4	诱导轮流量	m^3/s	$Q_{ind} = Q + 0.05Q$	0.093 4	
	5	诱导轮净正吸头	m	取 $NPSHR_{ind} = NPSHA$	1.0	
	6	诱导轮吸入比转速		$C_{ind} = \dfrac{5.62n\sqrt{Q_{ind}}}{NPSHR_{ind}^{0.75}}$	2 490	应在表 6.4 给定的范围内
确定诱导轮进出口尺寸	1	扬程系数		$\psi = \dfrac{gH_{ind}}{u_2^2}$	0.126	式(7.1)
	2	出口平均有效直径处圆周速度	m/s	$u_2 = \sqrt{\dfrac{gH_{ind}}{\psi}}$	12.10	
	3	诱导轮出口平均有效直径	mm	$d_2 = \dfrac{60u_2}{n\pi}$	159.33	
	4	诱导轮出口轮毂比		Rd_2	0.35	表 7.2
	5	轮缘出口直径	mm	$(1+Rd_2^2)D_{t2}^2 = 2d_2^2$	212.68	取 213
	6	轮缘半锥角	(°)	$\gamma_t = \arctan\dfrac{D_{t1}-D_{t2}}{2l_t}$	15	表 7.2
	7	轮缘长径比		$S_L = \dfrac{2l_t}{D_{t1}+D_{t2}}$	0.3	表 7.2
	8	轮缘轴向长度	mm	l_t	69.49	取 69.5,求解 ⑥,⑦步方程组
	9	轮缘进口直径	mm	D_{t1}	250.24	取 250,求解 ⑥,⑦步方程组
	10	轮毂直径	mm	$d_h = Rd_2 \times D_{t2}$	74.55	取 75 圆柱形轮毂
	11	诱导轮进口平均有效直径	mm	$d_1 = \sqrt{\dfrac{D_{t1}^2+d_h^2}{2}}$	184.56	
	12	轮缘平均直径	mm	$D_t = \dfrac{D_{t1}+D_{t2}}{2}$	231.5	
确定诱导轮进口叶片安放角	1	诱导轮进口轴面速度	m/s	$v_{m1} = \dfrac{4Q_{ind}}{\pi(D_{t1}^2-d_h^2)}$	2.09	
	2	诱导轮出口轴面速度	m/s	$v_{m2} = \dfrac{4Q_{ind}}{\pi(D_{t2}^2-d_h^2)}$	2.99	
	3	进口平均有效直径处圆周速度	m/s	$u_1 = \dfrac{\pi d_1 n}{60}$	14.01	
	4	出口平均有效直径处绝对速度圆周分量	m/s	$v_{u2} = \dfrac{gH_{ind}}{u_2}$	1.52	
	5	进口平均有效直径处液流角	(°)	$\beta_1' = \arctan\dfrac{v_{m1}}{u_1}$	8°29′	

项目	序号	参数或变量名称	单位	符号或计算公式	计算值	备注
确定诱导轮进口叶片安放角	6	出口平均有效直径处液流角	(°)	$\beta_2' = \arctan\dfrac{v_{m2}}{u_2 - v_{u2}}$	15°47′	
	7	轮缘进口圆周速度	m/s	$u_{t1} = \dfrac{\pi D_{t1} n}{60}$	18.98	
	8	轮缘进口液流角	(°)	$\beta_{t1}' = \arctan\dfrac{v_{m1}}{u_{t1}}$	6°17′	
	9	轮缘进口冲角	(°)	α_t	3°43′	表7.2
	10	轮缘进口叶片安放角	(°)	$\beta_{t1} = \beta_{t1}' + \alpha_t$	10°	
	11	轮毂进口安放角	(°)	$\beta_{h1}\,(d_h \tan\beta_{h1} = D_{t1}\tan\beta_{t1})$	30°27′	
	12	出口平均有效直径处叶片修正角	(°)	$\Delta\beta_2$	1°35′	表7.2
	13	出口平均有效直径处叶片安放角	(°)	$\beta_2 = \beta_2' + \Delta\beta_2$	17°22′	
	14	出口轮缘处叶片安放角	(°)	$\beta_{t2}\,(D_{t2}\tan\beta_{t2} = d_2\tan\beta_2)$	13°10′	
	15	出口轮毂直径处叶片安放角	(°)	$\beta_{h2}\,(d_h\tan\beta_{h2} = d_2\tan\beta_2)$	33°36′	
验算 C_{ind}	1	进口流量系数		$\phi_{t1} = \dfrac{v_{m1}}{u_{t1}}$	0.11	满足表6.4
	2	诱导轮能达到的吸入比转速		根据式(6.15)计算（考虑轮毂比）	3 310	大于2 490(满足要求)
确定翼型安放角包角和曲率半径	1	轮缘断面翼型安放角	(°)	$\beta_t = \dfrac{\beta_{t1} + \beta_{t2}}{2}$	11°35′	
	2	轮缘断面翼型弦长	mm	$c_t = \dfrac{l_t}{\sin\beta_t}$	346.1	取348
	3	轮缘断面折引导程	mm	$S_{t1} = \pi D_t \tan\beta_t$	149.1	
	4	叶片数		$Z = 3$		
	5	叶栅稠密度		$s = \dfrac{c_t}{\pi D_t / Z}$	1.43	接近最优值1.5
	6	轮缘断面包角	(°)	$\varphi_t = \dfrac{l_t}{S_{t1}} \times 360°$	167.8°	取167.5°
	7	轮缘断面翼型骨线半径	mm	$R_t = \dfrac{c_t}{2\sin\dfrac{\beta_{t2} - \beta_{t1}}{2}}$	6 262.9	取6 300
	8	叶片进口修圆部分半径	mm	$R = 0.32 D_{t1}$	80	
	9	叶片进口修圆部分包角	(°)	$\Delta\varphi$	150°	从诱导轮平面图中量得
	10	轮毂断面包角	(°)	$\varphi_h = \varphi_t + \Delta\varphi$	317.5°	
	11	修圆后轮毂断面轴向长度	mm	$l_h = S_{t1}\dfrac{\varphi_h}{360}$	131.5	取132
	12	轮毂断面翼型安放角	(°)	$\beta_h = \dfrac{\beta_{h1} + \beta_{h2}}{2}$	32°1′	
	13	轮毂断面翼型弦长	mm	$c_h = \dfrac{l_h}{\sin\beta_h}$	249	

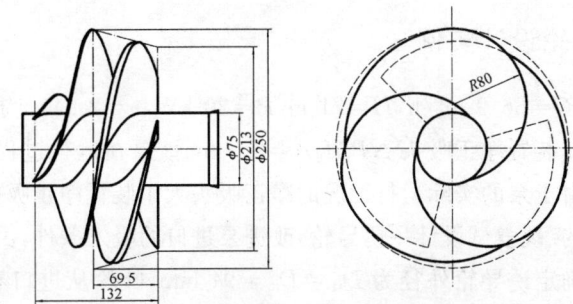

（a）轴面图和平面图

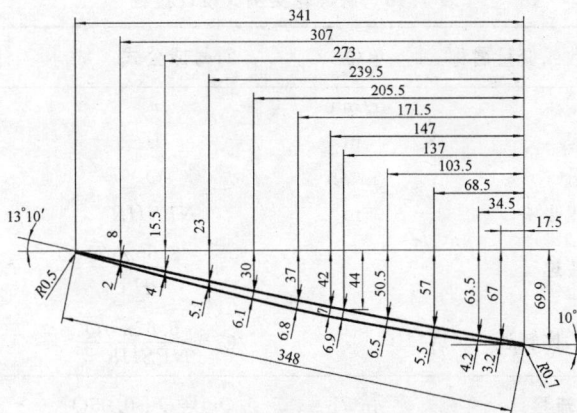

（b）外缘锥面上展开

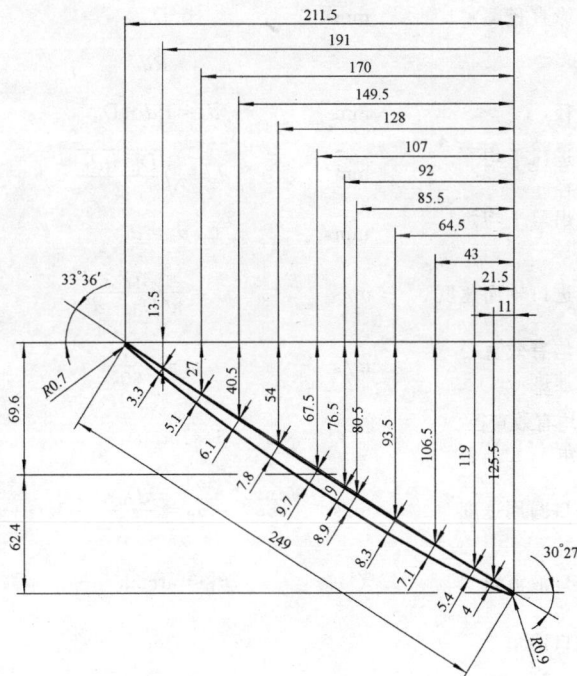

（c）沿轮毂φ75展开

图 7.40　诱导轮设计图例 2

7.5.4　诱导轮设计实例3

某泵的参数为：$Q=66.9\ \mathrm{m^3/h}$，$H=71\ \mathrm{m}$，$P=30\ \mathrm{kW}$，$n=2\ 940\ \mathrm{r/min}$，泵有效净正吸头为 $NPSHR=2\ \mathrm{m}$，装置净正吸头 $NPSHA=2.5\ \mathrm{m}$。该泵在运行过程中出现异常振动，经计算分析可能是由于泵的实际运行工况的净正吸头大于装置净正吸头导致进口能量不足发生的空化形成的。现尝试设计一诱导轮，改进泵进口的吸入条件，由于泵不允许改动，因此根据泵进水管确定诱导轮外径为 $D_{t1}=D_{t2}=94\ \mathrm{mm}$，叶轮从进口看为顺时针方向旋转，表7.10为设计过程，图7.41为诱导轮水力图。泵加装诱导轮后消除了振动现象。

表 7.10　诱导轮实例 3 设计过程

项目	序号	参数或变量名称	单位	符号或公式	计算结果	备注
泵参数	1	转速	r/min	n	2 940	
	2	泵扬程	m	H	71	
	3	泵流量	m³/h	Q	66.9	
	4	泵净正吸头	m	$NPSHR$	2	
	5	泵比转速		$n_s=\dfrac{3.65n\sqrt{Q}}{H^{\frac{3}{4}}}$	59.8	
	6	泵吸入比转速		$C_c=\dfrac{5.62n\sqrt{Q}}{NPSHR^{0.75}}$	1 339	非常高
诱导轮参数、诱导轮已知进出口尺寸及叶片安放角	1	诱导轮流量	m³/h	$Q_{ind}=Q+0.05Q$	70.245	
	2	进口轮缘直径	mm	D_{t1}	94	结构限定
	3	出口轮缘直径	mm	D_{t2}	94	结构限定
	4	轮毂比		Rd	0.319 1	选取
	5	轮毂直径	mm	$d_h=Rd\cdot D_{t1}$	30	
	6	诱导轮进口平均有效直径	mm	$d_1=\sqrt{\dfrac{D_{t1}^2+d_h^2}{2}}$	69.771	
	7	诱导轮出口平均有效直径	mm	$d_2=d_1$	69.771	
	8	诱导轮进口轴面速度	m/s	$v_{m1}=\dfrac{4Q_{ind}}{\pi(D_{t1}^2-d_h^2)}$	3.130 6	
	9	进口平均有效直径的圆周速度	m/s	$u_1=\dfrac{\pi d_1 n}{60}$	10.740 4	
	10	进口平均有效直径的液流角	(°)	$\beta_1'=\arctan\dfrac{v_{m1}}{u_1}$	16.250 3	
	11	轮缘进口圆周速度	m/s	$u_{t1}=\dfrac{\pi D_{t1} n}{60}$	14.470 2	
	12	轮缘进口液流角	(°)	$\beta_{t1}'=\arctan\dfrac{v_{m1}}{u_{t1}}$	12.207 5	
	13	轮缘进口冲角	(°)	α_t	3.792 5	选取
	14	轮缘进口叶片安放角	(°)	$\beta_{t1}=\beta_{t1}'+\alpha_t$	16	
	15	轮毂进口叶片安放角	(°)	$\beta_{h1}\ (d_h\tan\beta_{h1}=D_{t1}\tan\beta_{t1})$	41.938 7	

项目	序号	参数或变量名称	单位	符号或公式	计算结果	备注
诱导轮扬程验算	1	进口平均有效直径安放角	(°)	$\beta_1\,(d_1\tan\beta_1=D_{t1}\tan\beta_{t1})$	21.122 6	
	2	出口平均直径的相对液流角	(°)	$\beta_2=\beta_1$（等螺距）	21.122 6	
	3	诱导轮扬程	m	$H_{ind}=\dfrac{1}{g}u_2\left(u_2-\dfrac{v_{m2}}{\tan\beta_2}\right)$	2.887 9	
	4	扬程系数		$\psi=\dfrac{gH_{ind}}{u_{t1}^2}$	0.24	接近式(7.1)
吸入比转速验算	1	流量系数		$\phi_1=\dfrac{v_{m1}}{u_{t1}}$	0.216	接近表6.4
	2	诱导轮吸入比转速		根据式(6.15)计算（考虑轮毂比）	1 585	符合表6.4
	3	诱导轮净正吸头	m	$NPSHR_{ind}=\left(\dfrac{5.62n\sqrt{Q_{ind}}}{C_{ind}}\right)^{\frac{4}{3}}$	1.65	小于2.5
确定进口修圆、翼型包角绘型	1	导程	mm	$S=\pi D_{t1}\tan\beta_{t1}$	84.678 7	
	2	叶片数		Z	3	选取
	3	轮缘叶栅稠密度		s	2.0	选取
	4	轮缘轴向长度	mm	$l_t=s\dfrac{\pi D_t}{Z}\sin\beta_{t1}$	54.3	
	5	轮缘包角	(°)	$\varphi_t=\dfrac{2l_t}{D_{t1}\tan\beta_{t1}}\dfrac{180}{\pi}$	230.85	
	6	叶片进口修圆部分半径	mm	$R=0.32D_{t1}$	30	
	7	叶片进口修圆部分包角	(°)	$\Delta\varphi$	139.19	测量
	8	轮毂包角	(°)	$\varphi_h=\varphi_t+\Delta\varphi$	370.04	
	9	轮毂部分轴向长度	mm	$l_h=\dfrac{l_t}{\varphi_t}\varphi_h$	87	
参照参数	1	轮缘长径比		$\dfrac{l_t}{D_{t1}}$	0.58	

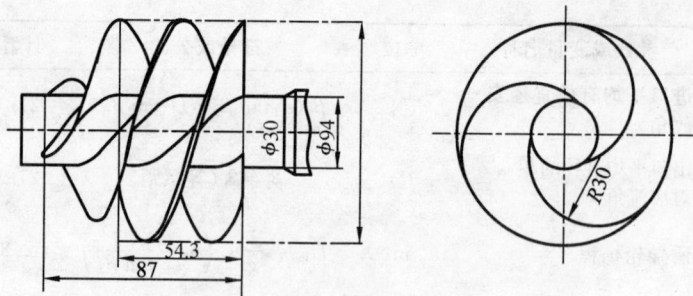

(a) 轴面图和平面图

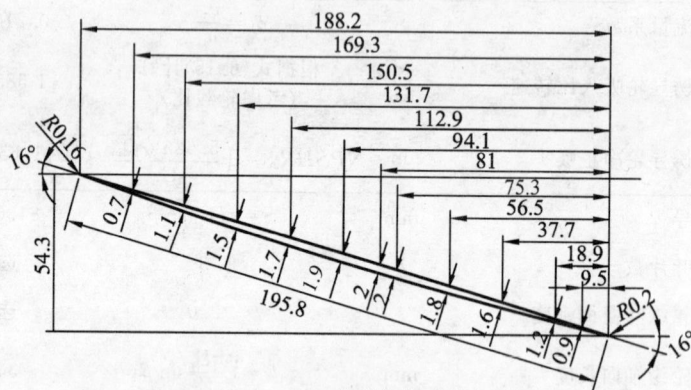

(b) 沿轮缘φ94展开

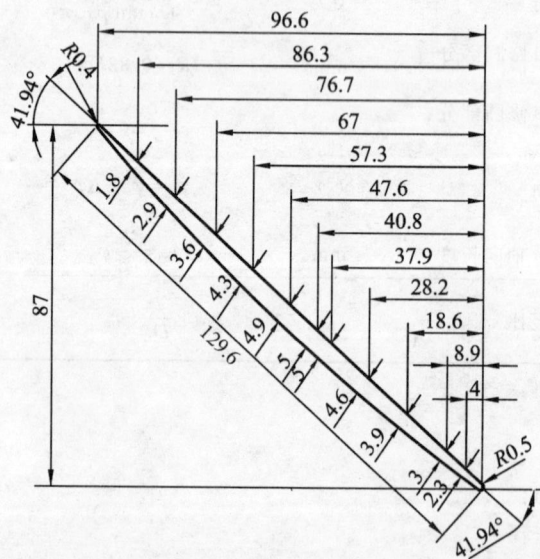

(c) 沿轮毂φ30展开

图 7.41　诱导轮设计图例 3

第3篇 空化噪声与振动及泵空化破坏

　　空化发生后就会形成噪声,噪声在液体、气体和固体等介质中传播就引起振动.因此噪声和振动是空化的关键内容.可以应用液载噪声、气载噪声和固载噪声及振动特性来诊断空化的初生及强度.空化的冲击效果与材料属性相关,因此空化破坏的内容也包含在本篇中.

第8章　空化噪声与振动

空化会产生噪声.在许多实际环境中,噪声非常重要,不仅是因为噪声会导致振动,而且噪声还表明空化的存在以及空化破坏的情况.事实上,空化噪声的强度经常被用作测量空化侵蚀速度,这也是最原始的方法.在已知空化数的流动中,当流速变化时,由空化破坏引起的重量损失速度与噪声相关.

本章主要介绍泵不稳定性的分类以及空化噪声和振动的生成等内容.应用空化噪声预测空化破坏的知识包含在第10章中.

8.1　泵不稳定性分类

泵内流动的压力变化引起噪声,噪声辐射引起振动,而泵的振动反过来又会影响泵内的压力变化.随着高功率密度液体式透平机械的高速发展,这种流固耦合问题发生的可能性及其严重程度不可避免地引起关注.即使不存在空化及相关问题,流固耦合也会导致磨损的增加,在恶劣的工作条件下甚至会引起结构破坏.有研究已经认识到锅炉给水泵出现的上述问题是造成传统电厂停机的主要原因.

本节简单介绍泵内不稳定性的分类,以便了解空化噪声和振动在泵内不稳定性中所具有的作用.

与空化的研究不同,液体式透平机械中非定常流动的研究并没有太长的历史.在20世纪50年代末,研究者已经指出,当透平机械对流体做功或者流体对透平机械做功时,透平机械内的流动一定是非定常的.但是很多泵或者水轮机的经典著作很少提到非定常流动现象或者在设计中很少考虑并避免这些问题.与液体式透平机械相比,气体式透平机械内有关非定常流动的文献相当多,而且有大量的综述性文献对该专题进行了很全面的介绍.很明显,非定常流动问题与很多问题——如叶片颤振以及流体诱导转子动力学不稳定性——都相关.由于问题的多样性以及近年来一些基础研究的最新进展,这些问题还没有进行明确的分类,而且事实上的确尚有一些现象未得到明确和正确的认知.同第3章介绍的空化的分类一样,本节介绍的泵不稳定性的分类是尝试性的,而且也不全面.不过,可以确定存在3种不同类型的流动振荡,即全域流动振荡、局域流动振荡以及径向力和转子动力学力,并且每类振荡都包括很多现象.这里将其列举出来并作简要说明.

8.1.1　全域流动振荡

全域流动振荡是指包括大尺度流动振荡在内的大量已识别的振动问题.例如:

(1)旋转失速或旋转空化

当透平机械在接近于叶片发生失速的大冲角附近运行时就会发生旋转失速或者旋转空化.旋转失速通常是这样的情形:失速首先出现在几个相邻的叶片上,并且这种"失速区"以远低于叶轮转速的速度沿圆周方向传播.虽然旋转失速通常出现在多叶片透平机械(例如压缩机)中,不过离心泵同样也会出现旋转失速.当透平机械发生空化时,同样的现象仍然会发生,有时可能会有轻微的变化,这种现象称之为"伴随空化的旋转失速".但是,如果在一两个叶片上发生的空化比别的叶片上大时,表面上看起来这些"区"会像旋转失速的形式一样绕转子传播,但是实际上这是两种不同的现象,这种现象称为"旋转空化".

（2）喘振

当透平机械在扬程-流量曲线出现正斜率的大负载下运行时会产生喘振.喘振是一种系统不稳定性,它与系统的所有部件(水池、阀门、进口和出口管路)的动力学特性有关.喘振会在整个系统中引起压力和流量的振荡.当空化现象存在时,这种现象称为"空化喘振",即使在扬程-流量曲线为负斜率时,空化喘振也会发生.

（3）空穴振荡

当空穴的长度接近叶片长度时,空穴会在后缘区域溃灭,部分空化或超空化都变得不稳定.在这种情况下空穴长度会大幅度变化,从而引起强烈振荡.有关空穴振荡的内容已在4.2节进行了初步说明.

（4）管路共鸣

当透平机械的某一个叶片通过频率与进水管路或者出水管路的某一个声学模态一致时,就会发生管路共鸣.共鸣引起的压力振荡会造成巨大的破坏.

（5）轴向平衡共振

如果透平机械装有平衡盘(用于平衡作用在叶轮上的轴向力)并且平衡盘系统的共振频率与转速或者叶片通过频率一致时,就会发生轴向平衡共振.现在有一些关于这种共振现象的解释,但是还没有试验验证的记录.

（6）空化噪声

空化噪声的振幅有时候大到足以引起结构共振.

（7）POGO 不稳定性

上述几项都是假设透平机械固定在没有加速度的坐标系中.如果情形不是这样的话,透平机械的动态特性会在激发不稳定性方面具有很关键的作用,这里的不稳定性包括该透平机械作为一个整体的振动.

8.1.2 局域流动振荡

包括局域流动振荡以及叶片振动等其他几种振动问题.

（1）叶片颤振

同航空器的机翼一样,由于特定的流动条件(冲角、速度)、叶片刚度及其支撑方式等,单个的叶片会发生颤振.

（2）动静叶片干涉引起的叶片激励

即使发生上述叶片颤振的激励不存在,在透平机械中也有很多可能的激励引起叶片振动,尤其是当静叶片正好在叶轮叶片的下游运行时会引起叶片振动,叶轮叶片正好在静叶片下游的情况也是一样.在叶片通过频率或者倍频处,上游叶片的尾迹会对下游叶片造成严重的振动问题.泵进口、蜗壳或者泵体的轴不对称都会在轴频上对叶轮形成激励.

（3）涡脱落和空化振荡引起的叶片激励

旋涡脱落和空化振荡也会成为叶片振动的激励源.

8.1.3 径向力和转子动力学力

垂直于转轴的力会引起下述几种问题：

（1）径向力

径向力是指由于进口流动、泵体或者蜗壳的周向不均匀性引起的垂直于转轴的力.从泵体的角度看,这些力是静止的,但是这些力作用在叶轮和轴承上是动态的,并会引起磨损和振动,严重的会造成轴承的失效和破坏.

（2）流体诱导转子动力学力

流体诱导转子动力学力是由于透平机械的叶轮-轴系统（转子系统）的运动引起的.与转子动力学力有关的因素有密封、叶轮内的流动、泄漏流动以及轴承自身内部的流动等.有时候这些因素会降低轴系的临界转速,因此就限制了轴系的可运行范围.流体诱导转子动力学问题的一个共同特点就是其常常在亚同步频率处发生.

本节介绍了泵内不稳定性的分类,从中可以看到,与泵不稳定性相关的内容很多都涉及空化,关于这些空化类型的具体特征将在第 15 章进行介绍.

8.2 流体中噪声生成及噪声辐射

8.2.1 流体中噪声生成

当可压缩介质内的局部压力受到流体波动的作用而发生突然变化时,就会产生声波.例如,有一个球体在流体中周期性地来回运动,其运动引起压力和速度的周期性变化.用于维持球体运动的大部分输入能量都消耗在摩擦和旋涡衰减中,只有一小部分用于压缩流体并以声波的形式辐射.在球体周围的流体区域中,流体的移动比较明显,该区域称为"水动力学近场"（可应用激光速度计等进行测量）.通过压力传感器可以在远离声源的位置（远场）测量辐射的声能.

在水动力学近场中放置一个固定的障碍物,该障碍物的作用就是一个附加噪声源,这是因为它引起了速度场的强烈波动并扰乱了环绕基声源的水力回路.来自第 2 声源（即前述障碍物）的辐射声能与其产生的速度和压力变化的强度有关.第 2 声源的声辐射可能会超过基源.这一现象可以很好地用来解释离心泵的一个相关特性：叶轮叶片的尾迹流动是相对较弱的基源,而在叶轮近场中的导流壳叶片（或者蜗壳隔舌）却是很强的第 2 声源.叶轮叶片与导流壳叶片之间的距离对压力脉动有非常重要的影响,这正说明了上述第 2 声源与基源之间的强弱关系.

近场的流体动力学特性可以采用伯努利方程来描述.根据伯努利方程,近场中压力的变化与速度的平方成正比.至于远场,由于随着速度的增加声效率增加,因此上述平方关系不成立.不过,因为泵内的马赫数几乎总是远远低于 0.1,因此这种影响（指速度对声效率的影响)比较小,可以应用上述平方定律进行一阶近似计算.

8.2.2　固载噪声

泵内的噪声通过介质向外辐射,根据辐射介质的不同,分为液载噪声、固载噪声和气载噪声.液载噪声主要是以压力脉动的形式向外传播,空化噪声首先在液体中发生,是一种重要的液载噪声形式,8.3 节将对空化噪声进行说明.这里首先介绍固载噪声,随后介绍气载噪声.

液载噪声(压力脉动、空化噪声)、径向和轴向水力激振力以及机械不平衡都会在吸水管路、出水管路以及泵基础内形成振动并以固载噪声的方式辐射.该过程由复杂的传递函数描述.通常,固载噪声由无数个纵波和横波形式的振动模式组成.这种振动的特征频率可能是由宽带激振力(湍流、空化),也有可能是由窄带激振力(例如转频、叶片通过频率等)激励.共鸣也会引起固载噪声.这就是固载噪声谱(很像压力脉动谱)非常复杂的原因.通常可以应用加速度传感器或者在某些特别情况下应用安装在泵和基座之间的电测压元件测量固载噪声.

随着频率的增加,固载噪声和液载噪声的密度都会快速增大.在高频区域(大概 5 ~10 kHz 以上),由压力脉动 Δp 激励引起的固载噪声 b_{ks} 可以应用统计能量分析方法计算.为了进行这种计算,将组件(例如泵体)简化为半径 R、壁厚 h、长 L、密度为 ρ_P 且盖板壁厚为 h_D 的圆柱体,那么有

$$b_{ks} = \frac{\Delta p}{\rho h \sqrt{\frac{\rho_P}{\sqrt{3}\pi \rho a}\left(1 + \frac{R}{L}\frac{h_D}{h}\right)}\sqrt{\frac{E}{\rho_P}}}, \tag{8.1}$$

式中,b_{ks} 为泵体或者管路加速度的均方根值;Δp 为压力脉动的均方根值.统计能量分析方法适用于固体元件和充满液体的空间内的高密度振动模式以及液体内具有散射和宽带特性的声场.

由于固载噪声会引起机械振动或者二次固载噪声的辐射,因而是有害的.由于金属管路、钢铁框架以及混凝土结构中的结构阻尼很小,因此固载噪声的传播效率很高.由于固载噪声的这种特性,在源头(压力脉动、空化、机械和水力不平衡)对其进行减弱最有效.此外,也需要采用声衰减等辅助措施.

可以通过衰减或者隔离来实现噪声控制.在传播途中当遇到声阻抗 ρa 的突然变化时,声波会反射,这是声隔离的原理.对于固载噪声和液载噪声,只有软木、泡沫塑料和橡胶等柔软轻质的材料才具有这种形式的声阻抗突变特性,为了防止固载噪声的辐射进入管路,可以应用能够抵抗系统压力的弹性衬塑.

为了避免泵基础振动的激励,通常泵的底板都是安装在柔性弹簧或者橡胶-金属组合之类的振动隔离体上.这样安装的泵是一种弹性系统,可以应用振动计算方法来分析.为了有效控制振动,所用的弹性体应当足够柔软,以使系统的特征频率不大于最低激振频率的一半.这是因为只有频率大于 1.4 倍特征频率时,传到泵基础上的非定常力才会变得低于激振力.结构间(例如泵基础和建筑物之间)的间隙会有效降低或者阻止固载噪声的辐射.

8.2.3 气载噪声

固载噪声中的部分能量以气载噪声的形式由管路、泵体和基座向外辐射.气载噪声辐射能量的大小与振动结构的有效振动速度(均方根值)与振动表面面积的乘积大致成正比.

用声功率或者声压,即单位为分贝"dB"的声级来度量辐射出的噪声.通常应用的是 A 权声压级.A 权声压级考虑了人能够听到的频率范围.由于这个原因,A 权声压级最关心的是大致在800~5 000 Hz 的频率,在此范围之外的频率对 A 权值基本没有影响.

为了分析泵、马达、齿轮箱、节流阀等各种噪声源的作用,应用声功率级来进行计算,将上述值的总和取对数得到总的声功率级.

表8.1列出了不同噪声级的定义并为噪声级叠加提供了计算公式.表8.2为声源叠加的计算方法.

表 8.1 噪声级定义

名称	计算公式
声功率级	$L_W = 10\lg \dfrac{W}{W_0}, W_0 = 10^{-12}$ W
声压级(p 为均方根值)	$L_p = 20\lg \dfrac{p}{p_0}, p_0 = 2 \times 10^{-5}$ Pa
距离声源 1 m 的测量面的声压级	$L_S = 10\lg \dfrac{S}{S_0}, S_0 = 1$ m^2, S 为距离声源 1 m 的测量面面积
由声压级计算的声功率级	$L_W = L_p + L_S$
n 个声源的声功率级叠加计算的声功率级	$L_{W,\text{tot}} = 10\lg \left(\sum_i^n \dfrac{W_i}{W_0} \right) = 10\lg \left(\sum_i^n 10^{0.1L_{W,i}} \right)$
n 个相等的声源叠加	$L_{W,\text{tot}} = L_{W,1} + 10\lg n, L_{p,\text{tot}} = L_{p,1} + 10\lg n$

表 8.2 声源叠加

类别	名称	数值					
相同噪声源的叠加	噪声源数量	2	3	4	5	6	7	8
	声压增量 ΔL/dB	3	4.8	6	7	7.8	8.5	9
不同噪声源的叠加	声压差别/dB	0	4	8	12	16	>24
	声压增量 ΔL/dB	3	1.5	0.6	0.3	0.1	0

注:不同噪声源叠加:$L_{\text{tot}} = L_1 + \Delta L$,其中 L_1 是两个噪声级中较大的一个。

当通过"规定表面法"分析噪声时,在一个距离泵为 1 m 的假定立方形测量表面 S 测量声压.在测试过程中,为了只记录泵的噪声,需要屏蔽马达、齿轮箱、阀门以及管路等无关的噪声.做到这样的屏蔽造价非常昂贵.而且,在混响室内测得的所有数据都需要修正.

一个更好的方法,即"强度测量方法",它在很大程度上避免了上述规定表面法固有的缺点.该方法是在泵周围的各个位置测量声音的强度(ISO9614-1)或者扫描所有测量表面(ISO9614-2).声强定义为单位面积上的声功率.通常会规定泵在运行时所允许的最大气载噪声.表8.3给出了在不发生空化的情况下最优效率点泵噪声的计算方法.由表8.3中计算得到的结果可以看作是工业泵的统计情况.如果泵设计不合理就会出现很高的噪声.

在部分载荷或者大流量下运行时,噪声就会升高.可以应用图 8.1 的形式定量分析这种影响,图中 $\Delta p_{RMS}^* = \dfrac{2\Delta p_{RMS}}{\rho u_2^2}$ 为量纲一的压力脉动均方根值.表 8.3 列出的公式既没有考虑马达的作用也没有考虑齿轮箱、管路和阀门的作用,对于单级蜗壳泵,这些因素会使噪声升高 5 dB.表 8.3 中各参照量的值为 $P_0 = 1$ kW, $n_0 = 1$ r/min, $S_0 = 1$ m².

表 8.3　泵噪声的计算方法

适用范围	噪声级	计算公式
适应于下述范围内的离心泵	声功率级	$L_{W,A} = 72 + 10 \lg \dfrac{P_{BEP}}{P_0} - \lg \dfrac{P_{BEP}}{10P_0} \pm 4$
$10 < P_{BEP} < 10^4$ kW	测量表面 S 的声压级	$L_S = 10 \lg \dfrac{S}{S_0} = 12 + \lg \dfrac{P_{BEP}}{P_0}$
$200 < n < 6\,000$ r/min	声压级	$L_{p,A} = 60 + 9 \lg \dfrac{P_{BEP}}{P_0} - \lg \dfrac{P_{BEP}}{10P_0} \pm 4$
侧流道泵	声功率级	$L_{W,A} = 67 + 12.5 \lg \dfrac{P_{BEP}}{P_0}$
	声压级	$L_{p,A} = 44 + 11.5 \lg \dfrac{P_{BEP}}{P_0} + 3 \lg \dfrac{n}{n_0}$

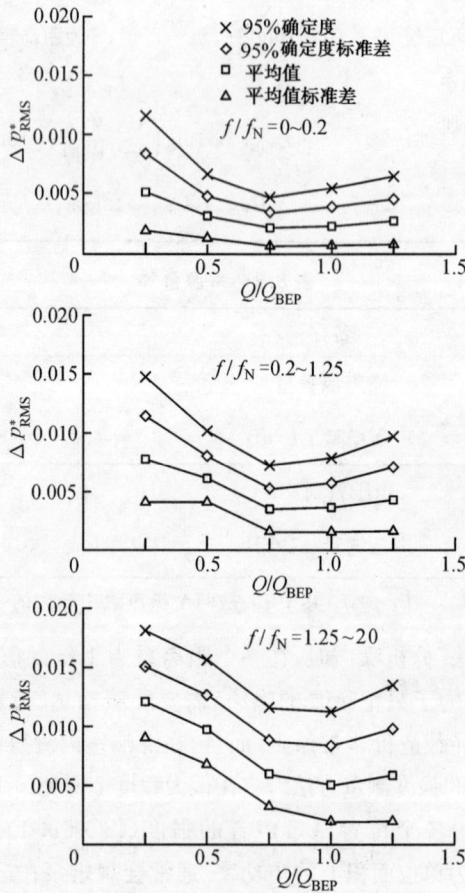

图 8.1　不同频率范围内压力脉动的统计数据

8.3 空化噪声与振动

8.3.1 激励机理

充满蒸气(空泡)的区域的冲击形成压力脉动,由此产生振动与噪声.空化产生振动和噪声的原因有:

1. 游移空泡破裂

单个空泡的冲击会形成 $10\sim100$ kHz 范围内的高频液载噪声,这种噪声可以用于诊断空化.首先分析单个空泡对静止流体加振时的固有频率.将 Rayleigh-Plesset 方程 (4.1)中的 $R(t)$ 项用一个常数 R_E 加上一个幅值为 $\widetilde{R}$、频率为 ω 的微小正弦摄动来代替,就可以通过求解 Rayleigh – Plesset 方程得到该固有频率.像这样的定常振荡只有一个外部力 $p(t)$ 来保持,$p(t)$ 由一个常数 $\bar{p}$ 和一个幅值为 $\tilde{p}$、频率为 ω 的正弦摄动组成.由 Rayleigh-Plesset 方程得到线性摄动 $\widetilde{R}$ 和 $\tilde{p}$ 之间的关系式,在固有频率

$$\omega_P = \left[\frac{3(\bar{p} - p_V)}{\rho_L R_E^2} + \frac{4\gamma}{\rho_L R_E^3} - \frac{8\nu^2}{R_E^4} \right]^{\frac{1}{2}} \tag{8.2}$$

时,$\dfrac{\widetilde{R}}{\tilde{p}}$ 取最大值.图 8.2 所示为不同的平均压力 $\bar{p}$ 下,300 K 水中空泡的计算结果.要说明的是,直径小于 0.02 μm 的空泡是过衰减状态,没有共振频率.大小在 $10\sim100$ μm 的空化核的共振频率在 $10\sim100$ kHz 的范围内.虽然空化核受到空化的强非线性激励,不过依然可以认为,在这一过程中形成的噪声频谱的峰值频率与空化中大量空化核的尺寸一致,即与由式(4.13)得到的临界空化核的半径相同.例如,如果临界空化核尺寸在 $10\sim100$ μm 之间,那么根据图 8.2,就可以认为空化噪声的频率在 $10\sim100$ kHz 之间,这正是空化的典型频率范围.

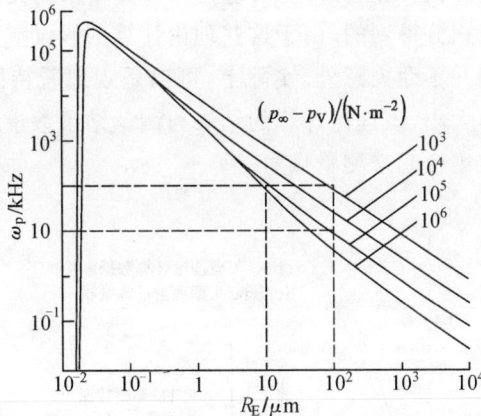

图 8.2　300 K 水中不同平均压力与汽化压力差条件下空泡固有频率 ω_p 与空泡半径的关系

图 8.3 为一流动中单个空化空泡发出的典型噪声信号.巨大的正脉冲对应于空泡的第 1 次破裂大约在 450 μs 处.在这里,辐射声压 p_A 与空泡体积 $V(t)$ 的二阶微分的关系为

$$p_A = \frac{\rho_L}{4\pi l} \frac{\mathrm{d}^2 V}{\mathrm{d} t^2}, \tag{8.3}$$

式中, l 为测量点到空泡中心的距离. 在空泡破裂的过程中, 当空泡接近其最小值时发生的脉冲对应的 $\dfrac{d^2V}{dt^2}$ 值很大. 图 8.3 中在第 1 次脉冲后随着一些与装置相关的振荡, 大约在 1 100 μs 处出现第 2 个脉冲, 第 2 个脉冲对应第 2 次破裂. 在图 8.3 所示的试验数据中没有发现更多的空泡破裂.

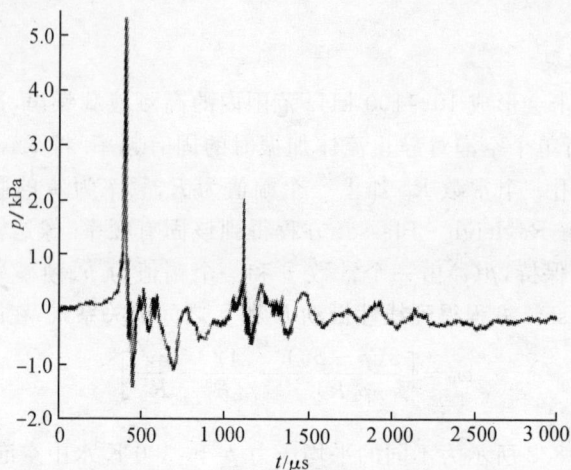

图 8.3 单个破裂空泡的典型声信号

对图 8.3 中破裂脉冲强度的一个较好的测定方式就是计算声冲击 I, 定义 I 为曲线下面的面积, 即

$$I = \int_{t_1}^{t_2} p_A \, dt, \tag{8.4}$$

式中, t_1 和 t_2 分别表示在脉冲前和脉冲后 $p_A = 0$ 点的时间. 图 8.4 为两个轴对称头型 (ITTC 和 Schiebe 头型) 的空化声脉冲的测量值与计算结果的比较. 计算结果是通过对 Rayleigh - Plesset 方程积分得到的. 由于这些理论计算都假设空泡保持球形, 因此理论和试验结果之间的差别并不令人意外. 实际上, 可以乐观地看待图 8.4 中的误差, 对于单个空泡产生的噪声的大小, 该理论计算的结果与测量结果数量级相同. 可以将声冲击与空化核数量密度分布组合起来测量噪声.

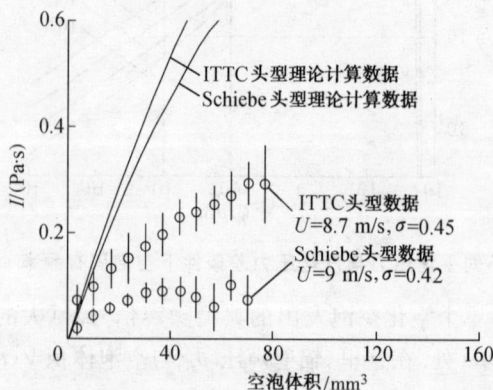

图 8.4 单个空泡的空化声脉冲 I 与破裂前空化空泡体积的关系

2. 空穴波动

由于离心泵叶轮进口周向速度分布不均匀、湍流、恶劣的来流条件以及如图 8.5 所示导流板上的涡脱落等引起的不稳定来流使空穴产生波动.

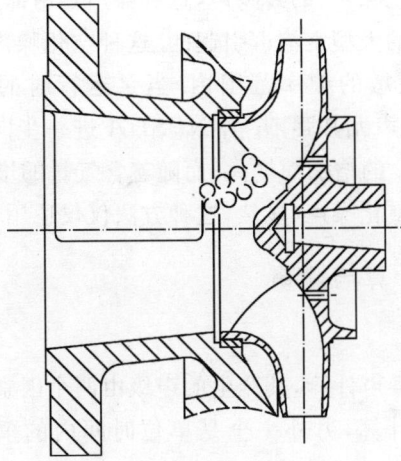

图 8.5　导流板诱生的涡脱落

3. 进口回流

当 $NPSHA$ 很低时,诱导轮或者叶轮进口有强烈的部分载荷回流,这种回流会使叶轮或者诱导轮内产生低于 10 Hz 的强烈压力脉冲.这种压力变化的机理可以简单地解释为:强烈的回流引起预旋,并在叶轮的上游形成(随流量)近似抛物线形的压力(变化)分布(参见图 8.6).如果压力降低到汽化压力以下,在吸入管路的中心就会形成一个汽化区域,该区域阻挡了一部分来流.这种阻挡引起的排挤增大了吸水管路外围区域内的轴向速度.因此,液流角增加、回流瓦解、汽化区域溃灭.这样,吸入管路中心的排挤消失,液流角变小,形成循环.有关进口回流的知识在 3.3 节和 6.2 节都有介绍,参见图 3.21 和图 6.11.

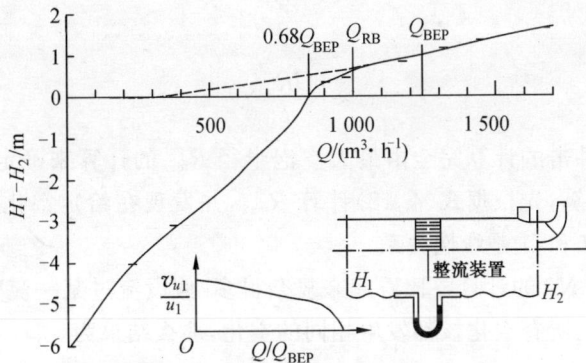

图 8.6　压力测量判断进口回流的发生

4. 其他因素

空化区域大的波动会引起大幅度的低频脉动.空穴的可压缩性会引起空化喘振.这即使在流量-扬程曲线稳定下降的时候也会发生,与流量-扬程曲线的不稳定性无关.另外,在靠近最优效率点附近会出现具有超同步频率的旋转空化.不过,在工业泵中还没有发现与旋转空化相关的问题.

在空泡冲击中形成的压力波会产生固载噪声、液载噪声和气载噪声.气载噪声有时候表现为低沉、刺激的"空化噪声"的轰鸣声,这种噪声是由部分载荷下的回流或者长度为叶片螺距的长空穴形成的大型空泡群引起的.这种空化噪声的频率在几百 Hz 左右,正处于人的听觉反应最灵敏的频率范围内.当泵运行时的 $NPSHA$ 在 $NPSH_0$ 到 $NPSH_3$ 范围内时,这种噪声尤其强烈.当 $NPSHA$ 进一步向 $NPSH_b$ 减小时,噪声会降低.噪声随着圆周速度 u_1 的增加而增大,而随着含气量的增加而降低.向吸入管路中注入空气可以有效地消除空化噪声(显然,这种方法仅仅适用于一些特殊情况).

8.3.2　空化噪声计算与测量

1. 游移空泡的情况

对于游移空泡引起的噪声计算,其产生的声级由两个因素决定,一个是每次事件形成的声冲击 I,由式(8.4)计算,另外一个是单位时间内的事件发生率或者事件数量 $\dot{N}_E$.因此声级

$$p_S = I\dot{N}_E. \tag{8.5}$$

这里,简要介绍 I 和 $\dot{N}_E$ 的换算,然后再介绍空化噪声 p_S 的换算.需要说明的是,后面的公式中忽略了一些定量计算时所需要的比例系数.

试验观测和基于 Rayleigh-Plesset 方程的计算都表明,单个空化事件量纲一的冲击为

$$I^* = \frac{4\pi Il}{\rho UD^2}, \tag{8.6}$$

式中,U 和 D 是流动中的特征速度和特征长度,I^* 与空化空泡的最大体积(当量半径为 R_{max})有很强的相关性,与其他流动参数无关.量纲一的形式为

$$I^* \approx \frac{R_{max}^2}{D^2}, \tag{8.7}$$

因此,

$$I \approx \frac{\rho U R_{max}^2}{l}. \tag{8.8}$$

由此,单个事件声冲击的计算完全由最大空泡半径 R_{max} 的计算来确定.例如,对前面的游移空泡空化的计算,先根据式(4.12)计算 R_{max},并发现在给定空化数下 R_{max} 与 U 无关,在这种情况下 I 和 U 是线性关系.

对事件发生率 $\dot{N}_E$ 的计算要比看起来复杂得多.假设流过某一流管中(截面积为上游特征流动的 A)的所有空化核都发生相同的空化,那么结果为

$$\dot{N}_E = NAU, \tag{8.9}$$

式中,N 为空化核密度(空化核数/单位体积).那么把式(4.12)、式(8.8)和式(8.9)代入式(8.5)就得到

$$p_S \approx \frac{\rho U^2 (-\sigma - C_{pmin})^2 AND^2}{l}, \tag{8.10}$$

式中忽略了一些数量级为 1 的常数. 在上述简单条件下, 式(8.10)得到的声级与 U^2 和 D^4 (因为 $A \propto D^2$)成正比. 该换算关系与很多在简单的游移空泡流动中观测到的情况相符, 但是其中还有很多复杂因素. 首先, 正如在 4.1 节中已经讨论过的, 实际上只有比特定临界尺寸 R_{cri} 大的那些空化核才能够生长成为空化空泡, 由于 R_{cri} 是 σ 和速度 U 的函数(参见式(4.13)), 这就说明 N 是 R_{cri} 和 U 的函数. 由于 R_{cri} 随着 U 的增大而减小, 所以 p_S 与速度之间的幂率关系 U^m 中, m 大于 2.

对于由诸如湍流射流等湍流波动引起的空化, 应当采用不同的换算定律. 其中, 在湍流中空化核在其 Lagrange 运动路径上的张力大小及张力所持续的时间都难以计算. 因此, 对于由于湍流中空化引起的声压级的计算及其与速度之间的换算关系, 目前尚知之甚少.

2. 泵内空化噪声

对于泵内的空化噪声, 采用合适的压力传感器(例如压电式石英压力传感器)可以在泵的进口比较容易地对其进行测量. 由于随着空泡数量、空泡体积以及空泡强度的增加测量得到的压力信号强度也是增加的, 因此声级就成为衡量空化液力强度的一个参数(有关空化液力强度的概念在第 9 章介绍). 这就是有大量的工作研究空化噪声的原因(目的是研究空化液力强度), 在实际应用中重点集中研究下述 3 个方面:

① 判定空化初生. 根据在背景噪声中捕捉由于空化引起的声压增长来判断空化初生工况.

② 确定空化噪声与侵蚀之间的关系.

③ 现场诊断.

表明噪声与空化之间关系的方法就是在空化试验中记录某频率范围内(例如 1~180 kHz)各个测点声压 p_A 的均方根值, 由此得到各个流量下的 $p_{A,RMS}$-σ 曲线, 即声压与 $NPSHA$ 的函数关系. 图 8.7 中的 $p_{A0,RMS}$ 为进口压力较高, 没有空化发生时背景噪声的测量结果. 背景噪声由湍流、非定常叶片力以及机器的机械特性引起的噪声组成, 与吸入压力无关. 第 1 个空泡空化的出现通过声压增长的形式表现出来, 将此称为"声学空化初生". 通常声学空化初生时的 $NPSHA$ 值略高于肉眼可见空化初生时的 $NPSHA$ 值, 这是因为能够在叶片上观测到空化形式以前微观空泡已经在试验回路中发展了. (声学)空化初生以后, 随着 σ 的降低, 声压增大, 开始的时候增长较慢, 然后快速升高, 大约在 $NPSH_0$ 时达到最大值, 然后随着 σ 的降低, 声压也急剧降低, 很多时候会低于背景噪声.

如图 8.7 所示, 在气载噪声、液载噪声、固载噪声以及侵蚀试验中都发现了最大值. 随着 σ 的降低空泡数量和体积都增加. 理论上, 压力差随 σ 的增加线性变化, 但是实际上在开始的时候压力差会由于临近破裂的空泡而增大. 由于随着蒸气含量的增加介质的可压缩性增大, 因此随 σ 的降低压力差下降得很快. 这种反向作用形成的 $(p-p_V)$-σ 曲线如图 8.7 所示.

L-σ 曲线和 $(p-p_V)$-σ 曲线的特点可以解释(A 区)冲击能量的最大值以及随后空化噪声和侵蚀峰值出现的原因.

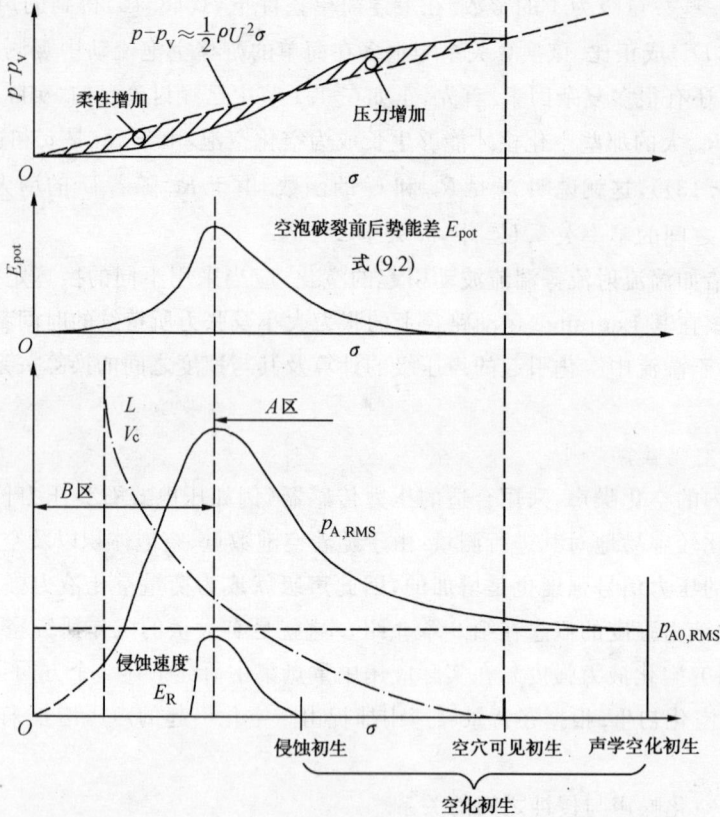

图 8.7 空化数与空穴体积、空化噪声、侵蚀和冲击能量的关系

如图 8.7，声压到达最大值后在 B 区下降有两个原因：a) 如果大的空穴出现在叶轮进口，那么一部分声音会在该区域被两相流吸收，例如，空泡会在叶轮流道内部破裂，由此，蒸气空泡将压力传感器与空泡破裂区域隔离开来. b) 当进口压力降低后，泵进口（或者上游的节流阀）分离出的空气会形成含有空泡的流动，这种流动会消弱声音的传播. 两相流改变了介质的声学特性，尤其是改变了声速. 声速快速下降到水中声速以下，这与两相流流型及其含气量有关. 这种改变是由两相流的可压缩性以及空泡壁面的抵抗突升导致的.

噪声在 B 区降到背景噪声以下，由此可以得出如下结论：背景噪声的形成主要原因不在于叶轮进口，而是叶片上的非定常力引起的. 如果背景噪声是由叶轮进口的流动引起的话，那么叶轮内的蒸气区域无法将压力传感器和背景噪声分离开来.

当测量空化噪声时，一定要区分开图 8.7 所示的 A 区和 B 区. 在 A 区，空化被限制在局部区域，所记录的空化噪声可以作为空化强度的度量. 在 B 区，很大区域的两相流状态吸收了大部分空化噪声.

空化噪声的测量受所使用仪器的影响，特别是仪器的记录频率范围是必须要考虑的. 为了对由不同泵和不同运行工况下得到的数据进行比较，引入空化噪声量纲一的表示形式. 为了实现这一目的，首先从总的信号 $p_{\text{A,RMS}}$ 中去掉背景噪声 $p_{\text{A0,RMS}}$ 得到空化噪声. 由于噪声的叠加遵循平方关系，因此空化噪声的计算形式为

$$p_{\text{CA,RMS}} = \sqrt{p_{\text{A,RMS}}^2 - p_{\text{A0,RMS}}^2}. \tag{8.11}$$

由于每个叶片都含有一个空化区域(表示一个噪声源),将 $p_{\text{CA,RMS}}$ 标准化为叶片数为 $Z_{\text{R,0}}=7$ 的情况.因此,对于不同叶片数叶轮的空化噪声的计算式为

$$p_{\text{CA,RMS,0}} = p_{\text{CA,RMS}}\sqrt{\frac{Z_{\text{R,0}}}{Z_{\text{R}}}}.\tag{8.12}$$

声压量纲一的形式为

$$p_{\text{A,RMS}}^* = \frac{2p_{\text{A,RMS}}}{\rho U^2}.\tag{8.13}$$

同样地,$p_{\text{A0,RMS}}$,$p_{\text{CA,RMS}}$ 和 $p_{\text{CA,RMS,0}}$ 都可以量纲一化.式(8.13)实际上是不同转速下空化噪声变化的换算定律.如图 8.8a 所示,在转速 5 000 r/min,7 000 r/min 和 8 920 r/min下量纲一的噪声曲线吻合得很好.

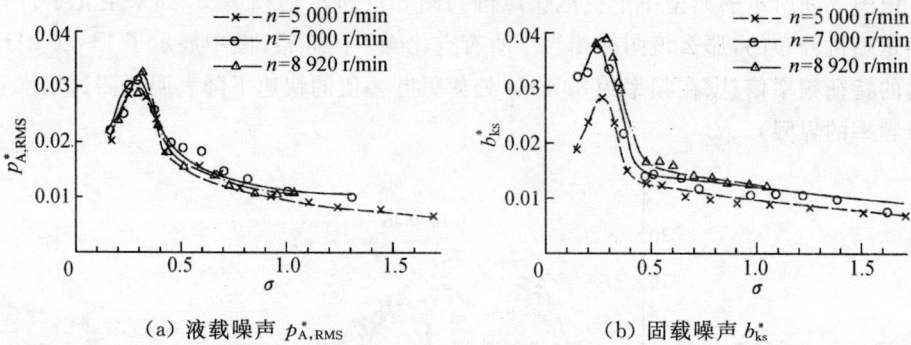

(a) 液载噪声 $p_{\text{A,RMS}}^*$ (b) 固载噪声 b_{ks}^*

图 8.8　空化噪声

空化噪声的测量比较容易实现,而且由液载噪声还可以得到所有已知空化形式的特点,特别是空泡群和工作面空化等难以凭视觉量化的空化形式.空化噪声中包含了所研究工况下的两相流和空泡破裂的所有参数:流速、空化数、空穴长度、冲角、翼型、温度、含气量、有效局部压力差和空泡大小.不过,空泡破裂的位置不能确定.如果在可控制的条件下对空化噪声进行测量,尤其是测量方式和试验回路都相同的时候,所测得的液载噪声可以用于度量空化强度(但是不应把二者混淆).

3. 固载噪声测量

固载噪声也可以测量,图 8.8b 所示为应用加速度传感器在吸水室外部测量得到的固载噪声.固载噪声声压量纲一的形式为

$$b_{\text{ks}}^* = \frac{b_{\text{ks}}}{U^2/d_1}.\tag{8.14}$$

固载噪声曲线与液载噪声曲线具有相同的特点.在固载噪声的测量中,上式中 U 的指数采用 2.5 可能更合适一些,但是现在没有充足的数据证实这一猜测.

背景噪声的来源主要有:由机械激励(轴承、齿轮箱、密封中的摩擦)引起的固载噪声;流动中的气泡、非定常叶片力(叶轮)、流动中的湍流以及回路(阀门)中的压力脉动.

噪声测量可以用于间接确定空化液力强度以及预测和诊断泵的空化破坏,相关内容参见第 9 章和第 10 章.

8.3.3　空化噪声的频率特征

通过每个空泡破裂时的随机冲击,空化产生噪声.(与湍流波动相比)冲击的大小、

持续时间以及时序的分布都是不规则的.由于空泡极其频繁的破裂不断发生,因此其能量分布的最大值区域很宽,结果是连续的宽带谱.如果用宽带 RMS 值来测量空化噪声,可以发现 20～400 kHz 都是其最大值的范围.空化噪声与泵的形式和泵的运行工况有很强的相关性,这是因为能量密度最大处的频率随着空化数和流速的增加而增长.初始半径很小的单个空泡的破裂时间在 μs 的范围内,因此其产生的频率为 MHz 数量级.

在本节前面的内容中已经提到了空化有其特有的频率特征,例如,图 8.2 表明,空化的典型频率范围为 10～100 kHz,回流会使叶轮或者诱导轮内产生低于 10 Hz 的强烈压力脉冲以及由大型空泡群引起的空化噪声的频率在几百 Hz 左右等.

由图 8.3 所示的典型单个空泡噪声得到图 8.9 所示的频谱图.如果空化事件在时间上是随机分布的,那么该图就相当于所有空化噪声的频谱.图中展示了 1～50 kHz 范围内的特征频率信息(在频率约 80 kHz 处傅里叶幅值的快速下降表明了测试用水听器响应频率的界限).

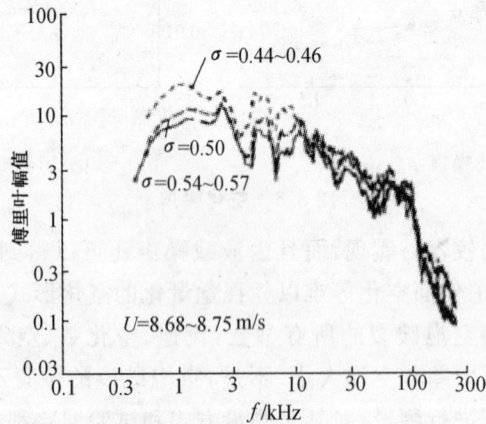

图 8.9　对应各种空化数的空泡空化噪声频谱

图 8.10 为轴流泵中空化噪声的测定结果,与图 8.9 具有相同的特征.由图 8.10 可知,当没有空化时,噪声明显地包含一些轴频和叶片通过频率,后者会由于空化的作用而增强或者衰减.

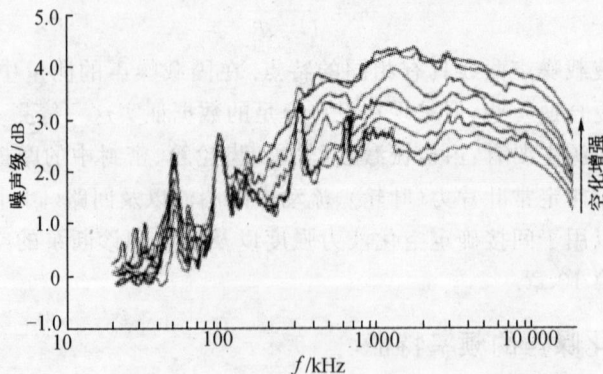

图 8.10　轴流泵中随空化增强噪声增强的典型功率谱

图 8.11 所示为一个离心泵空化噪声的数据信息.当空化开始时,频率为 40 kHz 的噪声急剧增加.而轴频和叶片通过频率处的噪声随空化数的变化只有较小的变动.当靠近扬程断裂处时,40 kHz 的空化噪声会降低,这也是空化噪声测量中的一个普遍特征.图 2.5 和图 8.7 中的曲线也有同样的特性.

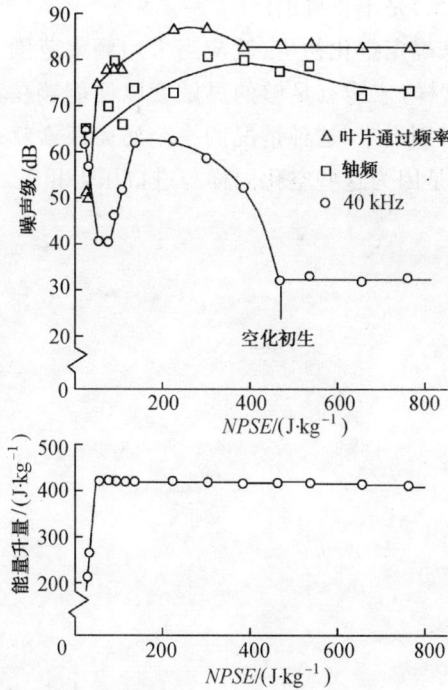

图 8.11　离心泵中空化性能与 3 种不同频率的噪声和振动之间的关系

根据叶轮内空泡流场频闪观测的结果,随空穴长度的增长,即随着 σ 的降低,空穴波动增强.对于单个断面上的空化,依照斯特劳哈尔数 $St=\dfrac{fL}{w_1}$ 这种空穴波动在不连续的频率上发生,典型的范围是 $St=0.3\pm0.04$.依照 $\delta L=(0.01\sim0.015)w_1/w_0$($w_0=$ 1 m/s),波动量的长度 δL 随着来流速度的增加而增加.

在泵中,宽带空化噪声的范围为几百 Hz 到几千 Hz.根据 $f=St\dfrac{w_1}{L}$,频率 f 随着圆周速度的增加而增加,随着空穴的增长而降低.当高扬程泵在有长空穴的工况下运行时,压力脉动就会以这种形式产生,从而引起运行问题.关于空化噪声的频率特性可以总结如下:

空化噪声和空化的联系为:单个空泡的破裂引起的噪声频率范围为 10 kHz~ 1 MHz;空穴波动的频率范围为 1 000~2 000 Hz.由于空穴波动影响了空泡向破裂位置的运动,所以可以推测其对破裂事件起到了调制作用.

随着速度和 NPSHA 的增加,空化噪声谱最大能量密度的范围向高频率方向移动.

如果想通过测量空化噪声来获得空化液力强度,就应在尽可能宽的频率范围内进行测量.由于空穴振荡对空化破坏有很大的影响,所以必须测量低频信息.通过测量旋转叶轮内的非定常压力已经证明了这一点:在空穴的尾部,记录到了低于 200 Hz 的频率,而且随着空化的增强,主频反而降低.如果仅在很窄的范围内测量空化噪声,那么当改变运行参数时,最大能量密度的范围将向相对靠近测量的频带移动.这样得出的结论(例如转速和噪声间的关系)是不正确的.

  如果通过空化噪声来确定空化初生,就应当采用频率范围大于背景噪声的高通滤波(例如 10 kHz).只有这样,才能有足够的灵敏度以便能够在背景噪声中将第 1 个空泡破裂的微弱噪声增量辨别出来.这种情况的一个妨碍因素就是密封环空化或回路中(例如阀门中)的空化,这是因为这些空化同样与进口压力相关.

第9章 泵空化破坏

由空化造成的最普遍的问题就是空化空泡在固体表面附近破裂时造成材料破坏.因此,人们对空化这一专题已进行了长期的深入研究.但是由于这种破坏涉及复杂的非定常流动以及固体表面特定材料对其响应等知识,因此空化破坏问题非常复杂.

在第1篇中已经介绍,空化表现为不同的形式.在第4篇中还会说明空化的动力学特性也表现为不同的响应.因此除了材料本身的特征之外,空化破坏以及与其相关的空化振动和空化噪声都应该同空化本身的形式及其动态响应相关.第4篇会对空化的一些非定常动态响应进行介绍,但是目前这方面的知识还远没有达到明确地建立空化类型、空化的动态响应与空化破坏、空化振动和空化噪声之间联系的程度.因此本篇关于空化破坏的相关知识仍然限于试验和经验领域,得到只是一些简单的或者说是初步的结论.

9.1 空化破坏简介

空化空泡的破裂是一个剧烈的过程,该过程会对空泡破裂点附近的局部流体产生大幅度的扰动和冲击.空化过程中所有空泡的这种冲击能量的总和称为空化液力强度 HCI.当空泡破裂靠近固体表面发生时,强烈的扰动会产生很高的局部瞬变表面应力.当大量的空泡破裂产生的压力重复作用时,即空化液力强度 HCI 大于材料抵抗这种冲击的能力(即空化抵抗 CR),就会导致局部壁面材料疲劳失效和表面材料脱落.这是人们普遍接受的对空化破坏的解释.它与大多数情况下空化破坏的表象是相符的.其中,空化抵抗 CR 是材料的固有属性,与流动无关.空化破坏表现为疲劳失效所具有的结晶状和锯齿状,这与流动中固体颗粒引起的侵蚀不同,固体颗粒造成的侵蚀的表面是光滑的,并伴有大颗粒的刮痕.在空化过程中,壁面的表层还会有化学过程和电学过程发生,这些过程会加强空化对壁面材料的破坏作用.

图9.1为一材料为铝基合金的斜流泵叶片上局部空化破坏的图像.图9.2所示为混流式水轮机叶片出口处很大的空化破坏图像,图中空化破坏穿透了叶片.空化也会发生在大型流动中,例如,图9.3所示的胡佛大坝混凝土泄洪孔内的空化破坏坑.

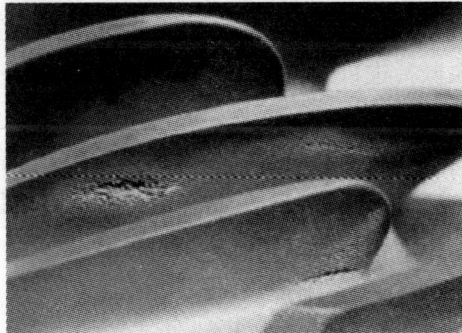

图9.1　斜流泵叶轮叶片表面的局部空化破坏

图 9.2 混流式水轮机叶片出口处的空化破坏

图 9.3 胡佛大坝混凝土泄洪孔内的空化破坏坑(长 35 m,宽 9 m,深 13.7 m)

在诸如泵叶轮或者螺旋桨等水力机械中,观测到的空化破坏往往仅在表面的局部区域发生.这种空化破坏是一团空化空泡周期性和相干性破裂的结果,磁致伸缩空化测试设备中的空化就是这种情形.在很多泵中空化涡周期性脱落,这种周期性可能是自然发生的,也有可能是作用在流体上的周期性干扰的响应.例如,转子叶片和定子叶片之间的干涉、螺旋桨和船后不均匀尾迹之间的干涉等形成的波动都是这种情形.与无波动流动相比,空化空泡团的相干破裂会引起的更强烈的噪声,而且更有可能造成空化破坏.因此,靠近空泡团破裂位置的固体表面的破坏最严重,如图 9.4 所示.在这种情况下,空化空泡团在离心泵叶片进口边发生剥离,在图 9.4 左侧照片中空化空泡形状限定的特定区域内破裂,造成了图 9.4 右侧照片中的局部破坏.图 9.5 是轴流泵叶轮受空化破坏的情况.如第 3 章所述,轴流式叶轮特有的一种空化形式是轮缘旋涡空化.这种空化是由叶片轮缘和泵体之间的间隙引起的.这种空化表现得很强烈,它会对叶片背面外围的弦中附近造成破坏,因为在此处旋涡尾部与叶片表面接触,当然,在这一区域的轮缘端面上也会遭受侵蚀.

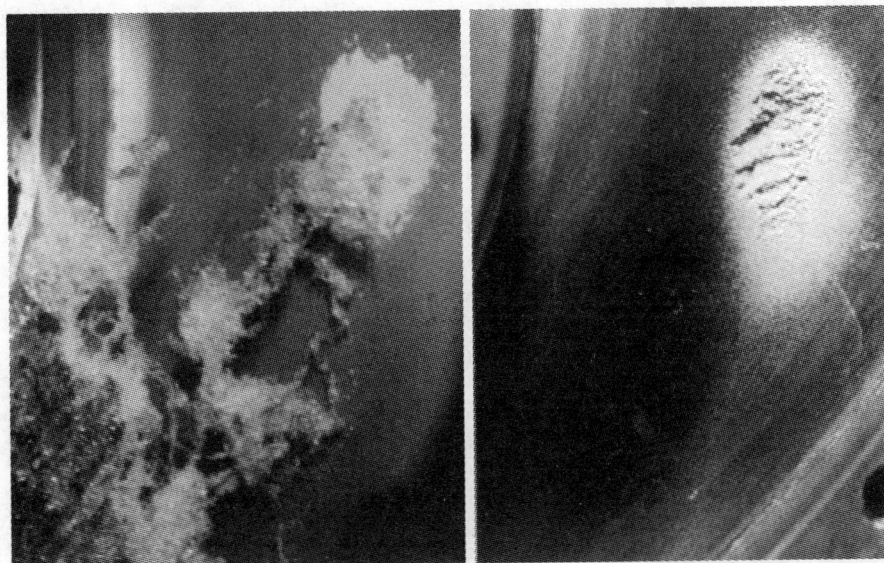

图 9.4　离心泵叶轮进口的空化和空化破坏(空化破坏发生在空泡团破裂的位置)

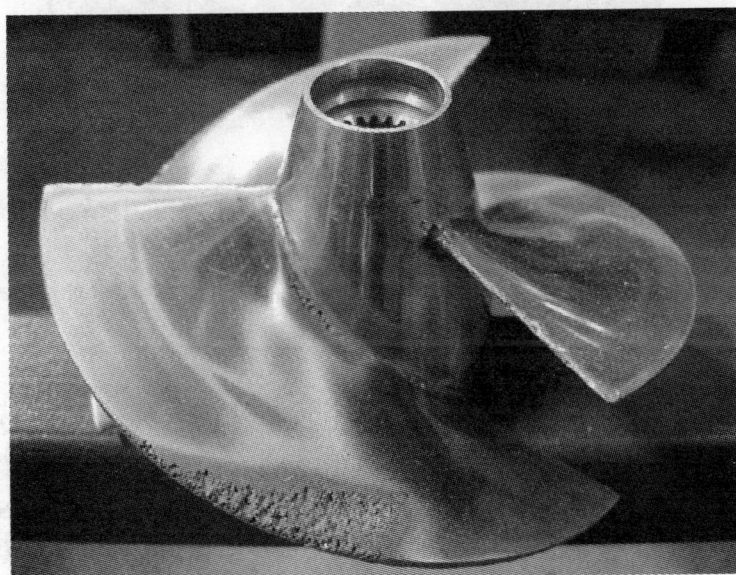

图 9.5　轴流泵叶轮内轮缘旋涡空化造成的空化破坏

目前,一些研究工作侧重于空化团的动力学特性.这些研究表明,空化团的相干破裂比单个空泡的破裂更剧烈,但是在噪声以及空化破坏能力增强等方面的基础分析还不明晰.

9.2　泵内空化破坏的类型

3.3 节已经介绍,根据叶轮、吸水室和压水室的几何参数以及泵流量和吸入压力的不同,空化会发展成为不同的形式.空化会在叶轮叶片进口、叶轮流道、吸水室的导流板、压水室以及叶轮和平衡装置的密封环处发生.不同的空化会产生不同的空化破坏类型.这里主要介绍两种空化破坏的类型,一种是叶轮进口的空化破坏,另外一种是叶轮出口及其他部位的空化破坏.

9.2.1 叶轮进口空化破坏

泵内空化破坏最常见的位置就在叶轮进口,这是因为泵内压力最低的位置就在此处.图 9.6 所示为一种最典型的泵叶轮进口空化破坏,不过叶轮进口空化破坏不仅仅限于此种情况.空化破坏与空化的形式密切相关,可以根据空化破坏来判断空化的位置和形式.反过来,也可以从空化的类型来了解空化破坏.

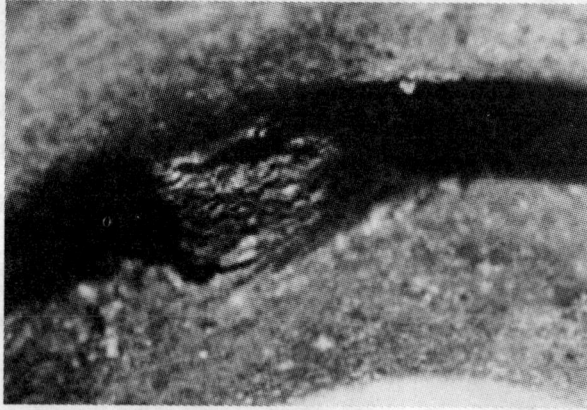

图 9.6　叶轮叶片进口空化破坏

根据 3.3 节的内容,泵叶轮内的空化形式有空泡空化、叶面空化、旋涡空化、泵进口旋涡涡带以及回流空化等.在翼型上发生的像珍珠一样的空泡空化(如图 3.9 和图 3.18 所示)很少在泵内出现.

1. 叶面空化引起的空化破坏

在泵内常见的就是叶面空化,当泵叶片上出现附着空穴时,如果 $Q > Q_{SF}$(Q_{SF} 为进口无冲击流量),空化破坏会在叶片工作面发生,反之会在叶片背面发生.当 $Q \approx Q_{SF}$ 会发生交变叶面空化,因而会在叶片工作面和背面都造成空化破坏.破坏区域通常是从靠近叶片进口边开始,与空穴长度一致.如果在空穴的尾部有空泡分离并且传输到下游,空化破坏区域还会更长.依据叶片扭曲程度、冲角以及来流的不同,附着空穴会在叶片的整个宽度或者仅仅在靠近内流线或者外流线的位置造成破坏.

随着冲角的增加,从叶片上脱离的空穴越来越多,越来越大的旋涡型空泡堆积团从空穴的尾部断开后冲向下游(如图 9.4).由于压力梯度的增加,这种空穴具有很高的破坏能力.随着空穴厚度的增加,(由于空穴排挤引起的)空穴后部的速度降低也越来越快.空泡会冲击叶片和盖板,也会在流动中及对面的叶片上形成冲击.如果冲击在翼型的下游形成,就称为超空化.

平坦的压力分布形成的空穴是透明的,厚度很小,空化液力强度 HCI 也很低,这是由于空泡体积和空穴尾部的压力梯度都很小的原因形成的(如图 3.19).

2. 旋涡空化引起的空化破坏

离心叶轮中也会出现旋涡空化造成的空化破坏.由于离心力的作用,旋涡中心的压力会下降.当达到汽化压力时,空泡形成并被流体带走.旋涡会在剪切层中形成,例如,角旋涡或者由于轮毂处过大的冲角形成的旋涡,旋涡还会在附着空穴或者脱落空穴的下游形成.前盖板或者后盖板拐角处的修圆半径的三元作用较难分析,在该区域常出现空化破坏,其中靠近轮毂的位置尤其严重(还会对轴有所破坏).有时候会在轮毂与叶片之间的修圆半径处出现铸造缺陷,这种缺陷就会由于空化侵蚀作用形成孔洞.大的孔洞会产生旋涡,因此就增强空化空泡的形成从而激化破坏,如图 9.7 所示.

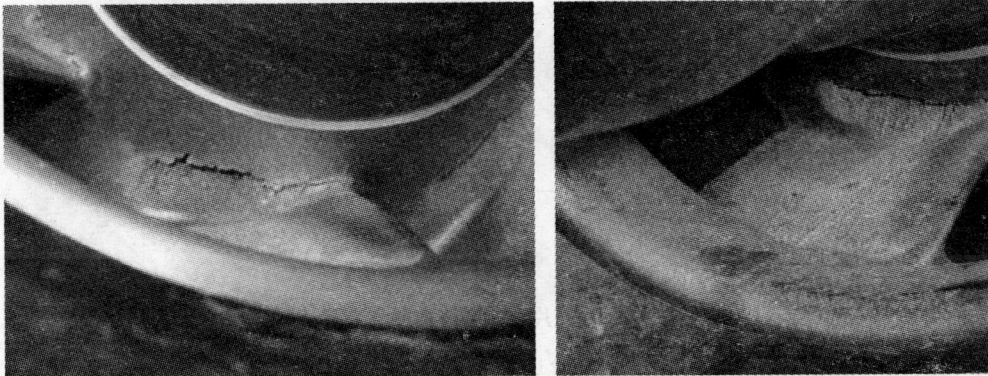

(a) 轮毂处的空化破坏   (b) 轮毂和叶片背面的空化破坏

图 9.7 轮毂和叶片背面的空化破坏

在开式叶轮(例如轴流式叶轮和斜流式叶轮)以及邻近的泵体上会发生间隙空化,与叶轮的材料相比,通常泵体材料的空化抵抗性能很差.间隙空化对轴流泵叶轮的空化破坏主要发生在叶轮轮缘端面(如图 9.5).

3. 泵进口旋涡涡带引起的空化破坏

在泵的进口还会发生像水轮机尾水管涡带那样的旋涡涡带,涡带进入叶轮的时候会被叶片打碎(如图 3.20).涡带破碎后空穴的体积很大,其对叶片工作面的局部位置造成的侵蚀也很集中,因此其破坏能力巨大.这一问题可以通过改进吸水室的设计来避免.

4. 进口回流引起的空化破坏

参见图 3.21、图 6.11 和图 6.28,部分载荷时泵进口发生的回流流动会对叶片工作面造成破坏,通常这种破坏发生在叶片的外部区域.有时候仅仅通过破坏形式很难判定这种空化是由部分载荷还是过载荷引起的.由于叶片进口边的局部静压力要比叶片背面高,而且在回流区域会形成大的空泡.因此,回流空化会造成很严重的破坏.在小流量下,回流的进一步发展会导致轮毂处叶片工作面的破坏.由于冲角太大,回流流动会在轮毂附近造成很强的预旋并在工作面造成流动分离.

5. 其他空化破坏形式

当在很低的有效空化数下运行时(例如冷凝泵和诱导轮)会有很长的空穴形成.在这种空穴的尾部会有旋涡形的空泡分离并进入叶轮流道.这种空化会对叶片工作面和

背面以及前、后盖板造成破坏.有时候可以通过在叶片进口边和喉部之间打小孔来减轻这种形式的破坏.打孔后水流会通过小孔从工作面进入背面,这样空泡就不会再在叶片表面附近形成冲击,参见图9.8.

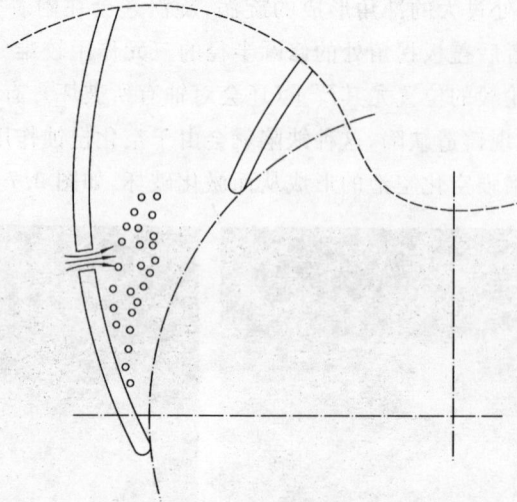

图 9.8 叶片上打孔降低空化破坏

当压力低于汽化压力时,在吸水室导流板进口边发生的流动分离形成的涡街可能会形成空化空泡(如图 8.5),随流量的增加旋涡的强度增强.

在发生空化时,只有靠近材料表面的冲击才会造成破坏.因此,即使叶片形状只有微小的变动(如果这种变动改变了空泡冲击与材料之间的距离的话),也会对破坏的范围有很大的影响.经验表明,虽然同一叶轮各个叶片几何形状的差别几乎测量不出来,但是各个叶片上的侵蚀形式却有非常明显的区别.在空化初生工况附近运行时这种情况尤甚.

9.2.2 叶轮出口、压水室和吸水室内的空化破坏

空化破坏主要发生在叶轮的进口,但是泵内的其他地方也时有空化破坏发生.

如图 9.9 所示,在高压泵叶轮出口的叶片出口边和盖板上偶尔会发现局部侵蚀.当叶轮叶片扫过导流壳叶片(或者蜗壳隔舌)时,出现在其间的非定常超高流速(所以压力就很低)是造成这种破坏的根源.如图 9.10 所示,修削叶片工作面或者增大叶轮叶片与吸水室之间的距离有可能补救这种破坏.应当注意的是,如果增加上述距离就会使泵的最优效率点偏离,还会使流量-扬程曲线变得不稳定.如果采用上述方法无法解决该问题,就需要重新设计叶轮,使叶轮叶片在出口承受较低的载荷.

图 9.9 叶轮出口空化破坏

| 不修削 | 沿骨线对称修削 | 修削背面(亚修削) | 修削工作面(过修削) |

图 9.10　修削叶片出口边

在导流壳叶片进口或者蜗壳隔舌附近发生的局部破坏通常也是由于叶片出流的非定常超高流速引起的.这种破坏通常在部分载荷工况下发生,因为通常小流量时叶轮出口的绝对流速要大于设计流量时的速度,而且偏工况运行时不稳定性更强.当发生这样的破坏以后,除了修削叶片工作面并增加前述的距离以外,还应当修削导流壳叶片进口或者蜗壳隔舌以获得更理想的流动.否则就应当采用更好的材料.

当在完全空化(指叶轮流道内大部分区域充满了空穴时)工况下运行时,在叶轮流道出口和导流壳内会发生大范围的破坏.当圆周速度很大时,即使运行时间很短,材料也会在完全空化中出现蚀损斑(例如由于不正确的运行或者瞬态特性引起的问题).

对于调速运行的泵,如果在设计流量点其需求装置扬程较低时,会发生完全空化.如果选用的泵过大、装置需求扬程计算的过高或者发生了变化的时候,就会出现这种情况.

吸水室内的空化破坏通常是由部分载荷时的回流导致的.在密封环附近也会发生间隙空化.回流中的空泡会对导流板和叶轮进口前的泵体造成材料侵蚀.如果受到破坏的材料是灰铁或者球墨铸铁的话,可以采用空化抵抗性能更好地材料来替代.由此可见,图 3.21、图 6.11 和图 6.28 所示的泵进口回流是一种对泵的性能和运行影响非常大的流动结构,它不仅破坏叶轮,还破坏泵体,对泵的外特性也有很大的影响.

当采用开式叶轮时,间隙空化会对泵体造成破坏,特别是当泵体的材料为灰铁或者球墨铸铁时,可以采用更好的材料.此外,在叶轮和平衡装置的密封环处存在的间隙空化也会造成空化破坏.

空化破坏与空化的形式紧密相连,因此,降低空化就能够减小空化破坏.在 5.8 节已经介绍了提高泵抗空化性能的措施.

9.3　空化破坏机理

由于空化空泡破裂导致的强烈干扰来源于两个因素.首先,就形状而言破裂时的空泡本来就是不稳定的.当空泡破裂发生在靠近固体表面处时,空泡由球形变得越来越不对称,直至发展为在远离壁面一侧的流体以加速射流的形式进入空泡,参见图 9.11.因为空化空泡很小,这种射流是一种"微射流",也称为"凹角射流",但是这种射流却具有很高的速度,即

$$v = \sqrt{\frac{2}{3} \frac{p_\infty - p_B}{\rho} \left(\frac{R_o^3}{R_e^3} - 1 \right)},\qquad(9.1)$$

式中,p_∞ 和 p_B 分别为空泡外和空泡内的压力;R_o 和 R_e 为空泡破裂前和破裂后的半径. 得到的速度 v 能够在空泡的另外一个面上形成激波,对临近壁面的表面会产生很大的局部冲击载荷.

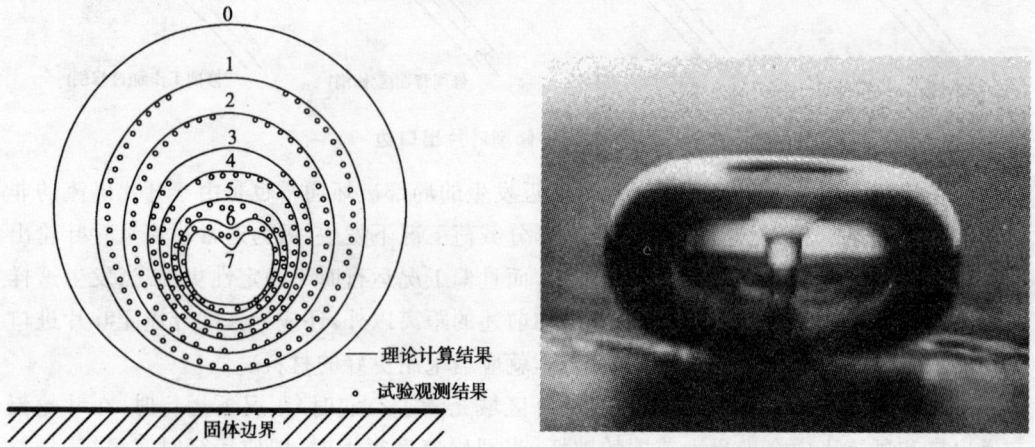

图 9.11　固体边界附近空化空泡破裂示意图及实际照片

应用式(9.1)计算空泡冲击速度是一种理想化的情况,但是这对理解空化破坏的内在特性却非常有帮助.由该式可以看出随着空泡破裂前的空泡半径 R_o 的增加以及空泡内外压差的增大,冲击压力和破坏能量是增长的,但是随着空泡破裂后的半径 R_e 的增长而降低.触发冲击的局部压差不仅与环境条件(影响 p)有关,还与空泡自身的强度和递缩效应(决定 p_B 及 R_e)有关.由式(9.1)形成的射流冲击的最大能量不会大于空泡破裂前后所具有的势能差,该差值的计算式为

$$E_{\text{pot}} = \frac{4}{3}\pi(R_o^3 - R_e^3)(p_\infty - p_B). \tag{9.2}$$

空化破坏机理的这种解释同深水炸弹的工作原理是一样的.深水炸弹最初的爆炸几乎不会造成破坏,但是会产生非常大的空泡,当空泡破裂时就形成一个直接冲向临近固体表面的凹角射流.如果是潜艇表面,空泡的破裂会对船体造成很大的破坏.有趣的是,如果空泡靠近弹性表面或者自由表面破裂时,射流会在靠近该表面的一侧发生并向另外一侧冲击.因此有研究者应用弹性涂层来最小化微射流的形成,以探索减小空化破坏的可能性.

微射流冲击破坏后还有残存的空泡群,这些空泡群破裂为最小的气泡或者气泡破裂时产生的二次激波会对临近的固体表面产生冲击.这是强烈干扰的第 2 个来源.微射流和残存空泡群都会在固体上形成应力波,由残存空泡群产生的表面载荷约是微射流产生的表面载荷的 2 倍或 3 倍.

直到 20 世纪 90 年代初,对空化空泡破裂的所有详细观察都是在静止流体中进行的.不过近来的一些观察结果让人怀疑由此得到的结论在流动系统中的适用性.在物体绕流流动中的空化空泡在破裂之前受边界层的剪切或者湍流的作用而发生变形且常常破碎.如果在对空泡破裂进行计算的过程中考虑由于剪切引起的旋转作用时,计算结果表明受流动的影响微射流出现了本质变化,而且微射流也很少发生.

空化破坏现象的另一个重要点是固体边界材料对反复冲击(水锤)载荷的反应.材

料对空化破坏抵抗力的评价标准多种多样,但大多是主观推断性和经验性的.对于各种材料抵抗空化破坏能力的相对比较,现有数据不是来源于流动系统中的测试结果,而是对材料试样在静止液体中进行高频振动(约 20 kHz)测试的结果.在有规律的时间间隔段测量材料试样的重量从而确定材料的损失,结果如图 9.12 所示.从图中的数据可以看出,相对侵蚀速度与材料的结构强度相关,而且随时间的变化侵蚀速度不是常数,这是由于空泡破裂对光滑表面和已经破坏过的粗糙表面的作用不一样.最后应该说明的是,材料质量的减少在一定潜伏时间段后才发生.

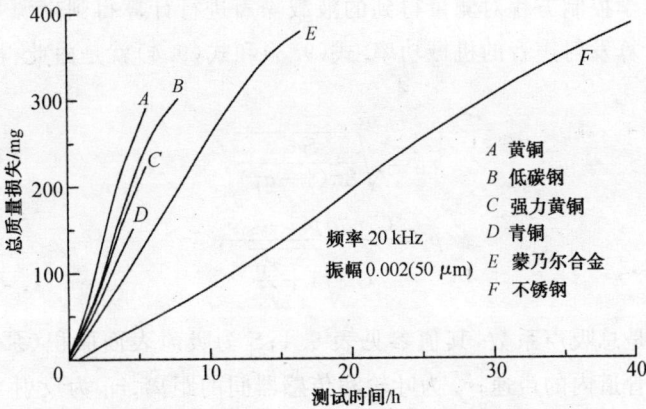

图 9.12 空化破坏引起的重量损失与时间的函数关系

有关泵内侵蚀速度的(试验)数据非常少,这是因为进行这样的测量试验所需时间很长.现有的试验数据表明侵蚀速度与空化数和流量系数确定的工况点有密切的函数关系.图 9.13 为流量系数与侵蚀速度之间的关系曲线,该曲线反映了图 2.9 和图 2.10 表示的信息,也就是说,在非设计工况下,随着冲角的增加空化增强,因而材料质量的损失也就增加.有关材料抗空化能力的内容在 9.5 节进行介绍.

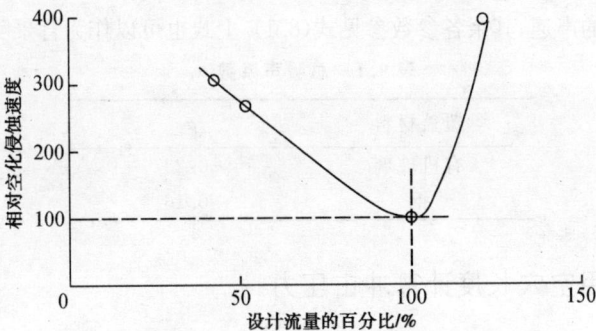

图 9.13 离心泵中空化侵蚀速度与流量的函数关系

9.4 空化液力强度计算

在 9.1 节中已经初步定义了空化液力强度 HCI,它是一个能量的概念,指空化过程中所有空泡冲击能量的总和.到目前为止,有关这种空化液力强度的计算都是采用所

谓的冲击压力 p_i 的形式来表示.冲击压力 p_i 可以理解为图 9.11 所示的微射流产生的压力,但是实际情况与图中所示的有很大差别.因为实际空化中空泡的破裂不会像图 9.11 所示的那样是球形空泡,而且影响空化液力强度更重要的是空泡破裂后的二次载荷.所以事实上冲击压力 p_i 无法测量,只能采用非直接的方式来确定.现在确定空化液力强度也就是冲击压力 p_i 的方法主要有下述 3 种.

9.4.1 应用空化噪声计算冲击压力

应用室内声学控制方程对测量得到的液载噪声进行计算得到声源强度,随后应用声效率就可以计算发射声音的机械功率.式(9.3)和式(9.4)就是由此得到的冲击压力的计算公式,即

$$r_H = \sqrt{\frac{S\alpha_T}{8\pi(1-\alpha_T)}}, \tag{9.3}$$

$$p_i = \frac{C_5 r_H a p_{CA,RMS,0}}{U\sqrt{1+\frac{r_H^2}{r_x^2}}}, \tag{9.4}$$

上述两式中,α_T 是总吸声系数,其值参见表 9.1;S 为吸声表面面积(泵吸水室);$C_5 = 2\ 500\ \mathrm{m}^{-1}$;$a$ 为管道内的声速;r_x 为叶轮和传感器间的距离;r_H 为反射半径,此外空化声压 $p_{CA,RMS,0}$ 参考值的计算公式为

$$p_{CA,RMS,0} = p_{A,RMS}\sqrt{\frac{Z_{R,0}}{Z_R}\left(1-\frac{p_{A0,RMS}^2}{p_{A,RMS}^2}\right)}, \tag{9.5}$$

式(9.5)中的其他参数参见式(8.11)至(8.13).当测量得到的是固载噪声 b_{ks} 时,则上式中的液载噪声 $p_{A,RMS}$ 可以通过式(9.6)进行换算,即

$$p_{A,RMS} = b_{ks}\rho h \sqrt{\frac{\rho_P a_L}{\sqrt{3}\rho a}\left(1+\frac{R}{L}\frac{h_D}{h}\right)}, \tag{9.6}$$

式中,a_L 为泵体中的声速,其余各参数参见式(8.1).上式也可以作为背景噪声的换算公式.

表 9.1 总吸声系数 α_T

覆盖材料	α_T
有机玻璃	0.23
钢	0.16

9.4.2 应用空穴长度计算冲击压力

当泵内的空穴长度不能测量时,可以采用经验公式来大致确定.只有装置净正吸头低于空化初生时的净正吸头时才会有空穴出现,即当 $NPSHA < NPSH_i$ 时,空穴长度 L 为

$$L = \frac{\pi D_1}{Z_R}\left[1-\left(\frac{NPSHA-NPSH_3}{NPSH_i-NPSH_3}\right)^{0.33}\right], \tag{9.7}$$

也可以应用空化噪声对空穴长度进行计算,叶片背面空穴长度为

$$\frac{L}{L_0} = 5.4 \times 10^5 \left(\frac{I_{ac}}{I_0}\right)^{0.52}\left(\frac{\Delta p_0}{\Delta p}\right)^{1.06}\left(\frac{a_0}{a}\right)^{0.35}\left(\frac{\alpha}{\alpha_0}\right)^{0.13}\left(\frac{\rho_B}{\rho_{B,0}}\right)^{0.15}, \tag{9.8a}$$

叶片工作面的空穴长度为

$$\frac{L}{L_0} = 3.9 \times 10^5 \left(\frac{I_{ac}}{I_0}\right)^{0.56} \left(\frac{\Delta p_0}{\Delta p}\right)^{1.15} \left(\frac{a_0}{a}\right)^{0.38} \left(\frac{\alpha}{\alpha_0}\right)^{0.14} \left(\frac{\rho_B}{\rho_{B,0}}\right)^{0.17},\qquad(9.8b)$$

在式(9.8)中,

$$I_{ac} = \frac{p_{CA,RMS,0}^2}{\rho a};\qquad(9.9)$$

$L_0 = 10$ mm; $I_0 = 1$ W/m²; $\Delta p = p_1 - p_v = \rho g NPSHA - \frac{\rho U^2}{2}$; $a_0 = 1\,490$ m/s; α 为含气量; $\alpha_0 = 24 \times 10^{-6}$; ρ_B 为气体或者蒸气的密度; $\rho_{B,0} = 0.017\,3$ kg/m³.

根据式(9.7)或者式(9.8)计算得到的空穴长度来计算冲击压力 p_i 的公式为

$$p_i = C_4(p_1 - p_v)\left(\frac{L}{L_0}\right)^{0.91}\left(\frac{a}{a_0}\right)^{0.33}\left(\frac{\rho_{B,0}}{\rho_B}\right)^{0.15}\left(\frac{\alpha_0}{\alpha}\right)^{0.12},\qquad(9.10)$$

式中 C_4 的取值参见表9.2.根据式(9.10)就可以在仅仅知道空穴长度的情况下计算冲击压力.

表 9.2　系数 C_1, C_4 和 x_2

侵蚀形式	$C_1/(\text{W/m}^2)$	C_4	x_2
背面	5.4×10^{-24}	18	2.83
工作面/旋涡	2.5×10^{-22}	67	2.6

9.4.3　应用侵蚀速度计算冲击压力

材料(或者水力机械)的侵蚀速度 E_R 是指在图9.11和图9.12所示的试验中,单位面积的材料在单位时间内的侵蚀深度,单位是 μm/s.通常在实际应用中采用侵蚀比功率 P_{ER} 来表示侵蚀速度.

当发生材料侵蚀时,空化就会对材料做功.单位表面面积上的有效冲击能量为应力 σ 与距离 δ 的乘积,即 $\int \sigma \mathrm{d}\delta$.假设应力-应变曲线是理想的,即其是限制在极限抗张强度内的弹性变化.以该假设为前提,由积分

$$U_R = \int \sigma \mathrm{d}\delta$$

得到单位体积材料在脆性断裂情况下所做的功. U_R 又称为"极限弹力".单位体积材料脆性断裂所用的功 U_R 乘以侵蚀速度 E_R 就得到侵蚀比功率 P_{ER},即

$$P_{ER} = U_R E_R,\qquad(9.11)$$

9.5节将对 U_R,侵蚀速度 E_R 以及侵蚀比功率 P_{ER} 做进一步的解释.根据侵蚀比功率 P_{ER}(即根据侵蚀速度 E_R)计算冲击压力的公式为

$$p_i = 1.1 \times 10^9 p_0 \left(\frac{P_{ER}}{I_0}\frac{F_{Mat}}{F_{cor}}\right)^{0.333},\qquad(9.12)$$

式中, $p_0 = 1$ Pa;液体的腐蚀系数 F_{cor} 和材料的空化系数 F_{Mat} 参见表9.3.

表 9.3 液体的腐蚀系数 F_{cor} 和材料的抗空化系数 F_{Mat}

材料	F_{Mat}	F_{cor}	
		淡水	海水
铁素体钢	1.0	1.0	1.5
奥氏体钢	1.6	1.0	1.3
铝铜	2.0	1.0	1.4

9.5 材料空化抵抗

到目前为止,还无法用一个具体的参数明确地描述空化抵抗 CR. 相比于空化液力强度 HCI,空化抵抗 CR 更不确定. 这是因为一方面,作为材料固有属性的空化抵抗会随着外部空化液力强度大小的变化而变化. 另一方面,即使外部的空化液力强度不变化,材料的空化抵抗也会出现不同的值(表现为侵蚀速度具有 4 个不同的区域).

9.5.1 空化抵抗 CR 及其描述参数

在 9.1 节提到材料的空化抵抗 CR 是材料的固有属性,与流动无关. 侵蚀速度 E_R 随材料空化抵抗的增加而降低. 同空化液力强度一样,现在还没有直接度量空化抵抗的参数和直接测量空化抵抗的方法. 任何一个传统的材料特征参数(例如硬度H、抗张强度 R_m)都不能精确地描述材料的空化抵抗性能,这是因为空化状态下的载荷与拉伸试验和硬度测量中的加载形式的差别非常大.

爆炸的蒸气空泡或者微射流对材料进行冲击的作用面积非常小,持续的时间也很短,但是能量和频率却非常高,冲击造成材料的局部弹性变形. 图 9.14 所示为瑞士联邦洛桑理工学院所得的斯特莱特合金遭受一个空化旋涡冲击破坏所形成的蚀损斑,斑点的直径为 50 μm. 极小的载荷冲击范围也表明材料的组织结构对空化抵抗非常重要. 微观组织与其他不可控的因素对侵蚀速度的影响之比为 1 : 5. 影响空化抵抗的因素很多,目前还不能用简单的一个特征量就能完全描述. 常用的描述材料空化抵抗的参数有硬度、极限弹力以及材料抗空化疲劳强度等.

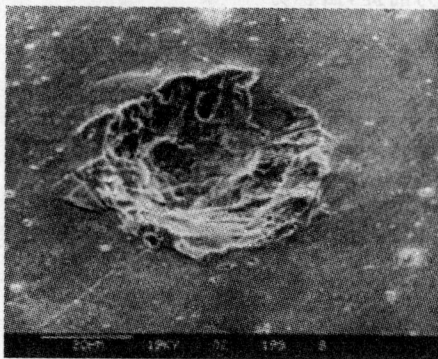

图 9.14 斯特莱特合金的蚀损斑

1. 硬度 H

微射流对结构表面的冲击类似于冲击载荷,根据这种相似可以把硬度看作是空化抵抗的一级近似.

2. 极限弹力 U_R

因为空化抵抗越强,材料的侵蚀速度越小,从这个角度来看,可以把 9.4.3 节定义的单位体积材料脆性断裂所用的功——极限弹力 U_R 看作是描述空化抵抗的另外一种参数.如 9.4 节所述,U_R 是限制在极限抗张强度内的弹性变形功,因此

$$U_R = \frac{R_m^2}{2E}, \tag{9.13}$$

式中,R_m 为抗张强度;E 弹性模量.对于各种钢铁材料而言,由于其弹性模量 E、硬度与抗张强度的比值(布氏硬度/抗张强度 ≈ 0.293)都为常数,因此对于钢铁材料,应用硬度、抗张强度以及极限弹力描述空化抵抗是一样的.

3. 材料抗空化疲劳强度 F_s

空化状态下材料的疲劳强度也可以用于描述空化抵抗,铁素体钢在淡水或者软化水中疲劳强度的范围为

$$F_s = (0.054 \sim 0.150)R_m. \tag{9.14}$$

有时候也定义 E_R 的倒数 $1/E_R$ 作为材料的空化抵抗.可以看出上述的空化抵抗不仅符号不同,甚至连量纲也不一样.不仅仅如此,实际上,材料破坏的机理会随着空化液力强度 HCI 的变化而变化,换言之,随着空化液力强度 HCI 的变化,作为矛盾体另外一面的 CR 也是变化的:① 如果 HCI 接近材料的疲劳强度时,空化条件下材料的疲劳强度与空化抵抗相关;② 如果 HCI 接近材料的硬度时,硬度与空化抵抗相关;③ 如果 HCI 大于抗张强度 R_m 时,抗张强度 R_m 很好地描述材料的空化抵抗特性.

9.5.2 材料侵蚀试验、侵蚀速度及材料的侵蚀过程

材料空化侵蚀的测量是通过将标准试样放置在超声振动设备、磁激振荡器、滴水侵蚀设备、文吐里喷嘴或者射流空化等空化试验装置中进行.由振荡引起空化的机理在 3.1 节中进行了简单的介绍,即所谓的振动空化.图 9.15 所示为超声振动设备及其原理图,试验中通常采用的振荡频率为 20 kHz,振幅为 $30 \sim 60~\mu m$.应用金相学及 XRD (X Ray Diffraction,X 射线衍射)技术对材料微观组织进行分析,采用失重法测量材料的侵蚀速度.经过一定的时间间隔后测量试样的质量以获得试样的质量损失 Δm,用平均侵蚀深度 MDE 描述试样的侵蚀损失,即

$$MDE = \frac{\Delta m}{10\rho A}, \tag{9.15}$$

式中,A 是试样表面面积,cm^2;ρ 为试样密度,g/cm^3.

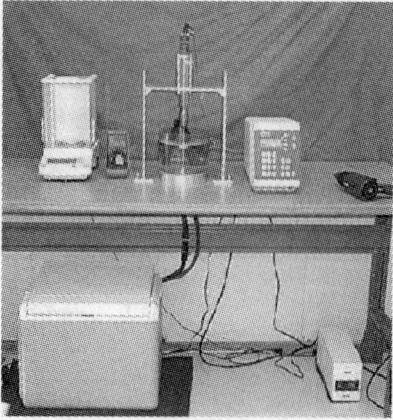

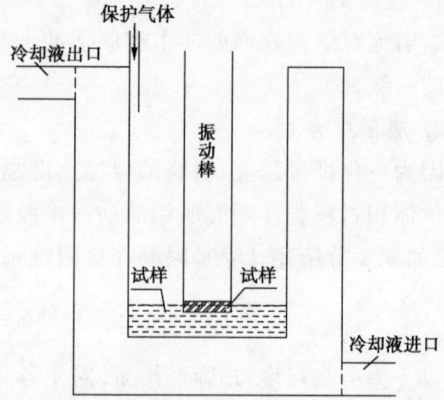

图 9.15 材料空化侵蚀试验超声振动设备及其原理简图

侵蚀速度 E_R 定义为

$$E_R = \frac{\Delta m}{10\rho A \Delta t},\qquad(9.16)$$

式中,Δt 为试验间隔时间,h.

图 9.16 所示为 4 种锆基金属玻璃材料在 60 h 内空化试验的数据,即平均侵蚀深度与侵蚀速度随时间的变化关系曲线.

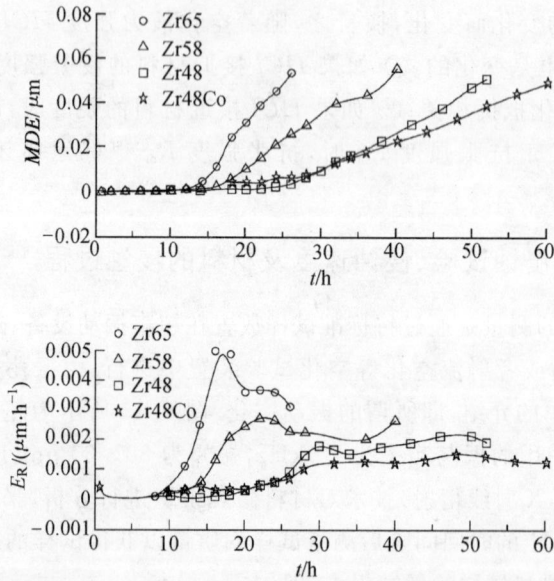

图 9.16 平均侵蚀深度与侵蚀速度随时间的变化关系

图 9.16 中上图的作用与图 9.12 相同,它们只能说明随着空化侵蚀试验时间的增加,材料质量损失增加.根据图 9.16 的下图(尤其是 Zr65 的情况),即根据 E_R-t 曲线可以看出材料空化侵蚀试验曲线应当包含 4 个区域:首先是孕育区(期),在该区域内检测不到材料的损失;第 2 个区域是累积区(期),在该区域由式(9.16)计算得到的侵蚀速度达到最大值;第 3 个区域为缓和区(期),材料的侵蚀速度降低;第 4 个区域为稳定区

（期），该区域与材料自身的特性相关. 从图 9.16 中还可以看出, 并不是所有的材料都表现出 4 个明显不同的区域(Zr48Co 没有表现出缓和区).

根据 E_R 的上述性质, 可以看出前述定义 E_R 的倒数 $1/E_R$ 作为材料的空化抵抗事实上也不确定, 因为 $1/E_R$ 随着 E_R 的变化而变化.

9.5.3 不同 HCI 作用下材料的 CR 反应

前面提到随着空化液力强度的不同材料的空化抵抗会有变化, 这里具体的介绍这一点.

1. 侵蚀初生与发展的侵蚀

各种材料都有一个空化液力强度 HCI 阈值, 低于该值时则不会有空化侵蚀发生.

在式(9.11)中, 对于某一确定的试样而言其 U_R 值是固定的, 因此, 侵蚀比功率 P_{ER} 与空化侵蚀速度 E_R 线性相关. 图 9.17 所示为两种不同的钢铁材料①和②在不同空化液力强度 HCI(图中用 σ 表示空化液力强度, 随 σ 的降低空化液力强度 HCI 是增加的)作用下侵蚀速度(用侵蚀比功率 P_{ER} 表示)的变化曲线, 图中坐标为对数坐标.

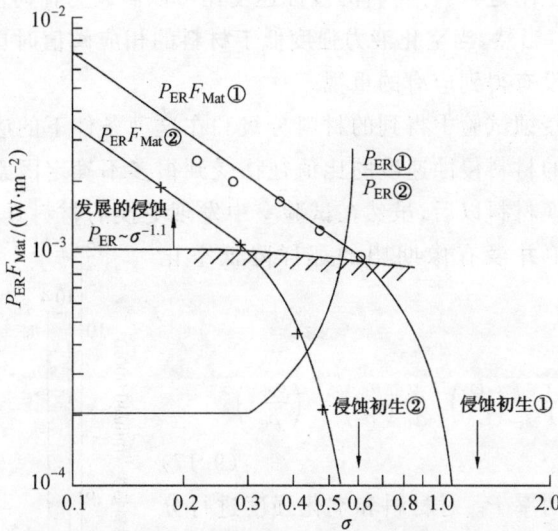

图 9.17 两种不同钢材承受空化时的侵蚀比功率

需要说明的是, 图 9.17 中表示侵蚀速度 E_R 的纵坐标侵蚀比功率 P_{ER} 并没有确定表示图 9.16 中哪一个区域的侵蚀速度. 这里不过度追究这一点, 简单地理解为稳定区的侵蚀速度.

图 9.17 所示曲线可以分成两部分: 发展的侵蚀和侵蚀初生区域. 直线区域的侵蚀已经完全发展, 称为发展的侵蚀. 在发展的侵蚀区域内可以粗略地采用指数关系 $E_R\text{-}\sigma^x$ 计算侵蚀速度, 其对数坐标形式 $\lg E_R\text{-}x\lg \sigma$ 表现为图中的直线. 在空化数较高的区域称为侵蚀初生区域, 随着 σ 的增加, 即随着空化液力强度的降低, 侵蚀比功率 P_{ER} 逐步接近一个 HCI 阈值(图 9.17 中的侵蚀初生点), 在该点 P_{ER} 为 0, 即当 $\sigma > \sigma_{THR}$(对应 $HCI < HCI_{THR}$)时无侵蚀发生. 图 9.17 中 F_{Mat} 的取值参见表 9.3.

由于在发展的侵蚀区域,侵蚀速度可以粗略地采用指数关系 $E_R\text{-}\sigma^x$ 计算,而当 HCI < HCI_{THR} 时无侵蚀发生.因此,人们都集中研究侵蚀初生区域附近的情况.在侵蚀初生区域附近,几乎与侵蚀速度有关所有的参数——例如,速度、噪声、含气量、温度、空化数以及空穴长度等——都有独立的试验研究.这就解释了为什么侵蚀速度与速度的指数关系中,指数从 1 到 20 都有所出现(有些是不严谨的)的原因.

需要注意图 9.17 与图 9.16 的不同.图 9.16 表示的是在空化液力强度不变的条件下侵蚀速度随时间的变化关系,而图 9.17 中的空化液力强度是变化的.两图中都有 $E_R=0$ 的区域,图 9.16 中 $E_R=0$ 的区域与时间有关,即所谓的孕育期,过了孕育期之后,$E_R>0$.图 9.17 中 $E_R=0$ 的区域是由于空化液力强度不足引起的,无论时间过多久,侵蚀速度一直为 0.

2. 发展的侵蚀区域的应用——材料分级与侵蚀比功率的计算

通常,采用在同一空化液力强度作用下两种材料的侵蚀比功率 P_{ER} 的比值来衡量两种材料的空化抵抗等级.应该说,在发展的侵蚀区域范围以外(也就是在侵蚀初生以及低于空化液力强度阈值的范围内),基于侵蚀速度的测量对材料进行分级毫无意义,这是因为在侵蚀初生附近,两种材料的侵蚀速度比可以假设为任何值,在阈值附近变为无穷大(如图 9.17),当然,当空化液力强度低于材料的相应阈值时更没有意义.这一现象在很多文献中都没有得到应有的重视.

只有在发展的侵蚀试验中得到的材料分级和在这种条件下的应用才有意义.两种空化抵抗区别很大的材料侵蚀速度的比值往往受到很多不确定因素的影响.有时为了提高叶轮的寿命变换材料以后,虽然在试验室中发现更换的材料具有更好的抗空化性能,但在实际应用中并没有像期望的那样降低空化破坏.

可以应用

$$P_{ER}=C_1\left(\frac{\Delta p}{p_0}\right)^3\frac{F_{cor}}{F_{Mat}}\left(\frac{L}{L_0}\right)^{x_2}\frac{a}{a_0}\left(\frac{\alpha_0}{\alpha}\right)^{0.36}\left(\frac{\rho_{B,0}}{\rho_B}\right)^{0.44}$$

(9.17)

计算得到的侵蚀比功率 P_{ER} 对材料和空化强度进行分级.式中各参照变量的值为:$\Delta p=p_1-p_v$,$p_0=1$ Pa,$L_0=10$ mm,$\alpha_0=2.4\times10^{-5}$,$a_0=1$ 490 m/s,$\rho_{B,0}=0.017$ 3 kg/m^3,腐蚀系数 F_{cor} 和材料的抗空化系数 F_{Mat} 参见表 9.3,系数 C_1 和 x_2 参见表 9.2.

图 9.18 所示为对材料分级的一个例子,计算所用介质为 20 ℃空气饱和水,$NPSHA$ 为 37 m,空穴长度为 20 mm.

由图 9.18 可知,在运行 40 000 h 以后,含 13％Cr 和 4％Ni 的铁素体铬钢的空化侵蚀为 1.0 mm.图中的各种侵蚀速度同时也是各种材料与这种铬钢侵蚀速度的比值.这种分级形式与其他文献的分级类似.铸铁和

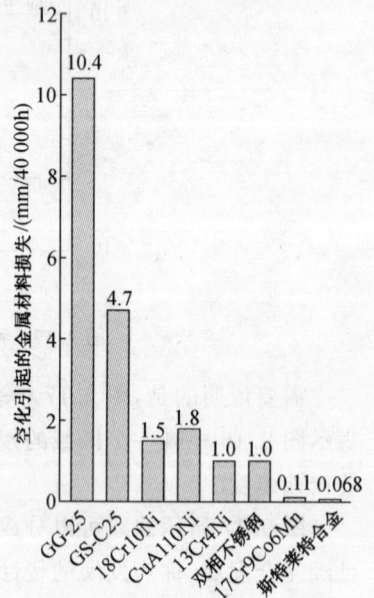

图 9.18 空化破坏造成的各种材料的材料损失

碳钢的空化抵抗很小,而含有 Co 和 Mn 等的特殊合金钢(例如 17Cr9Co6Mn)由于其很高的应变硬化而具有(目前为止已知的)最好的空化抵抗.

式(9.17)是基于空穴长度的侵蚀比功率 P_{ER} 的计算方法.同空化液力强度 HCI(冲击压力 p_i)的计算一样,还可以基于液载噪声和冲击压力来计算侵蚀比功率 P_{ER}.

基于液载噪声计算侵蚀比功率的公式为

$$P_{ER} = C_2 \frac{F_{cor}}{F_{Mat}} \left(\frac{I_{ac}}{I_0} \right)^{1.463}, \tag{9.18}$$

式中,$C_2 = 8.8 \times 10^{-8}$ W/m^2.

图 9.19 为基于空化噪声侵蚀速度分析得到的计算结果和测量数据.

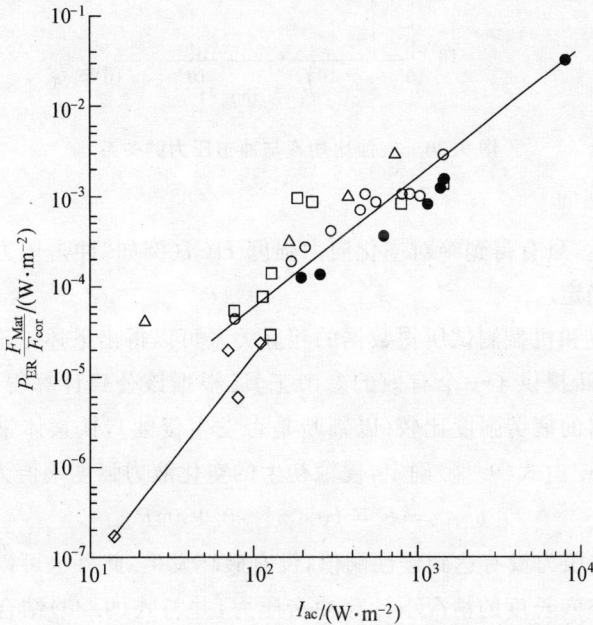

图 9.19 基于空化噪声侵蚀速度分析的计算和测量数据

基于冲击压力对侵蚀比功率进行计算的公式为

$$P_{ER} = C_3 \frac{F_{cor}}{F_{Mat}} \left(\frac{p_i}{p_0} \right)^3. \tag{9.19}$$

对于不锈钢,当 $p_i > 70$ N/mm^2 时,式中 $C_3 = 8.5 \times 10^{-28}$ W/m^2.由于很多假设的不确定性,式(9.19)有很强的经验性.不过,已有较宽范围内的资料和各种泵的大量测试数据表明该式的统计规律是可信的.图 9.20 所示为侵蚀比功率 P_{ER} 和冲击压力 p_i 之间的关系.

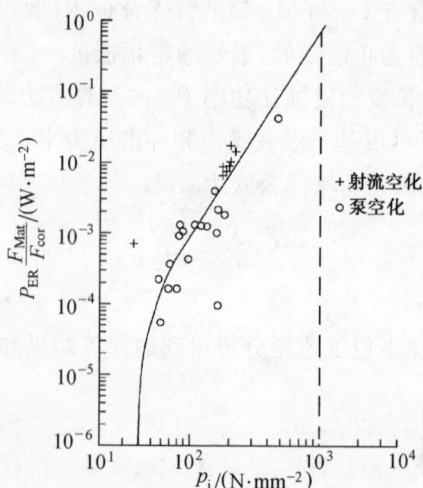

图 9.20 侵蚀比功率与冲击压力的关系

3. 侵蚀初生判断

对于侵蚀初生,只有得到绝对空化液力强度 HCI(例如"冲击压力")和空化状态下的疲劳强度才能确定.

根据不同装置和机械测试所得数据的相互关系可以得出下述结论:式(9.4)为度量空化液力强度 HCI 提供了一个有效的参考工具. 根据该公式计算得到的 p_i 值可用于同空化状态下材料的疲劳强度比较(以判断是否发生侵蚀),铁素体钢在淡水或者软化水中的疲劳强度 F_s 由式(9.14)确定,侵蚀初生的空化液力强度阈值为

$$p_{i,THR} = F_s = (0.054 \sim 0.150) R_m. \tag{9.20}$$

当 $p_i < F_s$ 时,冲击压力没有达到侵蚀阈值,没有破坏发生. 此外也可以根据式(9.10)就可以在仅仅知道空穴长度的情况下计算冲击压力,并与式(9.20)结合比较判断是否发生空化侵蚀以及侵蚀阈值对应的空穴长度的阈值. 同样,也可以计算空化噪声的侵蚀初生阈值.

9.5.4 空化抵抗 CR 的影响因素

关于影响材料空化抵抗 CR 的因素,大致上有下述结论:高空化抵抗的前提条件是,高抗拉强度、高应变硬化能力、组织均匀并且表面无凹坑和裂纹.

影响空化抵抗的因素主要有以下几方面.

1. 材料机械特性的影响

在几组相近的材料中,空化抵抗随硬度或者抗张强度 R_m 的增加而增强. 侵蚀速度 E_R 与 R_m 间有如下联系:$E_R \propto 1/R_m^2$. 当抗张强度相同时,韧性好的材料的空化抵抗高. 例如,脆性材料虽然硬度很高,但是空化抵抗很低. 硬度和韧性相同时,材料组织越细密空化抵抗性能越好. 在不过度降低延展性的前提下,通过合适的冶金方法(例如沉淀硬化或者弥散硬化、马氏体形成硬化或者应变硬化)提高材料的抗拉强度就可以提高其空化抵抗. 获得高空化抵抗性能的一个决定性因素就是通过应变硬化将奥氏体转变为马氏体.

冲击空泡产生的应力冲击是复杂、多向的. 残余抗压应力会增强空化抵抗, 而残余抗拉应力会降低空化抵抗.

2. 微观组织的影响

材料侵蚀偏向于晶粒和晶相的边界或者表面的孔洞中发生. 材料组织中硬粒子的存在减小了材料的空化抵抗性能, 不过提高了抗磨蚀能力. 软组分(例如层状铸铁中的石墨)、柔软或者很脆的晶界、孔洞、裂纹以及结构缺陷会降低空化抵抗.

3. 涂层的影响

同很多金属一样, 只有在钢和水的边界表面上形成一层钝化层或者说是保护层时, 钢才具有抵抗化学腐蚀能力. 如果该保护层被冲击空泡破坏以后, 基材料就会受到空化侵蚀和化学腐蚀的双重破坏. 这就是海水中的空化侵蚀通常比淡水中严重的原因. 对所输送的介质具有较好的腐蚀抵抗性能是好的空化抵抗性能材料应具备的一个首要条件.

涂层材料不能有缺陷, 而且要求硬而不脆. 涂层的厚度要保证在冲击压力峰值的作用下基材料不会发生弹性变形.

用于堆焊的材料和合金(特别是用于高抗空化性能材料)具有极高的应变硬化系数.

表 9.4 列出了一些材料的空化抵抗性能从强到弱的顺序.

表 9.4 材料空化抵抗性能情况

顺序	非铁金属材料		钢铁材料	
	淡水中	海水中	淡水中	海水中
1	烧结合金、斯特莱特合金(Co-Wu)	烧结合金、斯特莱特合金(Co-Wu)		
2	铍青铜	铝青铜		
3	铝青铜(w(Al)>10%)	铝青铜(w(Al)>10%)	08-8Cr-Ni 13Cr	08-8Cr-Ni 13Cr
4	硅青铜	硅青铜	Ni-Cr-Mo 钢	Ni-Cr-Mo 钢
5			Ni-Cr 钢	Ni-Cr 钢
6			Mn 钢	Mn 钢
7	锰青铜	锰青铜	Mn-Cr 钢	Mn-Cr 钢
8	Cu-Ni(Ni60)	Cu-Ni(Ni60)	Cr 钢	Cr 钢
9	青铜(Cu-Zn)	青铜(Cu-Zn)	Ni 钢	Ni 钢
10	青铜(Cu-Sn-Zn)	青铜(Cu-Sn-Zn)	碳素钢	碳素钢
11			合金铸钢	碳素钢合金铸钢
12			铸钢	铸钢
13	黄铜(6/4)	黄铜(6/4)		
14			低碳钢	低碳钢
15	Cu-Ni(Ni30)	Cu-Ni7/3 黄铜		
16	黄铜(7/4)			
17			铸铁	铸钢
18	铜	铜		
19	Al	Al		

9.5.5 几种材料微观组织及其空化抵抗分析

在 9.5.1 节中已经提到,材料的组织对其空化抵抗性能非常重要.微观组织和其他不可控因素对侵蚀速度的影响之比为 1:5.硬度和韧性相同时,材料组织越细密其空化抵抗性能越好.通过应变硬化使奥氏体转变为马氏体是获得高空化抵抗性能的一个决定性因素.本节介绍几种材料的微观组织及其空化抵抗特性.

1. 应用 NiCoCrB 合金对钢试样进行激光表面铸合处理

材料表面内的奥氏体转变对提高材料的应变硬化和空化抵抗具有很重要的作用.在承受空化作用时,屈服强度相对较低和形变孪生机理良好的合金能够较好地吸收变形能量.如不锈钢内的锰(Mn)和钴(Co)基合金.低堆垛层错能量的平面滑移模式对实现粒子移除也很重要.正如在对图 9.18 的说明中提到含有 Co 和 Mn 等的特殊合金钢的空化抵抗性能最好.Co 基合金优良的空化抵抗性能早在 20 世纪 70 年代初期就已经发现.试验室中的研究发现,在传统的奥氏体不锈钢中添加少量的 Mn 和 Ni 得到的材料具有最好的空化抵抗性能.这里首先介绍含有 Co 合金的情况,后面接着介绍两种含有 Mn 合金和 Ni 合金的情形,最后介绍一种非晶态材料的空化抵抗性能.

两种试样的成分如表 9.5 所示,试件表面喷砂处理,然后通过火焰喷射将 NiCoCrB 合金粉末预置在试件的表面上,然后进行激光表面处理.合金粉末 NiCoCrB 成分 Ni,Co,Cr,Fe,B,C 的质量分数分别为:17.1%,19.6%,14.5%,35.0%,1.0%,0.9%.

表 9.5　试样成分　　　　　　　　　　　　　　　　%

试样	Fe	Cr	Mn	Ni	Mo	Si	C
AISI 1050 低碳钢	0.2	0.4	0.5				
AISI 316L 不锈钢	17.6	11.2	0.4	2.5	1.4		0.03

NiCoCrB 合金火焰喷射后试件表面图和断面图如图 9.21 所示.预置涂层厚度约为 0.25 mm,由于阴影效应的影响火焰喷射后试件的表面不完整、不平整而且多孔.在基件和涂层的某些位置上粉末难以实现沉积.

(a) 表面图　　　　　　　　　　　　(b) 断面图

图 9.21　NiCoCrB 合金火焰喷射后试件表面图和断面图

图 9.22 所示为火焰喷射 NiCoCrB 合金涂层的 X 射线谱,从图中可以看出存在 FCC γ-NiCoCr 以及少量的硼化铬(Cr_2B, CrB)、硼化镍(Ni_3B)以及碳硼化合物

$(M_7(CB)_3, M_{23}(CB)_6,$ 其中 $M = Fe, Cr, Co)$ 等二次相.

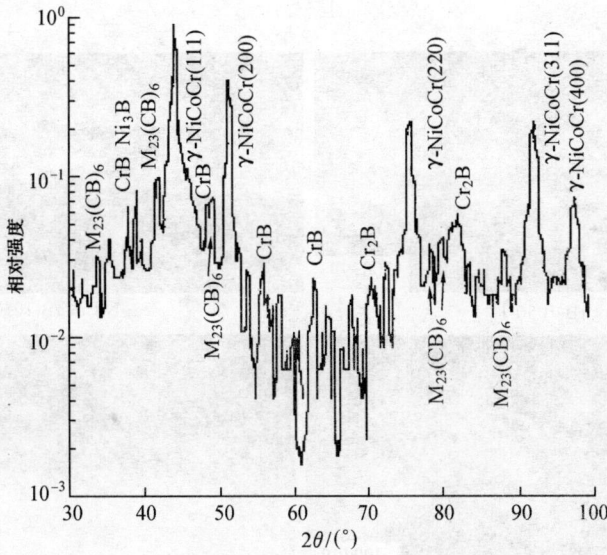

图 9.22　火焰喷射 NiCoCrB 合金涂层的 X 射线谱

激光合金 AISI 1050 和 316L 试样的熔化层深度、激光加工参数以及稀释率列于表 9.6. 表 9.6 中的稀释率为

$$DR = \left(1 - \frac{t}{D}\right) \times 100\%,$$

式中, t 为预置层厚度. 根据该定义, DR 越大, 稀释程度越高. 而重叠度为

$$OL = \frac{a-x}{x} \times 100\%,$$

式中, a 为单条激光轨迹的宽度; x 为两条激光轨迹之间的距离.

表 9.6　AISI 1050 和 316L 试样与 NiCoCrB 激光表面铸合的激光参数

试样号 (试验标号)	激光功率 P/kW	扫描速度 $v/(\text{mm/s})$	熔化深度 D/mm	重叠度 $OL/\%$	稀释率 $DR/\%$
NiCoCrB-1050-1	1.1	15	0.70	50	60
NiCoCrB-1050-2	1.1	25	0.27	50	9
NiCoCrB-316-1	1.1	15	0.74	50	74
NiCoCrB-316-3	1.1	35	0.26	50	4

激光表面加工以后, 喷射涂层内的孔全部被去除. 涂层与基材料的混合具有非常好的冶金结合. 不同扫描速度下激光合金 AISI 1050 和 AISI 316L 的断面图如图 9.23 所示. 扫描速度越快, 熔化的体积越少(稀释率小), 淬火速度越快. 图 9.24 是 NiCoCrB-1050-1 和 NiCoCrB-1050-2 的断面图放大后的情况. 两种试件的熔化区都呈现为细树枝形状. 在受热区, 低碳钢中含有 0.5% 的碳使其在快速固熔过程发生了马氏体转化. 在基合金中发现了铁素体和珠光体. 图 9.25 是 NiCoCrB-316-1 和 NiCoCrB-316-3 的断面图放大后的情形, 由于淬火速度更高, NiCoCrB-316-3 的树枝状组织要比 NiCoCrB-

316-1 的更细. 由于 AISI 316L 的碳含量很低,因此在两种不锈钢试样中都没有发现受热区.

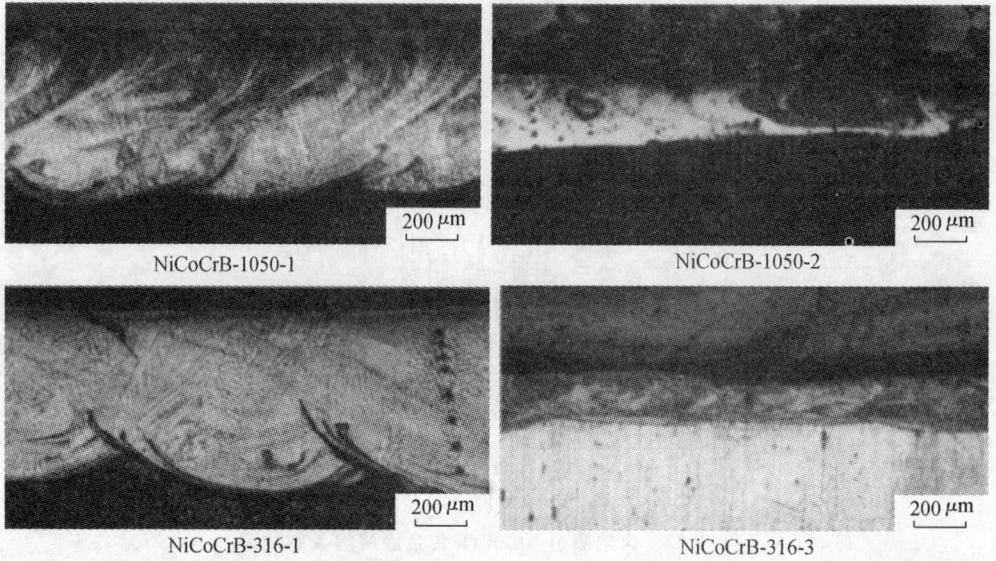

图 9.23 不同扫描速度下激光铸合合金 AISI 1050 和 AISI 316L 的断面图(试验标号参见表 9.6)

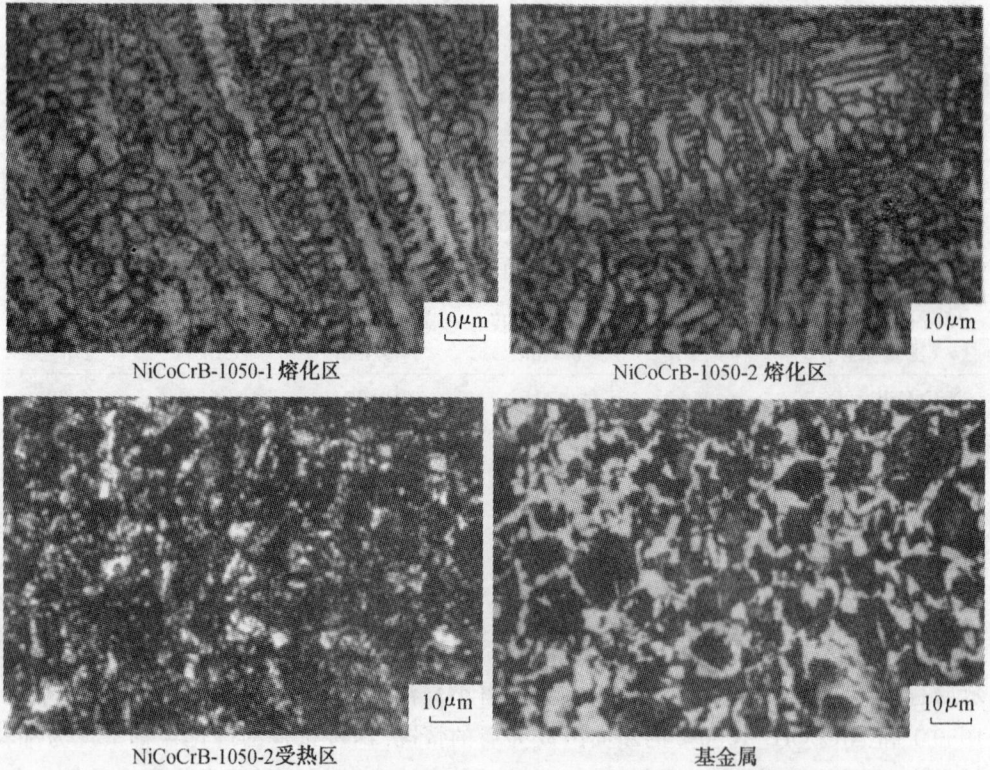

图 9.24 激光铸合合金 AISI 1050 断面图的微观组织(试验标号参见表 9.6)

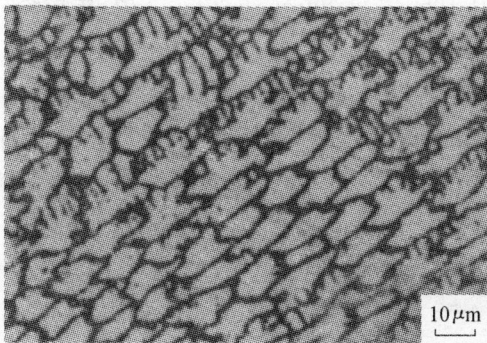

NiCoCrB-316-1 熔化区　　　　　　　　　　　NiCoCrB-316-3 熔化区

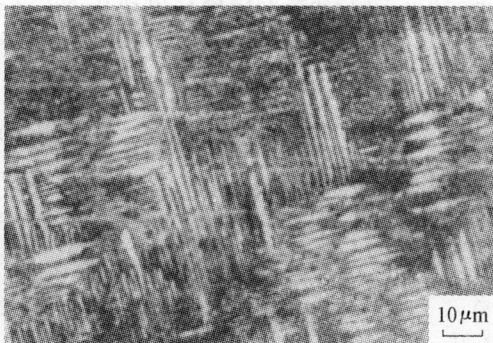

图 9.25　激光铸合合金 AISI 316L 断面图的微观组织(试验标号参见表 9.6)

图 9.26 所示为 AISI 1050,NiCoCrB-1050-1 和 NiCoCrB-1050-2 的 X 射线谱.

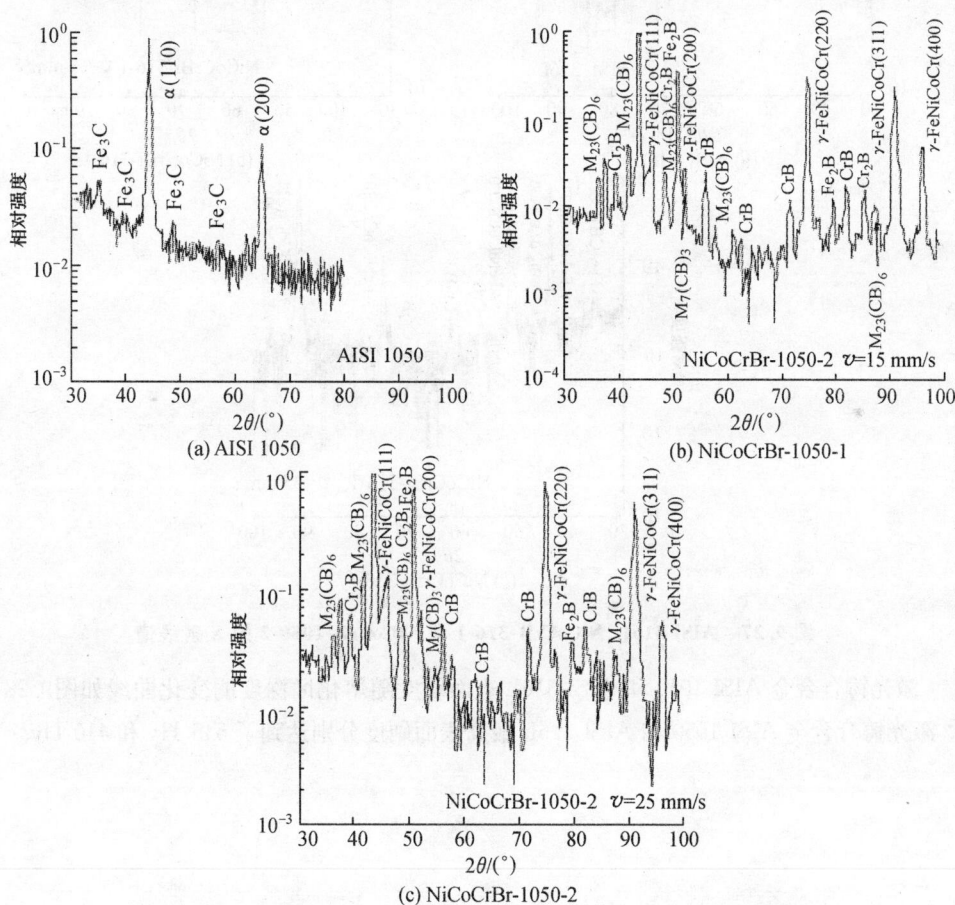

(a) AISI 1050

(b) NiCoCrBr-1050-1

(c) NiCoCrBr-1050-2

图 9.26　AISI 1050,NiCoCrB-1050-1 和 NiCoCrB-1050-2 的 X 射线谱

对于两种激光铸合合金,主要相都是奥氏体 γ-FeNiCoCr,这是因为 C(NiCoCrB 中含 1%,基金属中含 0.5%),Ni 和 Co 都是强奥氏体形成物.诸如硼化物(Cr_2B(斜方晶系),CrB(斜方六面体),Fe_2B(正方晶格))和碳硼化合物($M_7(CB)_3$,$M_{23}(CB)_6$(其中

$M=Fe$，Cr，Co))等陶瓷相出现在 NiCoCrB-1050-1 和 NiCoCrB-1050-2 中. 碳质量分数越高，硬质硼化物/碳硼化合物的合成程度就越高.

图 9.27 所示为 AISI 316L，NiCoCrB-316-1 和 NiCoCrB-1050-2 的 X 射线谱. 同 1050 合金试样一样，激光铸合合金的主要相是奥氏体 γ-FeNiCoCr. 但是与 NiCoCrB-1050-1 和 NiCoCrB-1050-2 相比，其硼化物、碳硼化合物等陶瓷相的强度要低，这与不锈钢 316L 中的低含碳量相符.

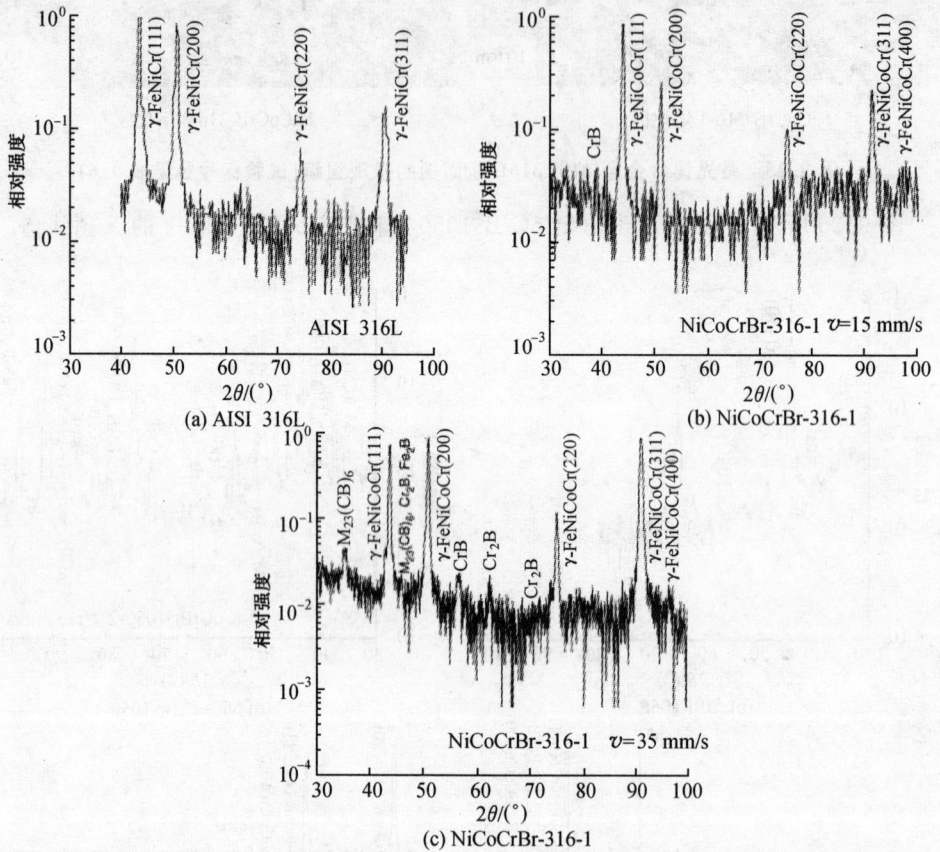

(a) AISI 316L

(b) NiCoCrBr-316-1

(c) NiCoCrBr-316-1

图 9.27　AISI 316L，NiCoCrB-316-1 和 NiCoCrB-1050-2 的 X 射线谱

激光铸合合金 AISI 1050 和 AISI 316L 表面硬度随熔化区深度的变化曲线如图9.28 所示. 激光铸合合金 AISI 1050 和 AISI 316L 最高表面硬度分别达到了 545 Hv 和 410 Hv.

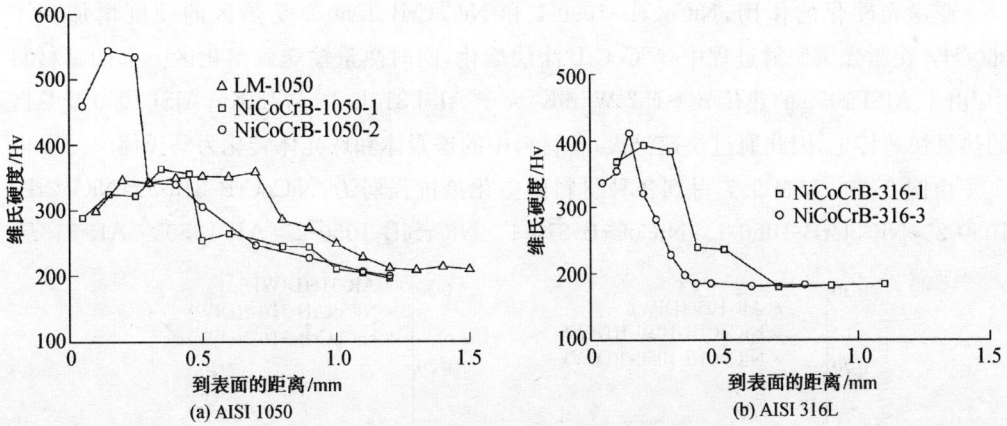

图 9.28 铸合合金硬度随断面深度的变化规律

图 9.29 为试样的化学成分. 对于 NiCoCrB-1050-1 和 NiCoCrB-1050-2,Co 质量分数分别接近 8% 和 12%. NiCoCrB-1050-1 的最大硬度 360 Hv 要高于 NiCoCrB-316-1 的最大值 300 Hv。然而二者的稀释率相近,这种区别是由于 AISI 1050 的碳质量分数高导致的. 后者增强了如 $M_7(CB)_3$ 和 $M_{23}(CB)_6$ 等硬质相的形成. 在熔化区所有试样的硬度相同.

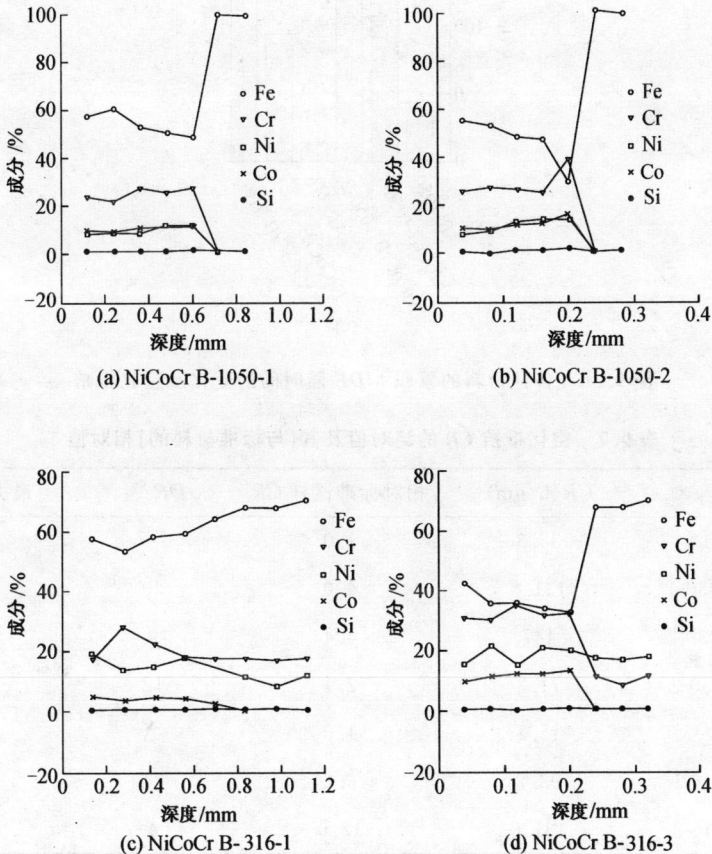

图 9.29 试样材料的成分

受激光硬化的作用，NiCoCrB-1050-1 和 NiCoCrB-1050-2 受热区的硬度增加到了
360 Hv.在激光束照射过程中，NiCoCrB 涂层熔化，同时热量输送到熔化区下部的基材料
中.由于 AISI 1050 的热传导率(52 W/mK)大于 AISI 316L(16 W/mK)，AISI 1050 受热区
的热量快速传走，因此通过快速淬火，基材料中的铁素体和珠光体转化为马氏体.

由图 9.30c 和表 9.7 得到各种材料的空化抵抗强弱为：NiCoCrB-316-3＞NiCoCrB-
1050-2＞NiCoCrB-1050-1＞NiCoCrB-316-1＞NiCrSiB-1050-2＞AR-1050＞ AR-316.

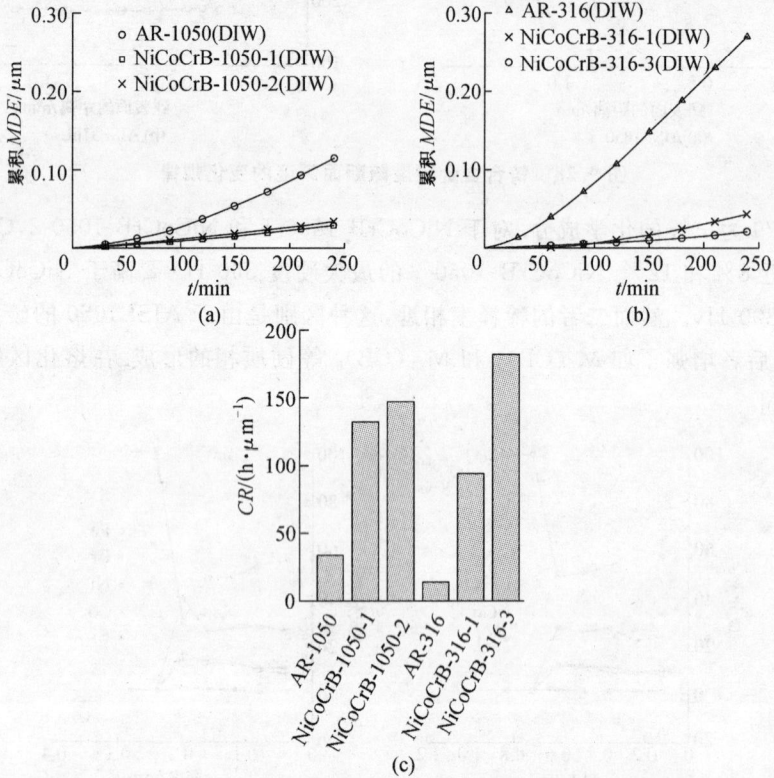

图 9.30   各种材料的累积 MDE 随时间的变化及空化抵抗

表 9.7   空化抵抗 CR 的绝对值及其(与标准材料的)相对值

试样	$CR(h/\mu m)$	相对标准试样 CR	DR/%	最大硬度/Hv
AR-1050	33.3	1.0		200
NiCoCrB-1050-1	131.8	4.0	60	360
NiCoCrB-1050-2	147	4.4	9	545
NiCrSiB-1050-2	71.3	2.1	12	580
AR-316	15.1	1.0		200
NiCoCrB-316-1	93.2	6.2	74	300
NiCoCrB-316-3	181.0	12.0	4	410

空蚀试验后 NiCoCrB-1050-1，NiCoCrB-1050-2，NiCoCrB-316-1 和 NiCoCrB-316-3

的 X 射线谱如图 9.31 所示. 在试验后的所有试样中都发现有马氏体的存在, 这表明在空化的冲击下发生了应变马氏体转化, 即

$$\gamma(\text{f. c. c.}) \rightarrow \alpha'(\text{b. c. c.}).$$

马氏体转变对空蚀的作用是双方面的, 首先, 它是个能量吸收过程, 因此可以降低破坏. 另外一方面, 热处理得到的马氏体是脆性的, 而应变处理得到的马氏体具有延展性.

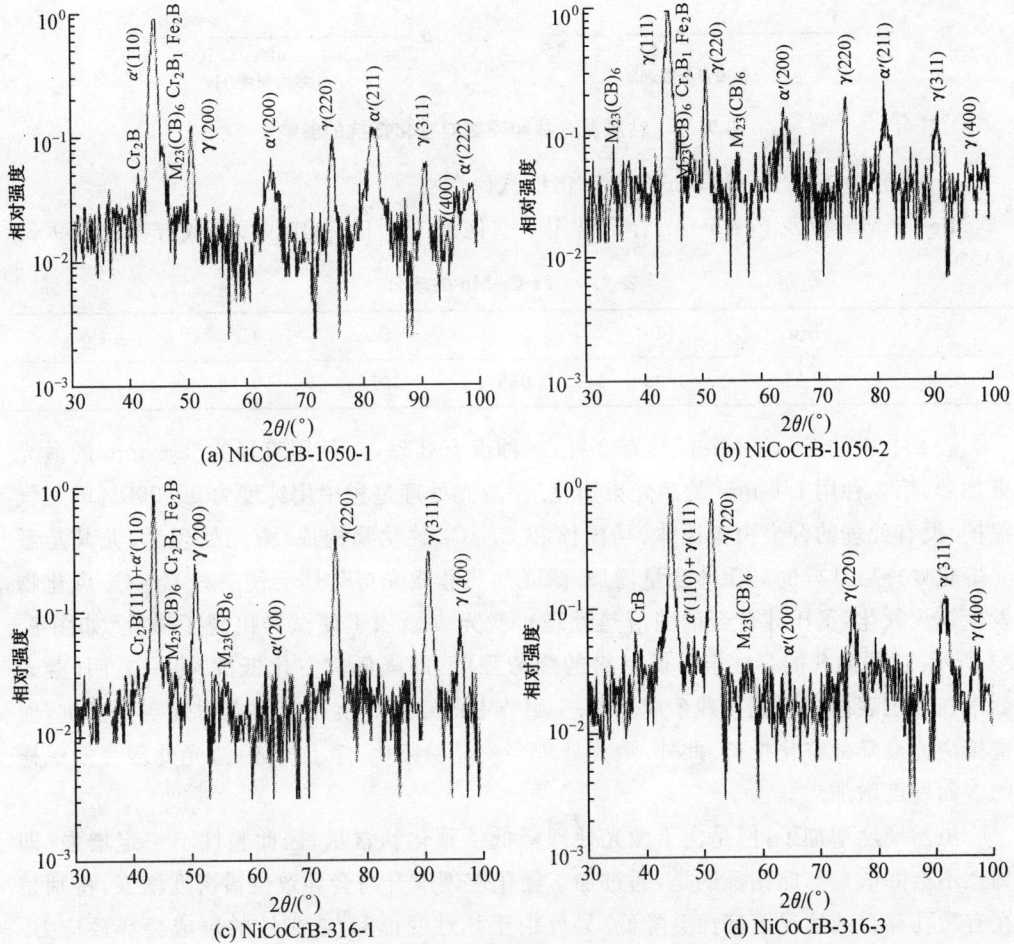

(a) NiCoCrB-1050-1

(b) NiCoCrB-1050-2

(c) NiCoCrB-316-1

(d) NiCoCrB-316-3

图 9.31　空蚀试验后不同材料的 X 射线谱

通过钴质量分数与 CR 的关系可以间接反映 SFE 对 CR 的影响, 如图 9.32a 所示, 随着钴质量分数的增加 (SFE 降低), 空化抵抗升高. 较低的 SFE 会使平面滑移取代波状滑移及高应变硬化和应变马氏体转化. 所有这些因素都会提高空化抵抗. 对于具有相同标准材料的同一组试样, CR 会随着硬度的增加而增加, 如图 9.32b 所示, 但是标准材料不同时则不能用硬度来衡量其空化抵抗的优劣. 这也表明了硬度是影响 CR 的第 2 个重要指标.

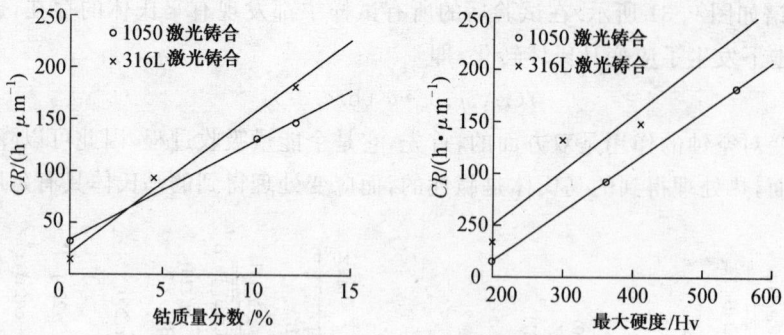

图 9.32　钴质量分数和硬度对空化抵抗的影响

2. 激光加工对 Fe-Cr-Mn 合金空化抵抗的影响

Fe-Cr-Mn(以及 Fe-Cr-Co)合金常用于空化条件下工作的叶片.其成分参见表 9.8.

表 9.8　Fe-Cr-Mn 的成分　　　　　　　　　　　　　　　　　%

C	Mn	Si	P	S	Cr	Co
0.35	8.31	0.26	0.069	0.012	10.93	

　　表 9.8 中的 Fe-Cr-Mn 试样有 3 种,一种没有处理,一种用直径为 3.6 mm 的激光束加热,第 3 种用 1.6 mm 的激光束熔化.在激光处理过程中用纯度为 99.998% 的氩气保护.没有处理的合金由奥氏体、马氏体和 $Cr_{23}C_6$ 碳化物构成.激光处理后,尤其是激光熔化处理后试样的马氏体含量增加.激光加热和激光熔化还会使一些 $Cr_{23}C_6$ 碳化物发生淬火软化(奥氏体合金的固溶热处理).激光表面加工使试样出现了微孔,如图 9.33 所示.这些微孔的存在会降低材料的疲劳强度,即降低其空化抵抗.另一方面,激光处理在加工表面内造成了残余应力,9.5.4 节中已经提到抗压应力会增强空化抵抗,而抗拉应力会降低空化抵抗.此外,激光处理会使晶粒细化.综上所述,激光处理会使试样的表面硬度增加.

　　虽然硬度增加了,但是由于激光处理降低了碳化物含量,因此脆性不一定增强(即韧性不会降低).与此相反的是,通过加工硬化使硬度升高会导致位错密度增强,特别是在有微孔存在的情况下韧性会降低.另外由于弹性变形和/或裂纹的形成会释放应力.因此加工硬化可以形成材料的高空化抵抗特性.也就是说,加工硬化的动力学特性(包括但是不限于奥氏体向马氏体的转变)影响材料空化抵抗特性.加工硬化影响材料空化抵抗的第 2 点就是加工硬化的深度.试样加工硬化表面的深度越深,在发生空化侵蚀时就会有较大的粒子从试样表面剥离,材料损失越多.基于上述原因,硬化加工的深度和硬化加工的程度(指其动力学特性)是应用激光加工使材料获得良好空化抵抗性能的两个重要参数.

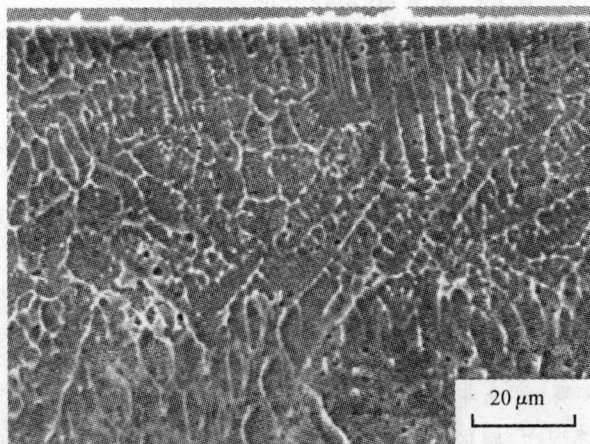

图 9.33　激光熔化处理后 Fe-Cr-Mn 试样表面层中的树枝状细化组织(可以看到大量微孔)

根据硬度分析发现,由加工硬化得到的硬度升高要远远高于激光处理的情况.激光加工引起的组织细化延迟了相变过程.与激光加热相比,激光熔化得到的表面组织更精细、奥氏体转化速度更慢.奥氏体向马氏体转变的动力学特性随合金种类、合金化学组分以及激光处理方式的不同而不同.

3. 镍铝铜焊件

铝铜强度高、延展性好、抗腐蚀能力强,因此常用作螺旋桨、叶轮、阀门和齿轮的材料.螺旋桨受到空化破坏后通常进行焊接修补.因此通常叶轮上有基材料、焊接区和受热区.3 部分的微观组织和抗空化性能都不同.这里以镍铝铜焊件为例介绍其区别.

如图 9.34 所示的 4 个图片分别为焊件总体及 3 个区域的微观组织.由图 9.34d 所示的基金属微观组织可以看到,图中白色浸蚀区域为 α 相,为富含铜的 FCC 固溶体.黑色浸蚀区域为层状共析相.另外还有各种形态的金属间 k 相,约 10 μm 的树枝状粒子为 k_{II},α 相中低于 1 μm 的是 k_{IV},表现为层状或者球状形态的共析金属间相是 k_{III}.

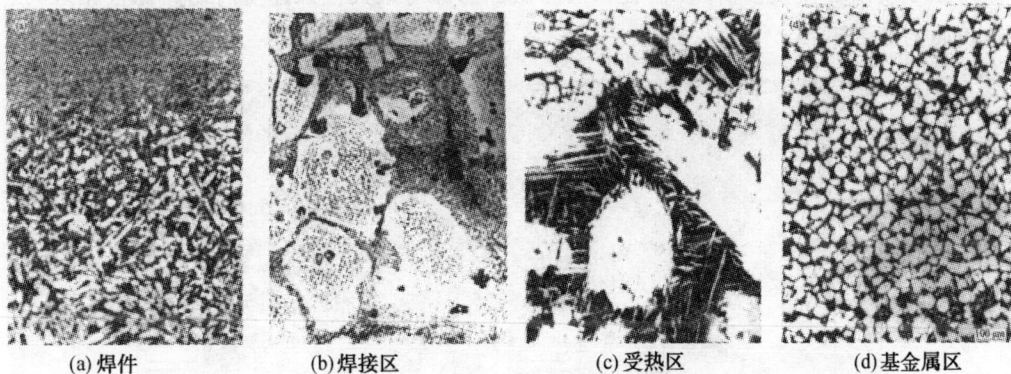

(a)焊件　　　　(b)焊接区　　　　(c)受热区　　　　(d)基金属区

图 9.34　镍铝铜焊件的微观组织

在焊接过程中,受热区的温度可达 950~1 000 ℃,共析相熔解并转换为 β 相.在随后快速冷却时,β 相变为马氏体.因此,如图 9.34c 所示,受热区的微观组织包括 α 相、马氏体和 $k(k_{III})$ 相.

如图 9.34b 所示,由于快速冷却,焊接区的微观组织有细化白色浸蚀 α 相、马氏体和 k(k_{II} 和 k_{IV})相.这与图 9.34d 基金属的情况对比鲜明.

图 9.35 为空化侵蚀试验,从图中可以看出,基金属的空化侵蚀速度要比焊接区的快.这一结果表明焊接区的空化抵抗优于基金属.由图 9.34b 和 9.34d 可以看出焊接区的晶粒比基金属的更细化.材料的晶粒尺寸越小,其机械性能就越好.通常材料的空化抵抗与其机械性能成正相关关系.

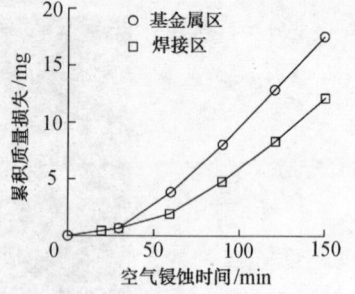

图 9.35 空化侵蚀试验结果

4. 锆基金属玻璃(淬冷非晶态金属)的空化抵抗性能

表 9.9 为 4 种锆基金属玻璃材料在 26 h 空化试验后的数据.S30431 不锈钢用作参照对比.图 9.16 所示为平均侵蚀深度与侵蚀速度随时间的变化关系.

表 9.9　4 种锆基金属玻璃材料空化试验数据

材料代号	材料	孕育期/h	最大侵蚀速度/$(10^{-3}\mu m \cdot h^{-1})$	26 h 内空化抵抗 CR/$(h \cdot \mu m^{-1})$
Zr65	Zr65Al7.5Cu17.5Ni10	14.3	6.76	18
Zr58	Zr58Al6Cu23Ni13	14.8	2.23	38
Zr48	Zr48Al15Cu25.5Ni11.5	24.8	1.85	1 114
Zr48Co	Zr48Al15Cu24Ni10Co3	22.3	1.31	152
	S30431 不锈钢	2.2	15.49	

图 9.36 所示为 Zr65 空化侵蚀试验过程中的表面侵蚀电扫描图像.在试验进行 3 h 时出现了单个的凹痕和变形线以及带有扩散变形线的凹痕.在试验进行 10 h 时开始进入累积区,图中出现了进一步的塑性变形,开始出现材料损失.当试验进行 18 h 时,试样的原始表面都被侵蚀清除.在缓和区的试样图像与最大侵蚀速度时的图像很相近,只是表面的变形更强.

(a)　　　　　　(b)

(c) (d)

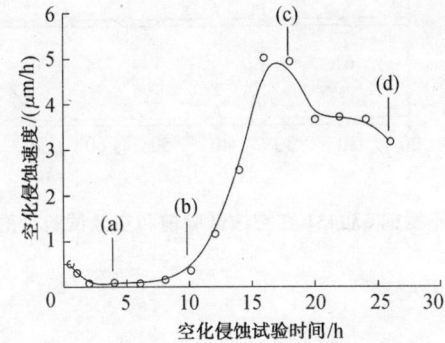

图 9.36　Zr65 空化侵蚀试验过程及侵蚀表面电扫描图像

图 9.37 所示为空蚀试验过程中 Zr65,Zr58 和 Zr48Co 的平均表面粗糙度 Ra 随时间的变化过程. 随着试验时间的增长,材料的表面粗糙度增加. 由图 9.37 可以看出粗糙度增长速度最大的区域对应空蚀试验的累积区.

图 9.38 所示为金属玻璃空蚀试验前后的 X 射线谱. 从图谱中看出空蚀试验过程没有对试样的非晶态性质产生影响,没有空蚀引起的结晶.

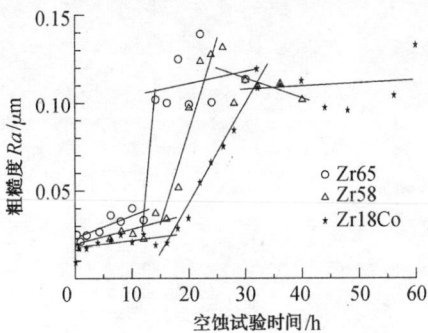

图 9.37　表面粗糙度随空蚀试验时间的变化

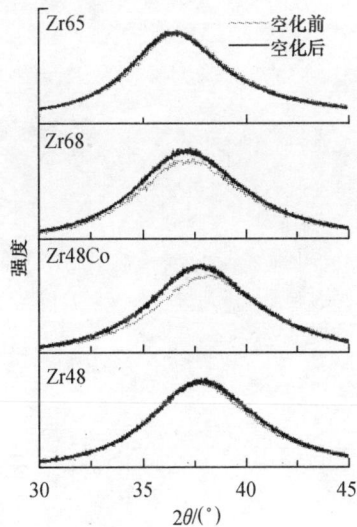

图 9.38　金属玻璃空蚀试验前后的 X 射线谱

空蚀试验前和试验后 S30431 不锈钢的 X 射线谱如图 9.39 所示. 空蚀试验 3 h 后试样中检测到了马氏体(α'),这表明在空化冲击下发生了应变马氏体转化,即

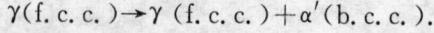

$$\gamma(\text{f. c. c.}) \longrightarrow \gamma(\text{f. c. c.}) + \alpha'(\text{b. c. c.}).$$

随着空蚀时间的增加,有更多的应变马氏体形成.

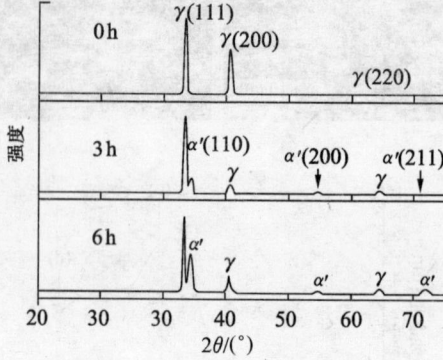

图 9.39 不锈钢 S30431 在空蚀试验前和空蚀试验后的 X 射线谱

第 10 章　空化预测与诊断

关于空化预测与诊断,先前的方法是通过扬程或者效率等性能的降低(一般是扬程的降低,参见第 2 篇)进行判断.这种方法只能适用于一般的工业工程且只能在试验室中获取相关数据.随着对空化预测与诊断能力要求的提高,该领域遇到了越来越严峻的考验.目前主要有两个发展方向,一是通过现代流场计算技术在设计阶段就对泵的空化特性进行分析,最大限度地降低或者避免空化的发生.这部分内容将包含在第 4 篇中;另外一个方向就是在泵的实际运行或者在试验室中,借助于某些试验手段、测量仪器或者传感器获取相关的运行信号和信息——近年来逐步发展起来的是用声发射传感器和压电式加速度传感器测量固载噪声,用水听器测量液载噪声,用 PIV 技术或者油膜法、频闪观测仪等可视化处理空化区域——通过对信号进行处理来判断空化的形态及空化破坏的可能性.本章主要介绍后一方向的内容.不管哪个方向,有关空化预测与诊断的探索都还有很长的路要走.

10.1　基于空穴长度的空化破坏预测

10.1.1　压力分布与空穴长度

叶轮进口压力分布如图 10.1 所示,泵进口的静压力是 p_s,速度为 v_s.在泵吸水室中,由于流动损失和速度升高(如果有的话)的原因,静压力 p_s 会在叶轮上游降到 p_1.当流体绕流剖面时,由于局部速度的增加,静压降低($\Delta p = \rho \lambda_1 w_1^2 / 2$)至 p_{min}.对于单个翼型,Δp 可以通过系数 λ_1 和相对速度 w_1 来描述.λ_1 与来流,特别是冲角 α 以及剖面形状有关.如果局部最低压力 p_{min} 高于汽化压力,就不会有空化发生;如果 p_{min} 达到或者低于汽化压力,就会出现空穴.

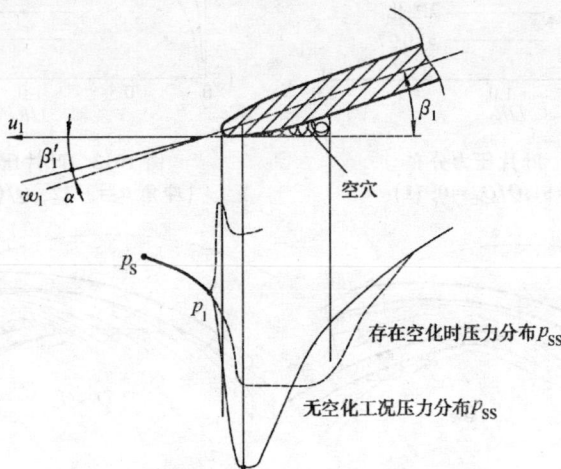

图 10.1　叶轮叶片进口边空化

从图 10.1 中的压力分布可以看出,随着 $p < p_v$ 区域的增加,空穴长度增加. 当 $p_{min} = p_v$ 时出现第 1 个空泡,此时定义为"可视空化初生".

空穴越长越厚,对流动的逆作用就越大(即空穴越大,引起过流断面排挤得越严重,流速增大,压力降低,空穴继续生长),与无空化情况相比,空化状态下的压力分布偏离更远. 由于整个空穴里的汽化压力相同,因此在叶片前半部分的压力分布相应发生变化. 空穴占据了部分过流断面引起排挤,在空穴的下游由于排挤作用消失,液体的速度减小. 图 10.2 所示为离心叶轮中计算的压力分布,正好说明了上述关系. 没有空化的时候(实线),在进口边的背面,压力快速下降,出现了"低压尖峰". 当有空化发生的时候(虚线),上述"低压尖峰"消失,代之以一段平直的压力 p_v 线. 在该例子中,空穴约占叶片长度的 $\frac{1}{3}$. 在空穴的下游,由于速度降低引起的压力上升显而易见.

对压力分布进行积分就得到叶轮作用的比功. 由图 10.2 可以看出扬程还没有受到空化的影响. 尽管低压尖峰被消除,但是其被空穴的后部补偿. 随着空穴长度的增加,总会达到叶片做功受到影响的一种状态. 这种状态可以大致近似为叶片背面的空穴长度超过了叶片节距 $t_1 = \pi D_1 / Z$ 并阻塞了部分叶轮进口喉部面积.

由图 10.2 可知,当冲角 $\alpha \geqslant 0°$ 时会在叶片背面出现"低压尖峰"并且在叶片工作面出现滞止点. 由图 10.3 可知,当冲角为负值时,滞止点转移到背面,"低压尖峰"在工作面出现,此处为第 1 个空泡出现的位置. 在叶片的前面部分,$p_{SS} > p_{PS}$,此处泵为水轮机工况,因此,这里是扬程降低而不是生成扬程. 即使在叶片工作面产生很小的空泡也会导致扬程的下降,这是因为即使很短的空穴也会明显地阻塞部分喉部的过流面积,改变压力分布. 图 10.4 很好地表明了这种影响.

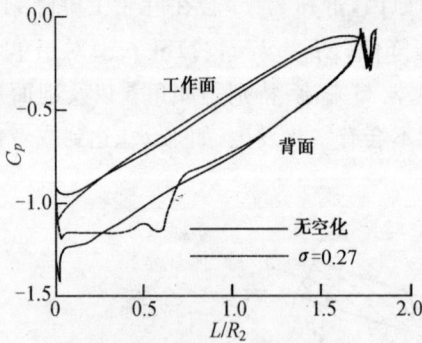

图 10.2　叶片压力分布
(冲角 $\alpha = 5°$,$Q/Q_0 = 0.71$)

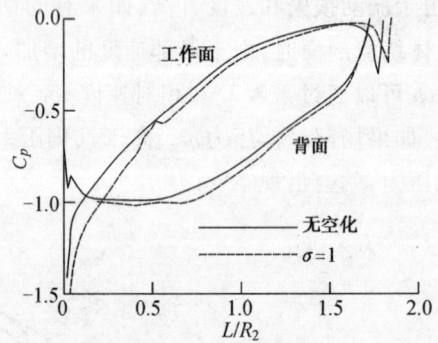

图 10.3　叶片压力分布
(冲角 $\alpha = -12°$,$Q/Q_0 = 1.34$)

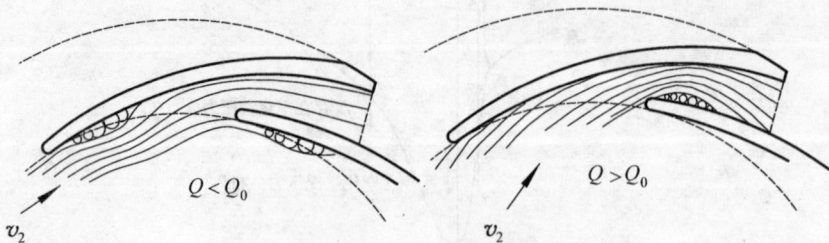

图 10.4　叶轮和导流壳叶片进口流动分离

10.1.2 基于空穴长度的空化破坏预测

1. 空化破坏相关数据及叶轮寿命

如前面章节的介绍,空化液力强度随着流动中所有蒸气空泡总体积以及驱动冲击的压力差的增大而增长.基于一级近似,可以假设空泡体积随空穴长度 L 增长而增加,驱动压力差随 $NPSHA$ 的降低而增加.由此可以尝试建立侵蚀速度 E_R 与材料和流体性质以及 $NPSHA$ 和空穴长度 L 之间的关系.应用泵中测量得到的空穴长度的优点是可以不用分别分析决定空化流动的所有参数,而后者非常复杂和困难,而且也不确定.

将有记录的各种叶轮空化破坏材料进行分析以建立一个预测空化破坏的关系式.为了实现这一目的,用测量得到的从进口边开始的破坏长度(替代不能在所有的情况中都能够测得的空穴长度 L)和材料侵蚀的局部最大深度来描述破坏.对于已知的空穴,其侵蚀速度与 $NPSHA$、空化抵抗(用 U_R 表示)以及蒸气密度、声速和含气量表征的液体性质相关.为了建立上述物理量与侵蚀速度的关系,提出了一个表示侵蚀的相似参数 Θ_u 并绘制了其与进口边开始的破坏长度之间的关系如图 10.5 所示.

$$\Theta_u = P_{ER}\left(\frac{p_0}{\Delta p}\right)^3 \frac{a_0}{a}\left(\frac{\rho_B}{\rho_{B,0}}\right)^{0.44} \frac{F_{Mat}}{F_{cor}}\left(\frac{\alpha}{\alpha_0}\right)^{0.36}, \tag{10.1}$$

式中各参变量取值参见式(9.17)。

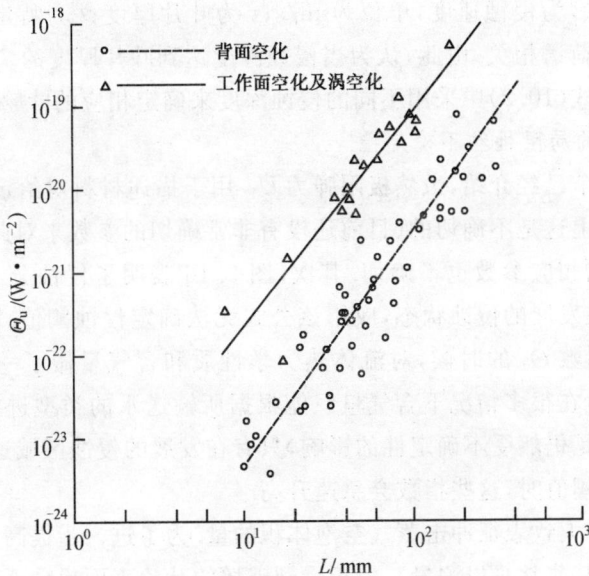

图 10.5 侵蚀与破坏长度的关系

这种方法根据给定的破坏长度得到的工作面空化和旋涡空化的破坏力约为背面空化的50倍,这是因为其冲击区域的驱动压力差或者空泡体积更大.根据图 10.5 可以将工作面和背面空化的数据写成 $\Theta_u = f(L)$ 的幂函数形式并对其求解获得侵蚀比功率,即得到式(9.17).应用式(9.17)就可以根据测得的或者计算得到的空穴长度来计算空化侵蚀.在这一过程中假设破坏长度和空穴长度大致相同.根据试验与现场测量的对比发现,尽管存在很大的数据发散,但是事实上大致接近这种情况.如果空穴长度无法测得,可以采用式(9.7)预估.图

10.5 中包含了约 70 个现场数据和一个单级扬程为 800 m 的泵的试验数据.

图 10.5 中的空化破坏相关数据涵盖了很宽的参数范围. 试验介质为冷凝水和淡水, 温度 $T = 10 \sim 190\ ℃$, 含气率 $\alpha = (0.03 \sim 24) \times 10^{-6}$, $NPSHA = 4 \sim 230\ m$, $U = 20 \sim 90\ m/s$, $\sigma = 0.11 \sim 0.95$, $Q/Q_{BEP} = 0.25 \sim 1.3$, $n_s = 80 \sim 200$, $D_2 = 270 \sim 2\,400\ mm$, 破坏长度(空穴长度) $L = 10 \sim 300\ mm$, $R_m = 4.6 \times 10^6 \sim 10^7\ Pa$, $E_R = 0.02 \sim 80\ \mu m/h$.

上述参数的范围非常宽, 这与图 10.5 的数据所表明的一样, 即图中的数据包含了各种不同类型的泵及不同设计目的的叶轮形式, 所以式(9.17)的应用范围非常广.

在所研究的叶轮范围($D_2 = 270 \sim 2\,400\ mm$)内, 图 10.5 的数据表明侵蚀数据与绝对空穴长度相关, 也就是说叶轮尺寸没有明显的影响. 尝试应用图 10.5 中的数据绘制侵蚀数据 Θ_u 同空穴长度与叶片节距比值(L/t_1)之间的关系曲线, 得到的结果远没有式(9.17)所描述的关系明确, 这是因为绕流空穴尾部的流动主要是受绝对空穴长度而不是叶片节距的作用. 长度大的空穴往往其厚度也大, 随着空穴厚度的增加, 空穴下游的局部速度降低, 相应的驱动压力差和冲击能量都增加.

通过对图 10.5 中数据的统计分析, 可以应用式(10.2)对特定使用条件下的叶轮必须寿命进行估算. 应用式(9.17)和式(10.2)计算叶轮预期寿命 $L_{I,exp}$, 即

$$L_{I,exp} = \frac{0.75\tau}{3\,600\sum(tE_R)}, \tag{10.2}$$

式中, $E_R = P_{ER}/U_R$, 为侵蚀速度, 单位为 m/s; τ 为叶片厚度; t 为特定载荷下的工作时间, 与叶轮生命载荷谱相关. 由此, 认为当侵蚀深度达到叶片厚度的 75% 时叶轮寿命耗尽(显然也可以在式(10.2)中采用不同的侵蚀深度来确定相应的叶轮寿命).

2. 相关数据的局限性和不确定性

首先, 在 9.5 节已经介绍, 虽然极限弹力 U_R 用于描述材料对给定的空化液力强度的响应, 但是事实上这是不确切的(目前还没有非常确切的参数来对此进行描述), 所以由式(9.17)确定的相应参数也不确切. 其次, 图 9.16 表明了侵蚀分为不同的区域, 式(9.17)只能应用在发展的侵蚀状态, 应用该公式无法确定侵蚀阈值. 同样的, 在根据式(10.1)计算相似参数 Θ_u 的时候, 对流体热力学性质和含气量做了一些假设以便确定 Δp 的指数项, 而且很多情况下含气量只能根据所输送水的类型进行假定. 虽然这些数据来自试验, 但是仍然受不确定性的影响, 只有在发展的侵蚀区域这些指数才大致为常数. 当接近侵蚀阈值时, 这些指数会急速升高.

空穴长度只能大致表征冲击蒸气空泡体积的量. 为了进一步提高预测的精确性, 应该考虑空穴厚度(其非常难以测量). 由于受到破坏的叶片表面粗糙不平, 其攻击深度难以测量(很多情况下是目测估算). 通常, 侵蚀不仅仅是空穴长度的函数, 比如空穴体积和(在给定空穴长度下的)侵蚀速度与冲角相关. 而且 3.3 节以及 9.2.1 节所讨论的空化不同形式表明, 仅仅采用空穴长度不可能捕捉到所有的空化液力强度.

背面侵蚀的关系式主要适用于附着空穴. 由旋涡(破裂空泡的高度局部集结)引起的空化形式可以根据叶片工作面的关系式较好地进行分析. 由于两种空化形式可能会同时发生并逐步消失, 有时候对它们进行区分是很困难的.

冲击区域的压力差与 $NPSHA$ 的正比关系仅仅是一级近似. 空穴下游减速极快,

压力相应增加. 为了更精确地获得压力差,需要对空穴下游进行三元计算. 冲击空泡也会相互作用. 由于叶片做功的增加,驱动压力差随空穴长度的增加而增加. 这也许是 L 的指数较高的一个原因.

由于只有零点几个 μm 大小,要定量地观测空泡冲击叶片表面有多近非常困难. 然而,破坏能量确确实实与这一距离相关. 例如,有些情况就是根据前述的关系式计算出有很大的破坏,然而实际情形是没有侵蚀发生. 这一发现表明液体中的空泡冲击距离叶片较远,从而防止了破坏的形成. 在这样的情形中,应用式(9.17)进行预测是不合适的.

除了上述不确定因素以外,当材料发生侵蚀的时候,通常很难精确地从现场得到各种工况点的运行时间,所以无法精确地确定式(10.2)中的 t 值,再就是已经被空化破坏掉的局部材料的真实特性(铸件的相组织)事实上无法获取,这些因素导致式(10.1)的标准偏差接近 $\pm 120\%$. 即使在试验室条件下,空化侵蚀试验数据的发散也非常大.

10.2 基于空化噪声的空化破坏预测及基于固载噪声的空化诊断

10.2.1 基于空化噪声的空化破坏预测

1. 空化破坏相关数据

如 8.3 节所述,空泡冲击产生声波,就可以记录相应的液载噪声并用于度量空化液力强度. 如图 9.19 所示,将侵蚀比功率与声强之间的关系绘制成曲线就可以用于预测空化破坏,相应的方程为式(9.5),式(9.9)和式(9.18),所用到的液载噪声为 $1 \sim 180$ kHz 范围内的均方根值. 某吸入压力下的信号与背景噪声的差就是空化引起的噪声分量,其值可以应用式(9.5)计算. 同时,由于噪声源的数量——也就是叶轮叶片数的数量对测得的信号有影响,因此采用一个标准参照叶片数(对于双吸泵,由于两个进口都存在空穴,因此采用两倍的叶片数). 在图 9.19 中,工作面和背面空化的关系相同. 由此得出结论:噪声测量正确的捕捉到了下述事实,即(由于驱动压力差更大)叶片工作面的冲击压力要大于背面的值.

由式(9.18)得到的速度的指数是 $5.852(1.463 \times 4 = 5.852)$,由于 $\Delta p = p_1 - p_v \sim u_1^2$,由式(9.17)得到的相应指数是 6,由此可见两个方程相互印证. 根据式(9.17)和式(9.18),可以通过计算空化噪声估算空穴长度,即式(9.8).

2. 相关数据的局限性

同式(9.17)一样,式(9.18)也只能应用于发展的侵蚀. 根据现有的数据无法推断侵蚀的初生. 将测得的噪声减去背景噪声(例如机械噪声和回路噪声)可以用于度量空化液力强度. 在测量中,有效蒸气体积、冲击区域的驱动压力差、液体性质以及含气量等都是一级近似的. 相比于式(9.17),由于不涉及空穴体积等方面的不确定性,因此采用式(9.18)预测空化危害更好一些. 各种试验组合的声学性质也是难以评价的参数. 基于噪声信号无法确定冲击位置. 当冲击在液体内部发生时,由于空泡没有造成危害,因此此时预测得到的结果比实际破坏要严重. 同样,如果空泡集中或者分布在叶片进口的大部分区域(例如旋涡空化),这与局部侵蚀有很大的不同,这时就不能用噪声法进行计算.

空化会同时在叶片的工作面和背面、密封环、吸水室中发生. 计算还会受空化发生的位置的影响. 如果测量得到的噪声与背景噪声的差别 $p_{A,RMS} > 1.25\, p_{A0,RMS}$ 很小, 那么侵蚀预测就不确定(没有完全发生的侵蚀). 应用式(9.18)时要求 $p_{A,RMS} > 1.25\, p_{A0,RMS}$.

温度对液载噪声的影响还不是很清楚. 随温度和含气量的增加噪声趋于降低, 还没有验证过其对预测的影响.

与高的圆周速度相比, 发现在 $U < 20$ m/s 时(由于 HCI 很低)的噪声测量有问题.

10.2.2　基于固载噪声的空化诊断

虽然在模型试验中可以采用比较简单的方式记录液载噪声, 但是在泵应用现场唯一实际的方式还是在泵体上测量固载噪声以获得空化液力强度的相关信息. 在图 10.6 所示的空化诊断研究试验台中, 通过安装在泵体外壁上的加速度传感器测量固载噪声, 固载噪声信号与泵体形状和材料有关. 基于统计能量分析, 可以近似地得到相关信息. 根据式(9.6)可以由测量得到的固载噪声计算液载噪声. 两组数据具有相同的关系. 固载噪声为均方根值. 为了避免与传感器发生共振, 测量范围为 1~47 kHz.

侵蚀与固载噪声之间的关联性为空化诊断提供了一种非常简单的方法. 但是其局限性同液载噪声测量的局限性一样, 除非空化噪声

图 10.6　泵空化诊断研究试验台

非常明显, 否则必须预先知道与载荷相关的背景噪声, 而这在泵应用现场很难确定.

如 10.2.1 节介绍的那样, 液载噪声测量的信号中包含了泵中所有空泡冲击的强度, 但是一些空泡冲击远离叶片一段距离就不会造成侵蚀. 为了消除这种影响, 曾经有人建议在泵轴上测量固载噪声, 目的就是只记录发生在叶片上的冲击. 不过, 如果这样测量的话, 空泡冲击即使在液体内部(远离壁面)形成, 其产生的激波和压力脉动也会穿过液体击打到固体边界上. 因此, 即使在自由流动中产生的空泡冲击也会产生固载噪声, 这同压力脉动通过管路时在管壁内产生固载噪声(其中一部分以气载噪声的形式辐射到周边环境中去)的方式一样. 图 8.8a,b 所示的固载噪声和液载噪声的比较结果在某种程度上支持这一判断.

10.3　固载噪声和液载噪声与空化类型的关系

如本章开始所言, 有关空化预测与诊断的探索还有很长的路要走. 10.1 节和 10.2 节介绍了一些经验性的预测和诊断方法以及它们所存在的局限性和不确定性. 根据式(9.8), 可以把基于空穴长度的空化预测与基于空化噪声的预测看作相同. 采用加速度传感器可以很方便地测量水力机械的固载噪声, 采用水听器等传感器也可以测量液载

噪声.但是一方面很多时候传感器无法太靠近叶轮,另一方面放置在流场中的传感器肯定会对实际流场产生扰动,从而破坏流场的原始特性.

不管采用何种测量方法,都应当明确空化噪声在传播过程中其能量是逐步减弱的,因此空化噪声无法直接测量.尽管有所减弱,但高频信号及其调制频率信号的谱信息仍然可以用于空化检测.为了获取高频信息,通常采用声发射传感器进行固载噪声信号测量,声发射传感器的信号采集上限范围远大于加速度传感器.

空化会引起低频的压力振荡和高频的压力脉动,压力振荡与空穴动力学和旋涡空化的特性有关,压力冲击与空穴破裂有关.在高频范围内对固载噪声、声发射以及压力脉动特性进行分析可以用于检测空化的发生.其方法就是通过计算时域信号的自功率谱,对各种工况下给定频带的振幅强度进行比较,当相对于无空化的情况出现一致而且明显增大的现象时,则表明出现了空化.这种检测方式是很困难的,其不仅与水力机械的设计有关,还受运行工况、空化类型及其特性和位置不同的影响.因为这些信息影响了空化的激励机理并决定着空化与传感器之间的传输路径.此外,所测量得到的信号中还会包括机械及电磁激发源以及其他水动力源的激励信号.

旋涡空化和体积很大的不稳定空穴会引起主流的扰动并在水力系统中产生很强的压力波动.典型的例如特定条件下水轮机尾水管中的流动.这种低频波动可以通过安装在尾水管壁面上的压力传感器测量.如果波动强度很强,也可以通过测量固载噪声进行检测.在这种情况的空化检测中,只需要分析低频范围内的压力信号和固载噪声信号的频率信息.

在对二元翼型和射流等的水洞空化可视化试验中发现,不稳定附着空穴的动态特性可以由斯特劳哈尔定律描述.通过对高频压力传感器和固载噪声的测量信息进行振幅解调技术分析就可以确定附着空穴的振荡频率.那么我们有理由相信水力机械的空化一定存在调制频率,该频率与两相流动的固有振荡频率有关或者说是由于气液两相的相互作用和/或流动不稳定激振引起的.因此,可以通过检测各种空化类型的特有频率来确定空化的形式.这种方法目前还没有在水力机械的真机中进行应用.相关研究也大多局限于水轮机领域.这里以水轮机为例来介绍这种检测方法.

在水轮机中影响运行的重要空化形式有:具有强侵蚀能力的进口边空化,影响水轮机性能和效率的出口边空泡空化以及限制运行稳定性的尾水管涡带(参见图 3.15).不过,水力机械在实际运行过程中常常是几种空化形式同时发生.

10.3.1 传感器说明

近年来逐步发展起来的是用声发射传感器和压电式加速度传感器测量固载噪声,用水听器测量液载噪声,这些技术所采用的传感器的相关频率范围为 5 kHz～1 MHz.此外,用 PIV 技术、频闪观测仪以及油膜法等可视化处理空化区域可以获取最直观的空化图像.

加速度传感器用于测量固载噪声,其响应频率通常在 55 kHz 以下.声发射传感器主要用于采集高频固载噪声,其响应频率的上下截至范围可以分别达到 1 MHz 和 50 kHz.水听器用于测量液载噪声,其大致响应频率的范围为 0.1 Hz～180 kHz 之间.此外,压力传感器测量的数据也可以看作是液载噪声.

10.3.2　进口边空化

首先看一个轴流式水轮机,其名义流量为 225 m³/s,净水头为 34 m,转速为 125 r/min (轴频 $f_N = 2.08$ Hz),最大输出功率为 73 MW,有 6 个叶片和 24 个导叶,即叶片和导叶通过频率分别为 $f_{BPF} = 12.5$ Hz 和 $f_{VPF} = 50$ Hz. 转轮上部和交流发电机下部各有一个滑动轴承,转轮轴和电机轴之间装有一个推力轴承. 根据先前的研究已经明确该水轮机在大载荷时会发生进口边空化. 本研究发现由垂直于主轴安装在滑动轴承上的加速度传感器测得的数据最能反映空化特性.

调节水轮机运行时其输出功率从 22 MW 逐步提高到 56 MW,3 kHz 以上的高频振幅随之增长. 当输出功率达到 56 MW 时,振幅急剧增大,如图 10.7 所示.

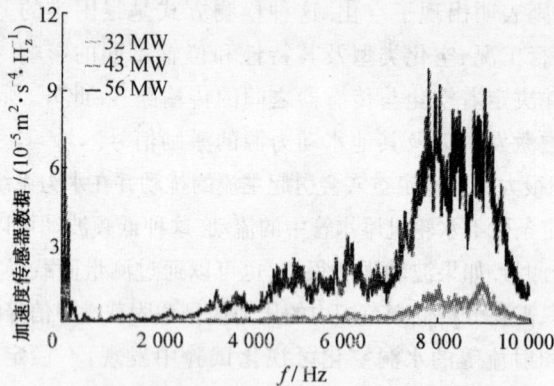

图 10.7　轴流式水轮机滑动轴承法向的平均功率谱密度(原始数据)

将数据在 5~10 kHz 频带内滤波,然后得到图 10.8 所示的频谱图,图中横坐标为约化频率 (f/f_N). 由图 10.8 可以看出,导叶通过频率最大,在输出功率为 56 MW 时尤其如此. 在图中还可以看出叶片通过频率 f_{BPF} 及其谐频 $2f_{BPF}$ 和 $3f_{BPF}$ 也具有较小的峰值,但是在输出功率较小时则没有上述特点. 此外,在推力轴承上采集的数据没有明显的类似特征. 这表明,只有在大载荷运行工况下才会发生进口边空化,这种空化可以比较容易地在滑动轴承上测量检测.

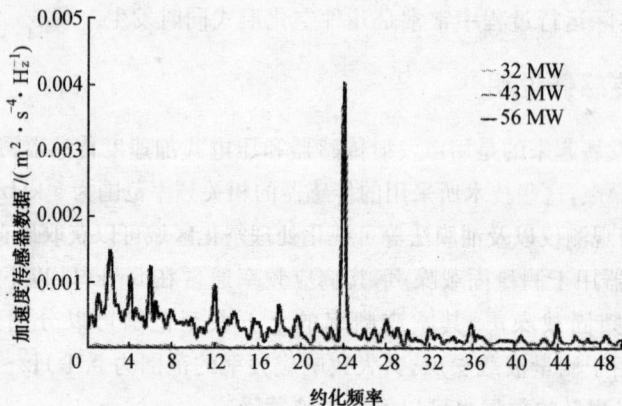

图 10.8　宽带滤波后轴流式水轮机滑动轴承法向的平均功率谱密度

再来看一个混流式水轮机的情况,其名义流量为 28 m³/s,净水头为 51 m,转速为 250 r/min(轴频 $f_N = 4.17$ Hz),最大输出功率为 11 MW,有 15 个叶片和 24 个导叶,即叶片通过频率和导叶通过频率分别为 $f_{BPF} = 62.5$ Hz 和 $f_{VPF} = 100$ Hz. 先前的研究已经确定满载运行时该水轮机会发生空化. 这里分别对导叶开度为 70%,75%,80%,85%,95% 和 100% 的情况进行数据采集与分析. 数据采集除了上述的加速度传感器外,在同一位置安装了一个声发射传感器. 此外也有安装在导叶上的加速度传感器.

图 10.9 所示为导叶开度分别为 70%,85% 和 100% 时,由加速度传感器和声发射传感器采集得到的自功率谱. 由图中可以看出,随着载荷的增加,3 kHz 以上的谱幅度增加非常明显,在低频区域,看不出谱的分离.

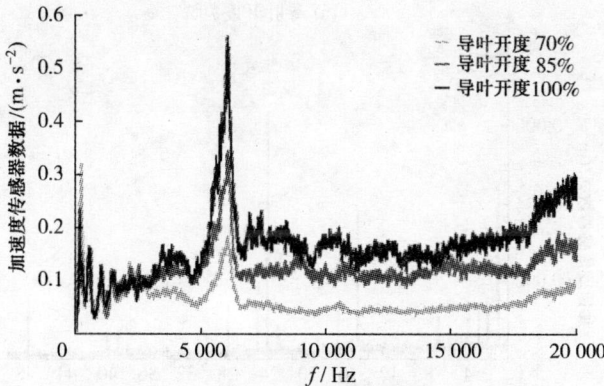

(a) 加速度传感器质量

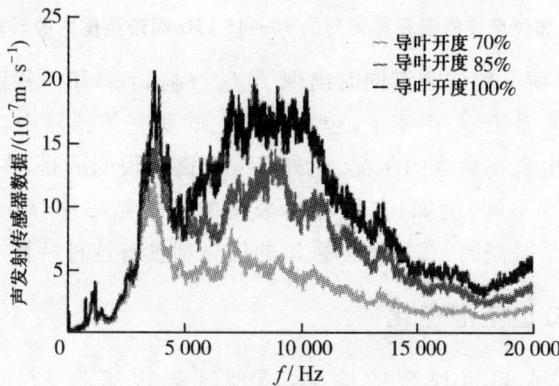

(b) 声发射传感器测量

图 10.9   不同导叶开度下混流式水轮机的自功率谱

至于调制频率,图 10.10 所示为导叶开度分别为 70% 和 100% 时由加速度传感器采集的数据在 10~15 kHz 频带内的解调信号的平均自功率谱. 在导叶开度为 70% 时幅值很低,这表明没有调制信号. 但是随着载荷的增加,峰值出现并逐步增加. 例如,在导叶开度为 85% 时 f_{BPF} 明显增长并最终成为最大值. 但是导叶开度为 100% 时,在导叶开度为 95% 时才出现的 f_{VPF} 变成了最大值,而 f_{BPF} 却不再最大. 此外,还出现了 $2f_{VPF}$ 峰值,轴频 f_N 及其谐频基本上是低频区域的主导频率. 用声发射传感器在高频区域得到的结果都是类似的.

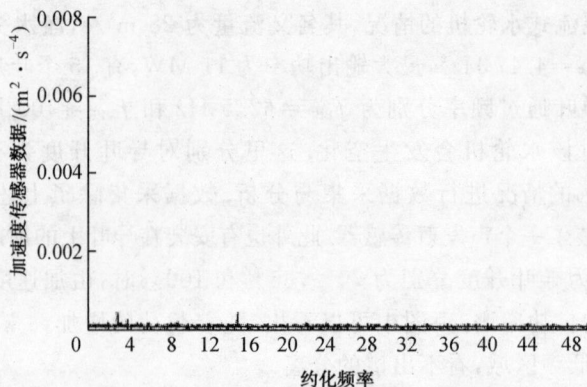

(a) 导叶开度70%

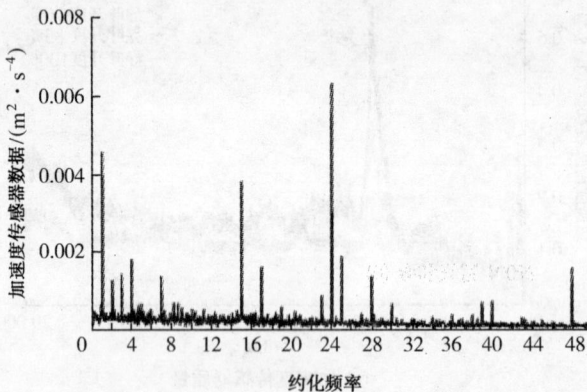

(b) 导叶开度100%

图 10.10　加速度传感器采集得到的 10～15 kHz 频带范围内的调制自功率谱

总体而言,高载荷下的调制谱同时出现了 f_N, f_{BPF}, f_{VPF} 和一些谐波,而且调制频率的振幅对运行工况非常敏感. 事实上,包括导叶上的所有传感器中,以振幅和频率数量来表征的最强调制出现在满载的工况. 此外有一点需要说明的是,在导叶上和滑动导轴承上得到的结果有所不同,例如,在导叶内采集的数据结果中 f_{shf} 的峰值是最低的一个,$2f_N$ 和 $3f_N$ 反而是最高的,在轴承上采集的信号却没有这种特性.

10.3.3　出口边空泡空化

看一个混流式水轮机模型的情况,模型试验转速为 874 r/min(轴频 $f_N =$ 14.6 Hz),水轮机模型有 19 个叶片和 20 个导叶,即叶片通过频率和导叶通过频率分别为 $f_{BPF} = 276.8$ Hz 和 $f_{VPF} = 291.3$ Hz. 该水轮机模型比较容易发生空泡空化. 由空泡空化造成的水轮机内的典型破坏参见图 9.2.

使该模型在水头保持为常数的前提下在以下两个工况运行,一个是在额定流量下运行,没有空泡发生;另一个是在大流量下运行,此时通过频闪观测仪可以透过透明的尾水管观测到非常严重的游移空泡空化. 在后一种工况中,尾水管内已经出现了很强的尾水管涡带.

加速度传感器的安装位置同前面一样都是安装在滑动轴承上,此外还在尾水管上水平安装了一个压力传感器. 图 10.11 所示为加速度传感器采集得到的信号,从图中可以看出空化发生时的高频信息总是高于没有空化发生时的情况. 当出现空化后,尾水管上的压力传感器的信号也是增大的.

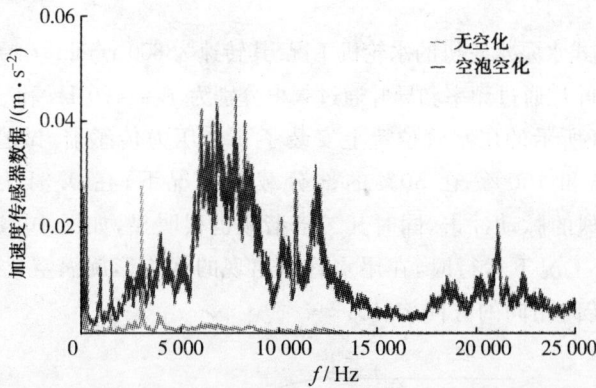

图 10.11　水轮机模型空化发生和未发生时的信号比较

　　将由压力传感器和加速度传感器采集的信号在 $10\sim15$ kHz 的频带内滤波并进行振幅解调,结果如图 10.12 所示.在没有空化时,信号没有明显的频率特性.当空泡空化发生时,加速度传感器采集的信号中的主导频率是叶片通过频率 f_{BPF},而压力传感器采集到的信号的主频是 f_{BPF} 和 $2f_{BPF}$.由此,可以借助于振幅解调技术从固载噪声和液载噪声两方面来检测空泡空化.

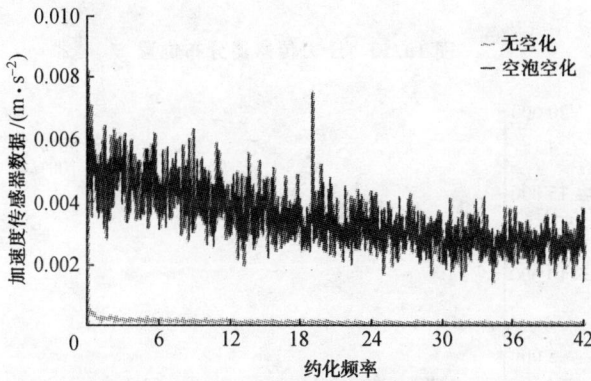

(a) 加速度传感器采集

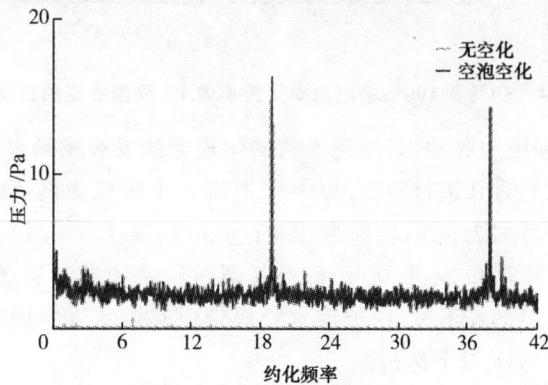

(b) 压力传感器采集

图 10.12　水轮机模型空化发生和未发生时的信号比较($10\sim15$ kHz 频带滤波)

10.3.4 尾水管涡带

来看一个可逆式水泵水轮机的水轮机工况.其转速为 600 r/min($f_N = 10$ Hz),有 7 个叶片和 16 个导叶,即叶片通过频率和导叶通过频率分别为 $f_{BPF} = 70$ Hz 和 $f_{VPF} = 160$ Hz.

在如图 10.13 所示的尾水管位置上安装了 3 个压力传感器.试验工况分别为输出功率的 50%,70% 和 100%.在 50% 的部分载荷工况下,在 0.31 倍的轴频,也就是 3.1 Hz 上具有强烈的脉动冲击,同时其二倍谐频也很明显,如图 10.14 所示.这些结果表明,在 50% 载荷工况下运行时,在尾水管内出现的螺旋形旋涡空化的涡带以 0.31 倍的轴频沿与转轮转向相同的方向旋转.

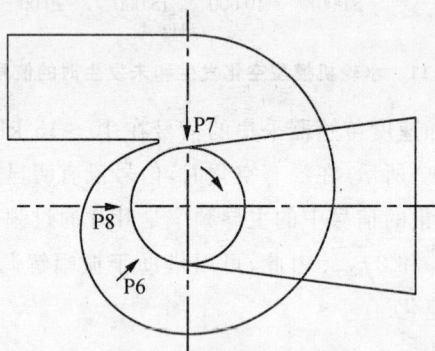

图 10.13　压力传感器分布位置

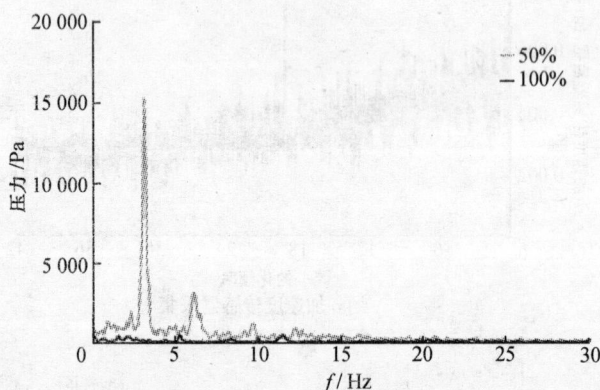

图 10.14　50% 和 100% 输出功率下传感器 P7 采集数据的自功率频谱

除了会引起低频压力脉动以外,尾水管涡带还会激发高频噪声,这类噪声通过轴传播,因此可以在轴承上对其进行检测.以一个混流式水轮机为例,该水轮机名义流量为 115 m³/s,净水头约为 122.5 m,转速为 250 r/min(轴频 $f_N = 4.17$ Hz),最大输出功率为 65 MW,有 15 个叶片和 24 个导叶,即叶片通过频率和导叶通过频率分别为 $f_{BPF} = 62.5$ Hz 和 $f_{VPF} = 100$ Hz.不过,由于尾水管涡带引起尾水管壁面的强烈振动,因此该装置只能限制在 30 MW 以下运行.

该装置中安装了 3 个传感器,一个声发射传感器安装在导轴承的轴向位置,两个加速度传感器分别安装在导轴承的径向位置和导叶的轴向位置.装置的运行工况分别为

20,25,30,35,40,45,50,55,60 和 65 MW.

图 10.15 所示为所测量的各种工况下在 49 kHz 以下频带内各种传感器采集的数据的均方根值.从图中可以看出,3 个传感器测量得到的数据的趋势是一致的:最大值出现在 30 MW 和 60 MW;加速度传感器在导叶轴向上得到的值要大于导轴承径向上对应的数据.

图 10.16 所示为导轴承上的加速度传感器和声发射传感器采集数据的自功率谱,在几千 Hz 以上的全部频率范围内随着载荷的变化其幅值是或升或降的,似乎没有什么规律.但是在高频区域的很宽范围内的变化很明显.例如,在 40 kHz 附近,随着运行工况的变化其响应很敏感.

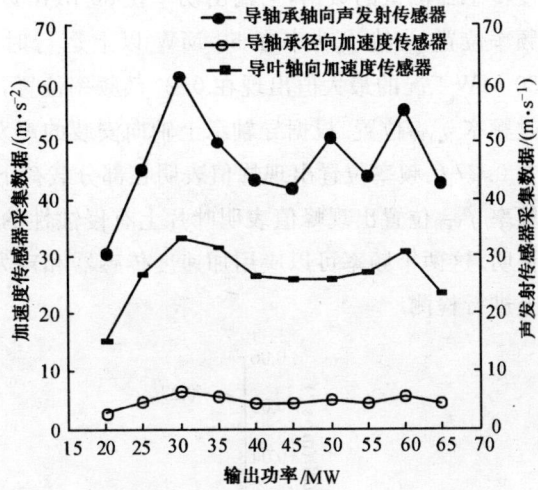

图 10.15   传感器采集数据的均方根值

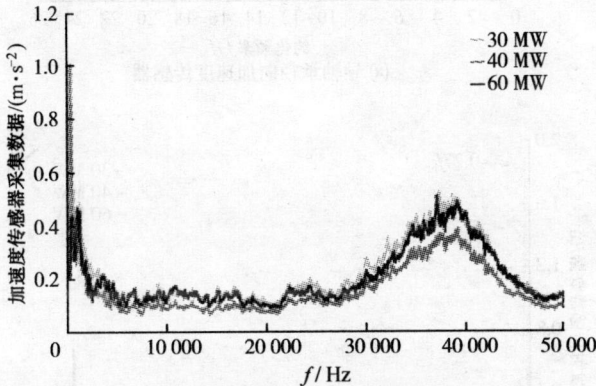

(a) 导轴承径向加速度传感器

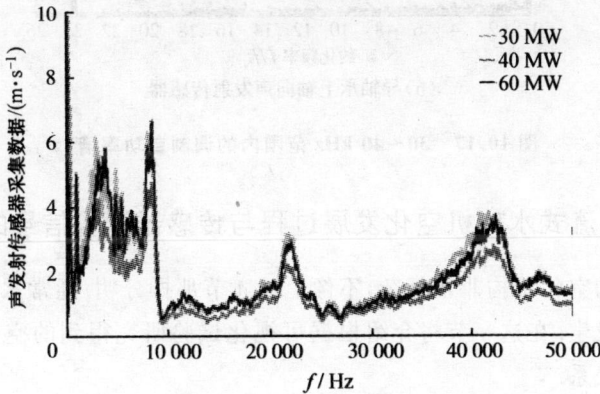

（b）导轴承上轴向声发射传感器

图 10.16   随输出载荷的变化传感器采集的数据变化情况

图 10.17 所示为频带 $30\sim40$ kHz 范围内的包络频率信息. 根据导轴承上径向加速度传感器测量的数据, 当输出功率在 30 MW 以下运行时, 调制频率主要出现在 $0.27f_N$ 频率位置. 当输出功率在 50 MW 以上运行时, 导叶通过频率 f_{VPF} 则成为主频. 图中 30 MW 工况的最大值出现在 $0.27f_N$ 频率位置, 而 60 MW 工况的最大值出现在导叶通过频率 f_{VPF} 位置. 根据导轴承上轴向安装的声发射传感器测量的数据结果也是一样的. 在 $0.27f_N$ 频率位置出现峰值表明在部分载荷下尾水管内出现了空化涡带. 在导叶通过频率 f_{VPF} 位置出现峰值表明叶片上有侵蚀性的进口空化发生, 后者已经通过检测得到证明. 这两个频率可以应用加速度传感器和声发射传感器比较方便的在水轮机导轴承上进行检测.

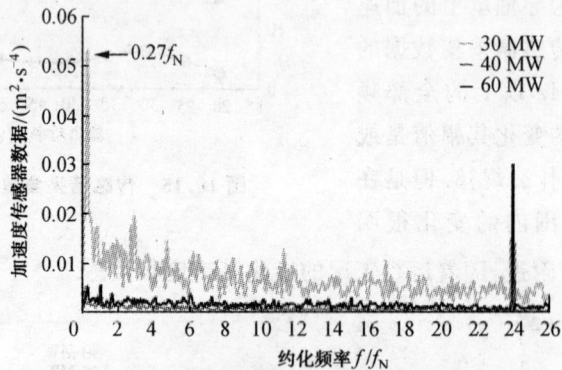

(a) 导轴承径向加速度传感器

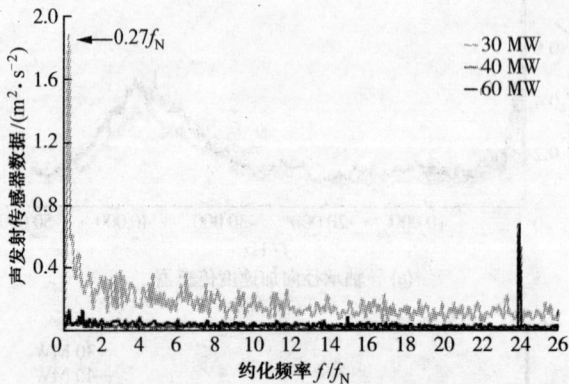

(b) 导轴承上轴向声发射传感器

图 10.17　$30\sim40$ kHz 范围内的调制自功率谱

10.3.5　轴流式水轮机空化发展过程与传感器测量信号的关系

水力机械内的空化结构非常复杂, 不像上述 4 节那样分明. 通常水力机械内同时会有几种空化形式发生. 在这一节将介绍根据可视化试验研究得到的空化发展过程与传感器测量信号的关系.

研究对象为一个两叶片轴流式水轮机. 应用声发射传感器和加速度传感器采集固载噪声, 应用水听器采集液载噪声, 空化图像通过闪频观测仪以及与之同步触发的高速摄影仪获取并进行图像后处理.试验装置如图 10.18 所示.

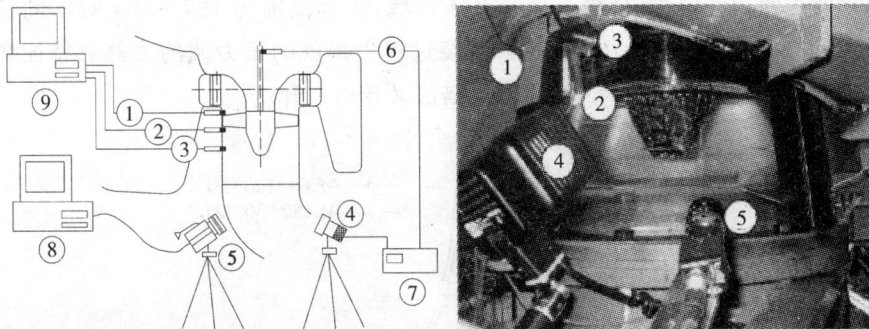

①加速度传感器 ②水听器 ③声发射传感器 ④频闪光源 ⑤CCD相机 ⑥同步触发器
⑦频闪仪主设备 ⑧配有图像采集卡的PC机 ⑨配有数据采集系统的PC机

图 10.18 空化试验装置

试验保持在流量为 $0.44\ \text{m}^3/\text{s}$,净水头约为 $5.4\ \text{m}$,转速为 $900\ \text{r/min}$ 的模型工况下进行,采用一真空泵逐步降低空化数 σ,在直到水轮机发生断裂空化的范围内进行试验,试验结果如图 10.19 所示.试验中 σ 从最大值为 8 逐步过渡到发生严重空化时的 1.340 左右.

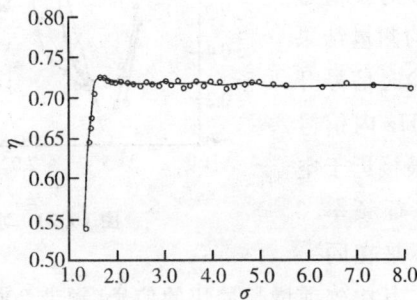

图 10.19 空化试验范围

这里采用叶片流道调制能级 $BPML$ 来定义叶片上的空化液力强度,即

$$BPML = \sum_{i=1}^{n} G_{\text{M}}(f_i). \tag{10.3}$$

这样定义空化液力强度的原因在于:水力机械中轴的旋转是影响其他现象的基本运动.由于不均匀且非定常的进口流动与叶轮叶片相互作用,所以空化信号受到叶片通过频率的调制.为了对信号进行解调,应用带通滤波器去除其他频率信息,然后应用希尔伯特变换或者全波整流对滤波信号进行处理以得到包络信号.对包络信号进行傅里叶变换就得到解调谱 $G_{\text{M}}(f)$.由式(10.3)可以看出,$BPML$ 是解调谱中所有叶片通过频率的谐波的总和.

图 10.20 至图 10.22 分别为图 10.18 中的 3 种传感器采集数据的处理结果.其中纵坐标的叶片流道调制能级 $BPML$ 采用其与最大值的比值表示.图 10.20 所示为声发射传感器的测量数据,两组滤波信号的范围分别为 $60\sim120\ \text{kHz}$ 和 $180\sim300\ \text{kHz}$.在较高的空化数区域,频率范围没有影响.当接近空化初生 $\sigma=3.4$ 位置处,两组信号都开

始变强,在 $\sigma=1.9$ 位置处两组信号都达到最大值.然后信号的幅值急剧下降直至 $\sigma=$ 1.5 位置处达到局部最小值(极小值).在该区域,频率范围为 $180\sim300$ kHz 的信号的幅值下降略缓,这也许是因为在空化云破裂过程中释放的压力波的大部分特征频率也在这个范围内的缘故.当 $\sigma<1.5$ 时,信号幅值又开始上升.

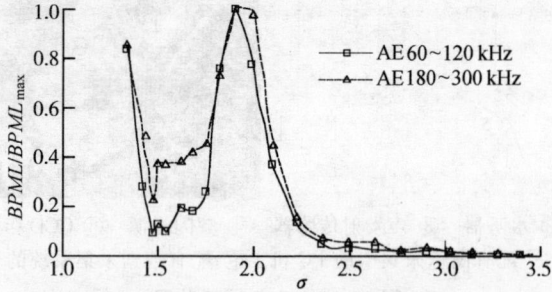

图 10.20　声发射传感器测量结果

图 10.21 为水听器的测量结果,带通滤波器的频率范围分别为 $20\sim90$ kHz, $100\sim140$ kHz 和 $200\sim280$ kHz.频带范围对测量信号的幅值影响很大.同声发射传感器的测量结果相似,在空化初生($\sigma\approx3.5$)时信号开始升高.频带 $200\sim280$ kHz 内信号的增长最快,这是因为其最接近于空化破裂释放的压力波的特征频率.3个频带范围内的信号也不是在同一

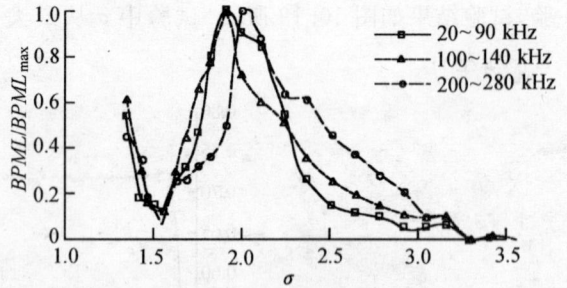

图 10.21　水听器测量结果

空化数位置处达到最大值.其中先前增长最快的信号(频带 $200\sim280$ kHz)下降得也最快.然后 3 个信号在同一个空化数 $\sigma=1.5$ 位置处达到极小值,在 $\sigma<1.5$ 的区域内 3 个信号的上升也相同.

图 10.22 为加速度传感器的测量结果,从图中看不出频带范围对测量结果的影响.同前述传感器数据的趋势一样,都是从空化初生开始升高,然后到达一极大值后降低,降低到 $\sigma=1.5$ 时达到极小值,在 $\sigma<1.5$ 的区域内再上升.

上述传感器测量结果的变化趋势同先前介绍(参见图 2.5,图 8.7,图 8.8和图 8.11)的一致.随着空化的发展,传

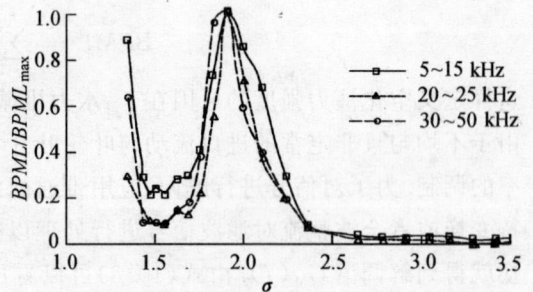

图 10.22　加速度传感器测量结果

感器测量得到的固载噪声和液载噪声逐步增加,当增加到某种程度以后,空泡或者空穴的发展使流动呈现为可压缩的两相流流态,因此就减缓压力波从而使传感器测量得到的信号减弱.但是随着空化数的进一步降低,传感器测得的空化信号又开始增长

（图 8.11,图 10.20 至图 10.22）,这一现象不能用两相流流态来进行解释.

为了分析空化数低于 1.5 时传感器采集的噪声数据又上升的原因,对轴流式水轮机的空化进行了可视化试验.图 10.23 为叶片上典型空化形式的一幅摄影图片,图中空化形式的说明参见第 3 章.需要说明的是,图 10.23 中的空化并不是同时出现的,它们根据空化数的变化而变化.因此可以通过可视化试验来建立空化形式与空化数的关系并在此基础上得到空化形式与噪声数据（传感器数据）间的关系.

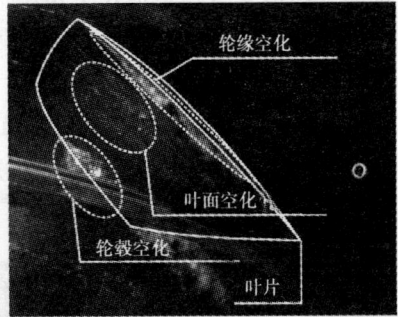

图 10.23　叶片上典型空化的发生位置

图 10.24 所示为在不同空化数下的空化结构图像.在第 1 个试验工况 $\sigma = 8.110$ 时,流动为单相（液相）流动,空化最先在 $\sigma = 3.400$（$\sigma_i = 3.400$）出现.开始的时候空化出现并附着在轮毂和叶片轮缘上,当进一步降低,大约 $\sigma = 2.630$ 时空化云出现分离.在 $2.097 < \sigma < 2.630$ 范围内空化的形式和位置保持不变.从 $\sigma = 2.097$ 开始,轮毂处的空化形式由云状空化变为半径大于 1 mm 的空泡空化,此时轮缘空化仍然保持为云状空化形式.随着压力的进一步降低,在 $\sigma = 1.900$ 工况时,叶片表面的空化表现为空泡空化的形式,在超空化发生之前空化的形式（轮毂空泡空化、叶片空泡空化、轮缘云状空化）保持不变.$\sigma = 1.425$ 时第 1 次看到超空化发生.在 $\sigma = 1.340$ 时空化完全覆盖叶片表面,此时轮缘空化仍为云状形式,轮毂空化仍为空泡形式.

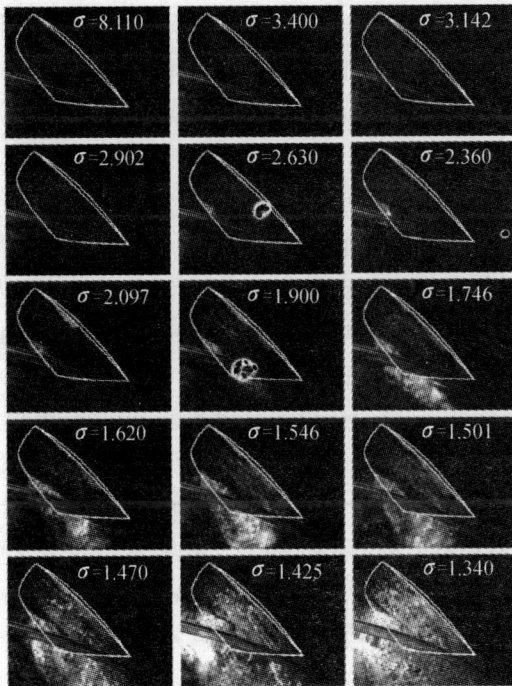

图 10.24　不同空化数下空化结构图像

对图 10.24 所示的图像进行后处理,获取图像的灰度平均值 μ 和灰度标准差 s. 将灰度平均值 μ 看作是描述空化体积平均值的参数,用灰度标准差 s 定义空化活性(动态特性). 图 10.25 所示为 3 个不同空化数下空化图像的灰度平均值 μ 和灰度标准差 s, 从图中可以看出随着空化数的降低,空化图像的灰度平均值 μ 和灰度标准差 s 是增加的. 在超空化工况下空化状态应该是稳定的,而图 10.24 中的超空化工况($\sigma = 1.340$)的图像灰度标准差 s 仍然在增加,这也许是因为液相和蒸气区域之间的分界面仍然是轻微振荡的.

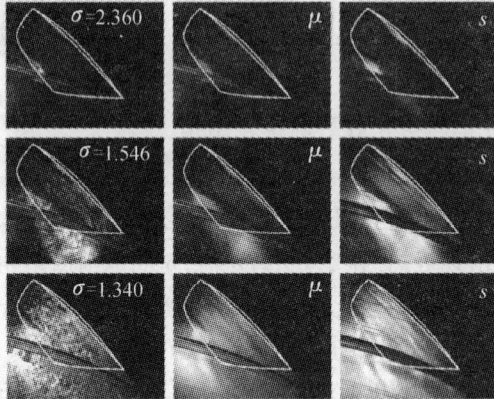

图 10.25　空化图像的灰度平均值和灰度标准差

现在来解释在空化数低于某特定值后噪声强度先下降而后又上升的原因. 由于图 10.20 至图 10.22 所示的 3 种传感器采集数据的大致变化规律都相同,因此这里只采用水听器对 100~140 kHz 频带内的数据进行分析,如图 10.26 所示. 如前所述,空化初生($\sigma_i = 3.400$)以后,噪声信号开始增强,此时空化首先在叶轮轮毂和叶片轮缘处发生,这两个区域的空化都是附着状态的云状空化(空泡最大为 20 μm). 噪声信号随着空穴的生长呈指数规律增加,并有云状空化开始分离. 当接近 $\sigma = 2.100$ 时,轮毂上的云状空化发展成为部分的泡状形式,此时出现了直径数量级约为几个 mm 的大空泡. 在 9.3 节已经介绍,单个大空泡的破裂冲击强度要远弱于一组小空泡的破裂冲击. 这可以用来看作是在 $\sigma = 2.100$ 工况点噪声信号相对于 σ 的梯度略有下降的原因(参见图 10.20 到图 10.22 以及图 10.26). 在轮缘空化略有生长后($\sigma = 2.000$),曲线的梯度继续增加,直到在 $\sigma = 1.900$ 工况时噪声信号达到最大值. 在这一阶段叶片上的空化都是大空泡的形式,随后随着空化数的降低,虽然空化仍然是增长的,但是噪声信号开始戏剧性的快速下降,其原因在于:此时($\sigma = 1.746$)轮毂空化已经发展到阻塞状态——由空化云破裂释放的压力波在具有强可压缩性的泡状两相流区域被弱化,也就是说在 $\sigma = 1.746$ 工况时轮毂空化释放的压力波振幅要小于 $\sigma = 1.900$ 工况时释放的压力波的振幅. 然后随着空化数的降低噪声曲线的梯度也降低,这是因为随着空化数的降低空化仍然在发展,也就是说检测到的信号中来自轮毂空化的部分继续减小,而来自轮缘空化和叶面空化的信号是增加的,因为后者不受两相泡状流的影响. 在接近 $\sigma = 1.5$ 时噪声信号达到局部最小值(极小值).

然后,随着空化数的进一步降低,空化区域开始覆盖整个叶片,这时空化状态变化为超空化.这时候($\sigma < 1.500$),在液相和蒸气相(空化区域)之间存在一个自由表面.与大空化数时的泡状两相流不同,分界面两侧的两种单相流体的可压缩性都很小.因此当空化数很小的时候,检测到的噪声幅度又开始急剧升高.

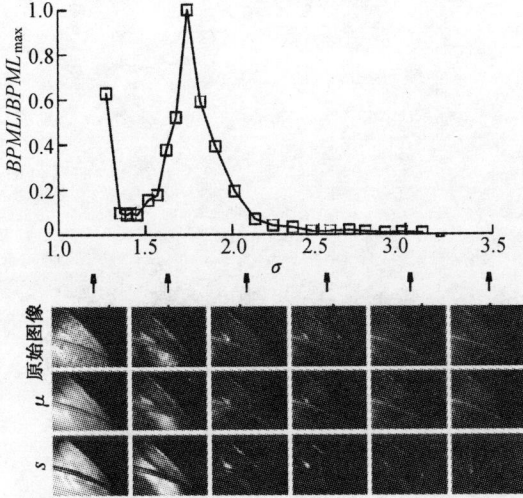

图 10.26　空化形式和位置与噪声信号间的关系

第4篇 现代CFD计算及泵内空化不稳定性

　　本篇介绍现代空化计算及空化不稳定性.本篇内容放在全书的最后,并不意味着这些内容不重要,相反,它是前述第2和第3篇的现代理论基础.只有清晰地了解本篇的内容,才能在根本上理解前述空化对泵性能的影响以及空化噪声和空化破坏及其预测和诊断等内容.这是因为多年以来,由于试验条件和计算手段的不足,早期只能通过简单的试验手段和经验性的统计计算来了解空化性能和空化破坏的相关机理.近30年来,随着试验手段和计算技术的迅猛发展,越来越多的空化细节已经为人们所熟知.本篇主要介绍这方面的内容.也可以这样看待本书第2~4篇内容的关系:第2篇是从水力机械外特性的角度来看空化;第3篇是从空化引起的振动和噪声角度来看空化;本篇则是从空化的动力学特性即其本质特征入手进行探索和分析,因此这些内容都是相互联系的,或者说是同一问题的不同角度.为了使本篇内容更具系统性,首先介绍现代流场计算的一些基本知识和30年来的应用进展情况,然后再具体介绍泵内的各种空化不稳定性.

第 11 章　现代计算流体力学基础(一)
——流体流动守恒方程

11.1　计算流体力学简介

11.1.1　什么是CFD

计算流体力学(Computational Fluid Dynamics)即 CFD 就是通过计算机模拟对流体流动、热传导以及诸如化学反应等相关现象进行分析.该技术功能强大,而且在工业和非工业领域应用极广,例如:飞行器和车辆的空气动力学:升力和阻力;船舶流体力学;电厂:IC 发动机和汽轮机内部燃烧;透平机械:旋转流道和导流壳内部流动;电力和电子工程:微电路设备中的冷却;化学反应工程:混合和分离、聚合体成型;建筑物内部和外部环境:风力、供暖和通风;航海工程:近海结构物载荷;环境工程:污染物和污水的处理;水文学和海洋学:河流、港湾和海洋的流动;气象学:天气预报;生物化学工程:动脉和静脉中的血液流动.

从 20 世纪 60 年代开始,航空工业已经在航空器和喷气发动机的设计、研究开发和制造中集成了 CFD 技术.现在这些方法已经应用于熔炉和汽轮机的燃烧室以及内燃机的设计中.而且,现在车辆制造商用 CFD 技术预测阻力、汽车发动机罩下空气流动和车内环境已经是必需的工序.在工业产品的设计和制造中,CFD 已经成为有力的工具.

CFD 开发的最终目标是使其能够具有诸如应力分析软件等其他 CAE(计算机辅助工程)工具所具有的相应水平的功能.CFD 技术滞后的主要原因是流体流动的基本特性十分复杂,使得对流体流动的描述不能保证同时满足经济性和完备性.随着计算机硬件性能的极大提高和对引入友好用户界面热情的高涨,从 20 世纪 90 年代开始,CFD已开始进入广阔的工业领域.

相对于试验方法而言,在流体系统实际应用中 CFD 还具有以下几个独一无二的优点:

① 可以极大地节省新设计的费用和前期准备时间.

② 对那些应用试验方法很困难或者根本不可能的系统(例如非常大的系统)进行研究的能力.

③ 对危险环境下和超出正常工作极限的系统(例如安全研究和故障研究)进行研究的能力.

④ 对细节的研究水平没有限制.

在实际试验中,根据使用的设备和工时计算出费用与数据的数量和测试配置的数量成正比.相比而言,CFD 程序基本上不用更多的费用就可以得出非常多的数据,而且对于参数的研究也非常方便和廉价,例如系统性能的优选.

还有一点需要说明的是,未来限制 CFD 在工业领域广泛应用的因素是缺乏训练有素的专业人员而不是硬件和软件的费用.

11.1.2 CFD 程序的工作过程

CFD 程序是由能够求解流体流动问题的数值算法组建起来的. 为了使其易于应用, 所有的商业 CFD 软件包都提供了友好的用户界面用于问题参数输入和结果输出. 因此, 所有的软件都包括 3 个主要单元: 前处理, 求解器, 后处理. 这里简要介绍这 3 个单元的作用.

1. 前处理

前处理包括通过友好的界面将流动问题输入到 CFD 程序中并将这些输入的数据转换成适用于求解器使用的格式. 在前处理阶段中用户的工作有:

① 计算区域几何形状的定义.

② 网格生成: 将计算区域划分成许多小的、相互不重叠的子区域, 也就是单元体 (或者说是控制体或元素) 的网格 (或者说格网).

③ 确定需要建模的物理问题和化学问题.

④ 流体性质的定义.

⑤ 计算区域边界上控制体适当边界条件的确定.

流动问题的求解 (速度、压力、温度等) 是在每个控制体内的节点上进行的. CFD 的求解精度由网格上控制体的数量决定. 一般来说, 控制体数量越多精度越高. 求解的精确性和计算时间由网格的优劣决定. 最理想的网格通常不一致, 在点与点之间变化较大的区域的网格很精细, 而在变化较小的区域就比较粗糙. 现在已有 CFD 程序具有自适应网格划分能力, 最终的程序会在变化较快的区域自动重置网格.

在工业 CFD 工程中, 超过 50% 的时间是耗费在计算区域的定义和网格生成方面. 为了提高 CFD 工作人员的工作效率, 现在所有主要的程序都包括 CAD 形式的接口或者工具程序, 借助于这些工具可以从专用表面造型软件和网格生成软件中输入这些数据. 当前的前处理软件还赋予用户访问数据库的权利, 数据库中包括一般流体的材料特性, 而且除了一些主要的流体流动方程以外, 用户还可以应用程序工具调用一些具体的物理化学模型.

2. 求解

数值求解技术具有 3 个截然不同的分支: 有限差分法、有限元法和谱方法. 概括地讲, 作为 CFD 求解基础的数值方法的执行过程有以下 3 步:

第 1 步根据简单的函数对未知流动变量进行近似取值;

第 2 步将近似值代入控制方程并进行进一步的处理以后得到离散代数方程;

第 3 步求解代数方程.

上述 3 个数值求解分支技术的主要区别在于它们对流动变量近似的方式和离散过程的差别.

有限差分法: 有限差分法用坐标线上的网格节点作为计算点来描述流动问题的未知变量 ϕ, 计算点上变量 ϕ 的导数按计算点和其临近点的步长进行 Taylor 级数展开后去掉高阶小量作为该点变量 ϕ 的导数的有限差分近似值. 于是, 控制方程中出现的导数就由有限差分近似值来代替,由此得到各点变量 ϕ 的代数方程.

有限元法:有限元法应用适用于单元的简单分段函数(线性的或者二次的)来描述未知流动变量 ϕ 的变化.对 ϕ 的精确求解可以满足对控制方程的精确性要求.当 ϕ 的分段近似函数代入方程中时,将定义一个残差变量来描述误差,然后应用一系列的加权函数和积分与残差相乘,这样在某种意义上就是使残差(相应的就是误差)变小了.由此最终得到的是关于近似函数的未知系数的一系列代数方程.

谱方法:光谱法利用去掉高阶小量的 Fourier 级数或者系列 Chebyshev 多项式来近似未知量.有限元法和有限差分法区别是,光谱法的近似不是在局部而是在整个计算区域都有效.同样,将控制方程中的未知量用去掉高阶小量的级数替代.与有限元相似的加权残差或者在一些网格上获得与精确解一致的近似函数是获取求解关于 Fourier 或者 Chebyshev 级数系数的代数方程的两种约束方法.

有限体积法:有限体积法开始是作为一种特殊的有限差分法开发的,也是目前广泛采用的一种方法.有限体积法的数值算法包括下面几步:

① 求解区域的所有(有限)控制体上流体流动控制方程的形式积分;

② 应用各种有限差分近似形式来替代描述诸如对流、扩散和源等流动过程的积分方程中的各项,从而将积分方程转化为一系列的代数方程组;

③ 用迭代法求解代数方程组.

第 1 步,就是在控制体上进行积分,这种积分方式将有限体积法与所有其他 CFD 技术区分开来.然后得到的就是描述每个有限尺寸体相关性质的(精确的)守恒方程.这种守恒原理与在它基础上的数值算法之间明晰的相互关系是使有限体积法具有很大吸引力的一个主要原因,而且这一明晰的关系使工程师们对有限体积法概念的理解要比有限元法和光谱法来得容易得多.在一个有限体积上一般流动变量 ϕ,例如速度或者焓,可以看作是使其增加或者减少的各种原因的一种平衡.换一种形式,可以写成

$$\begin{bmatrix} 在控制体上 \phi 相对 \\ 于时间的变化率 \end{bmatrix} = \begin{bmatrix} 通过对流传入控 \\ 制体的 \phi 净通量 \end{bmatrix} + \begin{bmatrix} 通过扩散传入控 \\ 制体的 \phi 净通量 \end{bmatrix} + \begin{bmatrix} 控制体内部 \phi \\ 的净产生量 \end{bmatrix}.$$

CFD 程序本身包括离散技术,这些技术可以处理主要的输运现象、对流(流体流动引起的输送)、扩散(点到点之间 ϕ 的变化引起的输送)以及源项(与 ϕ 的产生和消除有关)和它们相对时间的变化率.底层的物理现象不仅复杂而且是非线性的,所以采用了迭代求解方式.为了确保压力和速度之间的正确关联,应用的最流行的求解程序是代数方程组的 TDMA 线对线求解程序和 SIMPLE 算法.商业软件有时候会让用户有更多的选择,例如 Stone 算法或者共轭梯度算法.

3. 后处理

同前处理一样,在后处理领域目前进行了大量的开发工作.随着许多具有优秀的图像显示能力的工程用工作站的快速发展和应用流行,现在主要的 CFD 软件包都具有各种各样的数据显示能力.后处理主要包括:几何区域和网格显示,矢量绘制,线和阴影轮廓绘制,二维和三维面显示,粒子跟踪,视角处理(平移、旋转以及缩放等)和颜色输出.

现在,后处理还具有显示动态数据的动画功能,除了图形输出以外,所有的工具都可以进行数字字母混合输出,另外还可以对数据进行输出以便在程序外部对数据进行

进一步的处理.同 CAE 的许多其他分支一样,对非专业人士来说,CFD 的图形输出功能是交流思想的一种革命.

11.1.3　CFD 解决的问题

在求解流体流动过程中,应该明白底层物理现象是很复杂的,由 CFD 软件计算得到的最好结果就是同其物理(化学)描述的一样,最坏情况的程度则与操作员的水平有很大的关系.除了具有最新的详细说明书以外,CFD 用户必须具有多个领域的技能.在进行安装和运行 CFD 程序以前,还有一个根据所关心的问题对流体流动现象进行分析和建模的阶段.最典型的问题有:用二元还是三元对问题进行建模,是否忽略周围温度以及压力变化对空气流密度的作用,是否选用求解湍流的数学模型以及是否忽略溶解于自来水中的小气泡的作用.要做出正确的选择需要具有良好的建模技能,因为除了最简单的问题以外,在遇到的大多数问题中需要做一些假设以便将复杂的问题简化到可以求解的程度,而且这种假设不能影响问题的主要特点.在此阶段所做简化的适当性至少部分决定了由 CFD 计算的结果的优劣.因此用户必须自始至终明确所做出的那些直接的和间接的假设.

正确理解数值求解算法也是很重要的.用于判断算法的优劣的 3 个数学概念,即收敛性、相容性和稳定性.收敛性就是随着网距、控制体体积或者微元尺寸趋向于 0 时数值算法就会接近精确解的特性.当网距趋于 0 时,可以证明相容性数值格式得到的代数方程组与原始控制方程是一样的.稳定性就是随着数值方法的进行,误差要求逐步减小.有时候即使是初始数据的舍入误差都会导致强烈的振荡和发散.

收敛性很难用理论证明,在实际应用中,Lax 等价理论认为,线性问题收敛的充分必要条件就是问题既相容又稳定.在 CFD 方法中,这个理论的应用极其有限,因为 CFD 问题的控制方程是非线性的.在这些问题中,相容性和稳定性是收敛的必要条件,而不是充分条件.

在当前的技术水平下,不能最终确定数值求解格式是否收敛,这可能和理论基础不完善有关.不过没有必要对此关心的太多,因为在计算机上对有限数量的网格将格距划分到趋向于 0 的程序还不可行.在格距远没有到达 0 之前,舍入误差可能已经对解的影响很大了.但是工程师们应用 CFD 的目的是在模拟中用有限的(有时候是粗糙的)网格得到精确的物理数据.获得稳定的有限体积计算格式有其公式化规则.这些内容不属于本书的讨论范围,这里对稳定问题的 3 个主要特性,即守恒性、有界性和移动性略作介绍.

在每一个控制体上,有限体积方法都能保证流体特性 ϕ 的局部守恒性,具有守恒特性的数值格式也可以保证流体特性在整个计算区域的全局守恒性质.这显然在物理上是很重要的,而且可以通过其相邻控制体表面上 ϕ 的通量的相容表达式来实现.有界性与稳定性相似,就是在无源线性问题中,流动变量的解在最大值和最小值之间.可以通过对代数方程系数的符号和大小进行限制来实现有界性.尽管流动问题是非线性的,但是可以用很近似的线性问题来研究有限体积格式的有界性.

所有流动过程的作用都可以归因于对流和扩散.在扩散现象中,例如热传导,在一个位置温度的改变会对它周围各个方向上更多或者至少相等尺寸位置上的温度产生影响. 对流现象所起的影响则排除了流动方向上的作用, 因为一点仅仅受到它的上游位置改变的影响. 必须根据对流和扩散在作用方向上的相对强度来确定具有移动特性的有限体积格式.

在所有的有限体积格式中都设计了守恒性、有界性和移动性, 而且大量的数据表明其能够成功进行 CFD 模拟. 所以, 现在用它们来代替具有严格数学概念的收敛性、相容性和稳定性已经获得广泛认可. 好的 CFD 技术通常在解的精确性和稳定性之间保持一种微妙的平衡.

实际进行 CFD 计算时需要另一种形式的操作技巧, 在输入阶段对集合区域的定义和网格的划分是主要工作, 随后用户需要得到的是成功的模拟数据. 表征成功地模拟数据的是迭代过程的收敛性和网格的独立性. 实际的求解算法都是迭代进行的, 在收敛求解过程中残差 (表征流体特性总体守恒性的代数项) 很小. 适当选用松弛系数和加速器会对收敛求解进程产生很大的作用. 对这些参数的选择还没有直接的指导方法, 因为这些问题都是相互关联的. 对求解速度的优化需要对程序本身有较多的经验, 这种经验只能通过大量的应用获取. 在一般的流动中, 对由于的网格划分不当引起的误差的分析还没有很明晰的方法. 初始网格划分的质量在很大程度上依赖于对流体可能的流动特性的洞察力. 具有求解特定问题的流体力学背景肯定是有益的, 在相似问题上进行网格划分的经验也非常宝贵. 衡量由于网格划分的粗糙程度引起的误差的唯一方法就是进行网格相关性研究, 这种研究就是逐渐提炼初始粗糙网格直到关键的计算结果不再改变为止. 在所有的 CFD 研究中, 对独立网格数据的研究是其中的一个精华部分.

每一种数值算法都有它特有的误差类型. 误差在 CFD 中的术语有数值扩散、伪扩散或者数值溢出. 可能的误差类型只能在对算法的全部知识都了解的基础上进行猜测. 在模拟结束以后, 用户应当判断结果是否是 "足够好". 像 CFD 软件这么复杂的程序内的物理化学模型的有效性是很难评价的, 除了试验测试工作以外, 其他任何方法对上述有效性以及最终结果的精确性评价都是不可能的. 所有使用 CFD 的人都发现, 它不可能完全替代试验研究, 但是 CFD 的确是一个功能强大的辅助求解工具. CFD 软件的有效性研究需要对问题的边界条件进行详细分析, 同时会生成庞杂的数据. 用试验得到相似范围内的试验数据验证其有效性.

有时候可能没有进行试验研究所需的设备, 在这种情况下 CFD 用户可以借助于: ①以前的试验; ②与相似但是比较简单的解析解进行比较; ③与文献中介绍的非常相近的问题的高质量数据进行比较. 可以在下述刊物中获得前述最后一种形式的信息: Transactions of the ASME (特别是 Journal of Fluid Engineering, Journal of Engineering for Gas Turbines and Power and Journal of Heat Transfer), AIAA Journal, Journal of Fluid Mechanics and Proceedings of the IMechE.

CFD 的一个优点就是用户可以几乎无限制地选择细节的程度, 不过在 IT 时代以前, 就有学者预见性地指出: "计算的目的是内部特性而不是数据数量". 其内在含义就是警告人们不必过分追求无限制的细节. 应当确保任何 CFD 工作的结果都是在系统特性的基础上建立的, 但是需要经常而且严格验证结果的有效性. 成功地应用 CFD 软件最关键是经验以及对流体流动理论和数值算法基础的全面理解.没有这些基础,CFD用户很难获得良好的计算结果.

如上所述,CFD领域包括很多知识内容,本书主要在本章和第12章对三元流动和湍流流动的基本理论进行介绍.在第12章中主要讲述湍流机理、一些简单湍流的性质以及流动方程中随机波动的形式.在本章的后述部分将从基本的质量守恒、动量守恒和能量守恒原理出发,建立广泛适用于各种流体流动模型和热传导模型的数学基础,并在此基础上得到流体流动的控制方程.主要内容有:笛卡儿坐标系下流体流动偏微分方程组(PDEs)的推导;状态热力学方程;牛顿黏性应力模型,由此得到 N-S 方程;输运方程的定义和 PDEs 之间的共性;在有限时间间隔和有限控制体上输运方程的积分形式.

11.2 流体流动和热传导控制方程

流体流动控制方程就是物理守恒定律的数学描述,它包括:质量守恒;流体质点的动量变化率等于作用在它上面的力的总和(牛顿第二定律);流体质点的能量变化率等于其热量的变化和外界对其做功的总和(热力学第一定律).

假设流体是连续的,因为是在宏观长度尺寸(例如 1 μm 或者更长)上对流体流动进行分析,所以就忽略物质的分子结构和分子运动,主要关心流体的宏观特性,例如,速度、压力、密度和温度以及由它们衍生得到的其他物理量.这些物理量的取值可以看作是适当的大量分子的平均值.这样,就把流体质点或者流体中的点看作是流体中的最小元素,其宏观特性不受单个分子的影响.

假设流体质点构成的微小正六面体的边长分别为 $\delta x, \delta y$ 和 δz(如图 11.1),6 个面分别为 N(North),S(South),E(East),W(West),T(Top)和 B(Bottom),沿坐标轴的方向为正方向,质点的中心在 (x,y,z).如果质点内存在源,由于源的作用以及通过边界的流体流动就引起流体质点内质量、动量和能量的改变,分析计算这些变化就得到流体流动方程.

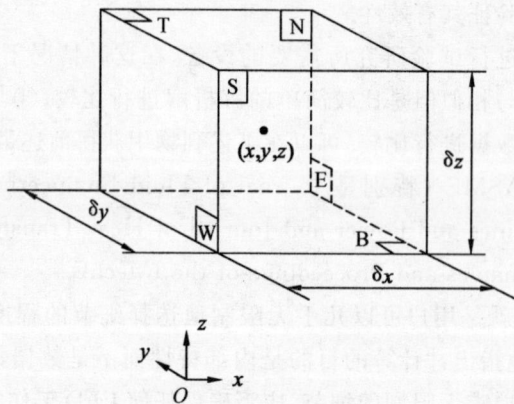

图 11.1 流体质点

所有的流体特性都是时间和空间的函数,因此必须严格地把密度、压力、温度和速度矢量分别写成 $\rho(x,y,z,t)$、$p(x,y,z,t)$、$T(x,y,z,t)$ 和 $\boldsymbol{u}(x,y,z,t)$. 为了避免繁琐,一般写变量时不写因变量空间坐标和时间. 例如,在 t 时刻中心点 (x,y,z) 处的密度写成 ρ,压力 p 对 x 方向的导数写成 $\dfrac{\partial p}{\partial x}$,对其他流体特性的变量也是这样.

由于所考虑的流体质点非常小,所以在质点表面上流体特性变量用 Taylor 级数的前两项就足够精确了. 例如,在距离流体质点中心 $\dfrac{\delta x}{2}$ 处面 E 和 W 上的压力可以表示为

$$p-\frac{\partial p}{\partial x}\cdot\frac{1}{2}\delta x \text{ 和 } p+\frac{\partial p}{\partial x}\cdot\frac{1}{2}\delta x.$$

11.2.1　三元质量守恒方程

推导质量守恒方程的第 1 步是写出流体质点的质量守恒方程,即质点内流体质量的增量与流入质点内流体质量的净增量相等.

质点流体内质量的变化为

$$\frac{\partial}{\partial t}(\rho\delta x\delta y\delta z)=\frac{\partial\rho}{\partial t}\delta x\delta y\delta z. \tag{11.1}$$

下一步计算通过质点一个平面的流量. 流量与密度、面积以及垂直于平面的速度有关. 由图 11.2 可以看出,通过质点边界进入质点的净质量流量为

$$\left(\rho u-\frac{\partial(\rho u)}{\partial x}\frac{1}{2}\delta x\right)\delta y\delta z-\left(\rho u+\frac{\partial(\rho u)}{\partial x}\frac{1}{2}\delta x\right)\delta y\delta z+$$
$$\left(\rho v-\frac{\partial(\rho v)}{\partial y}\frac{1}{2}\delta y\right)\delta x\delta z-\left(\rho v+\frac{\partial(\rho v)}{\partial y}\frac{1}{2}\delta y\right)\delta x\delta z+$$
$$\left(\rho w-\frac{\partial(\rho w)}{\partial z}\frac{1}{2}\delta z\right)\delta x\delta x-\left(\rho w+\frac{\partial(\rho w)}{\partial z}\frac{1}{2}\delta z\right)\delta x\delta x. \tag{11.2}$$

流入质点的流量使质点内质量增加,符号为正,反之为负. 质点内的质量增量与通过质点表面进入质点的流量相等. 将得到的质量守恒方程的各项移至左侧重新调整并除以控制体体积 $\delta x\delta y\delta z$ 得到

$$\frac{\partial\rho}{\partial t}+\frac{\partial(\rho u)}{\partial x}+\frac{\partial(\rho v)}{\partial y}+\frac{\partial(\rho w)}{\partial z}=0, \tag{11.3}$$

写成更紧凑的形式为

$$\frac{\partial\rho}{\partial t}+\operatorname{div}(\rho\boldsymbol{u})=0, \tag{11.4}$$

式(11.4)就是可压缩流体的非定常三元质量守恒方程或者叫连续性方程. 左侧第 1 项是密度相对时间的变化率,第 2 项是通过控制体边界流出控制体的净质量流量,也称为对流项.

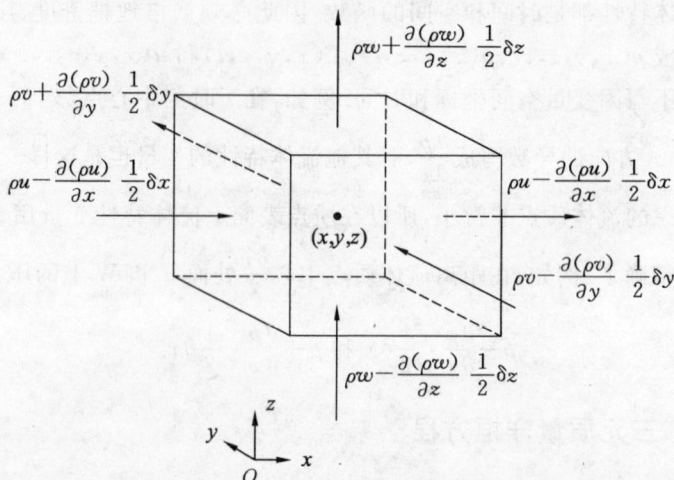

图 11.2   流入、流出质点的质量流量

对于不可压缩流体(例如液体),密度 ρ 是常数,式(11.4)变为

$$\mathrm{div}\boldsymbol{u}=0,\tag{11.5}$$

即

$$\frac{\partial u}{\partial x}+\frac{\partial v}{\partial y}+\frac{\partial w}{\partial z}=0.\tag{11.6}$$

11.2.2 流体质点和流体控制体内物理量的变化率

动量守恒和能量守恒定律是根据流体质点物理量的变化得出的.质点的所有物理量都是空间位置(x,y,z)和时间 t 的函数.设单位质量流体上的物理量为 ϕ,ϕ 相对时间的全导数为

$$\frac{\mathrm{d}\phi}{\mathrm{d}t}=\frac{\partial\phi}{\partial t}+\frac{\partial\phi}{\partial x}\frac{\mathrm{d}x}{\mathrm{d}t}+\frac{\partial\phi}{\partial y}\frac{\mathrm{d}y}{\mathrm{d}t}+\frac{\partial\phi}{\partial z}\frac{\mathrm{d}z}{\mathrm{d}t},$$

流体质点随着流体流动,所以 $\dfrac{\mathrm{d}x}{\mathrm{d}t}=u,\dfrac{\mathrm{d}y}{\mathrm{d}t}=v,\dfrac{\mathrm{d}z}{\mathrm{d}t}=w$.因此 ϕ 的全导数为

$$\frac{\mathrm{d}\phi}{\mathrm{d}t}=\frac{\partial\phi}{\partial t}+u\frac{\partial\phi}{\partial x}+v\frac{\partial\phi}{\partial y}+w\frac{\partial\phi}{\partial z}=\frac{\partial\phi}{\partial t}+\boldsymbol{u}\cdot\mathrm{grad}\phi.\tag{11.7}$$

$\dfrac{\mathrm{d}\phi}{\mathrm{d}t}$描述的是单位质量流体上物理性质 ϕ 的变化.同质量守恒方程一样,这里所关心的也只是每个单元控制体内物理量的变化速度.单位体积流体质点的物理特性 ϕ 的变化表示为$\dfrac{\mathrm{d}\phi}{\mathrm{d}t}$与密度 ρ 的乘积,即

$$\rho\,\frac{\mathrm{d}\phi}{\mathrm{d}t}=\rho\Big(\frac{\partial\phi}{\partial t}+\boldsymbol{u}\cdot\mathrm{grad}\phi\Big).\tag{11.8}$$

流体流动计算中,守恒定律最有用的形式是固定空间内流体质点物理量的变化率.由此就相应地得到流体质点上 ϕ 的全导数与流体控制体内 ϕ 变化的关系.

质量守恒方程将单元体积的质量(也就是密度 ρ)作为守恒量.在质量守恒方程(11.4)中,控制体上密度和对流项变化的总和为

$$\frac{\partial \rho}{\partial t} + \mathrm{div}(\rho \boldsymbol{u}).$$

控制体内守恒特性的一般形式为

$$\frac{\partial(\rho\phi)}{\partial t} + \mathrm{div}(\rho\phi\boldsymbol{u}). \tag{11.9}$$

式(11.9)表示单位体积上 ϕ 的变化与单位体积上流出控制体的 ϕ 的净流量之和. 式(11.9)写成与 ϕ 的全导数形式为

$$\rho\frac{\mathrm{d}\phi}{\mathrm{d}t} = \frac{\partial(\rho\phi)}{\partial t} + \mathrm{div}(\rho\phi\boldsymbol{u}) = \rho\left(\frac{\partial\phi}{\partial t} + \boldsymbol{u}\cdot\mathrm{grad}\phi\right) + \phi\left[\frac{\partial\rho}{\partial t} + \mathrm{div}(\rho\boldsymbol{u})\right]. \tag{11.10}$$

根据质量守恒方程(11.4)可知 $\phi\left[\dfrac{\partial\rho}{\partial t} + \mathrm{div}(\rho\boldsymbol{u})\right] = 0$. 式(11.10)的物理含义是：流体控制体中 ϕ 的增量与流出控制体的 ϕ 的净流量之和等于流体质点中 ϕ 的增量.

11.2.3　三元动量方程

根据牛顿第二定律,流体质点的动量变化等于作用在质点上的力的总和. 单位体积流体质点上 x,y 和 z 向的动量增量分别为 $\rho\dfrac{\mathrm{d}u}{\mathrm{d}t}$, $\rho\dfrac{\mathrm{d}v}{\mathrm{d}t}$, $\rho\dfrac{\mathrm{d}w}{\mathrm{d}t}$.

作用在流体质点上的力有两类：表面力（压力、黏性力）和体积力（重力、离心力、Coriolis 力、电磁力）.

在动量方程中通常是用单独的项表示表面力的作用,而体积力的作用包含在源项中.

将流体质点的切应力定义为图 11.3 所示的 9 个黏性应力分量. 法向应力用 p 表示,黏性切应力用 τ 表示. 用 τ_{ij} 的形式表示黏性切应力的方向.

首先讨论 x 方向质点所受力的分量,即切应力分量 τ_{yx}, τ_{xx}, τ_{zx},如图 11.4 所示. 由于表面切应力所形成的力的大小等于切应力和面积的乘积,与坐标轴方向相同的力的符号为正号,反之为负号.

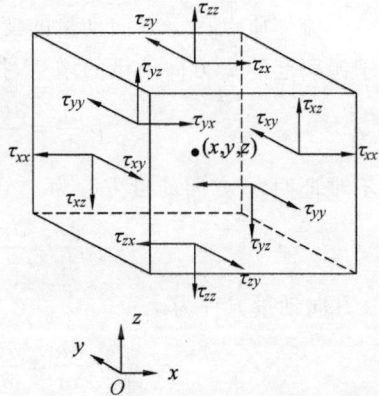

图 11.3　流体质点表面切应力分量

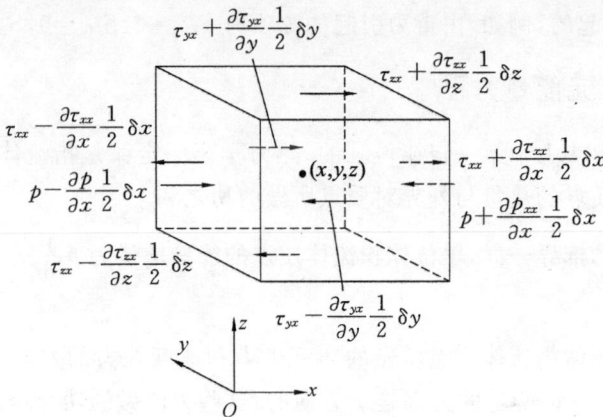

图 11.4　x 方向的应力分量

流体质点在面 E,W 上 x 方向所受的合力为

$$\left[\left(p-\frac{\partial p}{\partial x}\frac{1}{2}\delta x\right)-\left(\tau_{xx}-\frac{\partial \tau_{xx}}{\partial x}\frac{1}{2}\delta x\right)\right]\delta y\delta z+\left[-\left(p+\frac{\partial p}{\partial x}\frac{1}{2}\delta x\right)+\left(\tau_{xx}+\frac{\partial \tau_{xx}}{\partial x}\frac{1}{2}\delta x\right)\right]\delta y\delta z=$$

$$\left(-\frac{\partial p}{\partial x}+\frac{\partial \tau_{xx}}{\partial x}\right)\delta x\delta y\delta z, \tag{11.11a}$$

在面 N,S 上 x 方向所受的合力为

$$-\left(\tau_{yx}-\frac{\partial \tau_{yx}}{\partial y}\frac{1}{2}\delta y\right)\delta x\delta z+\left(\tau_{yx}+\frac{\partial \tau_{yx}}{\partial y}\frac{1}{2}\delta y\right)\delta x\delta z=\frac{\partial \tau_{yx}}{\partial y}\delta x\delta y\delta z, \tag{11.11b}$$

在面 T 和 B 上 x 方向所受的合力为

$$-\left(\tau_{zx}-\frac{\partial \tau_{zx}}{\partial z}\frac{1}{2}\delta z\right)\delta x\delta y+\left(\tau_{zx}+\frac{\partial \tau_{zx}}{\partial z}\frac{1}{2}\delta z\right)\delta x\delta y=\frac{\partial \tau_{zx}}{\partial z}\delta x\delta y\delta z, \tag{11.11c}$$

单位控制体 x 方向上所受力的大小等于控制体各面 x 方向所受力的总和除以体积 $\delta x\delta y\delta z$，即

$$\frac{\partial(-p+\tau_{xx})}{\partial x}+\frac{\partial \tau_{yx}}{\partial y}+\frac{\partial \tau_{zx}}{\partial z}. \tag{11.12}$$

这里没有考虑体积力的作用.如果考虑体积力,可以定义单位时间内单位体积上 x 方向的动量源 S_{Mx}.

流体质点在 x 方向动量的变化率等于式(11.12)确定的质点 x 方向的合力加上由于源引起的 x 方向动量的增量,得到 x 方向动量方程,即

$$\rho\frac{\mathrm{d}u}{\mathrm{d}t}=\frac{\partial(-p+\tau_{xx})}{\partial x}+\frac{\partial \tau_{yx}}{\partial y}+\frac{\partial \tau_{zx}}{\partial z}+S_{Mx}, \tag{11.13a}$$

不难证明,y 方向动量方程为

$$\rho\frac{\mathrm{d}v}{\mathrm{d}t}=\frac{\partial \tau_{xy}}{\partial x}+\frac{\partial(-p+\tau_{yy})}{\partial y}+\frac{\partial \tau_{zy}}{\partial z}+S_{My}, \tag{11.13b}$$

z 方向动量方程为

$$\rho\frac{\mathrm{d}w}{\mathrm{d}t}=\frac{\partial \tau_{xz}}{\partial x}+\frac{\partial \tau_{yz}}{\partial y}+\frac{\partial(-p+\tau_{zz})}{\partial z}+S_{Mz}. \tag{11.13c}$$

压力的符号与法向黏性应力的符号相反,因为一般符号约定是将拉应力看作是正法向应力,所以由法向压应力定义的压力的符号为负.式(11.13a—c)中的源项 S_{Mx}，S_{My} 和 S_{Mz} 是由体积力引起的,例如,由重力引起的源项为 $S_{Mx}=0$，$S_{My}=0$，$S_{Mz}=-\rho g$.

11.2.4　三元能量方程

能量方程是由热力学第一定律得到的.热力学第一定律是指流体质点能量的变化量等于进入流体质点的热量与外界对质点所做的功之和.

同动量方程的推导一样,单位体积流体质点的能量增量为 $\rho\frac{\mathrm{d}E}{\mathrm{d}t}$.

1.表面力做功

表面力对控制体内流体质点所做的功等于力和速度在力的方向上的分量的乘积.例如,由式(11.11a—c)确定的力都是 x 方向的.这些力所做的功为

$$\left\{\left[pu-\frac{\partial(pu)}{\partial x}\frac{1}{2}\delta x\right]-\left[\tau_{xx}u-\frac{\partial(\tau_{xx}u)}{\partial x}\frac{1}{2}\delta x\right]\right\}\delta y\delta z+$$

$$\left\{-\left[pu+\frac{\partial(pu)}{\partial x}\frac{1}{2}\delta x\right]+\left[\tau_{xx}u+\frac{\partial(\tau_{xx}u)}{\partial x}\frac{1}{2}\delta x\right]\right\}\delta y\delta z-$$

$$\left[\tau_{yx}u-\frac{\partial(\tau_{yx}u)}{\partial y}\frac{1}{2}\delta y\right]\delta x\delta z+\left[\tau_{yx}u+\frac{\partial(\tau_{yx}u)}{\partial y}\frac{1}{2}\delta y\right]\delta x\delta z-$$

$$\left[\tau_{zx}u-\frac{\partial(\tau_{zx}u)}{\partial z}\frac{1}{2}\delta z\right]\delta x\delta y+\left[\tau_{zx}u+\frac{\partial(\tau_{zx}u)}{\partial z}\frac{1}{2}\delta z\right]\delta x\delta y,$$

这些表面力在 x 方向所做的功为

$$\left\{\frac{\partial[u(-p+\tau_{xx})]}{\partial x}+\frac{\partial(u\tau_{yx})}{\partial y}+\frac{\partial(u\tau_{zx})}{\partial z}\right\}\delta x\delta y\delta z,$$

y 方向和 z 方向的表面应力对流体质点所做的功分别为

$$\left\{\frac{\partial(v\tau_{xy})}{\partial x}+\frac{\partial[v(-p+\tau_{yy})]}{\partial y}+\frac{\partial(v\tau_{zy})}{\partial z}\right\}\delta x\delta y\delta z,$$

$$\left\{\frac{\partial(w\tau_{xz})}{\partial x}+\frac{\partial(w\tau_{yz})}{\partial y}+\frac{\partial[w(-p+\tau_{zz})]}{\partial z}\right\}\delta x\delta y\delta z.$$

单位控制体上所有表面力所做的功等于在 x,y,z 方向所做功的总和除以体积 $\delta x\delta y\delta z$，写成紧凑的矢量形式为

$$-\frac{\partial(up)}{\partial x}-\frac{\partial(vp)}{\partial y}-\frac{\partial(wp)}{\partial z}=-\mathrm{div}(p\boldsymbol{u}),$$

则由作用在流体质点上的表面应力所做的总功为

$$-\mathrm{div}(p\boldsymbol{u})+\left[\frac{\partial(u\tau_{xx})}{\partial x}+\frac{\partial(u\tau_{yx})}{\partial y}+\frac{\partial(u\tau_{zx})}{\partial z}+\frac{\partial(v\tau_{xy})}{\partial x}+\right.$$

$$\left.\frac{\partial(v\tau_{yy})}{\partial y}+\frac{\partial(v\tau_{zy})}{\partial z}+\frac{\partial(w\tau_{xz})}{\partial x}+\frac{\partial(w\tau_{yz})}{\partial y}+\frac{\partial(w\tau_{zz})}{\partial z}\right].$$

2. 由热传导引起的能量通量

如图 11.5 所示，热通量矢量 $\boldsymbol{q}$ 有 3 个分量 q_x,q_y 和 q_z。在 x 方向上由于流体流动引起的流入流体质点的净热量等于流入 W 面和流出 E 面的热量的差值，即

$$\left[\left(q_x-\frac{\partial q_x}{\partial x}\frac{1}{2}\delta x\right)-\left(q_x+\frac{\partial q_x}{\partial x}\frac{1}{2}\delta x\right)\right]\delta y\delta z=-\frac{\partial q_x}{\partial x}\delta x\delta y\delta z. \tag{11.14a}$$

同理，由 y 方向和 z 方向的热量流动流入流体的热量分别为

$$\left[\left(q_y-\frac{\partial q_y}{\partial y}\frac{1}{2}\delta y\right)-\left(q_y+\frac{\partial q_y}{\partial y}\frac{1}{2}\delta y\right)\right]\delta z\delta x=-\frac{\partial q_y}{\partial y}\delta x\delta y\delta z, \tag{11.14b}$$

$$\left[\left(q_z-\frac{\partial q_z}{\partial z}\frac{1}{2}\delta z\right)-\left(q_z+\frac{\partial q_z}{\partial z}\frac{1}{2}\delta z\right)\right]\delta x\delta y=-\frac{\partial q_z}{\partial z}\delta x\delta y\delta z. \tag{11.14c}$$

由热量流动产生的通过其边界进入单位体积内流体质点的热量等于式（11.14a—c）的总和除以体积 $\delta x\delta y\delta z$，即

$$-\frac{\partial q_x}{\partial x}-\frac{\partial q_y}{\partial y}-\frac{\partial q_z}{\partial z}=-\mathrm{div}\boldsymbol{q}. \tag{11.15}$$

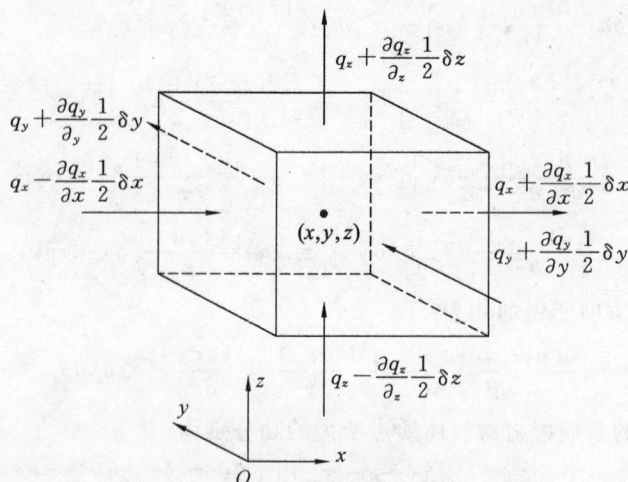

图 11.5　热通量矢量的分量

根据热传导傅里叶定律,热通量与局部温度梯度有关. 即

$$q_x = -k\frac{\partial T}{\partial x}, \ q_y = -k\frac{\partial T}{\partial y}, \ q_z = -k\frac{\partial T}{\partial z},$$

写成矢量形式为

$$\boldsymbol{q} = -k\mathrm{grad}T. \tag{11.16}$$

由式(11.15)和式(11.16)得到通过控制体边界流入流体质点的热量为

$$-\mathrm{div}\boldsymbol{q} = \mathrm{div}(k\mathrm{grad}T). \tag{11.17}$$

3. 能量方程

通常流体的能量定义为内能(热能)i、动能$\frac{1}{2}(u^2+v^2+w^2)$和重力势能之和. 这种定义包含了流体质点内具有重力势能的思想. 也可以将重力看作是体积力,流体质点在重力场内运动时重力对其做功.

这里将势能的作用包含在源项中. 同式(11.13)中的定义一样,这里定义源项 S_E 表示单位时间内单元控制体上的源作用的能量. 流体质点的能量变化等于作用在流体质点上的功与传入质点的热量以及由于源引起的能量的增量之和,这就是流体质点的能量守恒定律. 能量方程为

$$\rho\frac{\mathrm{d}E}{\mathrm{d}t} = -\mathrm{div}(p\boldsymbol{u}) + \left[\frac{\partial(u\tau_{xx})}{\partial x} + \frac{\partial(u\tau_{yx})}{\partial y} + \frac{\partial(u\tau_{zx})}{\partial z} + \frac{\partial(v\tau_{xy})}{\partial x} + \right.$$

$$\left.\frac{\partial(v\tau_{yy})}{\partial y} + \frac{\partial(v\tau_{zy})}{\partial z} + \frac{\partial(w\tau_{xx})}{\partial x} + \frac{\partial(w\tau_{yz})}{\partial y} + \frac{\partial(w\tau_{zz})}{\partial z}\right] +$$

$$\mathrm{div}(k\mathrm{grad}T) + S_E. \tag{11.18}$$

式中,$E = \frac{1}{2}(u^2+v^2+w^2)$.

式(11.18)是一个综合性方程,在一般应用中,通常为了得到内能 i 或温度 T 的方程,首先要确定(机械)动能的变化. 将 x 方向动量方程(11.11a)乘以速度分量 u, y 方向动量方程(11.11b)乘以速度分量 v, z 方向动量方程(11.11c)乘以速度分量 w 后将结

果相加,就得到能量方程的动能部分.通过计算得到下面的动能守恒方程:

$$\rho \frac{\mathrm{d}\left[\frac{1}{2}(u^2+v^2+w^2)\right]}{\mathrm{d}t} = -\boldsymbol{u}\cdot\mathrm{grad}\,p + u\left(\frac{\partial\tau_{xx}}{\partial x}+\frac{\partial\tau_{yx}}{\partial y}+\frac{\partial\tau_{zx}}{\partial z}\right)+$$

$$v\left(\frac{\partial\tau_{xy}}{\partial x}+\frac{\partial\tau_{yy}}{\partial y}+\frac{\partial\tau_{zy}}{\partial z}\right)+$$

$$w\left(\frac{\partial\tau_{xz}}{\partial x}+\frac{\partial\tau_{yz}}{\partial y}+\frac{\partial\tau_{zz}}{\partial z}\right)+\boldsymbol{u}\cdot\boldsymbol{S}_M, \tag{11.19}$$

将式(11.18)减去式(11.19)并定义一个新的源项 $S_i = S_E - \boldsymbol{u}\cdot\boldsymbol{S}_M$ 就得到内能方程,即

$$\rho\frac{\mathrm{d}i}{\mathrm{d}t} = -p\cdot\mathrm{div}\boldsymbol{u}+\mathrm{div}(k\cdot\mathrm{grad}T)+\tau_{xx}\frac{\partial u}{\partial x}+\tau_{yx}\frac{\partial u}{\partial y}+$$

$$\tau_{zx}\frac{\partial u}{\partial z}+\tau_{xy}\frac{\partial v}{\partial x}+\tau_{yy}\frac{\partial v}{\partial y}+\tau_{zy}\frac{\partial v}{\partial z}+\tau_{xz}\frac{\partial w}{\partial x}+$$

$$\tau_{yz}\frac{\partial w}{\partial y}+\tau_{zz}\frac{\partial w}{\partial z}+S_i. \tag{11.20}$$

在不可压缩流体中,$i = c_{PL}T$,其中 c_{PL} 为比热,$\mathrm{div}\boldsymbol{u}=0$.这样就可以将式(11.20)改写为温度方程,即

$$\rho c_{PL}\frac{\mathrm{d}T}{\mathrm{d}t} = \mathrm{div}(k\mathrm{grad}T)+\tau_{xx}\frac{\partial u}{\partial x}+\tau_{yx}\frac{\partial u}{\partial y}+$$

$$\tau_{zx}\frac{\partial u}{\partial z}+\tau_{xy}\frac{\partial v}{\partial x}+\tau_{yy}\frac{\partial v}{\partial y}+\tau_{zy}\frac{\partial v}{\partial z}+\tau_{xz}\frac{\partial w}{\partial x}+$$

$$\tau_{yz}\frac{\partial w}{\partial y}+\tau_{zz}\frac{\partial w}{\partial z}+S_i. \tag{11.21}$$

对于可压缩流体,通常将方程(11.18)重新整理得到焓的方程.流体的比焓 h 和总比焓 h_0 定义为

$$h = i+\frac{p}{\rho}, \quad h_0 = h+\frac{1}{2}(u^2+v^2+w^2).$$

将上述两个公式代入比能 E 的定义式得到

$$h_0 = i+\frac{p}{\rho}+\frac{1}{2}(u^2+v^2+w^2) = E+\frac{p}{\rho}. \tag{11.22}$$

将式(11.22)代入式(11.18)并整理得到(总)焓方程,即

$$\frac{\partial(\rho h_0)}{\partial t}+\mathrm{div}(ph_0\boldsymbol{u}) = \mathrm{div}(k\mathrm{grad}T)+$$

$$\frac{\partial p}{\partial t}+\left[\frac{\partial(u\tau_{xx})}{\partial x}+\frac{\partial(u\tau_{yx})}{\partial y}+\frac{\partial(u\tau_{zx})}{\partial z}+\frac{\partial(v\tau_{xy})}{\partial x}+\frac{\partial(v\tau_{yy})}{\partial y}+\right.$$

$$\left.+\frac{\partial(v\tau_{zy})}{\partial z}+\frac{\partial(w\tau_{xz})}{\partial x}+\frac{\partial(w\tau_{yz})}{\partial y}+\frac{\partial(w\tau_{zz})}{\partial z}+S_h\right]. \tag{11.23}$$

需要说明的是,式(11.20),式(11.21)和式(11.23)不是新的守恒定律,仅仅是能量守恒方程(11.18)的不同表现形式.

11.3 状态方程

三元流体流动由 5 个方程组成的方程组描述:质量守恒方程(11.4),x,y 和 z 向的动量方程(11.13a—c)以及能量方程(11.18). 这些方程的未知参数中有 4 个热力学变量 ρ,p,i 和 T. 4 个变量的关系式可以根据热平衡假设得出. 流体的速度可能很大,所以随着流体质点的运动其物理量的变化也很快,但是与流体在新条件下的热力自调整的速度相比,流体流动的速度小得足以将相应物理量的变化作用看作是瞬时的. 因此可以认为流体总是保持热力学平衡的,唯一的例外就是具有强激波的流动,但是其中的大部分也近似满足热平衡假设.

可以只用两个变量来描述物体的热力学平衡状态. 状态方程就表述其他变量与这两个状态变量的关系. 如果用 ρ 和 T 作为状态变量,那么压力 p 和比内能 i 分别为

$$p = p(\rho, T) \text{ 和 } i = i(\rho, T). \tag{11.24}$$

对于完全气体,应用状态方程

$$p = \rho R T \text{ 和 } i = C_v T, \tag{11.25}$$

热平衡假设只考虑两个热力学状态变量的作用. 在可压缩流体的流动中,状态方程描述的是能量方程与质量守恒方程以及动量方程之间的联系. 这种联系是根据流场中压力和温度的变化可能导致密度变化而建立起来的.

当液体和气体的流动速度很小时为不可压缩流体. 这种情况下流体密度不变,因此也就没有能量方程和质量守恒方程以及动量方程的联系,流场的计算通常只应用质量守恒方程和动量守恒方程进行就行了,只有在涉及热传导的问题时才会应用能量方程进行求解.

11.4 牛顿流体 Navier-Stokes 方程

控制方程还包括未知的黏性切应力分量 τ_{ij}. 为黏性切应力 τ_{ij} 引入一个合适的模型就能够得到流体流动控制方程最有用的形式. 在许多流体流动中黏性切应力都可以表示成局部应变的函数. 在三元流动中,局部应变由线性应变和体积应变组成.

所有气体和多数液体都是各向同性的. 含有大量多态分子的液体可能表现为各向异性或者定向黏性切应力特性,这是因为像链条一样的多态分子要与流动协调一致. 这种流体超出了本书的范围,在下文的介绍中都假设流体是各向同性的.

三元流体质点的应变有 9 个分量,在各向同性流体中有 6 个是独立的. 这些应变用 e_{ij} 表示,下标与切应力分量(见图 11.4)完全一样,其中有 3 个线性正应变分量,即

$$e_{xx} = \frac{\partial u}{\partial x}, \; e_{yy} = \frac{\partial v}{\partial y}, \; e_{zz} = \frac{\partial w}{\partial z}. \tag{11.26a}$$

还有 6 个线性切应变分量,即

$$e_{xy} = e_{yx} = \frac{1}{2}\left(\frac{\partial u}{\partial y} + \frac{\partial v}{\partial x}\right),$$

$$e_{xz} = e_{zx} = \frac{1}{2}\left(\frac{\partial u}{\partial z} + \frac{\partial w}{\partial x}\right),$$

$$e_{yz} = e_{zy} = \frac{1}{2}\left(\frac{\partial v}{\partial z} + \frac{\partial w}{\partial y}\right). \tag{11.26b}$$

体积应变为

$$\frac{\partial u}{\partial x} + \frac{\partial v}{\partial y} + \frac{\partial w}{\partial z} = \text{div}\boldsymbol{u}. \tag{11.26c}$$

在牛顿流体中,黏性切应力与应变成正比.可压缩流体的黏性牛顿定律的三元形式包括两个正比常量,即第一(动力)黏度 μ 和第二黏度 λ. μ 将切应力与线性正应变联系起来, λ 将切应力与体积应变联系起来.9 个黏性应力分量如下(其中只有 6 个是独立的):

$$\tau_{xx} = 2\mu\frac{\partial u}{\partial x} + \lambda\text{div}\boldsymbol{u},$$

$$\tau_{yy} = 2\mu\frac{\partial v}{\partial y} + \lambda\text{div}\boldsymbol{u},$$

$$\tau_{zz} = 2\mu\frac{\partial w}{\partial z} + \lambda\text{div}\boldsymbol{u},$$

$$\tau_{xy} = \tau_{yx} = \mu\left(\frac{\partial u}{\partial y} + \frac{\partial v}{\partial x}\right),$$

$$\tau_{xz} = \tau_{zx} = \mu\left(\frac{\partial u}{\partial z} + \frac{\partial w}{\partial x}\right),$$

$$\tau_{yz} = \tau_{zy} = \mu\left(\frac{\partial v}{\partial z} + \frac{\partial w}{\partial y}\right). \tag{11.27}$$

第二黏度 λ 的实际影响很小,所以对其认识并不多.在气体中假设 $\lambda = -\frac{2}{3}\mu$ 能得到很好的工程近似.由于不可压缩液体的质量守恒方程就是 $\text{div}\boldsymbol{u} = 0$,所以不可压缩液体的黏性正应力就是局部线性正应变与动力黏度乘积的两倍.

将式(11.27)的剪切应力代入式(11.13a—c),就得到由 19 世纪两个科学家的名字命名的著名的 Navier – Stokes 方程,即

$$\rho\frac{\mathrm{d}u}{\mathrm{d}t} = -\frac{\partial p}{\partial x} + \frac{\partial}{\partial x}\left[2\mu\frac{\partial u}{\partial x} + \lambda\text{div}\boldsymbol{u}\right] + \frac{\partial}{\partial y}\left[\mu\left(\frac{\partial u}{\partial y} + \frac{\partial v}{\partial x}\right)\right] +$$

$$\frac{\partial}{\partial z}\left[\mu\left(\frac{\partial u}{\partial z} + \frac{\partial w}{\partial x}\right)\right] + S_{Mx}, \tag{11.28a}$$

$$\rho\frac{\mathrm{d}v}{\mathrm{d}t} = -\frac{\partial p}{\partial y} + \frac{\partial}{\partial x}\left[\mu\left(\frac{\partial u}{\partial y} + \frac{\partial v}{\partial x}\right)\right] + \frac{\partial}{\partial y}\left(2\mu\frac{\partial v}{\partial y} + \lambda\text{div}\boldsymbol{u}\right) +$$

$$\frac{\partial}{\partial z}\left[\mu\left(\frac{\partial v}{\partial z} + \frac{\partial w}{\partial y}\right)\right] + S_{My}, \tag{11.28b}$$

$$\rho\frac{\mathrm{d}w}{\mathrm{d}t} = -\frac{\partial p}{\partial z} + \frac{\partial}{\partial x}\left[\mu\left(\frac{\partial u}{\partial z} + \frac{\partial w}{\partial x}\right)\right] + \frac{\partial}{\partial y}\left[\mu\left(\frac{\partial v}{\partial z} + \frac{\partial w}{\partial y}\right)\right] +$$

$$\frac{\partial}{\partial z}\left(2\mu\frac{\partial w}{\partial z} + \lambda\text{div}\boldsymbol{u}\right) + S_{Mz} \tag{11.28c}$$

通常在实际应用中重新整理黏性切应力项如下:

$$\frac{\partial}{\partial x}\left(2\mu\frac{\partial u}{\partial x} + \lambda\text{div}\boldsymbol{u}\right) + \frac{\partial}{\partial y}\left[\mu\left(\frac{\partial u}{\partial y} + \frac{\partial v}{\partial x}\right)\right] + \frac{\partial}{\partial z}\left[\mu\left(\frac{\partial u}{\partial z} + \frac{\partial w}{\partial x}\right)\right] = \frac{\partial}{\partial x}\left(\mu\frac{\partial u}{\partial x}\right) + \frac{\partial}{\partial y}\left(\mu\frac{\partial u}{\partial y}\right) +$$

$$\frac{\partial}{\partial z}\left(\mu\frac{\partial u}{\partial z}\right) + \left[\frac{\partial}{\partial x}\left(\mu\frac{\partial u}{\partial x}\right) + \frac{\partial}{\partial y}\left(\mu\frac{\partial v}{\partial x}\right) + \frac{\partial}{\partial z}\left(\mu\frac{\partial w}{\partial x}\right)\right] + \frac{\partial}{\partial x}(\lambda\text{div}\boldsymbol{u}) = \text{div}(\mu\text{grad}u) + S_{Mx}.$$

在 y 向和 z 向的黏性切应力方程也可以用同样的方式处理. 为了简化动量方程, 可以将动量源中对黏性切应力作用较小的两项"隐藏"起来, 定义新源项为

$$S_M = S_M + s_M. \tag{11.29}$$

这样, Navier – Stokes 方程就可以写成在有限体积开发方法中最有用的形式, 即

$$\rho \frac{\mathrm{d}u}{\mathrm{d}t} = -\frac{\partial p}{\partial x} + \mathrm{div}(\mu \mathrm{grad}u) + S_{Mx}, \tag{11.30a}$$

$$\rho \frac{\mathrm{d}v}{\mathrm{d}t} = -\frac{\partial p}{\partial y} + \mathrm{div}(\mu \mathrm{grad}v) + S_{My}, \tag{11.30b}$$

$$\rho \frac{\mathrm{d}w}{\mathrm{d}t} = -\frac{\partial p}{\partial z} + \mathrm{div}(\mu \mathrm{grad}w) + S_{Mz}. \tag{11.30c}$$

如果在内能方程 (11.20) 中应用黏性切应力牛顿模型, 通过整理后得到

$$\rho \frac{\mathrm{d}i}{\mathrm{d}t} = -p \mathrm{div}\boldsymbol{u} + \mathrm{div}(k \mathrm{grad}T) + \Phi + S_i. \tag{11.31}$$

内能方程中黏性切应力的所有作用可以用耗散函数 Φ 描述, 经过一系列的代数推导得到耗散函数 Φ 如下:

$$\Phi = \mu \left\{ 2\left[\left(\frac{\partial u}{\partial x}\right)^2 + \left(\frac{\partial v}{\partial y}\right)^2 + \left(\frac{\partial w}{\partial z}\right)^2 \right] + \left(\frac{\partial u}{\partial y} + \frac{\partial v}{\partial x}\right)^2 + \right.$$
$$\left. \left(\frac{\partial u}{\partial z} + \frac{\partial w}{\partial x}\right)^2 + \left(\frac{\partial v}{\partial z} + \frac{\partial v}{\partial y}\right)^2 \right\} + \lambda (\mathrm{div}\boldsymbol{u})^2. \tag{11.32}$$

耗散函数为非负值, 因为它只包括平方项. 耗散函数表示由于变形对流体质点做功得到的能量源项. 这些功由于机械作用产生, 使流体运动并转化为内能或热.

可压缩牛顿流体的热传导和三元流动的控制方程见表 11.1.

表 11.1　可压缩牛顿流体的控制方程

名称	控制方程
连续方程	$\dfrac{\partial \rho}{\partial t} + \mathrm{div}(\rho \boldsymbol{u}) = 0$
x 向动量方程	$\dfrac{\partial (\rho u)}{\partial t} + \mathrm{div}(\rho u \boldsymbol{u}) = -\dfrac{\partial p}{\partial x} + \mathrm{div}(\mu \mathrm{grad}u) + S_{Mx}$
y 向动量方程	$\dfrac{\partial (\rho v)}{\partial t} + \mathrm{div}(\rho v \boldsymbol{u}) = -\dfrac{\partial p}{\partial y} + \mathrm{div}(\mu \mathrm{grad}v) + S_{My}$
z 向动量方程	$\dfrac{\partial (\rho w)}{\partial t} + \mathrm{div}(\rho w \boldsymbol{u}) = -\dfrac{\partial p}{\partial z} + \mathrm{div}(\mu \mathrm{grad}w) + S_{Mz}$
内能方程	$\dfrac{\partial (\rho i)}{\partial t} + \mathrm{div}(\rho i \boldsymbol{u}) = -p \mathrm{div}\boldsymbol{u} + \mathrm{div}(k \mathrm{grad}T) + \Phi + S_i$
状态方程	$p = p(\rho, T)$ 和 $i = i(\rho, T)$ 对于完全气体: $p = \rho R T$ 和 $i = C_v T$

动量源 S_M 和耗散函数 Φ 分别由式 (11.29) 和式 (11.32) 定义.

11.3 节的热力学假设为 5 个流动方程补充了 2 个代数方程, 引入的牛顿模型建立了黏性切应力与速度梯度之间的关系, 相应得到了由 7 个方程组成的含有 7 个未知变量的系统. 由于方程数与未知函数数目相等, 这在数学上是封闭的, 亦即只要提供适当

的辅助条件、初始条件和边界条件,问题就能够求解.

11.5　通用输运方程的微分形式和积分形式

从表 11.1 可以清楚地看出不同方程之间有很强的共性.如果引入通用变量 ϕ,包括温度和废物排放等标量方程的流体流动守恒方程通常写成如下形式:

$$\frac{\partial(\rho\phi)}{\partial t}+\mathrm{div}(\rho\phi\boldsymbol{u})=\mathrm{div}(\Gamma\,\mathrm{grad}\,\phi)+S_\phi. \tag{11.33}$$

用文字表示式(11.33)就是:控制体内部 ϕ 的增量与净流出控制体的 ϕ 的增量之和等于由于流动扩散产生的控制体的 ϕ 的增量与由于源引起的 ϕ 的增量之和.该式就是所谓的物理量 ϕ 的输运方程.它清楚地描述了各种输运过程:左侧是变化速度项和对流项,右侧则分别是扩散项(Γ 是扩散系数)和源项.为了寻求各方程的共性,首先要忽略源项中各方程没有共同所有的项.应用状态方程将 ϕ 换成 i,那么式(11.33)就是内能方程.

在有限体积法中,式(11.33)用作计算过程的初始点,将 ϕ 分别赋值为 $1,u,v,w$ 和 i(或者 T,h_0),并为表 11.1 中的各种形式的源项和扩散系数 Γ 选用合适的值,就得到了质量守恒、动量守恒和能量守恒 5 个偏微分方程的特定形式.有限体积法的关键步骤就是将式(11.33)在三元控制体 CV 上积分,即

$$\int_{CV}\frac{\partial(\rho\phi)}{\partial t}\mathrm{d}V+\int_{CV}\mathrm{div}(\rho\phi\boldsymbol{u})\mathrm{d}V=\int_{CV}\mathrm{div}(\Gamma\,\mathrm{grad}\,\phi)\mathrm{d}V+\int_{CV}S_\phi\mathrm{d}V. \tag{11.34}$$

等式(11.34)左侧第 2 项(对流项)和右侧第 1 项(扩散项)的体积积分可以通过高斯散度定理(高斯公式)写成在控制体整个边界上的积分形式.对矢量 $\boldsymbol{a}$,高斯公式为

$$\int_{CV}\mathrm{div}\,\boldsymbol{a}\,\mathrm{d}V=\int_A\boldsymbol{n}\cdot\boldsymbol{a}\,\mathrm{d}A, \tag{11.35}$$

$\boldsymbol{n}\cdot\boldsymbol{a}$ 是指矢量 $\boldsymbol{a}$ 在表面微元 $\mathrm{d}A$ 的法向 $\boldsymbol{n}$ 方向上的分量.这样,矢量 $\boldsymbol{a}$ 的散度在控制体上的积分等于 $\boldsymbol{a}$ 在包含整个控制体的所有边界上沿平面法向的积分.根据高斯公式,式(11.34)可以写成

$$\frac{\partial}{\partial t}\left(\int_{CV}\rho\phi\,\mathrm{d}V\right)+\int_A\boldsymbol{n}\cdot(\rho\phi\boldsymbol{u})\mathrm{d}A=\int_A\boldsymbol{n}\cdot(\Gamma\,\mathrm{grad}\,\phi)\mathrm{d}A+\int_{CV}S_\phi\mathrm{d}V. \tag{11.36}$$

式(11.36)左侧第 1 项中的积分和微分的顺序做了交换以便于理解其物理意义.该项表示的是控制体内流体物理量 ϕ 总量的变化率.乘积 $\boldsymbol{n}\cdot(\rho\phi\boldsymbol{u})$ 表示物理量 ϕ 由于流体沿外法线矢量 $\boldsymbol{n}$ 的流动形成的通量分量,因此式(11.36)的左侧第 2 项,即对流项,就是由于对流产生的流体物理量在控制体上的减少量.

在流体物理量 ϕ 的梯度为负的方向上,扩散通量是正的,也就是说扩散通量的方向沿着 $-\mathrm{grad}\,\phi$ 方向增加,例如,热量在温度梯度为负的方向上传播.这样,乘积 $\boldsymbol{n}\cdot(-\Gamma\,\mathrm{grad}\,\phi)$ 是扩散通量沿外法线方向的分量,是流出控制体的.同样的,乘积 $\boldsymbol{n}\cdot(\Gamma\,\mathrm{grad}\,\phi)$ 也可以写成 $\Gamma[-\boldsymbol{n}\cdot(-\mathrm{grad}\,\phi)]$,可以理解为在内法线方向 $-\boldsymbol{n}$(也就是进入控制体的方向)上是正的扩散通量.因此,式(11.36)右侧第 1 项,即扩散项,与进入控制体的通量有关,代表的是由于扩散引起的控制体内流体物理量 ϕ 的净增量.式

(11.36)右侧最后一项是控制体内由于源引起的物理特性 ϕ 的增量.

在定常状态问题中,式(11.36)中对时间求导数的项等于 0. 这就得到了定常输运方程的积分形式,即

$$\int_A \boldsymbol{n} \cdot (\rho\phi\boldsymbol{u}) \mathrm{d}A = \int_A \boldsymbol{n} \cdot (\Gamma \mathrm{grad}\phi) \mathrm{d}A + \int_{CV} S_\phi \mathrm{d}V. \tag{11.37}$$

对于与时间有关的问题中,在 t 至 $t+\Delta t$ 的一小段时间间隔 Δt 内积分还是必要的. 这就得到了输运方程最通用的积分形式,即

$$\int_{\Delta t} \frac{\partial}{\partial t} \left(\int_{CV} \rho\phi \mathrm{d}V \right) \mathrm{d}t + \iint_{\Delta t A} \boldsymbol{n} \cdot (\rho\phi\boldsymbol{u}) \mathrm{d}A \mathrm{d}t = \iint_{\Delta t A} \boldsymbol{n} \cdot (\Gamma_\phi \mathrm{grad}\phi) \mathrm{d}A \mathrm{d}t + \iint_{\Delta t CV} S_\phi \mathrm{d}V \mathrm{d}t.$$

$$\tag{11.38}$$

第 12 章　现代计算流体力学基础(二)
——湍流及其建模

在工程实际中的所有流动——从简单的二元射流、尾迹、管流和平板边界层到复杂的三元流动——当超过一定的雷诺数以后流动会变得不稳定.雷诺数较低时流动是层流,在雷诺数较大时流动就变成湍流.在流动中的大多数区域,速度和压力随着时间不断变化,流体的流动呈现出混沌和随机情形.

层流中的流动可以完全用第 11 章的方程描述.在简单的情况中,运用连续方程和 Navier-Stokes 方程可以获得解析解.在不进行附加近似的情况下,很多复杂的层流流动可以应用诸如有限体积法的 CFD 技术进行数值求解.

许多工程的流动都是湍流,因此对湍流的研究不仅仅限于理论认识.了解流体工程需要能够反映湍流作用的可行工具.本章对湍流在 CFD 中的建模进行简单介绍.

12.1 节分析与湍流有关的波动形式对时均 Navier-Stokes 方程的影响.12.2 节介绍一些简单的二元湍流流动的性质.速度波动会对流体产生附加应力,就是所谓的雷诺应力.12.3 节讨论用于上述这些附加应力项建模的工程方法及其实现.

12.1　湍流对时均 Navier-Stokes 方程的影响

湍流流动和层流流动的主要区别在于涡运动在湍流流动的大范围长度尺度上出现.大雷诺数湍流流动的一个 $0.1\ \text{m} \times 0.1\ \text{m}$ 的典型流动区域中涡的尺寸范围为 $10 \sim 100\ \mu\text{m}$.因此,需要计算具有 $10^9 \sim 10^{12}$ 个点的网格才能描述所有长度尺度上的过程.最大变化频率是 $10\ \text{kHz}$,因此需要把时间步长离散到 $100\ \mu\text{s}$.

当前的计算能力已经能够求解转捩雷诺数下非常简单的流动内部的涡动力学问题.对大雷诺数完全湍流时均 Navier-Stokes 方程进行直接求解的计算是可行的,但这种计算对目前的计算机硬件的要求近乎苛刻.

同时,工程师们需要能够提供湍流过程充足信息的计算程序,不需要考虑流动中涡的作用.通常这些 CFD 用户仅仅关心流动的时均信息(平均速度、平均压力以及平均应力等等).本节介绍平均流动特征中湍流波动出现时的作用.

12.1.1　雷诺方程

定义流动特征 φ 的平均量 Φ 为

$$\Phi = \frac{1}{\Delta t}\int_0^{\Delta t}\varphi(t)\,\mathrm{d}t. \tag{12.1}$$

在理论上应当定义有限时间间隔 Δt 趋于无穷大,不过,当 Δt 大于流动特征 φ(由最大的涡引起的)的最慢变动时间尺度时就认为 Δt 足够大了.流动特征平均量的这种定义在定常均匀流动中足够精确.在与时间相关的流动中,特征量在时间 t 的平均值取该特征量在大量同一重复试验中瞬时值的平均值,也就是所谓的"整体平均".

可以把与时间相关的特征量 φ 看作是定常均匀分量 Φ 与平均值为 0 的随着时间变化的波动分量 $\varphi'(t)$ 之和,即 $\varphi(t)=\Phi+\varphi'(t)$,简单地写成 $\varphi=\Phi+\varphi'$. 根据定义,波动量 φ' 的时均值等于 0,即

$$\overline{\varphi'}=\frac{1}{\Delta t}\int_0^{\Delta t}\varphi'(t)\mathrm{d}t\equiv 0. \tag{12.2}$$

流动中波动部分的信息可以通过计算波动的均方根得到,例如,

$$\varphi_{\mathrm{RMS}}=\sqrt{\overline{(\varphi')^2}}=\left[\frac{1}{\Delta t}\int_0^{\Delta t}(\varphi')^2\mathrm{d}t\right]^{\frac{1}{2}}. \tag{12.3}$$

速度分量的均方根值特别重要,这是因为它们可以用对湍流波动特别敏感的速度探针(例如热线仪)和简单的电路就可以很容易地测得. 湍流(单位质量的)动能 k 定义为

$$k=\frac{1}{2}(\overline{u'^2}+\overline{v'^2}+\overline{w'^2}), \tag{12.4}$$

湍流强度 T_i 与动能和参照均匀流动速度 U_{ref} 相关,定义如下:

$$T_i=\frac{\left(\frac{2}{3}k\right)^{\frac{1}{2}}}{U_{\mathrm{ref}}}. \tag{12.5}$$

在推导湍流的均匀流动方程以前,总结控制时均波动量 $\varphi=\Phi+\varphi'$ 和 $\psi=\Psi+\psi'$ 及其组合、微分和积分的规则为

$$\overline{\varphi'}=\overline{\psi'}=0,\quad \overline{\Phi}=\Phi,\quad \overline{\frac{\partial\varphi}{\partial s}}=\frac{\partial\Phi}{\partial s},\quad \overline{\int\varphi\mathrm{d}s}=\int\Phi\mathrm{d}s,$$

$$\overline{\varphi+\psi}=\Phi+\Psi,\quad \overline{\varphi\psi}=\Phi\Psi+\overline{\varphi'\psi'},\quad \overline{\varphi\Psi}=\Phi\Psi,\quad \overline{\varphi'\Psi}=0. \tag{12.6}$$

这些关系式可以应用式(12.1)和式(12.2)很容易证明. 时均本身就是积分,因此时均以及更进一步的积分或微分的顺序都可以更换.

由于 div 和 grad 都是求导数,因此上述规则可以延伸到波动矢量 $\boldsymbol{a}=\boldsymbol{A}+\boldsymbol{a}'$ 及其与波动标量 $\varphi=\Phi+\varphi'$ 的组合领域,即

$$\overline{\operatorname{div}\boldsymbol{a}}=\operatorname{div}\boldsymbol{A},\quad \overline{\operatorname{div}(\varphi\boldsymbol{a})}=\operatorname{div}\overline{(\varphi\boldsymbol{a})}=\operatorname{div}(\Phi\boldsymbol{A})+\operatorname{div}(\overline{\varphi'\boldsymbol{a}'}),$$

$$\overline{\operatorname{divgrad}\varphi}=\operatorname{divgrad}\Phi. \tag{12.7}$$

为了解释湍流波动对平均流动的作用,运用黏性为常数的不可压缩流动的瞬时连续方程和 Navier-Stokes 方程. 这样,在不失去主要信息的前提下大大简化了代数方程. 同一般情况一样,应用笛卡儿坐标系,这样,速度矢量 $\boldsymbol{u}$ 具有 x 分量、y 分量和 z 分量,即

$$\operatorname{div}\boldsymbol{u}=0, \tag{12.8}$$

$$\frac{\partial u}{\partial t}+\operatorname{div}(u\boldsymbol{u})=-\frac{1}{\rho}\frac{\partial p}{\partial x}+v\operatorname{divgrad}u, \tag{12.9a}$$

$$\frac{\partial v}{\partial t}+\operatorname{div}(v\boldsymbol{u})=-\frac{1}{\rho}\frac{\partial p}{\partial y}+v\operatorname{divgrad}v, \tag{12.9b}$$

$$\frac{\partial w}{\partial t}+\operatorname{div}(w\boldsymbol{u})=-\frac{1}{\rho}\frac{\partial p}{\partial z}+v\operatorname{divgrad}w. \tag{12.9c}$$

为了研究波动的作用,将式(12.8)和式(12.9a-c)中的流动变量 $\boldsymbol{u}$(还有 u,v 和 w)和 p 用平均分量和波动分量的和来代替,即

$$\boldsymbol{u}=\boldsymbol{U}+\boldsymbol{u}', \quad u=U+u', \quad v=V+v', \quad w=W+w', \quad p=P+p'.$$

应用方程(12.7)所述的规则来获得时均值. 首先考虑连续方程(12.8), 由于 $\overline{\mathrm{div}\,\boldsymbol{u}}=\mathrm{div}\,\boldsymbol{U}$. 由此得到均匀流动的连续方程

$$\mathrm{div}\boldsymbol{U}=0. \tag{12.10}$$

对 x 方向动量方程(12.9a)进行同样的处理, 该方程中各项的时均形式可以写成

$$\overline{\frac{\partial u}{\partial t}}=\frac{\partial U}{\partial t}, \quad \overline{\mathrm{div}(u\boldsymbol{u})}=\mathrm{div}(U\boldsymbol{U})+\mathrm{div}(\overline{u'\boldsymbol{u}'}),$$

$$\overline{-\frac{1}{\rho}\frac{\partial p}{\partial x}}=-\frac{1}{\rho}\frac{\partial P}{\partial x}, \quad \overline{v\mathrm{divgrad}u}=v\mathrm{divgrad}U,$$

替换得到 x 方向时均动量方程

$$\frac{\partial U}{\partial t}+\mathrm{div}(U\boldsymbol{U})+\mathrm{div}(\overline{u'\boldsymbol{u}'})=-\frac{1}{\rho}\frac{\partial P}{\partial x}+v\,\mathrm{divgrad}U, \tag{12.11a}$$

$$（\mathrm{I}）\quad（\mathrm{II}）\quad（\mathrm{III}）\quad（\mathrm{IV}）\quad（\mathrm{V}）$$

同理可以得到 y 向和 z 向时均动量方程, 即

$$\frac{\partial V}{\partial t}+\mathrm{div}(V\boldsymbol{U})+\mathrm{div}(\overline{v'\boldsymbol{u}'})=-\frac{1}{\rho}\frac{\partial P}{\partial y}+v\,\mathrm{divgrad}V, \tag{12.11b}$$

$$（\mathrm{I}）\quad（\mathrm{II}）\quad（\mathrm{III}）\quad（\mathrm{IV}）\quad（\mathrm{V}）$$

$$\frac{\partial W}{\partial t}+\mathrm{div}(W\boldsymbol{U})+\mathrm{div}(\overline{w'\boldsymbol{u}'})=-\frac{1}{\rho}\frac{\partial P}{\partial z}+v\,\mathrm{divgrad}W. \tag{12.11c}$$

$$（\mathrm{I}）\quad（\mathrm{II}）\quad（\mathrm{III}）\quad（\mathrm{IV}）\quad（\mathrm{V}）$$

方程(12.11a—c)中的(I),(II),(IV),(V)项也出现在瞬时方程(12.9a—c)中, 但是在推导时均动量方程的时均过程中引入了新项(III). 习惯上将这些项放在方程(12.11a—c)的右边以表明它们对平均速度分量 U,V,W 所额外起的湍流应力作用, 即

$$\frac{\partial U}{\partial t}+\mathrm{div}(U\boldsymbol{U})=-\frac{1}{\rho}\frac{\partial P}{\partial x}+v\,\mathrm{divgrad}U+\left(-\frac{\partial\overline{u'^2}}{\partial x}-\frac{\partial\overline{u'v'}}{\partial y}-\frac{\partial\overline{u'w'}}{\partial z}\right), \tag{12.12a}$$

$$\frac{\partial V}{\partial t}+\mathrm{div}(V\boldsymbol{U})=-\frac{1}{\rho}\frac{\partial P}{\partial y}+v\,\mathrm{divgrad}V+\left(-\frac{\partial\overline{u'v'}}{\partial x}-\frac{\partial\overline{v'^2}}{\partial y}-\frac{\partial\overline{v'w'}}{\partial z}\right), \tag{12.12b}$$

$$\frac{\partial W}{\partial t}+\mathrm{div}(W\boldsymbol{U})=-\frac{1}{\rho}\frac{\partial P}{\partial z}+v\,\mathrm{divgrad}W+\left(-\frac{\partial\overline{u'w'}}{\partial x}-\frac{\partial\overline{v'w'}}{\partial y}-\frac{\partial\overline{w'^2}}{\partial z}\right). \tag{12.12c}$$

附加的应力项写成一般的形式以便明确它的组成, 从中得出 3 个法向应力和 3 个剪切应力共 6 个附加应力为

$$\tau_{xx}=-\rho\,\overline{u'^2}, \quad \tau_{yy}=-\rho\,\overline{v'^2}, \quad \tau_{xx}=-\rho\,\overline{w'^2},$$

$$\tau_{xy}=\tau_{yx}=-\rho\,\overline{u'v'}, \quad \tau_{xz}=\tau_{zx}=-\rho\,\overline{u'w'}, \quad \tau_{yz}=\tau_{zy}=-\rho\,\overline{v'w'}. \tag{12.13}$$

这些附加的湍流应力称为雷诺应力. 在湍流流动中, 由于法向应力 $-\rho\,\overline{u'^2}$, $-\rho\,\overline{v'^2}$ 和 $-\rho\,\overline{w'^2}$ 中包含速度波动的平方, 因此它总是不等于 0. 剪切应力 $-\rho\,\overline{u'v'}$, $-\rho\,\overline{u'w'}$ 及 $-\rho\,\overline{v'w'}$ 与不同速度分量之间的相互关系相联系. 如果 u' 和 v' 在统计上是相互独立的波动, 那么它们的乘积 $\overline{u'v'}$ 就等于 0. 然而, 湍流剪切应力也不等于 0, 而且与湍流流动中的黏性切应力相比, 它们通常还非常大. 系列方程(12.12a—c)称为雷诺方程.

在推导任意标量输运方程过程中, 也可以得到同样的附加湍流输运项. 标量 φ 的时均输运方程为

$$\frac{\partial \Phi}{\partial t} + \text{div}(\Phi \boldsymbol{U}) = \text{div}(\Gamma_\Phi^* \, \text{grad} \Phi) + \left(-\frac{\partial \overline{u'\varphi'}}{\partial x} - \frac{\partial \overline{v'\varphi'}}{\partial y} - \frac{\partial \overline{w'\varphi'}}{\partial z} \right) + S_\Phi. \quad (12.14)$$

到目前为止,一直假设流体密度是常数,但在实际流动中,密度可能是变化的,而且瞬时密度总是表现出湍流波动特性.不过通常假设小的密度波动对流动的影响不大.如果速度波动的数量级是平均速度的 5% 时,在马赫数为 3～5 的流动中密度波动的作用并不重要.在自由湍流流动中,速度波动很容易达到平均速度的 20%.在这种条件中,密度波动在马赫数为 1 附近就开始对湍流产生作用.将本节的结论——也就是平均流动方程——不作证明地进行密度加权平均(或 Favre 平均)后作为可压缩湍流流动的控制方程,结果参见表 12.1,符号 ρ 表示平均密度.这些方程忽略了密度波动的作用,而没有忽略平均密度的变化.这种形式在商业 CFD 软件中应用广泛.

表 12.1　可压缩流动湍流方程

方程名称	控制方程	方程标号
连续方程	$\dfrac{\partial \rho}{\partial t} + \text{div}(\rho \boldsymbol{U}) = 0$	(12.15)
雷诺方程	$\dfrac{\partial (\rho U)}{\partial t} + \text{div}(\rho U \boldsymbol{U}) = -\dfrac{\partial P}{\partial x} + \text{div}(\mu \, \text{grad} U) + $ $\left[-\dfrac{\partial (\rho \overline{u'^2})}{\partial x} - \dfrac{\partial (\rho \overline{u'v'})}{\partial y} - \dfrac{\partial (\rho \overline{u'w'})}{\partial z} \right] + S_{Mx}$	(12.16a)
	$\dfrac{\partial (\rho V)}{\partial t} + \text{div}(\rho V \boldsymbol{U}) = -\dfrac{\partial P}{\partial y} + \text{div}(\mu \, \text{grad} V) + $ $\left[-\dfrac{\partial (\rho \overline{u'v'})}{\partial x} - \dfrac{\partial (\rho \overline{v'^2})}{\partial y} - \dfrac{\partial (\rho \overline{v'w'})}{\partial z} \right] + S_{My}$	(12.16b)
	$\dfrac{\partial (\rho W)}{\partial t} + \text{div}(\rho W \boldsymbol{U}) = -\dfrac{\partial P}{\partial z} + \text{div}(\mu \, \text{grad} W) + $ $\left[-\dfrac{\partial (\rho \overline{u'w'})}{\partial x} - \dfrac{\partial (\rho \overline{v'w'})}{\partial y} - \dfrac{\partial (\rho \overline{w'^2})}{\partial z} \right] + S_{Mz}$	(12.16c)
标量输运方程	$\dfrac{\partial (\rho \Phi)}{\partial t} + \text{div}(\rho \Phi \boldsymbol{U}) = \text{div}(\Gamma_\Phi \, \text{grad} \Phi) + $ $\left[-\dfrac{\partial (\rho \overline{u'\varphi'})}{\partial x} - \dfrac{\partial (\rho \overline{v'\varphi'})}{\partial y} - \dfrac{\partial (\rho \overline{w'\varphi'})}{\partial z} \right] + S_\Phi$	(12.17)

12.1.2　封闭问题——需要湍流模型

瞬时连续性方程(12.8)和 Navier - Stokes 方程(12.9a—c)组成了含有 4 个未知变量 u,v,w 和 p 的由 4 个方程组成的封闭方程组.在本节的导言中已经说明这些方程在近期还很难进行直接求解.

在工程应用中的流场计算通常只是关心某个平均量.然而,在对动量方程时均处理过程中,没有考虑包含在瞬时波动中与流动状态有关的所有细节.在时均动量方程中得到的相应结果就是出现了 6 个附加未知变量——雷诺应力.同样,时均标量输运方程也具有含有 $\overline{u'\varphi'}$, $\overline{v'\varphi'}$ 和 $\overline{w'\varphi'}$ 的附加项.湍流的复杂性使附加应力和湍流标量输运项的形式也复杂.为了足够精确地计算雷诺应力和标量输运项并且使这种计算具有通用性,由此出现了现代 CFD 计算中必不可少的另外一个环节——湍流建模.

12.2 简单湍流流动的特征

湍流及其建模最初都是在对薄剪切层湍流结构进行仔细研究的基础上建立的. 在这样的流动中,大的速度变化一般集中在很薄的区域内,也就是说,流动变量在流动 (x) 方向的变化率与横截面 (y) 方向的变化率相比可以忽略不计 $\left(\dfrac{\partial}{\partial x} \ll \dfrac{\partial}{\partial y}\right)$. 而且,发生变化的区域的横截面宽度 δ 与流动方向的任何长度尺度 L 相比总是很小 $\left(\dfrac{\delta}{L} \ll 1\right)$. 这里介绍下述几种简单的二元不可压缩湍流流动的特征:

① 自由湍流:混合边界层、射流、尾迹.

② 固体壁面边界层:平板边界层、管流.

根据上一节的介绍来分析上述二元不可压缩湍流流动的平均速度分布 $U=U(y)$ 以及相关的雷诺应力 $-\rho\overline{u'^2}$, $-\rho\overline{v'^2}$, $-\rho\overline{w'^2}$ 和 $-\rho\overline{u'v'}$. 这些物理量的局部值可以用热线仪测量. 近年来,激光多普勒测速仪以及粒子成像测速仪已经广泛应用于湍流的测量中.

12.2.1 自由湍流

在工程上重要的流动中最简单的就是那些自由湍流领域的流动:混合层、射流和尾迹. 混合层在两个区域的交界处形成,一个区域的流速快,另一个区域的流速慢. 在射流中,高速流体完全被静止流体包围. 尾迹在液流中物体的后面形成,所以这里是低速区域被高速流体包围. 图 12.1 是上述自由湍流在流线方向上速度分布的发展情况. 可以清楚地看出,在所有 3 个流动中,通过初始薄层的速度变化是很重要的,例如,湍流的转捩发生在不同流线相遇点沿流动方向距下游很短的距离内,湍流使流体附面层极度混合并且在速度发生变化的区域快速扩展.

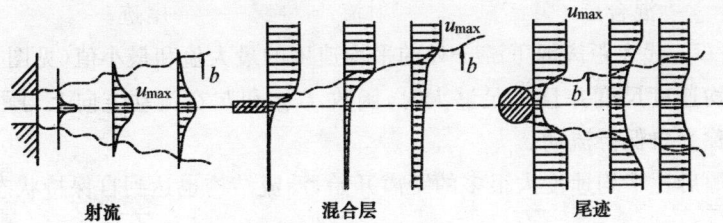

图 12.1 自由湍流

图 12.2 为射流的可视化图像. 从中可以看出,流动的湍流部分包括的长度尺度的范围很宽,与很小尺寸的涡同时发生的大涡的尺寸与流动的横断尺寸相近.

图 12.2　射流可视化

可视化图像精确地表明了在射流区域内部的流动是完全湍流,不过距离射流很远的外围区域的流动是光滑的,不受湍流的影响.湍流区域边界的位置由单个大涡(与时间相关的)通道决定.在靠近边界的地方,这些涡也有可能穿入到周围的区域中.在外部区域湍流活动的突然出现过程中——称为间歇流动——周围环境中的流体被拖入到湍流区域中,这一过程称为夹带过程.这是在流动方向上湍流流动(包括壁面边界层)发展的主要原因.

开始快速流动的射流流体要使周围静止流体加速,因此要损失动量.由于周围流体的夹带作用,速度梯度的大小沿着流动方向降低.这就导致射流中心线处平均速度降低.尾迹流体和其周围环境中快速运动的流体之间的速度差别也会在流动方向上降低.在混合层中,包含速度变化的层的宽度沿着流动方向持续增加,而外围区域的速度差别没有变化.

对许多这种湍流流动的类似研究表明,在一定的距离以后,它们的结构与流动源的特性没有关系,只有局部环境对湍流流动有影响.合适的长度尺度是横断层的厚度(或者厚度的一半)b.如果 y 是横断面方向的距离,则有

$$\frac{U-U_{\min}}{U_{\max}-U_{\min}}=f\left(\frac{y}{b}\right),\quad \frac{U}{U_{\max}}=g\left(\frac{y}{b}\right),\quad \frac{U_{\max}-U}{U_{\max}-U_{\min}}=h\left(\frac{y}{b}\right),$$

$$\text{混合层}\qquad\qquad\qquad\text{射流}\qquad\qquad\qquad\text{尾迹}$$

式中,$U_{\max}$ 和 $U_{\min}$ 代表距离源下游 x 处的平均速度的最大值和最小值(见图 12.1).如果选用局部平均速度尺度并且 x 足够大时,函数 f,g 和 h 在流动方向上与距离 x 无关.这样的流动称为自保持流动.

自流动源后比平均速度大很多的距离开始,湍流结构也达到自保持状态.所以

$$\frac{\overline{u'^2}}{U_{\mathrm{ref}}^2}=f_1\left(\frac{y}{b}\right),\quad \frac{\overline{v'^2}}{U_{\mathrm{ref}}^2}=f_2\left(\frac{y}{b}\right),\quad \frac{\overline{w'^2}}{U_{\mathrm{ref}}^2}=f_3\left(\frac{y}{b}\right),\quad \frac{\overline{u'v'}}{U_{\mathrm{ref}}^2}=f_4\left(\frac{y}{b}\right).$$

对于混合层和尾迹,速度尺度 $U_{\mathrm{ref}}=U_{\max}-U_{\min}$;对于射流,$U_{\mathrm{ref}}=U_{\max}$.函数 f,g,h 和 f_i 的精确形式随流动的不同而变化.

图 12.3 是混合层、射流和尾迹的平均速度和湍流数据.

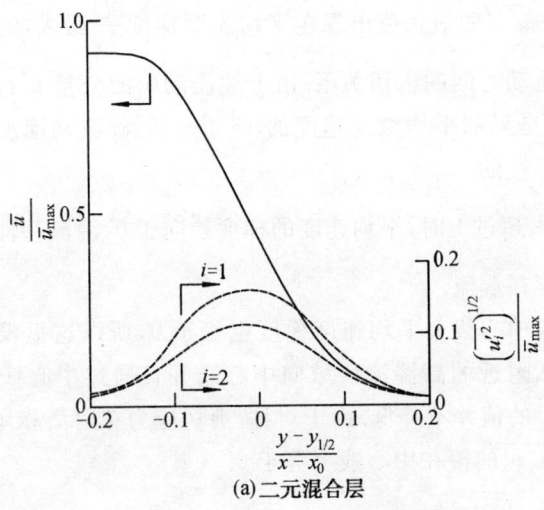

(a) 二元混合层

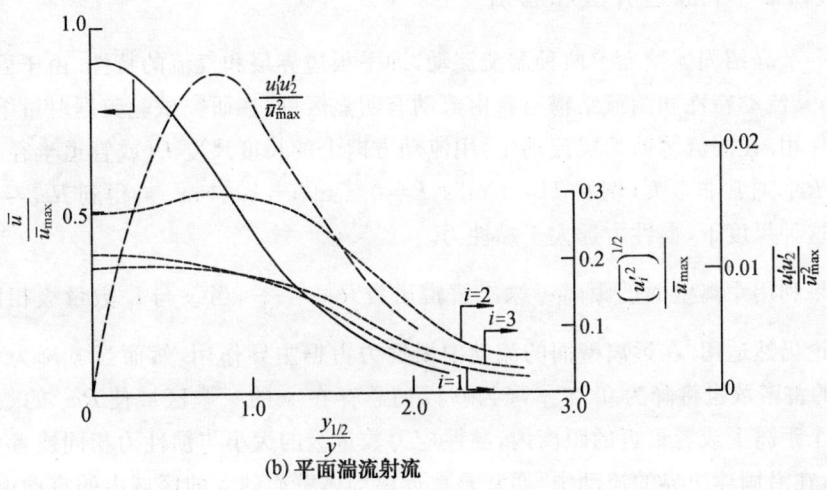

(b) 平面湍流射流

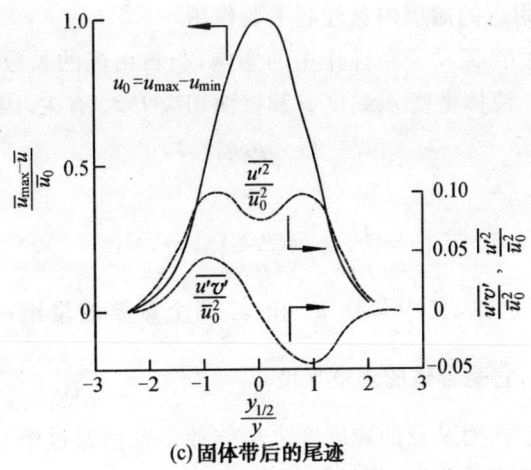

(c) 固体带后的尾迹

图 12.3   平均速度分布和湍流特性

$\overline{u'^2}$, $\overline{v'^2}$, $\overline{w'^2}$ 和 $-\overline{u'v'}$ 的最大值出现在平均速度梯度 $\dfrac{\partial U}{\partial y}$ 最大的地方,这表明了湍流的产生和剪切平均流动之间的密切关系. 由上述流动中的分量 u' 得到的是法向应力的最大值, u' 的最大值是局部平均流动速度的 $15\%\sim40\%$. 波动速度不相等的事实说明湍流的结构是各向异性的.

当 $\left|\dfrac{y}{b}\right|$ 的值增大超过 1 时,平均速度的梯度趋向于 0,湍流特性的值也降为 0. 没有剪切的区域也就不存在湍流.

在射流和尾迹的中心线上平均速度梯度也等于 0,所以这里没有湍流产生. 然而,由于很强的涡混合从附近的高湍流区域向中心线并且通过中心线进行湍流流体的输送,所以 $\overline{u'^2}$, $\overline{v'^2}$ 和 $\overline{w'^2}$ 的值并不降低. 由于对称,剪切应力在射流和尾迹流动的中心线上要改变符号,所以 $-\overline{u'v'}$ 的值在中心线上等于 0.

12.2.2　平板边界层和管流

这一节介绍固体壁面上两种湍流流动,即平板边界层和气流的特性. 由于固体壁面的存在,其流动特性和湍流结构与自由流动有明显区别. 在研究试验数据时量纲分析有很大的作用. 在湍流薄剪切层流动中,用流动方向上的长度尺度 L(或管道半径)计算的雷诺数 Re_L 通常非常大(例如,$U=1$ m/s,$L=0.1$ m,$\nu=10^{-6}$ m^2/s,得到 $Re_L=10^5$). 这说明在这种尺度下,惯性力远大于黏性力.

如果利用距离壁面的距离 y 来求解雷诺数 $Re_y=\dfrac{Uy}{\nu}$,当 y 与 L 数量级相同时,上面的理论仍然适用. 在远离壁面的流动中惯性力占据主导作用. 然而当 y 降为 0 时,由 y 计算的雷诺数也将降为 0. 在 y 降为 0 以前总存在 y 的一个区域使 Re_y 的数量级为 1. 在这个距离上或者更近的距离内,黏性应力数量级的大小与惯性力相同或者更大. 总而言之,在沿固体边界的流动中,通常是在远离固体壁面的大的区域内的流动由惯性力主导,而在固体壁面附近的薄层内黏性起主要作用.

在靠近壁面的地方,流动受黏性作用的影响,与自由流的参数无关. 平均流动参数只与到壁面的距离 y、流体密度 ρ、黏度 μ 和壁面切应力 τ_w 有关. 因此
$$U=f(y,\rho,\mu,\tau_w),$$
应用量纲分析得到
$$u^+=\frac{U}{u_\tau}=f\left(\frac{\rho u_\tau y}{\mu}\right)=f(y^+), \tag{12.18}$$
式(12.18)称为壁面定律,其中包括 u^+ 和 y^+ 两个重要的量纲一的定义,式中 $u_\tau=\left(\dfrac{\tau_w}{\rho}\right)^{\frac{1}{2}}$ 称为摩擦速度,它是合适的速度尺度.

在远离壁面的地方,对某点的速度产生影响的是壁面通过壁面剪切应力产生的阻滞作用,而不是黏性本身的作用. 这里合适的长度尺度是边界层厚度 δ,在这个区域有
$$U=g(y,\delta,\rho,\tau_w),$$
应用量纲分析得到

$$u^+ = \frac{U}{u_\tau} = g\left(\frac{y}{\delta}\right).$$

越靠近边界层的边缘或者管流的中心线,速度差 $U_{max}-U$ 就会越小.将产生这一现象的原因看作是壁面剪切应力的作用可以得到关系式

$$\frac{U_{max}-U}{\mu_\tau} = g\left(\frac{y}{\delta}\right), \tag{12.19}$$

式(12.19)称为速度亏损定律.

1. 线性亚层——与光滑壁面接触的流体层

在固体表面上流体是静止的,在非常靠近壁面的地方,湍流涡的运动也会停止.在没有湍流(雷诺)剪切应力作用的情况下,贴近壁面的流体主要受黏性剪切的作用.在工程中这种流体层非常薄($y^+<5$),假设在整个层中剪切应力近似为常数,其值等于壁面剪切应力 τ_w,即

$$\tau(y) = \mu \frac{\partial U}{\partial y} \cong \tau_w,$$

通过对 y 积分,并且应用边界条件当 $y=0$ 时 $U=0$ 就得到平均速度与到边界层的距离之间的线性关系,即

$$U = \frac{\tau_w y}{\mu}.$$

经过一些简单的代数运算并应用 u^+ 和 y^+ 的定义最终得到

$$u^+ = y^+ \tag{12.20}$$

由于在速度和到壁面的距离之间存在着上述线性关系,附着在壁面上的这种流体层通常叫做线性亚层.

2. 对数定律层——靠近光滑区域的湍流层

在黏性亚层外面($30<y^+<500$)存在一个黏性作用和湍流作用都很重要的区域.随着与壁面距离的增加剪切应力 τ 变动缓慢,假设在此区域内剪切应力为常数且等于壁面剪切应力.通过对湍流长度尺度更进一步的假设(混合长度模型 $\ell_m=\kappa y$,见 12.3.1 节)可以得出 u^+ 和 y^+ 的函数关系的量纲修正形式,即

$$u^+ = \frac{1}{\kappa}\ln y^+ + B = \frac{1}{\kappa}\ln(Ey^+), \tag{12.21}$$

式中常数值可测量得到.对于光滑壁面,$\kappa=0.4$,$B=5.5$(或 $E=9.8$),壁面粗糙度会使 B 值降低.对通过光滑壁面的大雷诺数湍流流动而言 κ 值和 B 值恒为常数.由于 u^+ 和 y^+ 之间的对数关系,式(12.21)通常称为对数定律,$30<y^+<500$ 区域内的层称为对数定律层.

3. 外部层——惯性力主导的远离壁面的区域

试验研究表明在 $0.02<\frac{y}{\delta}<0.2$ 区域内适用对数定律,当 y 值较大时,适用速度亏损定律式(12.19)的形式.在交叉区域,对数定律和速度亏损定律同样重要.下面的对数公式为交叉区域的对数定律和速度亏损定律的组合形式,即

$$\frac{U_{max}-U}{\mu_\tau} = \frac{1}{\kappa}\ln\left(\frac{y}{\delta}\right) + A, \tag{12.22}$$

式中，A 为常数. 速度亏损定律也常称为尾迹定律.

图 12.4 表明，理论方程(12.20)和方程(12.21)在各自的区域内与试验数据惊人得一致. 附着在固体表面的湍流边界层由两个区域组成，一是内部区域：壁面层为总厚度的 10%～20%，剪切应力(几乎)是常数，等于壁面剪切应力 τ_w. 随着与壁面距离的增加，内部区域分成 3 部分：① 线性亚层，黏性应力主导表面上的流动；② 缓冲层，黏性应力和湍流应力大小相同；③ 对数定律层，湍流(雷诺)应力起主导作用；二是外部区域或者称为尾迹定律层，它为远离壁面的核心流动，主要由惯性力主导，与直接黏性作用无关.

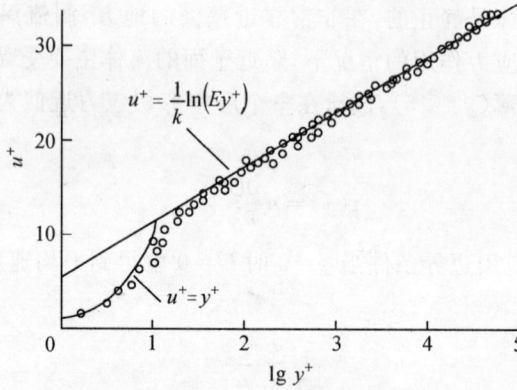

$$u^+ = \frac{1}{k}\ln(Ey^+)$$

$$u^+ = y^+$$

图 12.4　固体壁面的速度分布

图 12.5 为在常数压力作用下平板边界层的平均速度分布和湍流特性. 平均速度在远离壁面的地方具有最大值，在 $\frac{y}{\delta} \leq 0.2$ 区域内由于无滑移条件的原因急剧减小. $\overline{u'^2}$, $\overline{v'^2}$, $\overline{w'^2}$ 和 $-\overline{u'v'}$ 在壁面的值很大，这是因为此处的平均速度梯度很大，保证了较强的湍流特性. 不过，由于在壁面涡运动和相应的速度波动也受无滑移条件的影响，所以在这个区域的湍流应力也急剧减小. 由于在壁面附近创生的湍流特性主要是 $\overline{u'^2}$ 分量，所以此处湍流是各向异性的. 由图 12.5 可以看出，均方波动 $\overline{u'^2}$ 的值最大，这一事实证明了上述结论.

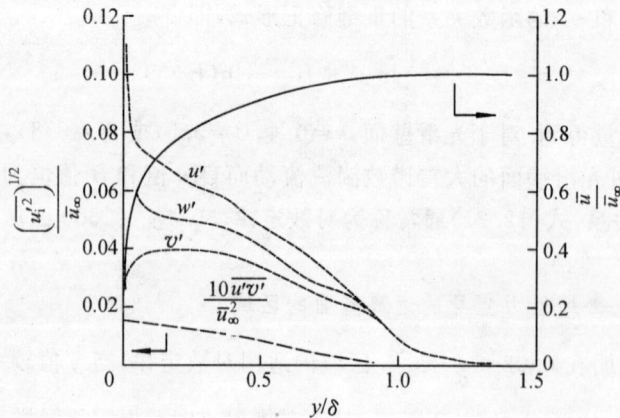

图 12.5　0 压力梯度下平板边界层的平均速度分布和湍流特性

在平板边界层中，当 $\frac{y}{\delta} > 0.8$ 时，湍流特性逐渐趋向于 0，波动速度的均方根值几乎相等.这表明在远离壁面的地方,湍流结构表现为各向同性.

在管流中,涡运动将湍流由强区域向中心线进行传递,所以波动在管道中心线处保持相当大的值.由于对称性,$-\overline{u'v'}$ 在中心线处变为 0 并改变符号.

多层结构是固体壁面湍流边界层共有的特性.将靠近壁面区域的数据绘制成曲线后可以发现,不管是平板和管流的共有平均速度分布还是它们的雷诺应力数据,只要相对适当的速度尺度 u_τ 进行量纲—化处理,都可以绘制成一条单一的曲线.在泾渭分明的各层之间的过渡带保证了各种速度分布在外在表现上是光滑的.

12.2.3　小结

本节中对各种二元湍流流动的特性进行了总结.尽管得出了湍流的许多共有特性,不过,非常明显的是,即使在这些相当简单的薄剪切层流动中,湍流结构的细节对流动本身的依赖性也相当大.特别是在边界的几何形状对创生和维持湍流非常重要的情况中,这种依赖性更加突出.黏性剪切应力与黏性和流体特性有关,而雷诺应力还受流动本身的影响.计算时必须考虑这些问题的复杂性.

12.3　湍流模型

湍流模型就是为了使流动问题可以进行求解而使平均流动方程组(12.15),(12.16a—c)和(12.17)封闭的数学公式.在大多数工程问题中,并不需要求解湍流波动的细节,只研究湍流对平均流动的作用.对于特殊情况,通常需要方程(12.16a—c)中的雷诺应力和方程(12.17)中的湍流标量输运项的表达式.对于要在通用 CFD 软件中应用的湍流模型来讲,它必须简单、精确,并且具有广泛的适用性和运行的经济性.表12.2所示为最通用湍流模型的分类形式.

表 12.2　湍流模型

类　别	模型方程
雷诺平均模型(经典模型)	基于时均 N－S(雷诺)方程
	基于 Boussinesq 涡黏性概念
涡黏性模型	代数模型(零方程模型):均一 μ_t,混合长度模型
	一方程模型:湍动能模型
	双方程模型:k-ε,k-ω,SST
雷诺应力模型	七方程模型:Re 应力,Re 应力-ω
代数应力模型	
大涡模拟(LES)	基于空间滤波方程
分离涡模拟(DES)	基于 RANS-LES 混合形式

经典模型应用的是 12.1 节得出的雷诺方程,这些方程是当前商业 CFD 程序湍流计算的基础.大涡模拟就是通过求解与时间相关的流动方程计算平均流动和大涡,而小涡的作用需要另外建模.

在经典模型中,到目前为止混合长度模型和 k-ε 模型应用最广泛也最有效. 它们是基于这样一种假设:在黏性应力和雷诺应力对平均流动的作用之间存在着一类似关系. 两种应力都出现在动量方程的右侧,在牛顿黏性定律中,黏性应力与流体质点的应变成正比. 对于不可压缩流体有

$$\tau_{ij} = \mu e_{ij} = \mu \left(\frac{\partial u_i}{\partial x_j} + \frac{\partial u_j}{\partial x_i} \right). \tag{11.27}$$

为了简化符号,这里采用了下标符号. 符号的约定为 i 或者 $j=1$ 对应 x 方向,i 或者 $j=2$ 对应 y 方向,i 或者 $j=3$ 对应 z 方向. 例如,

$$\tau_{12} = \tau_{xy} = \mu \left(\frac{\partial u_1}{\partial x_2} + \frac{\partial u_2}{\partial x_1} \right) = \mu \left(\frac{\partial u}{\partial y} + \frac{\partial v}{\partial x} \right).$$

试验研究发现,除非在等温不可压缩流动中有剪切,否则湍流会逐步衰减,而且还发现湍流应力会随着平均应变的增加而增加. 湍流建模的第一近似假设雷诺应力与平均速度梯度成正比(即雷诺应力与平均应变相关),即

$$\tau_{ij} = -\rho \overline{u_i' u_j'} = \mu_t \left(\frac{\partial U_i}{\partial x_j} + \frac{\partial U_j}{\partial x_i} \right). \tag{12.23}$$

除了湍流黏度(也称作涡黏度)μ_t(量纲为 Pa·s),上式中右侧的项与式(11.27)是相似的. 另外还有一个由 $\nu_t = \dfrac{\mu_t}{\rho}$ 表示的湍流或涡运动黏度,量纲为 m^2/s. 如果确定了湍流黏度 μ_t,就可以计算雷诺应力. 各种湍流模型就是确定计算 μ_t 的数学公式.

热量、质量以及其他标量的湍流输运模型都是相似的. 式(12.23)表明湍流动量输运是假设与平均速度梯度(即单位质量的动量梯度)成正比的. 由此类推,标量的湍流输运与所输送量的平均梯度也成正比. 应用下标符号得到

$$-\rho \overline{u_i' \varphi'} = \Gamma_t \frac{\partial \Phi}{\partial x_i}, \tag{12.24}$$

式中,Γ_t 是湍流扩散率.

由于动量、热量或质量的湍流输运都是由于同样的机制——涡混合——引起的,所以期望湍流扩散率 Γ_t 的取值与湍流黏度 μ_t 相近. 引入 Prandtl/Schmidt 数的定义如下:

$$\sigma_t = \frac{\mu_t}{\Gamma_t}, \tag{12.25}$$

许多试验表明 σ_t 值几乎为常数,大多数 CFD 程序都假设这种情况并在 1 附近对 σ_t 取值.

通过对 12.2 节简单湍流流动的讨论表明,流动中由于点位置不同,湍流强弱和湍流应力也就变动. 混合长度模型试图通过简单的代数公式将 μ_t 写成空间点的函数. k-ε 模型的通用性和精确性要好一些,不过耗时也更长. k-ε 模型用于描述允许通过平均流动和扩散对湍流进行输运作用的湍流以及湍流的产生和消失. k-ε 模型要求解两个输运方程(偏微分方程组即 PDEs),其中一个求解湍流动能 k,另一个求解湍流动能的耗散率 ε.

这两个模型的底层理论都假设湍流黏度是各向同性的,换言之就是雷诺应力和平

均应变之比在各个方向上都一样.但是在许多类型的流动中,这种假设不成立,因此就得到不精确的计算结果,所以有必要推导并求解雷诺应力自身的输运方程.起初,应力由输运方程进行描述的这种想法很令人惊奇,然而只要稍想一下就可以知道,雷诺应力最早在动量方程的右侧出现,它是由于湍流速度波动引起的对流动量交换产生的.流体的动量——平均动量以及波动动量——可以由流体质点进行输送,所以,雷诺应力也可以输送.

对应雷诺应力的 6 个输运方程包括扩散项、压力应变项以及耗散项,这些项的单独作用未知并且不能测量.在雷诺应力方程模型中,对这些未知项做相应的假设,得到的偏微分方程可以与湍流动能耗散率 ε 的输运方程一起进行求解.雷诺应力方程模型的设计是一个充满活力的研究领域,该模型还没有像混合长度模型和 k-ε 模型那样进行广泛地验证.与 k-ε 模型相比,对 7 个附加偏微分方程的求解导致 CFD 模拟耗时极大地增加.

更进一步的建模假设将描述雷诺应力输运的偏微分方程弱化为代数方程,这些方程与 k-ε 模型中的 k 方程和 ε 方程一起进行求解,由此得到代数应力模型.它是雷诺应力模型最经济的形式,可以在 CFD 模拟中引入各向异性湍流作用.

下文将详细介绍混合长度模型和 k-ε 模型,并概略介绍其他湍流模型的主要特性.

12.3.1　混合长度模型

在一元情况下,假设量纲为 $\mathrm{m^2/s}$ 的运动湍流黏度 ν_t 为湍流速度尺度 ϑ 和长度尺度 ℓ 的乘积.如果一个速度尺度和一个长度尺度足够描述湍流的作用,由量纲分析得到

$$\nu_t = C\vartheta\ell, \tag{12.26}$$

式中,C 为量纲一的比例常数.由此,动力湍流黏度由下式给出:

$$\mu_t = C\rho\vartheta\ell.$$

由于湍流的大多数动能都包含在大涡中,所以湍流长度尺度 ℓ 就是与平均流动相互作用的这些涡的特征.如果在平均流动和大涡的运动之间存在很强的联系的话,就应该尝试在平均流动特性和涡的特征速度尺度之间建立联系.在简单的二元湍流流动中,也就是在只有较大的雷诺应力 $\tau_{xy} = \tau_{yx} = -\rho\overline{u'v'}$ 和只有较大的平均速度梯度 $\dfrac{\partial U}{\partial y}$ 的流动已经发现了这种联系.在这种流动中,如果涡长度尺度为 ℓ,速度尺度可以表述为

$$\vartheta = c\ell\left|\frac{\partial U}{\partial y}\right|, \tag{12.27}$$

式中,c 为量纲一的常数.取绝对值是为了保证速度尺度是正数.

组合式(12.26)和式(12.27)并将式中的常数 C 和 c 吸收隐含到新的长度尺度 ℓ_m 中,得到

$$\nu_t = \ell_m^2\left|\frac{\partial U}{\partial y}\right|, \tag{12.28}$$

这就是普朗特混合长度模型.应用式(12.23)并确定只有 $\dfrac{\partial U}{\partial y}$ 表现出显著的速度梯度,这样,湍流雷诺应力描述为:

$$\tau_{xy}=\tau_{yx}=-\rho\overline{u'v'}=\rho\ell_{\mathrm{m}}^2\left|\frac{\partial U}{\partial y}\right|\frac{\partial U}{\partial y}. \tag{12.29}$$

湍流是流动的函数,因此当湍流变化时,在混合长度模型中有必要通过改变 ℓ_{m} 来呈现这种变化.对于大多数含有 12.2 节所讨论的自由湍流流动和壁面边界层的简单湍流流动来说,这可以应用简单的代数方程实现.一些典型例子见表 12.3.

表 12.3   二元湍流流动混合长度

流 动	混合长度 ℓ_{m}	L
混合层	$0.07L$	层宽度
射流	$0.09L$	射流宽度一半
尾迹	$0.16L$	尾迹宽度一半
轴对称射流	$0.075L$	射流宽度一半
边界层 $\left(\frac{\partial p}{\partial x}=0\right)$ 黏性亚层和对数层 $\left(\frac{y}{L}\leqslant 0.22\right)$	$\kappa y\left[1-\exp\left(-\frac{y^+}{26}\right)\right]$	边界层厚度
外部层 $\left(\frac{y}{L}\geqslant 0.22\right)$	$0.09L$	
管道(内完全发展的)流动	$L\left[0.14-0.08\left(1-\frac{y}{L}\right)^2-0.06\left(1-\frac{y}{L}\right)^4\right]$	管路半径或通道宽度的一半

混合长度模型也可以用来预测标量的湍流输运.这也是混合长度的湍流输运在二元流动中仅有的应用.其模型为

$$-\rho\overline{v'\varphi'}=\Gamma_{\mathrm{t}}\frac{\partial\Phi}{\partial y}, \tag{12.30}$$

式中, $\Gamma_{\mathrm{t}}=\frac{\mu_{\mathrm{t}}}{\sigma_{\mathrm{t}}}$, ν_{t} 由式(12.28)计算. σ_{t} 的推荐值:靠近壁面处流动为 0.9,射流和混合层为 0.5,轴对称射流为 0.7.

在表 12.3 中, y 为到壁面的距离, $\kappa=0.41$ 为 Von Karman 常数.对简单二元流动的平均速度分布、壁面摩擦系数以及热传导系数等一些其他流动特性而言,此表达式计算出的结果与试验结果吻合得非常好.图 12.6a 和图 12.6b 为两个流动的计算结果.

很明显,在湍流特性的发展与平均流动长度尺度成正比的流动中,混合长度非常有用.因此可以通过简单的代数公式将 ℓ_{m} 写成空间位置的函数.这表明其对计算翼型周围流动具有广泛的适用性.根据经验对 ℓ_{m} 的公式进行修正用于计算压力梯度、小尺度分离以及边界层出流和进入等问题.在航空工业中用于进行外部空气动力学计算最广泛的模型就是混合长度模型.表 12.4 为混合长度模型的总体评价.

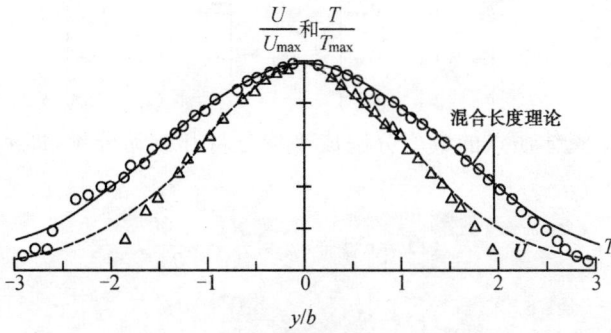

(a) 平板射流

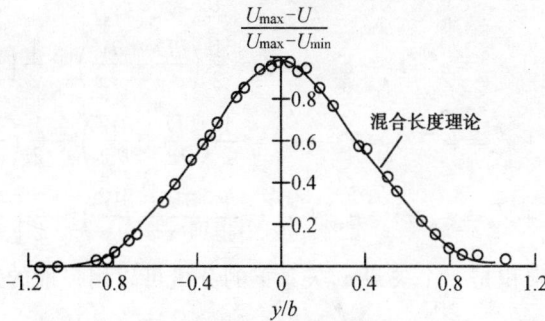

(b) 细长圆柱后的尾迹

图 12.6　应用混合长度模型计算结果

表 12.4　混合长度模型评价

优　点	缺　点
· 易于实现,计算资源比较便宜 · 特别适用于薄剪切层:射流、混合层、尾迹和边界层易于建立	· 完全不适用于有分离和回流的流动 · 只能计算平均流动特性和湍流剪切应力

12.3.2　k-ε 湍流模型

在二元薄剪切层中,在流动方向上的变化一般很慢,湍流可以根据局部条件进行调整. 如果可以忽略湍流特性的对流和扩散,就可以应用混合长度来表达湍流对平均流动的作用. 如果对流和扩散不能忽略,例如回流的情况,对混合长度仅做一个简单的代数规定就不再适用了. 混合长度模型缺乏通用性. 更进一步的方法需要考虑湍流动力学的知识. k-ε 模型考虑了对湍流动能作用的机理.

湍流的瞬时动能 $k(t)$ 是平均动能 $K=\dfrac{1}{2}(U^2+V^2+W^2)$ 和湍流动能 $k=\dfrac{1}{2}(\overline{u'^2}+\overline{v'^2}+\overline{w'^2})$ 之和,即 $k(t)=K+k$.

在后续的推导中需要应用应变和湍流应力. 为了方便后续计算,通常将应变 e_{ij} 和应力 τ_{ij} 写成张量(矩阵)形式,即

$$e_{ij} = \begin{pmatrix} e_{xx} & e_{xy} & e_{xz} \\ e_{yx} & e_{yy} & e_{yz} \\ e_{zx} & e_{yz} & e_{zz} \end{pmatrix}, \quad \boldsymbol{\tau}_{ij} = \begin{pmatrix} \tau_{xx} & \tau_{xy} & \tau_{xz} \\ \tau_{yx} & \tau_{yy} & \tau_{yz} \\ \tau_{zx} & \tau_{yz} & \tau_{zz} \end{pmatrix}.$$

将湍流流动中流体质点的应变分解成平均分量和波动分量,即 $e_{ij} = E_{ij} + e'_{ij}$,得到下述矩阵元素:

$$e_{xx}(t) = E_{xx} + e'_{xx} = \frac{\partial U}{\partial x} + \frac{\partial u'}{\partial x},$$

$$e_{yy}(t) = E_{yy} + e'_{yy} = \frac{\partial V}{\partial y} + \frac{\partial v'}{\partial y},$$

$$e_{zz}(t) = E_{zz} + e'_{zz} = \frac{\partial W}{\partial z} + \frac{\partial w'}{\partial z},$$

$$e_{xy}(t) = E_{xy} + e'_{xy} = e_{yx}(t) = E_{yx} + e'_{yx} = \frac{1}{2}\left(\frac{\partial U}{\partial y} + \frac{\partial V}{\partial x}\right) + \frac{1}{2}\left(\frac{\partial u'}{\partial y} + \frac{\partial v'}{\partial x}\right),$$

$$e_{xz}(t) = E_{xz} + e'_{xz} = e_{zx}(t) = E_{zx} + e'_{zx} = \frac{1}{2}\left(\frac{\partial U}{\partial z} + \frac{\partial W}{\partial x}\right) + \frac{1}{2}\left(\frac{\partial u'}{\partial z} + \frac{\partial w'}{\partial x}\right),$$

$$e_{yz}(t) = E_{yz} + e'_{yz} = e_{zy}(t) = E_{zy} + e'_{zy} = \frac{1}{2}\left(\frac{\partial V}{\partial z} + \frac{\partial W}{\partial y}\right) + \frac{1}{2}\left[\frac{\partial v'}{\partial z} + \frac{\partial w'}{\partial y}\right).$$

矢量 $\boldsymbol{a}$ 和张量 b_{ij} 的乘积是一个矢量 $\boldsymbol{c}$,矢量 $\boldsymbol{c}$ 的分量可以用一般的矩阵代数规则计算:

$$\boldsymbol{a}b_{ij} \equiv a_i b_{ij} = \begin{pmatrix} a_1 & a_2 & a_3 \end{pmatrix} \begin{pmatrix} b_{11} & b_{12} & b_{13} \\ b_{21} & b_{22} & b_{23} \\ b_{31} & b_{32} & b_{33} \end{pmatrix}$$

$$= \begin{pmatrix} a_1 b_{11} + a_2 b_{21} + a_3 b_{31} \\ a_1 b_{12} + a_2 b_{22} + a_3 b_{32} \\ a_1 b_{13} + a_2 b_{23} + a_3 b_{33} \end{pmatrix}^{\mathrm{T}} = \begin{pmatrix} c_1 \\ c_2 \\ c_3 \end{pmatrix}^{\mathrm{T}} = c_j = \boldsymbol{c}.$$

两个张量 a_{ij} 和 b_{ij} 的标量积的计算公式为

$$a_{ij} \cdot b_{ij} = a_{11}b_{11} + a_{12}b_{12} + a_{13}b_{13} + a_{21}b_{21} + a_{22}b_{22} + a_{23}b_{23} + a_{31}b_{31} + a_{32}b_{32} + a_{33}b_{33}.$$

沿用下标符号的传统方法,x 方向由下标 1 表示,y 方向由下标 2 表示,z 方向由下标 3 表示.可以看出上述的积是由对所有具有相同下标的值取和形成的.

1. 平均流动动能 K 的控制方程

平均动能 K 的方程可以通过将 x 方向的雷诺方程(12.12a)乘以 U,y 方向方程(12.12b)乘以 V,z 方向方程(12.12c)乘以 W 得到.将结果加到一起并经过一系列的代数运算就得到控制流动的平均动能的时均方程,即

$$\frac{\partial(\rho K)}{\partial t} + \mathrm{div}(\rho K \boldsymbol{U}) = \mathrm{div}\left(-P\boldsymbol{U} + 2\mu \boldsymbol{U}E_{ij} - \rho \boldsymbol{U}\,\overline{u'_i u'_j}\right) - 2\mu E_{ij} \cdot E_{ij} + \rho\,\overline{u'_i u'_j} \cdot E_{ij}.$$

（Ⅰ）　　　　 （Ⅱ）　　　　　（Ⅲ）（Ⅳ）　　　（Ⅴ）　　　（Ⅵ）　　　　（Ⅶ）　（12.31）

式(12.31)中,输运项(Ⅲ),(Ⅳ),(Ⅴ)都出现了 div,在应用中一般将它们放在同一对括号内.黏性应力对 K 的作用分成两部分:(Ⅳ)项,由于黏性应力引起的 K 的输运;(Ⅵ)项,平均动能 K 的耗散.含有雷诺应力 $-\rho\,\overline{u'_i u'_j}$ 的两项也起湍流作用,其中(Ⅴ)项是 K 的雷诺应力输运,(Ⅶ)项是湍流量,或者说是由于雷诺应力的变形功导致的 K 的净减

量.在大雷诺数流动中,湍流项(V)和(Ⅶ)通常远远大于相应的黏性项(Ⅳ)和(Ⅵ).

2. 湍动能 k 的控制方程

将每个瞬时 Navier - Stokes 方程(12.9a—c)乘上合适的波动速度分量(例如 x 分量方程乘以 u' 等)并把所有的结果加起来,然后重复对雷诺方程(12.12a—c)的处理过程,减去得到的两个方程并进行很复杂的处理后就得到湍动能 k 的控制方程:

$$\frac{\partial(\rho k)}{\partial t}+\operatorname{div}(\rho k U)=\operatorname{div}\left(-\overline{p'\boldsymbol{u}'}+2\mu\overline{\boldsymbol{u}'e'_{ij}}-\rho\frac{1}{2}\overline{u'_i\cdot u'_i u'_j}\right)-2\mu\overline{e'_{ij}\cdot e'_{ij}}+\rho\overline{u'_i u'_j}\cdot E_{ij}. \quad (12.32)$$

（Ⅰ）　　（Ⅱ）　　　　（Ⅲ）　　　（Ⅳ）　　　　（Ⅴ）　　　　　（Ⅵ）　　　　（Ⅶ）

式(12.32)和式(12.31)看起来非常相似,然而,k 方程右侧基本量的表现形式说明湍动能的变化主要由湍流的交互作用控制.两个方程中的(Ⅶ)项大小相等,但是符号相反.在二元薄剪切层中会发现,如果这种流动中 E_{ij} 的主要项平均速度梯度 $\frac{\partial U}{\partial y}$ 是正值,那么雷诺应力 $-\rho\overline{u'v'}$ 一般就是正值.因此,湍流方程中的(Ⅶ)项是正值,代表的是积项.在 K 方程中,该项是负值,因此它破坏平均流动动能.这在数学上表明了平均动能向湍流动能的转变.

黏性耗散项(Ⅵ)

$$-2\mu\overline{e'_{ij}\cdot e'_{ij}}=-2\mu\left(\overline{e'^2_{11}}+\overline{e'^2_{22}}+\overline{e'^2_{33}}+2\overline{e'^2_{12}}+2\overline{e'^2_{13}}+2\overline{e'^2_{23}}\right)$$

是波动应变 e'_{ij} 的平方和的形式,因此是负值.湍动能的耗散是由最小的涡克服黏性应力做功引起的.单位质量耗散率(量纲为 m^2/s^3)在湍流动力学研究中十分重要,其方程为

$$\varepsilon=2\nu\overline{e'_{ij}\cdot e'_{ij}}. \quad (12.33)$$

在湍动能方程中,它是主要的破坏项,与积项的数量级相同,不能忽略.相比而言,在雷诺数较大的情况下,式(12.32)中的黏性输运项(Ⅳ)与黏性耗散项(Ⅵ)相比总是非常小的.

3. k-ε 模型方程

同前面一样,可以对包括黏性耗散率在内的所有其他湍流量的输运方程进行推导.不过精确的 ε 方程含有许多未知且不可测量的项.标准 k-ε 模型含有两个模型方程,一个是 k 方程,一个是 ε 方程,应用 k 和 ε 来定义描述大尺度湍流的速度尺度 ϑ 和长度尺度 ℓ,即

$$\vartheta=k^{\frac{1}{2}}, \quad \ell=\frac{k^{\frac{3}{2}}}{\varepsilon}.$$

也许有人会质疑用"小涡"变量来定义"大涡"尺度 ℓ 的可行性.之所以可以这样做是因为在大雷诺数情况下,大涡从平均流动中吸取能量的能力与通过能谱向小的、耗散的涡传导能量的能力是非常相称的.如果不是这样的话,在某些湍流尺度上的能量就会无限制地增加或消失.这在实际中不可能发生,也就证明了用 ε 来定义 ℓ 是合理的.

应用在混合长度模型中的方法,即根据 Prandtl - Kolmogorov 推理定义涡黏度为

$$\mu_{t}=C\rho\vartheta\ell=\rho C_{\mu}\frac{k^2}{\varepsilon}, \quad (12.34)$$

式中,C_{μ} 为量纲一的常数.

k 和 ε 的标准模型为下述输运方程:

$$\frac{\partial(\rho k)}{\partial t} + \operatorname{div}(\rho k \boldsymbol{U}) = \operatorname{div}\left(\frac{\mu_t}{\sigma_k}\operatorname{grad}k\right) - 2\mu_t E_{ij} \cdot E_{ij} - \rho\varepsilon, \tag{12.35}$$

$$\frac{\partial(\rho\varepsilon)}{\partial t} + \operatorname{div}(\rho\varepsilon\boldsymbol{U}) = \operatorname{div}\left(\frac{\mu_t}{\sigma_\varepsilon}\operatorname{grad}\varepsilon\right) - C_{1\varepsilon}\frac{\varepsilon}{k}2\mu_t E_{ij} \cdot E_{ij} - C_{2\varepsilon}\rho\frac{\varepsilon^2}{k}, \tag{12.36}$$

方程中含有 5 个可调整的常数 $C_\mu, \sigma_k, \sigma_\varepsilon, C_{1\varepsilon}$ 和 $C_{2\varepsilon}$. 标准 k-ε 模型对这些常数的取值是从一些适合范围很广的湍流流动的大量数据中得到

$$C_\mu = 0.09, \quad \sigma_k = 1.00, \quad \sigma_\varepsilon = 1.30, \quad C_{1\varepsilon} = 1.44, \quad C_{2\varepsilon} = 1.92. \tag{12.37}$$

模型 k 方程中的乘积项是由式(12.23)中的项替换式(12.32)中的项得到的. k 方程和 ε 方程中基本输运过程的模型形式出现在右侧. 通过应用前面在标量输运(见式 12.24)理论中引入梯度扩散来体现湍流输运项. 普朗特数 σ_k 和 σ_ε 将 k 和 ε 的扩散率与涡黏度 μ_t 联系起来. 严格 k 方程的压力项(Ⅲ)不能直接测量, 将其影响计入式(12.35)中的梯度扩散项.

湍动能的产生和毁灭通常联系在一起. 在 k 大的地方, 耗散率 ε 也大. ε 的模型方程 (12.36)假设其产生与破坏项与 k 方程(12.35)的产生与破坏项成正比. 采用这种形式保证了当 k 增加很快时, ε 也增加很快; 如果 k 降低, ε 也降低得足够快以避免(非物理)湍流动能负值的出现. 在产生和破坏项中的系数 $\frac{\varepsilon}{k}$ 对 ε 方程中的这些项进行量纲一的修正.

为了用 k-ε 模型(12.34—12.36)计算雷诺应力, 需要应用一个 Boussinesq 关系式推论, 即

$$-\rho\overline{u_i' u_j'} = \mu_t\left(\frac{\partial U_i}{\partial x_j} + \frac{\partial U_j}{\partial x_i}\right) - \frac{2}{3}\rho k \delta_{ij} = 2\mu_t E_{ij} - \frac{2}{3}\rho k \delta_{ij}. \tag{12.38}$$

与式(12.23)比较就会发现该式在右侧多了一项包含 Kronecker 因子 δ_{ij}(当 $i=j$ 时, $\delta_{ij}=1$, 当 $i \neq j$ 时, $\delta_{ij}=0$)的选项. 该项使式(12.38)适用于求解 $i=j$ 时的法向雷诺应力, 也就是 $\tau_{xx} = -\rho\overline{u'^2}$, $\tau_{yy} = -\rho\overline{v'^2}$ 和 $\tau_{zz} = -\rho\overline{w'^2}$. 例如, 在不可压缩流动中, 利用式 (12.38)右侧第 1 项来研究其特性. 如果将所有法向应力加起来(就是使 $i=1,2$ 和 3, 并保持 $i=j$), 根据连续性可以知道其值为 0, 因为

$$2\mu_t E_{ii} = 2\mu_t\left(\frac{\partial U}{\partial x} + \frac{\partial V}{\partial y} + \frac{\partial W}{\partial z}\right) = 2\mu_t\operatorname{div}\boldsymbol{U} = 0.$$

很明显, 在任何流动中法向应力的和 $-\rho(\overline{u'^2} + \overline{v'^2} + \overline{w'^2})$ 等于单位体积上湍流动能的 2 倍并取负值 $(-2\rho k)$. 每个法向应力分量取相等的 $\frac{1}{3}$ 以保证在物理上其总和具有正确的值. 需要说明的是, 这实际上暗示了法向雷诺应力的各向同性假设, 但是 12.2 节的数据表明即使在简单的二元流动中这种假设也不精确.

4. 边界条件

根据梯度扩散项的特性确定 k 和 ε 的模型方程是椭圆形方程. 其特性与其他椭圆形流动方程一样, 它需要下述边界条件, 进口: k 和 ε 的分布必须给出; 出口或对称轴: $\frac{\partial k}{\partial n} = 0, \frac{\partial \varepsilon}{\partial n} = 0$; 自由流: $k=0, \varepsilon=0$; 固体壁面: 根据雷诺数不同而不同.

在研究探索性的设计计算中,为了求解模型所需要的边界条件细节可能无法得到.工业 CFD 用户在他们的工作中很少对 k 和 ε 进行计算.通常参照文献输入 k 和 ε 的值,然后研究计算结果对进口分布条件的影响程度.如果根本就没有任何信息,可以利用湍流强度 T_i 和装置(等价于管径)的特征长度 L,通过简单的假设形式来获得内部流动的 k 和 ε 的进口分布的原始近似,即

$$k=\frac{3}{2}(U_{\text{ref}}T_i)^2 ; \quad \varepsilon=C_\mu^{\frac{3}{4}}\frac{k^{\frac{3}{2}}}{\ell}; \quad \ell=0.07L.$$

这些公式与 12.3.1 节的混合长度公式紧密相关,靠近壁面的通用分布在下文给出.

在大雷诺数情况下,标准 k-ε 模型就避免了像 12.2 节讨论的那样应用近壁面流动特性的一般条件沿边界对模型方程直接积分.如果 y 沿着固体壁面的法线方向,在 $30<y_p^+<500$ 内点 y_p 的平均速度满足对数定律式(12.21),而且湍流动能的测量结果表明湍流的产生和耗散率相等.应用这些假设和涡黏度公式(12.34)就可以得到下述的壁面函数:

$$u^+=\frac{U}{u_\tau}=\frac{1}{\kappa}\ln(Ey_p^+); \quad k=\frac{u_\tau^2}{\sqrt{C_\mu}}; \quad \varepsilon=\frac{u_\tau^3}{\kappa y}, \tag{12.39}$$

式中,Von Karman 常数 $\kappa=0.41$;光滑壁面的壁面粗糙度参数 $E=9.8$.

对于热传导问题,在大雷诺数下可以应用通用近壁面温度分布形式,即

$$T^+=-\frac{(T-T_w)C_p\rho u_\tau}{q_w}=\sigma_{T,t}\left[u^+ + P\left(\frac{\sigma_{T,1}}{\sigma_{T,t}}\right)\right], \tag{12.40}$$

式中,T_p 为近壁面点 y_p 的温度;$\sigma_{T,t}$ 为湍流普朗特数;T_w 为壁面温度;$\sigma_{T,1}=\mu\dfrac{C_p}{\Gamma_T}$ 为普朗特数;q_w 为壁面热通量;Γ_T 为热传导率;C_p 为常压下流体比热;P 为"pee-函数",是与层流普朗特数和湍流普朗特数的比有关的修正函数.

在小雷诺数情况下,对数定律已经不再适用,所以不能应用上述的边界条件.为了确保用黏性应力取代小雷诺数中和附着在壁面的黏性亚层里的雷诺应力,需要应用壁面阻尼.

与式(12.34)—(12.36)不同,小雷诺数 k-ε 模型方程为

$$\mu_t=\rho C_\mu f_\mu \frac{k^2}{\varepsilon}, \tag{12.41}$$

$$\frac{\partial(\rho k)}{\partial t}+\text{div}(\rho k\boldsymbol{U})=\text{div}\left[\left(\mu+\frac{\mu_t}{\sigma_k}\right)\text{grad}\,k\right]-2\mu_t E_{ij}\cdot E_{ij}-\rho\varepsilon, \tag{12.42}$$

$$\frac{\partial(\rho\varepsilon)}{\partial t}+\text{div}(\rho\varepsilon\boldsymbol{U})=\text{div}\left[\left(\mu+\frac{\mu_t}{\sigma_\varepsilon}\right)\text{grad}\,\varepsilon\right]+C_{1\varepsilon}f_1\frac{\varepsilon}{k}2\mu_t E_{ij}\cdot E_{ij}-C_{2\varepsilon}f_2\rho\frac{\varepsilon^2}{k}. \tag{12.43}$$

最明显的修正就是在式(12.42)和式(12.43)的扩散项中考虑了黏性的影响.标准 k-ε 模型中的常数 C_μ,$C_{1\varepsilon}$ 和 $C_{2\varepsilon}$ 分别乘以壁面阻尼函数 f_μ,f_1 和 f_2,这些壁面阻尼函数是湍流雷诺数 $\left(Re_t=\dfrac{\vartheta\ell}{\nu}=\dfrac{k^2}{\varepsilon\nu}\right)$ 或者类似参数的函数.下面是壁面阻尼函数的一种计算方法:

$$f_\mu = [1 - \exp(-0.016\,5 Re_y)]^2 \left(1 + \frac{20.5}{Re_t}\right), \qquad (14.44a)$$

$$f_1 = \left(1 + \frac{0.05}{f_\mu}\right)^3, \qquad (14.44b)$$

$$f_2 = 1 - \exp(-Re_t^2). \qquad (12.44c)$$

函数 f_μ 中的参数 Re_y 定义为 $\frac{k^{\frac{1}{2}} y}{\nu} \cdot \frac{\partial \varepsilon}{\partial y} = 0$,可以用作边界条件.

5. 性能评价

表 12.5 为标准 k-ε 模型的性能评价.

表 12.5　k-ε 模型评价

优　点	缺　点
·最简单的湍流模型,只需要初始或(和)边界条件 ·在求解许多工业相关流动中性能卓越 ·易于建立,适用最广最有效的湍流模型	·与混合长度模型相比,实现花费更大(因为多了2个偏微分方程) ·在求解下述一些重要问题时性能不够 (ⅰ)一些非限制流动 (ⅱ)具有很大应力的流动(例如曲线边界层、涡流) (ⅲ)旋转流动 (ⅳ)非圆形管道内完全发展了的流动

k-ε 模型是应用最广泛、最可靠的湍流模型.在计算大范围的薄剪切层流动和回流流动中,不必因为具体情况的不同而调整模型的常数就能得到非常理想的计算结果.该模型特别适用于雷诺剪切应力起最主要作用的限制流动中.这种流动包括的范围很广,其中就包括工业工程应用,这就说明了该模型应用很广泛的原因.该模型可以用于计算由于浮力引起的混合作用,还可以用于环境流动的研究,例如,大气和湖泊中污染物的扩散以及燃烧模型等.

尽管标准 k-ε 模型取得了很大的成功,但是用它求解无限制流动是很勉强的.该模型不适合求解弱剪切层(远离尾迹和混合层),而且在求解滞止环境中的轴对称射流的发散率时也出现了很大的计算误差.在这种流动的大部分区域,湍流动能的产生率远远小于耗散率,通过对标准常数 C 进行特别地调整就能够克服这个困难.

由于该模型没有考虑流线曲率对湍流的微妙影响,所以它在求解涡流以及具有又大又快的附加应力的流动(例如大曲率边界层和扩散流道)时也有问题.由于 k-ε 模型内对法向应力的处理不足,它也不能计算非圆形管道内由于各向异性法向雷诺应力引起的二次流.还有,这个模型还忽略了坐标系旋转引起的体积力.

12.3.3　k-ω 湍流模型

k-ω 湍流模型的一个优点在于低雷诺数流动的近壁处理.该模型不含有 k-ε 模型所要求的复杂的非线性阻尼函数,因此该模型更稳定、更精确.k-ω 湍流模型假设涡黏性与湍动能和湍流频率的关系为

$$\mu_t = \rho \frac{k}{\omega}. \qquad (12.45)$$

标准 k-ω 湍流模型要求解两个输运方程,一个是湍动能 k,一个是比耗散率 ω(单位湍动能的耗散率,常常称为湍流频率).

湍动能方程:

$$\frac{\partial(\rho k)}{\partial t}+\mathrm{div}(\rho k \boldsymbol{U})=\mathrm{div}(\sigma^* \mu_t \mathrm{grad}k)-2\mu_t E_{ij} \cdot E_{ij}-\beta^* \rho k \omega. \qquad (12.46)$$

比耗散率方程:

$$\frac{\partial(\rho \omega)}{\partial t}+\mathrm{div}(\rho \omega \boldsymbol{U})=\mathrm{div}(\sigma \mu_t \mathrm{grad}\omega)-\alpha\frac{\omega}{k}2\mu_t E_{ij} \cdot E_{ij}-\beta\rho\omega^2. \qquad (12.47)$$

方程闭合所需要的系数的值为

$$\alpha=\frac{5}{9}, \quad \beta=\frac{3}{40}, \quad \beta^*=\frac{9}{100}, \quad \sigma=\frac{1}{2}, \quad \sigma^*=\frac{1}{2}.$$

12.3.4　SST 湍流模型

标准 k-ω 湍流模型存在的一个问题就是其对自由流条件非常敏感,可以通过结合应用 k-ω 模型和 k-ε 模型来解决这一问题:在接近表面处应用 k-ε 模型,在外部区域应用 k-ω 模型.其具体处理方法是将 Wilcox k-ω 方程乘以函数 F_1,将修正 Launder-Spalding k-ε 方程乘以 $(1-F_1)$.这种模型称为剪切应力模型(Shear Stress Transport model,SST).

湍动能方程:

$$\frac{\partial(\rho k)}{\partial t}+\mathrm{div}(\rho k \boldsymbol{U})=\mathrm{div}\left(\frac{\mu_t}{\sigma_{k3}}\mathrm{grad}k\right)-2\mu_t E_{ij} \cdot E_{ij}-\beta^* \rho k \omega, \qquad (12.48)$$

比耗散率方程:

$$\frac{\partial(\rho \omega)}{\partial t}+\mathrm{div}(\rho \omega \boldsymbol{U})=\mathrm{div}\left(\frac{\mu_t}{\sigma_{\omega3}}\mathrm{grad}\omega\right)-\alpha_3\frac{\omega}{k}2\mu_t E_{ij} \cdot E_{ij}-\beta_3\rho\omega^2+$$

$$(1-F_1)2\rho\frac{1}{\omega\sigma_{\omega2}}\mathrm{grad}k\mathrm{grad}\omega, \qquad (12.49)$$

式中各系数根据 $\Phi=F_1\Phi_{k\omega}+(1-F_1)\Phi_{k\varepsilon}$ 计算,即各系数为 k-ω 模型和修正 k-ε 模型相应系数的线性比例组合.

方程闭合所需要的系数的值为

k-ω 模型: $\alpha_1=\frac{5}{9}$, $\quad\beta_1=\frac{3}{40}$, $\quad\sigma_{k1}=2,\sigma_{\omega1}=2$, $\quad\beta^*=\frac{9}{100}$.

k-ε 模型: $\alpha_2=0.44$, $\quad\beta_2=0.082\,8$, $\quad\sigma_{k2}=1$, $\quad\sigma_{\omega2}=\frac{1}{0.856}$, $\quad C_\mu=\frac{9}{100}$.

该模型综合了 Wilcox k-ω 模型和 Launder-Spalding k-ε 模型的优点,但是由于其对涡黏性的预测值过大(不能正确地计算湍流剪切应力的输运),因此仍然不能正确地预测光滑表面流动分离的初生和大小.对涡黏性计算公式加一个限制就可以得到正确的输运性质,即

$$\mu_t=\rho\frac{k}{\max(\omega,SF_2)}, \qquad (12.50)$$

式中,F_2 为混合函数,由于模型中的假设不适用于自由剪切流动,该值确定了其限制范

围;S 为表示应变速度的不变量.

混合函数 F_1 和 F_2 是上述方法成功与否的关键. 它们的计算公式与流动变量及其到最近壁面的距离有关. 如前所述, 这一模型适用于求解湍流剪切应力的输运, 能够更精确地预测具有逆压力梯度特性的流动分离的初生和大小.

12.3.5　非均一介质双方程模型

对于多相流流动, 湍流的固有属性要求分别建模并采用一组方程分别定义各相. 这种方法过于复杂, 因此大多数研究人员仍然采用经典的均一湍流处理方法, 其忽略的各种效应在多相流流动中都或多或少的具有某种重要作用. 因此一些研究者就试图对经典的双方程湍流模型进行修正. 其中一种方法就是在经典不可压缩 k-ε 模型中引入虚拟可压缩作用. 该模型假设多相流介质中的湍流黏性具有弱非线性特性.

$$\mu_{\mathrm{t}} = f(\rho) C_\mu \frac{k^2}{\varepsilon}, \tag{12.51}$$

式中, $f(\rho)$ 为幂函数, 即

$$f(\rho) = \rho_{\mathrm{V}} + \left(\frac{\rho_{\mathrm{V}} - \rho_{\mathrm{m}}}{\rho_{\mathrm{L}} - \rho_{\mathrm{V}}}\right)^n (\rho_{\mathrm{V}} - \rho_{\mathrm{L}}), n \gg 1. \tag{12.52}$$

12.3.6　雷诺应力方程模型

最复杂的经典湍流模型是雷诺应力方程模型 RSM(Reynolds Stress Equation Model), 也称为二阶或者二次动量闭合模型. 当尝试用 k-ε 模型去求解具有复杂应力场和明显体积力作用的流动时就会遇到几个主要的障碍. 在这种条件下, 即使湍流动能的计算能够达到足够的精度, 单个的雷诺应力也难以用式(12.38)来代表. 只有应用精确的雷诺应力输运方程才能计算雷诺应力场的直接作用.

应用 $R_{ij} = -\dfrac{\tau_{ij}}{\rho} = \overline{u_i' u_j'}$ 作为雷诺应力. R_{ij} 输运的精确方程采用下述形式:

$$\frac{\mathrm{d} R_{ij}}{\mathrm{d} t} = P_{ij} + D_{ij} - \varepsilon_{ij} + \Pi_{ij} + \Omega_{ij}, \tag{12.53}$$

式(12.53)实际上有 6 个偏微分方程:6 个相互独立的雷诺应力($\overline{u_1'^2}$, $\overline{u_2'^2}$, $\overline{u_3'^2}$, $\overline{u_1'u_2}$, $\overline{u_1'u_3'}$ 和 $\overline{u_2'u_3'}$, 因为 $\overline{u_2'u_1'} = \overline{u_1'u_2'}$, $\overline{u_3'u_1'} = \overline{u_1'u_3'}$, $\overline{u_3'u_2'} = \overline{u_2'u_3'}$) 各有一个. 如果将其与湍流动能的精确输运方程(12.32)相比的话就会发现在雷诺应力方程中出现 2 个新的物理过程:旋转项 Ω_{ij} 和压应力修正项 Π_{ij}, 后者对动能的作用为 0.

应用雷诺应力输运方程的 CFD 计算保留了其精确形式中的乘积项, 即

$$P_{ij} = -\left(R_{im} \frac{\partial U_i}{\partial x_m} + R_{jm} \frac{\partial U_i}{\partial x_m}\right). \tag{12.54}$$

为了获得式(12.53)的可求解形式, 需要为方程右侧的扩散项、耗散率项以及压应力修正项进行建模.

假设由于扩散产生的雷诺应力输运率与雷诺应力梯度成正比, 就可以得到扩散项 D_{ij} 的模型. 这种梯度扩散思想出现在整个湍流建模中. 商用 CFD 程序通常采用最简单的形式, 即

$$D_{ij} = \frac{\partial}{\partial m}\left(\frac{\nu_t}{\sigma_k}\frac{\partial R_{ij}}{\partial x_m}\right) = \mathrm{div}\left(\frac{\nu_t}{\sigma_k}\mathrm{grad}R_{ij}\right), \tag{12.55}$$

式中，$\nu_t = C_\mu\dfrac{k^2}{\varepsilon}$；$C_\mu = 0.09$；$\sigma_k = 1.0$.

假设小耗散涡是各向同性的就可以得到耗散率 ε 的模型. 这样假设就使耗散率只对法向应力$(i=j)$产生作用而且大小相等. 这样就有

$$\varepsilon_{ij} = \frac{2}{3}\varepsilon\delta_{ij}, \tag{12.56}$$

式中，ε 是由式(12.33)定义的湍流动能的耗散率.

压应力相互作用项既是式(12.53)中最难的项，又是精确建模最重要的项，它们对雷诺应力的作用是由两个完全不同的物理过程引起的：由于两个涡相互作用引起的压力波动以及涡和具有不同平均流速的流动区域之间的相互作用引起的压力波动. 压应力项总的作用是重新分布法向雷诺应力$(i=j)$内的能量，以便使它们趋向于各向同性、减少雷诺剪切应力$(i\neq j)$.

为了计算壁面附近对压应力项的作用，需要进行修正. 这些修正与 k-ε 模型中的壁面阻尼函数具有本质的区别. 这些修正的应用与平均流动雷诺数的值无关. 测量结果表明，通过消除壁面法线方向的雷诺应力，壁面起着增强法向雷诺应力各向异性、降低雷诺剪切应力的作用. 商用软件中比较常用的一个包含所有这些影响的完整模型为

$$\Pi_{ij} = -C_1\frac{\varepsilon}{k}\left(R_{ij} - \frac{2}{3}k\delta_{ij}\right) - C_2\left(P_{ij} - \frac{2}{3}P\delta_{ij}\right), \tag{12.57}$$

式中，$C_1 = 1.8$；$C_2 = 0.6$.

旋转项的计算公式为

$$\Omega_{ij} = -2\omega_k(R_{jm}e_{ikm} + R_{im}e_{jkm}), \tag{12.58}$$

式中，ω_k 为旋转矢量；e_{ijk} 为交替符号；如果 i,j 和 k 各不相同并且按环形排列，则 $e_{ijk} = +1$；如果 i,j 和 k 各不相同并且按逆环形排列，则 $e_{ijk} = -1$；如果任意两个相等，那么$e_{ijk} = 0$.

在上述公式中需要湍流动能 k，只要将 3 个法向应力加在一起就可以得到

$$k = \frac{1}{2}(R_{11} + R_{22} + R_{33}) = \frac{1}{2}(\overline{u_1'^2} + \overline{u_2'^2} + \overline{u_3'^2}).$$

雷诺应力输运的 6 个方程与标量耗散率 ε 的一个模型方程一起就可以进行求解. 为了简单起见，一般商用 CFD 程序中应用的是从标准 k-ε 模型得到的方程，即

$$\frac{\mathrm{d}\varepsilon}{\mathrm{d}t} = \mathrm{div}\left(\frac{\mu_t}{\sigma_\varepsilon}\mathrm{grad}\varepsilon\right) + C_{1\varepsilon}\frac{\varepsilon}{k}2\nu_t E_{ij}E_{ij} - C_{2\varepsilon}\frac{\varepsilon^2}{k}, \tag{12.59}$$

式中，$C_{1\varepsilon} = 1.44$；$C_{2\varepsilon} = 1.92$.

通常应用椭圆流动的边界条件求解雷诺应力输运方程，即进口：R_{ij} 和 ε 的分布必须给出；出口或对称轴：$\dfrac{\partial R_{ij}}{\partial n} = 0$，$\dfrac{\partial \varepsilon}{\partial n} = 0$；自由流：$R_{ij} = 0$，$\varepsilon = 0$；固体壁面：壁面函数.

在缺乏信息的情况下，可以利用湍流强度 T_i 和装置(等价于管径)的特征长度 L，通过下述假设的关系式来计算 R_{ij} 的近似进口分布：

$$k = \frac{3}{2}(U_{\mathrm{ref}}T_i)^2, \quad \varepsilon = C_\mu^{\frac{3}{4}}\frac{k^{\frac{3}{2}}}{\ell}, \quad \ell = 0.07L,$$

$$\overline{u_1'^2} = k, \quad \overline{u_2'^2} = \overline{u_3'^2} = \frac{1}{2}k, \quad \overline{u_i'u_j'} = 0, (i \neq j).$$

在应用上述关系式以前,需要将计算结果与假设进口条件之间的相关性进行一系列的验证.

在大雷诺数计算中,可以应用与 k-ε 模型很相似的壁面函数边界条件. 近壁面雷诺应力的值由公式 $R_{ij} = \overline{u_i'u_j'} = c_{ij}k$ 计算得到,式中 c_{ij} 由测量得到.

在小雷诺数流动中,通过加入分子黏性对扩散项的作用以及对耗散率项各向异性的计算来对模型进行修正. 用于调整 ε 方程中常数的壁面阻尼函数和一个修正的耗散率变量 $\tilde{\varepsilon} = \varepsilon - 2\nu \left(\frac{\partial k^{\frac{1}{2}}}{\partial y} \right)^2$ 使靠近壁面的建模更接近实际状态.

用于标量输运的模型包括了 3 个模型偏微分方程,即式(12.17)中的 3 个湍流标量通量 $\overline{u_i'\varphi'}$ 各有一个. 商用 CFD 程序是通过在层流扩散系数中加上一个湍流扩散系数 $\Gamma_t = \frac{\mu_t}{\sigma_\phi}$ 来进行简单的处理,其中所有标量的 Prandtl/Schmidt 数 σ_ϕ 都等于 0. 在近壁面流动中,在小雷诺数下对标量输运方程修正的知识还很少.

很明显,RSM 非常复杂,但是作为一种不需要针对具体情况进行调整、有潜力计算所有平均流动特性和雷诺应力的"最简单"的模型,它已经被广泛接受,其优缺点如表 12.6 所示. RSM 还没有像 k-ε 模型那样得到验证,而且由于其计算费用很高,目前在工业流动计算中的应用也不广泛. 对该模型的深入研究和推广是一个很活跃的研究领域.

表 12.6　雷诺应力方程模型评价

优　点	缺　点
·可能是所有经典模型最通用的形式 ·只需要初始条件和(或)边界条件 ·对很多简单的和很复杂的流动,该模型都能很精确的计算其平均流动特性和所有雷诺应力,例如,壁面射流、不对称流道、非圆形管道以及曲线流动等等.	·计算量大(7 个 PDEs) ·还没有象混合长度模型以及 k-ε 模型那样进行广泛的验证 ·在有些流动中,其性能与 k-ε 模型一样差,这是因为 ε 方程建模的原因(例如,轴对称射流和无限制回流)

如表 12.6 所示,基于 ε 方程的雷诺应力方程模型有时候性能与 k-ε 模型一样差. 因此,提出了基于 ω 方程(而不是 ε 方程)的雷诺应力 ω 湍流模型. 其优点与 k-ω 模型一样,即能够进行精确的壁面处理. 其模型方程为

雷诺应力方程(6 个偏微分方程):

$$\frac{\mathrm{d}R_{ij}}{\mathrm{d}t} = P_{ij} + D_{ij} - \varepsilon_{ij} + \Pi_{ij} + \Omega_{ij}. \tag{12.53}$$

比耗散率方程:

$$\frac{\partial(\rho\omega)}{\partial t} + \mathrm{div}(\rho\omega\boldsymbol{U}) = \mathrm{div}(\sigma\mu_t \mathrm{grad}\omega) - \alpha\frac{\omega}{k}2\mu_t E_{ij} \cdot E_{ij} - \beta\rho\omega(\omega + \hat{\xi}\sqrt{2\Omega_{mn}\Omega_{mn}}). \tag{12.60}$$

辅助闭合关系式为

$$\mu_t = \rho \frac{k}{\omega}, \tag{12.45}$$

$$\varepsilon = \beta^* \omega k, \tag{12.61}$$

$$P_{ij} = -\left(R_{im} \frac{\partial U_i}{\partial x_m} + R_{jm} \frac{\partial U_i}{\partial x_m} \right), \tag{12.54}$$

$$D_{ij} = \frac{\partial}{\partial m} \left(\frac{\nu_t}{\sigma_t} \frac{\partial R_{ij}}{\partial x_m} \right) = \mathrm{div} \left(\frac{\nu_t}{\sigma_t} \mathrm{grad}(R_{ij}) \right). \tag{12.55}$$

$$\Pi_{ij} = \beta^* C_1 \omega \left(\tau_{ij} + \frac{2}{3} \rho k \delta_{ij} \sigma \right) - \hat{\alpha} \left(P_{ij} + \frac{2}{3} P \delta_{ij} \sigma \right) -$$

$$\hat{\beta} \left(D_{ij} + \frac{2}{3} P \delta_{ij} \sigma \right) - \hat{\gamma} \rho k \left(S_{ij} + \frac{1}{3} S_{kk} \delta_{ij} \sigma \right). \tag{12.62}$$

方程闭合所需要的系数的值为

$$\alpha = \frac{4}{5}, \quad \beta = \frac{3}{40}, \quad \beta^* = \frac{9}{100}, \quad \sigma = \frac{1}{2}, \quad \sigma^* = \frac{1}{2}, \quad \hat{\alpha} = \frac{42}{55}, \quad \hat{\beta} = \frac{6}{55}, \quad \hat{\gamma} = \frac{1}{4}, \quad \hat{\xi} = 1,$$

$$C_1 = 1 + 4 \frac{\left(1 - \dfrac{e}{k}\right)^3}{2}.$$

12.3.7 代数应力方程模型

代数应力模型(ASM,即 Algebraic Stress Model)是计算雷诺应力各向异性的经济方法,它不需要完全求解雷诺应力输运方程. 求解 RSM 所用的巨大计算费用主要是由式(12.55)中的对流输运项和式(12.57)中的扩散输运项 D_{ij} 中的雷诺应力 R_{ij} 的梯度产生的. 如果消除对流输运项和扩散输运项或者对其成功建模,雷诺应力方程就会简化为代数方程组.

最简单的方法就是将对流项和扩散项一起忽略. 在有些情况中,这样做精度会有影响. 更通用的方法是假设雷诺应力的对流和输运项的和与湍流动能对流和输运项的和成正比. 因此,

$$\frac{\mathrm{d} \overline{u_i' u_j'}}{\mathrm{d} t} - D_{ij} \approx \frac{\overline{u_i' u_j'}}{k} \cdot \left[\frac{\mathrm{d} k}{\mathrm{d} t} - (k - \text{输运项}) \right] =$$

$$\frac{\overline{u_i' u_j'}}{k} \cdot \left(-\overline{u_i' u_j'} \cdot E_{ij} - \varepsilon \right). \tag{12.63}$$

方程(12.63)右侧括号内的项由产生率的总和以及精确 k 方程(12.32)中的湍流动能耗散率组成. 雷诺应力和湍流动能都是湍流特性而且紧密相关,因此,只要比值 $\dfrac{\overline{u_i' u_j'}}{k}$ 在流动中变化不是太快,方程(12.63)就是一个不错的近似公式. 而且还可以通过将对流输运和扩散输运独立的与湍流动能输运联系起来对公式进行改进.

借助产生项 P_{ij}(见式(12.54))、模型耗散率项(见式(12.58))、压应力关系式项(见式(12.57))在雷诺应力输运方程(12.63)的右侧引入近似关系式并经过一系列的整理后得到下述代数应力模型:

$$R_{ij} = \overline{u_i' u_j'} = \frac{2}{3} k \delta_{ij} + \left(\frac{C_D}{C_1 - 1 + \dfrac{P}{\varepsilon}} \right) \left(P_{ij} - \frac{2}{3} P \delta_{ij} \right) \frac{k}{\varepsilon}. \tag{12.64}$$

在方程的两侧都出现了雷诺应力——右侧的雷诺应力包含在 P_{ij} 中——所以方程 (12.64) 是一组同时包括 6 个未知雷诺应力 R_{ij} 的 6 个代数方程,如果 k 和 ε 已知的话,可以通过矩阵求逆或者迭代技术进行求解. 因此,该式是与标准 $k\text{-}\varepsilon$ 模型方程 (12.34) 至 (12.37) 一起进行求解的.

常数 C_D 用于补偿近似引起的物理"损失",因此是可以调整的. 商用 CFD 软件在求解涡流时为 ASM 模型推荐了的常数为 $C_D=0.55$,$C_1=2.2$.

湍流标量输运也可以由代数模型求解,这些模型可以从前述章节中提到的完全输运方程推导得出.

应用这种模型对非圆形管道内的二次流进行计算,模型中包括压应力项的壁面修正,而且为了与剪切流动和管道流动中的测量结果一致,还对可调节常数进行修正. 这种作用主要是由法向雷诺应力的各向异性引起的,因此并不能说明对同样问题可以用标准 $k\text{-}\varepsilon$ 模型进行模拟.

在计算雷诺应力时考虑各向异性的作用,代数应力模型是一个很经济的方法. 该模型还没有像 $k\text{-}\varepsilon$ 模型那样经过很好的校验,但是如果 $k\text{-}\varepsilon$ 模型的计算结果很差,而且所做的输运假设不会严重影响计算的精度时,可以应用这个模型. 由于 $k\text{-}\varepsilon$ 模型在对各向异性涡黏度的分析中有积极的进展,这也使得人们对 ASM 模型的热情有所降低. 代数应力模型的评价参见表 12.7.

表 12.7 代数应力模型评价

优　点	缺　点
·计算雷诺应力各向异性比较便宜 ·有可能同时具有 RSM(可以很好的求解浮力和旋转作用)的通用性和 $k\text{-}\varepsilon$ 模型的经济性 ·在求解等温问题和浮力薄剪切层时很成功 ·如果对流项和扩散项可以忽略,ASM 和 RSM 性能一样好.	·略微高于 $k\text{-}\varepsilon$ 模型的费用(2 个偏微分方程和一个代数方程组) ·还没有象混合长度模型以及 $k\text{-}\varepsilon$ 模型那样进行广泛的验证 ·具有 ASM 应用中同样的缺点 ·模型严格的限制在那些对流和扩散作用可以忽略的输运假设成立的流动中必须进行验证决定了其性能的有限性.

12.3.8　大涡模拟

大涡模拟是对运动方程进行滤波处理,只求解基于瞬时流动方程的平均分量和大尺度涡,而忽略小尺度涡的湍流模型. 大涡模拟计算的资源介于 RANS 与 DNS 之间. 大涡模拟有 4 个问题:3 个建模问题,1 个数值计算问题.

首先,滤波处理就是为把速度 U 分解为各种滤波速度分量 $\bar{U}(x,t)$——表示大涡的运动——与一个残余(亚格子,SGS)分量 $U'(x,t)$ 的和的形式:$U=\bar{U}+U'$,其中

$$\bar{U}(x,t) = \int G(x-x')U(x',t)\mathrm{d}x',$$

式中,G 为滤波函数,其与雷诺分解类似,主要的区别在于 $\bar{U}(x,t)$ 是一个随机场,另外过滤残余分量 $U'(x,t)$ 并不总为 0.

其次,滤波后的速度场源于 N-S 方程,它是带有动量且包含残余应力(亚格子尺度

模型应力张量)的标准形式. 滤波后的 N-S 方程含有一个非线性输运项,其可以展开为
$$\overline{U_i U_j} = \overline{\bar{U}_i \bar{U}_j} + \overline{\bar{U}_i U_j'} + \overline{U_i' \bar{U}_j} + \overline{U_i' U_j'},$$
式中第 2 项及第 3 项会在时均处理中消失,而在体积平均时不会消失. 随后,模型引入亚格子尺度(SGS)应力 τ_{ij} 如下:
$$\tau_{ij} = \overline{U_i U_j} - \overline{\bar{U}_i \bar{U}_j}$$
$$= \overline{\bar{U}_i \bar{U}_j} + \overline{\bar{U}_i U_j'} + \overline{U_i' \bar{U}_j} + \overline{U_i' U_j'} - \overline{\bar{U}_i \bar{U}_j}.$$

再次,通过最简单的涡黏性模型对残余应力张量进行建模而使方程封闭.

最后,对滤波后的方程数值求解得到 $\bar{U}$,其为大尺度运动的近似解. 基于滤波技术以及亚格子尺度应力建模不同,大涡模拟会有不同的变量.

12.3.9 分离涡模拟(Detached Eddy Simulation)

应用 LES(大涡模拟)求解高雷诺数边界层流动所需要的资源太大,因此其在普通的工业计算中不会采用. 此外,湍流结构要以大量分离区的形式分解,在每个分离区内,大湍流涡与形成这些湍流涡的几何结构具有相同的尺寸.

分离涡模拟(DES)是组合应用 RANS 模型和 LES 模型的一种方法,其中 RANS 模型用于求解无分离以及轻度分离的边界层,LES 模型用于计算大分离区域. 这种方法具有许多优点,但这个模型必须自动识别不同区域.

有的 DES 模型是基于 SST – LES 组合的. 这种组合模型可以将 SST 模型对湍流边界层的精确求解延伸到开始发生流动分离以及轻度流动分离的范围.

另外一种 DES 模型通过判断湍流特征长度 ℓ 来实现从 RANS 模型向 LES 模型的转变,其中 ℓ 根据 RANS 模型计算,当 ℓ 大于局部网格间距时就采用 LES 模型,否则采用 RANS 模型.

12.3.10 说明

湍流建模领域为 CFD 和流体工程群体提供了一个深入研究的广阔空间. 前述各节概略介绍了主要的经典模型的建模策略,这些模型在已有的商业通用程序中已经应用或者正在研究.

在目前多数高级湍流模型的背后,研究者们一直确信,不论边界条件和几何形状如何,湍流都具有有限数量的共同特性,而且如果能够正确区分的话,这些特性会成为完全描述工程师们所感兴趣的流动变量的基础. 不过这种认识只停留在文字基础上,这是因为基于时均方程的这种经典模型的存在一直在很多本行业声誉很高的专家中存在争论. 举例来讲,受混合长度模型在外部空气动力学领域成功应用的鼓舞,有人就热衷于建立适用于某种范围内流动的精确模型. 这两种不同的视角就引出了两种截然不同的研究路线:

① 某种范畴内流动的湍流模型的开发和优化.

② 全面、完整的通用湍流模型的研究.

工业上有很多紧迫的流动问题需要解决,它们不可能等到万用湍流模型的建立. 幸运的是许多工业部门只对有限的几种流动特别感兴趣,例如,输送中的管路流动,能源

工程中的透平和燃烧. 绝大多数湍流模型的研究包括逐个案例进行测试以及应用上述问题对已有湍流模型进行校验.

这方面的文献非常广泛,难以进行总结. 有用的信息主要来源于 Transactions of the American Society Mechanical Engineering——特别是 Journal of Fluid Engineering,Journal of Engineering for Gas Turbines and Power 和 Journal of Heat Transfer 以及 AIAA Journal,International Journal of Heat and Mass Transfer 和 International Journal of Heat and Fluid Flow.

在各种令人感兴趣的方向中都出现了许多基本湍流模型的研究. 其中的许多工作都发表在上述的杂志中,特别是 AIAA Journal,但是 Journal of Fluid Mechanics 和 Physics of Fluids A 提供的内容更多,涵盖的内容也更深.

本章讨论的所有湍流模型起初都是与半经验方法联系在一起的,至今湍流模型已经有一百多年的历史了,但是怀疑和不信任一直存在. 正是这种怀疑和不信任一直推动着湍流模型研究的进展. 应该说,湍流是一种十分复杂的现象. 由于人们出发点不同,湍流可能使流动在有益(充分混合)和有害(能量损失)之间发生根本的变化. 与湍流相关的波动在平均流动中产生附加雷诺应力.

导致湍流在数学上很难进行求解的原因是:即使在边界条件非常简单的流动中,其运动的长度尺度和时间尺度范围都很广. 所以,应用最广泛的两个模型——混合长度模型和 k-ε 模型——就是通过一个长度尺度和一个时间尺度定义的变量来描述许多湍流流动的主要性质的. 标准 k-ε 模型仍然是通用 CFD 计算中优先采用的. 虽然许多专家认为 RSM 是获得真正通用的经典湍流模型的唯一可行的方法,但是在非线性 k-ε 模型领域的最新进展表明双方程模型的研究又重新活跃起来.

在简单流动中,大涡模拟计算可以获得那些受试验技术的限制无法在试验室测量的湍流特性的数据. 经过一定的研究以后,大涡模拟将会越来越多的用于指导经典模型的研究.

湍流模型最终的数学表达式可能非常复杂,为了确定包含试验不确定性的试验数据的最优值,它们都含有可调整的常数. 每个工程师都清楚在数据范围以外确定经验模型的危险性,反过来滥用湍流模型也会有同样的危险. CFD 计算肯定不会接受任何没有经过试验数据检验的新的湍流模型.

第 13 章　水力机械 CFD 应用进展

第 11 章和第 12 章介绍了现代计算流体力学的基础知识.水力机械内的流场计算一开始并不像这两章的内容一样有那么高的起点.受计算机技术等多种因素的限制,流场计算最早是从势流理论等较简单的方法一步一步发展而来的.本章主要介绍水力机械 CFD 应用进展情况,以便读者了解几十年来水力机械内 CFD 应用循序渐进、日臻成熟的发展历程.第 14 章专门介绍泵内空化计算,这也是现代 CFD 技术应用的一个更高的平台.

本章内容共分 3 节,13.1 节介绍水轮机近 30 年来的 CFD 应用进展情况,回顾这 30 年中 CFD 方法所经历的主要阶段和所取得的关键性进展以及一些将 CFD 技术应用于实际工程的技术突破.文中使用了一些具体的例子来说明 CFD 技术从 1978 年以来的进展,并概述了在该阶段水力机械设计的发展.根据复杂程度以及物理模型和模拟方法的精确性可以将其发展分为明显不同的几个阶段.第一阶段是在 CFD 中引入有限元,其标志是简化的准三元欧拉求解和全三元势流求解.在 CFD 应用的不同阶段,复杂性持续增加,从三元欧拉求解到应用有限体积法对单个叶片流道进行定常 RANS 模拟,进而发展到对整个机械进行定常求解,直到今天能够应用现代湍流模型对非定常 RANS 方程进行求解.目前研发最活跃的领域包括两相流的作用(包括空化等)以及与非定常现象密切相关的流固耦合问题.

13.2 节从水力特性、振动和结构设计等方面介绍泵的发展历程.由于泵内 CFD 应用的发展历程与水轮机内的情况基本相同,所以 13.2 节没有单一地介绍泵内 CFD 的应用.不过从该节的上下文中我们会发现,不管是水力特性、振动还是结构设计,其更进一步的发展和完善都离不开 CFD 技术的支持.

13.3 节主要介绍早期诱导轮内的黏性流动计算的概况,在这一节中主要了解诱导轮内古典黏性模型的建立过程及其所考虑的影响因素.在第 6 章和第 7 章中已经说明了诱导轮是泵内与空化相关的最重要的过流部件.这一节的内容主要是介绍诱导轮内的黏性作用,而不是空化的作用.诱导轮的流动主要由黏性、湍流作用和空化所主导.无黏性流动的区域很小.因此,只要全面地理解黏性和湍流的影响(不考虑空化作用)就能够初步理解诱导轮内复杂的流动,最终得到比较系统的设计方法进而得到较理想的设计.13.3 节对诱导轮内的黏性流动计算进行了小结,这样可以系统地认识这些作用.对于从第 14 章开始的泵特别是诱导轮内的空化内容而言,本节的内容可以看作是基础或者预备知识.

13.1　水轮机内流动数值模拟进展

在 20 世纪 70 年代,数值计算方法(如有限差分法和有限元法)开始应用于空气动力学领域,然后在结构力学领域取得了很大进步.但是如何将这些数值计算方法应用于水轮机和泵的水力设计中还面临着许多巨大的挑战. 当时软件和硬件技术刚刚起步, 只能够通过保角变换法或奇点法来处理二元几何区域. 而且, 由于传统的水力机械通常着重于试验开发, 因此在传统的开发观念中引入这种新的数值计算方法也很具有挑战性.

在 1978 年, CFD(计算流体力学)这个词已经出现, 湍流模型 k-ε 的关键突破也已经完成. 然而, 当时透平机械设计者根本不知道 CFD, CFD 要成为一种工程工具还有相当远的距离. 本节介绍 CFD 在水轮机上应用的发展过程.

13.1.1　势流和准三元时期(1978—1987 年)

CFD 在模拟透平机械流动中的第一个成就是它可以处理很复杂的几何结构, 并保证很好的精度. 这是从"简单几何结构中的简单方程"到"复杂几何结构中的简单方程"的转变.

由于具有应用四面体单元或者六面体抛物单元对复杂几何结构进行建模的能力, 有限元法(FEM)看起来比较适用于透平机械的分析. 将应用于结构分析的 FEM 程序来求解三元拉普拉斯方程, 在区域 $\Omega(x,y,z)$ 中

$$\Delta\Phi=0, \tag{13.1}$$

定义 Φ 为速度势函数, 即

$$\mathrm{grad}\Phi=\boldsymbol{v}. \tag{13.2}$$

这些程序可以求解二元和三元势流问题.

在 CFD 中应用 FEM 的第一步仅仅是编制了一个后处理程序, 从而可以由网格节点处的速度势分布情况计算出速度分量(以及静压), 并且将相应的边界条件格式化处理.

为了得到合理的结果, 边界条件的设定起着决定性作用(即使现在最先进的模拟方法, 边界条件的作用仍然如此).

第一步的结果很理想, 在有势流动假设成立并且三元立体结构相当复杂的情况下, 这些方法非常适用. 即使用很粗糙的网格, 从长方形到圆形断面, 直到环形断面都可以很好地处理并获得很高的精确度.

相对于进水流道, 转子叶栅和定子叶栅显得更为重要, 对回转流面内流动以及轴面内流动分别进行计算的准三元方法是一种比较适合于轴流式水轮机的理想近似计算方法, 这也是对 FEM 法的一种很好的应用. 通过对进水流道的三元建模以及叶栅的准三元建模, 可以计算出整个贯流式水轮机(除了出口的尾水管)的内部流动.

不过, 即使将流体看做是无黏性的, 叶片间的流动与有势流动仍然存在区别, 甚至相当明显. 原因在于, 叶片间的环量在轮毂与盖板之间不一样, 而且在三元叶栅的进口和出口之间产生了剥离涡. 通过在回转流面以及轴面的分析中引入流函数, 就可以应用三元欧拉方程这种准三元近似方法来计算有旋(无势)流动.

显然, 在这个时期无黏性 CFD 模拟只有在最高效率点才比较精确. 非设计工况下的计算已经超出了当时的能力范围. 即使存在这些局限, 准三元欧拉计算已经给透平机械转轮的设计提供了有用的指导.

13.1.2 三元欧拉时期(1987—1994 年)

1. 为什么采用三元欧拉法

在前述成功应用 CFD 方法的基础上,需要分析 CFD 方法进一步改进的方向,特别是在混流式水轮机径向转轮以及在非设计工况下的应用.可以按如下选项分析:

① 对无黏性求解增加三元边界层计算(无黏性求解指三元势流或者准三元有旋流动).

② 开发适用于复杂几何边界内不可压缩流动的三元欧拉法.

③ 采用已经出现的求解雷诺平均(湍流)N-S 方程.

混流式水轮机径向转轮中的流体与准三元方法描述的不同,而且也不是无旋的.在一个错误的非黏性结果中加入边界层计算不会有任何进步,即排除了①项.

流体在水轮机转轮中加速,雷诺数就会非常高(边界层会很薄).主要的三元作用不是受黏性控制而是由非黏性的涡量主导.因此,全三元欧拉模拟是合适的方法.

采用 N-S 模拟仍然尚早.当时这种方法仍然处于幼年期,直到真正的黏性流体(具有发散、分离边界层、涡等)能够计算时,这种方法方能实施.

基于以上原因,开发欧拉方法也就是选项②显然最具有优势.

2. 三元欧拉分析

经全三元欧拉分析表明,混流式水轮机转轮内部流场绝不是经典准三元方法所描述的轴对称流层形式,而是一种复杂的"扭曲流层",参见图 13.1.由于对涡量引起的二次流进行了正确的建模,应用该方法还可以对非设计工况的流动进行精度很高的分析.只要真实的流动中黏性不起主导作用,非黏性有旋全三元欧拉模拟就会获得很好的效果.图 13.2所示为一个应用三元欧拉方法对涡量引起的二次流动进行模拟的典型例子.

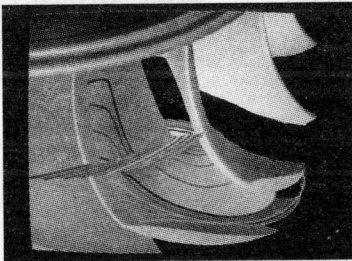

图 13.1 三元欧拉法模拟出的流线

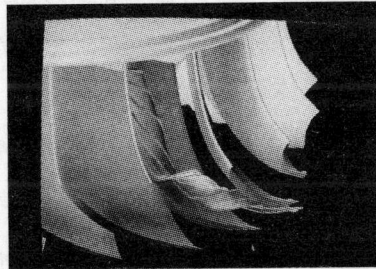

图 13.2 三元欧拉法计算出的进口边上的涡

20 世纪 80 年代末,CFD 发展非常迅猛,以至于进行了一次基于试验数据的国际间 CFD 计算精度的公正比较.洛桑理工学院(EPFL)的混流式水轮机测试数据作为 CFD 分析的边界条件.1989 年在洛桑 GAMM 工厂有 10 多个国际 CFD 团队介绍并比较了他们的数值结果.在转轮进出口的计算结果比较理想,但是只有三元欧拉分析正确地预测了出现在转轮进口的低压峰值,如图 13.3 所示.该三元欧拉分析在静止的上游部件和旋转的转轮部件之间采用了一种

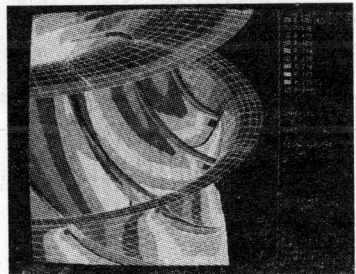

图 13.3 应用欧拉法和叠加技术预测的转轮进口压力分布

堆垛技术. 所有的 CFD 团队事先都不知道在 EPFL 试验台上观测到了 GAMM 转轮进口边的空化,只有一个团队对其进行了预测. 有趣的是,获胜的 CFD 团队采用堆垛技术计算进口边界条件,而其他团队采用的是周向平均化的进口速度测量值. 再者,边界条件的处理至关重要,即使测量得到的边界条件也会存在陷阱(特别是当平均值抑制了重要信息的时候). 水力行业中,在较宽的运行范围内对各种水轮机内部流动进行高精度预测的可能性出现了全新的机遇. 三元欧拉分析从研究型工具向实用性设计工具的转变是一项具有挑战性而又令人振奋的工作.

在这一时期,水力行业正在发生变化:兴建新的水力发电厂较少,而大量旧水力发电厂需要恢复和提升其发电能力. 新的设计工具适合新的挑战:它已不再满足于在先前已有的经过试验证明的较好的设计基础上进行微小改进和插补进行新设计的设计方法,新转轮需要比已有的旧转轮高 20% 的出力,而且还要和很旧而且没有相关资料的原有静止部件相配合. 此外,中等尺寸新转轮的价格和一次全模型试验是同一数量级的. 没有经过任何模型试验使得仅仅基于 CFD 来供应新的替代转子的压力增加. 水力行业又发生了急剧变化:要增容的电厂开始采取循序渐进的办法,即第一步是协议对现有系统进行 CFD 分析,第二步是通过 CFD 对新旧转轮进行比较(模型试验提供部分支持).

这种新办法使得 CFD 分析成为水电行业中的关键技术之一. 在实际设计工作中,这个重要地位通过应用 N-S 方程进行湍流计算而逐步得到巩固和加强.

13.1.3 虚拟试验台时期(1990—2000 年)

1. 定常雷诺平均 N-S 方程(RANS)、黏性和湍流

自从 1990 年以来,对质量和动量具有自然守恒特性的有限体积法成为水轮机设计和流动分析中求解雷诺平均 N-S 方程的支配性技术. 后面各节中讨论的例子都是采用的这种(有限体积法)技术.

和欧拉方程不同,N-S 方程考虑了黏性和湍流的双重影响,因此,能应用于如下问题:

① 损失分析;

② 边界层的影响分析,诸如在水轮机部件中的边界层分离;

③ 减速流动的部件分析.

水轮机中的流体从转轮进口到出口是增速的,为了将动能转化为静压能,尾水管中的流动是减速流动. 当水泵水轮机作为泵运行时,流速降低以及相应的压力升高是其几乎所有部件内部的流动的特征. 因此,通过求解 RANS 方程对尾水管内部流动、泵内部流动以及水泵水轮机作为泵运行时其内部的流动是非常现实的. 但是在 CFD 程序中求解边界层的网格精密,计算时间很长,因此在 20 世纪 90 年代的水泵水轮机的设计中仍然是组合使用欧拉法和 RANS 求解器. 2000 年后,RANS 模拟已经成为大多数增容改造工程中分析和优化水泵水轮机部件的主要技术.

2. 旋转部件和静止部件的耦合流动模拟

20 世纪 80 年代中期已经开发了在转动区域和静止区域之间的分界面模型,并将

其植入研究用 CFD 程序中. 这种方法可以实现对动静元件间的定常干涉进行模拟, 从而降低(如果不采用耦合模拟时需要确定)水轮机转轮进口处进口条件的不确定性. 这些方法开创了用 CFD 对包括水轮机各部件相互干涉的水轮机整机进行模拟的先河. 从这个时候起, 交界面模型被进一步开发并应用到欧拉法和 N-S 方法中, 前者用于水轮机的初步设计, 后者用于对水轮机设计进行细节分析和优化.

为了计算静止和转动部件之间的相互作用而开发了各种各样的数学模型, 最开始的是相对比较简单的圆周混合平面模型, 然后有冻结转子界面模型以及更复杂的级界面模型. 级界面模型允许流场中某一点的非均匀性延伸到级分界面上, 如图 13.4 所示. 所有这些模型将旋转和静止部件之间与时间相关的干涉问题简化为定常问题. 但是对于诸如固定叶片尾迹之类的扰动是如何传播这样的问题, 模型的处理方式不同: 非定常动静干涉模型认为扰动完全通过交界面(见图 13.4c); 在级交界面模型中, 这些扰动是周向混合的(见图 13.4a); 冻结转子算法可以使扰动从一个参照系传播到另一个参照系, 但是如果方法错误的话, 会引起对扰动作用不切实际的过高分析, 图 13.4b 所示为静叶片的尾迹覆盖了整个转轮叶片.

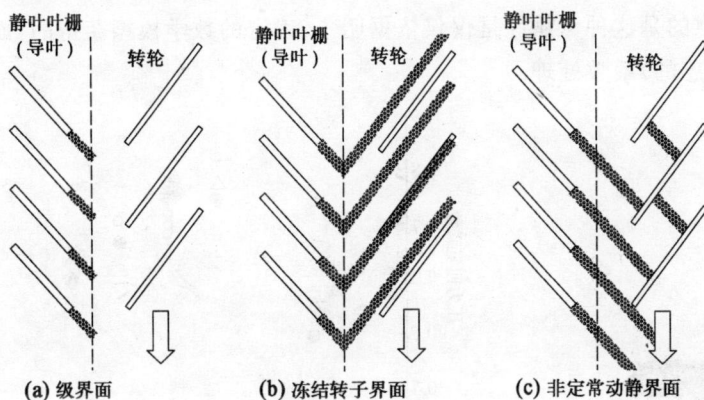

图 13.4 动静部件交界面的主要形式

CFD 的验证一直是一个重要的问题, 交界面算法尤其如此. 为了对级交界面进行验证, 首先在导叶和叶轮中间应用级交界面, 用 CFD 预测转轮前后的速度场作为比较, 然后在转轮进口设定速度分布对转轮前后速度场进行计算, 通过与转轮进出口的速度测量值进行比较证明采用级交界面的 CFD 具有很高的预测质量. 同时研究表明, 转轮进口条件设定不合理的话会在转轮出口处产生很大的误差.

由于根据单一的 CFD 模拟就能够分析转动和静止部件中的流动, CFD 被认为是"虚拟试验台"的概念就诞生了. 1996 年发表的第一个混流式水轮机的"纯 CFD"效率预测表明效率等高线图与测量值的基本形状非常一致, 但是根据运行工况的不同, 与测量值比较, 绝对效率值存在 $4\% \sim 8\%$ 的误差, 该结果展示了 CFD 预测的巨大潜力以及一些局限性.

这些研发工作为 CFD 应用从单纯的设计和优化工具向高度复杂的分析工具转变提供了基础. 现在从可行性研究到设计和优化, CFD 的应用已经贯穿了水轮机研发的各个阶段.

3. CFD 精确性与可靠性研究

随着 RANS 方法在水轮机设计与部件分析中重要性的不断增强,CFD 模拟的精确性与可靠性成为主要问题.很明显如果精确性和可靠性不够,CFD 技术应用到实际中是极其困难的,而且 CFD 也会给人"欺骗、虚假、误导"的印象或者会起到"将人引入歧途"消极作用.在工业环境领域中 CFD 用户通过大量的工作来提高其准确性与可靠性,并且探明产生误差及不确定性的原因.

在水轮机中,尾水管中的流动模拟最难,而且可靠性也很低.对诸如计算区域、边界条件、网格划分、离散格式以及湍流模型等计算方法和参数的验证是一项非常庞杂的工作.

如图 13.5 所示,图中左侧是 FLINDT 混流式水轮机模型,右侧是压力回复的测量值(用实心圆圈●标注)以及 FLINDT 所有不同合作伙伴的 CFD 预测值(其他符号).为了改进 CFD 方法对尾水管流动的建模,对图 13.5 上面的图形和下面的图形进行了 5 年的验证工作.根据图中 CFD 方法得到的结果(虚线),可以看出其预测的压力回复值比较可靠(相比于实线,虚线数据是在没有输入任何测量数据的条件下 CFD 预测得到的).令人欣慰的是这种可靠性是仅仅依据明了、确定的数学模型获得的,而没有任何模糊的(令人困惑的)系数处理.

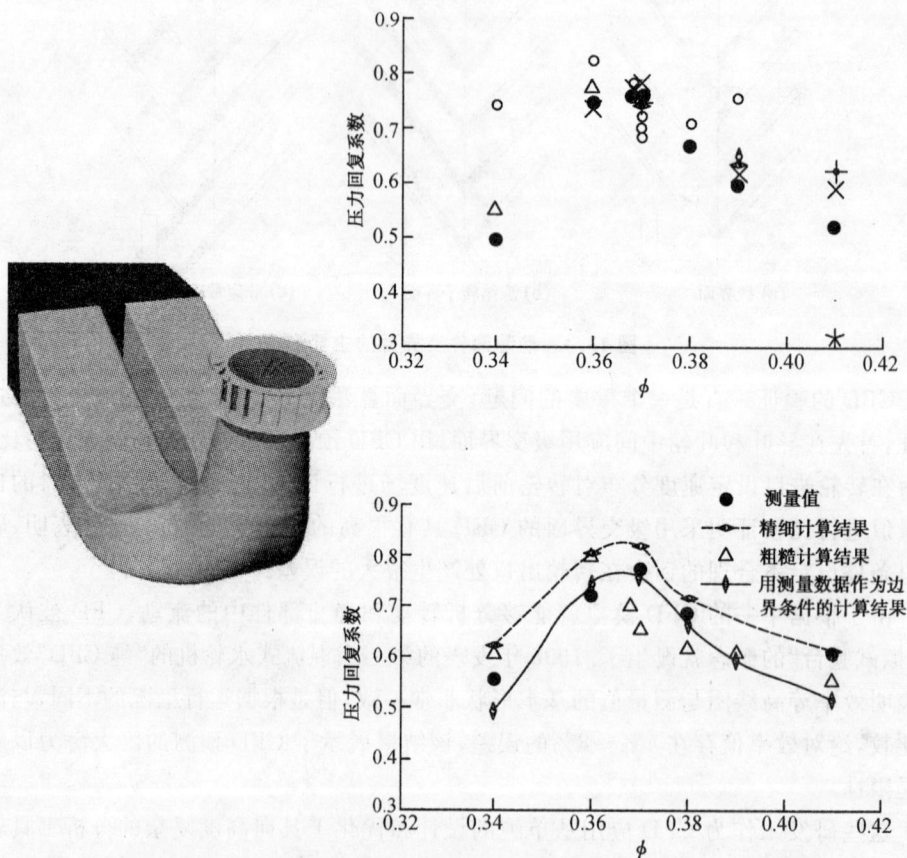

图 13.5　FLINDT 水轮机尾水管的 CAD 模型及其 CFD 计算与试验结果的比较

13.1.4 介质不仅仅是水的情况(2000 年以来)

随着计算能力不断发展,需要 CFD 解决的问题也保持着与处理器的速度以及硬盘空间至少一样快的增长速度.水轮机中要研究的流动现象越来越复杂,这就需要开发并验证更成熟的模型来求解湍流、空化、多相流以及流固耦合问题.

1. 非定常流动现象:尾水管涡带、卡门涡街和动静干涉

在最近的水轮机 CFD 应用中,模拟对结构部件施加动荷载的非定常流动现象是一个主要研究方向.图 13.6 所示为混流式水轮机和水泵水轮机内产生动载荷的 3 个最重要的原因:部分负荷下的尾水管涡带;静导叶、动导叶或者转轮叶片出口边的冯卡门涡脱落;动导叶和转轮叶片之间的相互作用.在过去的几年中,这些现象及其对水轮机寿命的影响已成为一个主要问题,这主要是因为水轮机基于重量进行优化,这就需要更多的有关安全系数的知识.可以采用计算方法更明确地定义安全系数,这种计算方法必须更精准地计算所受的载荷以及结构的响应两方面的问题.

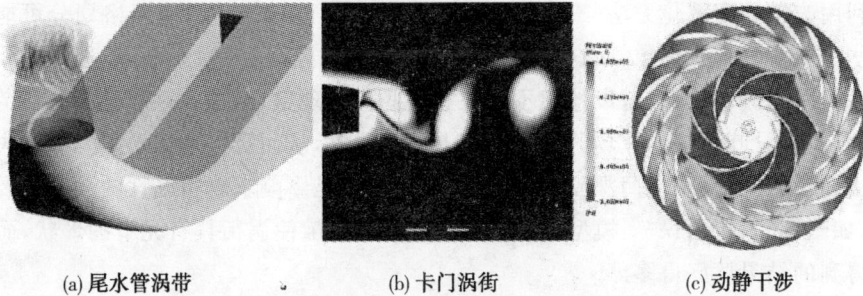

(a) 尾水管涡带　　　　　(b) 卡门涡街　　　　　(c) 动静干涉

图 13.6　动载荷产生的主要原因:3 种非定常流动现象

在某一特定范围的部分载荷工况下,尾水管进口流动会出现一个很强的旋涡并形成一个旋转涡带,如图 3.15 所示,涡带中心为低压区,压力场也随之旋转.在一些水电站中,通过轮毂或者泄水锥内的支架向尾水管内通气等辅助措施来防止这些强压力脉动造成破坏.为了更多地了解这种流动现象,近年来对其进行了 CFD 模拟和验证.模拟结果表明,具有回流的内部区域和外部流动间剪切层内涡量的翻滚导致了周期性旋转的螺旋涡带.最重要的发现是在尾水管涡带的 CFD 模拟中要求非常谨慎地处理湍流模型.一般来说,由于各向同性假设不适合这种强烈弯曲的流动路径,因此不能采用双方程湍流模型,应当采用雷诺应力模型、大涡模拟或类似的湍流模型.

由于流动路径具有很大的曲率,旋涡核心的静压低于汽化压力从而产生空化涡带,后者可以在试验台上观察到.图 13.7 所示为在不同的湍流模型和不同程度的空间离散条件下预测得到的涡带内的压力分布,由于需要求解非常陡峭的压力梯度,应用 Rayleigh - Plesset 模型的两相流方法求解尾水管涡带在空间求解和精度方面都面临着一系列的挑战.为了预测在试验台上观察到的空化,将压力降低到汽化压力(虚线)以下,这种模拟需要高质量的空间离散才能完成.为了真实地模拟涡带中心蒸气体积,比较精确地模拟尾水管涡带需要大约 500 百万网格节点.如果精确地预测涡带的旋转频率以及由于尾水管涡带的激励引起的系统的动态响应,那么精确地模拟涡带中心的蒸气体积

是很重要的,但是这么大的计算量在目前(2008 年左右)的工业系统中还不可能完成.

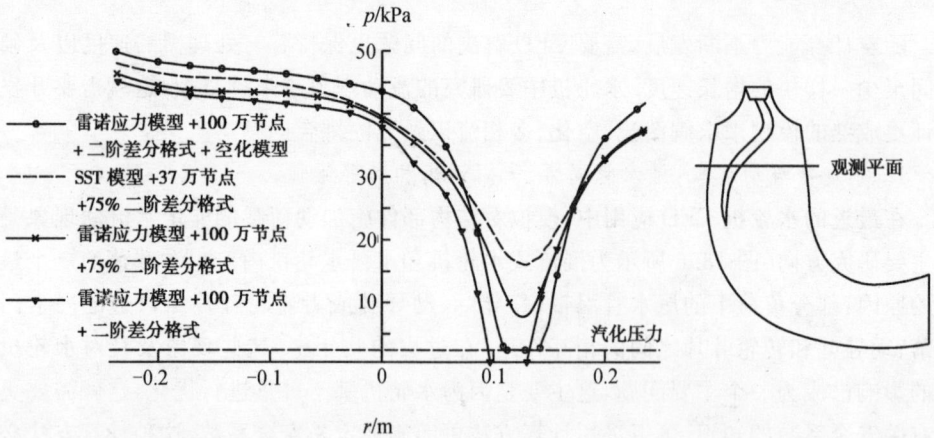

图 13.7　离散方法和湍流模型对尾水管涡带 CFD 预测的影响

利用改进的离散化方法(二阶精度格式或者 TVD 格式)和精密网格划分可能揭示出一些小规模的失稳现象,而这些失稳现象以前未被发现.因为 CFD 工程师主要关注定常态的平均流动信息,所以他们不会注意这些失稳现象.但是在对静导叶的疲劳失效分析中,对静导叶详细的流场分析发现了卡门涡脱落,从而更好地揭示了静导叶失效以及解决问题的原因.在卡门涡脱落问题中,湍流模型是影响求解精确性的一个重要数值参数,如图 13.8 所示:k-ε 模型中大得不切实际的扩散使涡街具有光滑的形状,而 SAS 模型得到的结果要好得多.

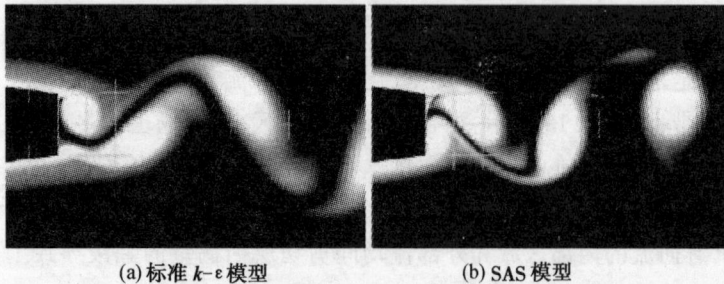

(a)标准 k-ε 模型　　　　　　　　(b) SAS 模型

图 13.8　湍流模型对卡门涡街 CFD 预测结果的影响

在旋转和静止的水力部件之间,进口边上游的势流作用(滞止压力)与尾迹下游的扰动必然出现非定常的相互作用.导叶和转轮叶片相互作用的激励频率可以通过解析方法计算,而其幅值却只能通过试验或者 CFD 方法得到.图 13.9 所示为一水泵-水轮机模型转轮和导叶之间无导叶空间处的试验数据与 CFD 计算的压力脉动数据,二者的结果非常一致.

对于水轮机设计,现在重要的一个流程就是分析流场引起的动载荷作用下的结构响应.CFD 分析可以采用谐波响应方法,即利用 CFD 分析提取包括结构的固有频率在内的任何频率处的压力幅值,然后再应用有限元进行结构分析以获得结构响应,即某个频率动载荷引起的应力.目前这种谐波响应方法在整个水轮机工业中得到了越来越广泛的应用并获得了巨大的成功.流体力学和结构力学的联系日益紧密、对流固耦合的研究也已经有了多年的发展.

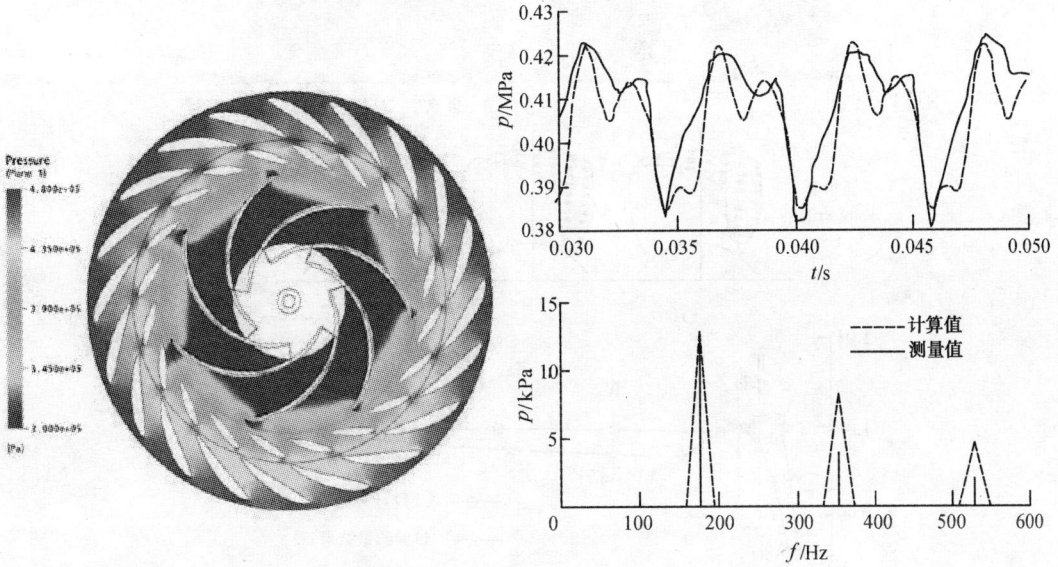

图 13.9　CFD 计算动静干涉验证

2. 空化计算

通常设计工程师不采用两相流对流场进行计算,只是根据单相流场计算得到的流场内压力低于汽化压力的区域来确定空化的危险性.这种方法忽略了空化空泡对流场的影响,在很多工程中这是一种精度足够的方法.

但是,如果需要更多的信息,如空化对效率的影响或更准确地预测空化空泡的发展,则需要进行两相流模拟.现在,Rayleigh-Plesset 方法用于模拟空化空泡的形成和溃灭,从而更准确地预测空化区域及与之相关的效率下降.图 13.10 所示为一个灯泡贯流式水轮机转轮的 CFD 验证计算.预测的空化区域的大小和位置与试验台上的测试结果非常符合.而随着空化数的逐步降低,效率对应地上升和急剧下降的预测趋势都与试验结果相近,但是不够精确.在这一点上还有很多工作需要进行.

经过 30 多年的应用与发展,在水轮机领域 CFD 已经成为一个强大的工具.一方面,为了确定数值问题,另一方面也是为了更有效地理解正确的 CFD 预测,需要通过严格的设计和试验对 CFD 进行验证.根据过去 30 多年的经验推断,在 CFD 领域实现大幅度的跨越仍有可能,详细的系统分析以及数值方法的验证是实现下一次突破的关键.

同详细的试验研究一样,高度成熟且耗时很长的 CFD 研究也会越来越多地用于探求复杂流动的机理以及多物理问题.来自于复杂数值研究的信息可以用于改进设计准则,更好地理解和应用标准设计工具.可以看到 CFD 发展有两个方向:一是用于具有很高自动化程度设计的快速且容易校正的 CFD 方法,二是用于特种问题的高度复杂的多物理问题及其设计流程的改进研究.

CFD 计算结果

I 点 II 点 III 点 VI 点

试验结果

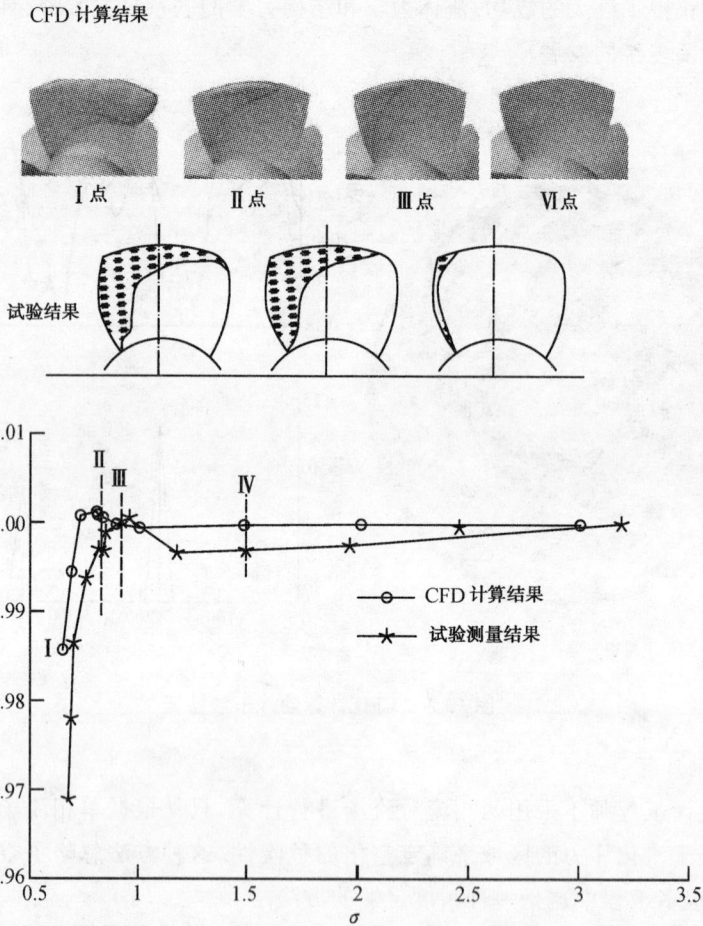

图 13.10 空化流动 CFD 分析——Rayleigh‐Plesset 模型应用

13.2 泵的研发与 CFD 技术

泵终端用户最基本的要求与价格和可靠性有关,也就是说要求泵的生命周期成本最小.这并不是说技术性能不是最优先的,泵成为一个可接受的产品,它首先必须要满足一定的技术性能,这些技术性能可以大致分为 3 个范畴:水力学特性(包括空化)、振动和泵结构.

13.2.1 泵水力学特性与 CFD 应用

泵水力学特性的研究技术比其他任何领域的技术发展更新都快.数年前很先进的计算方法在现在就已经很落后了,这基本上可以归功于价格不太昂贵的具有强大数据处理能力的高速计算机.同水轮机的最新进展一样,现在已经能够精确地预测泵的扬程‐流量曲线.

早期的泵性能预测采用的是回转流面方法,其中回转流面用准正交网格离散,流动方程沿着准正交方向求解.因为没有考虑黏性的影响,计算结果没有能量损失.为了预测在任何给定流动下的实际扬程,必须对具有黏性的流体流动的损失和滑移做出相应的假定.这些滑移系数和损失利用经验系数计算,这些经验系数是通过已知的一些立式泵的试验数据精心反推得到的.

和上述工作相比,现在所做的工作完全是一个重大的飞跃.在较宽范围的几何形状和比转速下,如今已经能够对叶轮内部流场进行精确预测.借助于商用 CFD 软件求解雷诺应力平均 Navier - Stokes 方程,可求解不可压缩和可压缩的(亚音速的,跨音速的,超音速的)流动.湍流影响由标准 k-ε 湍流模型来模拟,并且使用对数壁面条件对边界层进行模拟.在旋转机械流动的计算中,需要考虑科氏加速度的影响并在叶片进口边和高曲率面增加网格密度等.

应当明确地是,不使用全三元的黏性模型,即只采用准三元非黏性流动计算在设计阶段也能提供足够的准确度.CFD 的主要优势在于:它能够在不用使用经验系数的情况下,很好地预测扬程-流量曲线和效率.虽然从泵设计者的角度来说,使用经验系数没有什么不对,但是如果设计总是受过去经验的束缚,那么改进泵的设计几乎是不可能的.

使用 CFD 对泵内流场的分析已经促使水泵设计技术的提高:生产厂商使用 CFD 能提高水泵效率 5%～10%,提高叶轮寿命 6 个月到 4 年或更多,减少噪声,还能够对高比转速泵实现单调扬程-流量特性曲线.CFD 还能够加速泵的设计过程,这是因为它可以减少非常耗时的试验模型的数量.

虽然 CFD 逐渐成为水泵设计的一个有用工具,但必须指出现在的流体力学中一个主要的未知问题就是湍流的实际模型.这些基础工作的研究进展可能要花费很长时间.因此在可预见的未来,水泵设计师将会继续使用现有的湍流模型并且在分析中引入经验系数的试验数据来校准他们的 CFD 结果.

未来的另一个需求是可以直接对泵设计者的 CAD 文件进行网格划分的用户友好软件.在这个方向上,有很多软件正在开发中,可以预见,使用 CFD 分析开发一个新产品的周期将会缩减到一两天甚至更短的时间.

在水力性能上取得重要进展的另一个领域是空化研究.在这个领域的关健是在任意给定流量和速度的条件下确定有效净正吸头以防止空蚀和振动的破坏.早期的做法几乎全部是根据经验,一般认为侵蚀率与空穴长度的指数幂成正比.描述这一关系的方程参见式(9.17)和表 9.2.

仅仅以式(9.17)为基础来定义叶轮的使用寿命是危险的,但是当叶轮的几何特性改变承受不同的空穴长度作用时,据此可以认为叶轮寿命变化,其他的影响因素也一样.例如,如果将叶轮承受空蚀破坏的时间由不可接受的大约 10 000 h 增加到 80 000 h,这就意味着在 2.83 指数幂的条件下,空穴长度必须减少到原来的一半.

对空化现象理解的不断进展已经产生了实际的效益.一方面,泵的生产商能够更好地确定其生产的泵的有效净正吸头,既包括泵有效净正吸头要求,也包括泵可运行范围;另一方面,泵的生产商能更好地设计叶轮以满足要求的吸入性能.

对空化更进一步研究的第二点是发现了一些可以避免空化的特征.如图 13.11 所示,这些叶片几何特征包括:椭圆形进口边、与流动相适应的叶片弯度、偏楔形叶片厚度设计、偏楔形设计(以避免由于叶片排挤引起的 *NPSHR* 的增长)以及前弯向轮毂的凹形叶片进口边.这些叶片几何特征对应的作用参见表 13.1.一个典型的叶轮设计包括这么多要求,可见提高叶片的空化特性要使用比过去更为精确的设计方法和设计技术.

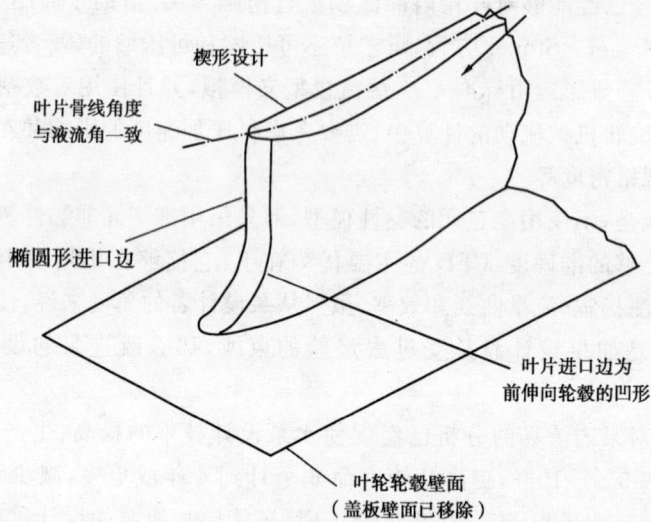

图 13.11　降低空化的一些特征

表 13.1　叶轮设计特征及其作用

设计特征	作用
椭圆形进口边	最小化突变性局部压力降低
与流动相适应的叶片弯度	降低或消除 BEP 工况的空穴
偏楔形叶片厚度设计	加大无空化流量的范围
偏楔形设计以避免由于叶片排挤引起的 *NPSHR* 的增长	保持传统叶轮 *NPSHR* 值
前弯向轮毂的凹形叶片进口边	消除轮毂拐角处空化及破坏

现在,空化空穴长度的测定要求具有可视化流场试验能力.这样的测试通常很昂贵,因此,需要一个非常好的计算方法.在研究中,假设包围空化区域的是自由边界,首先进行单相流计算.该自由表面沿一恒定的压力边界变动.图 10.2 所示为一离心泵计算的典型结果.背面的曲线从进口边开始变平的区域大小表示空化的发展程度.总的来说,结果还是比较好的.

13.2.2　泵结构和振动

剧烈振动是影响泵寿命的重要原因.多年来,高速化一直是泵的一个主要发展方向,这是因为高速化减小了泵的尺寸并降低了相应的机械成本.泵的高速化发展与转子动力学和空化知识的发展相联系.泵的高速化发展方向更加剧了泵的振动现象.泵发生剧烈振动的原因有两个,一个可能是因为泵在共振区运行,另外一个原因是存在较高的激振力.下面从提高泵可靠性的角度讨论这两个问题.

1. 共振

如果转频及其某些谐波(尤其是叶片通过频率)与静止部件(例如轴承箱)或者旋转系统的固有频率一致时就会发生共振.在实际装置中前者经常发生.幸运的是,现在已有很好的技术能够解决这些问题.解决这类问题的一个关键就是通过模态分析试验直接测量泵静止部件的固有频率.试验中,在一个或多个位置(通常在3个互相垂直方向)对泵结构施加激励并在很多位置记录它的响应.将激励和测量位置输入模态分析软件就可以绘制出以频率为自变量的,由一个激励引起的某个位置的正规化响应,得到所谓的频率响应函数(PRF).

也可以通过商用有限元分析软件进行结构共振计算.不过须对螺钉和基础的刚性进行某些假设.因而对于某一给定的安装形式,直接计算并不总能给出精确的结果.

当管路中声学驻波形成的固有频率与某个激振力的频率一致时,在泵和泵系统中就会发生另外一种形式的共振.这种共振发生的典型频率是叶片通过频率,其产生的压力脉动引起的结构振动能导致轴承和密封失效.驻波的固有频率可以通过有限元计算.

转子临界转速问题一般很少发生,不过这个领域的相关研究却很多.由于静止泵体与转动部件之间紧密的转动配合间隙中有流体的存在,在20世纪80年代早期通常认为转子的动力特性主要是由这些间隙中的流体决定的.两自由度系统的通用转子动力学方程为

$$\begin{bmatrix} F_x \\ F_y \end{bmatrix} = \begin{bmatrix} k_{xx} & k_{xy} \\ k_{yx} & k_{yy} \end{bmatrix} \begin{bmatrix} x \\ y \end{bmatrix} + \begin{bmatrix} C_{xx} & C_{xy} \\ C_{yx} & C_{yy} \end{bmatrix} \begin{bmatrix} \dot{x} \\ \dot{y} \end{bmatrix} + \begin{bmatrix} M_{xx} & M_{xy} \\ M_{yx} & M_{yy} \end{bmatrix} \begin{bmatrix} \ddot{x} \\ \ddot{y} \end{bmatrix}, \tag{13.3}$$

式中,F 为作用力;k 为动力学刚度;C 为动力学阻尼;M 为转子动力学附加质量;x,y 为位移;$\dot{x},\dot{y}$ 为速度;$\ddot{x},\ddot{y}$ 为加速度.

后来的研究结果越来越乐观:认为泵不会出现临界转速附近运行的情况.在可以用试验和解析方法求解方程(13.3)中 2×2 矩阵各项的同时,发现了与运动相关的干涉力也会在叶轮出口边和静止扩散流道(蜗壳或者导流壳)的进口边之间的缝隙之间发生.在叶轮盖板和静止泵体侧面之间的空间也会出现类似的力,对于低比转速叶轮,这些力非常大.因此,现在看来,仅仅用 2×2 矩阵方程(13.3)来分析动静干涉作用是不够的.轴在间隙环(尤其是像平衡套筒这样的长环)中的转动非常重要.因此,转子的动力特性应当由 4×4 矩阵来描述,其中包括直接动量系数和交叉耦合动量系数.由此可见,计算临界速度的方法变得越来越复杂.

现在人们认识到只在运行速度与临界速度之间保持足够的间隔余量仍然不能保证泵平稳运行,因此就有了该领域的另一个进展——计算激振力的响应.

在这个领域里一个主要的问题是,虽然有求解转子动力学方程的精确计算技术,但是方程本身系数的预测却是不可靠的.虽然有大量的试验和分析数据,但是对于实际应用,仍然信心不足.对于流体动力质量项以及蜗壳/导流壳与叶片的相互作用系数尤其如此.在缺乏可靠的预测能力的情况下,只好再根据试验数据对转子动力学模型进行校正.

2. 力

根据对泵临界速度问题的理解,转子动力学特性由作用在转子上的激振力的大小

控制.这些力随着叶轮旋转自然产生,它们能使流体能量增加并且与轴的横向运动无关.这与在间隙中产生的力区别很大,后者对轴的横向运动有很强的相关性.1 倍轴频激振力的作用和机械不平衡的表征一样,因此无法直接测量 1 倍轴频激振力的水动力源.

1 倍轴频激振力主要是由于铸造原因引起的叶轮流道不对称(流道不对称和机械不平衡是两回事,一般泵叶轮的冷加工很容易保证其静平衡和动平衡,但是由于铸造工艺的原因,严格来讲叶轮流道都不对称)导致的.可以通过比较水力不平衡力和机械不平衡力的大小来对其进行初步分析.首先通过转子的静平衡和动平衡试验测量机械不平衡力,然后测量泵在工作状态下的不平衡力,反过来计算出泵所受的水力激振力.

表 13.2 所示为一个典型高速锅炉给水泵的简单计算结果.表中 k_H 为量纲一的水力不平衡力,即

$$k_H = \frac{F_H}{\rho g H D_2 b_2},\tag{13.4}$$

式中,F_H 为水力不平衡力.根据表中的数据可以这样认为,由于在冷加工中,泵的静平衡和动平衡都严格保证,因此可以忽略.而水力激振力却在很多频率——由叶轮尾迹与导流壳或者蜗壳进口边的相互作用引起的叶片通过频率、由旋转失速以及其他叶轮内回流现象引起的亚同步频率——上表现出来.

表 13.2　泵受力比较

不平衡力类型	不平衡力特性
机械不平衡(2.5 g)	在 1 倍轴频处为 6.6 kg
水力不平衡($k_H = 0.015$)	在 1 倍轴频处为 33.6 kg
叶片通过频率($k_H = 0.025$)	在叶片通过频率处为 559.3 kg
旋转失速等($k_H = 0.01$)	在低频域为 22.2 kg

上述这些流体激振力决定着泵运行的稳定性.在实际设计中,泵设计者不得不采取一些保守的措施去最大限度地减少这些力的影响.这些措施包括对叶轮、导流壳或蜗壳间隙、轴的偏移等进行适当的设计.所以,准确地预测流体的这些激振力非常重要.这些计算要求对叶轮周向的叶片到叶片的非对称情况以及其他各种复杂的流动情况进行适当的和精确的模拟.当前的 CFD 应用已经开始越来越重视这些细节和局部问题.因此 CFD 应用也直接决定着泵研发的现代化进程.

13.3　诱导轮内经典黏性流动数值计算

诱导轮的主要特点就是流量系数小、叶片安放角小以及具有较小或没有弯度的大稠密度叶片,叶片非常薄、流道很长.从空化的角度来看这样的结构是有益的,但会使流道内的流动成为高黏度、湍流的、稳定且完全发展的流动.诱导轮长且窄的流道可以有足够的时间和空间使空化空泡溃灭或者保持空穴厚度最小,并能够逐级提供部分压力升量.

诱导轮的流动主要由湍流和黏性的作用以及空化流动所主导.无黏性流动存在的

区域很小.只要全面理解黏性和湍流的影响(不考虑空化作用)就能够初步理解诱导轮内复杂的流动,得到比较系统的设计方法进而得到较理想的设计.本节介绍 20 世纪 80 年代以前诱导轮内的经典黏性数值流动计算.由于诱导轮流场内起主要影响的是黏性和湍流的作用,因此,非黏性理论最多只是定性的.诱导轮内黏性流动分析方法主要分为:① 基于简化的径平衡理论($v_r=w_r=0$)和欧拉方程的分析方法;② 回转流面流动黏性求解;③ 基于经验损失系数的黏性分析;④ 基于剪切输送作用的近似黏性分析;⑤ (精确)三元非黏性分析;⑥ 基于经验壁面剪切应力的三元黏性分析.

13.3.1　基于简化径平衡理论和欧拉方程的分析方法

所谓径平衡理论,就是指液体的离心力和压力相互平衡,即

$$\frac{\partial p}{\partial r}=\rho\frac{v_u^2}{r}, \tag{13.5}$$

因为诱导轮为轴流式叶轮,因此可以认为其适用圆柱层无关性假设,即液体质点在以绕转轴轴线为中心线的圆柱面上流动,且相邻各圆柱面上液体质点的运动互不相关,即在叶轮中,不存在径向分速度,即

$$w_r=v_r=0, \tag{13.6}$$

式(13.5)和式(13.6)就是简化径平衡理论的数学描述.

欧拉方程即泵基本方程式为

$$H_t=\frac{v_{u2}u_2-v_{u1}u_1}{g}, \tag{6.31}$$

式(13.7)是根据试验数据综合分析得到的诱导轮实际扬程与理论扬程之间的关系,即

$$\frac{H}{H_t}=\frac{1}{0.4+\frac{1}{s}}\left[1-s\left(1-\frac{v_{u2}}{u_2}\right)\right], \tag{13.7}$$

式中,s 为叶栅稠密度.该式适用于平板螺旋诱导轮,即对于平板螺旋诱导轮,可以根据式(13.5)、式(6.31)和式(13.7)计算诱导轮的理论扬程和实际扬程.这种诱导轮的轴向流速采用下式计算:

$$\frac{v_m}{u_t}=\frac{\left(\frac{D}{D_t}\right)^2\tan\beta_t+C}{\left(\frac{D}{D_t}\right)^2+\tan^2\beta_t}, \tag{13.8}$$

应用连续方程求常数 C.

对于 $r^2\tan\beta$ 近似为常数的诱导轮设计,轴向速度的分布由下述方程计算:

$$\frac{v_{m2}}{v_m}=\frac{1}{Y}\left[Y_m+\frac{\tan\beta_t}{\phi_1}\frac{v_{m1}}{v_m}(\overline{D}^2-\overline{d}_2^2)\right], \tag{13.9}$$

$$\frac{v_{m1}}{v_m}=\frac{2KY_m\int_{Rd}^{1.0}\left(\frac{\overline{D}}{Y}\right)\mathrm{d}\overline{D}}{1-2\frac{\tan\beta_t}{\phi_1}\left[\int_{Rd}^{1.0}\left(\frac{\overline{D}^3}{Y}\right)\mathrm{d}\overline{D}-\overline{d}_2^2\int_{Rd}^{1.0}\left(\frac{\overline{D}}{Y}\right)\mathrm{d}\overline{D}\right]}, \tag{13.10}$$

式中,ϕ_1 为流量系数,$\phi_1=\frac{v_{m1}}{u_t}$;$\overline{D}$ 为相对直径,$\overline{D}=\frac{D}{D_t}$;$Y=(\tan^2\beta_t+D^4)^{\frac{3}{4}}$;$d_2=$

$\sqrt{\dfrac{(D_t^2+d_h^2)}{2}}$；$Y_m=(\tan^2\beta_t+\bar{d}_2^2)^{\frac{3}{4}}$；$v_m$ 为在计算直径 d_2 处的轴向速度；K 为考虑叶片厚度和边界层发展的排挤系数.

对任意给定的流量系数,应用式(13.10)计算 $\dfrac{v_{m1}}{v_m}$,然后代入式(13.9)求解各直径上的轴向速度. 在这里没有考虑黏性的影响.

13.3.2　回转流面流动黏性求解($v_r=w_r=0$)

如图 13.12 所示,建立诱导轮内准正交坐标系,诱导轮轴面内流线方向为 m,轴面内与 m 方向的准正交方向为 n,与轴面垂直的方向为 θ 方向. 在这 3 个方向上的方程为

$$\frac{\mathrm{d}p}{\rho}=\mathrm{d}\left(\frac{\Omega^2 r^2}{2}\right)-\mathrm{d}\left(\frac{w^2}{2}\right)-\mathrm{d}L,\tag{13.11}$$

$$\frac{\mathrm{d}p}{\mathrm{d}n}=\frac{\rho v_\theta^2\cos\gamma}{r},\tag{13.12}$$

$$\frac{(p_{PS}-p_{SS})}{(\theta_{PS}-\theta_{SS})}=\rho v_m\frac{\mathrm{d}}{\mathrm{d}m}(rv_\theta),\tag{13.13}$$

$$\mathrm{d}L=f\frac{x}{d_h}\frac{w^2}{2}-\zeta\,\mathrm{d}\left(\frac{w^2}{2}\right),\tag{13.14}$$

$$\rho=\begin{cases}\rho_L, & p\geqslant p_v,\\ \rho_L\left[\dfrac{1}{1+\left(\dfrac{B}{\rho_L}\right)(p_v-p)}\right], & p<p_v.\end{cases}\tag{13.15}$$

式中,γ 为单元回转流面偏角;$\mathrm{d}L$ 为摩擦力所做的功;f 是摩擦系数;ζ 是损失系数(由压力梯度和空泡溃灭引起);B 是流体热力学空化系数. 式(13.12)可以看作是准径平衡方程,参见式(13.5). 在式(13.11)中增加了一项 $\mathrm{d}L$ 用于计算黏性的作用.

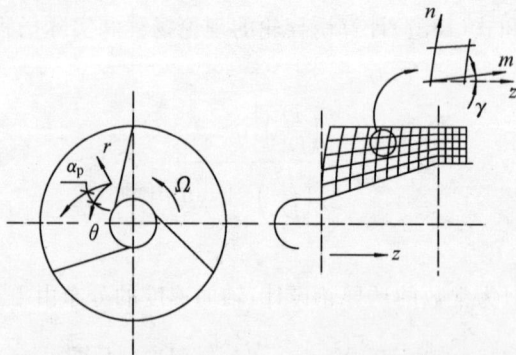

图 13.12　诱导轮内准正交坐标系

在构建上述方程的过程中做了如下假设:① 假设流体为液体或变密度均一的两相介质;② 流体流动在由轴面流线绕转轴旋转产生的流面组成的回转面内(回转面间无关性假设);③ 流道中截面为平均流动的情况,其流动由回转流面流动求得,然后用于轴面流动求解;④ 相对流动沿叶片中线方向,出口偏移角给定;⑤ 轴面流动相对流速线

性变化.

应用连续方程和上述 5 个方程就可以求解压力、总压系数和效率. 所做的简化处理限制了这种分析方法的应用. 只要损失的关系式精确（包括其径向变化），就可以比较精确地预测外特性. 下一节讲述的分析方法就是以径平衡方程的三元形式和更精确的损失模型为基础建立的.

13.3.3　基于经验损失系数的黏性分析

经验数据表明，诱导轮的摩擦损失受旋转系数（流量系数的倒数）影响很大. 当诱导轮运行在流量系数为 $\phi_1 = 0.065 \sim 0.200$ 范围内时，根据经验数据重新定义摩擦损失系数的计算公式为

$$\zeta = \frac{2gh}{u_t^2} = \lambda_D \frac{Rd}{\phi} \frac{1}{Re^{0.25}} \frac{c}{d_h} \left(\frac{w}{u_t}\right)^2. \tag{13.16}$$

式中，λ_D 为直径的函数，如图 13.13 所示. 这里雷诺数的计算采用公式 $Re = \frac{wd_2}{\nu}$. 应用此新定义的摩擦损失系数计算的摩擦损失与试验测得的结果非常一致.

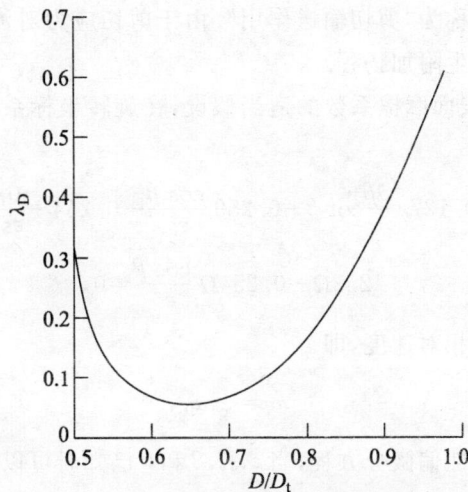

图 13.13　修正摩擦系数 λ_D 随直径的变化曲线

利用周向平均径平衡方程计算相对和绝对切向速度. 这种分析方法要以前述的损失系数和对（根据已有三元湍流边界层数据建立的）径向以及主流速度图的适当假设为基础. 在小流量系数工况下运行的诱导轮周向平均径平衡方程为

$$-\frac{0.275}{\cos^2\beta} w_u \left(\tan\alpha_p \frac{\partial w_u}{\partial x} + w_u \sec^2\varepsilon \frac{\partial\varepsilon}{\partial x}\right) + 1.015 w_u \frac{\partial w_u}{\partial r} +$$

$$1.015 \frac{w_u^2}{r} - 2\omega w_u + \frac{\partial}{\partial r}\left(\frac{\lambda_D}{Re^{0.25}} \frac{\overline{d}}{\phi_1} \frac{c}{d_h} \frac{w^2}{2}\right) = 0, \tag{13.17}$$

式中，α_p 为绝对速度在平面图上的分量与圆周方向的夹角（参见图 13.12）；ε 为限制流线与 x 方向（弦长方向）的夹角，应用试验值. 同时还要假设 w_u 沿 x 方向线性变化，就可以求解方程(13.17). 根据求得的 w_u 计算扬程系数. 根据经验损失关系式计算的损

失和效率也一致. 因此, 无论是由经验还是计算得到摩擦损失以后, 就可以比较精确地计算诱导轮出口处的流动特征.

13.3.4 基于剪切输送作用的近似黏性分析

诱导轮流道内的流场是三元流动且极其复杂. 转子内部和外部的流场都是湍流和黏性流动. 尽管诱导轮是按轴流式机械设计的, 但是由叶片边界层内的黏性、哥氏力 (Coriolis) 和离心力所产生的速度与轴向速度的数量级相同. 从物理现象以及数学描述的角度看, 能量交换过程都非常复杂.

通过考虑对能量有直接或间接影响的黏性, 对应用于其他形式泵或压缩机的传统设计方法和分析步骤进行了补充. 将诱导轮作为混流泵来处理. 轴向流速的作用与在传统泵中的作用相同(无黏性). 由这种作用引起的扬程主要是由冲角、挠度以及叶片栅列内的静扬程和滞止扬程产生的.

边界层内的离心力和哥氏力会产生流速的径向分量, 这是能量增加的另一个原因. 此边界层覆盖整个流道, 因此, 这种径向速度发生在全部流道宽度上. 所以, 径向流速对扬程的影响非常大. 通过剪切应力, 径向速度为流体和转子之间的动量交换提供了一种载体. 这种现象在这里称为"剪切输送作用". 由于剪切应力对流动的作用, 在径向流道内会径向加速, 因而产生附加扬程.

根据对速度图和表面摩擦系数的适当假设, 在旋转坐标系内运动方程沿叶片法向积分得到下述方程:

$$\frac{\mathrm{d}w}{\mathrm{d}r}+\frac{w}{r}\left[\cos^2\beta-0.127r\frac{\partial\beta}{\partial r}\cot\beta+0.259\frac{\cos\beta}{\varepsilon^2}-0.254+\frac{0.075}{\varepsilon\sin\beta}Z\left(\frac{w_er}{\nu}\right)^{-\frac{1}{5}}\right]-$$

$$2.2\Omega-0.254\Omega\frac{\cos\beta}{\varepsilon^2}=0, \qquad (13.18)$$

式中, w 为流道内平均相对速度, 即

$$w=\frac{7}{8}w_e,$$

式(13.18)是一阶非线性偏微分方程, 当 $\varepsilon, \Omega, \beta$ 和 ν 已知时可以求解.

上述表达式用于计算由剪切输送作用引起的相对速度的减少, 也可以用于计算由剪切输送作用引起的压力增量. 加上由非黏性和剪切输送作用产生的扬程增量以后, 可以预测全压增量系数.

13.3.5 (精确)三元非黏性分析

在所有透平机械流动的精确计算中, 对所有重要的非黏性作用(叶片排挤、流动旋转, 有限轮毂比等)和黏性作用(边界层、能量耗散等)的全面考虑非常必要. 在旋转坐标系 r, θ 和 z 内用以描述流动的非线性偏微分方程为

r 方向动量方程:

$$\frac{g}{\rho}\frac{\partial p}{\partial r}+w_r\frac{\partial w_r}{\partial r}+\frac{w_\theta}{r}\frac{\partial w_r}{\partial\theta}+w_z\frac{\partial w_r}{\partial z}-\frac{1}{r}(w_\theta+r\Omega)^2+F_r=0, \qquad (13.19)$$

θ 方向动量方程:

$$\frac{g}{\rho}\frac{\partial p}{\partial \theta}+w_r\frac{\partial w_\theta}{\partial r}+\frac{w_\theta}{r}\frac{\partial w_\theta}{\partial \theta}+w_z\frac{\partial w_\theta}{\partial z}+\frac{w_r w_\theta}{r}+2w_r\Omega+F_\theta=0,\qquad(13.20)$$

z 方向动量方程:

$$\frac{g}{\rho}\frac{\partial p}{\partial z}+w_r\frac{\partial w_z}{\partial r}+\frac{w_\theta}{r}\frac{\partial w_z}{\partial \theta}+w_z\frac{\partial w_z}{\partial z}+F_z=0,\qquad(13.21)$$

连续方程:

$$\frac{w_r}{r}\frac{\partial w_r}{\partial \theta}+\frac{1}{r}\frac{\partial w_\theta}{\partial \theta}+\frac{\partial w_z}{\partial z}+\frac{1}{\rho}\left(w_r\frac{\partial \rho}{\partial r}+\frac{w_\theta}{r}\frac{\partial \rho}{\partial \theta}+w_z\frac{\partial \rho}{\partial z}\right)=0,\qquad(13.22)$$

式中, w_z, w_θ 和 w_r 分别为轴向、切向和径向相对速度; F_z, F_θ 和 F_r 为黏性力分量, 在这里讨论的为非黏性问题, 所以此 3 个量为 0. 在轮毂、壳体壁面和叶片表面的边界条件为 $w\cdot n=0$, n 为流道边界的法线方向, w 为相对速度. 将上述方程重新组合得出残差, 应用松弛程序使残差为 0. 一个松弛循环的残差 (RT) 计算为

$$RT=\sum_{i=1}^{i_{max}}\sum_{j=1}^{j_{max}}\sum_{k=1}^{k_{max}}\left[(R1)^2+(R2)^2+(R3)^2+(R4)^2\right]_{i,j,k},\qquad(13.23)$$

式中, $R1$, $R2$, $R3$ 和 $R4$ 分别为 3 个动量方程(13.19)-(13.21)和连续方程(13.22)的残差; i_{max}, j_{max} 和 k_{max} 分别为在数值计算中应用的径向、切向和轴向的网格点数.

13.3.6 基于经验壁面剪切应力的三元黏性分析

保留式(13.19)-(13.22)中的主要黏性项, F_r, F_θ 和 F_z 的表达式分别为

$$F_r=-\frac{1}{\rho}\left[\frac{\partial \tau_{r\theta}}{r\partial \theta}+\frac{\partial \tau_{rz}}{\partial z}+\frac{\partial \sigma_{rr}}{\partial r}+\frac{\sigma_{rr}-\sigma_{\theta\theta}}{r}\right],$$

$$F_\theta=-\frac{1}{\rho}\left[\frac{\partial \sigma_{\theta\theta}}{r\partial \theta}+\frac{\partial \tau_{\theta z}}{\partial z}+\frac{\partial \tau_{\theta r}}{\partial r}+\frac{2}{r}\tau_{\theta r}\right],$$

$$F_z=-\frac{1}{\rho}\left[\frac{\partial \tau_{z\theta}}{r\partial \theta}+\frac{\partial \sigma_{zz}}{\partial z}+\frac{\partial \tau_{rz}}{\partial r}+\frac{\tau_{rz}}{r}\right],$$

式中, τ 为切应力; σ 为正应力. 例如, $\tau_{r\theta}$ 为在与 θ 方向垂直的平面内 r 方向的切应力, σ_{rr} 为法线方向为 r 的平面内的正应力.

由于叶片安放角很小, 可以忽略法向切应力, 得到近似的黏性项为

$$F_r=-\frac{1}{\rho}\frac{\partial \tau_{rz}}{\partial z},$$

$$F_\theta=-\frac{1}{\rho}\frac{\partial \tau_{\theta z}}{\partial z},$$

$$F_z=-\frac{1}{\rho}\frac{\partial \tau_{z\theta}}{r\partial \theta}.$$

假设剪切应力从工作面到背面的流道上的分布是线性的, 从而可以认为壁面剪切应力的值已知. 对于黏性分析的另外一个要求就是要满足黏性边界条件, 也就是要求叶片表面的所有速度分量都为 0. 不过, 由于各种各样的假设和简化, 黏性分析仅仅是近似的.

在本章的 3 部分中, 对水力机械内的 CFD 应用进展情况进行了简单的介绍. 由于水轮机的运行特征, 其 CFD 应用最深入, 也基本代表了水力机械 CFD 应用的情况. 在

水轮机的 CFD 应用介绍中指出,空化等两相流的作用以及与非定常现象密切相关的流固耦合问题是下一步的研究方向以及 CFD 研究与应用可能的大幅度跨越性突破所在. 在泵 CFD 应用的介绍中,虽然没有具体指出下一步的进展,但是对于振动分析而言,详细的分析包括空化在内的一些引起激振力因素的细节问题显然是现代振动分析的前提和基础. 最后一节介绍了诱导轮内古典黏性计算模型的建立过程及其所考虑的影响因素,并对诱导轮内部的流动有了初步的了解. 从下一章开始介绍与空化相关的计算问题.

第14章 基于 Navier-Stokes 方程的泵内空化数值计算

由于空化会引起流体物理特性的变化,因此空化现象非常复杂.空化发生后的流体混合物具有可压缩特性,其流动结构变化是包括质量和动量连续界面变化的两相流流动.两相流流动中的两相具有不同的物理特性和流场,两者之间没有明确的边界.与主流特性相比,相变的时间特质很小,而且流体的湍流特性随空化的出现而发生变化.因此,这种流动的两相结构既无条理也不稳定.

空化现象的复杂性使其建模非常困难:一方面,试验研究需要适应多相环境的专用仪器;另一方面,其建模策略要基于一些经验假说.尽管如此,为了分析和理解空化现象,从 1917 年 Rayleigh 的研究工作(参见式(4.1))开始至今,研究人员在试验和理论领域进行了大量的工作.

在 13.1 节中已经介绍,基于 N-S 方程的计算(Navier-Stokes based simulations)开始于 1990 年,至今仅仅 20 余年的时间.空化的数值计算和数值分析也只有约 10 年的历史.现在还不能比较全面地模拟各种各样的空化或者对空化流场提供细节描述.

本章介绍基于 Navier-Stokes 方程的泵内空化模拟的几种物理模型并展示一些计算结果.如第 3 章所示,空化在宏观上会表现为多种不同的形式,其内部结构非常复杂,到目前为止仍然存在很多未知领域.

14.1 两相流流动

14.1.1 单相流体流动控制方程

单相流体流动的控制方程见表 11.1,在这里将其表示为张量形式,即

$$\frac{\partial \rho}{\partial t} + \nabla \cdot (\rho \boldsymbol{u}) = 0, \tag{14.1}$$

$$\frac{\partial (\rho u_i)}{\partial t} + \nabla \cdot (\rho u_i \boldsymbol{u}) = -\nabla p + \tau_i + \rho f_i, \tag{14.2}$$

$$\frac{\partial (\rho h)}{\partial t} + \nabla \cdot (\rho h \boldsymbol{u}) = -\nabla \cdot \boldsymbol{q} + \frac{\partial p}{\partial t} + \boldsymbol{u} \cdot \nabla p + \phi, \tag{14.3}$$

式中,ρ,$\boldsymbol{u}$,p,f 和 h 分别为密度、速度、压力、体积力和熵;$\nabla = \boldsymbol{i} \frac{\partial}{\partial x} + \boldsymbol{j} \frac{\partial}{\partial y} + \boldsymbol{k} \frac{\partial}{\partial z}$,称为哈密尔顿(Hamilton)算子,$\nabla \cdot (\rho \boldsymbol{u}) = \mathrm{div}(\rho \boldsymbol{u})$ 表示矢量 $\rho \boldsymbol{u}$ 的散度;$\nabla p = \mathrm{grad} p$ 表示标量 p 的梯度.

上述方程描述的是单相流体随时间的演化.当两种流体放在一起的时候,就需要一个交界面来划分每项所存在的区域.下面介绍具有这些交界面时描述参数的建立.

14.1.2 不连续性

在前述方程中引入不连续性.应用 $[x] = x_2 - x_1$ 表示变量 x 穿过交界面时的变化

量.单位质量流体内广义标量 g 的守恒方程(输运方程)形式为

$$\frac{\mathrm{D}}{\mathrm{D}t}\int_D \rho g \,\mathrm{d}V = -\int_S \boldsymbol{\varphi}\cdot\boldsymbol{n}\,\mathrm{d}S + \int_D \rho g_{\mathrm{v}}\,\mathrm{d}V, \tag{14.4}$$

当通过界面的物理量 $(\rho g\,\boldsymbol{v}_r + \boldsymbol{\varphi})\cdot\boldsymbol{n}$ 的变化量

$$(\rho g\,\boldsymbol{v}_r + \boldsymbol{\varphi})\cdot\boldsymbol{n} = 0$$

时,式(14.4)成立,其中 $\boldsymbol{v}_r$ 为通过界面的相对速度.

(1) 质量守恒

当 $g=0$,$\boldsymbol{\varphi}=0$ 时,$\rho_1(\boldsymbol{v}_1-\boldsymbol{v}_i)\cdot\boldsymbol{n} - \rho_2(\boldsymbol{v}_2-\boldsymbol{v}_i)\cdot\boldsymbol{n}=0$,质量守恒方程的形式与式(14.1)一致,也就是 $\dot{m}_1-\dot{m}_2=0$,该关系式表明流过界面的总质量守恒.式中 $\dot{m}_k=\rho_k(\boldsymbol{v}_k-\boldsymbol{v}_i)\cdot\boldsymbol{n}$ 表示通过界面的 k 相的质量流量.

(2) 动量守恒

广义标量为 $g=\boldsymbol{v}$,$\overline{\overline{\boldsymbol{\varphi}}}=-\overline{\overline{\boldsymbol{\sigma}}}$,式中,$\overline{\overline{\boldsymbol{\sigma}}}$ 为约束张量.那么穿过界面的动量变化量可以写成 $[\rho g(\boldsymbol{v}_r\cdot\boldsymbol{n})\boldsymbol{v} - \overline{\overline{\boldsymbol{\sigma}}}\cdot\boldsymbol{n}] = \gamma\kappa\boldsymbol{n} + \nabla_s\gamma$.等式右端的项表示表面张力作用.

(3) 能量守恒

广义标量为 $g=e+\dfrac{1}{2}v^2$,$\boldsymbol{\varphi}=\boldsymbol{q}-\overline{\overline{\boldsymbol{\sigma}}}\cdot\boldsymbol{v}$.忽略表面张力的作用就可以得到 $\dot{m}$

$$\left([e]+\frac{1}{2}[v_r^2]\right) = -[\boldsymbol{q}\cdot\boldsymbol{n}] + [\boldsymbol{T}\cdot\boldsymbol{v}_r].$$

由此,看起来单相流体流动的传统 CFD 所用的方程可以比较容易地拓展到两相流体问题中.不过,这一拓展仅存在理论可能性,因为这种拓展要求必须对界面进行描述,后者在数值上很难处理.

14.1.3 平均化处理

与湍流建模一样,对全部两相流动结构的描述在时间和空间尺度上都具有多样性.如果只关注宏观尺度的演化,就只需关注平均方法的情况.理论上有 3 种平均化的方法:统计平均、时间平均和空间平均.同湍流一样,统计平均很难实现,因此还是要采用基于各态历经假设的时间平均和空间平均.

平均方法需要引入相标识函数 X_k,其定义为

$$X_k(\boldsymbol{x},t) = \begin{cases} 1, & \boldsymbol{x} \text{ 属于 k 相,} \\ 0, & \text{其他各处.} \end{cases}$$

根据该相标识函数可以通过设置点 $\boldsymbol{x}$ 在时刻 t 的值为 $X_k(\boldsymbol{x},t)=1$ 来定义 k 相的存在区域 D_k.量 D_k 用来表示在整个区域 D 内 k 相所占据的体积分数,即

$$D = \sum_k D_k,$$

$$R_k = \frac{D_k}{D}.$$

在空化流动中,更常用的参数是表示蒸气体积分数的含气率 α.

常用的两种空间平均为整个区域的平均:$\langle f \rangle = \dfrac{1}{D}\displaystyle\int_D f\,\mathrm{d}D$ 和 k 相存在区域的平均:

$$\langle f \rangle = \frac{1}{D_k} \int_{D_k} f \mathrm{d}D .$$

从时间的角度来看,空间点 x 是固定的,k 相存在时间 T_k 的概念定义为 k 相位于点 x 处的时间总和.

常用的两种时间平均为在时间间隔 T 上的平均: $\bar{f} = \frac{1}{T} \int_T f \mathrm{d}t$ 和在 k 相存在时间 T_k 上的平均: $\bar{f} = \frac{1}{T_k} \int_{T_k} f \mathrm{d}t$.

最后,从空间体积分数的概念类推,时间分数可以定义为 $\alpha_k = \frac{T_k}{T}$. 根据各态历经假设确定体积分数和时间分数的概念和平均值.

要开发基于平均化处理的有限体积法数值模型,就要在瞬态局域方程中进行空间平均.这一处理方法在很多两相流著作中都有详细介绍.

各相的平均化处理方程为

① 质量守恒方程(连续性方程)

$$\frac{\partial R_k \rho_k}{\partial t} + \nabla (R_k \rho_k \boldsymbol{u}_k) = \dot{m}_k , \tag{14.5}$$

式中,$\dot{m}_k$ 为 k 相的质量增长速度.

② 各项动量守恒方程

$$\frac{\partial R_k \rho_k \boldsymbol{u}_k}{\partial t} + \nabla (R_k \rho_k \boldsymbol{u}_k \boldsymbol{u}_k) = \rho_k \boldsymbol{f} + \nabla F_k . \tag{14.6}$$

③ 各项能量守恒方程

$$\frac{\partial R_k \rho_k E_k}{\partial t} + \nabla (R_k \rho_k E_k \boldsymbol{u}_k) = \rho_k \boldsymbol{f} \cdot \boldsymbol{u}_k + \nabla F_k \cdot \boldsymbol{u}_k - \nabla q_k , \tag{14.7}$$

式中,$E_k = \frac{1}{2} u_k^2 + i_k$,$i$ 为内能.每个方程中都出现了需要进行建模的源项(质量转移 $\dot{m}_k$、体积力和表面力 f_k 和 F_k、热通量 q_k),它们表示控制体上的界面平均作用.

14.2 空化物理模型

分析空化现象的模型主要分为两大类:直接模型和平均化模型.其中广泛采用的主要有直接模型中的欧拉法(单相界面追踪空化模型)、平均化模型中的 1 方程模型(基于均质多相输运方程的空化模型)和 0 方程模型(基于均质多相状态方程的空化模型).

14.2.1 直接两相流模型

直接两相流模型意在求解两相流的所有结构.有两种相应的方法可以建立方程并进行求解,即拉格朗日法和欧拉法.

1. 拉格朗日法

拉格朗日法就是求解粒子沿其轨迹的运动方程,以获取其位置和速度的演化.考虑

一组刚性粒子,忽略热传导和质量转移,系统可以通过计算下述方程进行求解:

$$\frac{\mathrm{d}\boldsymbol{x}_\mathrm{p}}{\mathrm{d}t} = \boldsymbol{u}_\mathrm{p},$$

$$m_\mathrm{p}\frac{\mathrm{d}\boldsymbol{u}_\mathrm{p}}{\mathrm{d}t} = \sum \boldsymbol{F},$$

$$I_\mathrm{p}\frac{\mathrm{d}\omega_\mathrm{p}}{\mathrm{d}t} = T,$$

式中,m_p 为粒子的质量;I_p 为惯性矩;$\boldsymbol{F}_i$ 为作用在粒子上的力;T 为黏性流体对旋转粒子产生的转矩.

只有在特别小的雷诺数下(Stokes 结构)才能对各种力和力矩进行解析求解.这些结果在高雷诺数流动中应用则需要借助于经验关系式处理.

根据流体与粒子相互作用程度的不同,模型可以分为 3 类:第 1 类简化形式(单向耦合)认为作用在粒子上的力只有阻力和升力,而且升力和阻力的作用仅限于单个粒子(对流体流动和其他粒子没有作用);第 2 类简化形式(双向耦合)要考虑粒子与流体的相互作用,即考虑质量、动量和能量的转移;第 3 类也就是最复杂的模型(四向耦合)要考虑粒子之间的相互作用.目前,基于这种类型建模方法的空化模型只用于研究空化核.根据两相流流动的性质来判断采用何种近似模型,如图 14.1 所示(图中 L/D 表示粒子间距离与粒子直径之比).

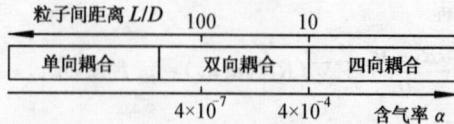

图 14.1　两相流性质与模型选用

2. 欧拉法(单相界面追踪空化模型)

欧拉法是一种基于 Navier‐Stokes 方程和界面重构技术的方法.该领域几十年来的主要工作就是建立 VOF(Volume Of Fluid)方法的理论和技术基础.如图 14.2 所示的二元网格,其空间步长为常数($H = \Delta x = \Delta y$). VOF 一词来自于流体分数 $C_{i,j}$ 的引入,$C_{i,j}$ 定义为

$$C_{i,j}h^2 = \iint\limits_{i,j} H(x,y)\mathrm{d}x\mathrm{d}y,$$

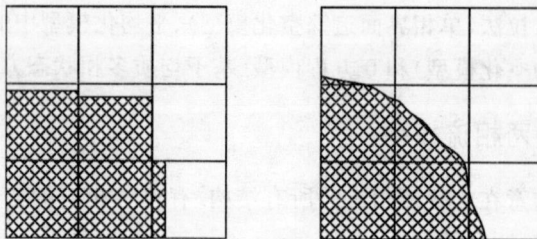

图 14.2　SLIC 和 PLIC 方法计算的界面

式中,H 是流体的特征函数(流体中 H 的值为1,其他各处为0).因此,在被界面分开的区域 C 值在 0 和 1 之间,其他各处其值为 0 或者 1.因此对蒸气结构的描述依赖于该界面的重构与传播,所以这种模型又称为单相界面追踪空化模型,它是一种最早的现代空化建模方法.用于计算界面位置的最著名的两种技术为直线界面技术 SLIC(Simple Line Interface Calculation)和分段线性技术 PLIC(Piecewise Linear Interface Construction).两种技术差别之处在于所设置的每个网格单元内的局部界面与网格单元边界并不重合.

与边界层计算相同,单相界面追踪空化模型的思想基础也是将计算区域划分为两部分,其界面根据迭代结果变化直到实现收敛(在液-气界面上满足 $p = p_{\mathrm{v}}$).该模型可在势流理论中应用,也可以在二元 Euler 计算和二元 Navier-Stokes 计算中应用,现在该模型已经可以用于水力机械的全三元 Navier-Stokes 计算.这种模型是一种基于 Navier-Stokes 方程和界面重构技术的方法.

大多数单相界面追踪空化模型所采用的迭代计算的基础是液-气界面平衡条件,

$$p_{\mathrm{L}} = p_{\mathrm{G}} + p_{\mathrm{v}} - \frac{2\gamma}{R_0}, \tag{14.8}$$

忽略表面张力和内部气体的作用,式(14.8)简化为

$$p_{\mathrm{L}} = p_{\mathrm{v}}. \tag{14.8a}$$

下面是一种计算空穴初始形状和处理空穴闭合的方法.

(1) 界面追踪方法

空穴界面变形算法的基础是以迭代的方式使空穴形状变化直到空穴边界(类自由表面)上压力达到汽化压力.其变形过程是依据液体流动(上一步迭代)计算得到的叶片上的压力分布进行的.对于给定的空化数 σ,沿流线 η 的坐标 ξ 的不同,在时刻 $t' = t+1$ 处的空穴厚度 $\boldsymbol{b}$ 为

$$\boldsymbol{b}(\xi, \eta, t') = \boldsymbol{b}(\xi, \eta, t) + \lambda C_2 [C_{\mathrm{p}}(\xi, \eta, t) + \sigma] \cdot \boldsymbol{n}(\xi, \eta, t), \tag{14.9}$$

式中,$\boldsymbol{n}$ 为在空穴界面上 (ξ, η, t) 点的法向矢量;λ 为一流动限制函数;C_2 为与松弛系数 C_1 和局部曲率 R 相关的一个系数,

$$C_2 = \frac{2 - 2^{(1-C_1)}}{1 + R(\xi, \eta, t)}, \quad 0 \leqslant C_2 \leqslant 1, \tag{14.10}$$

式中,局部曲率 R 避免了在大的厚度梯度处出现振荡.C_1 根据式(14.9)中的 $[C_{\mathrm{p}}(\xi, \eta, t) + \sigma]$ 项计算,

$$C_1 = \begin{cases} 1, & |C_{\mathrm{p}}(\xi, \eta, t) + \sigma| > S_{\mathrm{cp}}, \\ \dfrac{|C_{\mathrm{p}}(\xi, \eta, t) + \sigma|}{S_{\mathrm{cp}}}, & |C_{\mathrm{p}}(\xi, \eta, t) + \sigma| < S_{\mathrm{cp}}, \end{cases} \tag{14.11}$$

式中,S_{cp} 为空穴长度 L 上空化数 σ 与压力系数 C_{p} 之差 $\delta(\xi, \eta, t)$ 的标准偏差;

$$S_{\mathrm{cp}} = \sqrt{\frac{1}{L} \int_{\xi=0}^{\xi=L} [\delta(\xi, \eta, t) - \delta_{\mathrm{AV}}(\xi, \eta, t)]^2 \mathrm{d}\xi} \tag{14.12}$$

式中,$\delta_{\mathrm{AV}}(\xi, \eta, t)$ 为空穴长度上 $\delta(\xi, \eta, t)$ 的平均值.

$$\delta(\xi, \eta, t) = C_{\mathrm{p}}(\xi, \eta, t) - \sigma, \tag{14.13}$$

$$\delta_{AV}(\eta,t) = \frac{1}{L}\int_{\xi=0}^{\xi=L}\delta(\xi,\eta,t)\mathrm{d}\xi , \tag{14.14}$$

最后,可以通过设置一个 ε 值来判断是否收敛,即

$$S_{cp} < \varepsilon. \tag{14.15}$$

(2) 初始空穴计算

在经典模型中,采用压力为 p_V 的等压面用于初始计算. 在单相界面追踪空化模型中,将沿水翼背面的游移空泡进行包络作为蒸气空穴的初始形状. 应用 Rayleigh-Plesset 方程计算叶片表面上无限水体中空化核的演化. 应用无空化计算(cavitation free calculation)获取沿流线(或者技术上的网格线)的驱动压力场. 将空泡直径的一半(半径)看作空穴厚度. Rayleigh-Plesset 方程为

$$\frac{p_B(t)-p(t)}{\rho_L} = R\frac{\mathrm{d}^2R}{\mathrm{d}t^2} + \frac{3}{2}\left(\frac{\mathrm{d}R}{\mathrm{d}t}\right)^2 + \frac{4\nu}{R}\frac{\mathrm{d}R}{\mathrm{d}t} + \frac{2\gamma}{\rho_L R} -$$

$$\left[\frac{2\gamma}{\rho_L R_0} - \frac{p_B(t)-p_0(t)}{\rho_L}\right]\left(\frac{R_0}{R}\right)^{3k}, \tag{14.16}$$

与方程(4.1)相比,该方程多了空泡状态项 $-\left[\dfrac{2\gamma}{\rho_L R_0} - \dfrac{p_B(t)-p_0(t)}{\rho_L}\right]\left(\dfrac{R_0}{R}\right)^{3k}$,其中 k 为多方指数. 可以应用变步长 Runge-Kutta 算法求解非线性偏微分方程(14.16). 对于给定的压力分布,初始条件可以设为 $R(0)=0$ 以及 $\dot{R}(0)=0$.

应用游移空泡包络对初始空穴进行计算已被进口边空化的物理特性证实为可行的.

(3) 闭合区域处理

界面追踪模型的基础是自由表面流动假设,即假设空穴界面的压力是常数. 不过对于两相非定常闭合区域内完全发展的空穴而言则不是这种情况. 为了解决这一问题,将其最大厚度到闭合处近似为一个破裂空泡的包络. 空泡的初始半径等于空穴最大厚度,然后用 Rayleigh 方程

$$\frac{p_B(t)-p(t)}{\rho_L} = R\frac{\mathrm{d}^2R}{\mathrm{d}t^2} + \frac{3}{2}\left(\frac{\mathrm{d}R}{\mathrm{d}t}\right)^2 \tag{14.17}$$

求解. 方程(14.17)忽略了黏性项、表面张力项以及初始空泡内状态,描述的是常数压力场内球形空泡半径的演化过程.

通过引入初始位置处的局部速度 $\dfrac{\mathrm{d}R}{\mathrm{d}t} = C_{\xi max}\dfrac{\mathrm{d}R}{\mathrm{d}s}$ 就可以用距离公式取代方程(14.17)中的时间. 这样就可以得到基于 Rayleigh 方程的闭合模型.

14.2.2 平均化模型

如图 14.1 所示,当含气率的值高于 4×10^{-4} 时,必须考虑粒子之间的相互作用,这种情况下应用直接模型会有很多困难. 这些困难与湍流带来的情况(空间尺度的成倍增加)一样,因此采用与湍流建模一样的方法来解决这些困难,根据描述两相结构所用方程的数量来确定建模的几种形式. 所有这些模型的一个共同点就是应用混合物守恒方程. 通过对各项参数进行平均化处理来定义混合物变量,即

密度：$\rho_m = \alpha\rho_V + (1-\alpha)\rho_L$.

动量矩：$(\rho u)_m = \alpha(\rho u)_V + (1-\alpha)(\rho u)_L$.

能量：$(\rho E)_m = \alpha(\rho E)_V + (1-\alpha)(\rho E)_L$.

(1) n(n≥2)方程模型

n≥2 的 n 方程模型考虑了相间的滑移(液体和蒸气的不同速度). 除混合物守恒方程以外, 还需要建立液体或者蒸气守恒方程. 方程越多, 就需要为越多的项进行建模以使方程封闭求解.

(2) 1 方程模型(基于均质多相输运方程的空化模型)

这些模型假设相间无滑移. 只需要增加一个方程, 该方程为液体或者蒸气的质量守恒方程, 即

混合物质量守恒：$\dfrac{\partial \rho}{\partial t} + \nabla \cdot (\rho \boldsymbol{u}) = 0$.

蒸气相质量守恒：$\dfrac{\partial \alpha\rho_V}{\partial t} + \nabla \cdot (\rho_V \boldsymbol{u}) = \dot{m}_V$.

这样建模就成为如何确立源项 $\dot{m}_V$ 的计算公式.

① Rayleigh - Plesset 方程应用

4.1 节中的 Rayleigh - Plesset 方程(4.1)描述的是静态无限不可压缩流体中球形空泡半径的变化规律. 在 CFD 程序中空化模型的实际形式中忽略了表面张力、黏性和二阶时间导数, 即

$$\frac{\mathrm{d}R}{\mathrm{d}t} = \mathrm{sgn}(p_V - p)\left[\frac{2(p_V - p)}{3\rho_L}\right]^{\frac{1}{2}}, \tag{4.8}$$

假定空泡数量密度 n 均匀且为常数, 由于蒸气体积为 $n\dfrac{4}{3}\pi R^3$, 所以含气率的演化是直进式的. 对于这种方法, 应当明确并不是求解 Rayleigh - Plesset 方程, 空泡的基准是虚拟的: Rayleigh - Plesset 方程最基本的表达式仅仅用作单一流体模型内汽化源项的公式.

② 源项经验模型

在蒸气质量守恒方程中直接建立汽化速度和凝聚速度的模型来计算含气率的变化, 即

$$\frac{\partial \alpha\rho_V}{\partial t} + \nabla \cdot (\alpha\rho_V \boldsymbol{u}) = -(\dot{m}^- + \dot{m}^+).$$

根据下述公式可以得到较好的数值结果：

汽化速度：$\dot{m}^- = \dfrac{C_{\mathrm{dest}}\rho_L \alpha \min(0, p - p_V)}{\frac{1}{2}\rho_L u_\infty^2 t_\infty}$,

凝聚速度：$\dot{m}^+ = \dfrac{C_{\mathrm{prod}}\rho_V \alpha^2 (1-\alpha)}{t_\infty}$,

式中, C_{dest} 和 C_{prod} 需要通过与试验数据的比较进行调整. 而且针对上述汽化速度和凝聚速度所做的模型方式很多, 其最终效果需要参照试验来确定.

(3) 0 方程模型(基于均质多相状态方程的空化模型)

对于 0 方程模型, 只需要求解一个混合方程. 因此, 提出一个正压状态方程 $\rho =$

$\rho(p)$ 来描述混合物的性质. 密度演化通常用分段定义的函数来描述, 即

$$\rho = \begin{cases} \rho_L, & p > p_V + \Delta p, \\ \rho_V, & p < p_V - \Delta p, \\ \rho(p), & p_V - \Delta p < p < p_V + \Delta p, \end{cases}$$

式中, Δp 为蒸气向液体转换的半宽值. 计算蒸气和液体之间相互转换的函数通常有 3 个: 积分声速解析公式、多项式或者正弦方程式.

① 在液体/不凝缩气体混合物中, 可以比较容易地根据含气率以及各相内的声速来计算混合物内的声速, 即对于不存在质量传输的静止两相混合物

$$\frac{1}{\rho_m c_m^2} = \frac{\alpha}{\rho_G c_G^2} + \frac{1-\alpha}{\rho_L c_L^2},$$

因此,

$$\frac{1}{c_m^2} = \left[\alpha \rho_G + (1-\alpha)\rho_L\right]\left(\frac{\alpha}{\rho_G c_G^2} + \frac{1-\alpha}{\rho_L c_L^2}\right),$$

假设声速与熵无关, $c_m^2 = \dfrac{\mathrm{d}p}{\mathrm{d}\rho}$. 最后, 通过在 $p + \Delta p$ 和局部压力之间积分就可得到密度值.

② 定义多项式

$$p = \sum_{i=0}^{5} A_i \rho^i$$

来建立液相和蒸气相之间的联系. 系数 A_i 用于保证液相和蒸气相间的连续, 不仅于此, 其选用还要保证在空化发生时能够得到剧变压力梯度.

③ 定义正弦函数

$$\rho = \frac{\rho_L + \rho_V}{2} + \frac{\rho_L - \rho_V}{2} \sin\left(\frac{p - p_V}{c_{min}^2} \frac{2}{\rho_L - \rho_V}\right)$$

来建立液相和蒸气相之间的联系. 式中, c_{min} 表示混合物内的最小声速.

两个互不相关的参数 ρ_V 和 c_{min} 用于表述这一定律. 蒸气密度已知, 因此不是变化的参数, 但是这个值非常小 (在水中是 $0.025\ 6\ \mathrm{kg/m^3}$), 因此会带来很多数值问题: 与很小的 ρ_V 值相关的强非线性要求对这一定律进行特别的数值处理. 因此, ρ_V 就成为这一定律的参数, 其影响必须要分析. 此外, ρ_V 并不表示蒸气密度的值, 而是混合物的最小密度值. 根据与试验结果的比较来看, 在最大含气率约为 90%——这种情况就是在片状空化中会存在一些水滴——时这一假说非常有效. 至于 c_{min}, 由于很难测量空化流动内的声速, 这一问题更为复杂. 所以 c_{min} 的值需要根据试验数据进行调整.

14.3 泵叶片进口边空化及扬程断裂机理

进口边空化发生在叶片表面的低压区, 是第 3 章介绍的附着空穴的一种具体形式, 其液相与蒸气相的交界面可能呈现为光滑、透明的形式, 也可能表现为强湍流的沸腾形式. 进口边空化大致由两部分组成: 与空化初生相关的空穴附着区域以及决定空穴不稳定性的空穴闭合区域. 当进口边空化比较薄而且表现为准静态的稳定空穴形式时, 称为

片状空化.当空穴的瞬态部分与其主体部分的大小相同时,又称为云状空化.随着空穴的发展变化,进口边空化可能是部分空化也可能是超空化形式.当水力机械在非设计工况下运行时常出现进口边空化.

进口边空化是水力机械内最主要的一种空化形式,是导致扬程断裂的根源.此外,由于进口边空化附着在叶片上而且在靠近壁面处形成空泡破裂,因此其最具有空化破坏作用.

14.3.1 影响扬程断裂过程的因素

从自由流线理论的角度来看,影响扬程断裂过程的因素有恒温效应、声学效应(或称为马赫数效应)、空泡生长现象和尾迹中的边界层作用等.这里简单介绍一下恒温效应和声学效应.

1. 恒温效应

根据 4.1 节的介绍,当发生空化的时候,空化过程会在流体的液体中吸取热量,液体温度降低从而降低液体的临界汽化压力.这样就使有效净正吸头增加,从而提高了泵的吸入性能.对于不同的液体介质,空化过程导致液体温度降低的程度是不同的.因此,对于相同的空化体积、相同的温度变化和不同的液体介质,泵吸入性能的变化也不同.

假设在某一个含气率(蒸气体积与液体体积之比,$\alpha = \dfrac{V_v}{V_L}$)条件下泵失去给介质提供扬程的能力(即发生扬程断裂),通过调整进口压力可以使该含气率的值在各种流体介质和各个温度工况下为同一个值,将该值定义为特征含气率.这样就建立了一个基准来比较各种流体的吸入性能及其空化潜力.不过关于恒温作用试验数据的精确性很难在试验中控制,到目前为止这方面的试验数据仍然很少,统计可信度不高.现在随着数值计算方法的发展,已经有很多研究者开始应用数值方法来分析空化的热效应.

2. 声学效应

由于恒温法在试验中很难精确控制,因此研究者就开始转而分析空化的声学效应,这与第 3 篇的相关内容以及 14.2 节中的声速是联系的.

当叶片发生空化的时候,空穴总是先在进口边处发生.那么在空穴发展到何种程度时才会导致扬程断裂?

当扬程断裂发生时,空穴开裂、发展为无限长并引起叶片背面的流动分离.为了分析这一分离过程,需要建立适当的物理模型.由于空穴已经开裂,因此就不能建立类似于凹角射流等具有假想边界形式的物理模型.因此只能考虑下述 3 种形式的模型:一种是无限长空穴模型,不过其只能应用于超空化.另外一种模型就是自由流线在叶片工作面的某点与叶片表面相切,也就是部分空化.不过,当流动偏离设计点的时候,第二种模型也会失效.因此只能考虑第三种自由流线模型:将空穴看作是在叶片上的某一点(部分空穴)或者无穷远处(超空化)闭合,假设空穴的闭合由某自由流线确定,该自由流线与叶片表面的距离等于某个假定的尾迹高度且其沿尾迹的外边界存在压力.由于尾迹外自由流线的动量变化会对尾迹形成剪切力,因此尾迹的边界层应该具有负压力梯度.

模型确定以后,下一个问题就是:是什么原因导致进口流动条件的微小变化就使扬程断裂?首先来看一个在可压缩流体中由叶片背面可压缩激波引起的类似现象,这是一个声学现象或者说是马赫数现象.

液体中的声速接近 1 500 m/s,液体的流速仅在 150～300 m/s 之间(该速度是航天涡轮泵内部液体的流速),马赫数 Ma 在 0.1～0.2 之间.这么小的马赫数会出现激波现象的原因是在发生空化的流动中,空泡散布在液体中,流过空穴区的流体可以看作是由空泡和液体组成的均一蒸气混合物.这一混合物中的声速会远远低于混合物中任何一种成分的声速.依据空化的程度,混合物中的声速会达到很低的值.由此,激波现象肯定会发生.

现在又引出另外一个问题,即如何计算空泡和液体组成的均一混合物内的声速.假定汽化和凝聚过程中压力变化很快,也就是说假设过程是等温的.计算可压缩流体内声速的基本关系式为

$$\frac{1}{a^2}=\frac{\mathrm{d}\rho}{\mathrm{d}p}.$$

根据上述假设,蒸气质量 m_V 以及液体质量 m_L 都保持为常数.因此压力变化引起的体积变化为

$$\mathrm{d}V=\mathrm{d}\left(\frac{m}{\rho}\right)=-\left(\frac{m}{\rho^2}\right)\mathrm{d}\rho=-\left(\frac{V}{\rho a^2}\right)\mathrm{d}p,$$

将其应用于液-气混合物得到

$$\mathrm{d}V_V=-\left(\frac{V_V}{\rho_V a_V^2}\right)\mathrm{d}p,$$

$$\mathrm{d}V_L=-\left(\frac{V_L}{\rho_L a_L^2}\right)\mathrm{d}p.$$

将混合物看成整体,则有

$$\mathrm{d}V=-\left(\frac{V}{\rho a^2}\right)\mathrm{d}p,$$

式中,$V=V_V+V_L$,$\rho=\frac{\rho_V V_V+\rho_L V_L}{V_V+V_L}$.

进一步得到

$$\frac{V}{\rho a^2}=\frac{V_V}{\rho_V a_V^2}+\frac{V_L}{\rho_L a_L^2}.$$

由于 $\alpha=\frac{V_V}{V_L}$,并且取 $\Gamma=\frac{(\rho_L a_L^2)}{(\rho_V a_V^2)}$,最终得到

$$\frac{a^2}{a_L^2}=\frac{(1+\alpha)^2}{\left(1+\frac{\alpha\rho_V}{\rho_L}\right)(1+\alpha\Gamma)}.$$

例如,在 100 ℃的水中,$a_L=1\,461$ m/s,$a_V=405$ m/s,$\rho_L=999.6$ kg/m³,$\rho_V=0.595\,9$ kg/m³,计算得到 $\Gamma=21\,829$,$\frac{\rho_V}{\rho_L}=0.596\times10^{-3}$,由此可以计算得到当 $\alpha=0.01$ 时,$a=99.6$ m/s;当 $\alpha=0.1$ 时,$a=34.4$ m/s.这个例子表明,即使非常少的蒸气含量也会导致水和蒸气混合物内的声速等于或者低于流体的相对流速.因此空化流动中会发生激波现象.

可以这样认为,空化流动中含气率 α 的作用就是使流动中的声速 a 发生变化,当马

赫数 $Ma=\dfrac{w}{a}=1$ 时,就达到临界状态.当马赫数超过1,随着马赫数的增加就会出现严重的激波现象,扬程急剧下降.因此声学激波现象是导致扬程下降的原因.

14.3.2 空化发展过程中进口边空化的形式

这一节展示某锅炉给水泵用诱导轮进口边空化的形式,这是一种典型的进口边空化.该诱导轮设计点流量为 122.5 m³/h,转速 2 930 r/min,型式试验得到的净正吸头为 0.86 m,吸入比转速为 3 400.因此该诱导轮的空化性能非常好.图 14.3 是该诱导轮的三维图形,表 14.1 是该诱导轮的几个关键几何参数.

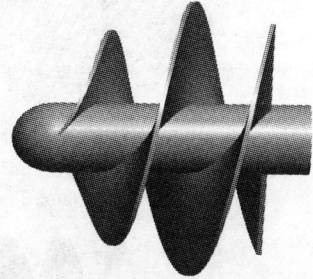

图 14.3　诱导轮三维图

表 14.1　诱导轮的主要参数

参数	数值
叶片数 Z	2
轮缘直径 D_t/mm	139.6
轴向长度 l/mm	90
进口边修圆半径 R/mm	43
轮缘包角 φ/(°)	265

以设计流量点为例,随着有效净正吸头的降低,诱导轮扬程的变化参见图 14.4.图中 7 个点对应的有效净正吸头条件下诱导轮内的空化发展如图 14.5 所示,这些模拟的理论基础参见 14.1 和 14.2 节.可以发现空化的发展过程与诱导轮扬程下降有非常明显的联系.空化首先出现在叶片背面的轮缘处,随着空化数的减小,空化区域厚度增加并沿着叶片进口边向轮毂处发展,但此时并未出现明显的扬程下降;继续降低进口压力时,空穴逐渐堵塞流道,并造成扬程缓慢的下降(点 4);当达到点 5 时,叶片的工作面也出现了空穴,并增加叶片的升力,从而造成该工况下诱导轮的扬程增加;仅仅在扬程下降 3% 的工况点,诱导轮内部的空化已经非常的严重,空穴几乎堵塞整个流道(点 6),但该图同时也表明了诱导轮能在比较严重的空化条件下工作,而扬程受到的影响较小;压力继续降低时,空泡将占据诱导轮整个流道,此时诱导轮丧失工作能力,其扬程迅速下降.

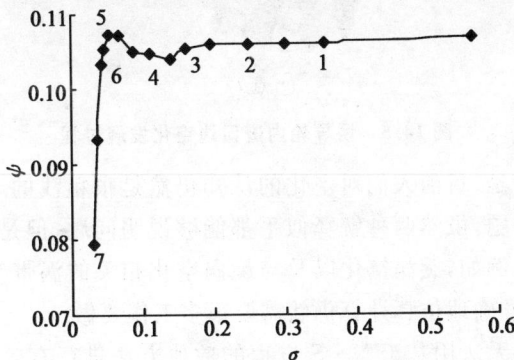

图 14.4　诱导轮断裂特性曲线

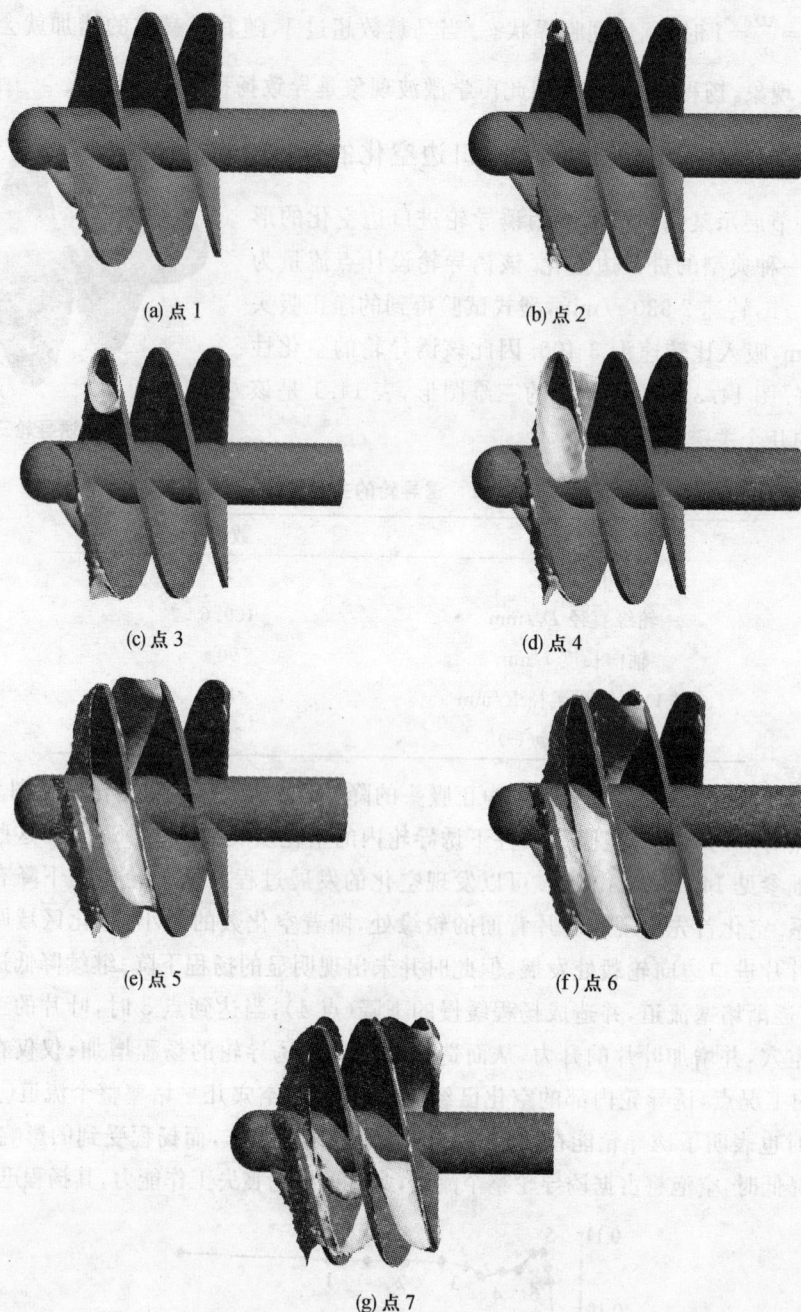

(a) 点 1

(b) 点 2

(c) 点 3

(d) 点 4

(e) 点 5

(f) 点 6

(g) 点 7

图 14.5　诱导轮内进口边空化发展过程

最后需要说明的是,目前人们对空化的认知仍然是很粗浅的.例如,本节提到的空化引起的扬程断裂问题,虽然两种解释似乎都能够说明问题,但是二者却无法统一.此外,其他形式的空化,例如,旋涡空化以及与旋涡空化相关的涡带等都是工程中经常遇到的现象,对其进行准确地仿真计算仍然需要很多工作要做.

空化不稳定性还无法用基于 N-S 方程的数值方法进行有效的仿真模拟,到现在为止依然采用的是经典分析方法.

第 15 章　空化不稳定性及其抑制

水力机械空化不稳定性的研究进展主要集中在涡轮泵诱导轮领域. 目前已经发现的诱导轮内空化不稳定性主要分为 2 类: 第 1 类空化不稳定性发生在诱导轮扬程不受空化影响的空化数范围内. 这种类型的空化不稳定性是由于冲角增大所引起空穴体积的增加而形成的; 第 2 类空化不稳定性与空化的排挤作用有关, 这一类空化不稳定性模态主要表现为旋转阻塞和阻塞喘振. 前者是由于空化排挤使压力性能曲线产生正斜率曲线所导致的, 后者的机理还不清楚.

应用一元及二元空化流动稳定性分析能够预测空化不稳定性的各种模态, 但通常能观测到的空化不稳定性只有空化喘振和前向旋转空化. 对于空化不稳定性的其他模态, 例如, 后向旋转空化、空化喘振和旋转空化的高阶模态只能在限定的条件下观测.

本章首先介绍水翼的空化不稳定性, 随后介绍在诱导轮中试验观测到的 2 类空化不稳定性及其特征, 接着介绍并应用一元及二元空化流动稳定性分析预测上述空化不稳定性的各种模态. 由于空化不稳定性会在设计流量且扬程没有发生断裂的工况下发生, 因此在连续运行下可能会导致灾难性的后果, 所以确保在所有工况下空化不稳定性都被充分地抑制, 这一点尤其重要. 因此本章的最后介绍对空化不稳定性具有重要影响的回流涡并介绍相应的抑制空化不稳定性的方法.

15.1　水翼空化不稳定性

空化不稳定性主要在火箭发动机涡轮泵诱导轮中发生. 虽然诱导轮内的流动是含有三元空穴非常复杂的流动, 但是大多数空化不稳定性可以通过叶栅内空化流动的二元稳定性分析计算. 本节介绍水翼内的空化不稳定性以便对涡轮泵诱导轮内的空化不稳定性有基本的理解.

空化流一般是含有非定常空穴脱落的非定常流动. 这里, 将具有确定的频率分量却没有确定的外部作用力的非定常流动看作是不稳定流动. 图 15.1 为二元水翼上的空化, 图 15.1a 所示的流动是定常流动, 图 15.1b 所示的流动是含有大尺度空化云脱落的大幅度振荡. 图 15.2 所示为斯特劳哈尔数 $St = \dfrac{fl_{S}}{U}$ 与空化数 σ 的关系曲线, 其中 f 为振荡频率, l_S 为平均空穴长度. 虽然图 15.2 所示的数据是在不同的装置中针对不同的翼型形状和不同的攻角($\alpha = 3° \sim 8.36°$)得到的, 但是斯特劳哈尔数的值却保持在 $0.25 \sim 0.45$ 之间. 这种形式的振荡发生在 $\dfrac{l_S}{c} < 0.75$ 的部分空穴中且伴有空化云脱落, 因此这种不稳定性称为"云状空穴振荡"或者"部分空穴振荡". 这种振荡形式一般解释如下: 由于空穴表面的流动速度基本保持为常数, 因此空穴上的压力也是常数, 空穴尾缘不会形成驻点, 所以在出口边形成凹角射流, 凹角射流沿翼型表面穿进空穴并最终作用在空穴的前部表面上. 图 15.3 是应用边界元法模拟得到的空穴和凹角射流的发展过程. 虽然该边界元

方法没有继续模拟凹角射流与空穴前部表面碰撞以后的情况,不过可以清楚地看出空穴会在碰撞的位置分离且后部会随主流流到下游. 附着在翼型表面的前部空穴会重新开始生长并重复同样的过程,应用正压模型可以成功地模拟这种不稳定性. 另外可以通过在叶片背面安装一个栅栏来阻挡凹角射流从而避免这种不稳定性. 这种形式的振荡发生需要下述条件:① 在空穴尾缘要具有负压力梯度以加速凹角射流;② 空穴要具有足够的厚度,这样凹角射流才可以在到达上游以前不至于过早地与空穴表面接触.

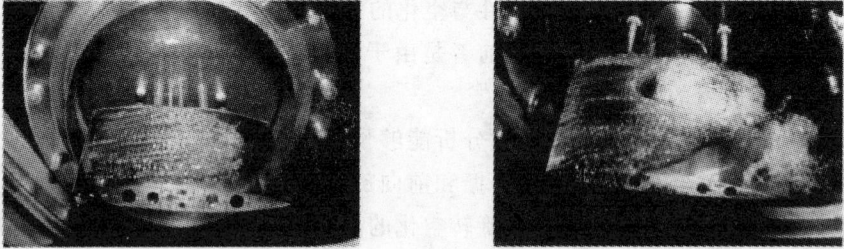

(a) 定常流动　　　　　　　　　　　　　　(b) 大幅度振荡

图 15.1　空化水洞内二元水翼上的部分空穴

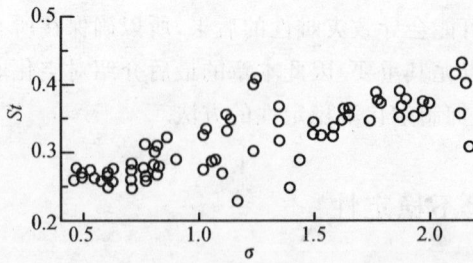

图 15.2　斯特劳哈尔数与空化数的关系($Re=3.5\times10^5\sim4.0\times10^6$)

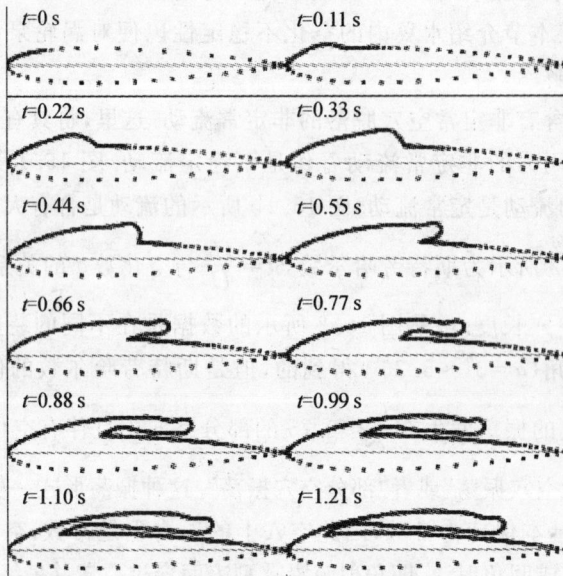

图 15.3　空化数为 0.25、攻角为 $6°$ 时 NACA0012 翼型上的空穴生长过程

图 15.4 所示为 NACA0015 水翼背面的斯特劳哈尔数,图 15.5 所示为平板水翼的进口压力波动斯特劳哈尔数 $St = \dfrac{fc}{U}$. 图 15.5 中 L_d 为翼型进口边与上游测试面间的距离. 在两种案例中,在 $\dfrac{l_S}{c} < 0.75$ 范围内,随着平均空穴长度 l_S 的降低,频率增加. 基于平均空穴长度的斯特劳哈尔数 $St = \dfrac{fl_S}{U}$ 在图 15.4 中为 0.3,而在图 15.5 中为 0.1,这与上一段讨论的部分空穴振荡一致. 在 $\dfrac{l_S}{c} > 0.75$ 范围内,基于弦长的斯特劳哈尔数 $St = \dfrac{fc}{U}$ 基本保持为常数,在图 15.4 中为 0.15,在图 15.5 中为 0.12,称之为迁移空穴振荡. 与部分空穴振荡相比,可以看出迁移空穴振荡具有一个又尖又高的谱峰值. 所以,部分空穴振荡和迁移空穴振荡具有不同的特征表明它们具有不同的不稳定机理.

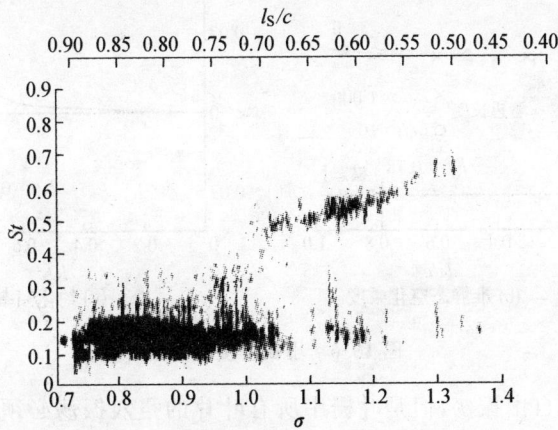

图 15.4 NACA0015 水翼背面压力波动斯特劳哈尔数

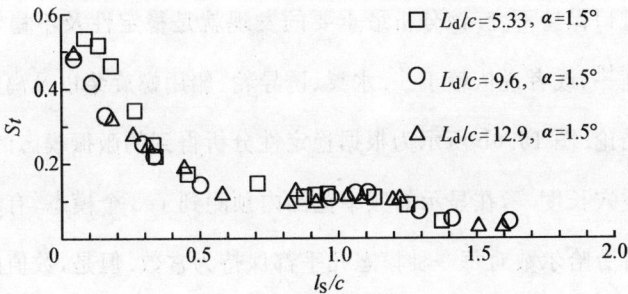

图 15.5 平板水翼进口压力波动斯特劳哈尔数

图 15.6 所示为应用闭式空穴模型计算的叶栅内空化流动的二元分析结果,该叶栅的叶栅稠密度 $\dfrac{c}{t} = 0.1$,叶片安放角 $\beta = 15°$. 图 15.6a 所示为定常空穴长度 $\dfrac{l_S}{c}$ 与参数 $\dfrac{\sigma}{2\alpha}$ 之间的关系,α 为攻角,在线性空穴理论中定常空穴长度 $\dfrac{l_S}{c}$ 是 $\dfrac{\sigma}{2\alpha}$ 的函数. 当 $\dfrac{l_S}{c} < 0.78$ 时,空穴长度随着 $\dfrac{\sigma}{2\alpha}$ 的降低而增大,当 $\dfrac{l_S}{c} > 0.78$ 时,空穴长度随着 $\dfrac{\sigma}{2\alpha}$ 的增大而增大. 此外对

平板水翼的计算也得出了相似的结果,平板水翼的临界空穴长度为 0.75,此处小稠密度叶栅的临界值为 0.78.

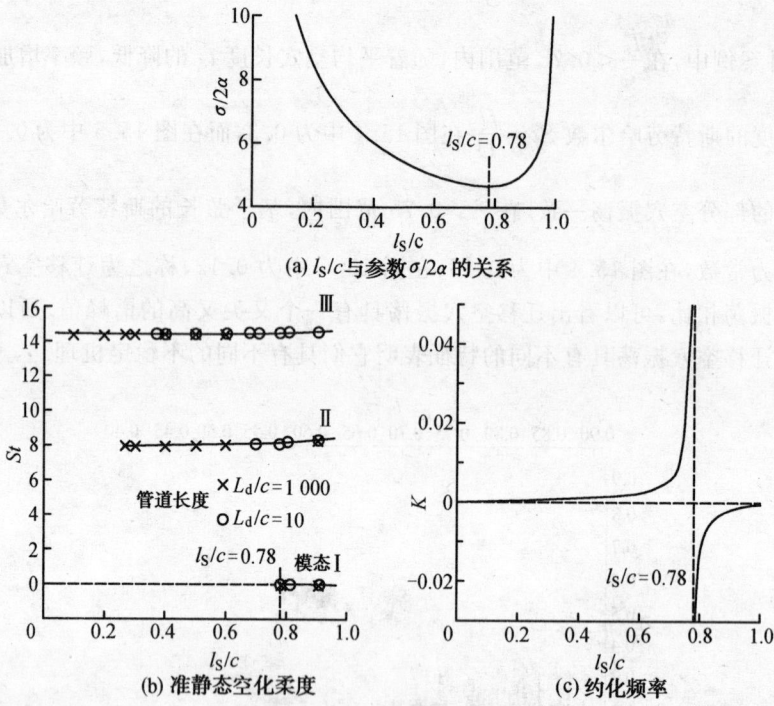

(a) l_S/c 与参数 $\sigma/2\alpha$ 的关系

(b) 准静态空化柔度

(c) 约化频率

图 15.6　小稠密度叶栅解

允许空穴长度自由振荡,但是叶栅中所有叶片的空穴振荡必须同相且假定摄动很小,在此基础上可以应用闭式空穴模型对空化流进行线性稳定性分析.管道长度 L_d/c 假定为某有限值以允许空穴体积波动且能明确体积波动对频率的作用.假定总压和流动方向在管道进口保持不变.该分析最重要的发现就是稳定性及不稳定频率完全依赖于平均空穴长度 $\dfrac{l_\mathrm{S}}{c}$,或者说依赖于 $\dfrac{\sigma}{2\alpha}$.水翼、诱导轮、船用螺旋桨以及离心泵的计算案例都证明了这一结论.图 15.6b 所示为根据稳定性分析得到的激振模态的斯特劳哈尔数,横坐标为定常空穴长度 $\dfrac{l_\mathrm{S}}{c}$,在显示的频率范围内预测到了 3 个模态,有趣的是基于平均空穴长度的斯特劳哈尔数对每一种模态几乎都保持为常数.但是,数值的大小却远远大于试验结果 $2\pi \times 0.1 = 0.628$ 或者 $2\pi \times 0.3 = 1.88$ 且与上游管道长度 $\dfrac{L_\mathrm{d}}{c}$ 无关.以模态 I 为例,该模态的频率为 0 且出现在 $\dfrac{l_\mathrm{S}}{c} > 0.78$ 的区域,此处空穴长度随着 $\dfrac{\sigma}{2\alpha}$ 的增大而增大.该模态的存在表明空穴长度指数式的增长或减小.为了解释该模态,计算了定义为

$$K = -\frac{\rho U^2}{2t^2}\frac{\partial V_\mathrm{c}}{\partial p_1} \tag{15.1}$$

的空化柔度并示于图 15.6c,其中 V_c 为每个叶片上的空穴体积.可以看出,在 $\dfrac{l_\mathrm{S}}{c} > 0.78$

区域内空化柔度为负值. 当 $K < 0$ 时, 如果压力降低, 空穴体积就会减小, 空穴缩小的空间则由周围的流动流体来填充, 这些流动的动压会导致空穴周围的压力进一步降低. 因此, $K < 0$ 的空穴静态不稳定. 模态 I 的存在表明在 $\frac{l_S}{c} > 0.78$ 区域内的空穴静态不稳定并且会呈指数变化为其他状态.

线性稳定分析表明, 由于在 $\frac{l_S}{c} > 0.78$ 范围内空化柔度为负值, 其解静态不稳定. 因此, 在该区域的迁移空穴振荡可以看作是由于其不存在静态稳定解引起的. 为了证明这一点, 对一具有大幅度振荡的线性空穴模型进行了时间步进计算, 计算结果如图 15.7 所示, 计算得到的是大幅度迁移空穴振荡. 对于部分空穴, 应用时间步进计算可以得到阻尼振荡, 其频率与线性稳定性分析得到的阻尼模态一致. 这些频率如图 15.8 所示, 图 15.8 中还列出了迁移空穴振荡的频率, 与图 15.5 所示的试验结果一致.

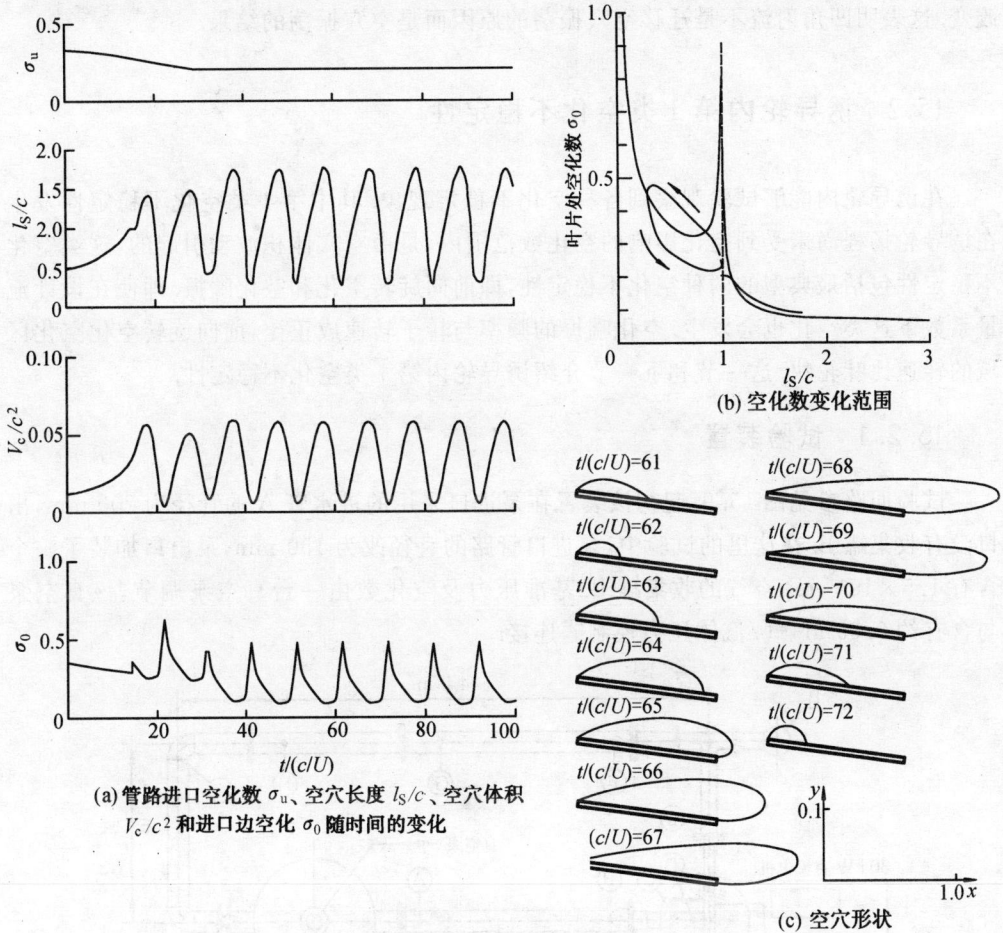

(a) 管路进口空化数 σ_u、空穴长度 l_S/c、空穴体积 V_c/c^2 和进口边空化 σ_0 随时间的变化

(b) 空化数变化范围

(c) 空穴形状

图 15.7　空化数 σ 从 0.35 线性降低到 0.20 过程中的解 ($t = 0 \sim 30c/U$)

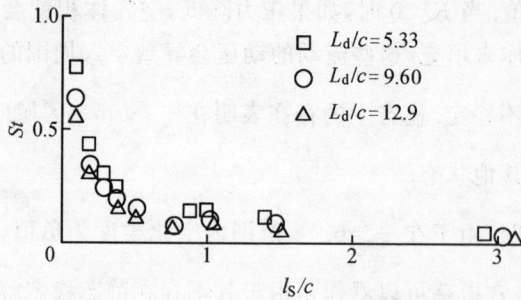

图 15.8 叶片空化时间步进计算的波动斯特劳哈尔数

根据这些结论,可以认为迁移空穴振荡是由负空化柔度引起的非线性振荡,部分空穴振荡由凹角射流阻尼模式的激励引起.从图 15.5 所示的试验数据中,可以看出迁移振荡中也存在凹角射流.不过,这种振荡不会因为安装一个阻挡凹角射流的栅栏就能够改变.这表明凹角射流不是迁移空穴振荡的原因而是空穴振荡的结果.

15.2 诱导轮内第 1 类空化不稳定性

在诱导轮内能够试验观察到各种空化不稳定现象.其中第 1 类空化不稳定性发生在诱导轮扬程尚未受到空化影响的空化数范围内,是由空穴体积波动引起的,这类空化不稳定性包括最典型的两种空化不稳定性,即前向旋转空化和空化喘振.即使在设计流量系数下这类空化也会发生.空化喘振的频率与转子转速成正比,前向旋转空化空化区域的转速比叶轮快.这一节和下一节介绍诱导轮内第 1 类空化不稳定性.

15.2.1 试验装置

试验回路参见图 15.9.起初该装置在泵进口采用的进水管 A 的管径为 200 mm,出口没有收集罐 B.在这里的试验中,泵进口管路的直径改为 150 mm,泵出口加装了一个含有 1.5×10^{-3} m³ 空气的收集罐 B.基准压力及空化数由一台真空泵调节,该真空泵与含有约 0.65 m³ 气/汽体压力控制罐连接.

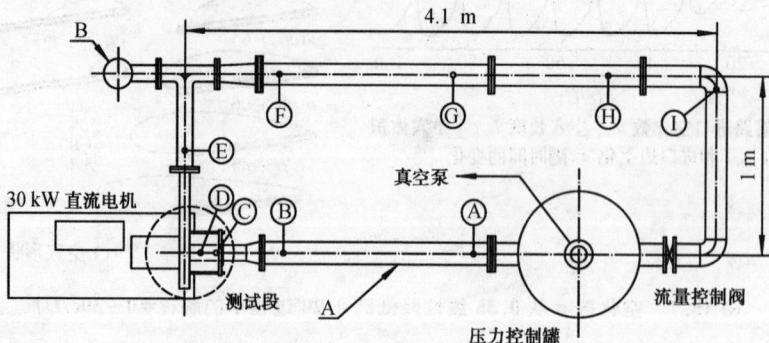

图 15.9 试验回路

图 15.10 所示为测试管段及静压性能曲线.叶轮为 HII 火箭 LOX 涡轮泵诱导轮的换算模型:叶片数 $Z_{ind}=3$,外径 149.8 mm,轮缘进口叶片安放角 7.5°,轮缘出口叶片安放角 9.0°;壳体采用透明丙烯酸树脂材料制作,壳体内径 150.8 mm(轮缘间隙 0.5 mm).在诱导轮叶片进口边上游 27.5 mm 处的两点测量进口压力波动,这两点在圆周方向上角度相差 θ.通过绘制这些压力信号的相位差图来确定空化区的数目.转速保持在 $n=(4\ 000\pm2)$ r/min,其静压性能曲线如图 15.10 所示.该性能曲线在整个流量范围内都是负斜率的,既没有传统的喘振也没有旋转失速出现.该诱导轮的设计点是 $(\phi=0.078,\psi_s=0.130)$.由于在非定常压力测量时流量计无法使用,因此应用静压系数 ψ_s 表示运行工况.

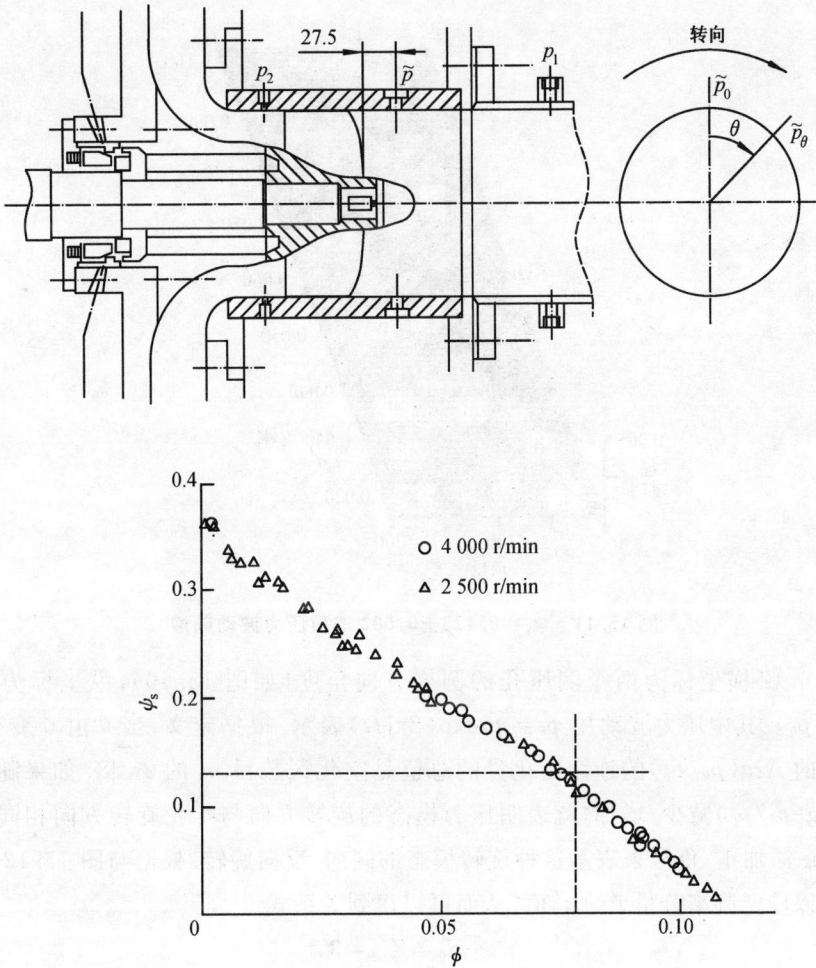

图 15.10　测试部分及静压性能曲线

15.2.2 空化区数目确定

图 15.11 所示为在静压系数 $\psi_S = 0.123$,转频 $f_N = 4\,000/60 \approx 66.7$ Hz 工况下各种空化数 σ 对应的进口压力谱,叶片通过频率为 $3f_N = 200$ Hz. 可以观察到频率分量 i-v 和 i'-v'. 如果分别用 f_i 和 $f_{i'}$ 表示频率分量 i 和 i' 的频率,就会发现它们具有以下关系:

$$f_i + f_{i'} = 3f_N, \tag{15.2}$$

其中频率的测量精度为 ± 1.5 Hz. 因此,i 和 i' 中的某一个分量是物理存在的,而另外一个则是其与叶片通过频率非线性作用的结果.

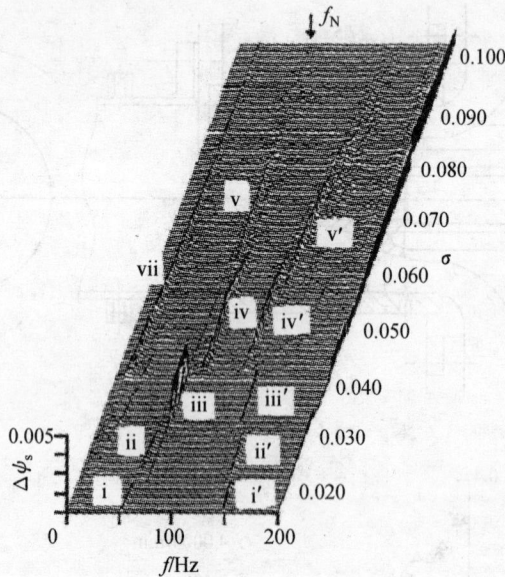

图 15.11　$\psi_s = 0.123 \pm 0.002$ 进口压力波动频谱

图 15.12 横坐标为两个测压孔的圆周方向角度(如图 15.10),纵坐标为相位差 $\mathrm{Arg}(\tilde{p}_\theta / \tilde{p}_0)$. 其中压力波动用 $p_\theta = \tilde{p}_\theta \exp(2\pi \mathrm{j} f t)$ 表示. 根据定义,当 θ 由 0 变化到 2π 时,相应的 $\mathrm{Arg}(\tilde{p}_\theta / \tilde{p}_0)$ 的连续变化量的总值是空化区数目 n_0 的 2π 倍. 如果随着 θ 的增加 $\mathrm{Arg}(\tilde{p}_\theta / \tilde{p}_0)$ 减少/增加,就表明压力模态的旋转方向与叶轮旋转方向相同/相反. 通过对 n_0 添加正/负号来表示这种旋转模态的同向/反向旋转. 根据与图 15.12 相似的图形,可以确定频率分量 i' 的 n_0' 值. 从而可以得到关系式

$$n_0 + n_0' = Z_{\mathrm{ind}} = 3, \tag{15.3}$$

与非线性相互作用的结果一致.

将压力模态的旋转速度与叶轮转频之比定义为传播速度比,即

$$f/(n_0 f_N), \tag{15.4}$$

由此得到的空化区数目 n_0 及传播速度比 $f/(n_0 f_N)$ 如图 15.12 所示. 仅仅依据压力测量还无法确定"物理存在的"分量. 不过,根据后面所述的流动可视化及其他研究可以确定 i-v 是物理存在的分量.

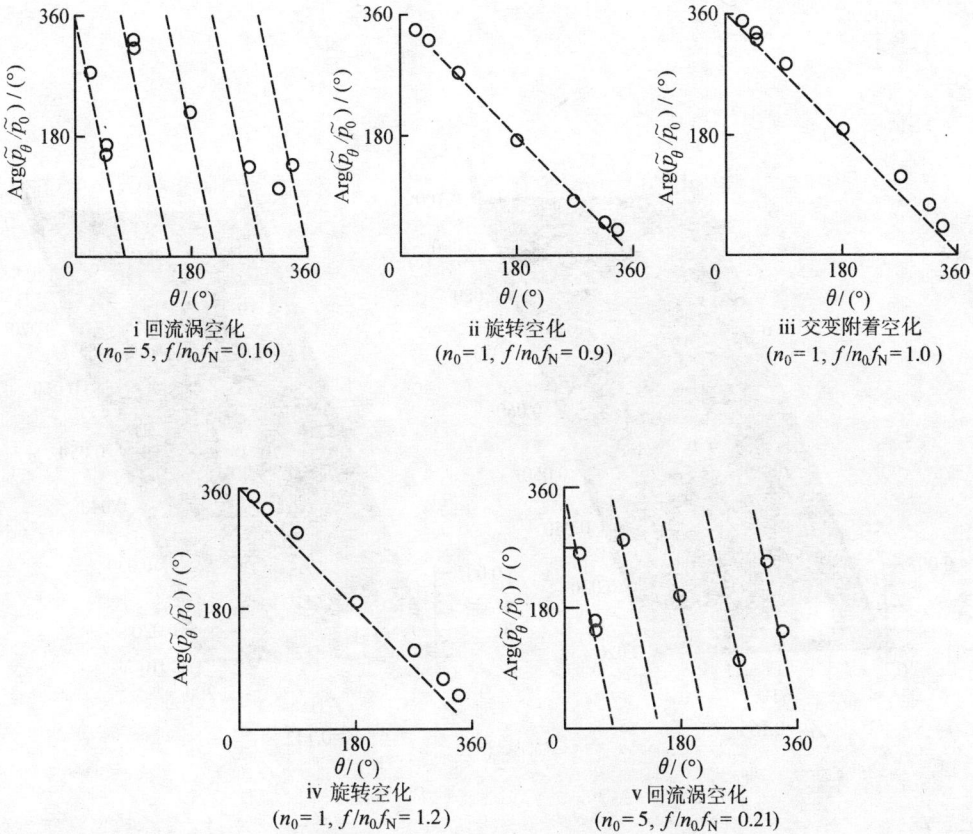

图 15.12 相位差 $\mathrm{Arg}(\tilde{p}_\theta / \tilde{p}_0)$ 与测压孔周向夹角 θ 之间的关系

15.2.3 振荡空化图谱

图 15.13 所示为各种静态压力系数 ψ_s 下进口压力的功率谱,设计点为 $\psi_s = 0.130$. 表 15.1 所示为各种空化分量的空化区数目和传播速度比.每种空化分量的发生范围如图 15.14 所示.需要注意的是,所有这些不稳定性都是发生在空化还没有导致扬程下降的空化数范围内,而且,其既会在大于设计流量点发生,也会在小于设计流量点发生.这些都是空化不稳定的重要特征.

表 15.1 第 1 类空化不稳定性空化区数目及传播速度比试验数据

模态标号	空化不稳定模态	空化区数目 n_0	转速比 $f/(n_0 f_N)$
i	回流涡空化	5	0.16
ii	(后向)旋转空化	1	≈ 0.9
iii	交变附着空化	1	1.0
iv	(前向)旋转空化	1	$1.1 \sim 1.3$
v	回流涡空化	5	0.21
vi	喘振模态振荡	0	≈ 18 Hz/(3 300~5 000 r/min)
vii	空化喘振	0	8~19 Hz/4 000 r/min 与转速成正比

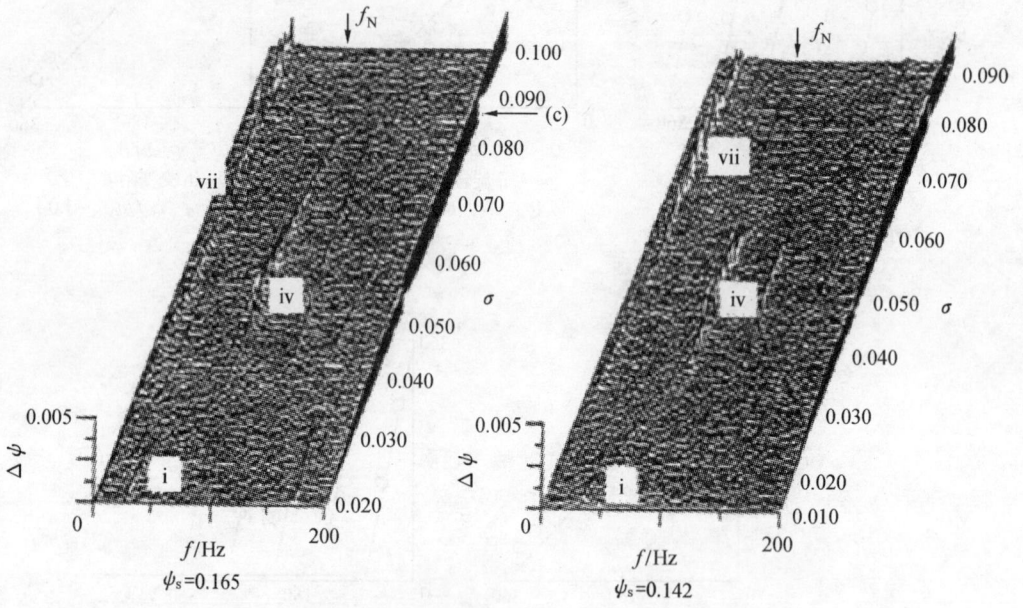

$\psi_s=0.165$ $\psi_s=0.142$

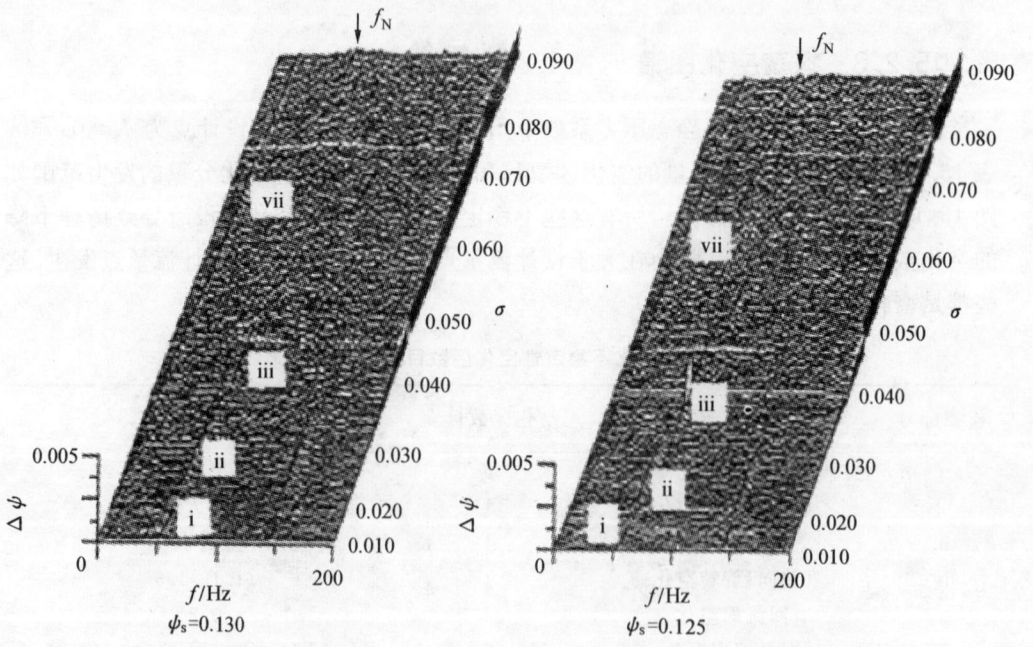

$\psi_s=0.130$ $\psi_s=0.125$

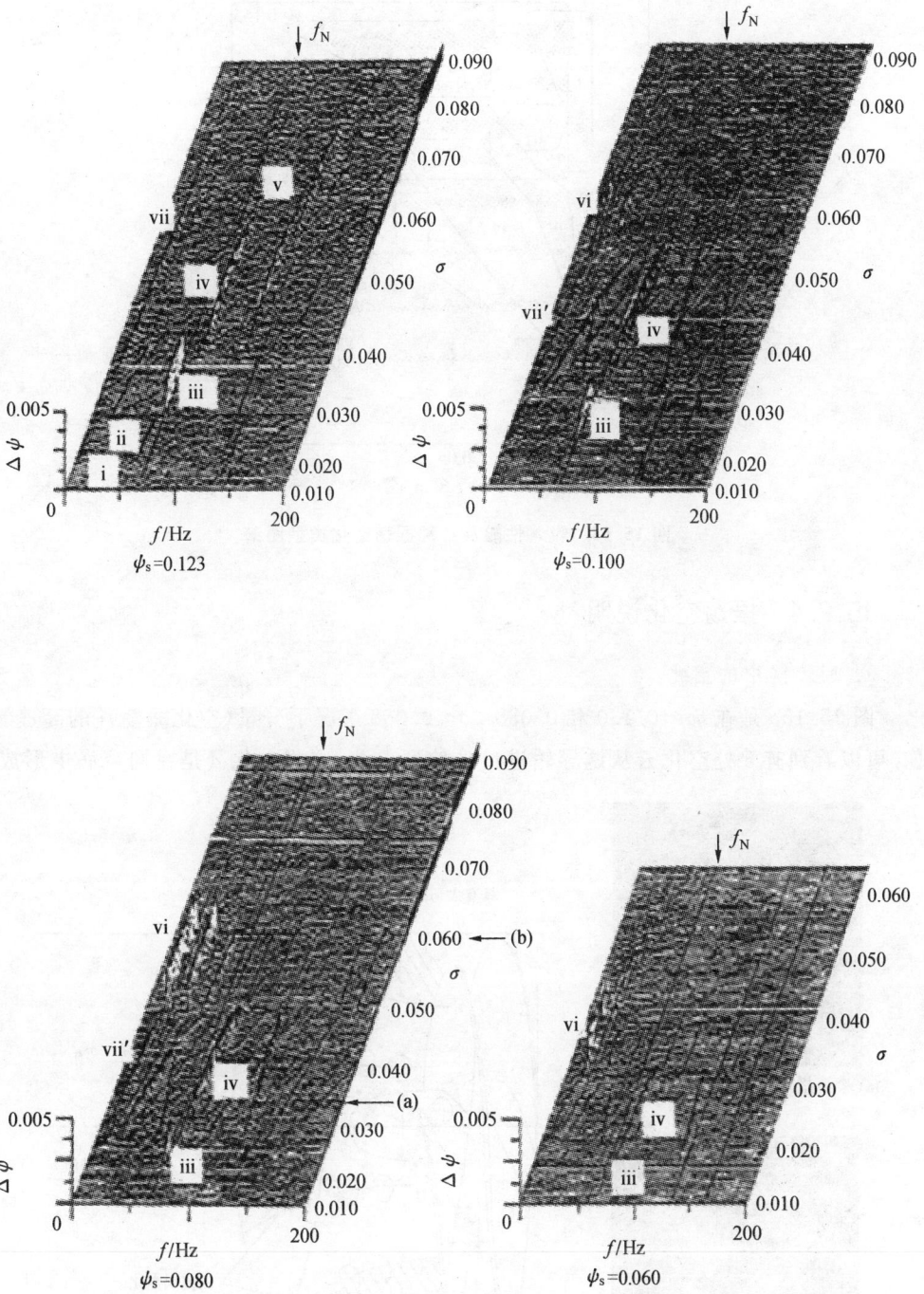

图 15.13　各种静压升量系数下的压力波动谱

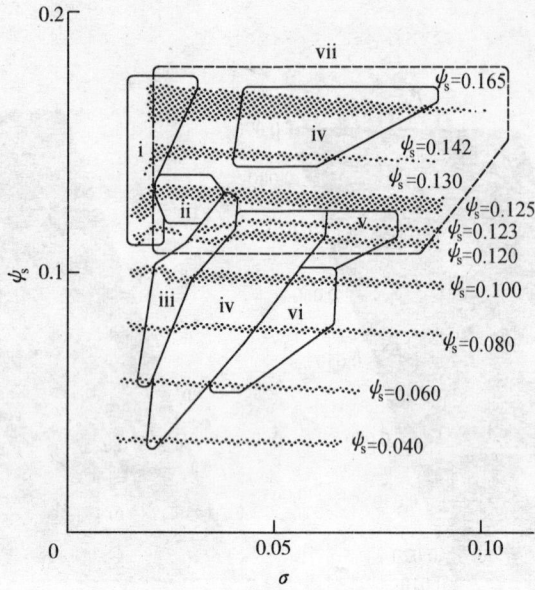

图 15.14　吸入性能及各种振荡空化类型图谱

15.2.4　振荡空化说明

1. 回流涡中的空化

图 15.15a 是在 $\psi_s = 0.130$ 和 $0.058 < \sigma < 0.068$ 工况下分量（空化振荡）i 的高速影像.可以看到有 5 处空化云从诱导轮进口延伸到上游,这些空化云是在回流涡中形成

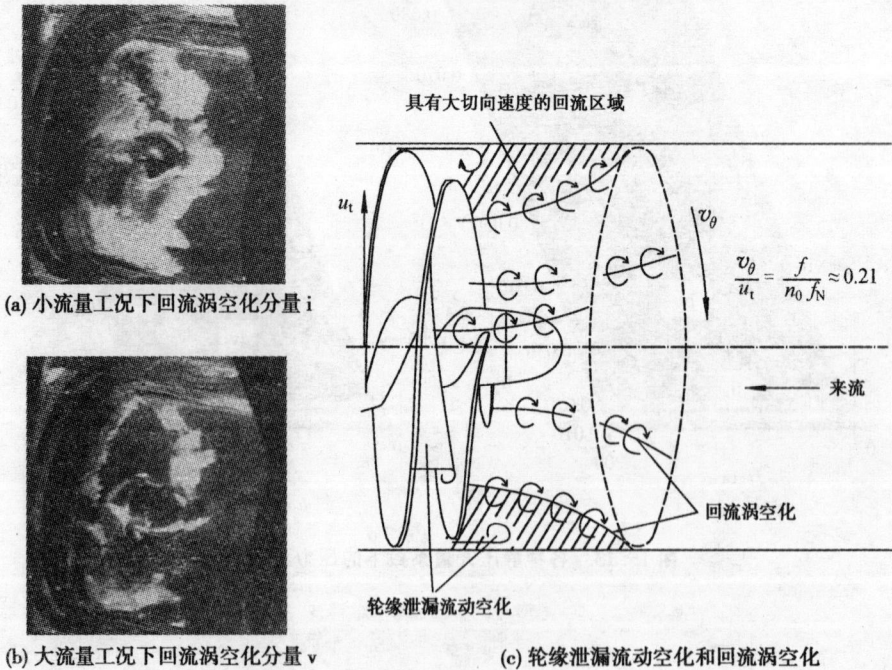

(a) 小流量工况下回流涡空化分量 i

(b) 大流量工况下回流涡空化分量 v

(c) 轮缘泄漏流动空化和回流涡空化

图 15.15　回流涡空化分量

的.空化云缓慢旋转,其旋转角速度接近 $f/n_0 f_N = 0.16$.因此,认为分量 i 由回流涡引起.图 15.15b 为在较大空化数 $\sigma = 0.07$ 工况下的图像,该工况下有分量 v 出现.如图 15.15c 所示,在叶片轮缘泄漏流动中有一组空化,基本上附着在叶片上旋转,此外还有一组空化在回流区域的边界上形成,其旋转速度比叶轮转速慢.如图 15.15b 所示,回流涡的产生基本无规律可言,因此很难根据录像图片精确确定其数目和速度.不过,根据压力测量结果,发现其与 $n_0 = 5$ 以及 $f/n_0 f_N = 0.21$ 时的情况相一致,分量 v 是由回流涡通道引起的.尽管类似于图 15.15c 所示的流动结构在其他一些工况下也会观察到,不过明显的压力波动却只在图 15.14 所示的 i 和 v 区域中观察到.

2. 前向游移旋转空化

图 15.16 是在分量 iv(即前向旋转空化)出现的工况下,诱导轮 3 个叶片上空穴长度 L 的波动情况.从中可以清晰地看到空穴模态前向传播,称分量 iv 为常规旋转空化.空穴最大长度略大于叶片圆周方向间距 t,L/t 的平均值约为 0.75.如图 15.14 所示,旋转空化 iv 出现在两个相互分离的区域内,两个区域的 ψ_s 值分别大于或小于设计点的值.在静压系数较高的区域,叶面空穴的长度较小,空穴区域向上游延伸得更远.对于附着空化分量 iii,固定附着在诱导轮 3 个叶片上的空穴为两长一短.因此,分量 iii 是由附着在转子上的不相等空穴引起的.对于分量 ii,其空穴大小的变化不像分量 iii 和 iv 那样明显,不过,图 15.12b 中分量 ii 的相图与分量 iii 和 iv 的相图非常相似.这种类同之处表明 $n_0 = 1$ 和 $f/n_0 f_N = 0.9$ 的分量 ii 是物理存在的,这可能是一元稳定性分析预测的后向游移模态.

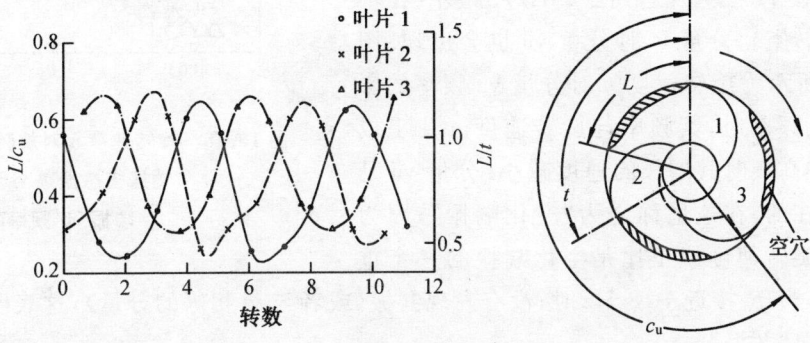

图 15.16 旋转空化空穴长度振荡(分量 iv,$\psi_s = 0.08$,$\sigma = 0.041$)

3. 喘振模态振荡

分量 vi,vii 和 vii′的压力脉动在所有圆周位置上都是同相的.这种现象在输送气体的透平机械中称为"喘振",在这里称之为"喘振模态振荡".图 15.17 所示为在喘振模态振荡 vi 工况下空穴长度的波动.分量 vi,vii 和 vii′之间的主要区别在于:分量 vi 的振幅大且其频率非常恒定(18 Hz),如图 15.13 所示.图 15.18 所示为 $\psi_s = 0.08$ 工况下转频 f_N 的影响.详细研究表明分量 iv 和 vii 的频率与转频 f_N 成正比,而分量 vi 的频率为固定值 18 Hz.频率与转频成正比是空化不稳定性的一个重要特征.在 $\psi_s = 0.08$ 时,发现在测量误差(± 1.5 Hz)范围内,$f_{iv} - f_N = f_{vii'}$.

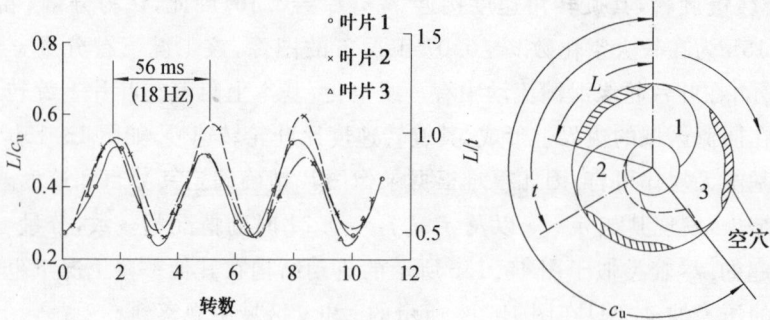

图 15.17 喘振模态振荡工况下的空穴长度振荡(分量 vi, $\psi_s = 0.080$, $\sigma = 0.054$)

因此,分量 vii' 是由分量 iv(旋转空化)和转频分量的非线性作用引起的. 频率的差值 $f_{iv} - f_N$ 与一个叶片上的空穴振动频率一致. 图 15.18 表明分量 vi 在分量 vii' 的频率接近 18 Hz 时出现,这表明分量 vi 是由某个频率为 18 Hz 的振动模式与旋转空化引起的空穴振荡的共振引起的. 为了确定这一"振动模式"做了很多工作,但是目前这一模式还不明晰.

尽管分量 vii 的频率也与 $f_{iv} - f_N$ 接近,但是其差异已经超过了测量误差,不可随意忽视(比 ± 1.5 Hz 大些,达到 ± 5 Hz). 此外,在不存在旋转空化分量 iv 时分量 vii 也会出现. 图 15.19 所示为旋转速度 n 对分量 vii 频率的影响. 在低频率时,其频率与旋转速度 n 几乎成正比,在高频时其增长的速度减小. 分量 vii 是物理存在的,在这里称之为"空化喘振",因为频率与旋转速度成正比是空化喘振的一个重要特征. 当 f_{vii} 接近于18 Hz 时,没有发现共振(或者与 vi 相等的分量),这表明分量 vi 不是简单"共振".

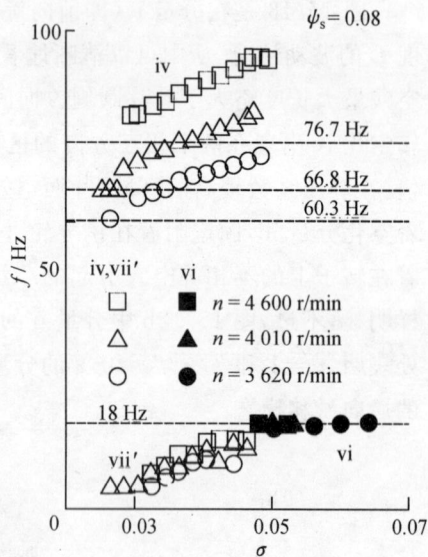

图 15.18 旋转速度 n 对旋转空化 iv,喘振模态振荡 vi 和空化喘振 vii' 频率的影响

图 15.20 所示为进口和出口管路中 iv, vi 和 vii 的压力波动模态. 对于喘振模态振荡 vi 和 vii,在整个管路中其相位接近常数,随储水罐远离诱导轮,其振幅线性降低. 旋转空化分量 iv 的压力波动振幅明显低于诱导轮出口. 在距离诱导轮下游 33 倍诱导轮直径处还能得到旋转空化分量 iv,这一结果比较意外.

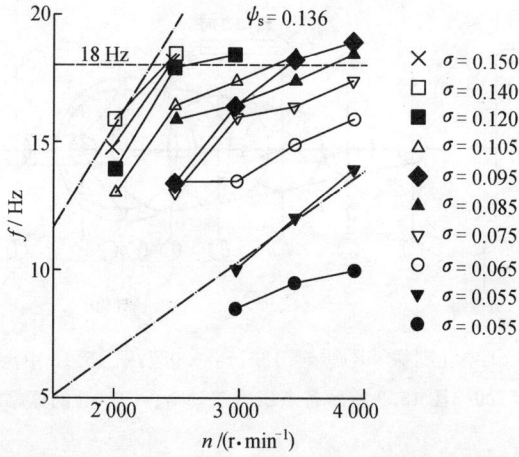

$\psi_s = 0.136$

18 Hz

$\sigma = 0.150$
$\sigma = 0.140$
$\sigma = 0.120$
$\sigma = 0.105$
$\sigma = 0.095$
$\sigma = 0.085$
$\sigma = 0.075$
$\sigma = 0.065$
$\sigma = 0.055$
$\sigma = 0.055$

图 15.19　旋转速度 n 对空化喘振 vii 频率的影响

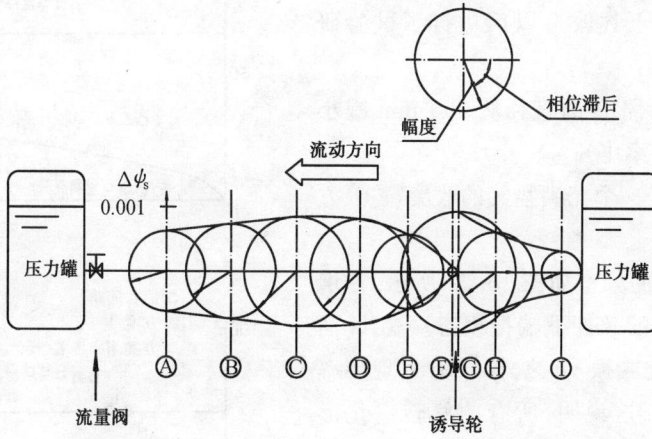

（a）旋转空化 iv($\psi_s = 0.080, \sigma = 0.035$, 图 15.13 中点 a）

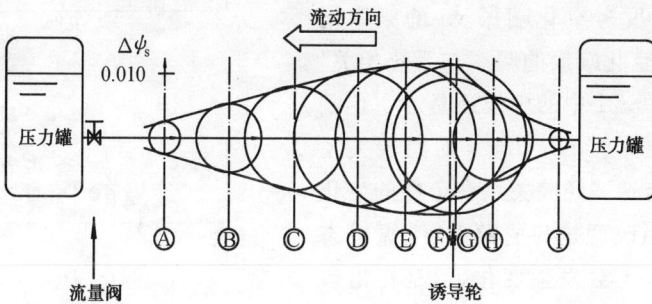

（b）喘振模态振荡 vi($\psi_s = 0.080, \sigma = 0.060$, 图 15.13 中点 b）

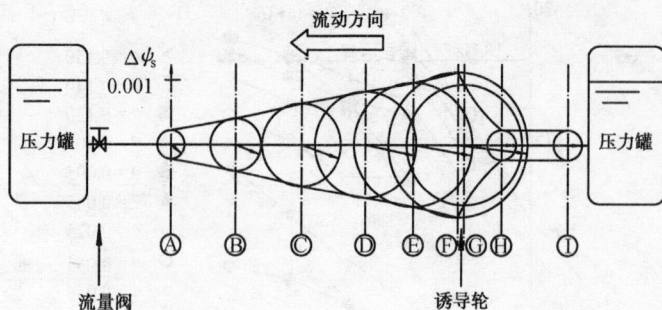

(c) 空化喘振 vii($\psi_s = 0.165$, $\sigma = 0.087$, 图 15.13 中点 c)

图 15.20 图 15.9 所示各点压力波动 iv, vi 和 vii 的振幅和相位

15.2.5 管路系统的影响

为了研究管路系统的影响,在对原有试验回路进行了下述改造以后进行了试验研究(如图 15.9):

① 进口管路 A 的直径从 200 mm 减小到 150 mm(方案Ⅰ);

② 增加了一个充满空气的收集罐 B(方案Ⅱ).

每个分量的频率如图 15.21 所示. 在增加了收集罐 B 的条件下喘振模态振荡 vi 消失了,除了空化喘振 vii 之外,没有发现频率有明显的变化. 这说明,所有的旋转空化形式 i-v 与系统不相关. 随着进口管径的降低(进口管路当量长度增加),空化喘振 vii 的频率降低;安装了储水罐 B 以后(减小了出口管路当量长度),空化喘振 vii 的频率增加. 如上所述,空化喘振的频率与系统相关,尽管如此,图 15.21 中的虚线还是为空化喘振建立了一个联系 f/f_N 与 σ 的经验关系式. 试验结果与这一经验关系在定性的变化趋势上一致. 当改变进口管路时,喘振模态振荡 vi 的频率不会发生变化,但是在出口管路上安装储水罐以后喘振模态振荡 vi 就会消失. 这些研究表明分量 vi 和出口管路关系密切,但是其机理到目前为止还不完全清楚.

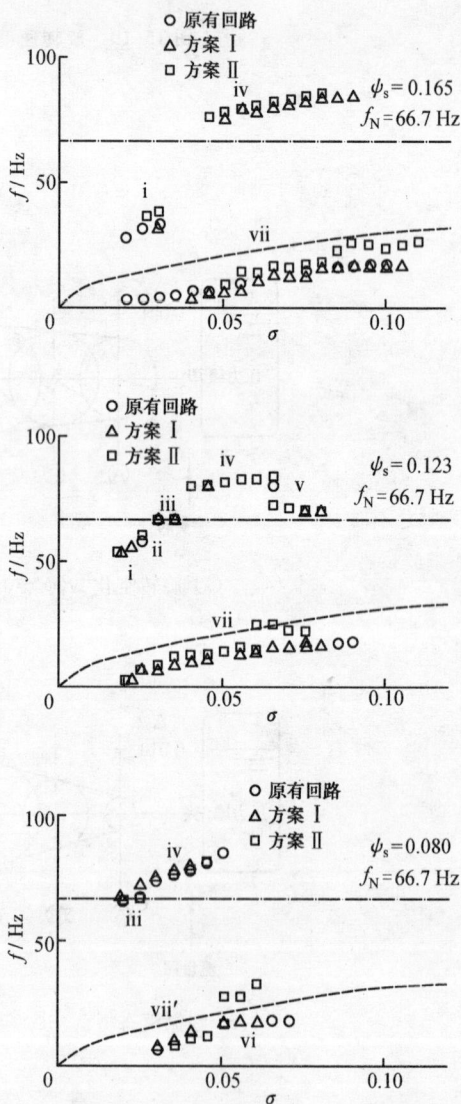

图 15.21 管路系统对振荡空化频率的影响

15.3 诱导轮空化不稳定性高阶模态

表 15.2 所示为一元和二元空化流动稳定性分析预测的各种模态的空化不稳定性（参见 15.5 至 15.7 节），从表中可以看出，除了空化喘振和前向旋转空化模态以外，根据理论分析还预测了多种形式的空化不稳定性.尽管这些模态只能在限定的条件下才能观察到，不过在后来试验中确实发现了这些模态.从固定在转子上的坐标系内看，这些模态具有很高的频率，因此称之为高阶模态，它们可能会激发叶片共振.本节介绍这些空化不稳定性模态的试验特性.

表 15.2　第 1 类空化不稳定性计算分析

模态标号	空化不稳定模态	转速比 $\dfrac{f}{n_0 f_N}$
I	等长度叶片空化和交变叶片空化的指数转化	只在偶数叶片数诱导轮中出现，$f/f_N = 0$
II	通常的空化喘振	仅有该模态与系统相关，$f/f_N = 0.036 \sim 0.090$
III	前向旋转空化	$f/f_N = 1.2 \sim 1.5$
IV	后向旋转空化	$f/f_N = -1.90 \sim -0.39$
V	两区旋转空化	只在偶数叶片数诱导轮中出现，$f/2f_N = -1.30 \sim -0.21$
VI	高阶旋转空化	$f/f_N = 4.4 \sim 7.1$
IX	空化喘振模态振荡	$f/f_N = 4.3 \sim 17$

15.3.1　后向游移旋转空化

图 15.22 所示为转频为 $f_N = 117$ Hz 的 3 叶片诱导轮进口压力波动谱.频率为 $f_F =$

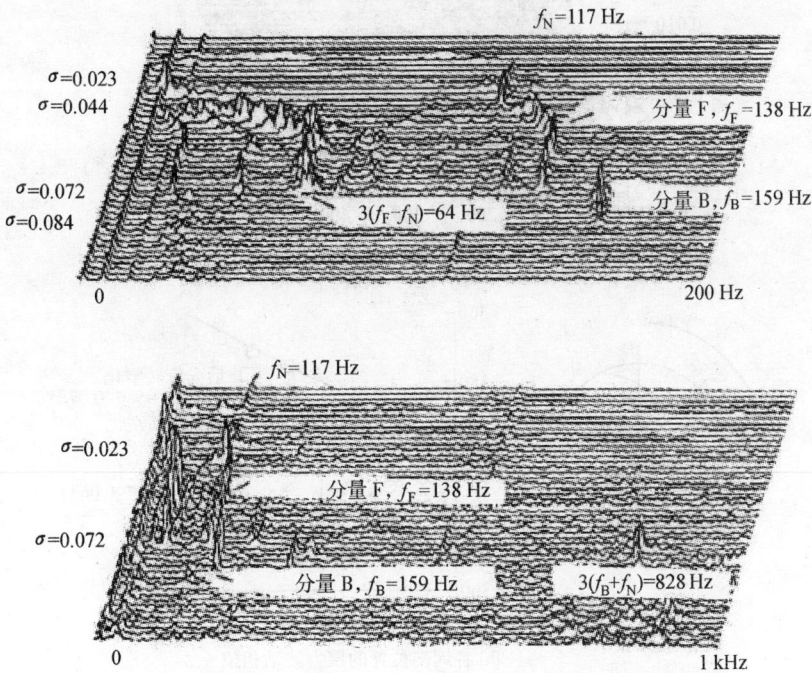

图 15.22　3 叶片诱导轮进口压力波动频谱中的前向及后向旋转空化

138.3 Hz 的分量 F 为前向传播旋转空化. 这样, 所观测到的频率为 64 Hz 的另外一个分量就是由于叶片切割空化区域形成的 $3(f_F - f_N) = 64$ Hz; 在空化数略高于前向旋转空化初生时的值时, 能够观测到频率为 $f_B = 159$ Hz 的 B 分量. 同样地, 所观测到的频率为 828 Hz 的另外一个分量就是 $3(f_B + f_N) = 828$ Hz. 如果空化区域的旋转方向与叶轮旋转方向相反, 那么就可以得到上述计算公式下的频率. 根据高速影像对空穴振荡的观测表明这种空化是后向旋转的.

在对前掠 4 叶片诱导轮的测试中得到了另外一种情形的后向旋转空化. 图 15.23a 所示为其进口压力波动频谱, 转频为 $f_N = 66.7$ Hz. 在整个可见空化数范围内都有经典旋转空化(即前向旋转空化)发生, 其频率约为 94 Hz($f/f_N = 1.41$). 交变叶面空化在 $\sigma = 0.063$ 附近发生. 后向旋转空化在 $0.065 < \sigma < 0.078$ 区域出现, 其传播频率为 129 Hz($f/f_N = -1.95$), 其传播速度比为 -1.95 比之前提到的 3 叶片诱导轮($-159/117 = -1.36$)要大. 在 $\frac{\sigma}{2\alpha} = 1.0$ 工况下 4 叶片诱导轮的理论计算结果为 -1.25, 3 叶片诱导轮的理论计算结果为 -1, 理论计算结果与试验结果的变化趋势一致.

图 15.23b 所示为各周向位置 θ 处的进口压力波动相位. 随着叶轮的旋转, 后向旋转

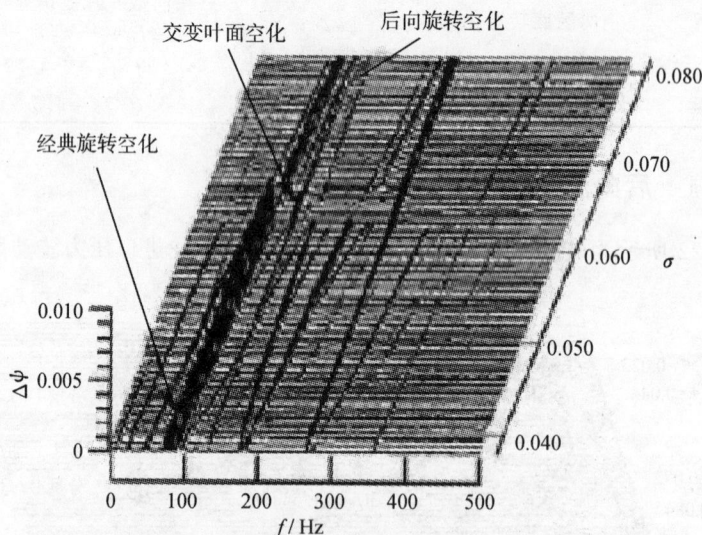

(a) 进口压力波动频谱

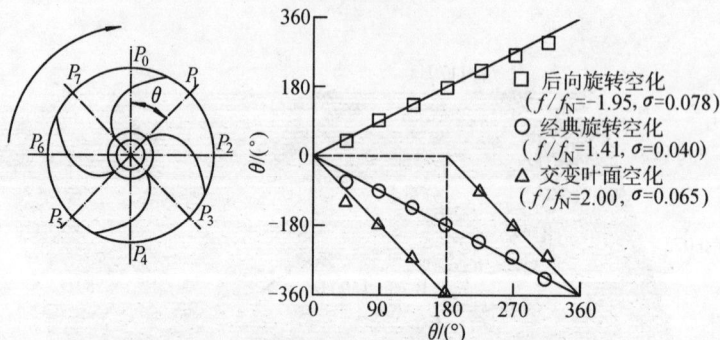

(b) 各周向位置的压力波动相位

图 15.23 前掠 4 叶片诱导轮内的后向旋转空化

化的相位总是超前的,当叶轮转过 1 圈后,后向旋转空化的相位超前 360°. 这表明具有一个空区的压力模态的旋转方向与叶轮转向相反. 由图 15.23b 还可以看出经典旋转空化(即前向旋转空化)和交变叶面空化分别各含有 1 个和 2 个空化区,其转向与叶轮转向相同.

15.3.2 高阶旋转空化

图 15.24a 所示为转频 $f_N = 50$ Hz 的 3 叶片诱导轮进口压力波动频谱,经典旋转空化在 $0.040 < \sigma < 0.058$ 范围内发生,其频率 $f_c = 61.25$ Hz. 在空化数大于经典旋转空化初生的区域,即在 $0.06 < \sigma < 0.09$ 范围内观察到频率为 $f_{h,o} = 250$ Hz 的分量,隐藏在此分量后面还有一个频率为 $f_{h,s} = 243.75$ Hz 的分量,其出现在 $0.058 < \sigma < 0.068$ 范围内. 图 15.24b 所示为一个叶片的应力脉动频谱. 近乎不变的频率分量是电噪声. 图中有一频率为 $f_c - f_N = 11.25$ Hz 的分量,该分量是在旋转坐标系内观测到的,是在 $0.04 < \sigma < 0.058$ 范围内发生经典旋转空化的频率. 同样地,频率为 $f_{h,o} - f_N = 11.25$ Hz 的分量是在旋转坐标系内的前向传播 $f_{h,o} = 250$ Hz 分量,这个分量对应高阶旋转空化. 在 $0.06 < \sigma < 0.068$ 区域内的 $f_{h,s} = 243.75$ Hz 频率分量同在进口压力波动观察到的一样,这可能是高阶喘振模态振荡.

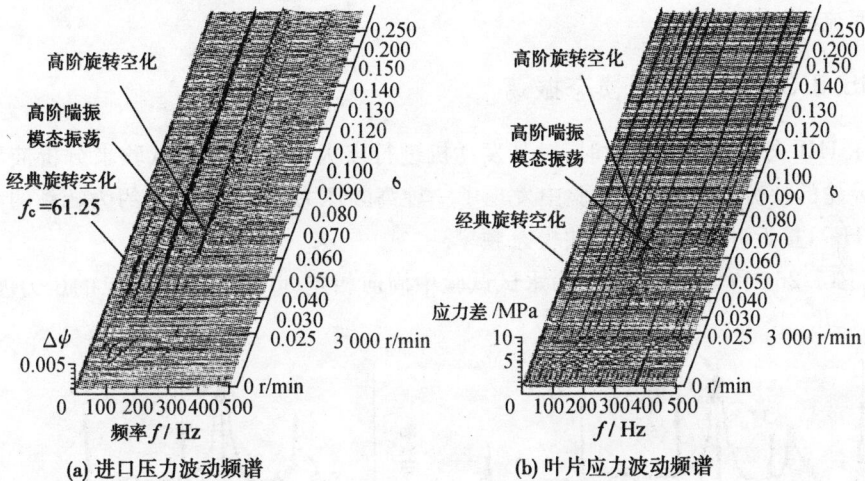

(a) 进口压力波动频谱   (b) 叶片应力波动频谱

图 15.24 进口压力和叶片应力波动频谱

图 15.25a 和 15.25b 所示为在各个圆周位置测得的压力波动和应力波动相位(正值表示相对于 $P1$ 和 $G1$ 相位超前). 图中清楚地表明经典旋转空化(频率为 61.25 Hz 和 11.25 Hz)和高阶旋转空化(频率为 250 Hz 和 200 Hz)都只有一个空化区且以叶轮旋转方向旋转. 频率为 $f_{h,s} = 243.75$ Hz 的高阶喘振模态振荡在圆周方向上相位不变. 由二元稳定性分析预测的 3 叶片诱导轮的高阶旋转空化和高阶喘振的频率在 $\frac{\sigma}{2\alpha} = 1.0$ 时都约为旋转频率的 4.2 倍,这与试验得到的高阶旋转空化和高阶喘振模态振荡分别为 5.0 和 4.88 很接近.

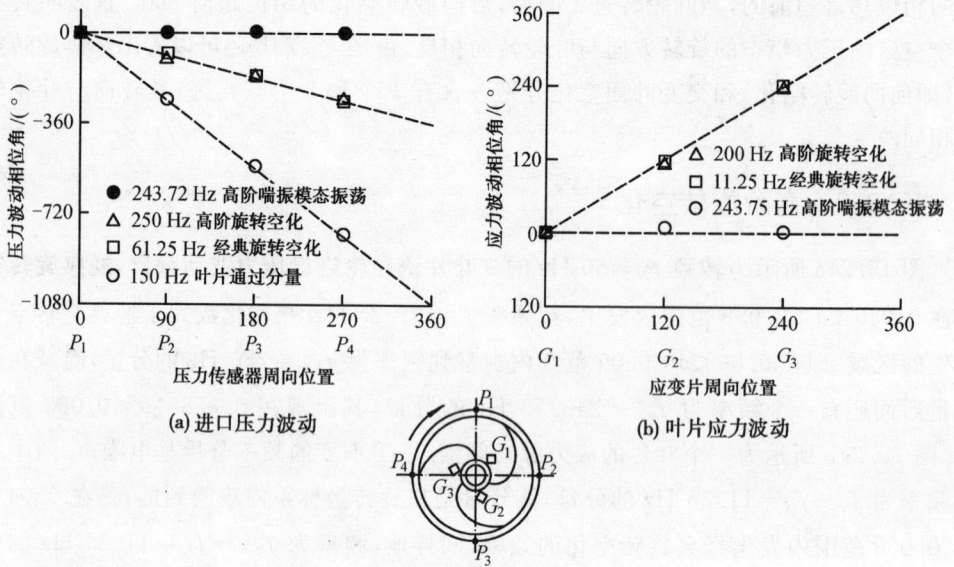

图 15.25 进口压力和叶片应力波动相位,与图 15.24 的频谱对应

在图 15.24a 中,$\sigma > 0.075$ 时频率约为 240 Hz 的分量与各圆周位置压力信号相关性差,此外,该频率也会在没有空化时的高进口压力中发生,据此可以认为该分量是由进口回流涡结构引起的.

15.3.3 高阶喘振模态振荡

在 HII 火箭第八次发射时,对其发动机进行点火试验和水试试验来分析液氢涡轮泵诱导轮的疲劳失效特性.试验中发现了一种高频压力波动,其频率约为转频的 4.7 倍(705 Hz),接近叶片的一阶弯曲模态频率.

图 15.26a 和 15.26b 所示为水试试验中周向相差 90°的两个测量点的压力波动频

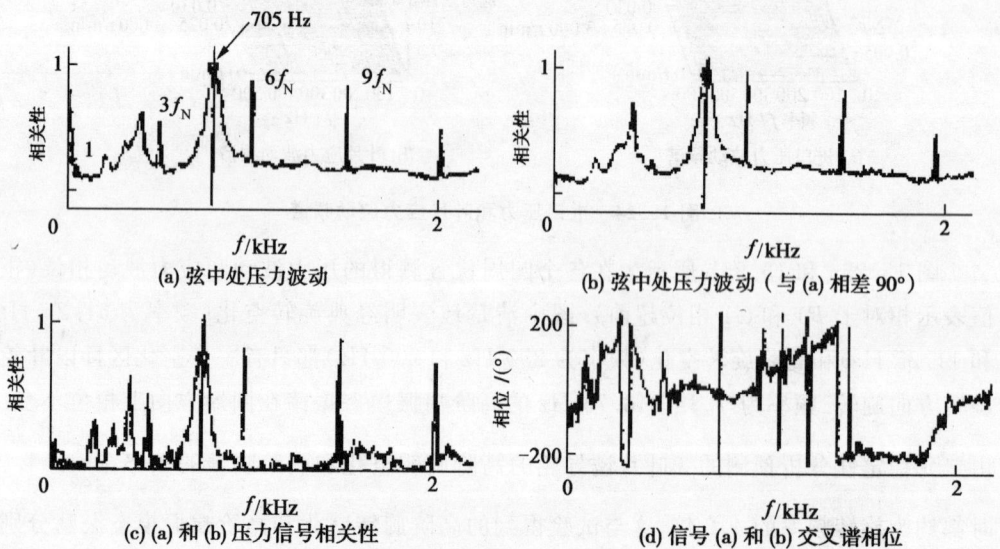

图 15.26 两个不同周向位置测量点的压力波动频谱、相关度及其相位差

谱,测量点在靠近弦中的壳体壁面上.诱导轮有 3 个叶片,转频为 $f_N=150$ Hz. 在叶片通过频率 $3f_N$ 及其谐波上存在峰值. 此外,存在一个以 705 Hz 为中心的宽带分量,是转频的 4.7 倍,且其峰值比叶片通过分量还要高. 图 15.26c 和 15.26d 所示为压力信号间的相关性及其交叉谱的相位. 从图中可以看出最高相关度在 705 Hz 附近,且该处相位差为零,这表明 705 Hz 分量是喘振模态振荡. 叶片应力波动具有相似的频谱,并且与 705 Hz 压力波动有很强的相关度. 由于该频率会接近叶片振动的一阶弯曲模态,因此这个分量非常重要.

以下是在一系列水试试验中发现的 705 Hz 分量的一些特性:

① 其频率与进口管路长度无关,具有系统无关性;

② 其初生空化数($\sigma=0.1$)远大于旋转空化对应的值($\sigma=0.06$);

③ 其频率与转频成正比.

特性①和③与高阶喘振模态振荡(模态Ⅸ)一致,后者可由二元稳定性分析方法预测.

模态Ⅸ基于空穴长度的斯特劳哈尔数基本上是常数($St=1.3$),其频率从 $\frac{\sigma}{2\alpha}=0.12$ 工况下为转频的 3 倍变化到 $\frac{\sigma}{2\alpha}=5.61$ 工况下为转频的 12 倍,其中包括试验值——4.7 倍转频,但是在试验中没有确定在如此大的范围内频率与 $\frac{\sigma}{2\alpha}$ 的相关性.

关于高阶喘振模态振荡与叶片疲劳失效之间密切联系的更进一步的工作目前还没有开展,不过应当知道现有的研究确实发现了高频空化不稳定性会与叶片的结构振动模态产生共振.

这里介绍的后向旋转空化、高阶旋转空化和高阶喘振模态振荡都可重复. 然而,与经典空化喘振和旋转空化相比,它们只有在一定的限制条件下才能观察到,其原因至今还不清楚.

15.4 诱导轮内第 2 类空化不稳定性

诸如空化喘振和旋转空化等大多数空化不稳定性发生在扬程还没有由于空化而下降的空化数范围内. 正值的压力增益系数具有制振作用,压力增益系数定义为吸入性能曲线(扬程系数与空化数的函数关系)的斜率. 因此,通常情况下,一旦空化延伸到叶片流道中,扬程开始下降(扬程断裂)时,(因为压力增益系数变为正值,所以)包括喘振模态振荡在内的所有上述第 1 类空化不稳定就会停止,运行就会稳定. 然而,在 H-IIA 火箭 LE-7A 引擎的研发中,发现液氢涡轮泵诱导轮在扬程断裂工况下发生了几种严重的轴振动.

图 15.27 所示为 $Q/Q_d=0.980$ 和 $Q/Q_d=0.950$ 两组流量附近吸入性能及轴振动振幅. 对于工况 $Q/Q_d=0.950$,在诱导轮扬程快速下降的空化数位置,转轴的振动振幅较大. 在大于和小于该空化数的位置,扬程近似保持为常数,对于工况 $Q/Q_d=0.980$,扬程的降低比较平滑,轴振动的强度(图中没有绘出)也没有增加. $Q/Q_d=0.950$ 工况扬程的降低并不是因为转轴不稳定性引起的,这是因为当空化数降低到转轴的振动幅度又

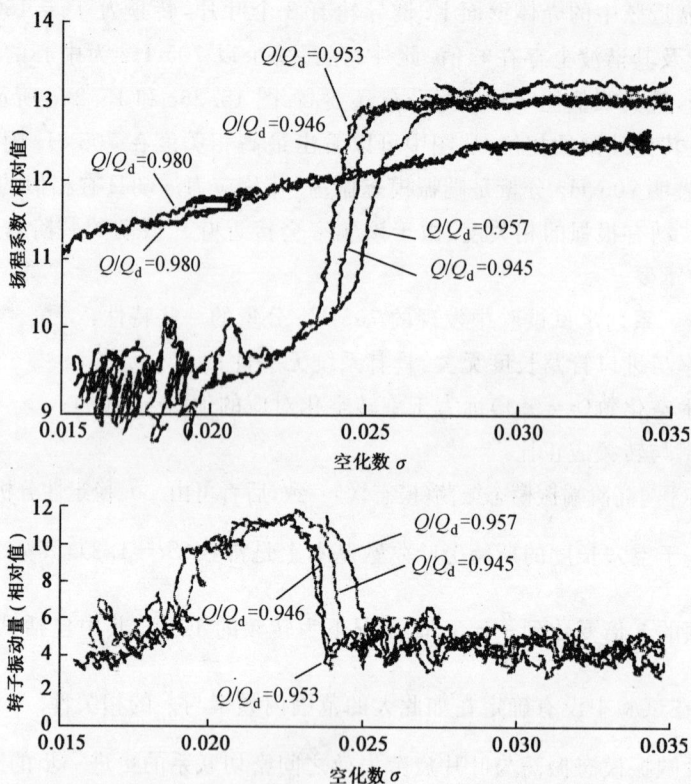

图 15.27　两组流量系数下的吸入性能及转轴振动

很小的时候,扬程并没有恢复. 当空化数大于断裂空化数 $\sigma > \sigma_b$ 时,随着流量的降低,扬程增大,因此流量-扬程性能曲线是负斜率曲线;当空化数小于断裂空化数时 $\sigma < \sigma_b$,在小流量区域扬程也较小,因此流量-扬程性能曲线在小流量区是正斜率曲线,这些关系如图 15.28 所示. 对于压缩机和风机,众所周知正斜率性能曲线会导致在小流量工况发生喘振和旋转失速.

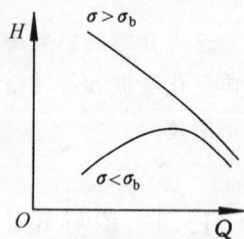

图 15.28　流量-扬程曲线

在空化导致诱导轮性能降低的空化数范围内所发生的空化不稳定性为第 2 类空化不稳定性. 目前大多数第 2 类空化不稳定性都不明显. 本节介绍旋转阻塞和阻塞喘振两种诱导轮内第 2 类空化不稳定性的试验结论.

15.4.1　旋转阻塞的试验观测

在 HIIA 火箭 LE-7A LOX/LH2 引擎的点火试验中,燃料涡轮泵出现大振幅转子振动,其振动频率约为 350 Hz,是主轴转频 $f_N = 700$ Hz 的一半. 当泵进口压力降低时就会发生这种振动,这一振动使轴承体的固定螺栓失效.

当没有空化发生时,具有小叶片安放角的诱导轮不会发生失速,其性能曲线在全流量范围内斜率总为负. 在空穴还没有延伸到流道中去的大空化数 $\sigma > \sigma_b$ 工况下,不会出现扬程降低. 当空穴延伸到叶片间的流道中时,扬程开始降低. 空穴闭合处下游的混合损失会导致扬程降低,这一过程称为"(空化引起的)阻塞". 如图 15.29 所示,在小流量下空穴厚度更大,因此空化引起的扬程降低也就大. 如果随着流量的降低,由于空化导致的扬程降低量大于 Euler 扬程的增量,那么性能曲线就会出现正斜率. 因此,小空化数下的正斜率很可能是由于阻塞引起的.

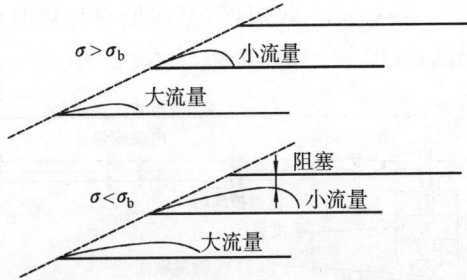

图 15.29 大空化数和小空化数下的空穴形状

图 15.30 所示为在圆周方向上夹角为 144° 的两个压力传感器测得的进口压力波动谱信号及其相位差. 叶轮转频为 723 Hz,频谱的峰值为 366 Hz,在该处的相位差是 147°,接近两个传感器的几何角度差 144°. 这表明有一个具有一个区的扰动以频率 366 Hz 绕转子旋转,转速比为 366/723=0.506. 由于与空化相关的扬程降低是由阻塞导致的,因此将这种不稳定性称为"旋转阻塞". 在空化引起性能下降的空化数范围内的空化不稳定性研究还很有限,因此,"旋转阻塞"是一种新型的空化不稳定性,其是由于空化阻塞导致的正斜率性能曲线引起的.

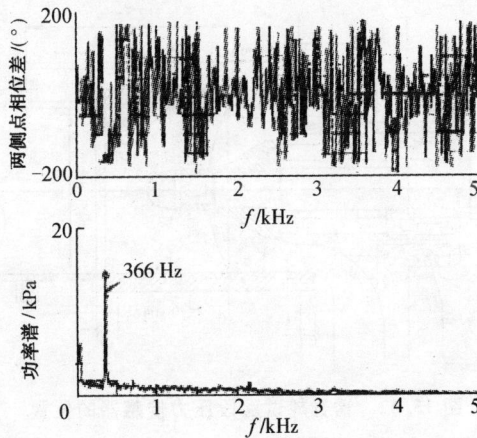

图 15.30 两个压力传感器间的进口压力波动谱及相位差

15.4.2 阻塞喘振的试验特性

阻塞喘振是一种新发现的不稳定性,出现在阻塞工况下的 4 叶片诱导轮中. 该 4 叶片诱导轮的吸入性能曲线具有与图 15.27 非常相似的扬程骤降段. 发生阻塞喘振的机理还不清楚,有可能是由于阻塞引起的性能曲线正斜率所形成的. 这里对其产生的原因以及一些对其有影响的因素进行初步说明和讨论.

图 15.31 所示为测试设备的示意图. 通过真空泵和泄压阀来调节压力控制罐内的

压力从而改变空化数.压力罐中的水位位于诱导轮中心线以上 800 mm 处.为了得到足够小的空化数,在压力罐出口法兰设置了 3 个穿孔板.第 1 个板有 69 个直径 11 mm 的圆孔,第 2 个板有 60 个直径为 13 mm 的圆孔,第 3 个板有 69 个直径 14 mm 的圆孔.圆孔均匀分布在内径为 203.3 mm 的进水管中.使用多个板的目的是为了产生光滑连续的压降并尽量减少每个穿孔板的空化效应,但是在低空化数时仍然会有(穿孔板形成的)一定数量的空泡流到试验段.

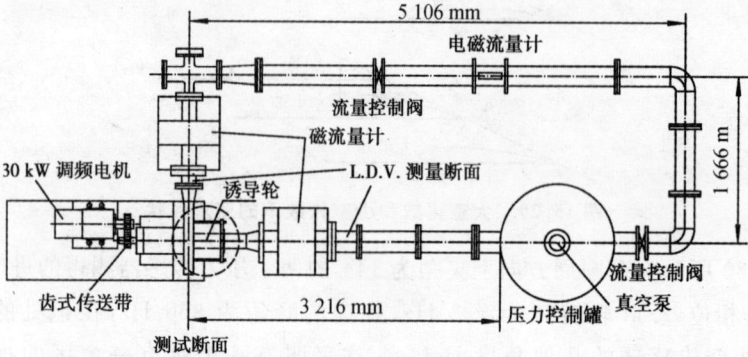

图 15.31　测试设备的示意图

图 15.32 所示为诱导轮附近试验段的详细示意图.进口静压 p_1 在叶片进口边轮缘上游 312.5 mm 处测量,出口静压在进口边轮缘下游 55.5 mm 处测量.进口压力波动由安装在进口边轮缘上游 54.5 mm 处的压力传感器测量.

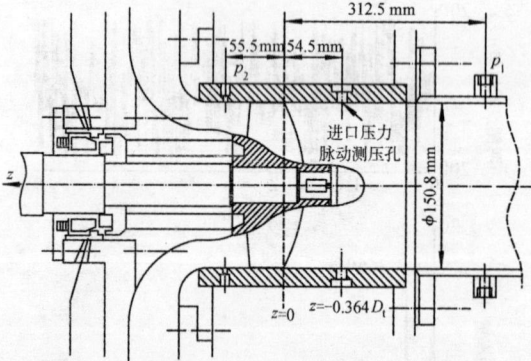

图 15.32　诱导轮试验段压力传感器的位置

图 15.33 所示为试验用 4 叶片诱导轮.为了进行比较,也对相同设计的 3 叶片诱导轮进行了测试.诱导轮的基本尺寸见表 15.3,两种诱导轮的设计流量系数都是 $\phi_d = 0.078$.设计流量系数定义为进口边轮毂处(考虑轮毂排挤)轴向位置上的轴向速度和轮缘圆周速度之比.二者都是轮缘厚度为

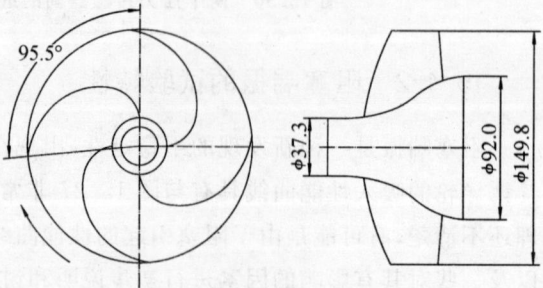

图 15.33　试验用 4 叶片诱导轮

2 mm 的螺旋形叶片. 因此,4 叶片诱导轮的排挤作用要大. 这些诱导轮基于静压的非空化性能曲线如图 15.34 所示,3 叶片和 4 叶片诱导轮之间没有明显差异. 为了增加叶片的排挤作用,在叶片工作面黏贴厚度为 1.2 mm 的橡胶片,这样,在从叶片进口边到下一个叶片的出口边的整个叶片流道上增加了 3 叶片诱导轮的叶片厚度. 经过这一修改后压力系数有所下降,但性能曲线与原曲线几乎平行.

表 15.3　试验用 3 叶片和 4 叶片诱导轮的几何参数

几何参数	数值	
	3 叶片	4 叶片
轮缘直径/mm	149.8	149.8
轮缘进口叶片安放角/(°)	7.5	7.5
轮缘出口叶片安放角/(°)	9.0	9.0
进口轮毂/轮缘比	0.25	0.25
出口轮毂/轮缘比	0.51	0.53
轮缘处叶栅稠密度	1.91	1.91
设计流量系数	0.078	0.078
轮缘间隙/mm	0.5	0.5
轮缘处叶片厚度/mm	2	2

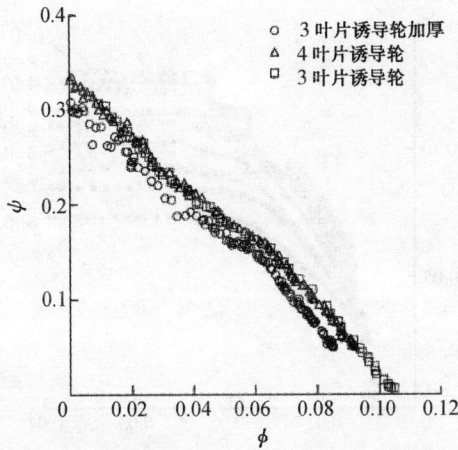

图 15.34　3 叶片诱导轮和 4 叶片诱导轮以及叶片加厚的 3 叶片诱导轮的非空化性能曲线

1. 4 叶片诱导轮试验结果

图 15.35 所示为 3 000 r/min 下 4 叶片诱导轮的吸入性能. 在无空化工况下,用流量控制阀来调节流量. 保持流量控制阀的开度不变,压力罐中的压力最初降为最低值,然后逐渐增加. 由于空化增加了阀门的阻力,所以在低空化数时流量有所下降. 对于图 15.35 所示的数据,其采样速度为 200 sps(每秒样本数量),对 100 点采样平均后的结果再做 4 点平均,也就是每过 2 s 做一次数据平均采样. 当流量 ϕ 低于 0.077 时,在 $0.01 < \sigma < 0.02$ 范围内数据发散很大. 不过由于压力是由差分传感器在一个很长的管路上测量的,因此这些压力脉动的表征仅仅是定性的. 图 15.36 所示为采样速度为 1 000 sps,每过 6 000 个点也就是每过 6 s 做一次平均取点后的吸入性能曲线. 从图中可以看出当

流量系数低于 0.077 后,扬程出现突然下降段.图中有一个区域内的曲线在水平方向移动,扬程随着流量的增加而增大,在该区域,图 15.35 中的数据发散很明显,振荡振幅随转速降低而下降.

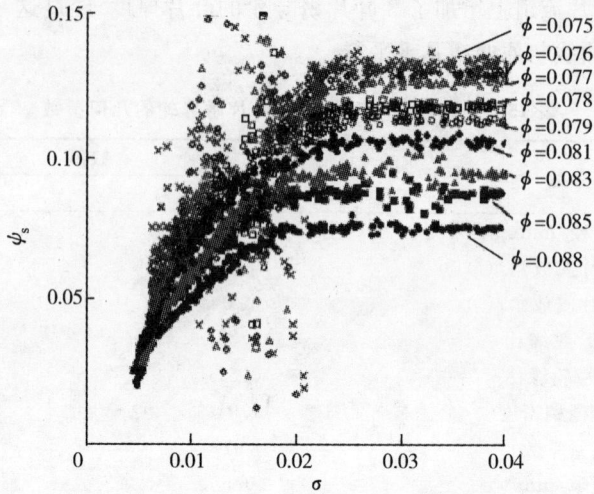

图 15.35　3 000 r/min 下 4 叶片诱导轮的吸入性能(采样速度 200 sps,2 s 平均)

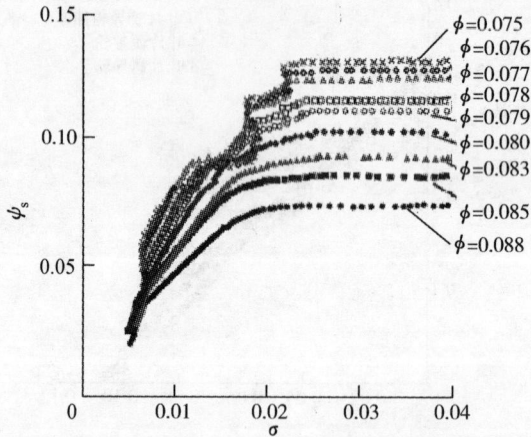

图 15.36　3 000 r/min 下 4 叶片诱导轮的吸入性能(采样速度 1 000 sps,6 s 平均)

转速为 2 000 r/min 时的吸入性能曲线如图 15.37 所示,同图 15.35 一样,其采样速度为 200 sps,对 100 点采样平均后的结果再做 4 点平均.图中左侧的断裂空化数 σ_b 根据 Brennen - Acosta 空化模型即式(4.28)计算,在表示 σ_b 的区域,放大了 x 轴坐标.近似理论结果能够达到这种一致性,满足预期假设.与图 15.35 所示的 3 000 r/min 的数据相比,图 15.37 中试验数据的发散要小.除了 $\phi = 0.077$ 和 $\phi = 0.078$ 流量点之外,能够在小流量区域看到扬程突然下降,但是却不存在随流量增加扬程增加的区域.不过,当空化数低于扬程骤降处的空化数时,不同流量的吸入性能曲线间的差别变小.因此,当进口压力抑或空化数波动时,在扬程断裂之后扬程性能曲线容易出现正斜率,图 15.36 已表现出这一特性.

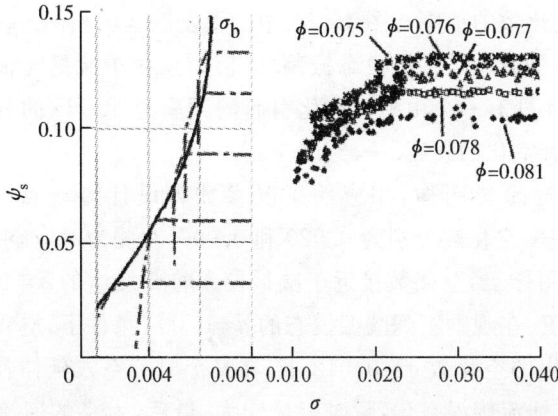

图 15.37 2 000 r/min 下 4 叶片诱导轮的吸入性能(采样速度 200 sps,2 s 平均)

图 15.38 所示为转速 3 000 r/min 时各种流量系数下进口压力波动频谱. 从图中可以看出当空化数在 $\sigma=0.01\sim0.02$ 区域时,频率在 $5\sim10$ Hz(转频的 $10\%\sim20\%$)范围

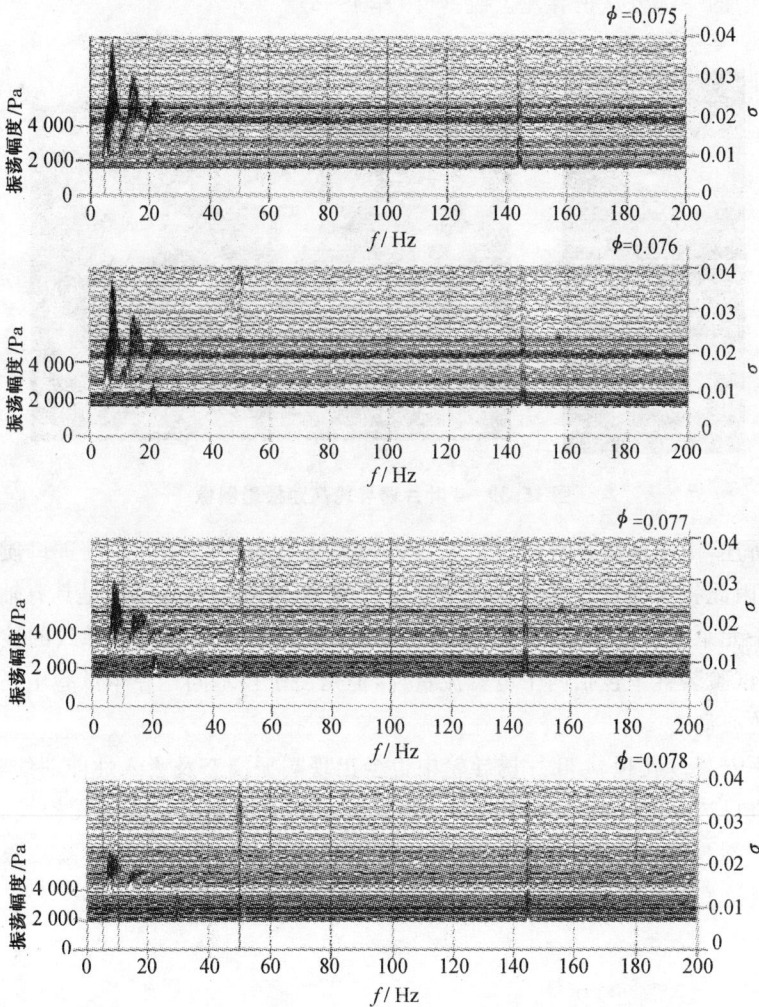

图 15.38 3 000 r/min 下 4 叶片诱导轮进口压力振荡频谱

内存在一个分量. 空化数的范围与图 15.35 中的大发散区域相同. 这些波动在圆周方向上相位相同,表明这些波动是喘振模态振荡. 峰值信息在小流量时很大,在大流量时消失. 空化数靠近 0.04 处有一个由附着空化引起的频率为 50 Hz 的分量. 喘振模态振荡的强度远远大于附着空化的强度.

图 15.39 为高速摄影图像,相应的工况参数为设计流量点 $\phi = 0.078$,转速为 3 000 r/min. 图中左侧空化数分别为 0.020 和 0.007,右侧为对应空化数为 0.012 时振荡一圈的系列连续图像. 当空化数接近喘振模态将要发生的 $\sigma = 0.020$ 时,空化区域几乎要进入叶片流道. 在观察不到喘振模态的 $\sigma = 0.007$ 条件下,空穴几乎到达出口边. 在喘振模态正在发生的空化数 $\sigma = 0.012$ 下,在某个时刻空穴延伸到出口边下游,如图片 6 所示,此时没有回流旋涡空化,瞬时流量变大. 最后,大量的回流涡在进口出现(图片 1)并增长,其增长方式为体积增大、数目减少(图片 1—3). 因为在小流量时只有少量的回流涡存在,因此,在此时间段内(指图片 1—3)流量的变化可以看作是变小的,同时,叶片流道内的空化区域变短了,随后回流涡空穴溃灭,流道内的空化区域延伸到下游,最终其中的一部分从诱导轮上脱落(图片 4—6).

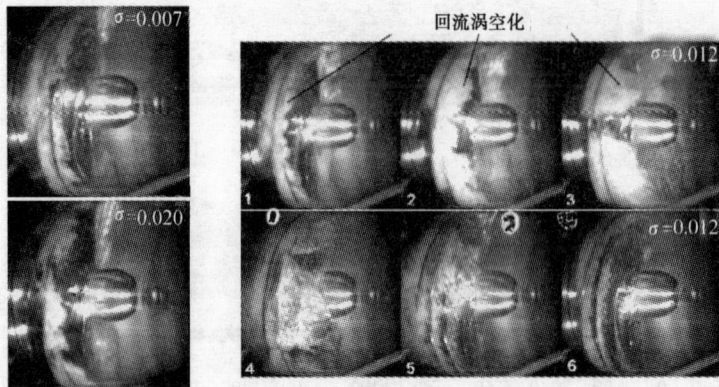

图 15.39 4 叶片诱导轮高速摄影图像

如上所述,由于环绕诱导轮进口的压力波动具有相同的相位并且进口质量流动也是波动的,因此将这里观察到的这种不稳定称为"阻塞喘振",其可能是具有轴向质量流量振荡的一元系统不稳定性,产生的原因是由于空化引起的阻塞所导致的性能曲线正斜率. 尽管试验装置中包括两个电磁流量计,但是由于技术问题在本试验中还无法测量质量流量的波动.

即使不安装穿孔板,4 叶片诱导轮中也会出现喘振模态及吸入性能曲线骤降现象,在一个直进口边 2 叶片螺旋诱导轮中也观察到了相同的扬程骤降和喘振模态,其试验用诱导轮轮缘叶片安放角为 11°,轮缘叶栅稠密度为 2.0,试验流量系数很小为 $\phi = 0.017$. 不过这些研究都没有讨论此不稳定性的原因.

2. 3 叶片诱导轮试验结果

图 15.40 所示为 3 叶片诱导轮在转速 3 000 r/min 时的吸入性能曲线,采样速度为 200 sps,对 100 点采样平均后的结果再做 4 点平均(同图 15.35 和图 15.37).与图 15.35 的 4 叶片诱导轮曲线相比,在 $\sigma=0.010$ 和 $\sigma=0.015$ 之间图 15.40 的发散要小.图 15.41 所示为采样速度 1 000 sps,6 000 点采样平均后的数据.可以看到图 15.41 中存在一个随流量增大而扬程增大的区域,不过与 4 叶片诱导轮的图 15.36 相比,图 15.41 中该区域扬程的差别要小.图 15.42 为转速 2 000 r/min 的吸入性能曲线,可以看出没有

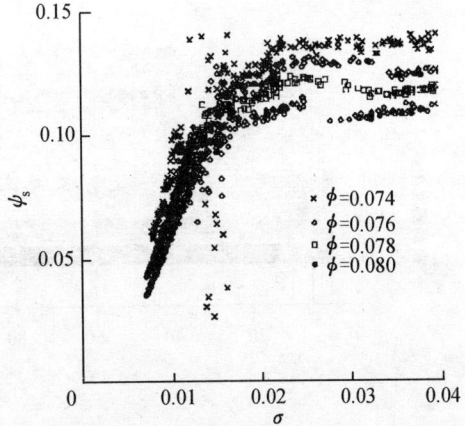

图 15.40 3 000 r/min 下 3 叶片诱导轮的吸入性能(采样速度 200 sps,2 s 平均)

喘振模态振荡发生.与 4 叶片诱导轮的图 15.37 相比,其数据发散更严重,不过其不存在扬程骤降,扬程的变化是逐步降低的.

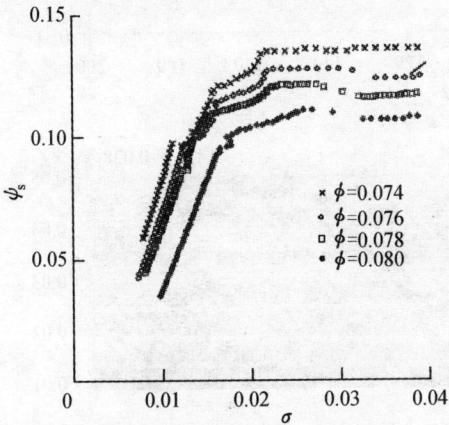

图 15.41 3 000 r/min 下 3 叶片诱导轮的吸入性能(采样速度 1 000 sps,6 s 平均)

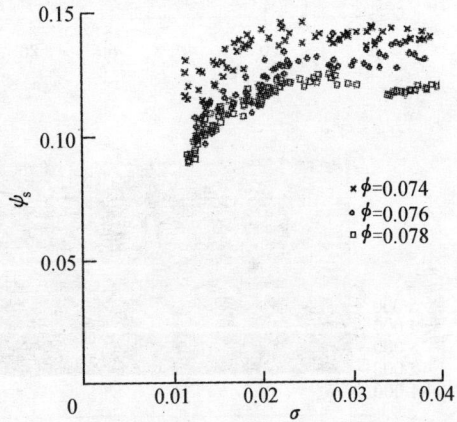

图 15.42 2 000 r/min 下 3 叶片诱导轮的吸入性能(采样速度 200 sps,2 s 平均)

图 15.43 所示为转速为 3 000 r/min 时进口压力波动频谱.从图中可以看出当空化数在 0.012~0.016 区域时,在频率 5~10 Hz 范围内存在一个喘振模态分量.空化数的范围与图 15.40 中的大发散区域相同.不过,与图 15.38 所示的 4 叶片诱导轮的数据相比,图 15.43 中振荡的振幅要小.在 $\phi=0.074$ 工况下,σ 在 0.015~0.020 范围内有一个频率约为 30 Hz 的分量.根据不同周向位置压力波动的相位差无法确定该振荡的模态,其可能是吸入性能曲线在 $\sigma=0.015\sim0.02$ 区域出现弯曲的诱因.频率 40~50 Hz 的分量是以叶轮转速的 80%~100% 与叶轮同向旋转的 1 区模态.当空化数比较大时,该模态转变为频率为 50 Hz 的附着空化.出现附着空化以后,图 15.40 所示的吸入性能曲线的扬程出现某种程度的降低.另一方面,在低频时喘振模态会出现较大的发散.这可能是由于压力测量系统响应太慢引起的.

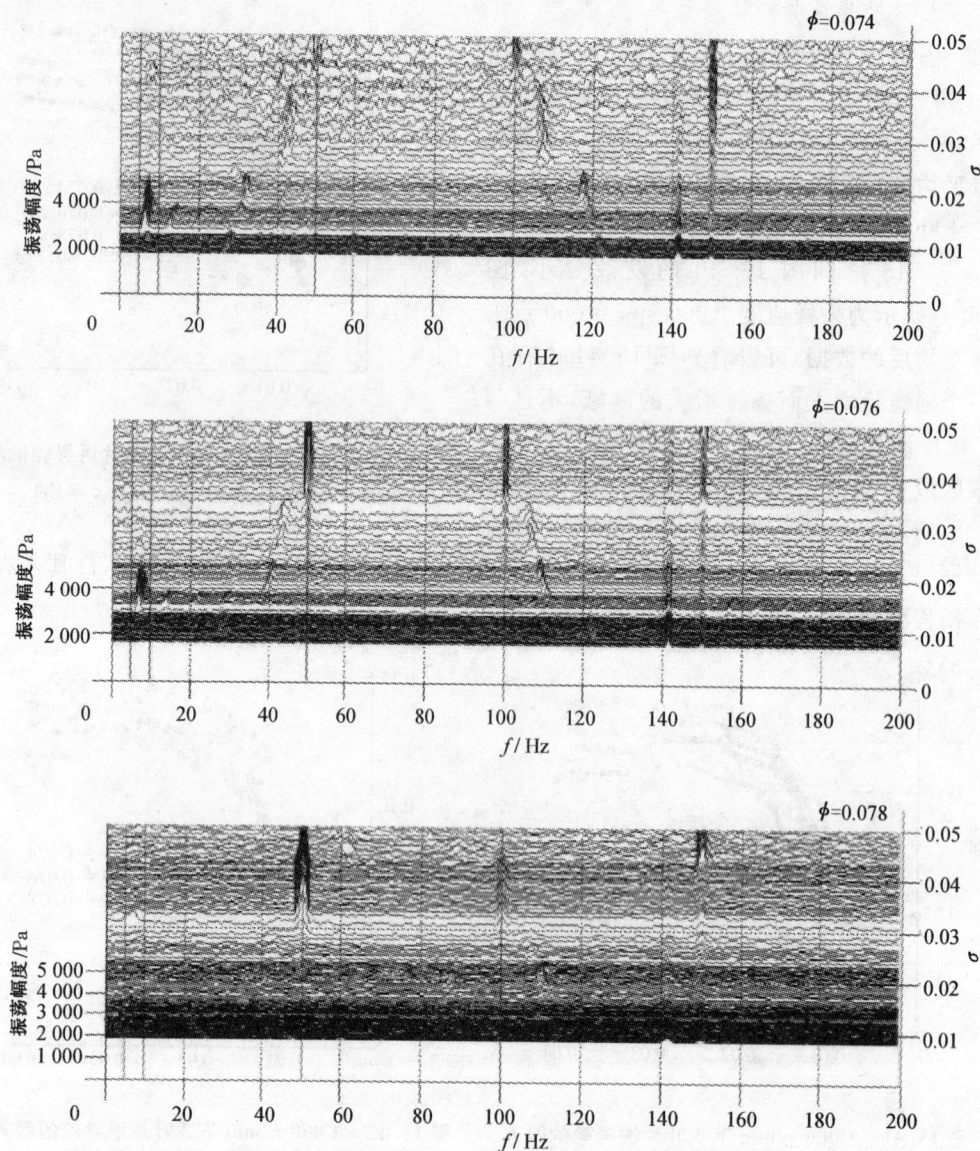

图 15.43 3 000 r/min 下 3 叶片诱导轮进口压力振荡频谱

15.4.3 分析

1. 叶片排挤的作用

为了了解 3 叶片和 4 叶片诱导轮的差异,在 3 叶片诱导轮叶片从进口边到邻近叶片的出口边的工作面上粘贴了厚度为 1.2 mm 的橡胶片以增大其叶片厚度(原本是 2 mm),期望其会出现如图 15.36 和图 15.37 所示的性能曲线下降以及图 15.38 所示的严重阻塞喘振.图 15.44 和图 15.45 所示为转速为 3 000 r/min,流量为 $\phi=0.074$ 和 $\phi=0.078$ 工况下的吸入性能和进口压力波动频谱.将图 15.44 所示的叶片加厚后的诱导轮吸入性能(采样速度为 200 sps,对 100 点采样平均后的结果再做 4 点平均)与

图 15.40 的情形进行比较,可以看出,当叶片没有加厚时出现在 $\sigma=0.010\sim0.017$ 区域的发散在叶片加厚以后没有再出现. 与图 15.41 相比其吸入性能曲线更光滑,也没有出现图 15.36 和图 15.37 中 4 叶片诱导轮扬程突然下降的现象. 比较图 15.45 与图 15.43,就会发现在未加厚叶片的诱导轮中出现在 $\sigma=0.010\sim0.017$ 的阻塞喘振在叶片加厚以后消失了,而在 $\sigma=0.03\sim0.04$ 附近出现了一个喘振分量. 由此,排挤的作用与期望正好相反,也就是说 3 叶片诱导轮和 4 叶片诱导轮之间不同的原因不在于排挤作用.

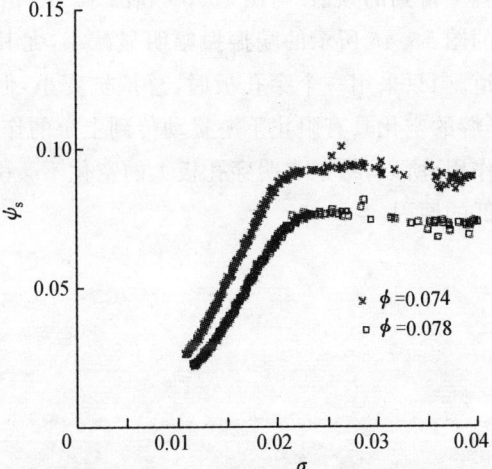

图 15.44　3 000 r/min 下叶片加厚 3 叶片诱导轮的吸入性能(采样速度 200 sps,2 s 平均)

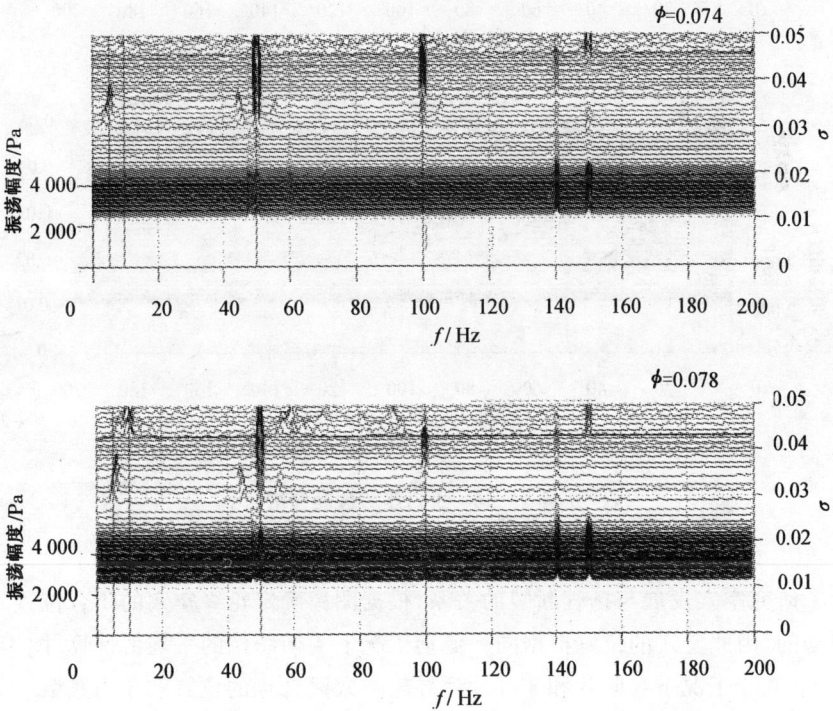

图 15.45　3 000 r/min 下叶片加厚 3 叶片诱导轮进口压力波动频谱图

2. 穿孔板的影响

前面已经介绍,即使在进水管路中不存在穿孔板的情况下,吸入性能曲线的扬程骤降以及喘振模态不稳定性都会在 4 叶片诱导轮中发生. 对于 3 叶片诱导轮,在装置的现有结构中(即不安装穿孔板的情况),其空化数还不能降低到发生扬程断裂的程度. 为了研究穿孔板的影响,试验中只采用了一个含有 69 个直径为 12 mm 的孔板. 图 15.46 所示为叶片未加厚的 3 叶片与 4 叶片诱导轮在 $\phi=0.074$,转速为 3 000 r/min 工况下在只有一个穿孔板的装置上得到的频谱. 与图 15.38 和图 15.43 相比,在只安装一个穿孔板的试验装置上得到的图 15.46 所示的喘振振幅明显减小,尤其是 3 叶片诱导轮中的喘振振幅小得微不足道. 当只采用一个穿孔板时,总抵抗变小,但是穿孔板上会出现更严重的空化. 穿孔板下游的空化具有阻止下游扰动传到上游的作用,这会降低穿孔板抵抗对下游扰动的阻尼作用. 所以,结果表明穿孔板上的空化不会引起喘振,除此之外,还无法解释振动幅度降低的原因.

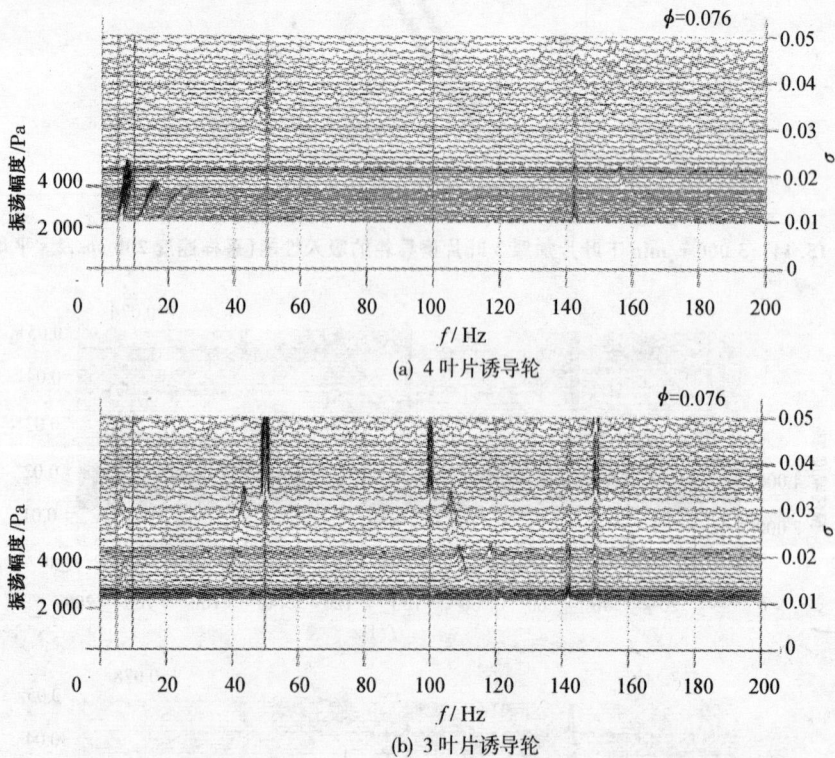

(a) 4 叶片诱导轮

(b) 3 叶片诱导轮

图 15.46 进口压力波动频谱

3. 空穴的发展

为了研究空穴发展与扬程断裂的关系,根据图像确定轮缘空穴的闭合位置. 由于空穴是波动的,因此空穴的位置根据同一流动工况下 4 帧图像的平均值计算. 图 15.47 所示为 $\phi=0.074$ 工况下 3 叶片和 4 叶片诱导轮空穴闭合点的位置和压力系数.

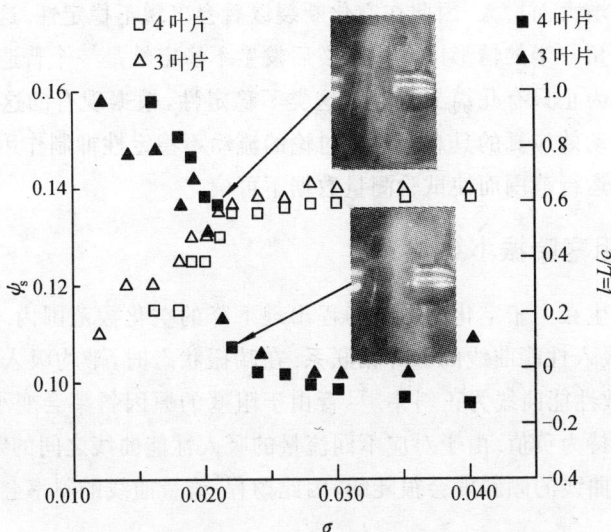

图 15.47　3 叶片和 4 叶片诱导轮的空穴长度和压力系数

在图 15.47 所示的系列试验过程中，空化数是缓慢增大的，因此图中没有出现图 15.37 所示的扬程骤降. $\frac{L}{c}=0$ 对应下一个叶片的进口边（叶片流道进口），$\frac{L}{c}=1$ 对应空穴附着叶片的出口边（叶片流道出口）. 由图 15.47 可以看出：

① 当空穴扩散到叶片流道中时扬程开始下降；

② 在 4 叶片诱导轮中，空穴一旦进入叶片流道就迅速发展，如图中所示空化的两个典型图片：$\sigma=0.022$ 时，空穴尾缘几乎处于下个叶片的进口边；当 $\sigma=0.021$ 时空穴已经发展到叶片出口边. 而 3 叶片诱导轮的这一发展过程则比较平缓.

因此可以看到，4 叶片诱导轮扬程突然下降的原因在于空穴的快速发展. 不过，空穴发展如此快速的原因还未完全清楚. 试验中还发现，与 4 叶片诱导轮相比，在无空化工况下 3 叶片诱导轮的回流区域更大，在接近断裂时回流区域则小于 4 叶片诱导轮. 也就是说，4 叶片诱导轮回流区域的变化不像 3 叶片诱导轮的变化那么大.

4. 压力分布

为了对 4 叶片诱导轮的空穴快速发展进行解释，对 3 叶片诱导轮和 4 叶片诱导轮无空化定常工况下的叶片表面压力分布进行了计算. 4 叶片诱导轮由于其叶片排挤作用大而压力稍低，除此之外，未发现明显差别.

5. 断裂空化数

根据半无限叶栅空化流自由流线分析断裂空化数的近似计算式(4.28)，当 $\alpha=\frac{\beta}{2}$ 时断裂空化数最大. 如果轮缘冲角采用轴向速度均匀假设计算的话，在 4 叶片诱导轮中，对应流量系数 $\phi=0.065\,5$ 时得到最大断裂空化数为 $0.004\,6$. 根据图 15.37 右侧的试验性能曲线计算各个扬程系数下的流量系数，进而计算得到冲角 α，然后就可以得到图 15.37 左侧所示的断裂空化数 σ_b 以及几条吸入性能曲线示意图. 可以看出，当流量系数大于 0.065 5 时，随着流量系数的增大断裂空化数降低. 因此发生空化断裂以后的扬程随着流量的增大而增大,因此在空化断裂以后会出现不稳定性.这一结果表明在冲角小于叶片安放角一半的情形中空化断裂后发生不稳定性是一个普遍特征.

不过到目前为止只有几篇文献提及这类不稳定性,根据现有的这些研究数据还无法确认是三元流动效应真的具有上面所讨论的流动不稳定性抑制作用还是因为断裂工况超越了正常的运行范围而使试验测量数据不可信.

15.4.4 阻塞喘振小结

阻塞喘振发生在由于空化的影响扬程出现下降的空化数范围内.对于4叶片诱导轮,这种喘振与吸入性能曲线的骤降相联系.在喘振状态时,平均吸入性能曲线表明静压系数-流量系数性能曲线为正斜率.尽管由于阻塞的原因斜率会变小,但在喘振被抑制时其斜率仍保持为负值.由于对应不同流量的吸入性能曲线之间的距离变小,在断裂工况下吸入性能曲线的倾斜度会很陡峭,因此扬程-流量曲线的斜率会因为空化数的波动而出现正值.

在"阻塞喘振"中出现正斜率性能曲线并不像在"旋转阻塞"中出现得那样明显,可以认为"阻塞喘振"是与进口质量流量波动相关的一元系统不稳定性,其与性能曲线负斜率的减小有关.

与3叶片诱导轮相比,除叶片厚度之外其他设计参数都相同的4叶片诱导轮内具有更强的脉动.为了分析排挤的影响,将3叶片诱导轮的叶片加厚使其具有同4叶片诱导轮一样的排挤作用.在加厚的3叶片诱导轮中没有喘振发生.此外还研究了上游穿孔板以及叶片表面压力分布的影响.进行了上述的所有研究之后,唯一确定的结论是"阻塞喘振"与断裂后的诱导轮性能曲线密切相关.

要完全理解"阻塞喘振"不稳定性的原因和特点还需要进一步的(试验和分析)研究.

15.5 旋转空化一元理论分析

在叶栅内的空化流动中会发生诸如空化喘振和旋转空化等不同形式的空化不稳定性.这些空化不稳定性可以通过描述空化作用的两个参数来预测,一个是式(15.1)定义的空化柔度 K,另外一个是描述空穴体积随冲角 α 的变化而变化的质量流量增益系数

$$M = \frac{\partial\left(\dfrac{V_c}{t^2}\right)}{\partial\alpha}. \tag{15.5}$$

对于上述两种不稳定性,开始发生时的条件都可以应用流量系数 ϕ 来表示为 $M > 2K(1+\sigma)\phi$.在旋转叶栅中,如果由于空穴厚度降低形成的空间需要流动来填充从而引起流量的增加时,攻角 α 就会降低.如果攻角降低,一般来讲空穴体积就会减小,这种关系就可以表示为 $M = \dfrac{\partial\left(\dfrac{V_c}{t^2}\right)}{\partial\alpha} > 0$.这样上游流量进一步增加.这种 $M > 0$ 的正反馈就是空化喘振和旋转空化的原因.一般情况下空化柔度为正值.当 $K > 0$ 时可以通过空穴体

积的变动来降低压力波动,因此 $K>0$ 具有稳定作用.所以不稳定性准则 $M>2(1+\sigma)\phi$ 的含义就是 $M>0$ 的激振作用超过了 $K>0$ 的稳定作用.由这种机理在转子附近引起的局域不稳定性就是旋转空化,在整个系统中发生的全域不稳定性就是空化喘振.由叶片失速、旋转失速和喘振引起的流动不稳定性只会在小流量下发生,而空化不稳定性会在设计流量下发生,因此这会使问题尤其严重.一般喘振的频率与转速无关,而空化喘振的频率与叶轮转速成正比.旋转失速失速区域的旋转要远远低于转子的转速,而旋转空化的一般模态要远比叶轮的旋转快.

假设叶轮上游和下游为无黏性二元流动,但是叶轮叶片高度的变化和叶轮内损失不可忽略,此外还要假定叶轮内流动完全由叶轮叶片控制,这样就可以采用激励盘方法进行分析.假定扰动很小并将问题线性化.本节应用激励盘方法对旋转空化进行一元理论分析.

15.5.1　上下游流场扰动

应用图 15.48 所示的直列叶栅激励盘模型来分析旋转空化,叶栅进出口叶片安放角分别是 β_1 和 β_2,以速度 u_T 沿 y 方向平移运动.在叶栅上游($x<0$)的平均速度 $(\bar{v}_{m1},\bar{u}_1)$(即 $(\bar{v}_1,\bar{u}_1)$)假设为 $(\bar{v}_1,0)$,下游($x>0$)的平均速度为 $(\bar{v}_{m2},\bar{v}_{m2}\tan\gamma)$.假定液流宽度(液流在 z 方向上的空间距离)在 $x<0$ 时为 1,在 $x>0$ 时为 $\frac{1}{b}$,则有 $v_{m2}=bv_{m1}$.流动在无穷远处具有有限扰动,则压力 δp 和速度扰动 $\delta v,\delta u$ 可以表示为

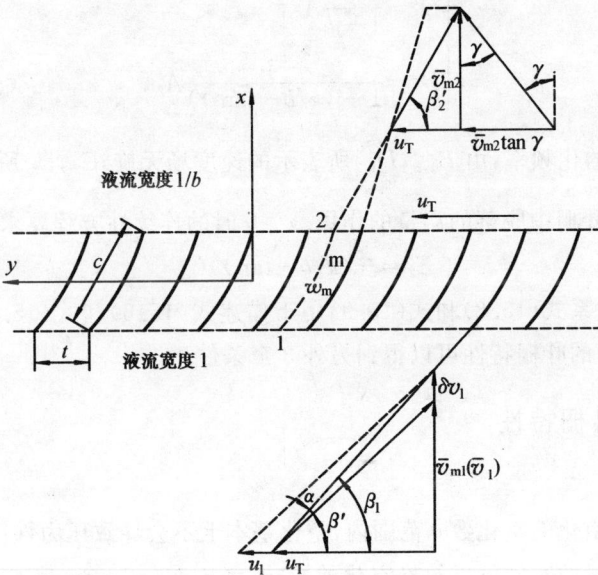

图 15.48　分析模型

$x<0$（上游）：

$$\begin{cases}\dfrac{\delta p}{\rho v_{\mathrm{m1}}^2}=A_1\exp 2\pi\mathrm{j}\left(nt-\dfrac{y}{s}\right)\mathrm{e}^{\frac{2\pi x}{s}},\\[2mm]\dfrac{\delta v}{v_{\mathrm{m1}}}=B_1\exp 2\pi\mathrm{j}\left(nt-\dfrac{y}{s}\right)\mathrm{e}^{\frac{2\pi x}{s}},\\[2mm]\dfrac{\delta u}{v_{\mathrm{m1}}}=D_1\exp 2\pi\mathrm{j}\left(nt-\dfrac{y}{s}\right)\mathrm{e}^{\frac{2\pi x}{s}},\end{cases}\tag{15.6}$$

$x>0$（下游）：

$$\begin{cases}\dfrac{\delta p}{\rho v_{\mathrm{m2}}^2}=A_2\exp 2\pi\mathrm{j}\left(nt-\dfrac{y}{s}\right)\mathrm{e}^{\frac{-2\pi x}{s}},\\[2mm]\dfrac{\delta v}{v_{\mathrm{m2}}^2}=B_2\exp 2\pi\mathrm{j}\left(nt-\dfrac{y}{s}\right)\mathrm{e}^{\frac{-2\pi x}{s}}+C_2\exp 2\pi\mathrm{j}\left(nt-\dfrac{y}{s}\right)\mathrm{e}^{\frac{-2\pi x\left(\frac{k}{b}-\tan\gamma\right)}{s}},\\[2mm]\dfrac{\delta u}{v_{\mathrm{m2}}^2}=D_2\exp 2\pi\mathrm{j}\left(nt-\dfrac{y}{s}\right)\mathrm{e}^{\frac{-2\pi x}{s}}+E_2\exp 2\pi\mathrm{j}\left(nt-\dfrac{y}{s}\right)\mathrm{e}^{\frac{-2\pi x\left(\frac{k}{b}-\tan\gamma\right)}{s}},\end{cases}\tag{15.7}$$

式中，$s>0$ 是扰动波长；复数 n 的实部是频率，虚部是衰减速度. 根据 $x<0$ 和 $x>0$ 之间的线性动量方程可以得到如下关系式：

$$\begin{cases}B_1=-\dfrac{1}{1+\mathrm{j}k}A_1,\\[2mm]B_2=\dfrac{-1}{1-\mathrm{j}(k/b-\tan\gamma)}A_2,\\[2mm]D_1=\dfrac{\mathrm{j}}{1+\mathrm{j}k}A_1,\\[2mm]D_2=\dfrac{-\mathrm{j}}{1-\mathrm{j}(k/b-\tan\gamma)}A_2,\end{cases}\tag{15.8}$$

式中，$k=\dfrac{sn}{v_{\mathrm{m1}}}$，是约化频率，由 $B_{1,2}$，$D_{1,2}$ 所表示的速度场无旋，C_2，E_2 所表示的速度场有旋并且代表了从叶栅中脱落的涡量的作用. $x>0$ 时的连续性方程要求

$$E_2=-(k/b-\tan\gamma)C_2.\tag{15.9}$$

现在，已有 5 个关系式(15.8)和式(15.9)用于描述式(15.6)和式(15.7)的 8 个未知扰动幅值. 根据下面的叶栅特性可以得到另外 3 个条件.

15.5.2 叶栅特性

1. 压力增加

在出现旋转空化的空化数 σ 范围内，空化基本上不会导致压力性能降低. 因此在计算叶轮中压力升量的时候可以忽略空化的影响. 考虑与 $(v_1+\delta v_1)^2$ 成正比的过流损失和与 $(\delta u_1)^2$ 成正比的冲击损失，在随着叶栅移动的坐标系内应用非定常伯努利方程得到

$$\frac{p_2-p_1}{\rho}=\frac{1}{2}(\overline{w}_1^2-\overline{w}_1^2)-\frac{\partial^*}{\partial t^*}(\phi_2-\phi_1)-\varsigma_Q(v_1+\delta v_1)^2-$$

$$\varsigma_s(v_1+\delta v_1)^2(\cot\beta_1-\cot\beta_1')^2,\tag{15.10}$$

式中，ϕ 是速度势函数；$\dfrac{\partial^*}{\partial t^*}$ 表示移动坐标系内的时间微分；ς_Q 和 ς_S 为损失系数. 由于进口有空穴发生，因此，可以建立叶栅内的速度场与出口速度场之间的关系式. 速度势的差值为

$$\phi_2 - \phi_1 = \int_1^2 w_{\mathrm{m}}\,\mathrm{d}m = (v_{\mathrm{m}2} + \delta v_{\mathrm{m}2})\int_1^2 \dfrac{\dfrac{b_{\mathrm{m}}}{b}}{\sin \beta'(m)}\,\mathrm{d}m \cong (v_{\mathrm{m}2} + \delta v_{\mathrm{m}2})c^*.$$

将上式代入式(15.10)并进行线性化处理，得到非定常分量的表达式如下：

$$\dfrac{\delta p_2 - \delta p_1}{\rho v_1^2} = (1 - \wp_u)\dfrac{\delta v_1}{v_1} - (\cot \bar\beta_1' + \wp_v)\dfrac{\delta u_1}{v_1} - \left(\dfrac{b}{\sin^2 \beta_2} + \mathrm{j}\Omega_c\,\dfrac{\delta v_{\mathrm{m}2}}{v_1}\right), \quad (15.11)$$

式中，

$$\begin{cases} \wp_u = 2\varsigma_Q + 2\varsigma_S \cot \beta_1 (\cot \beta_1 - \cot \bar\beta_1'), \\[2mm] \wp_v = 2\varsigma_S (\cot \beta_1 - \cot \bar\beta_1'), \\[2mm] \Omega_c = 2\pi\left(\dfrac{c^*}{s}\right)(k - \cot \bar\beta_1') = \Omega_c'(k - \cot \bar\beta_1'), \\[2mm] c^* = \dfrac{(1+b)c}{2b\sin\left(\dfrac{\beta_1 + \beta_2}{2}\right)}, \end{cases} \quad (15.11\mathrm{a})$$

上式中的 $\Omega_c' = 2\pi\left(\dfrac{c^*}{s}\right)$，又称为量纲一的惯性弦长.

2. 空穴体积变化

每个叶片单位翼展上的空穴体积 V_c 正交化为 $a = \dfrac{V_c}{t^2}$，t 为叶栅节距(在下文中与时间 t 的符号相同，请注意区分). 假设 a 是冲角 α 和空化数 $\sigma = \dfrac{p_1 - p_{\mathrm{V}}}{\dfrac{\rho w_1^2}{2}}$ 的函数，即 $a = a(\sigma, \alpha)$，那么因为进口条件的变化引起空穴体积变化的关系式为

$$\delta V_c = t^2\left[\dfrac{\partial a}{\partial \sigma}\left(\dfrac{\partial \sigma}{\partial w_1}\delta w_1 + \dfrac{\partial \sigma}{\partial p_1}\delta p_1\right) + \dfrac{\partial a}{\partial \alpha}\delta\alpha\right]. \quad (15.12)$$

在移动坐标系中应用连续性方程得到

$$t\left(\dfrac{\delta v_{\mathrm{m}2}}{b - \delta v_{\mathrm{m}1}}\right) = \dfrac{\partial^*}{\partial t^*}(\delta V_c). \quad (15.13)$$

根据速度三角形计算式(15.12)中的 δw_1 和 $\delta\alpha$，然后根据式(15.13)和式(15.12)就可以得到连续性方程非定常部分的表达式，即

$$\dfrac{1}{b}\dfrac{\delta v_{\mathrm{m}2}}{v_1} - \dfrac{\delta v_{\mathrm{m}1}}{v_1} = \mathrm{j}\Omega_t\left(F_3\dfrac{\delta v_{\mathrm{m}1}}{v_1} + F_4\dfrac{\delta u_1}{v_1} + F_5\dfrac{\delta p_1}{\rho v_1}\right), \quad (15.14)$$

式中，

$$\begin{cases} F_3 = 2\sigma K\sin^2 \bar\beta_1' - M\sin \bar\beta_1' \cos \bar\beta_1', \\[2mm] F_4 = -2\sigma K\cos \bar\beta_1' \sin \bar\beta_1' - M\sin^2 \bar\beta_1', \\[2mm] F_5 = -2K\sin^2 \bar\beta_1', \\[2mm] \Omega_t = 2\pi\left(\dfrac{t}{s}\right)(k - \cot \bar\beta_1') = \Omega_i'(k - \cot \bar\beta_1'), \end{cases} \quad (15.14\mathrm{a})$$

其中,质量流量增益系数 $M \equiv \dfrac{\partial a}{\partial \alpha}$;空化柔度 $K \equiv -\dfrac{\partial a}{\partial \sigma}$;$\Omega'_t = 2\pi\left(\dfrac{t}{s}\right)$,为量纲一的叶片节距.

3. 库塔条件

假定相对流动速度与叶片表面相切,则根据出口速度三角形可以得到定常分量为

$$\tan\gamma + \cot\beta_2 = \left(\frac{1}{b}\right)\cot\bar{\beta}'_1, \tag{15.15}$$

非定常分量为

$$\frac{\delta u_2}{v_1} = -\frac{\delta v_{m2}}{v_1}\cot\beta_2. \tag{15.16}$$

15.5.3 特征方程和特征根

方程(15.8)和方程(15.9)以及压力升量方程(15.11)、连续性方程(15.14)、表示库塔条件的方程(15.16)共 8 个关系式一起组成了含有 8 个未知波动幅值的齐次线性方程组.根据该方程组系数矩阵的行列式得到下述特征方程:

$$b\left[(1+\Omega'_c)(k-\cot\bar{\beta}'_1) - \frac{jb}{\sin^2\beta_2}\right]\left[1+\Omega'_t(k-\cot\bar{\beta}')(F_4+kF_5)+\right.$$
$$\left. j\Omega'_t(k-\cot\bar{\beta}'_1)(F_3-F_4)\right] + (k-\cot\bar{\beta}'_1) - \wp_v - j\wp_u = 0. \tag{15.17}$$

上述式子是 k 的 3 次方程,因此可以得到 k 的 3 个复数特征根.引入

$$k^* \equiv k^*_R + jk^*_I \equiv \frac{k}{\cot\beta\bar{\beta}'_1},$$

并用

$$\exp 2\pi j\left(nt - \frac{y}{s}\right) = \exp\left\{\left[-2\pi\left(\frac{v_1}{s}\right)\cot\bar{\beta}'_1 k^*_I\right]t\right\} \times$$
$$\exp\left[2\pi j\left(\frac{v_1}{s}\right)\cot\bar{\beta}'_1 k^*_R\left(t - \frac{y}{u_T k^*_R}\right)\right]$$

替代方程(15.6)和方程(15.7)中的相应项.其中 k^*_R 是扰动的传播速度比(扰动的相速度/叶栅周向速度 u_T);k^*_I 是扰动的衰减速度.

15.5.4 特解分析

1. 旋转失速

首先看没有空化的流动,由于 $F_3 = F_4 = F_5 = 0$,因此由方程(15.17)得到

$$k^* = \left[1 - \frac{2\varsigma_s - \left(1 - \dfrac{\cot\beta_1}{\cot\bar{\beta}'_1}\right)}{1+b(1+\Omega'_c)}\right] + j\left[\frac{\dfrac{b^2}{\sin^2\beta_2} + \wp_u}{1+b(1+\Omega'_c)}\right]\tan\bar{\beta}'_1. \tag{15.18}$$

可以清楚地看到,在出现旋转失速的流量范围内,由于 $\bar{\beta}'_1 < \beta_1$,因此旋转失速的传播速度比 k^*_R 小于 1.所以发生旋转失速的条件可以表示为

$$\frac{\partial\psi_{t,s}}{\partial\phi} = \frac{\partial}{\partial\phi}\left(\frac{p_2 - p_{1,tot}}{\rho u_T^2}\right) = -\left(\frac{b^2}{\sin^2\beta_2} + \wp_u\right)\tan\bar{\beta}'_1 = -(1+b+b\Omega'_c)k^*_I > 0,$$

$$\tag{15.19}$$

式中，$p_{1,\text{tot}}$是进口总压；$\phi = \dfrac{v_1}{u_T} = \tan \bar{\beta}_1'$是流量系数，该表达式与旋转失速的传统结论一致.

2. 旋转空化

由旋转空化引起出口压力波动远远小于进口，根据方程(15.17)预测的结果也将表明出口的速度和压力波动小于进口. 因此，可以假定连续性方程(15.14)中的$\delta v_{m2} = 0$，则有

$$\Omega_t'(k^* - 1)[\mathrm{j}(F_5 - F_3) - k^* F_5 \cot \bar{\beta}_1' - F_4] \times \cot \bar{\beta}_1' - 1 = 0. \qquad (15.20)$$

另外，在极限条件$\beta_2 \to 0°$或者$\Omega_c' \to \infty$下，方程(15.17)约化为方程(15.20)或者在方程(15.20)两侧分别乘以$(k^* - 1)$，后者具有 3 个特征根，即$k^* = 1$以及方程(15.20)的两个根. 方程(15.18)在极限$\Omega_c' \to \infty$时的根为$k^* = 1$. 因此，$k^* = 1$对应旋转失速，而方程(15.20)的两个根表示旋转空化. 随后将会看到，对于诱导轮，因为Ω_c'和扬程-流量曲线的负斜率范围足够大，方程(15.17)的 3 个根中的两个与方程(15.20)的两个根极为一致. 所以，出口压力波动较小的原因在于叶轮内流体的惰性以及负斜率性能曲线. 这里通过分析方程(15.20)来研究旋转空化的特性.

当$K = 0$时，方程(15.20)约化为一次方程，即

$$k^* = \left(1 + \frac{\tan \bar{\beta}_1'}{M \Omega_t'}\right) - \mathrm{j}\frac{1}{M \Omega_t'}. \qquad (15.21)$$

这表明，只要满足$K = 0$和$M > 0$条件就会发生$k_R^* > 1$的旋转空化.

条件$k_I^* = 0$就表示中性稳定. 因为$k^* = k_R^*$为实数，那么对于中性稳定问题，由方程(15.20)的虚部得到$F_5 = F_3$. 根据关系式(15.14a)以及方程(15.21)，可以得到发生旋转空化的条件如下

$$M > 2K(1 + \sigma) \tan \bar{\beta}_1', \qquad (15.22)$$

即

$$M > 2K(1 + \sigma)\phi. \qquad (15.22a)$$

该关系式清楚地表明正M会引起旋转空化，而正K具有降低旋转空化发生区域的作用.

传播速度比k_R^*由方程(15.20)的实部计算，对方程(15.20)进行转换后得到

$$\delta U(k_R^*) \equiv U_R(k_R^*) \cdot \delta V_c^*(k_R^*) \equiv (k_R^* - 1)\left(k_R^* + \frac{F_4}{F_5}\tan \bar{\beta}_1'\right) = -\frac{\sin^2 \bar{\beta}_1'}{F_5 \Omega_t'}. \tag{15.23}$$

图 15.49 表明具有$k_{R1}^* > 1$和$k_{R2}^* < -\dfrac{F_4 \tan \bar{\beta}_1'}{F_5} = -\left(\sigma + \dfrac{M}{2K \tan \bar{\beta}_1'}\right)$两种形式的旋转空化. 分别用$k_1^*$和$k_2^*$来表示这两个特征根. 另一方面对于旋转失速，如方程(15.18)所示，其具有一个特征根$k_R^* < 1$，用k_3^*表示.

k_1^*和k_2^*具有不同的物理意义. 方程(15.23)与方程(15.20)等价，由于后者来自于方程(15.14)，因此方程(15.23)与连续性方程(15.13)等价. $U_R \equiv k_R^* - 1$来自于方程

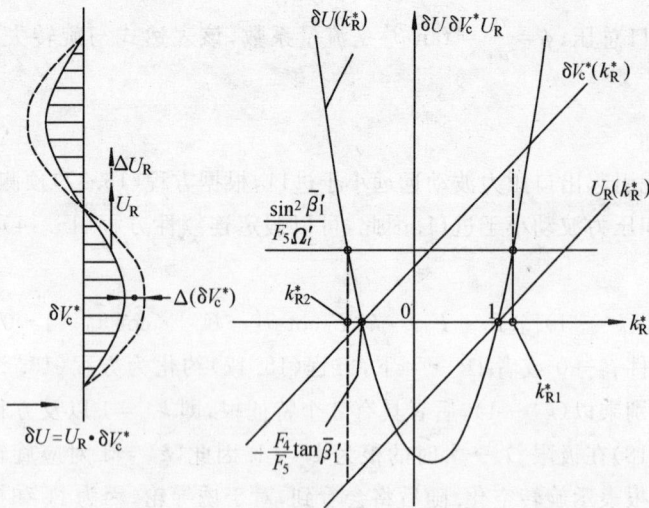

图 15.49　传播速度计算

(15.13)中的$\partial^*/\partial t^*$项,其等于相对于移动叶栅的传播速度比.$\delta V_c^* \equiv k_R^* + \dfrac{F_4}{F_5}\tan\bar{\beta}_1'$对

应于由$\dfrac{\delta v_1}{v_1}=1$引起的空穴体积变化$\delta V_c$.从方程(15.6)和方程(15.8)可知,由于进口流

场惯性的作用,$\dfrac{\delta p_1}{\delta v_1}$是$k^*$的函数.而且,方程(15.14)表明$\delta V_c^*$也是$k^*$的函数.因此

$\delta U \equiv U_R \cdot \delta V_c^*$表示由于旋转坐标系内空穴体积$\delta V_c^*$的变化所引起的轴向速度的变化.

方程(15.23)要求δU与$-\dfrac{\sin^2\bar{\beta}_1'}{F_5\Omega_t'}$相等,后者对应假设的轴向速度$\dfrac{\delta v_1}{v_1}=1$.$k_R^*$随$\delta V_c^*$的

变化而变化,这样就可以确定U_R和k_R^*的关系以使方程(15.23)成立.

根据图 15.49 所示的$\Delta(\delta U) \equiv U_R \cdot \Delta(\delta V_c^*) + \Delta U_R \cdot \delta V_c^*$,$|U_R(k_{R1}^*)| \ll$

$|\delta V_c^*(k_{R1}^*)|$,$|\delta V_c^*(k_{R2}^*)| \ll |U_R(k_{R2}^*)|$可以看出:旋转空化$k_1^*$主要是由相对传播速度

ΔU_R的变化来平衡,而另外一种旋转空化k_2^*则是由空穴体积波动幅度的变化

$(\Delta(\delta V_c^*))$来平衡.图 15.49 表明k_2^*引起的体积变化δV_c^*要远远小于k_1^*引起的体积变

化.当$K=0$(也就是$F_5=0$)时,δV_c^*与δp_1也即与k^*无关.因此,此时k_2^*的平衡机制不

复存在,也就是说当$K=0$时,只有旋转空化k_1^*出现,如方程(15.21)所示.

15.5.5　结果与讨论

1. 关于方程(15.17)的 3 个根

应用本节介绍的方法分析某测试过的诱导轮,计算诱导轮平均半径(0.794 倍轮缘

半径)所对应的叶栅.计算中参数采用的标准值如图 15.50a 所示.诱导轮的静态性能如

图 15.51 所示.图中,流量系数ϕ和压力系数ψ的参考速度是诱导轮轮缘速度.ψ_i是平

均半径处的欧拉扬程(理论扬程),ψ_{tot}是总扬程,$\psi_{t,s}$是出口静压与进口总压之间的压差

系数(参见公式(15.19)).

(a) 标准值

$\beta_1 = 12.52°$, $\beta_2 = 13.89°$; $\Omega_c' = 22.29$, $\Omega_t' = 2.09$;
$\varsigma_Q = 1.985$, $\varsigma_s = 0.612$; $b = 1.24$, $\sigma = 0.04$;
$\phi = 0.794 \cdot \tan \bar{\beta}_1' = 0.06$; $K = 0.15$, $M = 1.0$

$k_1^* = (1.277, -0.327) = (1.239, -0.440)$
$k_2^* = (-0.526, -2.812) = (-0.531, -2.815)$
$k_3^* = (0.957, -0.046) = (0.973, -0.044)$

ϕ ς σ

(b) $\phi = 0.08$
$k_1^* = (1.274, -0.349)$
$k_2^* = (-0.624, -2.793)$
$k_3^* = (0.974, 0.007)$
     $(0.978, 0.003)$

(e) $\varsigma_Q = 0$
$k_1^* = (1.280, -0.314)$
$k_2^* = (-0.525, -2.813)$
$k_3^* = (0.952, -0.057)$
     $(0.973, -0.054)$

(h) $\sigma = 0.02$
$k_1^* = (1.276, -0.330)$
$k_2^* = (-0.504, -2.811)$
$k_3^* = (0.957, -0.046)$

(c) $\phi = 0.10$
$k_1^* = (1.278, -0.369)$
$k_2^* = (-0.722, -2.773)$
$k_3^* = (0.985, 0.056)$
     $(0.982, 0.049)$

(f) $\varsigma_s = 0$
$k_1^* = (1.252, -0.461)$
$k_2^* = (-0.543, -2.800)$
$k_3^* = (1.000, 0.076)$
     $(1.000, 0.077)$

(i) $\sigma = 0.06$
$k_1^* = (1.279, -0.324)$
$k_2^* = (-0.548, -2.814)$
$k_3^* = (0.957, -0.045)$

(d) $\phi = 0.113$
$k_1^* = (1.282, -0.380)$
$k_2^* = (-0.786, -2.761)$
$k_3^* = (0.989, 0.087)$
     $(0.985, 0.080)$

(g) $\varsigma_Q = 0, \varsigma_s = 0$
$k_1^* = (1.250, -0.452)$
$k_2^* = (-0.542, -2.800)$
$k_3^* = (1.000, 0.068)$
     $(1.000, 0.067)$

(j) $\sigma = 0.10$
$k_1^* = (1.282, -0.319)$
$k_2^* = (-0.591, -2.816)$
$k_3^* = (0.957, -0.045)$

图 15.50　参数及计算结果

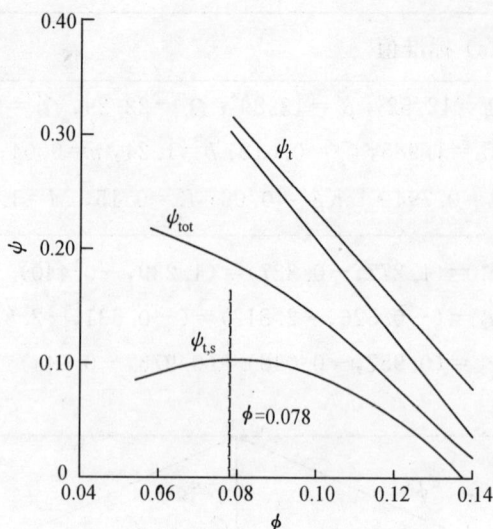

图 15.51　诱导轮静态性能

图 15.50b—j 所示为参数采用不同于图 15.50a 中的标准值时得到的方程(15.17)的 3 个根 $k_i^* = (k_{Ri}^*, k_{Ii}^*)$. 这些参数遵循前面一节所述的准则($k_{R1}^* > 1, k_{R2}^* < 0, k_{R3}^* < 1$). 图 15.50a 中 k_1^* 和 k_2^* 的第 2 组数据是方程(15.20)计算的结果,图 15.50a—g 中 k_3^* 的第 2 组数据是方程(15.18)计算的结果.

如图 15.50a 所示,k_1^* 和 k_2^* 的值与方程(15.20)计算得到的值差别很小,k_3^* 与根据方程(15.18)计算得到的值接近. 这说明 k_1^* 和 k_2^* 表征旋转空化,而 k_3^* 表征旋转失速. 对标准参数取值如图 15.50a 而言,k_1^*、k_2^* 和 k_3^* 的虚部都是负值,这表明旋转空化和旋转失速会同时增大. 表征空化工况下旋转失速的 k_3^* 与方程(15.18)得到的无空化旋转失速解非常接近,这表明旋转失速受空化影响不大. 如图 15.50b—g 所示,当 ϕ 增大或者 ς_s 可以忽略的时候,旋转失速会衰减($k_{I3}^* > 0$),通过图 15.51 和方程(15.18)及方程(15.19)可以解释这一现象. 另一方面,如果 K 和 M 为常数,那么 k_1^* 和 k_2^* 的值与 ϕ、ς_s, ς_Q 以及 σ 几乎没有关系. 在大流量系数 ϕ 或 ς_s 可以忽略的情况下,即使 $\psi_{t,s}$ 的斜率为负值,旋转空化也会增大,这与旋转失速的情况完全不同.

从数值计算结果及上述分析可以看出,虽然旋转空化和旋转失速都能用特征方程(15.17)处理和描述,但由于它们产生的原因和表现都不同,所以它们实际上是相互独立、完全不同的现象.

表 15.4 所示为在 $\dfrac{\delta p_1}{\rho v_{m1}^2} = 1$ 情况下根据图 15.50a 中的标准参数值得到的叶栅进出口压力和轴向速度波动幅值. 在所有的情况下 δp_2 都远小于 δp_1. 对于旋转空化(k_1^* 和 k_2^*),δv_2 比 δv_1 小,这表明进口波动几乎都被空穴体积的变化吸收了(表明旋转空化主要受进口流动条件影响). 另一方面,对于旋转失速(k_3^*),δv_2 与 δv_1 几乎相等,其受空穴体积变化影响很小(表明旋转失速不受进口流动条件影响).

波动分量	$k^* = k_1^*$	$k^* = k_2^*$	$k^* = k_3^*$
$\left\| \dfrac{\delta p_2}{\rho v_{m2}^2} \right\|$	0.059 1	0.008 36	0.049 7
$\left\| \dfrac{\delta v_1}{v_{m1}} \right\|$	0.056 3	0.002 57	0.078 3
$\left\| \dfrac{\delta v_2}{v_{m1}} \right\|$	0.012 9	0.000 20	0.074 3

如上所述,ϕ 和 σ 对 k_1^* 和 k_2^* 的直接影响很小.关于"旋转空化"的讨论表明,k_1^* 和 k_2^* 主要与 M 和 K 相关.由于 M 和 K 是 ϕ 和 σ 的函数,ϕ 和 σ 通过 M 和 K 来影响旋转空化.

2. 旋转空化的特征根

M-K 平面内 k_1^* 和 k_2^* 的等值线图如图 15.52 和图 15.53 所示($\phi = 0.113$,$\sigma = 0.04$).没有详细说明的参数值参考图 15.50.实线由方程(15.17)计算,虚线由方程(15.20)计算.结果相差不大,这表明方程(15.20)对旋转空化的计算非常准确.标注为 $k_1^* = 0$ 的实线是中性稳定曲线,其与方程(15.22)确定的准则(点划线)很接近.在中性稳定曲线以下区域,旋转空化强度会增大.

为了与试验结果比较,还对 $\sigma = 0.06$ 和 $\sigma = 0.02$ 的工况进行了计算,结果发现等值线图几乎没有改变.图 15.52 及图 15.53 中的阴影部分是根据泡状流模型并结合试验数据确定的对应 3 个 σ 值的 M 和 K.对于 k_1^*,如图 15.52 所示,$\sigma = 0.02$ 工况下的传播速度是 $k_R^* = 1.1 \sim 1.4$,其接近试验值 $k_R^* = 1.16$.当降低空化数 σ 时,M 和 K 的数据范围向传播速度比 k_R^* 小的位置偏移.试验数据具有同样的趋势.图 15.54 所示为旋转空化 k_1^* 引起的 LE-7 LOX 涡轮泵的超同步轴振动.超同步频率随时间的减小是由进口压力随时间的减小引起的,这同前述变化趋势一致.

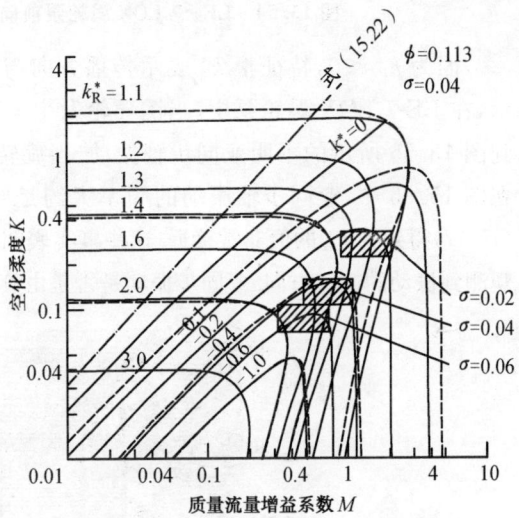

图 15.52　旋转空化 k_1^* 等值线图

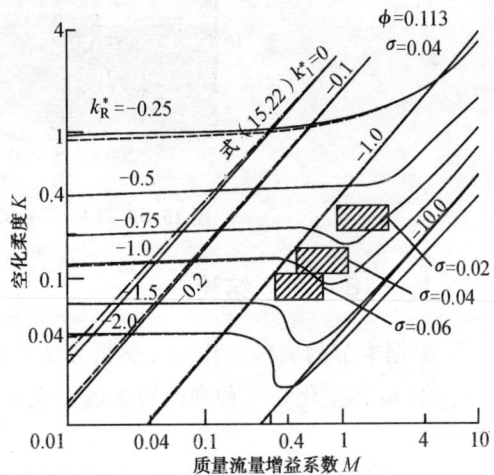

图 15.53　旋转空化 k_2^* 等值线图

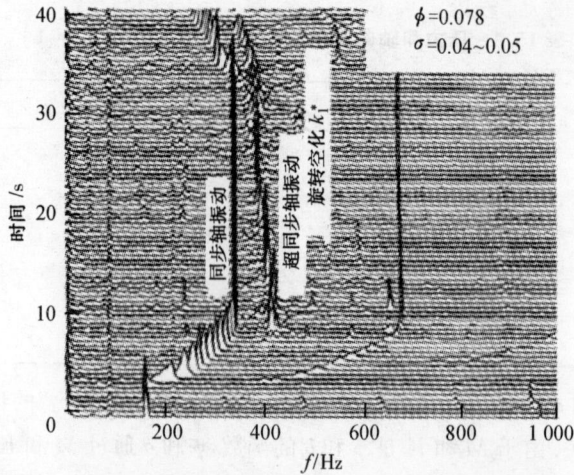

$\phi = 0.078$
$\sigma = 0.04 \sim 0.05$

同步轴振动

超同步轴振动

旋转空化 k_1^*

图 15.54   LE－7 LOX 涡轮泵前向旋转空化引起的超同步轴振动

因为 $k_{R2}^* < 0$，特征根 k_2^* 表示传播方向与叶轮转向相反的旋转空化. 如图 15.55 所示，在 LE-7 LOX 涡轮泵中，当诱导轮发生 $k_R^* = 1.0 \sim 1.2$ 的旋转空化时，经常会观测到图 15.55 所示的不明亚同步轴振动. 当旋转空化 k_1^* 被抑制时，亚同步振动完全消失. 在图 15.55 中，亚同步轴振动的频率大约是叶轮旋转同步转频的 0.8 倍，这与由方程 (15.17) 得到的 k_{R2}^* 的值非常接近. 这些事实表明旋转空化 k_2^* 的存在，遗憾的是，试验中并未观测到振动的旋转方向. 亚同步振动是否是由旋转空化 k_2^* 引起的还需要更深入的研究.

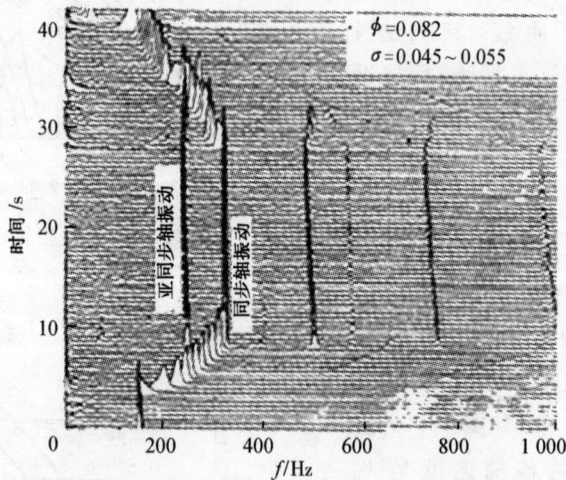

$\phi = 0.082$
$\sigma = 0.045 \sim 0.055$

亚同步轴振动

同步轴振动

图 15.55   LE－7 LOX 涡轮泵亚同步轴振动

15.5.6   初步结论

根据本节的旋转空化一元解析方法主要有以下发现：

① 旋转空化是一种和旋转失速完全不同的现象. 空化的存在对旋转失速没有明显影响.

② 旋转空化是由正质量流量增益系数 M 引起的，而旋转失速是由压力性能的正斜率导致的.

③ 预测得到两种旋转空化模态,其中一个传播速度大于叶轮旋转速度,另外一个传播速度与叶轮旋转方向相反.也就是说,旋转空化的传播速度 $k_R^* > 1$ 或 $k_R^* < 0$,而旋转失速的传播速度 $k_R^* < 1$.

④ 只要质量流量增益系数 M 和空化柔度 K 保持不变,流量系数、叶轮损失和空化数对旋转空化几乎没有影响.

⑤ 给出了两种类型旋转空化在 M-K 平面内的传播速度比和衰减速度曲线图.

⑥ 前向旋转空化传播速度比与试验结果相当吻合.

⑦ 从这些讨论可以总结出透平机械中流动不稳定性之间的关系,如表 15.5 所示.

表 15.5 透平机械中流动不稳定性之间的关系

发生原因及出现流量范围	局域不稳定性	系统不稳定性
压力 P / 发生范围 设计点 $\partial p/\partial Q > 0$ / 流量 Q	旋转失速	喘振
空穴体积 V_c / 发生范围 $M = -\partial V_c/\partial Q > 0$ / 设计点 / 流量 Q	旋转空化	空化喘振

对于旋转失速,众所周知线性分析仅可用于其初生预测——旋转失速一旦发生,扰动就绝不会小.遗憾的是,旋转空化的现有试验数据不足以确定目前线性分析的适用范围.不过,对现有的分析方法进行包括线性化在内的各种简化能够描述旋转空化的基本机理和性质.为了与试验结论(尤其是后向传播模态)更接近,还需要进一步研究 M 和 K 的定量计算(包括扰动的不均匀性和非定常特性),涉及问题的非线性、叶片节距的有限性以及流动的三元效应的更合理模型的构建.

15.6 质量流量增益系数和空化柔度计算

空化质量流量增益系数 $M \equiv \dfrac{\partial a}{\partial \alpha}$ 和空化柔度 $K \equiv -\dfrac{\partial a}{\partial \sigma}$ 是一元理论中描述空化非定常特性的两个关键参数,随关注侧重点的不同其具体的定义公式形式会有差异,但是物理意义相同.质量流量增益系数表示空穴体积随冲角(流量)的变化情况,空化柔度表示空穴体积随空化数(压力)的变化情况.

这一节应用空穴长度可以振荡的闭式空穴模型来计算二元半无限叶栅内叶片表面部分空化的质量流量增益系数和空化柔度,结果发现冲角和空化数对空化柔度和质量流量增益系数的影响是约化频率的函数.应用 3 种方法计算了空穴体积,结果证明了数值计算的准确性和实用性.通过与诱导轮试验数据的比较表明,本节的模型可以定性地模拟非定常空化的特征.

15.6.1 数学公式概述

如图 15.56 所示,进口压力和速度在叶栅轴法线方向上的波动会引起叶片表面上空穴体积的变化.这里计算的目的就是要得到二元半无限叶栅流动中这种叶片表面空穴体积的变化情况. x,y 方向上的速度分量在均匀定常流动 U 附近波动,假设定常(下标 s)和非定常(上标~)扰动都很小,则上述速度分量可以线性化为

$$\begin{cases} q=(U+u,v), \\ u=u_{\mathrm{s}}+\tilde{u}\,\mathrm{e}^{\mathrm{j}\omega t}, \\ v=v_{\mathrm{s}}+\tilde{v}\,\mathrm{e}^{\mathrm{j}\omega t}. \end{cases} \tag{15.24}$$

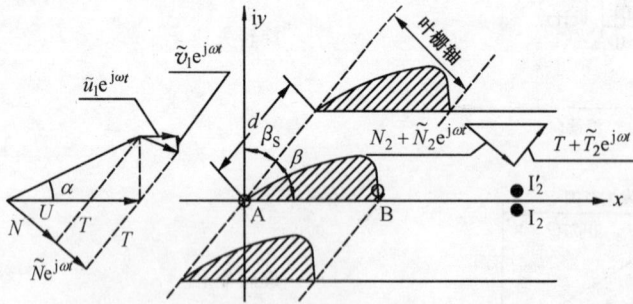

图 15.56 叶栅内脉动空穴的流动结构

应用映射函数

$$z=\frac{d}{2\pi}\left\{\mathrm{e}^{-\mathrm{i}\beta_{\mathrm{s}}}\ln\left(1-\frac{\zeta}{\zeta_{1}}\right)+\mathrm{e}^{\mathrm{i}\beta_{\mathrm{s}}}\ln\left(1-\frac{\zeta}{\zeta_{1}}\right)\right\}, \tag{15.25}$$

将绕叶片的共轭复速度扰动 $w=u-\mathrm{i}v$ 变换到 $\zeta=\xi+\mathrm{i}\eta$ 平面的上半部. ζ 平面内的流场如图 15.57 所示,其中与图 15.56 相对应的点都用相同的字母表示(在本节中,由于有时间参数 t,采用 d 表示叶栅叶片节距).

重新定义空穴表面的速度和压力如下:

$$\begin{cases} u_{\mathrm{c}}=u_{\mathrm{cs}}+\tilde{u}_{\mathrm{c}}\,\mathrm{e}^{\mathrm{j}\omega t}, \\ p_{\mathrm{c}}=p_{\mathrm{v}}. \end{cases} \tag{15.26}$$

将上述表达式代入 x 方向动量方程得到

$$\mathrm{j}\omega\tilde{u}_{\mathrm{c}}+U\frac{\mathrm{d}u_{\mathrm{c}}}{\mathrm{d}x}=0. \tag{15.27}$$

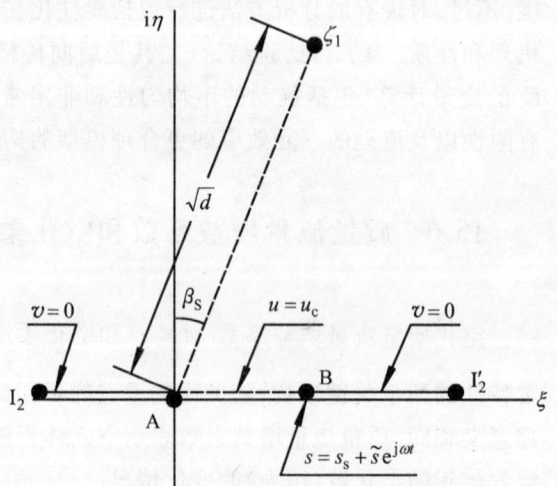

图 15.57 辅助平面 $\zeta=\xi+\mathrm{i}\eta$,其中流动映射到坐标系上半部

因此，

$$\bar{u}_c = \tilde{g} e^{\frac{-jkx}{l_s}}, \qquad (15.28)$$

$$k = \frac{\omega l_s}{U}. \qquad (15.29)$$

式中，k 为约化频率；$\tilde{g}$ 为未知常数. 空穴长度 L 在定常值 l_s 附近振荡，

$$L = l_s + \tilde{L} e^{j\omega t}.$$

空化数定义为

$$\sigma = \frac{p_{1s} - p_V}{\dfrac{\rho U^2}{2}}, \qquad (15.30)$$

上游无穷远处压力定义为

$$p_1 = p_{1s} + \tilde{p}_1 e^{j\omega t}.$$

方程(15.26)中 u_c 的定常部分根据伯努利方程的定常分量计算，即

$$u_{cs} = \frac{\sigma U}{2}. \qquad (15.31)$$

在叶片表面的湿区，应用流动相切条件

$$v = 0, \qquad (15.32)$$

对 ζ 平面的下半部进行解析开拓(an analytical continuation)并应用 Plemelj 公式，可以得到在空穴起点和终点为适当奇点的共轭复速度扰动 $w = u - iv$，即

$$w(\zeta, t) = \frac{1}{\sqrt{\zeta(\zeta - s(t))}} \left(\frac{\sigma U}{2\pi} \int_0^{s(t)} \frac{\sqrt{\xi'(s(t) - \xi')}}{\xi' - \zeta} d\xi' + \right.$$

$$\left. \frac{\tilde{g} e^{j\omega t}}{\pi} \int_0^{s(t)} \frac{\sqrt{\xi'(s(t) - \xi')}}{\xi' - \zeta} e^{\frac{-jkx(\xi')}{l_s}} d\xi' + A + B\zeta \right), \qquad (15.33)$$

其满足边界条件方程(15.28)，方程(15.31)和方程(15.32). 式中 A 和 B 为与 i 相关的未知实数常数，其表达式为

$$\begin{cases} A = A_s + \tilde{A} e^{j\omega t}, \\ B = B_s + \tilde{B} e^{j\omega t}, \end{cases} \qquad (15.34)$$

其值随后进行计算. $s(t)$ 为映射平面内与时间相关的空穴长度.

15.6.2　流动计算

假设在映射平面内

$$s(t) = s_s + \tilde{s} e^{j\omega t}, \qquad (15.35)$$

则问题需要求解的未知量有定常分量：s_s，A_s 和 B_s；非定常分量：$\tilde{s}$，$\tilde{A}$，$\tilde{B}$ 和 $\tilde{g}$. 这些常数根据下述条件计算：上游无穷远处速度波动(两个条件，分别对应 u 和 v)；空穴闭合. 对于非定常分量，除了上述条件外还有一个依据：上游压力波动特性. 对于定常分量，上游压力波动可以并入方程(15.31).

1. 上游速度

如图 15.56 所示，定义叶栅轴法线方向的速度波动 $\tilde{N}_1$，其对应于叶轮内的流量波动. 在 $x = -\infty$ 处的速度波动为 $(u_{1s}, v_{1s}) = (0, T\cos\beta_s - N_1\sin\beta_s)$、$(\tilde{u}_1, \tilde{v}_1) = (\tilde{N}_1\cos\beta_s,$

$-\widetilde{N}_1 \sin \beta_{\mathrm{S}}$)，无扰动流动为 $U = N_1 \cos \beta_{\mathrm{S}} + T \sin \beta_{\mathrm{S}}$，$\alpha = \tan^{-1}\left(\dfrac{v_{1\mathrm{s}}}{U}\right)$．另外在 $x = -\infty$ 处的速度波动还可以用 $w(\zeta_1)$ 来表示．为了方便对方程（15.33）积分，应用关系式

$$\xi = \frac{s(t)}{2}(\tau + 1). \tag{15.36}$$

这样，非定常空穴表面 $0 < \xi < s(t)$ 就变成了 $-1 < \tau < 1$，后者与时间无关．根据这一变换就可以处理空穴长度的波动问题．经过变换后，假设非定常分量很小，就可以将定常分量和非定常分量分开．最后，上游无限远处的边界条件可以表示如下：

定常部分：

$$-\mathrm{i}(T \cos \beta_{\mathrm{S}} - N_1 \sin \beta_{\mathrm{S}}) = \frac{1}{\sqrt{\zeta_1(\zeta_1 - s_{\mathrm{s}})}}\left[\frac{\sigma U}{8\pi} s_{\mathrm{s}}^2 \int_{-1}^{1} \frac{\sqrt{1 - \tau'^2}}{-\zeta_1 + \dfrac{s_{\mathrm{s}}(\tau' + 1)}{2}} \mathrm{d}\tau' + A_{\mathrm{s}} + B_{\mathrm{s}}\zeta_1\right].$$

$$\tag{15.37}$$

非定常部分：

$$\widetilde{N}_1 \cos \beta_{\mathrm{S}} + \mathrm{i}\,\widetilde{N}_1 \sin \beta_{\mathrm{S}} = \frac{1}{\sqrt{\zeta_1(\zeta_1 - s_{\mathrm{s}})}}\Bigg\{\frac{1}{2}\frac{\tilde{s}}{\zeta_1 - s_{\mathrm{s}}} \times$$

$$\left[\frac{\sigma U}{8\pi} s_{\mathrm{s}}^2 \int_{-1}^{1} \frac{\sqrt{1 - \tau'^2}}{-\zeta_1 + \dfrac{s_{\mathrm{s}}(\tau' + 1)}{2}} \mathrm{d}\tau' + A_{\mathrm{s}} + B_{\mathrm{s}}\zeta_1\right] +$$

$$\frac{\sigma U}{2\pi}\left[\frac{s_{\mathrm{s}}}{2}\int_{-1}^{1} \frac{\sqrt{1 - \tau'^2}}{-\zeta_1 + \dfrac{s_{\mathrm{s}}(\tau' + 1)}{2}} \mathrm{d}\tau' - \frac{s_{\mathrm{s}}^2}{8}\int_{-1}^{1} \frac{\sqrt{1 - \tau'^2}(\tau' + 1)}{\left(-\zeta_1 + \dfrac{s_{\mathrm{s}}(\tau' + 1)}{2}\right)^2}\mathrm{d}\tau'\right]\tilde{s} +$$

$$\frac{s_{\mathrm{s}}^2}{4\pi}\tilde{g}\int_{-1}^{1} \frac{\sqrt{1 - \tau'^2}}{-\zeta_1 + \dfrac{s_{\mathrm{s}}(\tau' + 1)}{2}} \times \mathrm{e}^{\frac{-\mathrm{j}kx(\tau')}{l_{\mathrm{s}}}} \mathrm{d}\tau' + A' + B'\zeta_1\Bigg\}. \tag{15.38}$$

方程（15.37）和方程（15.38）都是复数，这样就有两个条件各自对应速度分量 u 和 v，该方法可以用于求解高频波动问题．

2. 闭合条件

在空穴表面 $y = \eta(x, y)$ 的运动学边界条件为

$$\frac{\partial \eta}{\partial t} + U \frac{\partial \eta}{\partial x} = v_{\mathrm{c}}(x, t), \tag{15.39}$$

该方程的解为

$$\eta(x, t) = \frac{1}{U}\int_0^x v_{\mathrm{c}}\left(\hat{x}, t - \frac{x - \hat{x}}{U}\right)\mathrm{d}\hat{x} = \eta_{\mathrm{s}}(x(\tau, t)) + \hat{\eta}(x(\tau, t))\mathrm{e}^{\mathrm{j}\omega t}, \tag{15.40}$$

$$\xi(\hat{x}(t)) = \frac{s(t)}{2}(\hat{\tau} + 1),$$

$$\xi(x(t)) = \frac{s(t)}{2}(\tau + 1). \tag{15.41}$$

式中，$v_{\mathrm{c}}(\hat{x}, t')\left(\text{其中，}t' = t - \dfrac{x - \hat{x}}{U}\right)$ 根据 $-\mathrm{Imag}(w(\xi(\hat{x}), t'))$ 计算．应用变换方程（15.41）以及位置固定在 τ 处的空穴厚度可以得到方程（15.40）的第 2 个表达式．空穴闭合条

件为

$$\eta(L(t),t)=0. \tag{15.42}$$

根据 $\xi'=\dfrac{s(t)(\tau'+1)}{2}$ 变换,并计算 $t'=t-\dfrac{x-\hat{x}}{U}$ 时刻的 v_c,就可以得到线性化后闭合条件的表达式.

定常部分:

$$0=\left(A_s+\frac{B_ss_s}{2}\right)\int_{-1}^{1}\sqrt{\frac{1+\hat{\tau}}{1-\hat{\tau}}}\frac{1}{h}\mathrm{d}\hat{\tau}+\frac{s_s}{2}\left(B_s+\frac{\sigma U}{2}\right)\int_{-1}^{1}\sqrt{\frac{1+\hat{\tau}}{1-\hat{\tau}}}\frac{\hat{\tau}}{h}\mathrm{d}\hat{\tau}. \tag{15.43}$$

非定常部分:

$$0=C_{31}\tilde{A}+C_{32}\tilde{B}+C_{33}\tilde{g}+C_{34}\tilde{s}. \tag{15.44}$$

上式中系数 C_{31}—C_{34} 以及 h 的计算公式分别为

$$C_{31}=s_s\int_{-1}^{1}\sqrt{\frac{1+\hat{\tau}}{1-\hat{\tau}}}\mathrm{e}^{-\mathrm{j}\omega(L-x(\hat{\tau}))/U}\frac{1}{h}\mathrm{d}\hat{\tau},$$

$$C_{32}=\frac{s_s^2}{2}\left(\int_{-1}^{1}\sqrt{\frac{1+\hat{\tau}}{1-\hat{\tau}}}\mathrm{e}^{-\mathrm{j}\omega(L-x(\hat{\tau}))/U}\frac{1}{h}\mathrm{d}\hat{\tau}+\int_{-1}^{1}\sqrt{\frac{1+\hat{\tau}}{1-\hat{\tau}}}\mathrm{e}^{-\mathrm{j}\omega(L-x(\hat{\tau}))/U}\mathrm{d}\hat{\tau}\right),$$

$$C_{33}=\frac{s_s^2}{2\pi}\int_{-1}^{1}\sqrt{\frac{1+\hat{\tau}}{1-\hat{\tau}}}\mathrm{e}^{-\mathrm{j}\omega(L-x(\hat{\tau}))/U}\frac{1}{h}\times\int_{-1}^{1}\frac{\sqrt{1-\tau^2}}{\tau-\tau^2}\mathrm{e}^{-\mathrm{j}k x(\hat{\tau})/l_s}\mathrm{d}\tau\mathrm{d}\hat{\tau},$$

$$C_{34}=\left\{A_s+\left(B_s-\frac{\sigma U}{4}\right)s_s\right\}\int_{-1}^{1}\sqrt{\frac{1+\hat{\tau}}{1-\hat{\tau}}}\frac{1}{h}\mathrm{d}\hat{\tau}+\left(B_s-\frac{\sigma U}{2}\right)s_s\int_{-1}^{1}\sqrt{\frac{1+\hat{\tau}}{1-\hat{\tau}}}\frac{\hat{\tau}}{h}\mathrm{d}\hat{\tau}+$$

$$\left(A_s+\frac{B_ss_s}{2}\right)s_s\int_{-1}^{1}\sqrt{\frac{1+\hat{\tau}}{1-\hat{\tau}}}\frac{h'}{h^2}\mathrm{d}\hat{\tau}+\frac{s_s^2}{2}\left(B_s-\frac{\sigma U}{2}\right)\int_{-1}^{1}\sqrt{\frac{1+\hat{\tau}}{1-\hat{\tau}}}\hat{\tau}\frac{h'}{h^2}\mathrm{d}\hat{\tau}+$$

$$\frac{\sigma U}{4}s_s\int_{-1}^{1}\sqrt{\frac{1+\hat{\tau}}{1-\hat{\tau}}}\mathrm{e}^{-\mathrm{j}\omega(L-x(\hat{\tau}))/U}\frac{1}{h}\mathrm{d}\hat{\tau}+$$

$$\left(A_s+\frac{B_ss_s}{2}\right)\int_{-1}^{1}\sqrt{\frac{1+\hat{\tau}}{1-\hat{\tau}}}\frac{1}{1-\hat{\tau}}(1-\mathrm{e}^{-\mathrm{j}\omega(L-x(\hat{\tau}))/U})\frac{1}{h}\mathrm{d}\hat{\tau}+$$

$$\frac{s_s}{2}\left(B_s-\frac{\sigma U}{2}\right)\int_{-1}^{1}\sqrt{\frac{1+\hat{\tau}}{1-\hat{\tau}}}\frac{1}{1-\hat{\tau}}(1-\mathrm{e}^{-\mathrm{j}\omega(L-x(\hat{\tau}))/U})\frac{1}{h}\mathrm{d}\hat{\tau},$$

$$h=\frac{s_s^2}{4d}\hat{\tau}^2+s_s\left(\frac{s_s}{2d}-\frac{\sin\beta_S}{\sqrt{d}}\right)\hat{\tau}+\frac{s_s^2}{4d}-s_s\frac{\sin\beta_S}{\sqrt{d}}+1,$$

$$h'=-\frac{s_s}{2d}\hat{\tau}^2+\left(\frac{\sin\beta_S}{\sqrt{d}}-\frac{s_s}{d}\right)\hat{\tau}+\frac{\sin\beta_S}{\sqrt{d}}-\frac{s_s}{2d}.$$

对于定常部分,也可以通过上游($\zeta=\zeta_1$)和下游无穷远处($\zeta=\infty$)之间的连续性来表述其闭合条件. 这一连续性关系式为

$$B_s=\left(\frac{\sin^2\beta_S}{\cos^2\beta_S}-\sin\beta_S\frac{\tan\alpha\cos\beta_S+\sin\beta_S}{\cos\beta_S-\tan\alpha\sin\beta_S}\right)N_1. \tag{15.45}$$

此处,方程(15.45)用于确定流动,方程(15.43)用于保证数值计算的精度.

对于非定常部分,连续性关系式包含了空穴体积的变化. 闭合条件(15.44)用于计算未知参数,后面将讨论用于保证计算精度的连续性关系式.

3. 压力条件

在 x 方向上从 $x=-\infty$ 到 $x=0$ 对线性欧拉方程进行积分得到

$$\int_{-\infty}^{0} j\omega \tilde{u} e^{j\omega t} dx + U(u_s + \tilde{u} e^{j\omega t})\Big|_{-\infty}^{0} = -\frac{1}{\rho}(p_V - p_1).$$

根据上游无限远处及空穴的边界条件对上述方程进行部分积分,其非定常部分为

$$-j\omega \int_{-\infty}^{0} x \frac{d\tilde{u}}{dx} dx + U(\tilde{g} - \cos\beta_S \tilde{N}_1) = \frac{\tilde{p}_{1u}}{\rho}, \tag{15.46}$$

式中,

$$\tilde{p}_{1u} = \tilde{p}_1 - \lim_{x \to \infty}(-j\omega \rho \tilde{u} x),$$

为泵进口处的压力波动,线性化以后表示为 $\tilde{\sigma} = \dfrac{\tilde{p}_{1u}}{\dfrac{\rho U^2}{2}}$. 对于定常部分,与之对应的是式

(15.30)和式(15.31). 既然 $\tilde{u}$ 可以用 $\tilde{A}, \tilde{B}, \tilde{g}$ 和 $\tilde{s}$ 来表示,那么式(15.46)可以表示为下述形式:

$$-j\omega J_1 \tilde{A} - j\omega J_2 \tilde{B} + (U - j\omega J_3)\tilde{g} - j\omega J_4 = U\tilde{N}_1 \cos\beta_S + \frac{\tilde{p}_{1u}}{\rho}, \tag{15.47}$$

式中,J_1 至 J_4 为无穷积分,其计算公式如下:

$$J_1 = \int_{-\infty}^{0} x(\zeta) dH_1(\zeta),$$

$$J_2 = \int_{-\infty}^{0} x(\zeta) dH_2(\zeta),$$

$$J_3 = \int_{-\infty}^{0} x(\zeta) dH_3(\zeta),$$

$$J_4 = \int_{-\infty}^{0} x(\zeta) dH_4(\zeta),$$

$$H_1 = \text{Re}\left\{\frac{1}{\sqrt{\zeta(\zeta - s_s)}}\right\},$$

$$H_2 = \text{Re}\left\{\frac{\zeta}{\sqrt{\zeta(\zeta - s_s)}}\right\},$$

$$H_3 = \frac{s_s^2}{4\pi}\text{Re}\left\{\frac{1}{\sqrt{\zeta(\zeta - s_s)}}\int_{-1}^{1}\frac{\sqrt{1 - \tau'^2}}{-\zeta + s_s(\tau' + 1)/2} e^{\frac{-jkx}{l_s}} d\tau'\right\},$$

$$H_4 = \frac{1}{2}\text{Re}\left\{\frac{1}{\sqrt{\zeta}(\zeta - s_s)^{\frac{3}{2}}} \times \left[\frac{\sigma U}{8\pi}s_s^2\int_{-1}^{1}\frac{\sqrt{1 - \tau'^2}}{-\zeta + s_s(\tau' + 1)/2}d\tau' + A_s + B_s\zeta\right]\right\} +$$

$$\frac{\sigma U}{4\pi}s_s\text{Re}\left\{\frac{1}{\sqrt{\zeta}(\zeta - s_s)}\left[\int_{-1}^{1}\frac{\sqrt{1 - \tau'^2}}{-\zeta + s_s(\tau' + 1)/2}d\tau' - \frac{s_s}{4}\int_{-1}^{1}\frac{\sqrt{1 - \tau'^2}(\tau' + 1)}{[-\zeta + s_s(\tau' + 1)/2]^2}d\tau'\right]\right\}.$$

为了计算空化柔度和质量流量增益系数,还需要分别应用条件 $\tilde{N}_1 = 0$ 和 $\tilde{p}_{1u} = 0$.

用于计算的方程及未知量小结如下:

定常分量(s_s, A_s 和 B_s):方程(15.37)和方程(15.45)的实部和虚部.

非定常分量($\tilde{s}, \tilde{A}, \tilde{B}$ 和 $\tilde{g}$):方程(15.38)、方程(15.44)和方程(15.47)的实部和虚部.

15.6.3 空化柔度和质量流量增益系数

将空穴体积 V_c 定义为

$$V_c = \int_0^{L(t)} \eta(x,t)\,\mathrm{d}x = V_{cs} + \widetilde{V}_c \mathrm{e}^{\mathrm{j}\omega t}. \qquad (15.48)$$

可以将空化柔度和质量流量增益系数定义如下：

$$K = -\frac{\partial\left(\dfrac{V_c}{d^2}\right)}{\partial\sigma} = -\frac{\left(\dfrac{\widetilde{V}_c}{d^2}\right)_{\widetilde{N}_1 = 0}}{\dfrac{\widetilde{p}_{1u}}{\left(\dfrac{\rho U^2}{2}\right)}}, \qquad (15.49)$$

$$M = -\frac{\partial\left(\dfrac{V_c}{d^2}\right)}{\partial\left(\dfrac{N_1}{U}\right)} = -\frac{\left(\dfrac{\widetilde{V}_c}{d^2}\right)_{\widetilde{p}_{1u} = 0}}{\dfrac{\widetilde{N}_1}{U}}. \qquad (15.50)$$

需要注意的是，K 和 M 都是复数.

在有些情况下，应用 $\sqrt{N^2 + T^2}$ 或者 T 替代特征速度 U 来定义 K 和 M. 不过，在实际情况下由于 α 和 β 都很小，由于定义的不同引起的结果的差别很小.

15.6.4 空穴体积波动计算

可以通过下述 3 种方法计算空穴体积波动 $\widetilde{V}_c$.

① 对空穴厚度进行积分. 直接对方程(15.40)进行积分得到 $\widetilde{V}_c$ 的表达式如下：

$$\widetilde{V}_{c1} = \frac{\cos\beta_s}{4\pi}s_s^2\int_{-1}^{1} \widetilde{\eta}(\hat{\tau})\,\frac{\hat{\tau}+1}{h}\mathrm{d}\hat{\tau} + \frac{\cos\beta_s}{4\pi}s_s\int_{-1}^{1}\left(\frac{h'}{h}+2\right)\eta_s(\hat{\tau})\,\frac{\hat{\tau}+1}{h}\mathrm{d}\hat{\tau}\,\tilde{s}\,, \qquad (15.51)$$

第 2 项来自于 $\eta_s(x(\tau,t))$，即计算 $\tau = \dfrac{2\xi(x)}{s(t)} - 1$ 点的速度，该点固定在空穴表面，但是随着空穴长度的变化在物理面内是运动的.

② 对方程(15.39)进行积分. 积分方程(15.39)得到的结果为

$$\frac{\partial}{\partial t}\int_0^{L(t)} \eta(x,t)\,\mathrm{d}x + U\int_0^{L(t)} \frac{\partial\eta}{\partial x}\mathrm{d}x = \int_0^{L(t)} v_c(x,t)\,\mathrm{d}x, \qquad (15.52)$$

因为在 $x=0$ 和 $x=L(t)$ 时 $\eta=0$，因此有

$$\widetilde{V}_{c2} = \frac{1}{\mathrm{j}\omega}\int_0^{L(t)} v_c(x,t)\,\mathrm{d}x.$$

需要说明的是，只有空穴闭合的情况(部分空穴)该方程才成立.

③ 连续性关系. 在物理平面内应用连续性关系式得到

$$\widetilde{V}_{c3} = \frac{d}{\mathrm{j}\omega}(\widetilde{N}_2 - \widetilde{N}_1), \qquad (15.53)$$

式中，$\widetilde{N}_1$ 和 $\widetilde{N}_2$ 由方程(15.33)分别对应 $\zeta=\zeta_1$ 和 $\zeta=\infty$ 计算得到.

由 $\widetilde{V}_{c1}$，$\widetilde{V}_{c2}$ 和 $\widetilde{V}_{c3}$ 计算得到的 K 和 M 分别表示为 K_1，K_2，K_3 和 M_1，M_2，M_3. 通过对这些值进行比较可以来分析空穴闭合条件、连续性以及数值计算的精确性.

15.6.5 结果和讨论

这里所列的数据是针对叶片安放角 $\beta=15°$, 节距为 $d=2\pi$ 的诱导轮得到的.

1. 定常特性

图 15.58 所示为空穴长度 l_s 和空化数 σ 之间的关系曲线. 空穴形状如图 15.59 所示. 由图可以看出, 对于 $l_s>8$ 的空穴 $-\dfrac{\mathrm{d}l_s}{\mathrm{d}\sigma}$ 值较大, 这种空穴的最大厚度位置位于 $d=2\pi$ 的右侧 ($x>d$). η 的值小于 10^{-3}, 也就是说所采用的数值计算的精度能够保证闭合条件式 (15.43) 达到这一数量级.

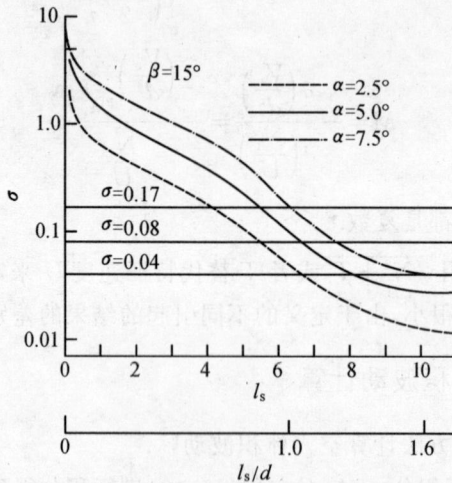

图 15.58 定常空穴长度 l_s 与空化数 σ 的关系

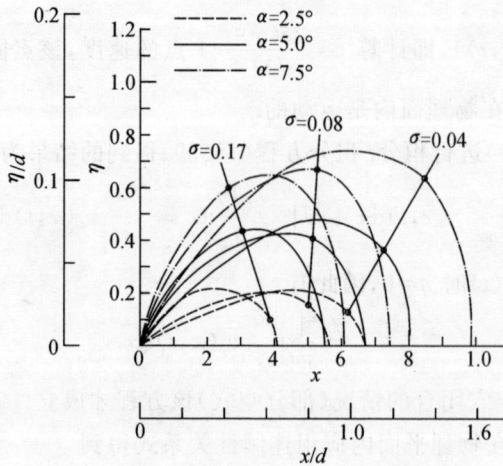

图 15.59 各种条件下的定常空穴形状

图 15.60 所示为在冲角 $\tilde{\alpha}$ 和进口压力 $\tilde{\sigma}$ 波动条件下空穴形状的定常计算和非定常计算的结果, 其中 $\omega=0$. 图 15.60 所示数据是为了检验上述计算的正确性. 图中非定常计算的结果用 η_s 与 $\tilde{\eta} e^{j\omega t}$ 的和表示. 为了使两条曲线看起来比较一致, 需要将波动量的

值,尤其是进口压力波动的值取得非常小.在物理上,这种处理表明问题具有非线性特性.图 15.60 表明定常计算的结果与将波动量减小后得到的准定常计算的结果一致.由图 15.60 还可以看出,根据 $\bar{\eta}$ 计算得到的空穴厚度光顺地消除了由于 η_s 引起的某固定点 x 处的空穴厚度变化.这一比较表明上述数值计算是精确的.

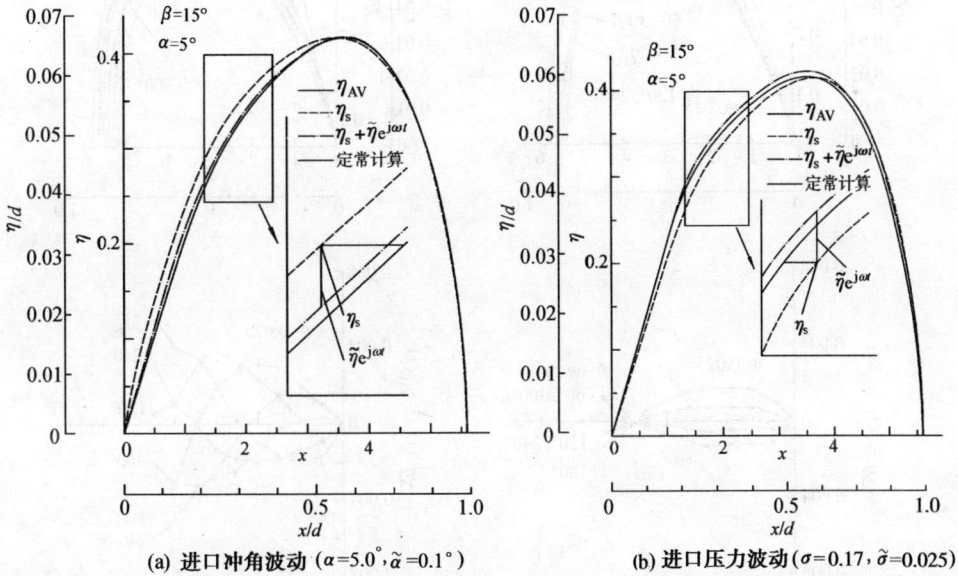

(a) 进口冲角波动($\alpha=5.0^\circ$, $\tilde{\alpha}=0.1^\circ$)　　　　(b) 进口压力波动($\sigma=0.17$, $\tilde{\sigma}=0.025$)

图 15.60　$\omega=0$ 条件下定常流动计算和非定常流动计算得到的空穴形状比较

2. 非定常空穴形状

图 15.61 所示为空穴形状的波动情况.其中上侧图为空穴形状的瞬时变化,分别对应的进口压力波动 $\tilde{\sigma}=0.025$(图 15.61a 和 15.61b)和进口冲角波动 $\tilde{\alpha}=0.5^\circ$(图 15.61c 和 15.61d)的幅值都比较大.这些进口波动的取值都比较大,因此无法对其进行线性化处理.不过这些数据可以使我们看到空穴形状波动的特征;下侧图为弦长上某固定位置 x 处空穴厚度 $\Delta\eta$ 的波动过程.图中数据采用了较小的波动幅度 $\tilde{\sigma}=0.0025$ 和 $\tilde{\alpha}=0.1^\circ$ 以维持其线性特性(由于空穴表面曲率以及 $\eta_s(x(\tau,t))$ 的存在,该线性计算中出现了非线性特性).参见图 15.61a,其进口压力波动 $k=0$,在最大空穴厚度的上游和下游,和驻波的情况一样,$\Delta\eta$ 的符号发生变化.这是因为进口压力的变化主要导致空穴长度的变化,而空穴最大厚度基本保持不变,如图 15.59 所示.当 $k=3$ 时,如图 15.61b 所示,空穴表面表现为向下游传播的波运动特性.对于 $k=0$ 条件下冲角波动的情况(如图 15.61c 所示),$\Delta\eta$ 随 x 及其相变基本是线性变化的,这一点可以根据图 15.59 所示的定常空穴形状来理解.当 $k=3$ 时,空穴形状也具有某种传播特性,不过并不像进口压力波动情形那样明显.此外,通常为定值的空穴相延迟在这里尤其明显.

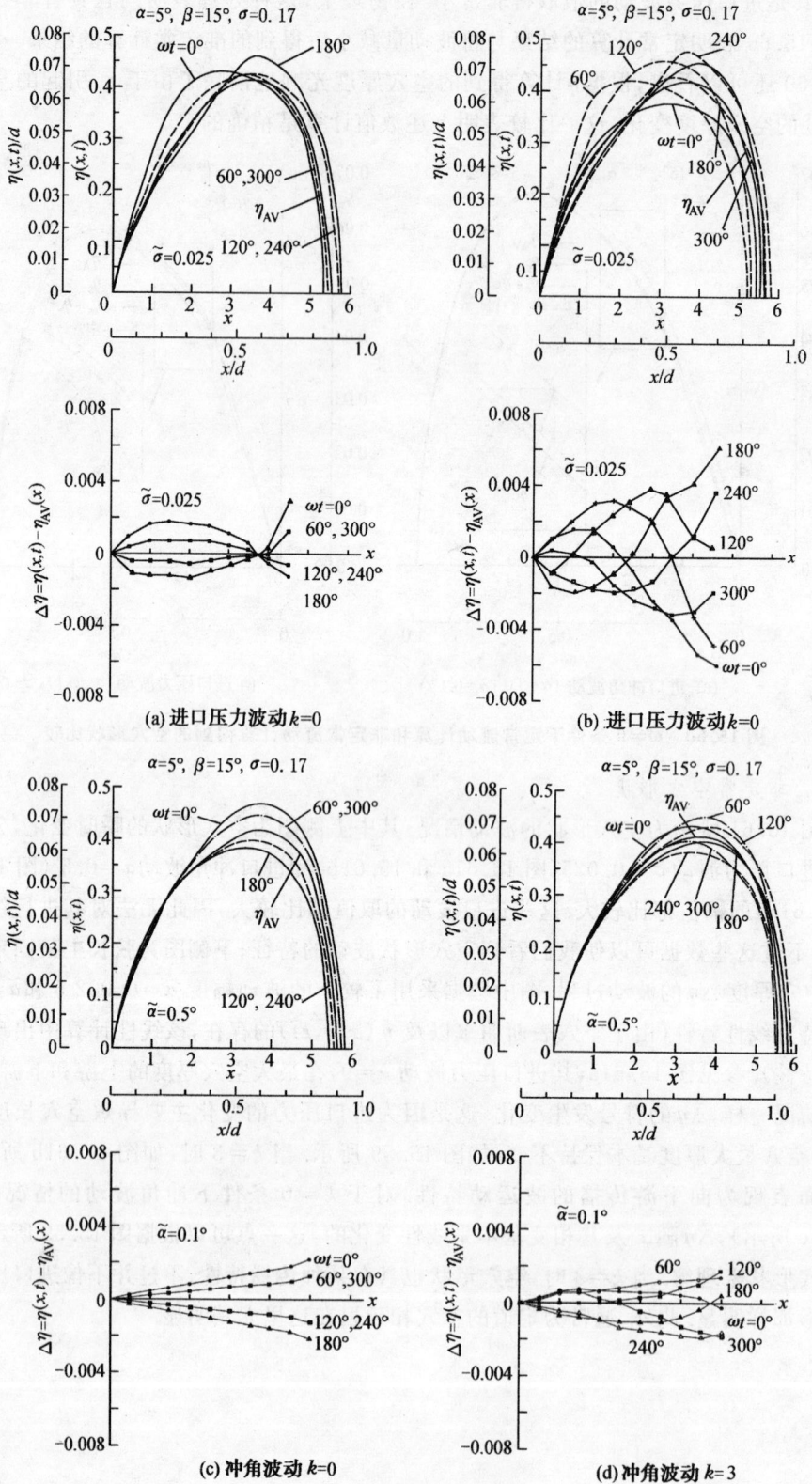

图 15.61 非定常空穴形状

3. 非定常空化柔度

图 15.62a 和 15.62b 所示为冲角和平均空化数对空化柔度的影响. 图中绘出了 3 个值: K_1, K_2 和 K_3. 3 组非常接近的数据一方面表明了数值积分具有足够的精确程度, 同时也表明空穴闭合条件和连续性关系式都合理. 需要指出的一点是, 在 $k \to 0$ 的极限位置, 也就是准定常结果位置, 上述数据光顺地连在一起. 对于较短的空穴, 在靠近 $k=1$ 处相位略有超前. 这可能与空穴表面波动从驻波形式向传播波形式的转变有关. 对于长空穴, 这种趋势很不明显. 当 $k \geqslant 2$ 时, 随着 k 值的增加相位的延迟都一样. 随着 k 值的增加, 在该频域内 K 的幅值或者其绝对值对于短空穴增加, 对于长空穴降低. 在 $\sigma=0.08$, $\alpha=2.5°$ 和 $\sigma=0.17$, $\alpha=5°$ 时 K 值基本上都相等, 其定常空穴长度基本相同, 但是厚度差别很大 (参见图 15.59). 通过更多的计算可以证明 M 和 K 只与定常空穴长度 l_s 有关, 与 σ 和 α 无关.

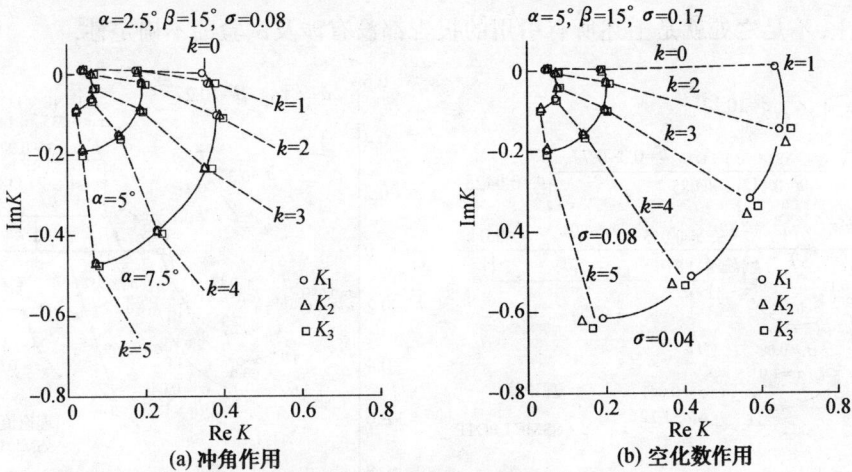

图 15.62 非定常空化柔度 K

4. 非定常质量流量增益系数

如图 15.63 所示, 根据空穴体积的 3 种计算方法得到的结果一致. 在 $k \to 0$ 条件下, 增益系数与准定常结果光顺地连在一起. 与空化柔度不同, 增益系数相位随着 k 的增加光滑地延迟. 增益系数与图 15.61a—d 所示的空穴厚度的光滑延迟相对应. 在 $\sigma=0.08$, $\alpha=2.5°$ 和 $\sigma=0.17$, $\alpha=5°$ 时 M 值基本相同, 定常空穴长度基本一样.

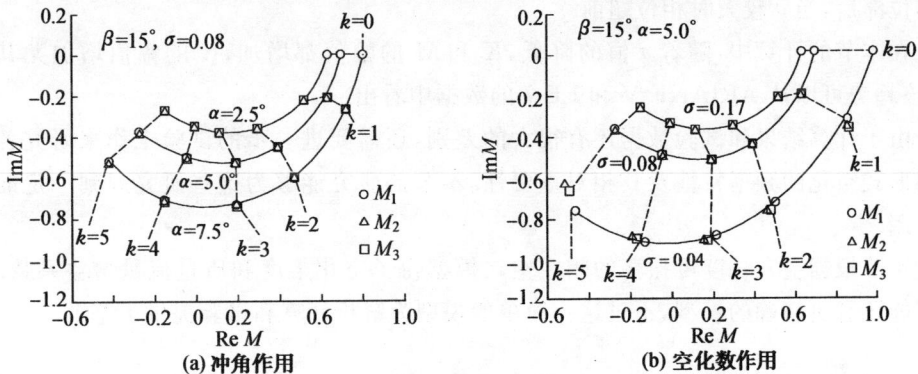

图 15.63 非定常质量流量增益系数 M

5．与其他研究的比较

可以确信本节的计算结果与准静态分析得到的计算结果在极限位置 $k \to 0$ 一致。在实际机械中的流动是强三元的，而且还有夹杂着空泡空化的大量轮缘空穴．因此无法进行定量比较，不过可以比较其一般规律．具体比较数据如图 15.64a 和 15.64b 所示（理论数据是 $\beta = 10.27°$ 叶栅的计算结果，该角度是现代典型诱导轮的参数，可以将其与图15.62 和图 15.63 进行比较分析 β 的作用）．航天飞机主发动机（SSME）低压氧化剂涡轮泵（LPOTP）的数据相互独立，与进出口的压力波动和流量波动相关．虽然 K 和 M 以约化频率 $k^* = \dfrac{\omega d}{U} = k\dfrac{d}{L}$ 的函数形式给出，不过看起来 k^* 似乎不会产生系统的影响，图中还绘制了 K 和 M 在约化频率 k^* 上的平均值．K 和 M 都作为实数处理并在实轴上显示．计算得到的 LE-7 LOX 诱导轮增益与试验值一致．准定常假设计算的结果也显示在实轴上．不足之处就是上述所有引用的报告都没有涉及试验的不确定性．

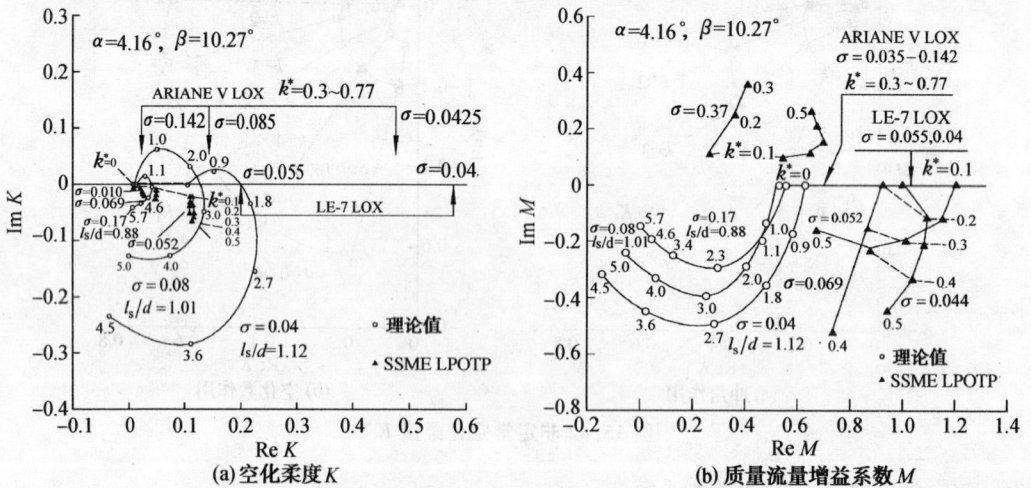

图 15.64 与试验值的比较

由图 15.64a 可知，ARIANE V 和 LE-7 的准定常结果远远大于本节的计算和 SSME 的数据，随着 k^* 的增加，SSME 的模型具有相位滞后特性。

在所有案例中，M 的大小都为同一数量级（参见图 15.64b）．对于 SSME，当 σ 较小时相位滞后，当 σ 较大时相位超前．

在本节的计算中，随着 σ 值的降低，K 和 M 的幅值都增加，K 的幅值增加尤其明显．该趋势可以从 ARIANE V 和 LE-7 的数据中看出．

由于计算结果和试验数据还有很大的差别，还需要进一步的试验工作来研究各种不同形式空化的频率特性及其相对重要性．本节的研究能够为这些研究起到一定的指导作用．

本节根据空穴长度可振荡的闭式空穴模型得了空化柔度和质量流量增益系数．尽管可能还有更精确的模型，不过这一简单的模型为解析计算和试验提供了基准．

15.7 交变叶面空化二元理论分析

交变叶面空化是指不同叶片上空穴的长度是交替变化的. 在对 VULCAN 引擎涡轮泵的研究中,发现在很宽的空化数范围内,其 4 叶片诱导轮内出现了交变叶面空化. 本节基于线性空穴模型,应用奇点法对交变叶面空化进行理论分析. 根据定常分析既能够获得交变叶面空化解,也能够得到经典的等长度空化解. 根据叶栅稠密度的不同,交变叶面空化的发展差异很大. 因此随后应用稳定性分析计算大、小稠密度叶栅中等长度空化和交变叶面空化的稳定性.

15.7.1 问题描述

如图 15.65 所示平板叶栅,弦长为 c,叶片节距为 t,叶片安装角为 β_S. 假定在上游边界 $\xi = -L_d$ 平均流动的大小为 U,攻角为 α. 该位置共轭复速度波动用 $\tilde{N} e^{j\beta s} e^{j\omega t}$ 表示,其中 $\tilde{N}$ 是轴向速度波动的幅值,i 和 j 表示空间和时间的虚部,$\omega = \omega_R + j\omega_I$ 为复数频率,实部 ω_R 表示频率,虚部 ω_I 表示衰减速度. 为了区分诱导轮的叶片,需要对其进行编号,如图 15.65 所示,诱导轮的叶片数为 Z,在 x 轴上的叶片标注为 0 叶片,沿 y 轴的正方向标号增加,第 Z 个叶片就是第 0 个叶片,因此第 Z 个叶片又返回到 x 轴位置. 各叶片上的定常速度分量和扰动相位相同,其标号与所在叶片的标号相同. 本节介绍 2 叶片诱导轮($Z=2$)中的交变叶面空化(结果可以用于分析叶片数为偶数的任何诱导轮以及与之相关的交变叶面空化不稳定性). 对于部分空化,第 n 个叶片上的空穴长度 L_n 比弦长 c 小.

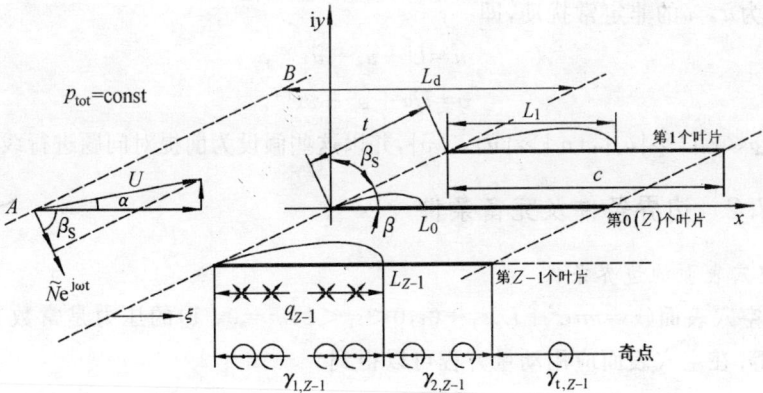

图 15.65 空化流动二元稳定性分析

叶片和空穴引起的速度扰动可以用空穴区域的源分布 q_n、叶片上的涡分布 $\gamma_{1,n}$,$\gamma_{2,n}$ 以及叶片尾迹表面上的尾缘涡 $\gamma_{t,n}$ 来描述($n=0,1$). 不同叶片上的奇点分布分别进行处理. 这些奇点分布在叶片和其延伸面上,假设流体扰动小,复数共轭速度可以表示如下:

$$w(z,t) = u - \mathrm{i}v$$

$$= U\mathrm{e}^{-\mathrm{i}\alpha} + \widetilde{N}\mathrm{e}^{\mathrm{i}\beta_s}\mathrm{e}^{\mathrm{j}\omega t} +$$

$$\frac{1}{2\pi}\sum_{n=0}^{Z-1}\Big\{\int_0^1 [q_n(s_1) + \mathrm{i}\gamma_{1,n}(s_1)][f_n(z, L_n s_1) - f_n(-L_\mathrm{d}, L_n s_1)]L_n \mathrm{d}s_1 +$$

$$\mathrm{i}\int_1^2 \gamma_{2,n}(s_2)[f_n(z, (c - L_n)s_2 + (2L_n - c)) - f_n(-L_\mathrm{d}, (c - L_n)s_2 +$$

$$(2L_n - c))](c - L_n)\mathrm{d}s_1 + \mathrm{i}\int_c^\infty \gamma_{\mathrm{t},n}[f_n(z, \xi) - f_n(-L_\mathrm{d}, \xi)]\mathrm{d}\xi\Big\}, \quad (15.54)$$

$$f_n(z, \xi) = \frac{\pi}{Zt}\mathrm{e}^{-\mathrm{i}\beta}\cot\Big[\frac{\pi}{Zt}(z - \xi - L_\mathrm{d}e_n)\mathrm{e}^{-\mathrm{i}\beta} - \frac{n}{Z}\pi\Big], \quad (15.55)$$

式中，$z = x + \mathrm{i}y$ 为复数坐标，引入 s_1 和 s_2 用于描述空穴长度 L_n 的变化，其定义为

$$\xi = L_n s_1 \ (0 < \xi < L_n,\ 0 < s_1 < 1,\ n = 0,\ 1), \quad (15.56)$$

$$\xi = (c - L_n)s_2 + (2L_n - c) \ (L_n < \xi < c, 1 < s_2 < 2, n = 0, 1). \quad (15.57)$$

在此处的分析中，进口管路长度 L_d 取得较大（$L_\mathrm{d} = 1\,000c$），$f(-L_\mathrm{d}, \xi)$ 近似为 $\dfrac{-\pi\mathrm{e}^{\mathrm{i}\beta_s}}{t}$.

所有奇点和空穴长度都由坐标 s_1 和 s_2 进行描述，后者随空穴长度 L_n 的变化移动.

奇点的强度和空穴长度分为定常分量和非定常分量两部分，即

$$\begin{cases} q_n(s_1) = \bar{q}_n(s_1) + \tilde{q}_n(s_1)\mathrm{e}^{\mathrm{j}\omega t}, \\ \gamma_{1,n}(s_1) = \bar{\gamma}_{1,n}(s_1) + \tilde{\gamma}_{1,n}(s_1)\mathrm{e}^{\mathrm{j}\omega t}, \\ \gamma_{2,n}(s_1) = \bar{\gamma}_{2,n}(s_1) + \tilde{\gamma}_{2,n}(s_1)\mathrm{e}^{\mathrm{j}\omega t}, \\ \gamma_{2,n}(s_1) = \bar{\gamma}_{2,n}(s_1) + \tilde{\gamma}_{2,n}(s_1)\mathrm{e}^{\mathrm{j}\omega t}, (n = 0, 1), \\ \gamma_{\mathrm{t},n} = \tilde{\gamma}_{\mathrm{t},n}(\xi)\mathrm{e}^{\mathrm{j}\omega t}, \\ L_n = l_{\mathrm{s},n} + \tilde{L}_n\mathrm{e}^{\mathrm{j}\omega t}. \end{cases} \quad (15.58)$$

将式(15.58)代入式(15.54)，可以将速度分为均一的定常速度 U，$U\alpha$，定常扰动 u_s，v_s 以及幅度为 $\tilde{u}$，$\tilde{v}$ 的非定常扰动，即

$$u = U + u_\mathrm{s} + \tilde{u}\mathrm{e}^{\mathrm{j}\omega t}, \quad (15.59\mathrm{a})$$

$$v = U\alpha + v_\mathrm{s} + \tilde{v}\mathrm{e}^{\mathrm{j}\omega t}. \quad (15.59\mathrm{b})$$

这里假设 $\alpha \ll 1, U \gg |u_\mathrm{s}|, |v_\mathrm{s}| \gg |\tilde{u}|, |\tilde{v}|$，并以这些假设为前提对问题进行线性化处理.

15.7.2　边界条件及完备条件

1. 空穴表面的边界条件

假设空穴表面（$z = mt\mathrm{e}^{\mathrm{i}\beta} + L_m s_1 + 0\mathrm{i}, 0 < s_1 < 1, m = 0,\ 1$）的压力是常数并与汽化压力 p_v 相等. 在空穴表面应用动量方程可以得到

$$\frac{\partial u}{\partial t} + \frac{U}{l_{\mathrm{s},m}}\frac{\partial u}{\partial s_1} = -\frac{1}{\rho}\frac{1}{l_{\mathrm{s},m}}\frac{\partial p}{\partial s_1} = 0. \quad (15.60)$$

由此可以得到空穴表面的速度（$U + u_{\mathrm{c},m}$），其中

$$u_{\mathrm{c},m}(s_1) = u_{\mathrm{c},\mathrm{s}} + \tilde{u}_{\mathrm{c},m}\mathrm{e}^{-\mathrm{j}\left(\frac{\omega l_{\mathrm{s},m}}{U}\right)s_1}\mathrm{e}^{\mathrm{j}\omega t}. \quad (15.61)$$

根据式(15.54)和式(15.59)可以得到边界条件如下：

$$\mathrm{Re}\{w(mt\mathrm{e}^{\mathrm{i}\beta} + L_m s_1 + 0\mathrm{i})\} = U + u_{\mathrm{c},\mathrm{s}} + \tilde{u}_{\mathrm{c},m}\mathrm{e}^{-\mathrm{j}\left(\frac{\omega l_{\mathrm{s},m}}{U}\right)s_1}\mathrm{e}^{\mathrm{j}\omega t}, 0 < s_1 < 1. \quad (15.62)$$

在 $\xi=-L_d$ 和 $\xi=0$ 之间应用非定常伯努利方程,可以得到空穴表面的速度与 $\xi=-L_d$ 处的压力之间的关系,即

$$u_{c,s} = \frac{p_{-L_d,s} - p_v}{\rho U} = \frac{\sigma U}{2}, \tag{15.63}$$

$$\frac{\partial \mathrm{Re}\{\overline{w}(mte^{i\beta} - L_d) - \overline{w}(mte^{i\beta})\}}{\partial t} + U\widetilde{u}_{c,m} - U\widetilde{N}\cos\beta_s = \frac{\widetilde{p}_{-L_d}}{\rho}, \tag{15.64}$$

式中,$p_{-L_d,s}$ 为上游边界 $\xi=-L_d$ 处的压力;p_v 为汽化压力. 二者之差正交化为空化数 $\sigma = 2\dfrac{p_{-L_d,s} - p_v}{\rho U^2}$. 假定在距离进口边为 L_d 的线 AB 上的二元叶栅绕流与定常总压(该总压与静压相等,即假定速度为0)p_{tot} 的某处相关,建立该处与管路进口线 AB 间的伯努利方程可以得到

$$p_{-L_d,s} = p_{tot} - \frac{\rho}{2}U^2, \tag{15.65}$$

$$\widetilde{p}_{-L_d} = -\rho U\widetilde{N}\cos\beta_s. \tag{15.66}$$

根据式(15.63),式(15.64)以及式(15.66)就可以得到式(15.62)中所要求的空穴表面的切向速度.

2. 湿面边界条件

在湿面的切向流动条件为

$$\mathrm{Im}\{w(mte^{i\beta} + L_m s_1 + 0i)\} = 0, 0 < s_1 < 1, \tag{15.67}$$

$$\mathrm{Im}\{w(mte^{i\beta} + (c - L_m)s_2 + (2L_m - c)\pm 0i)\} = 0, 0 < s_2 < 2. \tag{15.68}$$

3. 空穴闭合条件

空穴厚度 b_m 应该满足下述运动学条件:

$$\frac{\partial b_m}{\partial t} + \frac{1}{L_m}\left(U - s_1\frac{\mathrm{d}L_m}{\mathrm{d}t}\right)\frac{\partial b_m}{\partial s_1} = v(mte^{i\beta} + L_m s_1 + 0i) = q_m(s_1), 0 < s_1 < 1. \tag{15.69}$$

空穴厚度可分为定常分量和非定常分量,即

$$b_m(s_1) = b_{s,m}(s_1) + \widetilde{b}_m(s_1)e^{j\omega t}, \tag{15.70}$$

经过线性化处理后将方程(15.69)分为定常分量和非定常分量,积分这些方程,就可得到

$$b_{s,m}(s_1) = \frac{l_{s,m}}{U}\int_0^{s_1} q_{s,m}(s_1')\mathrm{d}s_1', \tag{15.71}$$

$$\widetilde{b}_m(s_1) = \frac{l_{s,m}}{U}\int_0^{s_1}\widetilde{q}_m(s_1')e^{-j\frac{\omega l_{s,m}}{U}(s_1 - s_1')}\mathrm{d}s_1' + \frac{\widetilde{L}_m}{U}\int_0^{s_1}\left(1 + j\frac{\omega l_{s,m}}{U}s_1'\right)q_{s,m}(s_1')e^{-j\frac{\omega l_{s,m}}{U}(s_1 - s_1')}\mathrm{d}s_1'. \tag{15.72}$$

定常分量和非定常分量的空穴闭合条件为

$$b_{s,m}(1) = \widetilde{b}_m(1) = 0. \tag{15.73}$$

4. Kutta 条件

假设在出口边叶片两侧的压力差为0,则根据动量方程,库塔条件可以表示为

$$\frac{\mathrm{d}}{\mathrm{d}t}\left[\int_0^1\gamma_{1,m}(s_1)L_m\mathrm{d}s_1 + \int_1^2\gamma_{2,m}(s_2)(c - L_m)\mathrm{d}s_2\right] + U\gamma_{2,m}(2) = 0, m = 0, 1,$$

$$\tag{15.74}$$

上式与 Kelvin 环量守恒定律相同,该方程表明由于叶片环量的变化,在平均速度为 U 的流动的尾缘有强度为 $\gamma_{2,m}(2)$ 的尾迹涡脱落.

假设出口自由涡量 $\gamma_{t,m}(\xi)$ 在自由流线上传输,那么它与 $\widetilde{\gamma}_{2,m}(2)$ 的关系如下:

$$\widetilde{\gamma}_{t,m} = \widetilde{\gamma}_{2,m}(2) \mathrm{e}^{-\mathrm{j}\frac{\omega l_{\mathrm{s},m}}{U}\frac{\xi-c}{l_{\mathrm{s},m}}}. \tag{15.75}$$

5. 下游条件

假设下游管路无限长,那么无限惰性效应会抑制下游流量的波动. 根据连续性方程可得

$$\widetilde{N} + \frac{1}{Zt}\sum_{m=0}^{Z-1}\left\{\int_0^1 \widetilde{q}_m(s_1)L_m \mathrm{d}s_1\right\} = 0. \tag{15.76}$$

15.7.3 分析方法

综上所述,问题的未知量为奇点分布 $q_n(s_1)$, $\gamma_{1,n}(s_1)$, $\gamma_{2,n}(s_1)$ 的定常分量和非定常分量,空穴长度 L_n,空穴表面的速度 $u_{c,n}$ 以及进口速度波动 $\widetilde{N}$ 的幅值. 这些未知量可以根据式 (15.61)—(15.68),式 (15.71)—(15.74) 以及式 (15.76) 的定常和非定常部分进行计算. 这里,引入下述函数来计算奇点的定常分量:

$$C_{qn}(s_1) = \frac{q_{\mathrm{s},n}(s_1)}{U\alpha},$$

$$C_{\gamma 1n}(s_1) = \frac{\gamma_{1\mathrm{s},n}(s_1)}{U\alpha}, \tag{15.77}$$

$$C_{\gamma 2n}(s_2) = \frac{\gamma_{2\mathrm{s},n}(s_2)}{U\alpha}.$$

这些函数在离散点 $s_1 = S_{1,k}(k=1,2,\cdots,N_C)$, $s_2 = S_{2,k}(k=1,2,\cdots,N_B)$ 上的值未知(其中,N_C 和 N_B 为坐标 s 上离散点的数量).

根据这些值计算方程 (15.54) 中的积分部分,可以将边界条件和完备条件表示如下:
对于定常分量:

$$\boldsymbol{A}_{\mathrm{s}}(l_{\mathrm{s},n})\begin{pmatrix} C_{q0}(S_{1,1}) \\ \vdots \\ C_{\gamma 10}(S_{1,1}) \\ \vdots \\ C_{\gamma 20}(S_{2,1}) \\ \vdots \\ C_{q1}(S_{1,1}) \\ \vdots \\ C_{\gamma 11}(S_{1,1}) \\ \vdots \\ C_{\gamma 21}(S_{2,1}) \\ \vdots \\ \dfrac{\sigma}{2\alpha} \end{pmatrix} = \boldsymbol{B}_{\mathrm{s}}, \tag{15.78}$$

对于非定常分量:

$$A_{u}(l_{s,n},\omega)\begin{pmatrix} \tilde{q}_0(S_{1,1}) \\ \vdots \\ \tilde{\gamma}_{1,0}(S_{1,1}) \\ \vdots \\ \tilde{\gamma}_{2,0}(S_{2,1}) \\ \vdots \\ \tilde{q}_1(S_{1,1}) \\ \vdots \\ \tilde{\gamma}_{1,1}(S_{1,1}) \\ \vdots \\ \tilde{\gamma}_{2,1}(S_{2,1}) \\ \vdots \\ \tilde{u}_{c,0} \\ \tilde{u}_{c,1} \\ \alpha\tilde{L}_0 \\ \alpha\tilde{L}_1 \\ \tilde{N} \end{pmatrix}=\mathbf{0}. \tag{15.79}$$

其中,$A_{s}(l_{s,n})$,$A_{u}(l_{s,n},\omega)$为系数矩阵;B_{s}为矢量常数.假定各离散点之间的奇点分布为线性,在各离散点之间的中间位置应用边界条件.定常流动由方程(15.78)计算,该式表明定常空穴长度 $l_{s,n}$ 为 $\dfrac{\sigma}{2\alpha}$ 的函数.方程组(15.79)为一组齐次线性方程.如果具有进口压力或者流量波动等外部强迫扰动,方程组(15.79)的右侧的向量非 0,表示强迫扰动.在这里不考虑外部扰动,系数矩阵 $A_{u}(l_{s,n},\omega)$ 的行列式满足

$$|A_{u}(l_{s,n},\omega)|=0, \tag{15.80}$$

所得的结果为非平凡解,得到的复数频率

$$\omega=\omega_{R}+j\omega_{I} \tag{15.81}$$

是定常空穴长度 $l_{s,n}$ 的函数.这表明空化数 σ 和冲角 α 所组成的参数 $\dfrac{\sigma}{2\alpha}$ 影响稳定性.

应用等长度空穴的定常空穴长度 $l_{s,E}$ 将复数频率正交化如下:

$$St=\frac{\dfrac{\omega_{R}}{2\pi}}{\dfrac{U}{l_{s,E}}},\quad k_{I}=\frac{\dfrac{\omega_{I}}{2\pi}}{\dfrac{U}{l_{s,E}}}. \tag{15.82}$$

15.7.4　定常流动分析

应用下述方法可以根据 $\dfrac{\sigma}{2\alpha}$ 的值计算空穴长度 $l_{s,n}(n=0,1)$.首先假定叶片($n=0,1$)上的空穴长度 $l_{s,n}$,然后不考虑两组叶片上的空穴闭合条件,应用式(15.78)计算流场,这样计算得到的流场不满足空穴闭合条件,应用式(15.71)计算空穴尾缘处的空穴厚

度,得到的 $b_{s,0}(1)$,$b_{s,1}(1)$ 分别是 $l_{s,0}$,$l_{s,1}$ 的函数. 为了得到满足 $b_{s,0}(1)=0$,$b_{s,1}(1)=0$ 的近似值 $l_{s,0}'$,$l_{s,1}$,在 $0<l_{s,n}<c$ 区间内对 $l_{s,n}$ 离散计算. 从得到的最小的 $|b_{s,0}(1)|$ 和 $|b_{s,1}(1)|$ 近似值,应用牛顿法计算空穴长度 $l_{s,0}$,$l_{s,1}$,直到其满足闭合条件 $\dfrac{b_{s,0}(1)}{c}<$

10^{-8},$\dfrac{b_{s,1}(1)}{c}<10^{-8}$.

1. 与试验结果比较

图 15.66 所示为计算结果与试验数据的比较. 试验叶片轮缘处的叶栅参数为 $\dfrac{c}{t}=$ 2.0,$\beta=18.59°$. 数值计算结果表明具有两种空化形态,一种是等长度空化,另一种是在 σ 为 $0.33\sim0.40$ 范围内出现的交变叶面空化. 等长度空化的解与保角变换法得到的结果完全一致. 这里计算得到的发生交变叶面空化的空化数范围要大于试验结果,不过随着空化数的降低,数值分析相当准确地描述了一个叶片上的空穴变长,另外一个叶片上空穴变短的情况. 数值分析和试验都表明,随着空化数的降低,当等长度空化的空穴长度接近 $\dfrac{l_s}{t}=0.65$ 时,交变叶面空化开始出现,定义该空穴长度为临界空穴长度 $\left(\dfrac{l_s}{t}=0.65=\left(\dfrac{l_s}{t}\right)_{\mathrm{cri}}\right)$,相应的空化数定义为临界空化数 σ_{cri}. 在试验中,进一步降低空化数会使两种空穴的空穴长度都增加. 在空化数较小时,会伴随发生空穴振荡,空穴振荡可能是由于三元作用或者流动的不稳定性引起的,本节的二元定常流动分析方法无法预测这一点.

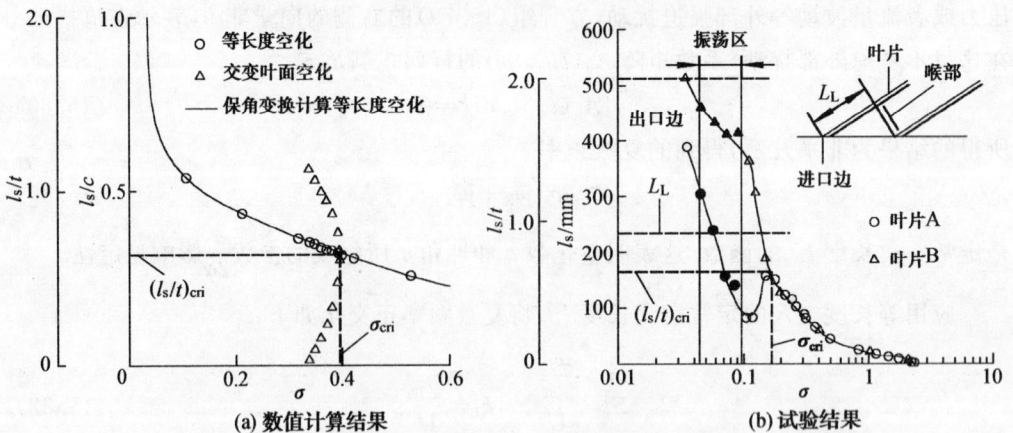

图 15.66 叶栅在 $\phi=0.10$ 工况的定常空穴长度

图 15.67 所示为相对速度矢量的数值计算和试验结果. 理论计算数据和试验数据选用了不同的空化数,原因是二者长短空穴长度的比值相同. 试验结果表明其具有下列特征:长空穴延伸到叶片流道内部,空穴的排挤作用使轴向速度增加,短空穴叶片进口边附近的冲角减小. 这种效应抑制了短空穴的发展,在数值计算结果中也可以发现存在这种流态. 试验中还发现在附有长空穴叶片的出口边附近存在一个低速区域,在无尾迹

非黏性计算中并没有发现这个区域.

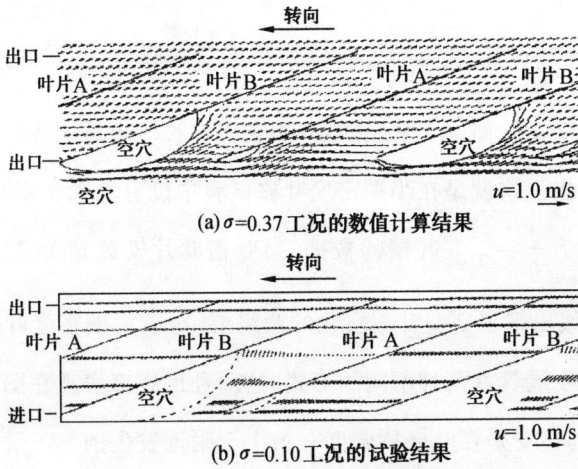

(a) $\sigma=0.37$ 工况的数值计算结果

(b) $\sigma=0.10$ 工况的试验结果

图 15.67　$\phi=0.10$ 工况的相对速度矢量

2. 叶栅几何形状的影响

图 15.68 所示为叶栅稠密度 $\frac{c}{t}$ 为 $3.0,2.0,1.5,1.0,0.5$,叶片安放角 β 为 $30°,20°$ 和 $10°$ 的数值计算结果. 据此分析叶栅几何形状对交变叶面空化的影响. 对 $\frac{c}{t}$ 为 3.0, 2.0 和 1.5 的大稠密度叶栅,用叶栅节距 t 将空穴长度正交化,而对 $\frac{c}{t}$ 为 1.0 和 0.5 的小稠密度叶栅,用弦长 c 将空穴长度正交化.

图 15.68a 所示为 $\frac{c}{t}$ 为 3.0 和 2.0 的大稠密度叶栅的数据. 从图中看不出叶栅稠密度对空化的影响. 在所有方案中,当等长度空化的空穴长度达到约为 $\frac{l_{\mathrm{s}}}{t}=0.65$ 时出现交变叶面空化. 从 $\frac{l_{\mathrm{s}}}{t}$ 的角度看,叶栅叶片安放角对交变叶面空化的初生没有明显的影响.

图 15.68b 所示为 $\frac{c}{t}=1.0$ 的叶栅的数据. 图中表明随着空化数的降低,交变叶面空化突然表现为空穴长度为 $\frac{l_{\mathrm{s}}}{t}\left(=\frac{l_{\mathrm{s}}}{c}\right)\approx0$ 的短空穴和空穴长度为 $\frac{l_{\mathrm{s}}}{t}\left(=\frac{l_{\mathrm{s}}}{c}\right)\approx1.0$ 的长空穴. 此外,长空穴和短空穴的空穴长度都会接近等长度空穴的空穴长度 $\frac{l_{\mathrm{s}}}{c}=0.65$.

图 15.68c 所示为 $\frac{c}{t}=0.5$ 叶栅的数据. 其交变叶面空化的发展方式与 $\frac{c}{t}=1.0$ 叶栅相同. 在 $\beta=10°\sim30°$ 范围内,交变叶面空化与等长度空化解曲线的交点位于 $\frac{l_{\mathrm{s}}}{c}=2\frac{l_{\mathrm{s}}}{t}=0.65$ 附近. 在系列试验中,在叶栅稠密度 $\frac{c}{t}=0.5$,叶栅叶片轮缘安放角 $\beta=15°$ 的

叶栅中没有发现交变叶面空化.从图中可以看出,在等长度空化解中存在最小的$\frac{\sigma}{2\alpha}$值.当叶栅稠密度减小时,$\frac{\sigma}{2\alpha}$为最小值时定常空穴长度$\frac{l_s}{c}$接近 0.75,也就是说等长度空化较长的部分不稳定.交变叶面空化初生时,其长空穴的长度超过了等长度空穴在$\frac{\sigma}{2\alpha}$为最小值时的空穴长度,也许这就是在小稠密度叶栅试验中没有发现交变叶面空化的原因.

图 15.68d 所示为$\frac{c}{t}=1.5$叶栅的数据.当叶栅叶片安放角为 30° 时,可以看出在 $1.28 \leqslant \frac{\sigma}{2\alpha} \leqslant 1.37$ 区域出现了交变叶面空化的两组解.对于大稠密度叶栅和小稠密度叶栅,交变叶面空化的发展具有两种不同的形式,这两种形式都表现在图 15.68d 中.因此交变叶面空化形式的转变是在叶栅稠密度$\frac{c}{t}$为 1.5 附近发生的.

—— 保角变换计算等长度空化 ----- 交变叶面空化

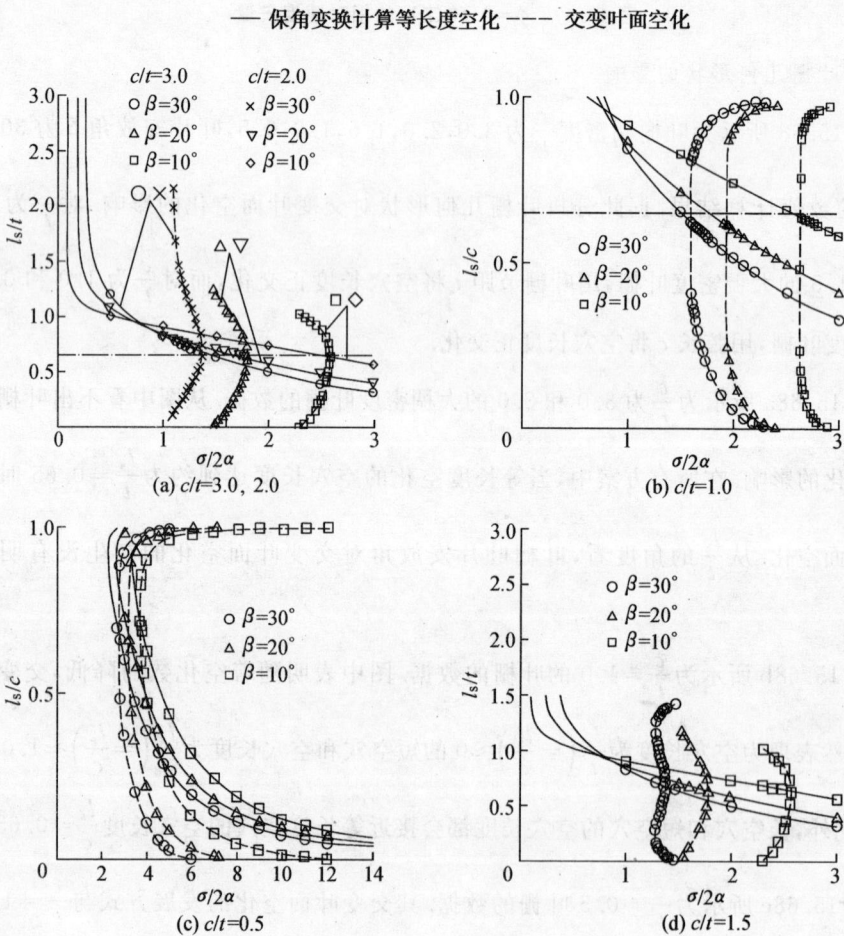

图 15.68 各种叶栅稠密度及叶片安放角的叶栅内定常空穴长度

3. 交变叶面空化的物理解释

如图 15.66 所示,在大稠密度叶栅中,当等长度空化的空穴长度接近约叶栅节距的65%时开始出现交变叶面空化.图15.69所示为$\frac{c}{t}=2.0,\beta=10°$叶栅中绕空穴的定常速度场.根据该图对交变叶面空化进行物理解释.在靠近空穴闭合点,可以看到一个速度矢量导向叶片背面的区域,在该区域,对面叶片上的攻角减小.当空穴长度接近$\frac{l_s}{t}=0.65$时(参见图15.69b,$\frac{l_s}{t}=0.64$),具有小攻角的局部流动开始与对面叶片的进口边相互干涉.如果某个叶片上的空穴扩展,那么其相对叶片上的攻角及空穴就会减小,这样就形成了交变叶面空穴,如图15.69c所示.也就是说,在空穴闭合处附近具有小攻角的局部流动与对面叶片进口边的相互作用形成了交变叶面空化.

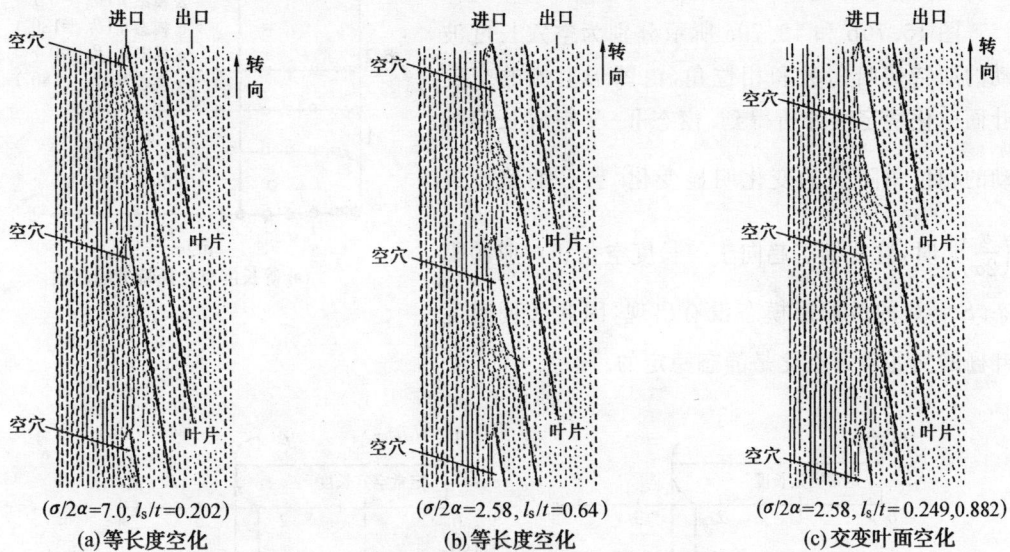

(a)等长度空化 $(\sigma/2\alpha=7.0,l_s/t=0.202)$ (b)等长度空化 $(\sigma/2\alpha=2.58,l_s/t=0.64)$ (c)交变叶面空化 $(\sigma/2\alpha=2.58,l_s/t=0.249,0.882)$

图 15.69 $\frac{c}{t}=2.0,\beta=10°,\alpha=4°$叶栅内的定常空穴形状和速度场

15.7.5 稳定性分析

对叶栅稠密度分别为$\frac{c}{t}=2.0$和$1.0,\beta=10°$的两个平板叶栅进行分析以研究"大"稠密度和"小"稠密度叶栅的空化稳定性.

1. 大稠密度叶栅空化稳定性$\left(\frac{c}{t}=2.0,\beta=10°\right)$

图15.70a所示为根据图中上半部分的等长度空化稳定性分析得到的$k_1<0$条件下激振解的斯特劳哈尔数.相对于第0个叶片,第1个叶片上空穴长度波动的相位角$\theta_{0,1}$为0°或者180°.尽管存在很多高阶模态,但图中只展示了其中的5种形式.模态Ⅰ,Ⅲ,Ⅴ的相位角$\theta_{0,1}=180°$,这表明空穴的生长和收缩随叶片而交替变化.模态Ⅱ和Ⅳ的空穴长度波动相位角$\theta_{0,1}=0°$,其分析参见图15.70b和15.70c.

模态Ⅰ是一种散振形激振模态,其斯特劳哈尔数为$St=0$,衰减速度$k_1<0$,相位角$\theta_{0,1}=180°$.这种模态下的空穴不具有振荡特性,一个以指数型伸长,另一个以指数型缩短,这表明其向交变叶面空化转变.由于这种空穴的发展与描述空气翼型角位移指数型增长

的颤振分析中的散振现象非常相近,所以这里采用了"散振"一词. 因此,在存在散振模态,也就是模态I的基础上分析定常空化的稳定性. 如图15.70a所示,模态I(○)在 $\frac{\sigma}{2\alpha} \leqslant \left(\frac{\sigma}{2\alpha}\right)_{cri}$ 区域,也就是 $\frac{l_s}{t} \geqslant \left(\frac{l_s}{t}\right)_{cri} \approx 0.65$ 区域内出现. 因此,在 $\frac{\sigma}{2\alpha} \leqslant \left(\frac{\sigma}{2\alpha}\right)_{cri}$ 区域内具有长空穴 $\frac{l_s}{t} \geqslant \left(\frac{l_s}{t}\right)_{cri} \approx 0.65$ 的等长度空化静态不稳定,而在 $\frac{\sigma}{2\alpha} > \left(\frac{\sigma}{2\alpha}\right)_{cri}$ 区域内具有短空穴 $\frac{l_s}{t} < \left(\frac{l_s}{t}\right)_{cri} \approx 0.65$ 的等长度空化静态稳定.

图15.70b和15.70c所示分别为空穴长度波动的斯特劳哈尔数和相位角,由图形上侧的交变叶面空化稳定性分析得到. 模态II-V空穴长度波动的相位角随 $\frac{\sigma}{2\alpha}$ 的变化明显变化. 当 $\frac{\sigma}{2\alpha}$ 的值接近 $\left(\frac{\sigma}{2\alpha}\right)_{cri}$ 时,这些模态趋向于等长度空化相对应的模态. $St = 0$ 的散振形模态没有出现,因此大稠密度叶栅的交变叶面空化是静态稳定的.

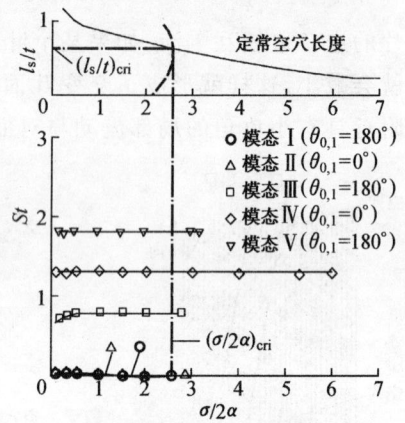

(a) 等长度空化斯特劳哈尔数

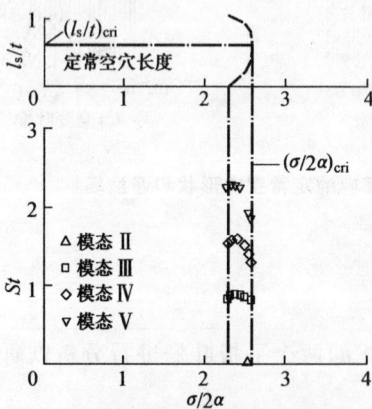

(b) 交变叶面空化斯特劳哈尔数

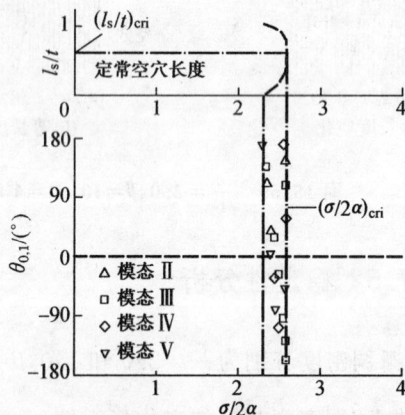

(c) 交变叶面空化相位角

图15.70 $\frac{c}{t} = 2.0, \beta = 10°$ 叶栅的激振解

根据上面的分析可以看出,大稠密度叶栅 $\left(\frac{c}{t} > 1.5\right)$ 中空化随 $\frac{\sigma}{2\alpha}$ 降低的发展过程为:在 $\frac{\sigma}{2\alpha} > \left(\frac{\sigma}{2\alpha}\right)_{cri}$ 区域内等长度空穴是稳定的,当 $\frac{\sigma}{2\alpha}$ 减小到 $\left(\frac{\sigma}{2\alpha}\right)_{cri}\left(\frac{l_s}{t}\right.$ 增加到 $\left(\frac{l_s}{t}\right)_{cri} \approx$ 0.65) 时等长度空穴开始发展. 由于在 $\frac{\sigma}{2\alpha} < \left(\frac{\sigma}{2\alpha}\right)_{cri}\left(\frac{l_s}{t} > \left(\frac{l_s}{t}\right)_{cri} = 0.65\right)$ 范围内等长度空化不稳定而交变叶面空化稳定,因此交变叶面空化开始发展. 交变叶面空化发展直到

短空穴的长度降低到 0. 在 $\frac{\sigma}{2\alpha}$ 小于交变叶面空化消失时的 $\frac{\sigma}{2\alpha}$ 值范围内, 不存在稳定的定常解. 空化的发展过程与试验观察一致. 当 σ 小于交变叶面空化发生区域的值时, 试验中发现了振荡空化. 在 $\frac{\sigma}{2\alpha} < \left(\frac{\sigma}{2\alpha}\right)_{\mathrm{cri}}$ 范围内有多种不稳定模态.

2. 小稠密度叶栅空化稳定性 $\left(\frac{c}{t} = 1.0, \beta = 10°\right)$

图 15.71a 所示为等长度空化稳定性分析得到的激振解的斯特劳哈尔数. 模态 I, III, V 的相位角 $\theta_{0,1} = 180°$, 这表明一个叶片上的空穴长度变短, 另外一个叶片上的空穴长度变长. 模态 II 的相位为 $0°$, 其与空化喘振对应. $St = 0$ 的散振形模态 I 在 $\frac{\sigma}{2\alpha} \leqslant \left(\frac{\sigma}{2\alpha}\right)_{\mathrm{cri}}$ 范围内出现. 因此, 具有长空穴 $\frac{l_{\mathrm{s}}}{c} \geqslant \left(\frac{l_{\mathrm{s}}}{c}\right)_{\mathrm{cri}} \approx 0.65$ 的等长度空化不稳定, 而具有短空穴 $\frac{l_{\mathrm{s}}}{c} < \left(\frac{l_{\mathrm{s}}}{c}\right)_{\mathrm{cri}} \approx 0.65$ 的等长度空化稳定. 这与大叶栅稠密度的结论相同. 进一步减小叶栅稠密度, 具有长空穴的等长度空穴不稳定性就会混合入部分空穴和超空穴迁移空化不稳定性, 后者在 $\frac{l_{\mathrm{s}}}{c} > 0.75$ 条件下出现.

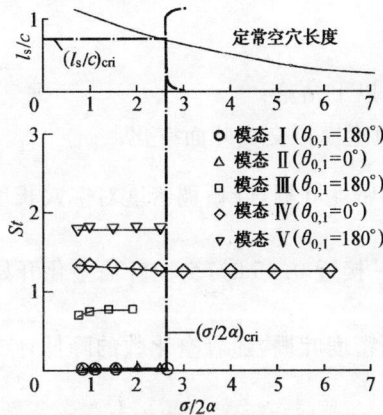

(a) 等长度空化的斯特劳哈尔数

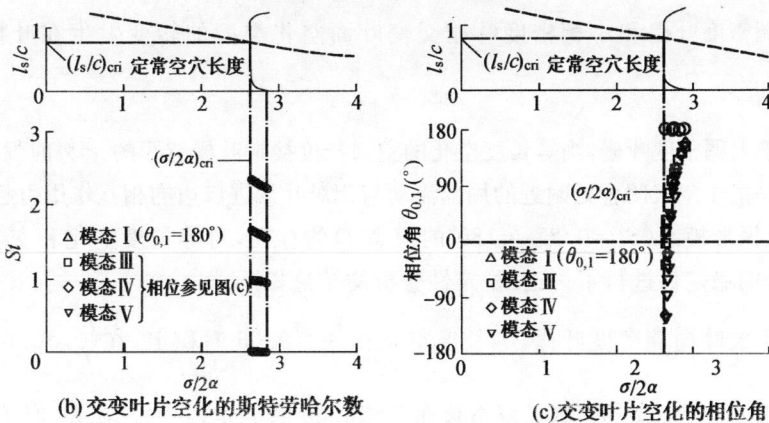

(b) 交变叶片空化的斯特劳哈尔数

(c) 交变叶片空化的相位角

图 15.71 $\frac{c}{t} = 1.0, \beta = 10°$ 叶栅的激振解

模态Ⅲ,Ⅳ和Ⅴ的斯特劳哈尔数在 $\sigma/2\alpha$ 的所有范围内几近为常数,而且其值也与图 15.70a 中 $\dfrac{c}{t}=2.0$ 叶栅的值相同. 频率与进口管路长度无关. 在 $\dfrac{l_s}{c}$ 很小的时候模态Ⅳ就开始出现,其斯特劳哈尔数与单个水翼的斯特劳哈尔数一致(参见 15.1 节). 这表明模态Ⅳ与试验观察到的单一水翼上短空穴的空化振荡相关. 图 15.70 和图 15.71 中的模态Ⅱ的频率与 $\dfrac{1}{\sqrt{L_d}}$ 相关,这表明模态Ⅱ就是经典空化喘振. 模态Ⅱ,Ⅲ,Ⅴ等振荡模态主要发生在 $\dfrac{l_s}{c}>\left(\dfrac{l_s}{c}\right)_{cri}\approx 0.65$ 的长空穴中. 在该区域还发现了旋转空化. 这表明长空穴(可能会出现交变叶面空穴)也是动态不稳定的.

图 15.71b 和 15.71c 所示分别为斯特劳哈尔数 St 和相位角 $\theta_{0,1}$,其由图形上侧的交变叶面空化稳定性分析得到. 在图 15.71b 和 15.71c 中,具有 $St=0$ 的散振形激振解模态Ⅰ出现在交变叶面空化的整个 $2.90\geqslant\dfrac{\sigma}{2\alpha}\geqslant\left(\dfrac{\sigma}{2\alpha}\right)_{cri}=2.63$ 区域上. 因此,对于小稠密度叶栅,交变叶面空化静态不稳定. 在试验中,没有观察到小叶栅稠密度 $\left(\dfrac{c}{t}=0.5,1.0\right)$ 诱导轮中具有交变叶面空化.

15.7.6　初步结论

根据定常流动分析得到以下结论:

① 可以采用自由流线模型模拟交变叶面空化.

② 对于 $\dfrac{c}{t}>2.0$ 的大稠密度叶栅,叶栅稠密度对空穴长度 $\dfrac{l_s}{t}$ 的影响可以忽略. 随着空化数的降低,当空穴长度 $\dfrac{l_s}{t}$ 接近 0.65 时,交变叶面空化开始发生.

③ 对于 $\dfrac{c}{t}\leqslant 1.0$ 的小稠密度叶栅,随着空化数的降低,空穴长度分别为 $\dfrac{l_s}{t}=1.0$ 和 $\dfrac{l_s}{t}=0$ 的交变叶面空化突然出现,然后空穴长度向 $\dfrac{l_s}{c}=0.65$ 接近.

④ 大稠密度叶栅和小稠密度叶栅交变叶面空化类型的转变发生在叶栅稠密度 $\dfrac{c}{t}=1.5$ 附近.

⑤ 对于大稠密度叶栅,当等长度空化的空穴长度接近叶栅节距的 65% 时发生交变叶面空化,这是由于空穴闭合处附近的局部流动与相对叶片进口边的相互作用引起的.

针对散振形模态($St=0,\theta_{0,1}=180°$ 的模态Ⅰ)的存在,对等长度空化和交变叶面空化定常求解的稳定性进行了讨论. 稳定性分析的结论如下:

① 对于大叶栅稠密度叶栅,等长度空化在 $\dfrac{l_s}{t}\leqslant 0.65$ 时稳定,在 $\dfrac{l_s}{t}\geqslant 0.65$ 时不稳定;对于小叶栅稠密度叶栅,等长度空化在 $\dfrac{l_s}{c}\leqslant 0.65$ 时稳定,在 $\dfrac{l_s}{c}\geqslant 0.65$ 时不稳定;在等长度空化稳定与不稳定间转变的临界点上,定常交变空化开始发展.

② 交变叶面空化对于大稠密度叶栅 $\left(\dfrac{c}{t}\geqslant 1.5\right)$ 稳定,对于小稠密度叶栅 $\left(\dfrac{c}{t}\leqslant 1.5\right)$ 不稳定.

③ 大稠密度叶栅中 $\dfrac{l_s}{t}\geqslant 0.65$ 以及小稠密度叶栅中 $\dfrac{l_s}{c}\geqslant 0.65$ 的长空穴都没有稳定的定常解.

④ 大稠密度叶栅中 $\dfrac{l_s}{t}\geqslant 0.65$ 以及小稠密度叶栅中 $\dfrac{l_s}{c}\geqslant 0.65$ 的长空穴具有各种振荡模态,这说明长空穴静态和动态都是不稳定的.

15.8 旋转阻塞理论分析

由于旋转阻塞的不稳定性与空化引起的扬程断裂相关,因此相应的理论分析模型要能够模拟扬程断裂.闭式空穴模型无法预测由于空化引起的扬程下降,上一节所示的稳定性分析结果也没有涉及与阻塞相关的不稳定问题.为了模拟旋转阻塞,采用如图15.72 所示含有空穴尾迹的空穴模型.

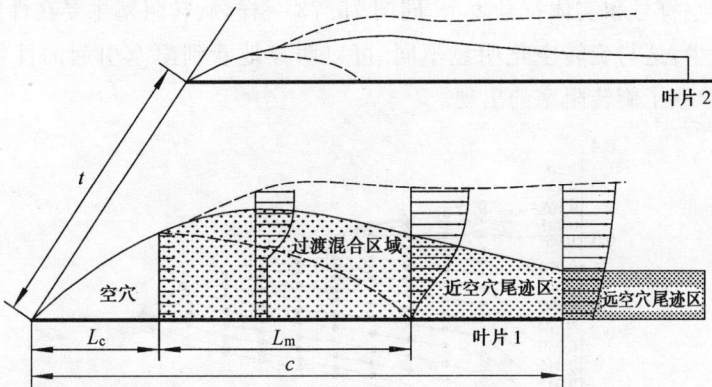

图 15.72 尾迹空穴模型

为了研究无空化区域的流动(尾迹),专门建立了黏性/非黏性相互作用的模型.根据这种模型,将流动分为空穴后的内部湍流流动和外部非黏性流动,其中空穴在黏性层排移体上闭合.将空穴尾迹分为 3 个不同的部分:① 过渡混合区域,在该区域内的速度有序分布且由于回流的作用使密度光顺变化,要求该区域与试验得到的吸入性能一致;② 近空穴尾迹区,其速度根据尾迹外部压力梯度而变化.假定湍流混合系数是常数,应用 Von Karman 积分方程计算;③ 远空穴尾迹区,该区域始于叶片的出口边且可在下游自主调整.根据近空穴尾迹区内的无黏性流动和黏性流动之间的相互作用条件可以寻求无黏性流动的边界并计算定常和非定常流动.外部流动在边界上的法向速度可根据尾迹厚度的变化来换算.

由空化导致的扬程降低与空穴尾迹的排移作用引起的相对速度增加有关.其稳定性分析与前面介绍的闭式空穴模型类似.通过对黏性尾迹的一般微分方程进行有限差分近似并对源和涡做线性差值就可以将黏性和非黏性流动问题简化为一组线性方程.

根据特征值的解就有可能确定空化不稳定性各种模态的频率及其稳定与否.

图 15.73 为根据该模型预测的吸入性能. 在吸入性能曲线上, 中空符号表示旋转空化的发生, 而旋转阻塞的发生用实体符号表示. 该模型也可以预测图 12.70 中所示其他类型的不稳定性, 不过在这里没有绘出. 从图中可以看出旋转空化主要发生在性能降低不是很明显的地方, 而旋转阻塞发生在由于空化引起扬程降低的地方.

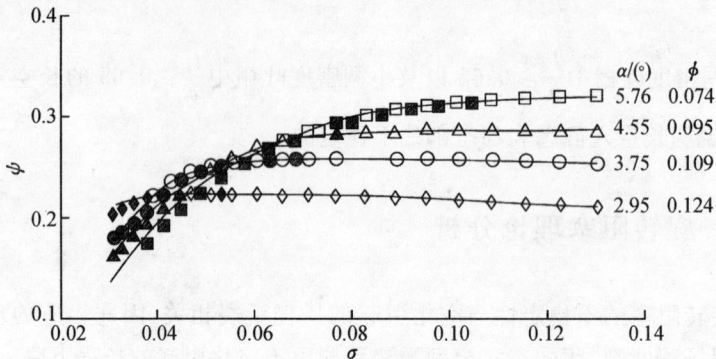

图 15.73　由尾迹空穴模型预测的吸入性能

图 15.74 所示为流量系数-扬程系数性能曲线, 其中旋转空化和旋转阻塞的发生点也分别由中空符号和实体符号表示. 同图 15.73 一样, 旋转阻塞主要在性能曲线为正斜率的地方发生, 这与旋转空化明显不同. 可以明显地看到阻塞引起的性能曲线的正斜率, 而后者导致了旋转阻塞的出现.

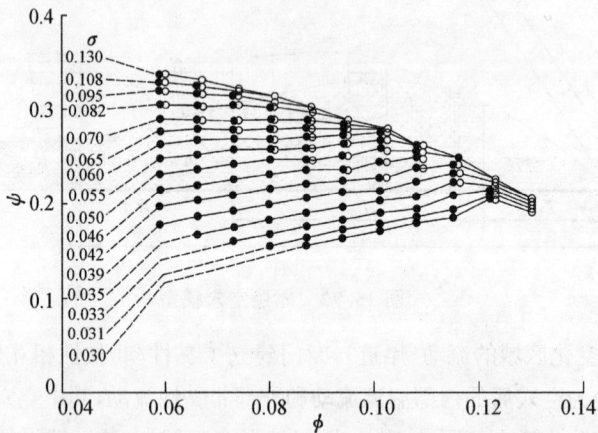

图 15.74　不同空化数下流量系数-扬程系数性能曲线

图 15.75 所示为旋转空化和旋转阻塞的传播速度比. 旋转阻塞只有在空化数 σ 较低的区域发生, 旋转空化的转速比叶轮快, 而旋转阻塞的速度大约只有叶轮速度的一半. 长叶片叶轮内旋转失速的速度略低于叶轮转速, 这是由于叶轮内流体的惯性效应引起的. 旋转阻塞的较低转速可能是由于空化引起惯性效应降低导致的.

图 15.76 所示为旋转空化和旋转阻塞初生时 (最大空化数) 的空穴形状 (图形的纵向尺寸放大为原图形的 3 倍), 其中 $\phi = 0.095$, 白色区域表示空穴, 混合区域和尾迹的密度由灰度表征. 对于旋转阻塞, 混合区域一直延伸到叶片流道的喉部, 而旋转空化开

始发生时空穴还很短.根据上一节的闭式空穴模型认为当空穴长度达到节距的约65%时,各种形式的空化不稳定性就开始发生.图 15.77 横坐标为 $\frac{\sigma}{2\alpha}$,纵坐标为由闭式空穴模型计算得到的定常空穴长度 l_s 和由尾迹空穴模型计算得到的空穴和混合区域的总长度 $L_c + L_m$,二者都由叶片节距 t 进行了约化处理.图中灰度线条表示旋转空化和旋转阻塞的发生区

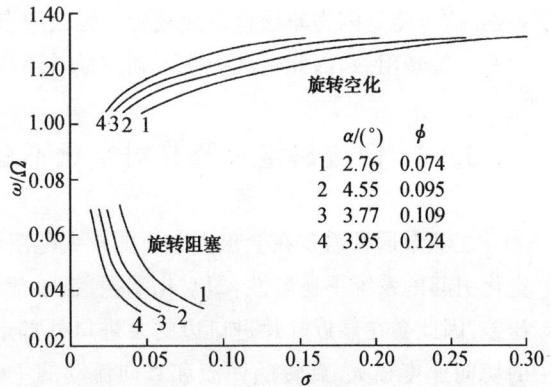

图 15.75　旋转空化和旋转阻塞的传播速度比

域 $\left(\beta = 10°, \dfrac{c}{t} = 2.35, \alpha = 4°\right)$.从图中可以清楚地看出当(闭式空穴模型的)空穴长度或者(尾迹空穴模型的)空穴和混合区总长度超过叶片节距 t 的 65% 时旋转空化就开始发生.这表明空穴和混合区域的总长度在尾迹空穴模型中具有重要的作用.对于旋转阻塞,则是空穴和混合区总长度超过叶片节距 t 的 150% 时才开始发生.

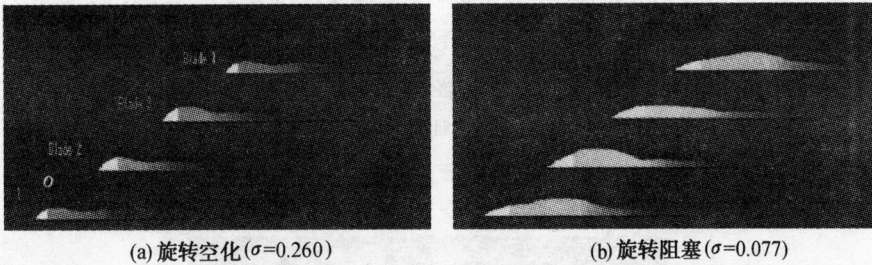

(a) 旋转空化($\sigma = 0.260$)　　　　　(b) 旋转阻塞($\sigma = 0.077$)

图 15.76　旋转空化和旋转阻塞初生时的空化形状

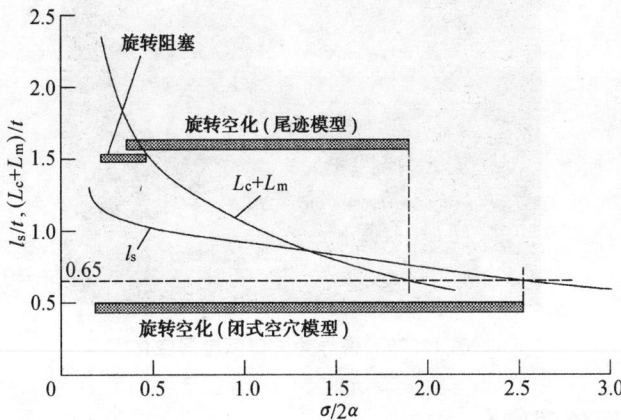

图 15.77　闭式空穴模型计算的空穴长度 l_s 和尾迹空穴模型计算的空穴和混合区的总长度 $L_c + L_m$

因此,尾迹空穴模型可以模拟旋转阻塞的 2 个重要特性,即其初生条件和频率.然而,由该模型模拟得到的图 15.73 所示的吸入性能曲线与图 15.27 所示的试验曲线具有明显

差别. 这可能是因为非线性作用或者三元效应引起的. 在很多诱导论中并不常出现正斜率现象和旋转阻塞, 因此也就观测不到. 对旋转阻塞的全面理解还需要更进一步研究.

15.9 回流涡空化及其对空化不稳定性的影响

工业泵通常需要在会出现空化的较大范围流量内运行. 在这种情况下, 可能会发生由空化引起的系统不稳定性, 即空化喘振. 在小流量下, 由于通过叶片的流体具有非常大的压差, 因此会在靠近叶片进口边的泵进口外部形成回流. 由于受叶轮动量矩的作用, 回流的切向速度很大. 旋转的回流和直向流动的主流之间的剪切层翻滚形成图 15.78 所示的回流涡结构. 由于回流的排移作用使主流的流速增大, 另外旋涡运动会受离心力的作用, 当二者的作用使旋涡区的压力低于汽化压力的时候, 就会发生回流涡空化, 如图 15.79 所示. 本节将详细讨论在空化喘振工况下离心泵内的能量交换, 并介绍回流涡结构的基本特性, 讨论回流的动力学特性以解释离心泵试验中观测到的明显相位延迟现象.

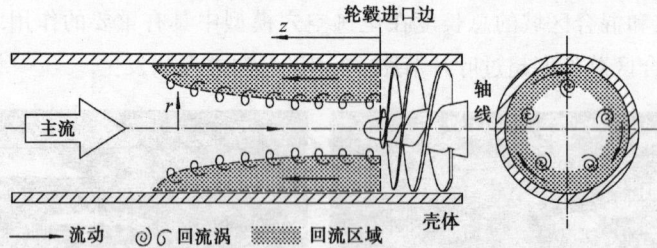

图 15.78 回流涡结构

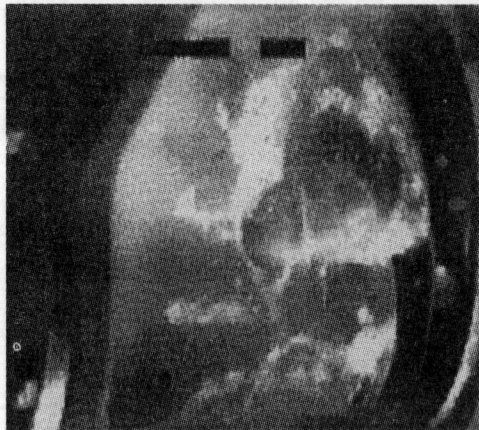

图 15.79 诱导轮进口回流涡空化

15.9.1 回流涡空化

对于火箭发动机高速涡轮泵, 通常在离心泵的进口安装一个诱导轮来提高其吸入性能. 由于诱导轮通常在空化下运行, 因此一般设计一个冲角以保证空化仅仅在叶片背面发生, 以避免空化发生在叶片工作面从而过早地出现扬程断裂. 因此, 即使在设计工况下诱导轮内也会存在回流,所以需要理解进口回流的基本特征.

1. 回流涡特征

以图 15.80 所示的诱导轮来描述回流涡结构的基本特征,该诱导轮与 HII 火箭液氧涡轮泵诱导轮相似,表 15.6 为其基本参数.图 15.79 为在转速为 $n=3\,000$ r/min,设计流量系数 $\phi_d=0.078$ 以及空化数 $\sigma=0.05$ 工况下获取的图像.图 15.81 所示为应用激光位移传感器测量得到的涡线在轴面上的投影图.旋涡的上游侧附着在管路壁面上,下

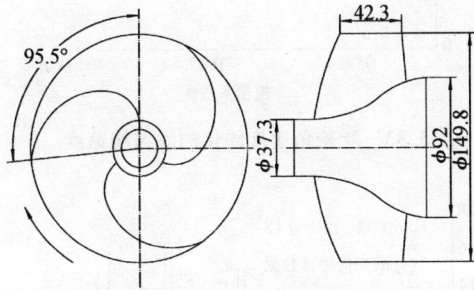

图 15.80 诱导轮几何图

表 15.6 诱导轮参数

参数	数值
叶片数	3
轮缘直径/mm	149.8
轮缘进口叶片安放角/(°)	7.5
轮缘出口叶片安放角/(°)	9.0
进口轮毂/轮缘比	0.25
出口轮毂/轮缘比	0.51
轮缘叶栅稠密度	1.91
设计流量系数 ϕ_d	0.078
轮缘间隙/mm	0.5

游端与叶片表面相连.该涡结构与叶轮转向相同,但是旋转角速度远远低于叶轮转速.图 15.81 表明流量系数越小,涡线延伸到上游的距离越远,涡线的径向位置越靠近中心线.数据点的发散不是由于测量误差引起的,而是涡线非定常特性的真实反映.

图 15.82 所示为涡线在以转轴为轴线的圆柱面上的投影.涡线的方向是斜的,因此涡线的上游侧速度小.图中还表明了最大剪切半径位置上平均速度场的涡量矢量,涡线几乎与这些矢量平行.图 15.83 所示为由叶轮角速度约化的涡结构角速度以及最大流体速度.涡结构的旋转速度约为最大流体速度的一半,约为叶轮转速的 $10\%\sim20\%$.

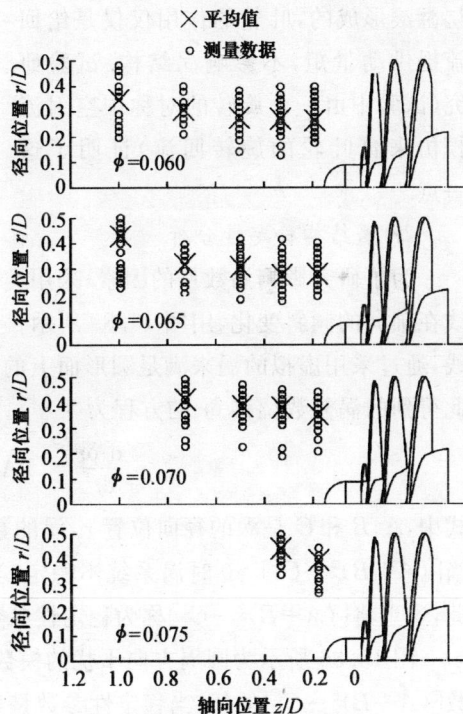

图 15.81 轴面上的回流涡线 $\sigma=0.05$

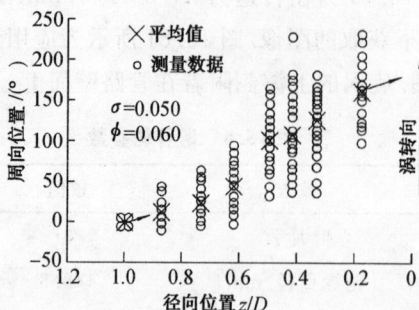

图 15.82　涡丝在圆柱面上的投影

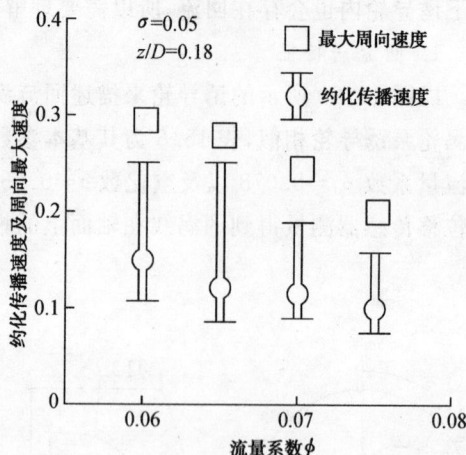

图 15.83　叶轮角速度约化的涡结构速度

图 15.84 所示为涡的数量. 在流量系数较大时涡的数量也较多,随着流量的减少涡的数量减少,在大流量时涡的数量可达 16 个.

上述所有的观察都显示涡结构是由于旋转回流和轴向主流之间的剪切层翻滚形成的,叶轮的作用仅仅是给回流提供动量矩,不影响涡结构. 试验研究(试验中由一个旋转的对称中空射流模仿来自叶轮的旋转回流)证明了这一点.

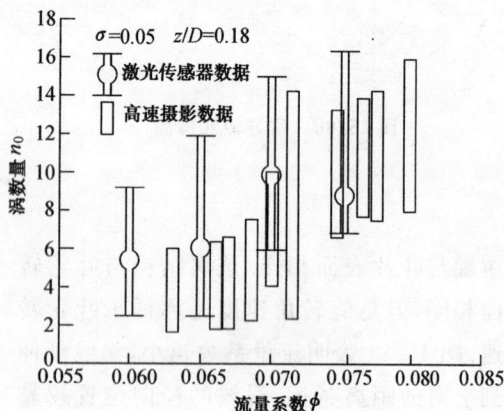

图 15.84　涡数量

2. 涡结构稳定性分析

为了研究影响涡数量的因素,采用类似于卡门涡街的二元稳定性分析方法. 忽略涡线在轴向的倾斜变化,用图 15.85 所示一个圆形面内的二元涡来分析圆管内的三元涡线,通过采用虚拟的涡来满足圆形面上的边界条件. 涡的移动会影响局部诱导速度,由此得到的涡复数位移 δr 的方程为

$$\frac{\mathrm{d}^2 \delta r}{\mathrm{d}t^2} = [(A+B)^2 - C^2]\delta r, \tag{15.83}$$

式中,A,B 和 C 是涡的径向位置 r,涡的数量 n_0 以及强迫扰动的模数 M 的实数函数. 当 $[(A+B)^2 - C^2] > 0$ 时涡系统不稳定,当 $[(A+B)^2 - C^2] < 0$ 时涡系统中性稳定. 因此,这里将 $[(A+B)^2 - C^2]$ 称为稳定性参数.

图 15.86 所示为圆周方向干扰的模数 M 从 0 变到 3,涡数量为 $n_0 = 4$ 时稳定性参数 $[(A+B)^2 - C^2]$ 的值. 当稳定性参数是正值时,涡的位移呈指数增加. 反之,当稳定性参数是负值时,涡在平均位置附近以常数振幅振荡. 在图 15.86 中,当径向位置 $\frac{r}{D}$ 大于 0.345 时,在所有模数下稳定性参数都变为负值. 因此,确定涡结构是否为中性稳定的

临界半径是涡数量n_0的函数.

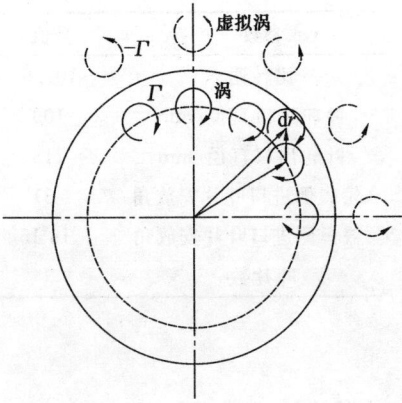

图 15.85 稳定分析的二元模型

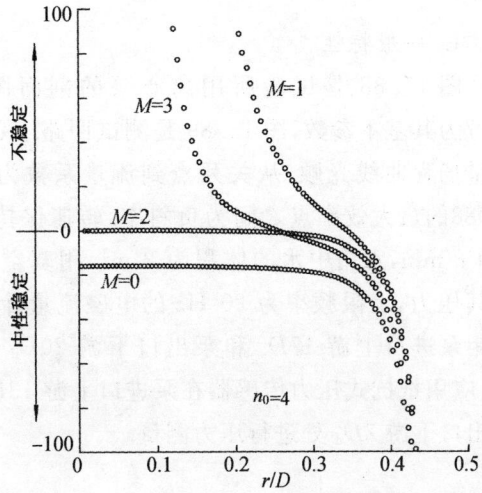

图 15.86 稳定性参数$[(A+B)^2-C^2]$的值($n_0=4$)

图 15.87 所示为临界半径与涡数量n_0的函数关系.随着涡数量的增加,临界半径增大.这表明位于外侧壁面附近的大量涡的存在是准稳定的.图中还有计算得到的在$\frac{z}{D}=0.18$位置的涡数量和径向位置.测量得到的涡数量和径向位置的平均值确定的点位于不稳定区域.应当注意的是,图 15.87 是在$\frac{z}{D}=0.18$位置的结果.根据图 15.81 可知,越靠近上游,涡线越接近管路壁面.如果采用诱导轮进口处$\left(\frac{z}{D}=0.18\right)$的$\frac{r}{D}$与涡附着在管路壁面上的位置之间的平均值,则试验结果$\left(\text{试验值与}\frac{r}{D}=0.5\text{之间的中点}\right)$与稳定性分析的结果吻合得非常好(即测量结果与外壁面之间的平均位置就是稳定性分析结果).不过,还无法解释试验中出现的中性稳定涡最多的原因.

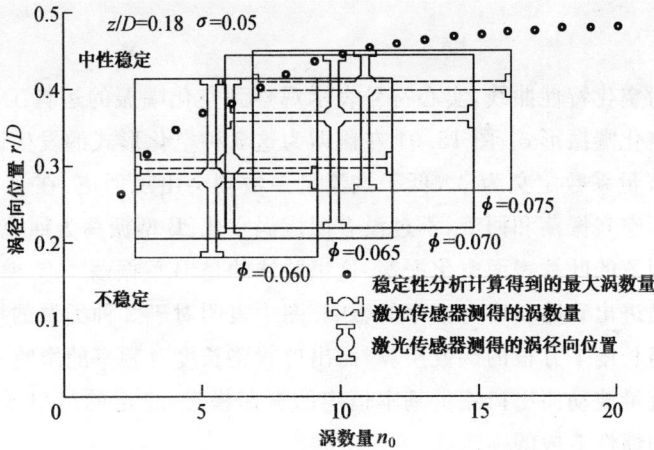

图 15.87 涡稳定临界半径与涡数量的函数关系

15.9.2　离心泵中的空化喘振

1．一般特性

图 15.88 是试验所用离心泵的剖面图,表 15.7 为其基本参数,图 15.89 是测试回路.该泵的流量扬程曲线光顺,从关死点到流量系数为 $\phi = 0.088$ 的最大效率点之间为负斜率.转速保持在 3 000 r/min,水箱中水的体积为 2 m^3,用真空泵改变其压力,上限频率为 20 Hz 的电磁流量计安装在距泵进口上游 $17D_s$ 和泵出口下游 $20D_d$ 的位置.应用抵抗式压力传感器在泵进口上游 $13D_s$ 和泵出口下游 $2D_d$ 处进行压力测量.

表 15.7　离心泵参数

参数	数值
比转速	107.5
叶轮进口直径/mm	109
叶轮出口直径/mm	218
轮毂侧进口叶片安放角	31°
盖板侧进口叶片安放角	18°15′
叶片数	3

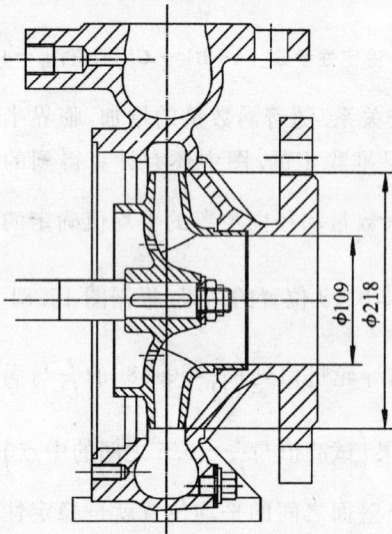

图 15.88　离心泵的剖面图

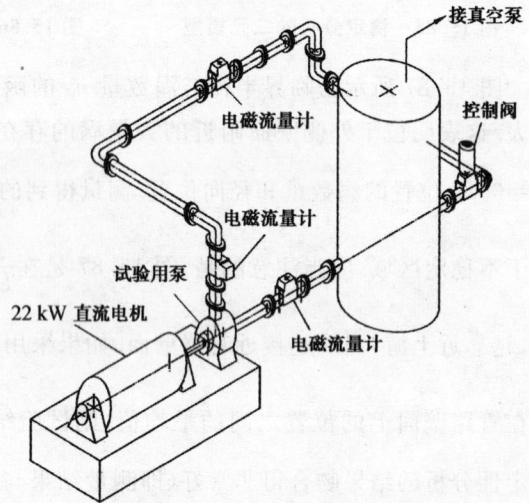

图 15.89　测试回路

图 15.90 为空化特性曲线,实心符号表示观察到空化喘振的运行工况.图 15.91 右侧所示为 3 种空化喘振形式,图 15.91 左侧即为这 3 种空化形式的发生区域.将没有回流出现的最小流量系数定义为 ϕ_c,低于该流量系数则会出现回流.在 A 型振荡区域观测到了叶片表面空穴振荡和回流,不过没有回流涡空化.B 型振荡为回流涡空化振荡,C 型振荡是没有回流的叶片表面空化振荡.这里关注的是 B 型振荡.

图 15.92 是进出管路长度对频率的影响.图中表明对于 3 种类型的振荡,其频率可以根据进口管路长度平方根的倒数换算,而出口管路长度对频率的影响可以忽略,说明这是一种进口流量波动而出口流量基本恒定的振荡模态,稳定的出口流量是由出口管路较大的抵抗和惯性造成的.

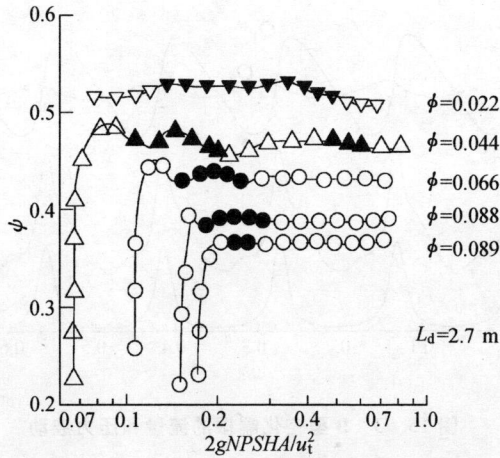

图 15.90　空化特性曲线

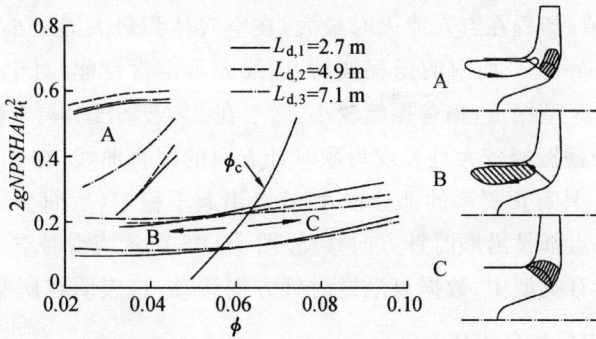

图 15.91　3 种空化喘振的范围

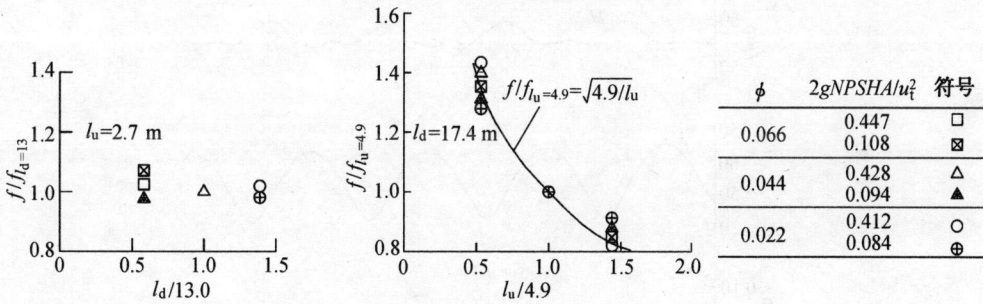

ϕ	$2gNPSHA/u_t^2$	符号
0.066	0.447	□
	0.108	⊠
0.044	0.428	△
	0.094	▲
0.022	0.412	○
	0.084	⊕

图 15.92　进出口管路长度对空化喘振频率的影响

图 15.93 是 B 型振荡在流量系数 $\phi=0.044$, 空化数 $\sigma=0.200$ 工况下的压力和流量波动. 下游流量波动远远小于上游, 这与振荡频率与下游管路长度无关的结论一致.

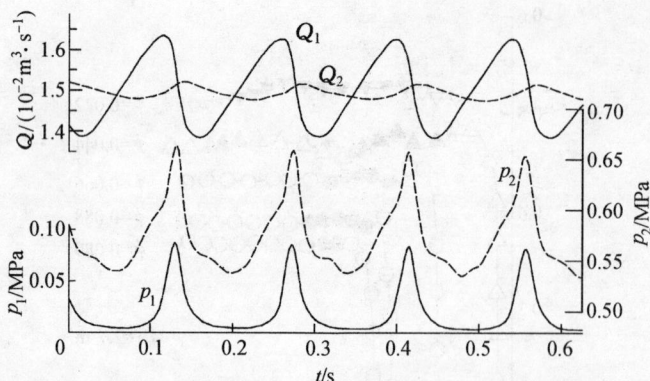

图 15.93　B 型空化喘振的流量和压力波动

　　由进出口流量波动计算空穴体积波动,根据进出口压力波动并补偿进口管路和泵本身内部流体的惯性作用计算扬程波动,计算结果如图 15.94 所示.在空穴体积最小的瞬间压力出现峰值.扬程在空穴溃灭时最大,在空穴体积最大时最小.图 15.95 所示为 $\phi=0.044$ 工况下 $\psi\text{-}\phi$ 平面内的扬程波动,虚线表示定常性能.对于在 $2gNPSHA/u_t^2$ $=0.48$ 工况下的 A 型振荡,振荡振幅较小,对于在 $2gNPSHA/u_t^2=0.16$ 和 0.11 工况下的 B 型振荡,振荡振幅较大且表现为顺时针方向的闭合曲线. 在 $2gNPSHA/u_t^2=0.$ 11 工况下,曲线中具有正斜率的部分较大,这会引起不稳定(后面会简短分析). 在所有类型中,瞬时工况点都是沿顺时针方向移动. 图 15.96 所示为瞬时空穴体积和进口压力之间的关系. 在所有类型中,数据点沿逆时针方向移动. 这表明在所有情况下空化的排移功 $E_{c1}=\displaystyle\int_0^T p_1\,\mathrm{d}V_c$ 都是正值.

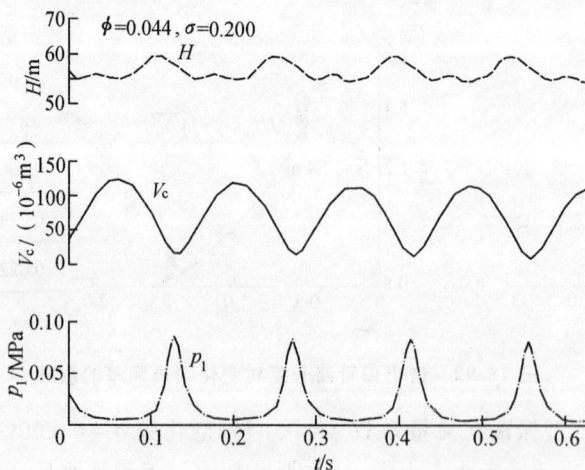

图 15.94　B 型空化喘振扬程和空穴体积波动

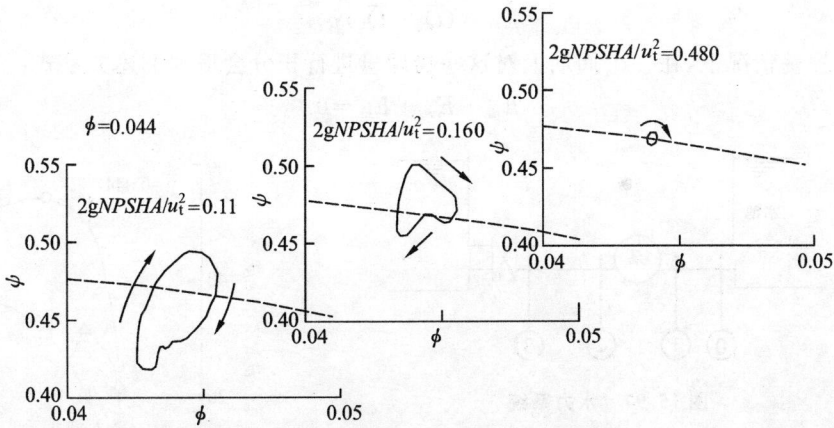

图 15.95 B 型空化喘振的扬程波动

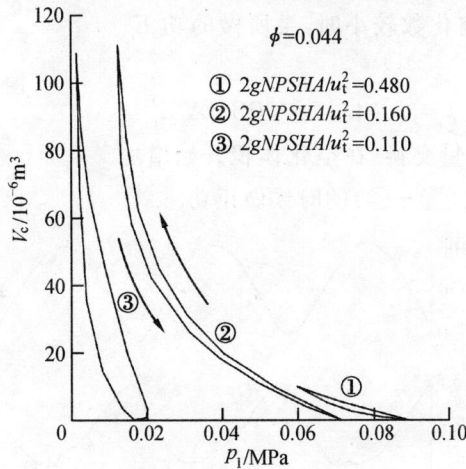

图 15.96 B 型空化喘振的空穴体积波动

2. 能量交换分析

忽略黏性作用分析图 15.97 所示水力系统的能量平衡. 来自于泵、阀和水池的能量等于进出口管路的动能增量,表示形式如下:

$$(p_2Q_2 - p_1Q_1) - (p_3Q_2 - p_0Q_2) + (p_0Q_1 - p_0Q_2) = L_1Q_1\dot{Q}_1 + L_2Q_2\dot{Q}_2. \quad (15.84)$$

将每一个量分成平均分量和脉动分量,并认为脉动分量的平均值为 0,由此得到如下结果:

$$(\bar{p}_2 - \bar{p}_1)\overline{Q}_2 - \bar{p}_3\overline{Q}_2 + (\overline{Q}_2 - \overline{Q}_1)\bar{p}_2 = L_1\overline{Q}_1\,\dot{\overline{Q}}_1 + L_2\overline{Q}_2\,\dot{\overline{Q}}_2. \quad (15.85)$$

式(15.85)中第 1 项为来自于泵的能量:

$$\dot{E}_{p1} = (\bar{p}_2 - \bar{p}_1)\overline{Q}_2,$$

第 2 项是阀门所耗的能量:

$$\dot{E}_{v1} = \bar{p}_3\overline{Q}_2,$$

第 3 项是空化所做的排移功:

$$\dot{E}_{c1} = (\overline{Q}_2 - \overline{Q}_1)\,\bar{p}_1.$$

在定常振荡情况下,在一个周期上对这些物理量进行积分会得到下述关系式:

$$E_{p1} - E_{v1} + E_{c1} = 0. \tag{15.86}$$

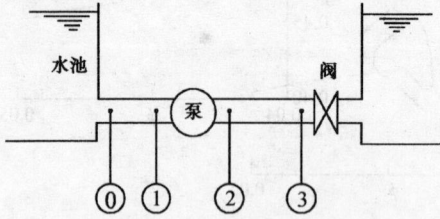

图 15.97 水力系统

图 15.98 所示为 $\phi = 0.044$ 工况下 B 型振荡的能量关系,基本上满足式(15.86). 在空化数较大时,空化的排移功 E_{c1} 较大;当空化数较小时,泵所做的功 E_{p1} 较大.

图 15.99 所示为 $\phi = 0.044$, $2gNPSHA/u_t^2 = 0.160$ 工况下的瞬时能量交换. 在空化体积开始增加(①—②)以及空穴溃灭(③—④)的时候做正功.

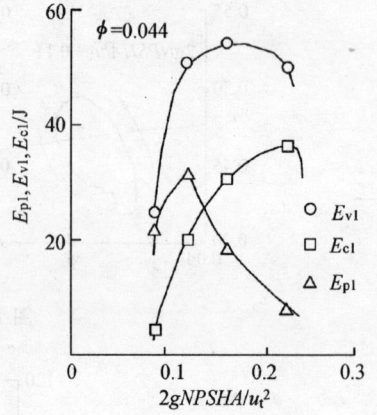

图 15.98 B 型空化喘振
工况下的能量平衡

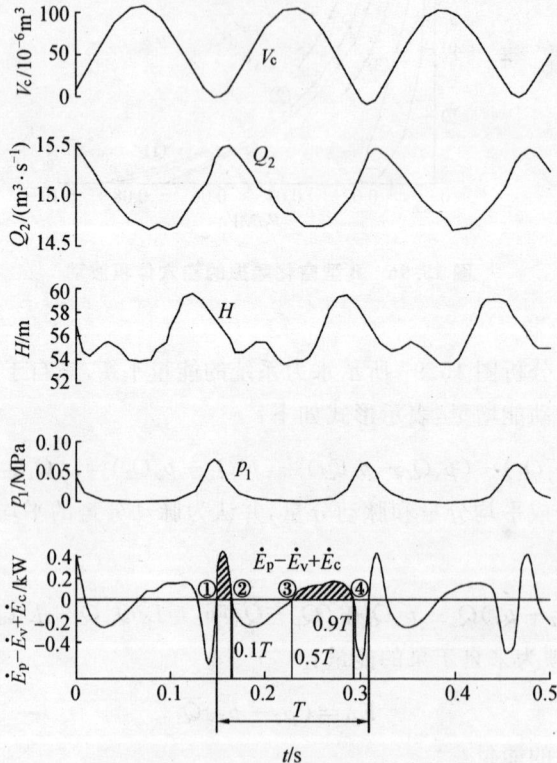

图 15.99 B 类空化喘振的瞬时能量交换

3. 基于质量流量增益系数和空化柔度的讨论

如前所述,可以用空化的准定常特性变量——质量流量增益系数和空化柔度——来解释空化喘振和旋转空化等空化不稳定性.参数的定义根据问题具体需要会略有不同,但其物理意义一致.

空化柔度定义为

$$K_p = \frac{\partial V_c}{\partial p_1}.$$

质量流量增益系数定义为

$$M_b = \frac{\partial V_c}{\partial Q_1}.$$

假设定常空穴体积 V_c 是进口压力 p_1 和流量 Q_1 的函数.根据定义式可知,如果增加进口压力或流量,空穴体积就会减小,所以 K_p 和 M_b 一般为负值.如果进一步假设非定常空穴体积遵循准定常关系式,那么可以得到

$$\dot{V}_c = K_p \dot{\bar{p}}_1 + M_b \dot{\bar{Q}}_1. \tag{15.87}$$

通过空化泵的连续方程为

$$\dot{V}_c = \dot{\bar{Q}}_2 - \dot{\bar{Q}}_1. \tag{15.88}$$

如果分别用 R_1 和 L_1 来表示进口管路的抵抗和惯性,对进口管路内的流体应用动量方程得到

$$\bar{p}_1 = -L_1 \dot{\bar{Q}}_1 - R_1 \bar{Q}_1. \tag{15.89}$$

根据式(15.87)—(15.89)得到

$$-L_1 K_p \ddot{\bar{Q}}_1 + (M_b - R_1 K_p) \dot{\bar{Q}}_1 + \bar{Q}_1 = \bar{Q}_2. \tag{15.90}$$

在这里的例子中,由于下游抵抗和惯性非常大,因此可以假设 $\bar{Q}_2 \sim 0$.因此,当 $M_b < R_1 K_p$ 时便会产生负阻尼,因为 K_p 的值一般是负的,当质量流量增益系数的值是一个绝对值很大的负数时就会出现不稳定性.根据式(15.87)和式(15.89),空化所做的排移功为

$$E_{cl} = \int_0^T \bar{p}_1 dV_c = \int_0^T (K_p \bar{p}_1 \dot{\bar{p}}_1 - M_b L_1 \dot{\bar{Q}}_1) dt, \tag{15.91}$$

这里忽略了进口管路的抵抗.因为在定常振荡工况,第一项积分为 0,所以当质量流量增益系数为负值时排移功的值为正.

根据式(15.90)还可以得到喘振的频率为

$$f_0 = \frac{1}{2\pi \sqrt{-L_1 K_p}}. \tag{15.92}$$

该值为系统的共振频率,由进口管路内流体的质量以及泵进口空化所形成的柔性构成.

4. 质量流量增益系数和空化柔度计算

通过共振频率可以计算空化柔度和质量流量增益系数.为此,通过激振试验,根据进出口质量流量波动之间的传递函数求出共振频率.图 15.100 所示为共振频率和空化数之间的关系,根据该结果,共振频率的近似表达式为

$$f_0 = \frac{\lambda (2gNPSHA/u_t^2)^n}{2\pi\sqrt{L_1}}, \tag{15.93}$$

式中，λ 是流量的函数.通过式(15.92)和式(15.93)得到

$$K_p = \frac{-1}{\lambda^2 (2gNPSHA/u_t^2)^{2n}} = \frac{\partial V_c}{\partial p_1}, \tag{15.94}$$

应用 $\beta \equiv \dfrac{\partial (2gNPSHA/u_t^2)}{\partial p_1}$ 对式(15.94)进行积分得到

$$V_c = \frac{f(Q)}{(2gNPSHA/u_t^2)^{2n-1}} \tag{15.95}$$

式中，$f(Q) = \dfrac{1}{(2n-1)\lambda^2 \beta}$ 是流量的函数.根据表达式 $f(Q)$ 消除式(15.93)中的 λ 得到

$$\frac{(2gNPSHA/u_t^2)^{2n}}{f_0^2} = L_1(2n-1)f(Q)4\pi^2\beta. \tag{15.96}$$

由质量流量增益系数的定义式以及式(15.95)得到

$$M_b = \frac{\partial V_c}{\partial Q_1} = \frac{1}{(2gNPSHA/u_t^2)^{2n-1}} \frac{\mathrm{d}f(Q)}{\mathrm{d}Q}. \tag{15.97}$$

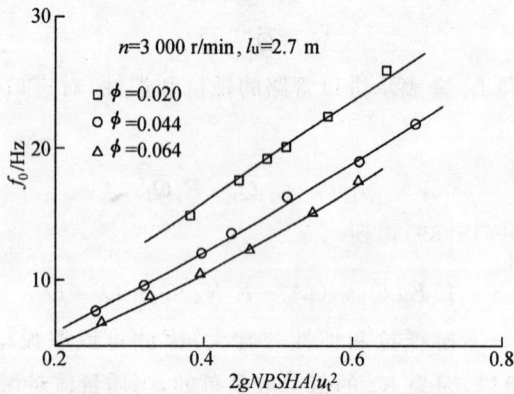

图 15.100　空化数对共振频率的影响

图 15.101 所示为共振频率与流量之间的关系,随着流量减小共振频率增加.根据这些数据,绘制式(15.96)左边的值与流量系数之间的关系曲线如图 15.102,可见 $f(Q)$ 是 Q 的增函数,因此,根据式(15.97)可以看出 M_b 的值总为正.

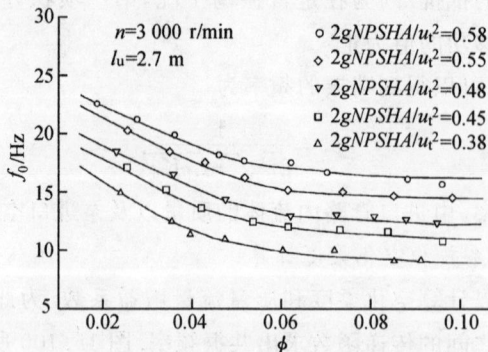

图 15.101　流量系数对共振频率的影响

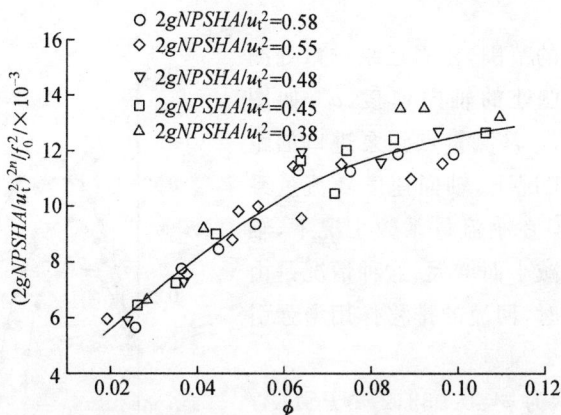

图 15.102　式(15.96)左侧的$(2gNPSHA/u_t^2)^{2n}/f_0^2$值与流量系数的关系曲线

因此,基于式(15.87)所定义的空穴体积波动准定常假设的稳定性分析无法解释在试验中所观察到的不稳定现象.

不过,式(15.87)为所观测到的不稳定性提供了更多的信息.根据式(15.87),空化的排移功可表示为

$$\dot{E}_c = \overline{p}_1\,\dot{V}_c = K_p\overline{p}_1\,\dot{\overline{p}}_1 - M_bL_1\dot{\overline{Q}}_1^2 = -\left(\frac{V_c}{\lambda NPSHA}\right)\overline{p}_1\,\dot{\overline{p}}_1 - \frac{L_1\dfrac{\mathrm{d}f(Q)}{\mathrm{d}Q}\dot{\overline{Q}}_1^2}{(2gNPSHA/u_t^2)},\quad(15.98)$$

式中,$K_p = \dfrac{-V_c\beta}{2gNPSHA/u_t^2} = \dfrac{-V_c}{\rho gNPSHA}$.

图 15.103 所示为 $\phi = 0.044, 2gNPSHA/u_t^2 = 0.16$ 工况下总排移功 E_c 和式(15.98)右侧第 1 项随时间的变化情况.在一个周期上积分,第一项对总的功 E_c 并没有贡献.阴影区域表示对总的正排移功起作用的第 2 项.可以看出在 E_c 为正值的时间段①—②及③—④内第 2 项做正功.

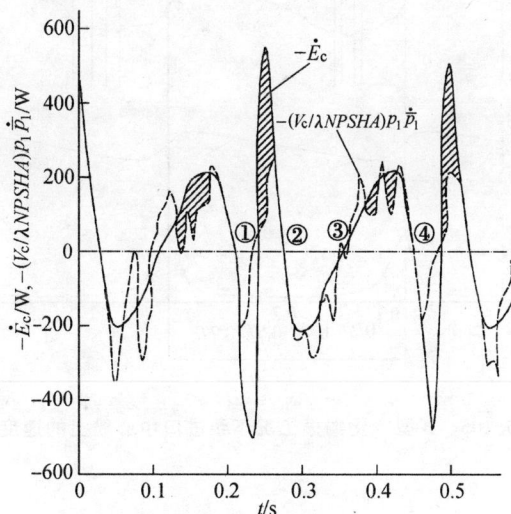

图 15.103　总排移功 E_c 和式(15.98)右侧第 1 项随时间的变化

5. 回流计算

为了计算回流的范围,在靠近泵进口处测量了进口管路中心处的轴向速度 v_0,如图 15.104 所示.图中 L_d 是测量点到泵进口的距离.在大流量系数工况下,轴向速度随流量系数的减小而减小,但在小流量系数工况下,轴向速度随流量系数减小而增大.这种情况是由于在流量系数很小时,回流的排移作用增强引起的.

图 15.105 所示为 $\phi = 0.032$,$2gNPSHA/u_t^2 = 0.021$ 以及 B 型振荡工况下,在不同轴向位置测得的轴向速度波动.在较远的 $L_d = 1.2D_s$ 上游位置,轴向流速波动与流量波动几乎同相.随着测量点接近泵进口,速度的平均值增加,而且最大速度值出现的时间提前.然而,出现速度最大时的时间比流量最小值时的时间稍微有些滞后,这表明回流的发展相比于流量波动滞后.

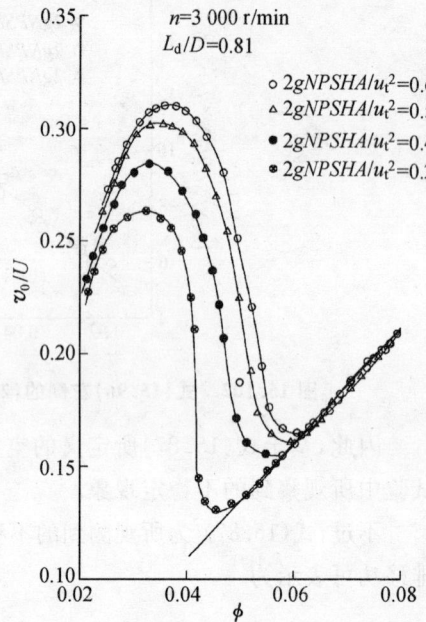

图 15.104 泵进口中心线上的流速

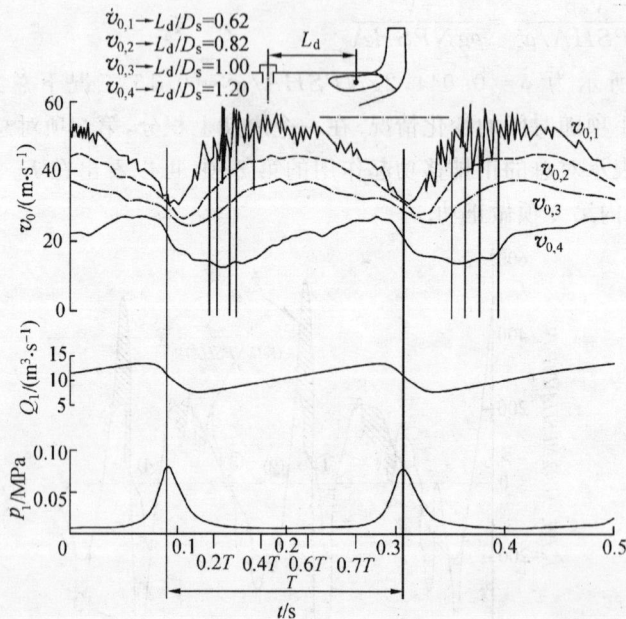

图 15.105 B 型空化喘振工况下泵进口中心线上的速度波动

图 15.106 所示为 $\phi = 0.044, 2gNPSHA/u_t^2 = 0.16$ 工况下轴向速度与瞬时流量间的关系. 在 $\dfrac{L_d}{D_s} = 1.2$ 的上游测点, 轴向流速波动和流量波动同相. 然而, 在 $\dfrac{L_d}{D_s} = 0.62$ 的测点上, 在图中①—② 和③—④两段时间内, 瞬时流量变小速度则变大. 这两段曲线正是空化排移功为正的区域. 这表明由于流量减小而形成的回流增加对不稳定性的发生有重要影响. 如果回流增加, 那么由于主流的轴向流速增加进口压力会减小, 因此空穴体积就会增加. 此外由于旋转回流和轴向主流边界之间的边界面积以及与回流强度相关的剪切层强度增加, 空穴的体积也会随之增加. 从准定常角度来看这个机制再自然不过, 但是却与根据固有频率的测量数据计算得到的质量流

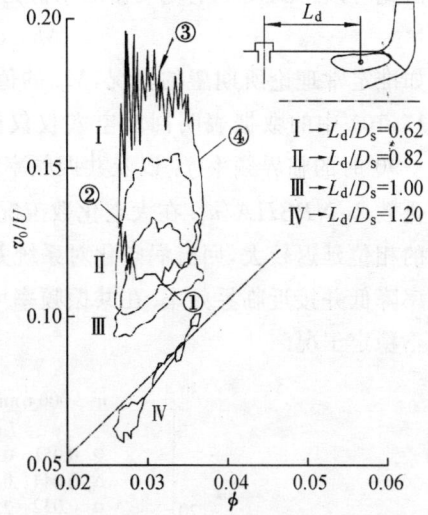

图 15.106   泵进口中心线上的速度波动与瞬时流量系数的关系

量增益系数为正值这一结论相悖. 对这些矛盾的解释需要分析回流对流量波动的非定常响应.

6. 回流对流量波动的响应及小流量工况下其在空化喘振中的作用

为了计算回流的非定常响应, 在下游对水力系统施加激励, 然后测量进口处中心流速 v_0 的波动相位. 图 15.107 所示为速度波动相对上游流量波动的相位. 频率为 0 时, 中心流速的相位比流量波动超前 180°. 随着频率的增加, 相位超前逐渐减少, 即支撑准定常响应的相位延迟增加了. 在靠近进口处 $\left(\dfrac{L_d}{D_s} = 0.59\right)$, 相位延迟接近 90°, 而在上游更远的位置 $\left(\dfrac{L_d}{D_s} = 2.29\right)$ 观测到的相位延迟更大. 在上游更大的相位滞后是由流量波动或把扰动从泵进口传输到轴向速度测量点所需要的时间直接引起的.

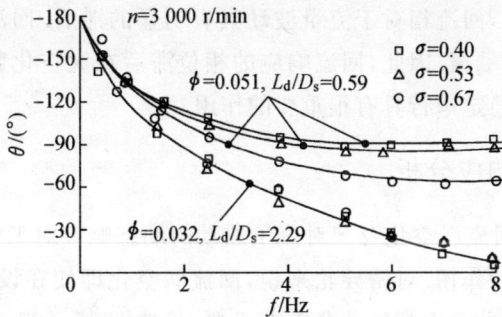

图 15.107   进口速度波动相对于流量波动的相位角

如果假定空穴体积波动和轴向速度 v_0 波动同相, 相比准定常响应滞后为 π. 可以将 $M_b = M_{b0} \exp(-i(\pi + \theta))$, $\overline{Q}_2 = 0$ 和 $\overline{Q}_1 = \overline{Q}_{10} \exp(i\omega t)$ 代入式 (15.90) 来分析其稳定性.

由此可以得到发生空化喘振的条件为

$$M_{\text{b0}}\cos(\pi+\theta)<R_1K_{\text{p}}.$$

如准定常理论所期望的情况,M_{b0}的值为负,对于$R_1=0$,当$\theta<-90°$时该条件成立.图 15.107 中的数据表明回流空穴仅仅能激振 4 Hz 以下的振荡.图 15.108 所示为$\theta=-90°$时的临界频率f_{90}以及共振频率f_0和试验中观测到的空化喘振频率,横坐标是空化数$2gNPSHA/u_{\text{t}}^2$.在大空化数工况下,共振频率f_0大于临界频率f_{90},由于回流响应的相位延迟较大,回流涡空化对系统并没有激振作用.不过,随着空化数的降低,共振频率降低并接近临界频率.在共振频率可能低于临近频率的空化数范围内试验观测到了不稳定工况.

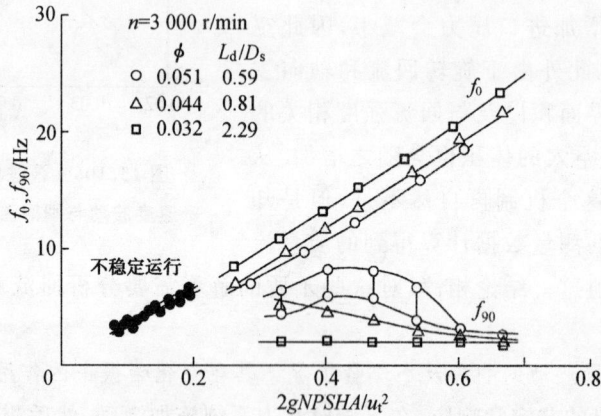

图 15.108 共振频率f_0、临界频率f_{90}和空化喘振频率

总之,在产生回流的低流量区观测到的空化喘振是由回流涡空化的准定常特性引起的.当上游流量减小时,由于回流的排挤作用增强使主流流速增加,从而导致进口压力降低.此外,回流涡内的压力还会由于回流涡环量的增加而减小.回流涡的轴向长度也会增加.在流量减小时,这些都是导致回流涡空化体积增大的原因.由于下游的抵抗和惯性较大,因此下游流量基本保持为常数,而空穴体积的增大进一步降低上游流量.这种正反馈正是在小流量工况下在离心泵中观测到的空化喘振的成因.在大空化数时,共振频率高,频率高时,回流相对于流量波动具有明显的滞后.回流的这种滞后能预防正反馈,进而预防空化喘振.因此,回流响应的相位滞后在大空化数以及回流涡空化出现的小流量工况下对稳定运行具有很重要的作用.

15.9.3 回流响应分析

15.9.2 节表明,回流涡空化及其对流量波动的动态响应对工业离心泵在小流量下的空化喘振具有重要的作用.对诱导轮来说,回流涡空化即使在设计流量下也会发生.因此,了解回流涡空化的动力学特性非常有必要.虽然图 15.107 表述了空化对回流涡的某种影响,不过即使在无空化的工况下,回流的动力学特性仍不是十分清晰.因此这一部分介绍在无空化工况下回流的非定常特征.

1. 几何特性和分析方法

响应分析所用的诱导轮如图 15.80 和表 15.6 所示. 应用基于 RANS 和 $k\text{-}\varepsilon$ 湍流模型的商用代码 CFX-TASCflow 进行计算. 现在的计算还无法对回流涡结构进行模拟,因为对涡结构的计算需要采用大涡模拟. 图 15.109 所示为诱导轮计算性能和空穴长度与试验结果的比较. 虽然现有程序还不能模拟涡结构,但可以有效地预测回流的性能和长度.

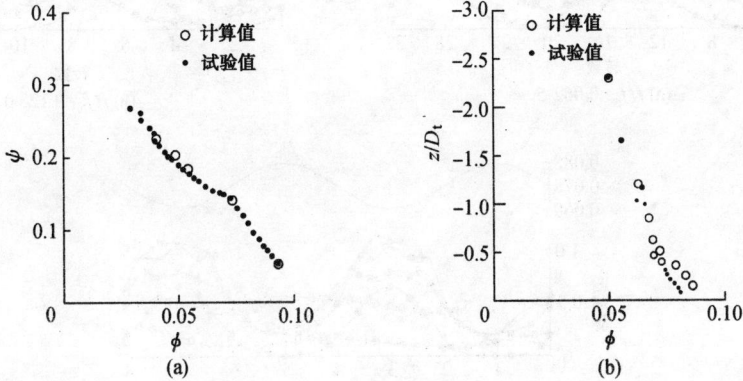

图 15.109 性能曲线和回流轴向长度

2. 回流对流量波动的响应

流量波动用下式表示:

$$\tilde{\phi} = 0.078 + 0.01\sin 2\pi ft, \tag{15.99}$$

式中,0.078 是设计点流量系数. 对 $f/f_N = 0.0625, 0.1250$ 和 0.2500 等 3 种情况进行研究,其中 f_N 为旋转频率. 相应地,流量波动 1 次所用的时间分别为叶轮旋转 1 周所用时间的 16 倍,8 倍和 4 倍.

为了明确回流响应的机理,对诱导轮上游的动量矩守恒进行分析. 定义上游的动量矩为

$$AM = \iiint\limits_{V} \rho r^2 v_\theta \, \mathrm{d}r \mathrm{d}\theta \, \mathrm{d}z / \rho u_t D_t^4, \tag{15.100}$$

式中,V 表示叶片进口边轮毂处控制面的上游区域.

图 15.110 所示为动量矩波动的准定常值和非定常值. 把图 15.110 中的 AM 同图 15.111 所示的回流长度相比,可以看出 AM 的波动与回流长度的波动同相. 因此,可以采用 AM 代表回流区域的尺度. 随着频率的增加,AM 的相位延迟且其振幅明显降低.

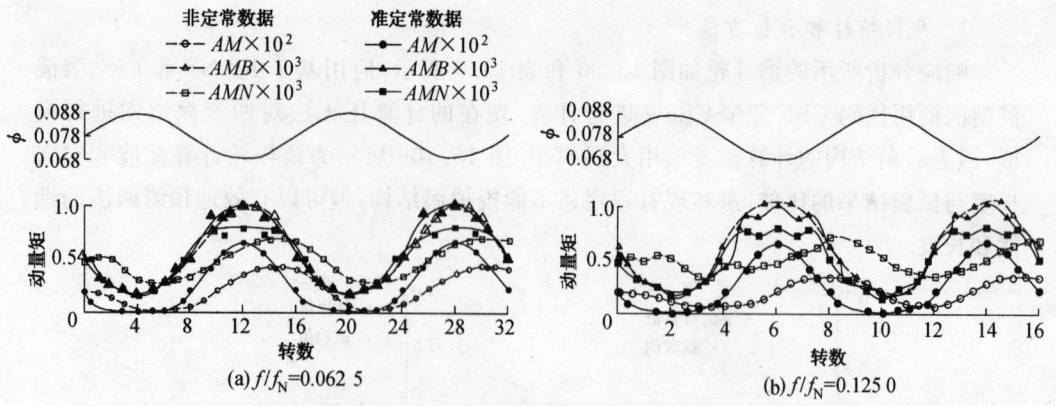

图 15.110 动量矩波动

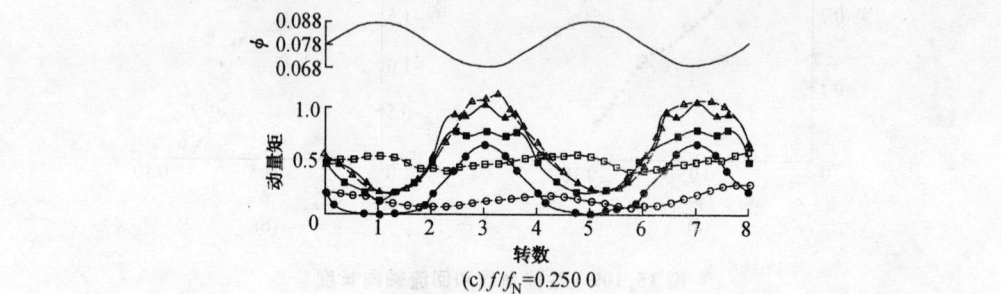

图 15.111 回流长度波动

下一步,认为动量矩经过控制面进行传递.由回流($v_z<0$)提供的动量矩 AMB 和正常流动($v_z>0$)带走的动量矩 AMN 分别定义为

$$AMB = -\iint_{v_z<0} \frac{\rho r^2 v_\theta v_z \mathrm{d}r\mathrm{d}\theta}{\rho u_t^2 D_t^3}, \tag{15.101}$$

$$AMN = \iint_{v_z>0} \frac{\rho r^2 v_\theta v_z \mathrm{d}r\mathrm{d}\theta}{\rho u_t^2 D_t^3}, \tag{15.102}$$

式中,$v_z<0$ 和 $v_z>0$ 分别表示在 $v_z<0$ 和 $v_z>0$ 的区域内积分.

从图 15.110 中还可知 AMB 和 AMN 波动的非定常值和准定常值,从中可以看出:

① AMB 和流量波动相位相反;

② AMB 与其准定常值几乎相同;

③ 除流量很小的情况外,AMB 和 AMN 的准定常数据一致.这表明回流的尺度是由准定常流动下 AMB 和 AMN 的平衡决定的.在小流量时观察到的非平衡现象可能是由管壁的表面摩擦引起的;

④ 当频率增加时,AMN 的振幅缩小且相位延迟.

如果忽略控制体边界上切应力的影响,动量矩守恒可以用下式表示:

$$\frac{\mathrm{d}(AM)}{\mathrm{d}t^*} = AMB - AMN, \tag{15.103}$$

式中,$t^* = \dfrac{t}{\frac{D_t}{u_t}}$ 表示量纲为一的时间.

图 15.112 表示式(15.103)动态动量矩的平衡.从图中明显地看出合成动量矩 $AMB-AMN$ 与动量矩的时间导数 $\dfrac{\mathrm{d}(AM)}{\mathrm{d}t^*}$ 十分一致.

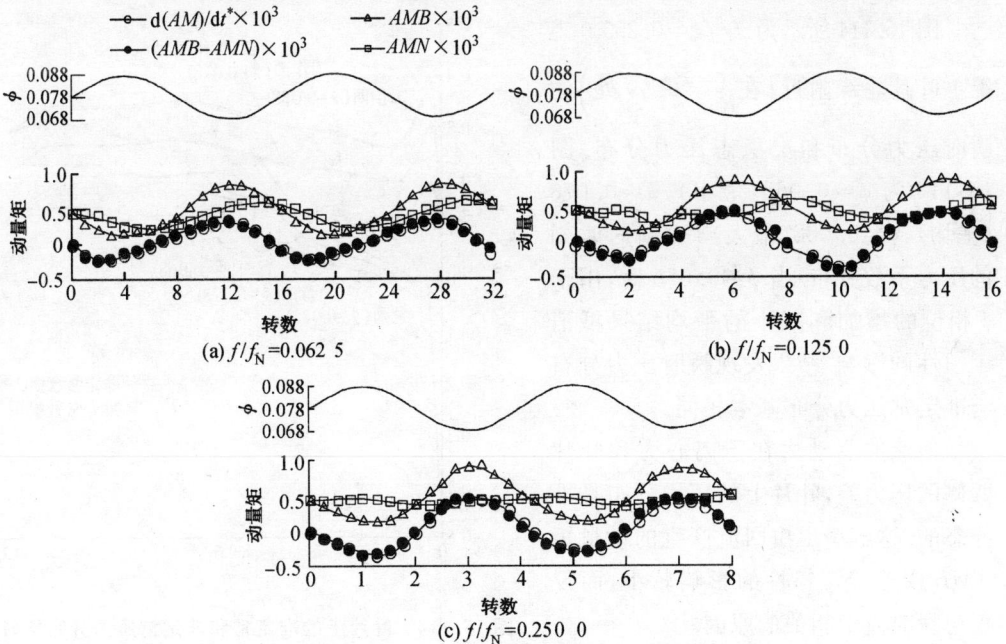

图 15.112 动量矩守恒

图 15.110 和图 15.112 的结果表明回流的尺度在准定常情况和非定常情况下是由不同机理决定的. 对于准定常情形,回流尺度由回流提供的动量矩 AMB 以及正常流动带走的动量矩 AMN 共同决定. 当流量波动时(非定常情形),差值 $AMB-AMN$ 决定上游动量矩 $\dfrac{\mathrm{d}(AM)}{\mathrm{d}t^*}$ 的增长.

3. 回流机理和 AMB 的准定常响应

由图 15.110 可以看出,由回流提供的动量矩 AMB 仅和瞬时流量有关,受不稳定性的影响很小. 为了研究回流机理,图 15.113a 展示了断面上具有负轴向速度的区域,该区域包括进口边上靠近轮缘的位置. 图 15.113b 所示为图 15.113a 标注的轴面上的速度场分布. 流动从叶片进口边的工作面流出. 如果叶片与壳体间不存在轮缘间隙时,仍可得到相似结果. 结果表明回流主要存在于叶片进口边的后掠部分与壳体之间的间隙,是由离心力和在叶片进口边附近叶片上的压力差引起的.

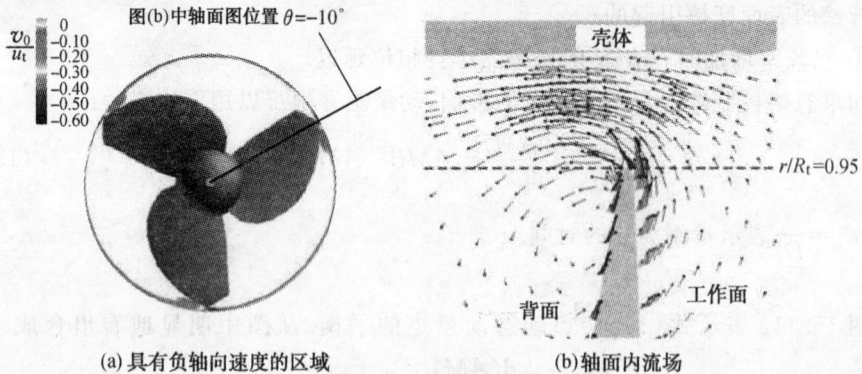

(a) 具有负轴向速度的区域　　　　(b) 轴面内流场

图 15.113　回流机理

图 15.114 所示为 $f/f_{\mathrm{N}}=0.2500$ 工况下叶片轮缘附近$\left(\text{在} \dfrac{r}{R_{\mathrm{t}}}=0.99 \text{处}\right)$的瞬时压力分布和准稳态压力分布. 图 15.114 为 $\phi=0.068$(最小),$\phi=0.078$(平均),$\phi=0.088$(最大)3 个瞬时时刻的压力系数分布. 当 $\phi=0.078$ 时,由于 ϕ 相位的增加和减小的平均结果抵消了惯性的影响. 结果发现瞬时压力分布与准定常压力分布基本相同.

回流的驱动力在于离心力和叶片两侧的压力差,叶片上的压力分布是准静态的. 这解释了由回流产生的动量矩 AMB 受非定常特性的影响较小,而仅仅与瞬时流量相关的原因.

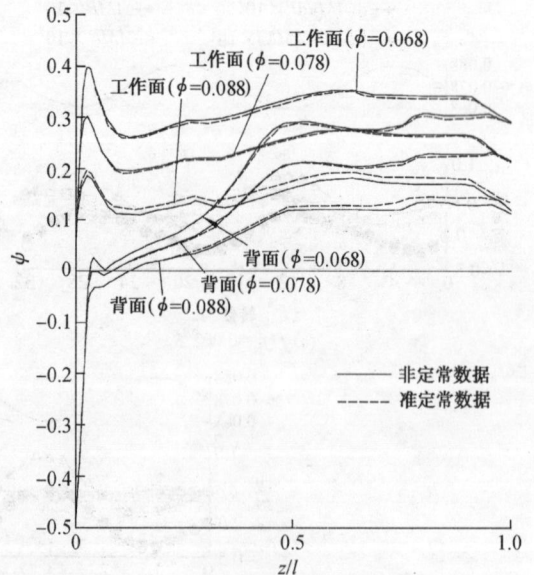

图 15.114　叶片上的准定常和非定常压力分布比较

4. 回流响应函数

为了更好地研究相位的定量关系,将这些物理量分为平均分量(上面标注一小横线)和波动分量(用波浪线表示)两部分,即

$$AM = \bar{A} + \tilde{A}\exp(j\omega^* t^*),$$
$$AMB = \bar{B} + \tilde{B}\exp(j\omega^* t^*),$$
$$AMN = \bar{N} + \tilde{N}\exp(j\omega^* t^*),$$
$$\phi = \bar{\phi} + \tilde{\phi}\exp(j\omega^* t^*),$$

式中,$\omega^* = \omega(D_t/u_t) = 2(f/f_N)$,是量纲为一的频率.

当流量降低时,由回流引起的动量矩会增加,因此有

$$\tilde{B} = -a\,\tilde{\phi}. \tag{15.104}$$

如果上游动量矩以及流量较大,那么随正常流动带走的动量矩将会很大.因此,可以假设

$$\tilde{N} = b\tilde{A} + c\,\tilde{\phi}, \tag{15.105}$$

式中,a,b,c 是实数常数.把上述表达式代入动量矩守恒方程(15.103)得到响应函数为

$$\frac{\tilde{A}}{\tilde{\phi}} = -\frac{a+c}{b+2j\left(\dfrac{f}{f_N}\right)}. \tag{15.106}$$

上式清楚地表明回流动量矩以一阶滞后元的方式响应流量波动.当 $\dfrac{f}{f_N} \to \infty$ 时,上游流体动量矩的相位比流量波动的相位超前 90°,比准定常回流响应滞后 90°.

为计算比例常数 a,b,c 的值,在两个周期上对 AM,AMB 和 AMN 的数值计算结果进行傅里叶分析,$\tilde{A}$,$\tilde{B}$ 和 $\tilde{N}$ 的值由其一阶分量计算.计算 a 的值时忽略了 $\tilde{B}$ 和 $\tilde{\phi}$ 之间较小的相位差,b 和 c 的值由方程(15.105)的实部和虚部计算.这些常数值在 $\dfrac{f}{f_N} = 0.062\,5$,$0.125\,0$ 和 $0.250\,0$ 下的数值计算结果如表 15.8 所示,其中参数 c 的值要比其他两个参数的值小.

表 15.8　响应函数方程(15.106)中的参数值

f/f_N	a	b	c
0.062 5	0.039 7	0.093 0	0.009 5
0.125 0	0.041 1	0.102 0	0.002 0
0.250 0	0.042 8	0.078 3	0.002 0
平均值	0.041 2	0.091 1	0.004 5

把表 15.8 中 a,b,c 的平均值代入方程(15.106),就可以得到响应函数 $\dfrac{\tilde{A}}{\tilde{\phi}}$ 的复数表达式,如图 15.115 所示.图中还有当 $\dfrac{f}{f_N} = 0.062\,5$,$0.125\,0$ 和 $0.250\,0$ 时由数值计算得

到的 $\dfrac{\widetilde{A}}{\widetilde{\phi}}$ 值. 由数值计算得到数据点和响应函数的值很接近,这表明用于推导响应函数 (15.106)的方程(15.104)和方程(15.105)的近似可行. 此响应函数明显地表明随着频率 $\dfrac{f}{f_{\mathrm{N}}}$ 的增大,幅值 $\left|\dfrac{\widetilde{A}}{\widetilde{\phi}}\right|$ 是如何降低、相位是如何滞后的. 它还表明如要获得实现准定常响应的大的滞后值,频率 $\dfrac{f}{f_{\mathrm{N}}}=0.125$ 已经足够大.

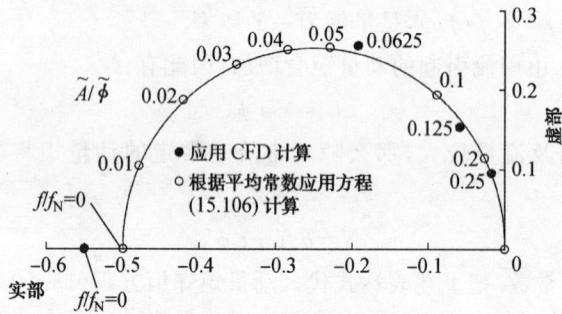

图 15.115　根据表 15.7 中参数的平均值计算的回流响应函数方程(15.106)

现在再来看图 15.107 所示的试验数据. 转速为 3 000 r/min,也就是频率为 50 Hz, 由于 $\dfrac{f}{f_{\mathrm{N}}}=0.1$,所以 $f=5$ Hz. 这表明在试验中观察到的相位滞后有些偏大,这可能是由试验中所采用的进口速度测量方法引起的,这种方法会直接影响流量波动. 在 $\dfrac{L_{\mathrm{d}}}{D_{\mathrm{t}}}=2.29$ 位置观测到的相位滞后大于 $90°$,这是由于在高频下,回流响应的幅值变小,回流可能并没有到达测量点.

上述结果是基于 $k\text{-}\varepsilon$ 湍流模型的 CFD 分析. 该方法现在还不能模拟涡结构,但最近的基于 LES 的研究结果与上述结果一样,即使在涡结构方面,二者在定性分析上也相同.

15.9.4　小结

① 对诱导轮而言,即使在设计流量下也会出现回流涡结构,它是由旋转回流和轴向主流之间的剪切层翻滚形成的.

③ 随着流量的降低,回流涡扩展到上游更远的位置并沿内部径向位置移动,随着旋涡沿径向向内部移动,旋涡的数量会减少. 这种现象可以通过二元稳定性分析来解释.

③ 空化喘振频率与进水管路长度平方根的倒数成正比,而下游水力系统的抵抗和惰性很大,因此下游管道对空化喘振频率的影响比较小.

④ 当空化喘振出现在小流量工况下时,在大空化数下空化排移功是主要的能量供给源,而在小空化数下则是泵做功提供更多的能量.

⑤ 假定空穴具有准定常响应,可以通过共振频率计算空化柔度和质量流量增益系

数.质量流量增益系数的值为正,这与空化喘振现象发生的条件相矛盾.

⑥ 回流响应由泵进口的速度测量值计算.当频率增加到转频的 10% 时,相位滞后接近约 90°,称该频率为临界频率,低于这个频率时,回流空化导致水力系统不稳定.

⑦ 在小流量下,随着空化数的降低,当共振频率低于临界频率时,就会出现空化喘振.

⑧ 从进口动量矩平衡的角度分析了回流响应与流量波动之间的关系.

⑨ 回流引起的动量矩交换与流量波动相位相反.

⑩ 当上游动量矩较大时,由正常流动引起的动量矩交换也较大.

⑪ 从动量矩平衡的角度来看,回流以一阶滞后元的形式响应流量波动.

⑫ 由于具有准定常特性,回流涡空化会激振低频振荡,但是随着振荡频率的增加,由于对流量波动响应的滞后,这种激振作用会变得越来越小.因此,空穴响应的不稳定性包括其流动过程在回流涡空化工况下非常重要.

15.10 空化不稳定性抑制及高频振荡信息

空化不稳定性抑制是设计可靠的火箭发动机涡轮泵诱导轮最重要的课题之一.目前已经明确了空化有多种形式.它们会对轴和叶片施加大动态载荷,威胁发动机的可靠性.目前已有很多抑制空化不稳定性的各种试验研究,如加大壳体法、在吸入管中安装非对称干扰板等.尽管这些方法对特定的空化不稳定性有一定作用,但空化不稳定性仍没有被完全抑制且其抑制机理也不明晰.

本节介绍应用周向槽抑制空化不稳定性的方法.基于 CFD 计算结果设计周向槽,以保证轮缘泄漏涡陷入槽中从而不会影响下一个叶片.试验结果表明周向槽能抑制旋转空化、不对称空化以及空化喘振.不过,这些周向槽不能抑制具有高频的一些微弱不稳定性.通过对类似于动静干涉压力形态的分析,发现高频分量是由于诱导轮叶片和回流涡干涉形成的.

15.10.1 试验和计算方法

1. 试验方法

图 15.116 和表 15.9 所示为测试用诱导轮进口边形状和几何特性.诱导轮直径为 149.8 mm,3 个进口边后掠叶片,进口边包角为 95.2°.在叶片轮缘处,叶片进口安放角和出口安放角分别是 7.5° 和 9.0°.叶片安放角 $\beta(r)$ 通过平板螺旋条件 $r \times \tan \beta(r) = R_t \times \tan \beta_t$ 计算,其中,r 为半径,R_t 为叶轮半径,β_t 为轮缘叶片安放角.设计流量系数 ϕ_d 等于 0.078,流量系数 ϕ 定义为 $\dfrac{v_1}{u_t}$,其中,v_1 为 $\dfrac{z}{D_t} = 0$ 平面上的平均轴向速度,u_t 为诱导轮轮缘速度.

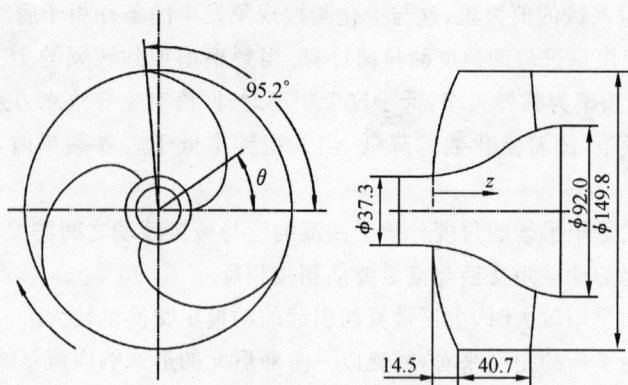

图 15.116 诱导轮形状

表 15.9 诱导轮参数

参　数	数值
叶片数	3
轮缘直径/mm	149.8
轮缘间隙/mm	0.5
进口边包角/(°)	95.2
轮缘进口叶片安放角/(°)	7.5
轮缘出口叶片安放角/(°)	9.0
进口轮毂/轮缘比	0.25
出口轮毂/轮缘比	0.51
轮缘叶栅稠密度	1.91
设计流量系数 ϕ_d	0.078

图 15.117 为闭式空化试验回路.通过真空泵控制水箱内部的压力来调节进口压力,通过叶轮下游的蝶阀控制流量,叶轮由变频马达驱动,工作介质是室温下的清水.

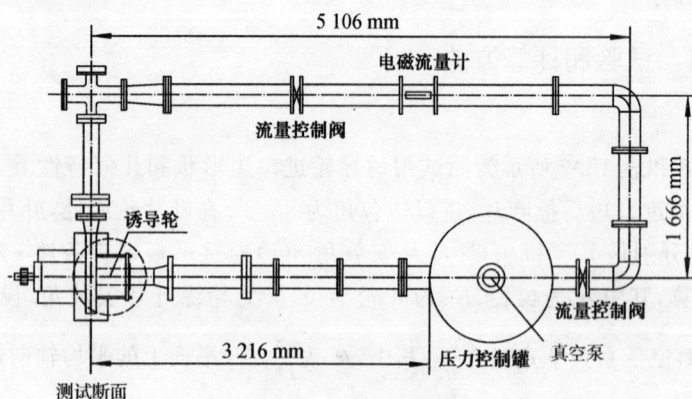

图 15.117 试验设备

图 15.118 所示为直壳体诱导轮附近的测试区域.静压系数 ψ_s 定义为 $\dfrac{p_2 - p_1}{\rho u_1^2}$,进口

静压 p_1 和出口静压 p_2 分别在叶片轮缘进口边上游 302 mm 和下游 66 mm 处进行测量.当对空穴振荡进行试验研究时,在轮缘进口边上游 44 mm 处利用嵌入安装的压力传感器测量进口压力脉动 p_a 和 p_b,传感器在圆周方向上间隔 90° 安装,以此来分辨空化不稳定性的模态.轴向坐标 z 的方向从原点 $\left(\dfrac{z}{D_t}=0\right)$ 指向下游,原点位于图 15.116 所示叶片进口边与轮毂的交点位置.

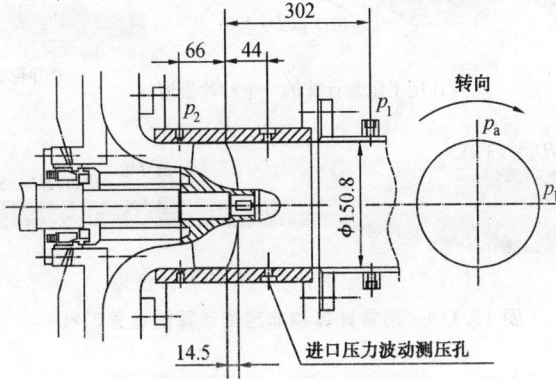

图 15.118　测试断面

在泵运行过程中,通过 A/D 转换器将流量、叶轮进出口的静压、进口压力波动、水温以及叶轮转速等都传递给计算机.为了可视化观察,泵壳采用透明的丙烯酸树脂制造.图像采用一台高速摄影机进行拍摄,帧速为 4 500 帧/s.

2. 数值方法

采用商业软件 ANSYS CFX-11.0 模拟诱导轮内的空化流动.通过混合非结构化网格及有限体积法求解三元雷诺平均 N-S 方程,湍流模型为 $k-\omega$ 模型.空化模型以 CFD 求解器的均一多相流框架为基础,通过求解简化的 Reyleigh-Plesset 方程考虑空化空泡的动力特性.通过对连续性方程添加一个源项来考虑空化的作用.工作介质是水和蒸气.在进口定义总压和 0 圆周速度分量,在出口定义质量流量.转速与试验时的转速相同,即 3 000 r/min.周向槽与诱导轮网格之间采用如图 15.119a 所示的非匹配拼接界面,并假定交界面处质量、动量守恒.轮缘间隙内网格与径向网格也是非拼接界面.

对于定常计算,如图 15.119a 所示,假设圆周方向上具有周期性,因此只计算一个叶片流道内的流动.诱导轮内网格数量为 220 万,周向槽的网格数为 15 万.进出口管路的长度分别为叶轮外径的 5.4 倍和 5.6 倍.将无空化流动的计算结果作为空化流动数值计算的初始值.对于非定常计算,如图 15.119b 所示的所有叶片流道均需要计算.时间步进长度为叶轮转动一圈所用时间的 1/400,选用时空二阶格式.所有叶片流道计算域的网格数量为 380 万.进出口管路长度分别为叶轮外径的 13.0 倍和 5.6 倍.为了得到稳定的数值解,将进口管路扩大,如图 15.119b 所示.定常计算的结果作为非定常空化流动计算的初始值.

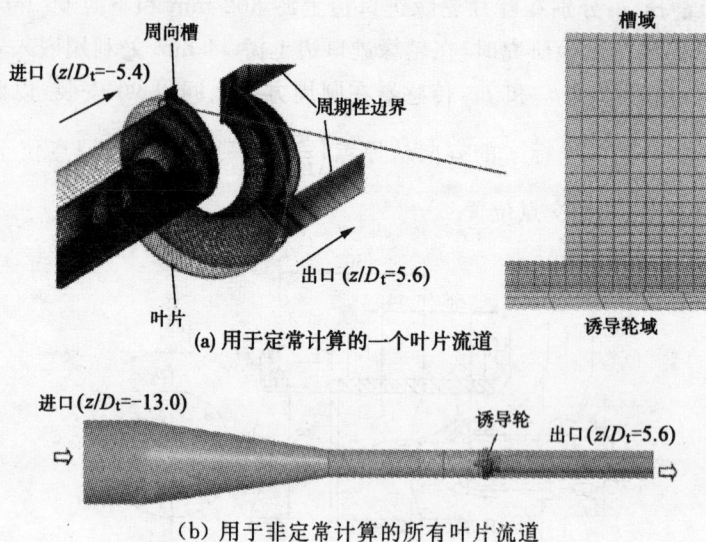

(a) 用于定常计算的一个叶片流道

进口 (z/D_t=-13.0)　　　诱导轮　　出口 (z/D_t=5.6)

（b）用于非定常计算的所有叶片流道

图 15.119　定常计算和非定常计算的计算区域

15.10.2　数值计算结果

1. 周向槽设计

周向槽的设计思想就是使轮缘泄漏涡陷入其中,从而可以有助于避免轮缘空穴与下一个叶片进口边相互作用.首先,数值研究周向槽的几何尺寸对轮缘泄漏涡的影响,并且找到能够"包"住轮缘泄漏涡的周向槽的最优尺寸.

图 15.120 所示为试验中周向槽几何尺寸的大小.槽的宽度为 19.5 mm,其上游边位于叶片轮缘进口边上游 3.5 mm 处,周向槽的深度是 10.0 mm,诱导轮外径是 149.8 mm.

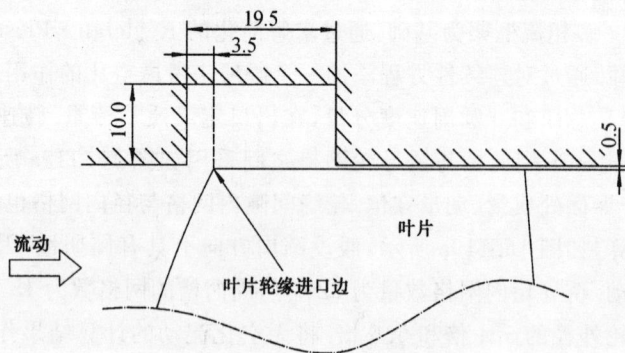

图 15.120　周向槽形状

表 15.10 为壳体在 $\dfrac{\phi}{\phi_d}=1.0$ 工况下计算得到的水力效率 η 及静压系数 ψ_s,水力效率的计算公式为

$$\eta = \frac{P_2}{P_1} = \frac{\int \rho v_z \left(\dfrac{p}{\rho}+\dfrac{1}{2}v^2\right)\mathrm{d}s_2 - \int \rho v_z \left(\dfrac{p}{\rho}+\dfrac{1}{2}v^2\right)\mathrm{d}s_1}{\int \rho v_z r \omega v_\theta \mathrm{d}s_2 - \int \rho v_z r \omega v_\theta \mathrm{d}s_1}, \tag{15.107}$$

式中, v 为绝对速度; v_θ 为绝对速度的圆周分量; ω 为角速度; 下标 1 和 2 分别表示进口和出口. 与直壳体相比, 开槽壳体的压力系数和水力效率都略有降低.

表 15.10 $\dfrac{\phi}{\phi_d}=1.0$ 工况下的静压系数

壳体形式	$\eta(\sigma=\infty)$	$\psi_s(\sigma=\infty)$	$\psi_s(\sigma=0.10)$	$\psi_s(\sigma=0.04)$
直壳体	0.784	0.126 3	0.125 6	0.126 7
开槽壳体	0.763	0.121 3	0.119 0	0.121 4

2. 流动特性

图 15.121 所示为在 $\phi/\phi_d=1.0, \sigma=0.04$ 工况下空穴的形状. 图中空穴由含气率为 $\alpha=0.01$ 的等值面表示. 与直壳体相比, 周向槽壳体的空穴体积明显减小, 并且轮缘泄漏涡空穴的分离点移向下游.

为了明确空穴的作用, 从空化流动中减去无空化流动的速度来计算空穴引起的速度扰动. z-θ 平面和 r-z 平面内

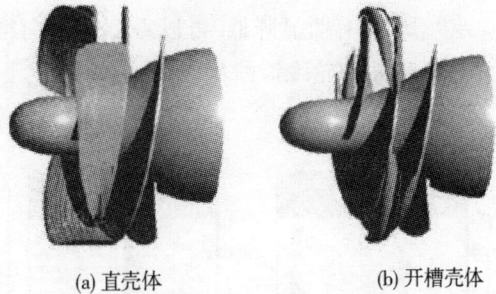

(a) 直壳体　　(b) 开槽壳体

图 15.121　空穴形状比较

的扰动速度矢量和含气率如图 15.122 所示. 对于直壳体情况, 在空穴尾缘附近的扰动流动具有轴向分量, 其减小了下一个叶片的冲角. 已有研究表明这种轴向扰动流动就是交变叶面空化、空化喘振和旋转失速的诱因. 对于开周向槽的壳体, 扰动流动非常微弱, 在叶片进口边附近没有发现正的轴向流动. 因此, 周向槽可以有效抑制空化不稳定性.

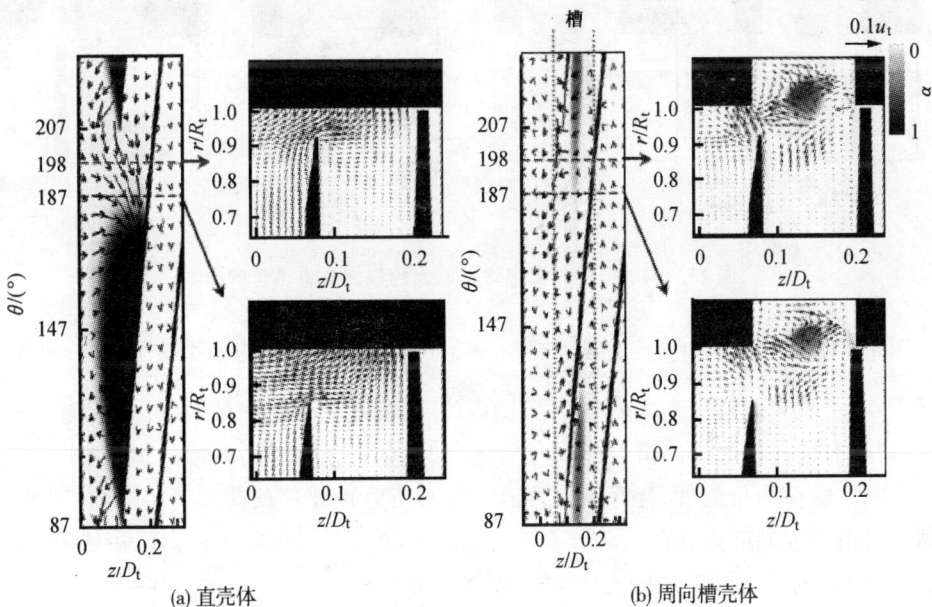

(a) 直壳体　　　　　　　　(b) 周向槽壳体

图 15.122　$\dfrac{r}{R_t}=0.98$ 处扰动速度矢量和含气率分布

图 15.123 和图 15.124 所示分别为 $\dfrac{\phi}{\phi_{\mathrm{d}}}=1.0, \sigma=0.04$ 工况下在 r-z 平面内直壳体轴面上和开周向槽壳体轴面上的速度矢量和含气率分布. 对于直壳体, 如图 15.123a 所示的轮缘泄漏涡中心在叶片轮缘进口边附近出现, 并随着 θ 的增加向上游延伸, 空穴并不出现在轮缘泄漏涡中, 而是在叶片背面与壳体连接处附近的低压区中发生. 对于开周向槽的壳体, 轮缘泄漏涡空穴只在周向槽内发展. 在 $\theta=170°$ 时, 由于在叶片工作面和轴向槽后侧面之间的间隙中形成了射流, 因此周向槽内的轮缘泄漏涡增强, 如图 15.124 所示. 当 $\theta=110°$ 时, 在工作面出现较弱的空穴, 这是由于壳体跟轮缘泄漏涡空穴的干涉引起的. 不过, 其在 $\sigma=0.04$ 工况下的扬程 $\psi_{\mathrm{s}}=0.121\ 4$ 并不比无空化工况下的扬程 $\psi_{\mathrm{s}}=0.121\ 3$ 有明显降低. 可以看到在周向槽的上游侧有向里的径向速度, 其抑制了叶片轮缘背面的轮缘泄漏涡空化.

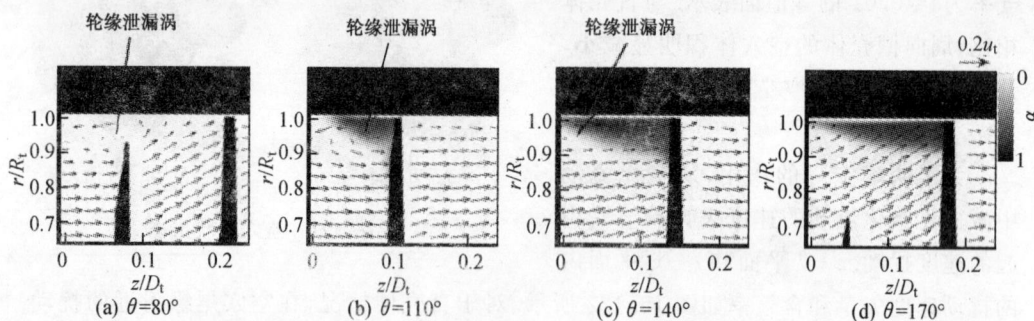

(a) $\theta=80°$ (b) $\theta=110°$ (c) $\theta=140°$ (d) $\theta=170°$

图 15.123 直壳体轴面上的速度矢量和含气率

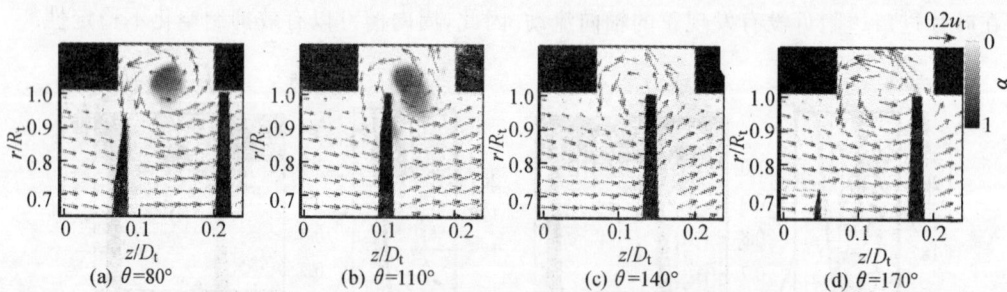

(a) $\theta=80°$ (b) $\theta=110°$ (c) $\theta=140°$ (d) $\theta=170°$

图 15.124 开周向槽壳体轴面上的速度矢量和含气率

图 15.125 所示为 $\phi/\phi_{\mathrm{d}}=1.0$ 工况下 $\dfrac{r}{R_{\mathrm{t}}}=0.98$ 处叶片上的压力分布. 在 $\sigma=0.10$ 工况下, 对于直壳体, 在 $90°<\theta<135°$ 范围内(压力曲线接近水平线)在叶片背面上出现空穴, 但具有周向槽壳体的情形中没有空穴产生. 对于壳体有周向槽的情况, 靠近叶片进口边叶片载荷为负值(即背面压力大于工作面压力), 叶片载荷向下游移动. 因此, 可以通过周向槽控制叶面载荷. 在 $\sigma=0.04$ 工况下, 对于直壳体, 其空化区拓展到 $90°<\theta<175°$ 之间. 对于有周向槽的壳体, 空化数的作用很小, 尽管空穴在 $100°<\theta<120°$ 范围内出现在压力面上. 图 15.124 表明空穴是由于周向槽与上一个叶片轮缘泄漏涡空穴的相互作用形成的.

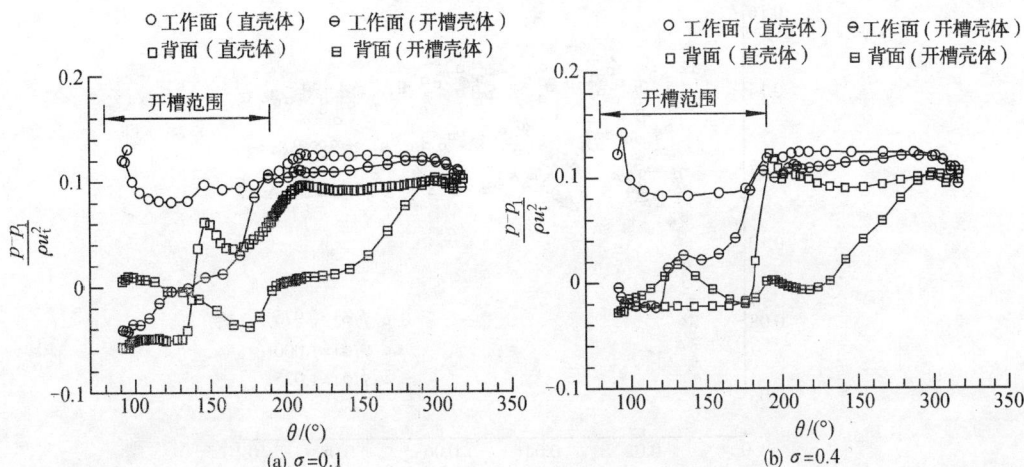

图 15.125　$\dfrac{\phi}{\phi_d}=1.0$ 工况下 $\dfrac{r}{R_t}=0.98$ 处叶片上的压力分布

15.10.3　试验结果

1. 无空化性能

图 15.126 所示为试验和计算得到的无空化性能曲线. 当壳体含有周向槽时,在小流量系数下其静压系数比直壳体的情况要小. 不过,在设计流量系数点 $\phi=0.078$,静压系数的减少程度可以接受.

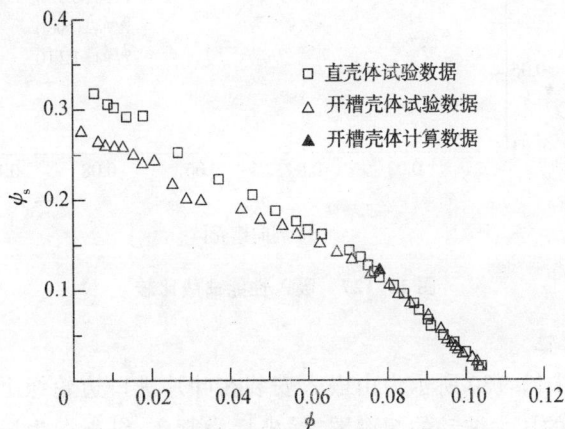

图 15.126　1 500 r/min 时的无空化性能

2. 吸入性能

图 15.127 比较了有周向槽和没有周向槽时的吸入性能曲线. 在直壳体情形中,试验转速为 3 000 r/min,在进口装有孔板. 而对于有周向槽的情况,试验转速为 4 500 r/min,没有安装孔板. 受来自孔板的空泡的某种作用,空化不稳定性导致直壳体诱导轮的吸入性能曲线严重发散,而壳体有周向槽的诱导轮吸入性能有某种程度的改善.

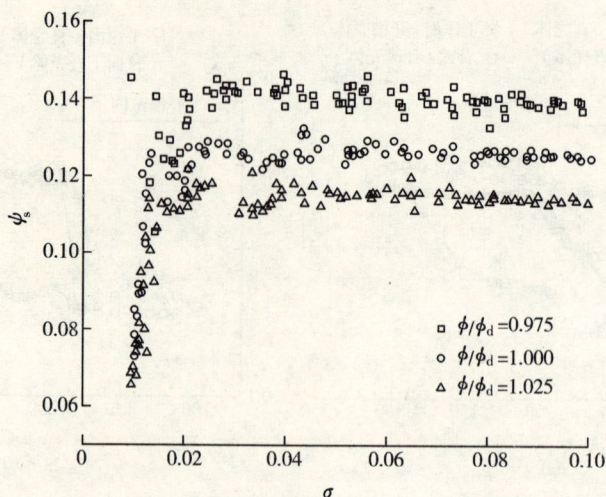
(a) 直壳体

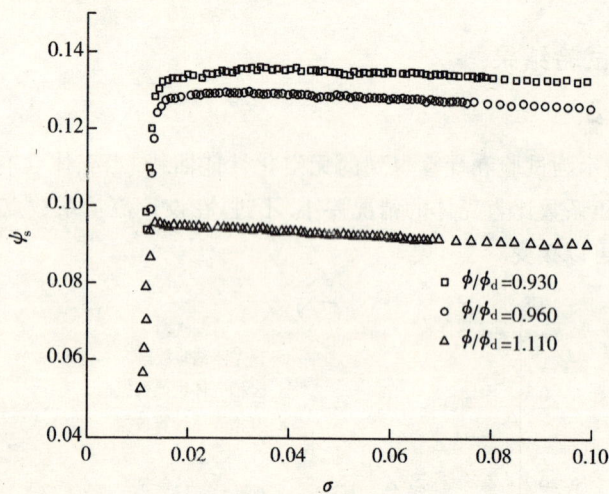
(b) 周向槽壳体

图 15.127   吸入性能曲线比较

3. 空化不稳定性

图 15.128 至图 15.130 所示为由嵌入安装在叶片进口边轮缘上游 44 mm 处的压力传感器测量得到的压力波动的频谱图. 横坐标为频率,纵坐标为压力波动的大小,压力波动定义为 $\Delta\psi=\dfrac{\Delta p}{\rho u_t^2}$,深度坐标为空化数 σ,叶轮转频 f_N 为 50 Hz. 在两个圆周方向上相差 $90°$ 的点测量压力波动,其相位差可用于获取一些特别的信息. 正的相位差表示压力形态的转向与叶轮转向相同,反之亦然.

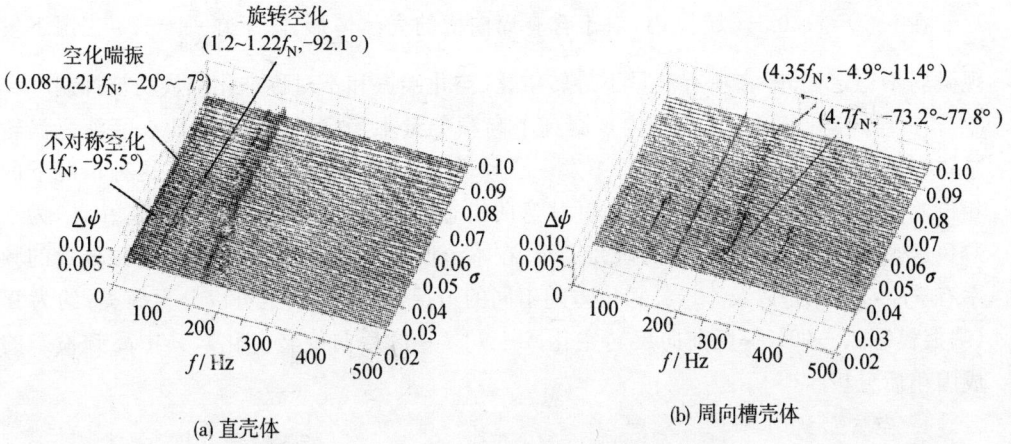

旋转空化
$(1.2\sim1.22f_N, -92.1°)$

空化喘振
$(0.08\sim0.21f_N, -20°\sim-7°)$

不对称空化
$(1f_N, -95.5°)$

$(4.35f_N, -4.9°\sim11.4°)$

$(4.7f_N, -73.2°\sim77.8°)$

(a) 直壳体

(b) 周向槽壳体

图 15.128 $\dfrac{\phi}{\phi_d}=0.9$ 工况下进口压力振荡频谱

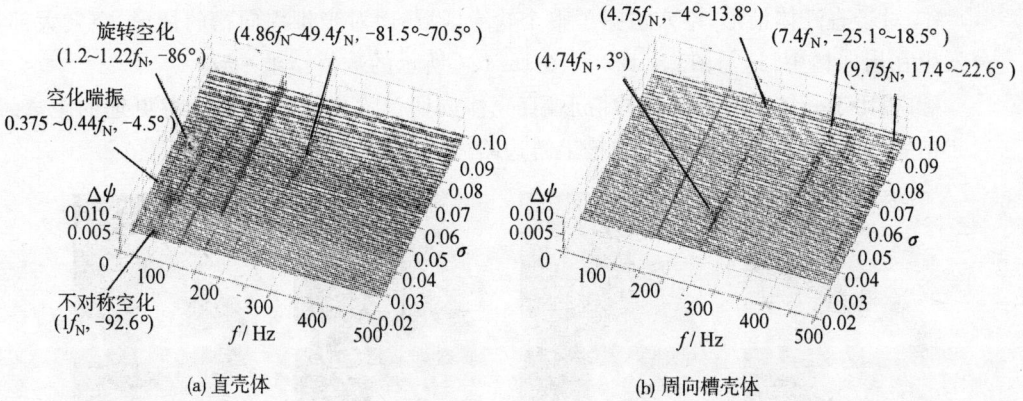

旋转空化
$(1.2\sim1.22f_N, -86°)$

空化喘振
$0.375\sim0.44f_N, -4.5°$

不对称空化
$(1f_N, -92.6°)$

$(4.86f_N\sim49.4f_N, -81.5°\sim70.5°)$

$(4.75f_N, -4°\sim13.8°)$

$(4.74f_N, 3°)$

$(7.4f_N, -25.1°\sim18.5°)$

$(9.75f_N, 17.4°\sim22.6°)$

(a) 直壳体

(b) 周向槽壳体

图 15.129 $\dfrac{\phi}{\phi_d}=1.0$ 工况下进口压力振荡频谱

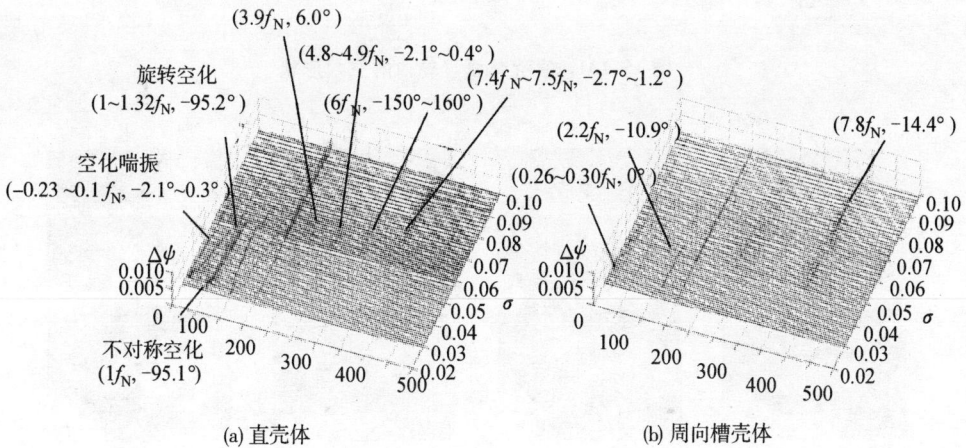

旋转空化
$(1\sim1.32f_N, -95.2°)$

空化喘振
$(-0.23\sim0.1f_N, -2.1°\sim0.3°)$

不对称空化
$(1f_N, -95.1°)$

$(3.9f_N, 6.0°)$

$(4.8\sim4.9f_N, -2.1°\sim0.4°)$

$(6f_N, -150°\sim160°)$

$(7.4f_N\sim7.5f_N, -2.7°\sim1.2°)$

$(2.2f_N, -10.9°)$

$(0.26\sim0.30f_N, 0°)$

$(7.8f_N, -14.4°)$

(a) 直壳体

(b) 周向槽壳体

图 15.130 $\dfrac{\phi}{\phi_d}=1.1$ 工况下进口压力振荡频谱

在 $0 < f < 150$ Hz 范围内,对于含有周向槽的壳体情形,除了在 $\frac{\phi}{\phi_d} = 1.1$ 工况下发现微弱不稳定性外,在所有流量下旋转空化、空化喘振和不对称空化都成功被抑制.

在 $150 < f < 500$ Hz 范围内观测到了高频分量不稳定性.在对 HII 火箭液氢涡轮泵诱导轮的点火试验和水试试验中发现了频率为 $4.8f_N$ 的高频分量.在这种情况下的相位差为 $0°$.高频分量可能会接近叶片弯曲模态的固有频率,所以非常重要.由此,为了避免这类高频分量做了大量的研究工作.在本节所涉及的试验中,发现的高频分量的频率有 $5f_N$, $7 \sim 8f_N$ 以及 $10f_N$.相位差随不同的情况而不同,但是可以分为 3 类:约为 $0°$(喘振模态)、$-90°$(一区前向旋转空化)、$+90°$(一区后向旋转空化),其中高频模态的成因稍后分析.

4. 空穴形状

图 15.131 和图 15.132 所示为在设计流量系数 $\frac{\phi}{\phi_d} = 1$ 下直壳体和带周向槽壳体诱导轮的空穴图像对比,从中可以看出以下差别:

① 对于直壳体情形,空穴占据了整个轮缘区域;而对于带周向槽的情形,空穴大部分发生在周向槽中.这与图 15.123 和图 15.124 所示的数值结果一致.

② 相比于壳体带有周向槽的情形,直壳体内回流涡空化延伸到上游更远的距离.对于前者,回流涡空化只是从周向槽上游边略微延伸.

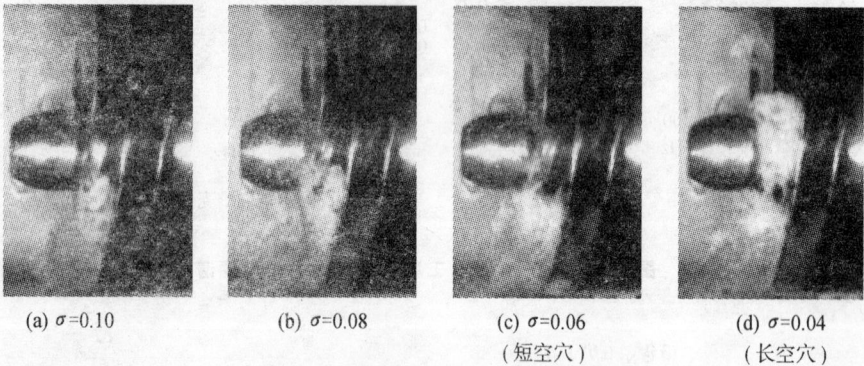

(a) $\sigma = 0.10$ (b) $\sigma = 0.08$ (c) $\sigma = 0.06$ (d) $\sigma = 0.04$
（短空穴）   （长空穴）

图 15.131　直壳体诱导轮内的空穴形状

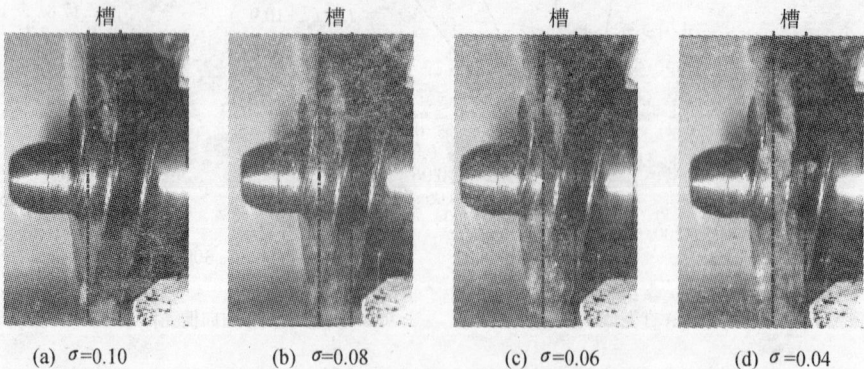

(a) $\sigma = 0.10$ (b) $\sigma = 0.08$ (c) $\sigma = 0.06$ (d) $\sigma = 0.04$

图 15.132　壳体带周向槽诱导轮内的空穴形状

尽管图中没有给出,不过可以明确的是当壳体有周向槽时,由于流量减少导致空化体积的增长非常小.这一结论解释了为什么会在很大的流量范围内可以抑制空化不稳定性.

5. 回流涡空穴的传播

图 15.133 所示为研究回流涡空穴传播的高速摄影图像,运行工况为 $\frac{\phi}{\phi_d}=1, \sigma=0.045$,壳体有周向槽.根据图像确定传播速度 ω_v,通过分析涡的通道确定涡的数量 n_0,结果如表 15.11 所示,其中 Ω 为叶轮转速.

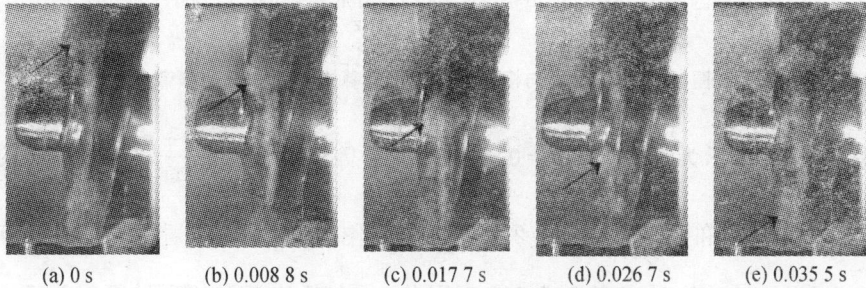

| (a) 0 s | (b) 0.008 8 s | (c) 0.017 7 s | (d) 0.026 7 s | (e) 0.035 5 s |

图 15.133　回流涡空穴传播高速摄影图像

表 15.11　涡的数量及其传播速度

ϕ/ϕ_d	σ	ω_v/Ω	n_0
0.9(开槽壳体)	0.055	0.16	7.99
1.0(开槽壳体)	0.045	0.13	8.84
1.0(开槽壳体)	0.080	0.15	10.7
1.1(开槽壳体)	0.080	0.11	16.4
1.0(直壳体)	0.050	0.12	8~16

对直壳体情形,研究发现涡结构是由于直向主流与旋转回流之间的剪切层翻滚形成的,涡的数量由涡的稳定性决定,且涡的数量随流量降低而减少,其中流量的降低是涡在径向位置上向内部转移导致的.研究还发现涡的速度和数量随着时间大幅波动.所以,表 15.11 中的数据只是一些代表性值.

15.10.4　高频振荡成因

1. 非定常计算

为了确定周向槽对旋转空化的抑制作用并明确高频信息的成因,对含有周向槽的全流道在 $\frac{\phi}{\phi_d}=0.9, \sigma=0.045$ 工况下进行非定常计算.模拟旋转空化和回流涡需要全流道计算.

图 15.134 所示为进口压力波动频谱,所取的点与试验位置一致.正如所预期的一样,在 50 Hz 附近没有明显的信息,表明旋转空化已被抑制.除了叶片通过频率及其在 $3f_N=150$ Hz 附近的调制信息之外,在 $5.44f_N$ 处也具有明显的信息.

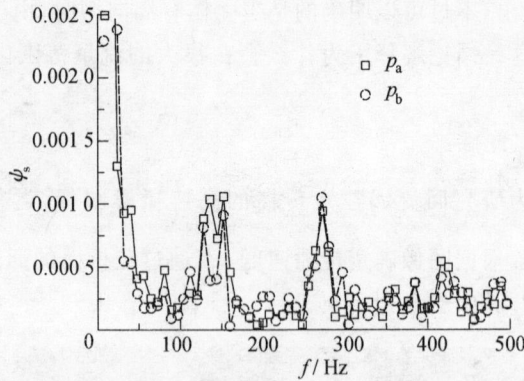

图 15.134 带周向槽壳体全流场计算进口压力波动频谱

图 15.135 所示为 $\frac{\phi}{\phi_d}=0.9, \sigma=0.050$ 工况下等压面 $\psi_c=\frac{p_2-p_v}{\rho u_t^2}=0.083$ 的三维图, 平面 $\frac{r}{R_t}=0.86$ 和平面 $\frac{z}{D_t}=-0.2$ 的压力分布图. 从图中可以看出与叶片相互作用的 5 个涡. 涡旋转的绝对速度为 0.112Ω. 因此, 一个叶片上涡的通过频率为 $5\times(1-0.112)\Omega=4.44\Omega$, 该值不同于上游压力波动的频率 $5.44f_N$.

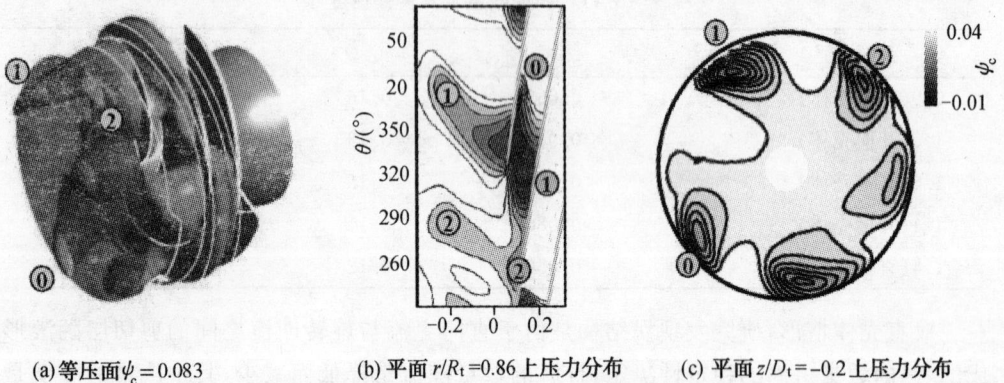

(a) 等压面 $\psi_c=0.083$ (b) 平面 $r/R_t=0.86$ 上压力分布   (c) 平面 $z/D_t=-0.2$ 上压力分布

图 15.135 等压面及压力分布

2. 由于干涉作用产生的几种旋转模态

由于定子转子动静干涉会产生一些转动模态, 参见如图 15.136 所示的定子与转子: 转子有 $Z_R(r=1,\cdots,Z_R)$ 个叶片, 旋转角速度为 Ω, 定子有 $Z_S(s=1,\cdots,Z_S)$ 个叶片. 由一个定子叶片 $s=1$ 与 Z_R 个转子叶片 $(r=1,\cdots,Z_R)$ 相互作用形成的压力分量是

$$p_{m,n}^{s=1}(\theta,t)=a_{m,n}\cos(m\theta-nZ_R\Omega t), \qquad (15.108)$$

式中, m 和 n 分别为 θ 和 t 坐标上的顺序号. 因此, 由一个定子叶片 $s=q$ 与 Z_R 个转子叶片 $(r=1,\cdots,Z_R)$ 相互作用形成的压力分量可以表示为

$$p_{m,n}^{s=q}(\theta,t)=a_{m,n}\cos\left\{m\left[\theta-\frac{2\pi}{Z_S}(q-1)\right]-nZ_R\Omega\left[t-\frac{2\pi}{Z_S\Omega}(q-1)\right]\right\}, \quad (15.109)$$

把所有定子叶片的作用加在一起得到

$$p_{m,n}(\theta,t) = a_{m,n}\sum_{q=1}^{Z_S}\cos\left[m\theta - nZ_R\Omega t - (m-nZ_R)\frac{2\pi}{Z_S}(q-1)\right]$$

$$= \begin{cases} Z_S a_{m,n}\cos(m\theta - nZ_R\Omega t), & m = nZ_R + kZ_S, \\ 0, & m \neq nZ_R + kZ_S, \end{cases} \qquad (15.110)$$

式中,k 为任意整数.

对于"定子"也会旋转的情况,定子转速用 ω_v 表示,转子转速用 Ω_R 表示,引入绝对周向坐标 $\theta^* = \theta + \omega_v t$,将 $\theta = \theta^* - \omega_v t$ 和 $\Omega = \Omega_R - \omega_v$ 代入方程(15.110)得到 $m = nZ_R + kZ_S$ 情况下有

$$p_{m,n}(\theta^*,t) = Z_S a_{m,n}\cos\{m\theta^* - [nZ_R(\Omega_R - \omega_v) + m\omega_v]t\}.$$

$$(15.111)$$

现在分析由 n_0 个回流涡和叶轮叶片相互作用产生的压力形态.用涡的数量 n_0 来代替定子的叶片数 Z_S.

表 15.12 所示为在

$$m = nZ_R + kn_0 \qquad (15.112)$$

条件下以及 $Z_R = 3$ 和频率为

$$\omega = nZ_R(\Omega_R - \omega_v) + \omega_v \qquad (15.113)$$

时并假定 $\dfrac{\omega_v}{\Omega} = 0.15$ 时计算得到的模态.

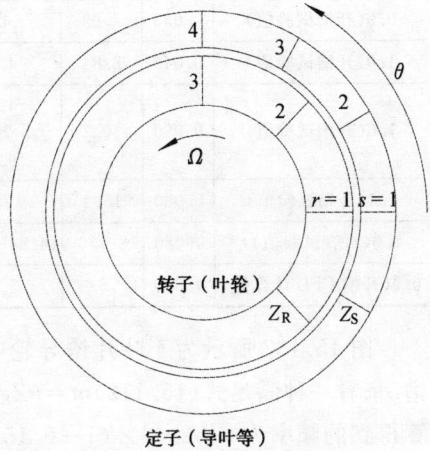

图 15.136　动静干涉模型

表 15.12　模态分析$\left(k = -1, Z_R = 3, \dfrac{\omega_v}{\Omega} = 0.15\right)$

m	数　值		
	$n=2, n_0=5,6,7$	$n=3, n_0=8,9,10$	$n=4, n_0=11,12,13$
1	$1=2\times3-1\times5, \omega=5.25\Omega$	$1=3\times3-1\times8, \omega=7.8\Omega$	$1=4\times3-1\times11, \omega=10.35\Omega$
0	$0=2\times3-1\times6, \omega=5.1\Omega$	$0=3\times3-1\times9, \omega=7.65\Omega$	$0=4\times3-1\times12, \omega=10.2\Omega$
−1	$-1=2\times3-1\times7, \omega=4.95\Omega$	$-1=3\times3-1\times10, \omega=7.5\Omega$	$-1=4\times3-1\times13, \omega=10.05\Omega$

从中可以看出:

① 随着涡数量 n_0 的变化周向模态数 m 随即改变.

② 在 $n_0 = 5,6,7$,$n_0 = 8,9,10$,$n_0 = 11,12,13$,这 3 组数据之中频率几乎为常数,但是 $n_0 = 7$ 与 $n_0 = 8$ 以及 $n_0 = 10$ 与 $n_0 = 11$ 之间的变化却很大.

从试验得到的相应结论如下:

① 各类模态的频率几乎相同.

② 频率大约是 $5\Omega,7\Omega$ 和 10Ω.

表 15.13 所示为试验观测到的信息以及根据式(15.113)计算得到的可能模态的频率.根据试验值确定 ω_v,虽然不是非常精确,但大体上是一致的.这表明高频信息是由

回流涡和叶轮的相互作用产生的.其中的差异可能是由回流涡的非定常特性引起的,涡的数量和传播速度随时间变化而不规则的变化.

表 15.13 试验和 CFD 结果与解析结果的比较

ϕ/ϕ_d	试验值和 CFD 计算值					解析分析值			
	σ	n_0	ω	ω_v	相位滞后/(°)	m	n	n_0	ω
0.9(开槽试验值)	0.055	7.99	4.7Ω	0.16Ω	$73.2\sim77.8$	-1	2	7	4.88Ω
1.0(开槽试验值)	0.045	8.84	4.74Ω	0.13Ω	3	0	2	6	5.22Ω
1.0(开槽试验值)	0.080	10.7	4.75Ω 7.4Ω 9.75Ω	0.15Ω	$-4\sim13.8$ $-25.1\sim18.5$ $17.4\sim22.6$	0 0 0	2 3 4	6 9 12	5.1Ω 7.65Ω 10.2Ω
1.1(开槽试验值)	0.080	16.4	7.8Ω	0.11Ω	-14.4	0	3	9	8.01Ω
1.0(直管试验值)	0.080	$8\sim16$	$(4.84\sim4.94)\Omega$	0.12Ω	$-81.5\sim70.5$	1	2	5	5.40Ω
0.9(开槽 CFD 计算值)	0.050	5	5.44Ω	0.112Ω	-37.5	1	2	5	5.44Ω

图 15.137 所示为 4 叶片诱导轮叶片轮缘进口边下游 $0.03D_t$ 处测得的压力波动谱.来看一种满足式(15.112)$m=nZ_R+kn_0$ 的情况,当 $\omega_v=0.15\Omega$,根据式(15.113)计算得到的频率为 $\omega=2\times4\times(1-0.15)\Omega=6.8\Omega$.同样当 $0=2\times4-1\times8$ 时,计算得到的频率 $\omega=3\times4\times(1-0.15)\Omega=10.2\Omega$.该频率是表 15.11 所示 3 叶片诱导轮内对应频率的 4/3 倍.图 15.137 含有与这些频率相近的所有信息.

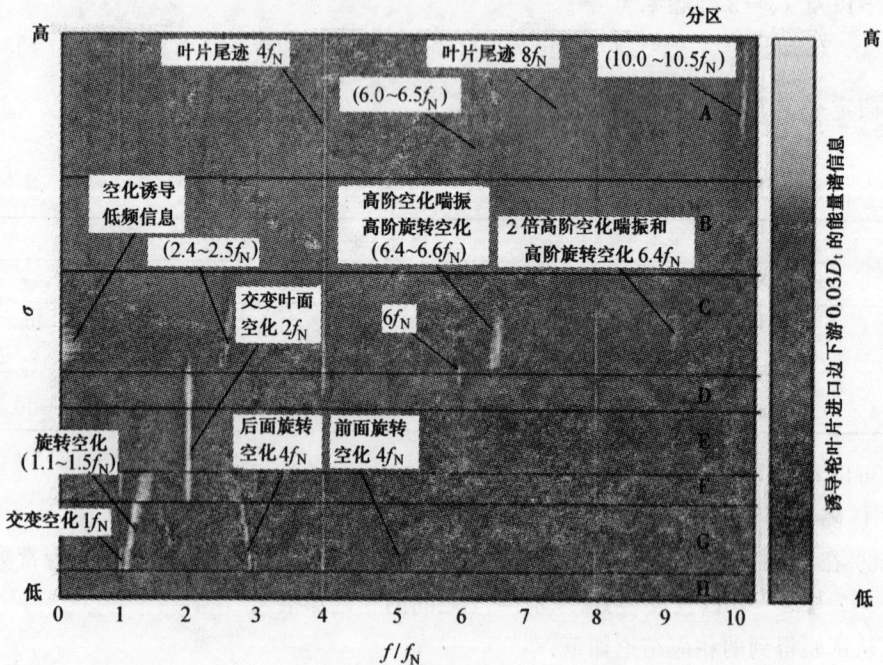

图 15.137 4 叶片诱导轮内的压力波动谱

15.10.5 小结

本节的主要结论有① 可以应用周向槽抑制旋转空化和空化喘振;② 高频信息可以解释为是由回流涡与叶片相互作用形成的.

根据流动可视化研究以及 CFD 计算表明周向槽可以成功限制轮缘泄漏涡. CFD 计算结果表明由于周向槽的影响,叶片载荷向下游移动. 不过,周向槽无法抑制高频信息. 三元非定常 CFD 空化计算表明高频信息是由于回流涡与叶片的相互作用形成的. 这一点已根据试验研究和数值计算的相互比较得到了验证,其中数值计算所采用的相互干涉模型可以解释高频信息的模态和频率.

建议通过降低进口边的叶片载荷来避免出现回流涡,从而避免出现高频信息. 不过,有周向槽的研究结果表明虽然降低了进口边载荷,但是仍然具有很强的高频信息,因此还需要进一步的研究以建立回流涡强度与高频信息强度之间的关系.

第 16 章 水力系统动态特性分析方法及 空化不稳定性动态响应

本章主要介绍泵及水力系统内非定常流动的经典分析方法. 求解内部非定常流动的基本方法有两种: 时域法和频域法. 第 11 章和第 12 章所涉及的基于 N-S 方程的非定常流场计算技术是研究泵内部非定常流动的一种现代时域分析方法. 本章只对经典的传统时域求解方法略做介绍. 经典时域法所具有的明显优势是其能够很容易地处理流体流动方程中的非线性对流惯性项, 且最适用于计算已确立了流动和结构方程的长管内部流动瞬变响应. 但是, 对于结构很复杂(例如泵)和流动很复杂(例如出现空化)的情况, 应用这种方法则很难处理. 在这些情况下, 频域法在解析求解和试验研究方面都有明显的优势, 但是频域法不适合求解非线性对流惯性项, 所以频域法只能精确地计算平均流动中的小摄动, 即这些方法只可用于计算稳定问题的边界, 而不能用于计算大的不稳定运动的运动幅度.

16.1 节概略介绍时域法. 时域法的前提是准静态假设, 描述方程是完备的控制方程, 求解方法是诸如特征线法等解析法. 当准静态假设不成立时可以采用频域法, 频域法的前提是线性小摄动, 描述工具是传递函数, 采用试验方法分析. 16.2 节简单介绍频域法. 16.3 节介绍水力部件的传递函数和传递函数的运算以及对应的系统的性质. 16.4 节介绍用于分析一般水力部件稳定性的波动能量通量法. 16.5 节和 16.6 节介绍泵的传递函数. 16.7 节介绍系统传递函数的一种简单计算方法. 16.8 节介绍一种多频不稳定现象.

16.1 时域法

16.1.1 时域法

在一元流体流动中应用时域法通常由下述 3 部分组成: ① 要建立使流体满足质量和动量守恒的条件. 这些条件可能是微分方程(如 16.1.2 节的例子所示), 也可能是跳跃式条件(例如对激波的分析). ② 建立适当的热力学约束来控制流体的状态转变. 几乎在所有的单相流实例中, 这些变化都假设为绝热的. 但是对于多相流, 这些约束可能会更复杂. ③ 必须要确定边界结构对流体内压力变化的响应.

在流体和结构都能够假设为具有正压特性的情况下, 问题就非常简单. 根据正压特性的定义, 在这种情况下流体状态变化中某些热力学量(例如熵)会保持为常数, 因此流体密度 $\rho(p)$ 就只是一个热力学变量——例如压力——的简单代数函数. 对于结构而言, 假设其具有正压特性就是将其变形看做是准静态的, 举例来说, 管道过流断面面积 $A(p)$ 在这种假设下是流体压力的简单代数函数. 需要说明的是, 这种简化忽略了结构中所有惯性和阻尼效应.

正压流体和结构假设的重要性在于: 在这种假设下才能够唯一且确定地计算得到

管路系统中波传播的声速.介质仅为流体的环境中声速 c_∞ 的计算公式为

$$c_\infty = (\mathrm{d}\rho/\mathrm{d}p)^{-0.5}. \tag{16.1}$$

在液体中,通常应用体积模量 $\kappa = \rho/(\mathrm{d}\rho/\mathrm{d}p)$ 计算声速,即

$$c_\infty = (\kappa/\rho)^{0.5}. \tag{16.2}$$

不过,充满流体管道内一元波的声速 c 还受流体以及结构可压缩性的影响,

$$c = \pm \left[\frac{1}{A} \frac{\mathrm{d}(\rho A)}{\mathrm{d}p} \right]^{-\frac{1}{2}}, \tag{16.3}$$

或者

$$\frac{1}{\rho c^2} = \frac{1}{\rho c_\infty^2} + \frac{1}{A} \left(\frac{\mathrm{d}A}{\mathrm{d}p} \right), \tag{16.4}$$

式中,左侧为系统的声阻抗.该式表明系统的声阻抗为只存在流体时的声阻抗 $\dfrac{1}{\rho c_\infty^2}$ 和结构的"声阻抗" $\dfrac{1}{A} \dfrac{\mathrm{d}A}{\mathrm{d}p}$ 之和.例如,对于一个由弹性材料制作的薄壁管,材料的杨氏模量为 E,管道半径和壁厚分别为 a 和 $\delta(\delta \ll a)$,则结构的声阻抗为 $2a/E\delta$.根据方程(16.4)就可以得到

$$c = \left(\frac{1}{c_\infty^2} + \frac{2\rho a}{E\delta} \right)^{-\frac{1}{2}}, \tag{16.5}$$

该方程为 Joukowsky 水锤方程.根据该方程,当 $c_\infty \approx 1\,400$ m/s 时在标准钢管中水的声速为 $c = 1\,000$ m/s. c 的一些其他的常用表达式用于计算厚壁管、混凝土隧道以及混凝土加固管路的声速.

16.1.2　管道中的波传播

将声速的表达式与质量守恒方程(连续性方程)的微分形式组合在一起可以求解管道中的非定常流动.连续性方程的微分形式

$$\frac{\partial}{\partial t}(\rho A) + \frac{\partial}{\partial s}(\rho A u) = 0, \tag{16.6}$$

式中,$u(s,t)$ 为断面平均速度或者体积速度;s 为沿管道方向的坐标;t 为时间.动量方程的微分形式为

$$\rho \left(\frac{\partial u}{\partial t} + u \frac{\partial u}{\partial s} \right) = -\frac{\partial p}{\partial s} - \rho g_s - \frac{\rho f u |u|}{4a}, \tag{16.7}$$

式中,g_s 为重力加速度在 s 方向的分量;f 为摩擦系数;a 为管道半径.

根据正压假设方程(16.3)可以将方程(16.6)中的各项改写为

$$\frac{\partial}{\partial t}(\rho A) = \frac{A}{c^2} \frac{\partial p}{\partial t}; \quad \frac{\partial(\rho A)}{\partial s} = \frac{A}{c^2} \frac{\partial p}{\partial s} + \rho \frac{\partial A}{\partial s} \Big|_p. \tag{16.8}$$

因此连续性方程改写为

$$\frac{1}{c^2} \frac{\partial p}{\partial t} + \frac{u}{c^2} \frac{\partial p}{\partial s} + \rho \left(\frac{\partial u}{\partial s} + \frac{u}{A} \frac{\partial A}{\partial s} \Big|_p \right) = 0. \tag{16.9}$$

方程(16.7)和方程(16.9)是含有两个未知函数 $p(s,t)$ 和 $u(s,t)$ 的一次联立微分方程组.在给定流体的正压关系式 $\rho(p)$、摩擦系数 f、管道断面面积 $A_0(s)$ 以及后面要介绍

的边界条件后就能够求解该方程组. 通常方程(16.9)的最后一项可以近似表示为 $\frac{\rho u}{A_0}\frac{\mathrm{d}A_0}{\mathrm{d}s}$. 另外 c 可能是 s 的函数.

在时域法中, 通常应用特征线法求解方程(16.7)和方程(16.9). 在这种方法中要建立移动的坐标系统, 其中方程写为常微分方程而不是偏微分方程的形式. 将方程(16.9)乘以 λ 然后与方程(16.7)相加得到

$$\rho\left[\frac{\partial u}{\partial t}+(u+\lambda)\frac{\partial u}{\partial s}\right]+\frac{\lambda}{c^2}\left[\frac{\partial p}{\partial t}+\left(u+\frac{c^2}{\lambda}\right)\frac{\partial p}{\partial s}\right]+\frac{\rho u\lambda}{A_0}\frac{\mathrm{d}A_0}{\mathrm{d}s}+\rho g_s+\frac{\rho f u|u|}{4a}=0.$$

(16.10)

如果方括号内 $\frac{\partial u}{\partial s}$ 和 $\frac{\partial p}{\partial s}$ 的系数相同, 换言之, 如果 $\lambda=\pm c$, 那么方括号内的表达式可以写成

$$\frac{\partial u}{\partial t}+(u\pm c)\frac{\partial u}{\partial s}\text{ 和 }\frac{\partial p}{\partial t}+(u\pm c)\frac{\partial p}{\partial s},$$

(16.11)

分别为沿 $\frac{\mathrm{d}s}{\mathrm{d}t}=u\pm c$ 的全导数 $\frac{\mathrm{d}u}{\mathrm{d}t}$ 和 $\frac{\mathrm{d}p}{\mathrm{d}t}$. $\frac{\mathrm{d}s}{\mathrm{d}t}=u\pm c$ 为特征线, 在该特征线上, 有

① 在以速度 $u+c$ 移动的坐标系上, 或者在特征线 $\frac{\mathrm{d}s}{\mathrm{d}t}=u+c$ 上, 即

$$\frac{\mathrm{d}u}{\mathrm{d}t}+\frac{1}{\rho c}\frac{\mathrm{d}p}{\mathrm{d}t}+\frac{uc}{A_0}\frac{\mathrm{d}A_0}{\mathrm{d}s}+g_s+\frac{fu|u|}{4a}=0.$$

(16.12)

② 在以速度 $u-c$ 移动的坐标系上, 或者在特征线 $\frac{\mathrm{d}s}{\mathrm{d}t}=u-c$ 上, 即

$$\frac{\mathrm{d}u}{\mathrm{d}t}-\frac{1}{\rho c}\frac{\mathrm{d}p}{\mathrm{d}t}-\frac{uc}{A_0}\frac{\mathrm{d}A_0}{\mathrm{d}s}+g_s+\frac{fu|u|}{4a}=0.$$

(16.13)

定义压力头

$$h^*=\frac{p}{\rho g}+\int\frac{g_s}{g}\mathrm{d}s$$

(16.14)

来替代方程(16.12)和方程(16.13)中的压力 p 就可以得到一组更简单的方程. 几乎所有的实际水力问题都满足 $\frac{p}{\rho_L c^2}\ll 1$, 因此, 方程(16.12)和方程(16.13)中的 $\frac{\mathrm{d}p}{\rho\mathrm{d}t}$ 可以近似为 $\frac{\mathrm{d}\left(\frac{p}{\rho}\right)}{\mathrm{d}t}$. 所以在两条特征线上由方程(16.14)可以得到

$$\frac{1}{\rho c}\frac{\mathrm{d}p}{\mathrm{d}t}\pm g_s\approx\frac{g}{c}\frac{\mathrm{d}h^*}{\mathrm{d}t}-\frac{u}{c}g_s,$$

(16.15)

且方程(16.12)和方程(16.13)可以改写为

① 在特征线 $\frac{\mathrm{d}s}{\mathrm{d}t}=u+c$ 上,

$$\frac{\mathrm{d}u}{\mathrm{d}t}+\frac{g}{c}\frac{\mathrm{d}h^*}{\mathrm{d}t}+uc\frac{1}{A_0}\frac{\mathrm{d}A_0}{\mathrm{d}s}-\frac{ug_s}{c}+\frac{f}{4a}u|u|=0;$$

(16.16)

② 在特征线 $\frac{\mathrm{d}s}{\mathrm{d}t}=u-c$ 上,

$$\frac{\mathrm{d}u}{\mathrm{d}t}-\frac{g}{c}\frac{\mathrm{d}h^*}{\mathrm{d}t}-uc\frac{1}{A_0}\frac{\mathrm{d}A_0}{\mathrm{d}s}+\frac{ug_s}{c}+\frac{f}{4a}u|u|=0.$$

(16.17)

这是在水锤问题中常用的方程形式.建立时刻 $t+\delta t$ 时(例如图 16.1 中的点 C)的值与时刻 t 时点 A 以及点 B 处的已知值之间的联系就可以求解这些方程.线 AC 和 BC 为特征线,所以方程(16.16)和方程(16.17)可以采用如下有限差分形式:

$$\frac{(u_C-u_A)}{\delta t}+\frac{g}{c_A}\frac{(h_C^*-h_A^*)}{\delta t}+u_A c_A\left(\frac{1}{A_0}\frac{\mathrm{d}A_0}{\mathrm{d}s}\right)_A-\frac{u_A(g_s)_A}{c_A}+\frac{f_A u_A|u_A|}{4a}=0,\quad(16.18)$$

$$\frac{(u_C-u_B)}{\delta t}-\frac{g}{c_B}\frac{(h_C^*-h_B^*)}{\delta t}-u_B c_B\left(\frac{1}{A_0}\frac{\mathrm{d}A_0}{\mathrm{d}s}\right)_B+\frac{u_B(g_s)_B}{c_B}+\frac{f_B u_B|u_B|}{4a}=0.\quad(16.19)$$

如果 $c_A=c_B=c$ 且管路是均一的,那么 $\dfrac{\mathrm{d}A_0}{\mathrm{d}s}=0$ 且 $f_A=f_B=f$,由此可以得到 u_C 和 h_C^* 的下述表达式:

$$u_C=\frac{(u_A+u_B)}{2}+\frac{g}{2c}(h_A^*-h_B^*)+\frac{\delta t}{2c}[u_A(g_s)_A-u_B(g_s)_B]-\frac{f\delta t}{8a}[u_A|u_A|+u_B|u_B|],$$
$$(16.20)$$

$$h_C^*=\frac{(h_A^*+h_B^*)}{2}+\frac{c}{2g}(u_A-u_B)+\frac{\delta t}{2g}[u_A(g_s)_A+u_B(g_s)_B]-\frac{fc\delta t}{8ag}[u_A|u_A|-u_B|u_B|].$$
$$(16.21)$$

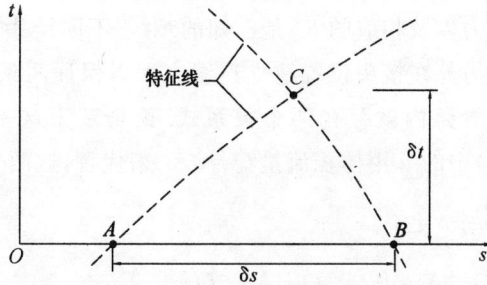

图 16.1　特征线法

16.1.3　特征线法

特征线法的典型数值求解参见图 16.2.时间间隔 δt 和空间增量 δs 是给定的.给定两个因变量(即 u 和 h^*)在某一时间瞬间的所有值,根据下述步骤就可以求解时间间隔 δt 后诸如点 C 等位置的所有值.首先确定通过点 C 的特征线的交点 A 和 B,然后对诸如点 R,S 和 T 等的已知值进行插值得到因变量在点 A 和 B 处的值.C 点处的值可以通过式(16.20)和式(16.21)或者其他形式的方程计算.在时间 $t+\delta t$ 上重复该计算以得到所有点上的值,然后将时间增加一个步长后再继续进行计算.

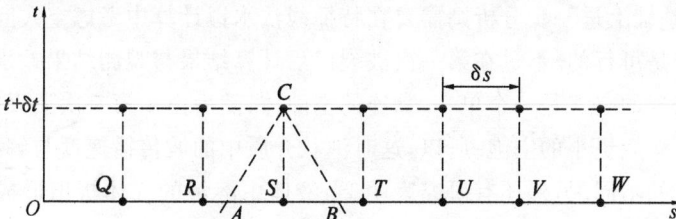

图 16.2　特征线法数值解示例

不过,要得到稳定的数值求解,时间间隔 δt 存在一个最大值.δt 必须要小于 $\dfrac{\delta s}{c}$,换言之,图 16.2 中的点 A 和 B 必须在点 R,S 和 T 间隔的内部.其原因说明如下:简单地假设特征线的斜率为 $\pm c$,$AS=SB=c\delta t$.应用线性插值就可以由 u_R,u_S 和 u_T 来计算 u_A 和 u_B:

$$u_A = u_S\left(1-c\frac{\delta t}{\delta s}\right)+u_R\frac{c\delta t}{\delta s},$$

$$u_B = u_S\left(1-c\frac{\delta t}{\delta s}\right)+u_T\frac{c\delta t}{\delta s}. \tag{16.22}$$

所以,u_R 的误差 δu 会使 u_A 形成大小为 $c\delta t\delta u/\delta s$ 的误差.因此,除非 $c\delta t/\delta s<1$,否则误差在每个时间步长上都会放大,所以,只有满足 $\delta t<\delta s/c$ 时数值积分才会稳定.在很多水力系统的分析中,时间间隔 δt 这一条件都限制得非常严格,因此需要大量的时间步数.

要实现上述计算过程还需要确定管路端部或者具有不同尺寸的管路(或者泵及其他部件)连接处网格点上的边界条件.如果图 16.2 中的点 S 和 C 是端点,那么就只有一条特征线位于管内,也就只有一个关系式(16.18)或者式(16.19)可用.因此,边界条件必须要建立一个包含有 u_C 或者 h_C^*(或者二者都包含)的关系式.例如,对于端部为开放式的管路,其端部压力以及相应的 h^* 是已知的.对于不同尺寸管路接头的情况,每个管路内有一条特征线,另外在接头位置建立连续方程以保证两条管路在接头位置的值 uA_0 相等,这样在每个管路内就存在两个关系式.正是基于这一原因,有时候将方程(16.16)和方程(16.17)中的 u 用体积流量 $Q=uA_0$ 来代替,这两个方程改写为

① 在特征线 $\dfrac{\mathrm{d}s}{\mathrm{d}t}=u+c$ 上,

$$\frac{\mathrm{d}Q}{\mathrm{d}t}+\frac{A_0 g}{c}\frac{\mathrm{d}h^*}{\mathrm{d}t}+\frac{Qc}{A_0}\frac{\mathrm{d}A_0}{\mathrm{d}s}-\frac{Qg_s}{c}+\frac{f}{4aA_0}Q|Q|=0; \tag{16.23}$$

② 在特征线 $\dfrac{\mathrm{d}s}{\mathrm{d}t}=u-c$ 上,

$$\frac{\mathrm{d}Q}{\mathrm{d}t}-\frac{A_0 g}{c}\frac{\mathrm{d}h^*}{\mathrm{d}t}-\frac{Qc}{A_0}\frac{\mathrm{d}A_0}{\mathrm{d}s}+\frac{Qg_s}{c}+\frac{f}{4aA_0}Q|Q|=0. \tag{16.24}$$

即使是在简单的管路流动中,当瞬时压力低于汽化压力从而发生空化时,都会出现额外的复杂问题.在水锤分析中,这种情形称为"水柱分离",由于空穴的剧烈溃灭会引起结构的严重破坏,因此要特别注意这种现象.此外,水柱分离的发生会触发一系列的空穴形成和溃灭,从而对结构施加一系列脉冲载荷.可以通过追踪瞬时压力来推断水柱分离.要在此基础上进一步分析则需要在特征线法水锤计算中考虑空穴问题.很多人都认为这种分析是可行的.不过在第一次破裂以后计算结果与观测结果差别很大.这可能是因为最先出现的空穴是一个单一、黏连的空隙体,随后由于第一次溃灭的剧烈作用该空隙体散裂为一簇更小的空泡.所以,这时泡状介质中的波传播速度与解析模型中假定的声速有明显的不同.另外还有研究表明,当液体中溶解的气体析出形成气体空泡时,此时的水锤特性变化在性质上是相似的.

在很多时域法分析中,都假设透平机械的状态变化足够缓慢,这样透平机械从一个静态工况点到另外一个工况点时透平机械的响应是准静态的.所以,如果点 A 和 B 分

别为透平机械的进口和出口,那么将点 A 和 B 联系起来的方程为

$$Q_A = Q_B = Q, \tag{16.25}$$

$$h_B^* = h_A^* + H(Q), \tag{16.26}$$

式中, $H(Q)$ 是在流量为 Q 时的扬程. 稍后的数据将表明只有在状态变化速度低于轴旋转频率的 $\frac{1}{10}$ 左右时该准静态假设才成立. 若频率大于该值,泵的动态特性会变得很重要,例如发生空化的泵的动态特性.

只要对特征线法中的微分方程以及所应用的模型有信心,那么该方法就是有效的. 在诸如发生在两相流、空化流或者透平机械的复杂几何结构内等的其他情况下,频域法可能比时域法更有效. 从 16.2 节开始介绍频域法.

16.2　频域法及系统的维数

16.2.1　频域法

当对如泵和水轮机这样的装置应用准静态假设不怎么合适时,或者当流体或结构的复杂性使构建一组微分方程不实际或者不确定时,那么显然有必要获取装置动态特性的试验信息. 在具体操作中,使装置承受某个频率范围内的流量或者扬程的波动,然后测量进口和出口的波动量就可以得到这些试验信息. 频域法有处理试验得到的动态信息的能力,而且用于获取这些动态数据的试验极其简单. 频域法的另外一个优点就是其核心知识都在其他行业中得到了广泛的应用和验证. 如前所述,该方法的缺点是其限于流量具有小的线性摄动的场合. 当摄动为线性时,可以应用傅里叶分析和傅里叶综合法将瞬变数据转换为频率数据,反之亦然. 诸如平均速度 u、质量流量 m、压力 p 或者总压 p^{T} 等所有因变量都可以表示为平均分量(字母上标注一横线)与频率为 ω 的复数波动分量(字母上标注一波浪线)的和的形式,其中复数波动分量包括波动振幅和波动相位:

$$p(s, t) = \bar{p}(s) + \mathrm{Re}\{\tilde{p}(s, \omega) e^{j\omega t}\}, \tag{16.27}$$

$$p^{\mathrm{T}}(s, t) = \bar{p}^{\mathrm{T}}(s) + \mathrm{Re}\{\tilde{p}^{\mathrm{T}}(s, \omega) e^{j\omega t}\}, \tag{16.28}$$

$$m(s, t) = \overline{m}(s) + \mathrm{Re}\{\tilde{m}(s, \omega) e^{j\omega t}\}, \tag{16.29}$$

式中, $\mathrm{j} = \sqrt{-1}$; Re 表示实部. 由于摄动假设为线性的($|\tilde{u}| \ll \bar{u}$, $|\tilde{m}| \ll \overline{m}$ 等等),可以进行叠加,所以上述表达式是很多频率的总和. 一般情况下,摄动量是位置 s 和频率 ω 以及平均流量的函数.

16.2.2　系统的维数

非定常流动分析的第一步是将系统细分为几个组成部分,将两个(或多个)部分分开的点称为系统的节点. 通常情况下,泵的进口和出口法兰即为节点. 完成这一步后就需要确定系统的维数 N,这可以采用几种等价方法中的一种来完成. 系统的维数就是在节点处能够完全描述非定常流动状态所必须的独立波动量的最少数目. 系统的维数也

等于用于描述——例如通过某个管路的——流体运动所需要的一次联立微分方程式的最小数量.在这里几乎所有的讨论都限于二维系统,其因变量为压力或总扬程以及流量.这包括了大多数水力系统的常用分析.不过,应当认识到二维系统局限于下述情形:

① 在系统节点处为不可压缩流动,其状态可通过压力(或扬程)和流量来限定.

② 正压可压缩流动,其密度 $\rho(p)$ 仅仅是压力的函数,所以在系统节点上只需要确定压力(或扬程)和流量.二维系统还包括那些柔性结构内的水锤分析,其局部面积仅仅是局部压力的函数.另一方面,如果局部面积与该点的面积以及其他各处的压力相关的话,那么系统是三维或者更高维.

③ 在系统节点上,通过忽略相间的相对速度,可以应用均质流动模型来表示的两相流动.考虑相对运动的更精确的模型则使系统的维数更高.

需要注意的是,系统的维数与系统节点的选择也有关系.因此,对于理想的蒸发器或冷凝器,只要其进口节点上为单相流(2型),出口节点上的流动也是单相流,其就是二维系统.对于发生空化的泵或水轮机,只要其进出口流动都是纯液体,那么它们也属于这一类型.

16.3　传递函数运算与系统特性

16.3.1　传递函数

水力系统部件或者装置的传递函数是指表示其出口节点波动量和进口节点波动量之间关系的矩阵,所以也叫做状态转移矩阵.状态转移矩阵这一概念最初是在电力网的研究中提出的.此概念的思想是:分别用下标 $i=1$ 和 $i=2$ 来表示进口物理量和出口物理量,对于维数为 N 的系统其进出口波动矢量表示为 $\tilde{q}_i^n$, $n=1,2,\cdots,N$,那么状态转移矩阵 $\boldsymbol{T}$ 的定义为

$$\tilde{\boldsymbol{q}}_2^n = \boldsymbol{T}\tilde{\boldsymbol{q}}_1^n, \tag{16.30}$$

这是一个维数为 N 的正方形矩阵.例如,对于一个二维系统,将总压 $\tilde{p}^T$ 和质量流量 $\tilde{m}$ 作为其独立波动变量,则该系统表示为

$$\begin{bmatrix} \tilde{p}_2^T \\ \tilde{m}_2 \end{bmatrix} = \begin{bmatrix} T_{11} & T_{12} \\ T_{21} & T_{22} \end{bmatrix} \begin{bmatrix} \tilde{p}_1^T \\ \tilde{m}_1 \end{bmatrix}, \tag{16.31}$$

矩阵 $\boldsymbol{T}$ 即是"传递函数",也称为"状态转移矩阵",两个术语是一样的(有时也称为"动态矩阵").一般情况下,$\boldsymbol{T}$ 是装置中摄动量的频率 ω 和平均流量的函数.

二维水力系统中最方便的独立波动变量通常采用:

① 压力 $\tilde{p}$ 或者瞬时总压 $\tilde{p}^T$,二者的关系为

$$\tilde{p}^T = \tilde{p} + \frac{\bar{u}^2}{2}\tilde{\rho} + \bar{\rho}\bar{u}\tilde{u} + g\tilde{z}\rho, \tag{16.32}$$

式中,$\bar{\rho}$ 为平均密度;$\tilde{\rho}$ 为与 $\tilde{p}$ 成正压关系的密度波动;z 为系统节点的垂直高度.对于不可压缩流动可以忽略 $\tilde{\rho}$ 项,因此,

$$\tilde{p}^T = \tilde{p} + \bar{\rho}\bar{u}\tilde{u}. \tag{16.33}$$

（2）速度 $\bar{u}$，体积流量 $\overline{A}\bar{u}+\bar{u}\widetilde{A}$ 或者质量流量 $\widetilde{m}=\bar{\rho}\overline{A}\bar{u}+\bar{\rho}\bar{u}\widetilde{A}+\bar{u}\overline{A}\tilde{\rho}$ 中的一个. 对于刚性管路系统节点上的不可压缩流动，有

$$\widetilde{m}=\bar{\rho}\overline{A}\bar{u}. \tag{16.34}$$

其中最方便的选择是 $\{\tilde{p},\widetilde{m}\}$ 或者 $\{\tilde{p}^{\mathrm{T}},\widetilde{m}\}$，而且将分别用 $\boldsymbol{T}^*$ 和 $\boldsymbol{T}$ 表示这两个矢量的状态转移矩阵，其定义为

$$\begin{bmatrix}\tilde{p}_2\\\widetilde{m}_2\end{bmatrix}=\boldsymbol{T}^*\begin{bmatrix}\tilde{p}_1\\\widetilde{m}_1\end{bmatrix};\quad \begin{bmatrix}\tilde{p}_2^{\mathrm{T}}\\\widetilde{m}_2\end{bmatrix}=\boldsymbol{T}\begin{bmatrix}\tilde{p}_1^{\mathrm{T}}\\\widetilde{m}_1\end{bmatrix}. \tag{16.35}$$

如果流体是不可压缩并且节点处横断面是刚性的，那么显然矩阵 $\boldsymbol{T}^*$ 和 $\boldsymbol{T}$ 之间的关系为

$$\begin{cases} T_{11}=T_{11}^*+\dfrac{\bar{u}_2}{A_2}T_{21}^*,\\[2mm] T_{12}=T_{12}^*-\dfrac{\bar{u}_1}{A_1}T_{11}^*+\dfrac{\bar{u}_2}{A_2}T_{22}^*-\dfrac{\bar{u}_1}{A_1}\dfrac{\bar{u}_2}{A_2}T_{21}^*,\\[2mm] T_{21}=T_{21}^*,\\[2mm] T_{22}=T_{22}^*-\dfrac{\bar{u}_1}{A_1}T_{21}^*, \end{cases} \tag{16.36}$$

因此可以根据一个矩阵计算另外一个矩阵. 这两个矩阵的行列式的值相等.

16.3.2　分布式系统

对于像管道一样的分布式系统，可以根据式(16.37)定义一个矩阵 $\boldsymbol{F}$，即

$$\frac{\mathrm{d}}{\mathrm{d}s}\tilde{\boldsymbol{q}}^n=-\boldsymbol{F}(s)\tilde{\boldsymbol{q}}^n. \tag{16.37}$$

将用于描述管路内流动的方程(16.12)和方程(16.13)去掉摩擦项后就得到这种形式的摄动方程. 而且在很多情况下摩擦项很小，可以将其在摄动方程中用一个线性项近似替代. 在这种情况下摩擦项也可以适用方程(16.37)的形式.

如果矩阵 $\boldsymbol{F}$ 与位置函数 s 无关，此时的分布式系统称为"均一系统"(参见16.3.4节). 例如，如果是均一系统则方程(16.12)和方程(16.13)中的 ρ,c,a,f 以及 A_0 近似为常数(并且将摩擦项线性化). 在这种情况下方程(16.37)可以在有限长度 l 上积分，方程(16.35)中的状态转移矩阵 $\boldsymbol{T}$ 的形式就变为

$$\boldsymbol{T}=\mathrm{e}^{-\boldsymbol{F}l}, \tag{16.38}$$

式中，$\mathrm{e}^{\boldsymbol{F}l}$ 称为"透射矩阵". 对于二维系统，$\boldsymbol{T}$ 和 $\boldsymbol{F}$ 之间的关系为

$$\begin{cases} T_{11}=\dfrac{\mathrm{j}F_{11}(\mathrm{e}^{-\mathrm{j}\lambda_2 l}-\mathrm{e}^{-\mathrm{j}\lambda_1 l})}{\lambda_2-\lambda_1}+\dfrac{\lambda_2\mathrm{e}^{-\mathrm{j}\lambda_1 l}-\lambda_1\mathrm{e}^{-\mathrm{j}\lambda_2 l}}{\lambda_2-\lambda_1},\\[3mm] T_{12}=\dfrac{\mathrm{j}F_{12}(\mathrm{e}^{-\mathrm{j}\lambda_2 l}-\mathrm{e}^{-\mathrm{j}\lambda_1 l})}{\lambda_2-\lambda_1},\\[3mm] T_{21}=\dfrac{\mathrm{j}F_{21}(\mathrm{e}^{-\mathrm{j}\lambda_2 l}-\mathrm{e}^{-\mathrm{j}\lambda_1 l})}{\lambda_2-\lambda_1}.\\[3mm] T_{22}=\dfrac{\mathrm{j}F_{22}(\mathrm{e}^{-\mathrm{j}\lambda_2 l}-\mathrm{e}^{-\mathrm{j}\lambda_1 l})}{\lambda_2-\lambda_1}+\dfrac{\lambda_2\mathrm{e}^{-\mathrm{j}\lambda_2 l}-\lambda_1\mathrm{e}^{-\mathrm{j}\lambda_1 l}}{\lambda_2-\lambda_1}. \end{cases} \tag{16.39}$$

式中，λ_1 和 λ_2 是方程

$$\lambda^2 + j\lambda(F_{11} + F_{22}) - (F_{11}F_{22} - F_{12}F_{21}) = 0 \qquad (16.40)$$

的解. 后面将介绍这些传递函数的特征和性质.

16.3.3 状态转移矩阵的运算(部件的串、并联)

当部件串联连接时,将各部件的状态转移矩阵按照与流动通过顺序相反的方向乘起来就是整个串联组件的状态转移矩阵. 例如,一个状态转移矩阵为 **TA** 的泵后面接一段状态转移矩阵为 **TB** 的排出管路,则该系统的状态转移矩阵

$$\mathbf{TS} = \mathbf{TB}\,\mathbf{TA}. \qquad (16.41)$$

两个部件并联的情况比较复杂,结果也不会这么简单. 问题来自于进口各支流压力之间的关系以及出口各支流压力之间的关系. 通常假设在进口分为两个支流的分开位置,两个支流具有相同的波动总压 $\tilde{p}_1^{\mathrm{T}}$. 如果忽略下游结合点的混合损失,在两个部件出口的波动总压 $\tilde{p}_2^{\mathrm{T}}$ 也相同. 这样,对于传递函数分别为 **TA** 和 **TB** 的两个二维部件并联组合后的系统的传递函数 **TS** 为

$$\begin{cases} TS_{11} = \dfrac{TA_{11}\,TB_{12} + TB_{11}\,TA_{12}}{TA_{12} + TB_{12}}, \\[3mm] TS_{12} = \dfrac{TA_{12}\,TB_{12}}{TA_{12} + TB_{12}}, \\[3mm] TS_{21} = TA_{21} + TB_{21} - \dfrac{(TA_{11} - TB_{11})(TA_{22} - TB_{22})}{TA_{12} + TB_{12}}, \\[3mm] TS_{22} = \dfrac{TA_{22}\,TB_{12} + TB_{22}\,TA_{12}}{TA_{12} + TB_{12}}, \end{cases} \qquad (16.42)$$

此外,也可以将并联的情况看作是两组出流流动在结合处的波动静压(而不是波动总压)相等. 如果进口静压也相等的话,那么并联组合后系统的状态转移矩阵 **TS*** 与两个部件的状态转移矩阵 **TA*** 和 **TB*** 的关系与方程(16.42)是一样的.

根据上述组合法则以及矩阵 **T*** 和 **T** 之间的关系式(16.36)可以组织合成非常复杂的水力网络传递函数.

16.3.4 状态转移矩阵的性质——均一分布式部件的可逆性和对称性

状态转移矩阵(以及透射矩阵)具有一些基本性质可用于构建或者计算部件或系统的动态特性.

首先,将流体运动控制微分方程(例如方程(16.12)和方程(16.13)或者方程(16.37)的系数与位置 s 无关的分布式部件称为"均一"分布式部件. 那么,对于由方程(16.37)所描述的系统类型,其矩阵 **F** 与 s 无关. 对于二维系统,其传递函数 **T** 的形式由方程(16.39)确定.

为了分析这种动力学系统的另外一个性质,将方程(16.37)中的其他变量都消去,只留一个未知波动量 $\tilde{q}^1$,即方程的形式为

$$\sum_{n=0}^{N} a_n(s)\,\frac{\mathrm{d}^n \tilde{q}^1}{\mathrm{d}s^n} = 0, \qquad (16.43)$$

一般情况下,系数 $a_n(s), n = 0, 1, 2, \cdots, N$ 是平均流动和频率的复数函数. 所以存在与

所有独立波动量相对应的 N 个相互独立的解,这些解表示为如下形式:

$$\widetilde{q}^n = B(s)A, \qquad (16.44)$$

式中,$B(s)$ 为复数解矩阵;A 为由边界条件确定的任意复数常数矢量.因此,分别用下标 1 和 2 表示进口和出口波动量,即

$$\widetilde{q}_1^n = B(s_1)A, \quad \widetilde{q}_2^n = B(s_2)A. \qquad (16.45)$$

所以传递函数为

$$T = B(s_2)B(s_1)^{-1}. \qquad (16.46)$$

对于均一系统,系数 a_n 以及矩阵 B 都与 s 无关,所以方程(16.43)的解的形式为

$$B(s) = CE, \qquad (16.47)$$

式中,C 为一已知常数矩阵;E 为一对角线矩阵,其中

$$E_{nn} = e^{j\gamma_n s}, \qquad (16.48)$$

式中,$\gamma_n (n = 0, 1, 2, \cdots, N)$ 是分散关系式

$$\sum_{n=0}^{N} a_n \gamma_n = 0 \qquad (16.49)$$

的解.γ_n 就是在均一系统中传播的、频率为 ω 的 N 种波的波数.一般来说,每种波都具有不同的波速,$c_n = -\dfrac{\omega}{\gamma_n}$.根据方程(16.47),方程(16.48)和方程(16.46),均一分布式系统的状态转移矩阵必须具有下述形式:

$$T = CE^* C^{-1}, \qquad (16.50)$$

式中,E^* 为一对角线矩阵,其中

$$E_{nn}^* = e^{j\gamma_n l}, \qquad (16.51)$$

且 $l = s_2 - s_1$.

根据均一分布式系统状态转移矩阵的形式(16.50)可以发现一个重要的性质:状态转移矩阵 T 的行列式

$$D_T = \exp\{j(\gamma_1 + \gamma_2 + \cdots + \gamma_N)l\}. \qquad (16.52)$$

因此,行列式的值与均一分布系统中传播的 N 个不同波的波数之和相联系.而且如果所有的波数 γ_n 都是纯实数,那么,

$$|D_T| = 1. \qquad (16.53)$$

传递函数行列式的模为 1 的性质称为"准可逆性",下面将会对其进一步讨论.这种情况只会在 γ_n 和 c_n 是纯实数且不存在波衰减的条件下发生.

现在来看另外一个性质,如果在由

$$\begin{bmatrix} \widetilde{p}_1^{\mathrm{T}} \\ \widetilde{p}_2^{\mathrm{T}} \end{bmatrix} = Z \begin{bmatrix} \widetilde{m}_1 \\ -\widetilde{m}_2 \end{bmatrix} \qquad (16.54)$$

定义的矩阵 Z 中传递阻抗 Z_{12} 和 Z_{21} 相同,则这种系统是"可逆的".这与矩阵 T 的行列式 D_T 为 1,即

$$D_T = 1 \qquad (16.55)$$

的条件等价.很多经常使用的一些部件的传递函数都是可逆的.为了扩大研究范围,对于行列式的模为 1 的部件,即

$$|D_T| = 1, \tag{16.56}$$

称其具有"准可逆性".

前面已经介绍了波数为纯实数的均一分布式部件是准可逆的. 只有也仅仅是在波数趋于0——例如在不可压缩流动中波传播速度趋于无穷大——的情况下, 均一分布式部件才可逆.

根据16.3.3节的结果可以得出下述结论: 对于可逆部件的任何串联或并联组合, 得到的系统也可逆. 同样, 准可逆部件串联后得到的系统是准可逆的. 不过, 准可逆部件并联组合后得到的系统并不必然具有准可逆性.

"对称性"是一个比可逆性更具限制力的性质."对称性"部件是指其反转过来后——也就是出口变为进口、表示流动变量方向的符号也反过来——仍然具有同样的动力学特性. 与一般的状态转移矩阵 T 不同, 在这种可反转条件下的有效状态转移矩阵 TR 的表达式为

$$\begin{bmatrix} \tilde{p}_1^T \\ -\tilde{m}_1 \end{bmatrix} = TR \begin{bmatrix} \tilde{p}_2^T \\ -\tilde{m}_2 \end{bmatrix}. \tag{16.57}$$

比较式(16.57)与定义式(16.31), 可以看出:

$$TR_{11} = \frac{T_{22}}{D_T}, \quad TR_{12} = \frac{T_{12}}{D_T},$$
$$TR_{21} = \frac{T_{21}}{D_T}, \quad TR_{22} = \frac{T_{11}}{D_T}. \tag{16.58}$$

此外, 为了满足对称性 $T = TR$, 需要满足下述关系:

$$T_{11} = T_{22} \text{ 且 } D_T = 1, \tag{16.59}$$

即除了可逆性所要求的条件 $D_T = 1$ 以外, 还有对称性所要求的条件 $T_{11} = T_{22}$.

同可逆性和准可逆性的性质一样, 对由对称性部件构成的系统的性质进行分析也是有意义的. 根据16.3.3节的组合准则, 对称部件的并联组合还是对称的, 而串联组合则可能不会保持这一性质. 这种组合性质, 对称性与准可逆性正好相反.

对于均一分布式系统, 其对称性要满足,

$$F_{11} = F_{22} = 0 \tag{16.60}$$

因此, 方程(16.40)的解为 $\lambda = \pm\lambda^*$, 其中 $\lambda^* = (F_{21} F_{12})^{\frac{1}{2}}$ 称为"传播作用元", 则传递函数(16.39)的形式变为

$$\begin{cases} T_{11} = T_{22} = \cos \mathrm{h}(\lambda^* l), \\ T_{12} = Z_C \sin \mathrm{h}(\lambda^* l), \\ T_{21} = Z_C^{-1} \sin \mathrm{h}(\lambda^* l), \end{cases} \tag{16.61}$$

式中, $Z_C = \left(\dfrac{F_{12}}{F_{21}}\right)^{\frac{1}{2}} = \left(\dfrac{T_{12}}{T_{21}}\right)^{\frac{1}{2}}$, 称为"特征阻抗".

传递函数的性质除了上述几个以外, 还有与进入部件或系统的波动能量净通量有关的性质. 在对水力系统部件的一些典型传递函数进行说明以后再介绍这些性质.

16.3.5 几个简单的传递函数——LRC系统

刚性直管内不可压缩流体控制方程的形式为方程(16.6)和方程(16.7)的下述形式:

$$\frac{\partial u}{\partial s} = 0, \tag{16.62}$$

$$\frac{\partial p^{\mathrm{T}}}{\partial s} = -\frac{\varrho f u |u|}{4a} - \rho \frac{\partial u}{\partial t}. \tag{16.63}$$

如果速度波动相对于平均流速 U(沿进口到出口的方向为正值)很小,并且 $u|u|$ 项可以线性化,那么由上述方程就可得出传递函数为

$$\boldsymbol{T} = \begin{bmatrix} 1 & -(R+\mathrm{j}\omega L) \\ 0 & 1 \end{bmatrix}, \tag{16.64}$$

式中,$(R+\mathrm{j}\omega L)$ 是由抵抗 R 和惯性 L 构成的阻抗. R 和 L 的计算公式为

$$R = \frac{fUl}{2aA}, \quad L = \frac{l}{A}, \tag{16.65}$$

式中,A,a 和 l 分别为管路的断面面积、半径和长度. 对于不同管路串联的情况有,

$$R = Q \sum_i \frac{f_i l_i}{2a_i A_i^2}, \quad L = \sum_i \frac{l_i}{A_i}, \tag{16.66}$$

式中,Q 为平均流量. 对于非均一面积的管道,有

$$R = Q \int_0^l \frac{f(s)\,\mathrm{d}s}{2a(s)(A(s))^2}, \quad L = \int_0^l \frac{\mathrm{d}s}{A(s)}. \tag{16.67}$$

这些管道都是可逆且对称的.

如压缩筒或者稳压罐之类的简单"柔性"部件是第二种比较常见的水力元件. 这种元件是安装在管路中且含有一定体积 V_{L} 流体的一个装置,V_{L} 随管路中局部压力的变化而变化. 柔性 C 定义为

$$C = \rho \frac{\mathrm{d}V_{\mathrm{L}}}{\mathrm{d}p}. \tag{16.68}$$

对于含有气体平均体积为 $\bar{V}_{\mathrm{G}}$ 的气体压缩筒的情况,气体变化遵守多方指数 k,那么,

$$C = \frac{\rho \bar{V}_{\mathrm{G}}}{k\bar{p}}, \tag{16.69}$$

式中,$\bar{p}$ 为平均压力. 对于自由表面面积为 A_{S} 的稳压罐,其柔性

$$C = \frac{A_{\mathrm{S}}}{g}. \tag{16.70}$$

则流动通过这种柔性部件前后的变量关系式为

$$\tilde{m}_2 = \tilde{m}_1 - \mathrm{j}\omega \tilde{C} p^{\mathrm{T}}, \quad \tilde{p}_1^{\mathrm{T}} = \tilde{p}_2^{\mathrm{T}} = \tilde{p}^{\mathrm{T}}. \tag{16.71}$$

所以,应用定义方程(16.35),则传递函数 $\boldsymbol{T}$ 变为

$$\boldsymbol{T} = \begin{bmatrix} 1 & 0 \\ -\mathrm{j}\omega C & 1 \end{bmatrix} \tag{16.72}$$

所以,这种部件也是可逆且对称的,其与电路中一端接地的电容是等价的.

由集总抵抗 R、惯性 L 和柔性 C 组合而成的系统称为 LRC 系统. 单个而言,所有这 3 种部件都是可逆且对称的,那么由这些组件组成的任何系统都可逆(参见 16.3.4 节),所以所有的 LRC 系统也是可逆的. 不过要注意的是,即使所有的单个部件都是对称的,LRC 系统也可能不对称,这是因为其串联组合通常不具有对称性(参见 16.3.4 节).

仅仅由惯性 L 和柔性 C 组合而成的系统称为"无耗散"系统,这种系统是一类更特

殊的系统,也具有一些特有性质,不过这种系统在水力系统中很少见.

来看一个比较复杂的例子,对于平均过流断面面积为 A_0 的均一直管内的无摩擦 ($f=0$)可压缩流动,其传递函数为

$$\begin{cases} T_{11}^* = (\cos \theta + jMa\sin \theta)e^{j\theta Ma}, \\ T_{12}^* = -\dfrac{j\bar{U}\sin \theta e^{j\theta Ma}}{A_0 Ma}, \\ T_{21}^* = -\dfrac{jA_0 Ma(1-Ma^2)\sin \theta e^{j\theta Ma}}{\bar{U}}, \\ T_{22}^* = (\cos \theta - jMa\sin \theta)e^{j\theta Ma}, \end{cases} \tag{16.73}$$

式中,$\bar{U}$ 为流体平均速度;$Ma=\dfrac{\bar{U}}{c}$ 是马赫数;θ 为约化频率,其计算公式为

$$\theta = \frac{\omega l}{c(1-Ma^2)}. \tag{16.74}$$

需要说明的是,应用该传递函数可以比较简单地得到通常的声学响应. 例如,如果管路的两端都与蓄水池相连,那么进出口边界条件为 $\tilde{p}_1 = \tilde{p}_2 = 0$,那么只有当 $\tilde{m}_1 \neq 0$, $T_{12}^* = 0$ 时方程(16.35)才成立. 根据方程(16.73),只有当 $\sin \theta = 0$,$\theta = n\pi$ 或者

$$\omega = \frac{n\pi \ c(1-Ma^2)}{l} \tag{16.75}$$

时才会满足上述条件. 方程(16.75)为这种管路的固有风琴管振型. 此状态转移矩阵的行列式为

$$D_T = D_{T^*} = e^{2j\theta Ma}. \tag{16.76}$$

由于不含衰减,这种系统称为非衰减分布式系统,所以其是准可逆的. 在低频率和小马赫数下,传递函数(16.73)简化为

$$T_{11}^* \rightarrow 1, \quad T_{12}^* = -\frac{j\omega l}{A_0}, \tag{16.77}$$

$$T_{21}^* = -j\left(\frac{A_0 l}{c^2}\right)\omega, \quad T_{22}^* \rightarrow 1,$$

即由惯性 $\dfrac{l}{A_0}$ 和柔性 $\dfrac{A_0 l}{c^2}$ 组成.

在具有摩擦的情况下(大多数水锤分析都是必要的),传递函数变为

$$\begin{cases} T_{11}^* = \dfrac{(k_1 e^{k_1} - k_2 e^{k_2})}{(k_1-k_2)}, \\ T_{12}^* = -\bar{U}(j\theta + f^*)\dfrac{(e^{k_1}-e^{k_2})}{A_0 Ma(k_1-k_2)}, \\ T_{21}^* = \dfrac{-j\theta A_0 Ma(1-Ma^2)(e^{k_1}-e^{k_2})}{\bar{U}(k_1-k_2)}, \\ T_{22}^* = \dfrac{(k_1 e^{k_2} - k_2 e^{k_1})}{(k_1-k_2)}, \end{cases} \tag{16.78}$$

式中,$f^* = \dfrac{flMa}{2a(1-Ma^2)}$;$k_1$ 和 k_2 为方程

$$k^2 - kMa(2\mathrm{j}\theta + f^*) - \mathrm{j}\theta(1 - Ma^2)(\mathrm{j}\theta + f^*) = 0 \tag{16.79}$$

的根. 状态转移矩阵 $\boldsymbol{T}^*$ 的行列式为

$$D_{\boldsymbol{T}^*} = \mathrm{e}^{k_1 + k_2} \tag{16.80}$$

所以只有在非衰减极限 $f \to 0$ 条件下部件才是准可逆的.

16.4 水力系统稳定性分析——波动能量通量法

当流体是不可压缩流体、系统为二维系统且由质量流量 m 和总压 p^{T} 来描述时, 假设密度为常数, 那么通过所有系统节点的瞬时能量通量为 $\dfrac{mp^{\mathrm{T}}}{\rho}$. 应用方程 (16.28) 和方程 (16.29) 来展开 p^{T} 和 m, 则由波动引起的平均能量通量为

$$E = \frac{1}{4\rho}(\tilde{m}\,\overline{\tilde{p}}^{\mathrm{T}} + \overline{\tilde{m}}\tilde{p}^{\mathrm{T}}), \tag{16.81}$$

其中上面带横线的变量是指复数的共轭. 叠加在 E 上的是时间平均值为 0 的能量通量波动, 不过这里不考虑这些波动. 平均波动能量通量 E 对诸如稳定性评价等问题具有重要的作用. 因此考虑流体传给部件的波动能量净通量为

$$E_1 - E_2 = \Delta E = \frac{1}{4\rho}(\tilde{m}_1\,\overline{\tilde{p}}_1^{\mathrm{T}} + \overline{\tilde{m}}_1\tilde{p}_1^{\mathrm{T}} - \tilde{m}_2\,\overline{\tilde{p}}_2^{\mathrm{T}} - \overline{\tilde{m}}_2\tilde{p}_2^{\mathrm{T}}). \tag{16.82}$$

应用状态转移矩阵 (16.31) 将上式改写为进口波动量的函数, 即

$$\Delta E = \frac{1}{4\rho}\left[-\Gamma_1\tilde{p}_1^{\mathrm{T}}\overline{\tilde{p}}_1^{\mathrm{T}} - \Gamma_2\tilde{m}_1\,\overline{\tilde{m}}_1 + (1 - \Gamma_3)\tilde{m}_1\,\overline{\tilde{p}}_1^{\mathrm{T}} + (1 - \overline{\Gamma}_3)\overline{\tilde{m}}_1\tilde{p}_1^{\mathrm{T}}\right], \tag{16.83}$$

其中,

$$\begin{cases}\Gamma_1 = T_{11}\overline{T}_{21} + T_{21}\overline{T}_{11}, \\ \Gamma_2 = T_{22}\overline{T}_{12} + T_{12}\overline{T}_{22}, \\ \Gamma_3 = \overline{T}_{11}T_{22} + \overline{T}_{21}T_{12},\end{cases} \tag{16.84}$$

且

$$|\Gamma_3|^2 = |D_{\boldsymbol{T}}|^2 + \Gamma_1\Gamma_2. \tag{16.85}$$

根据上述关系式可以得到以下结论:

(1) "守恒"的一个部件或者系统 (即无论 $\tilde{p}_1^{\mathrm{T}}$ 和 $\tilde{m}_1$ 为何值, 在所有条件下都有 $\Delta E = 0$) 要求

$$\Gamma_1 = \Gamma_2 = 0, \quad \Gamma_3 = 1. \tag{16.86}$$

如果要反过来, 那么不仅仅要求系统或者部件是准可逆的 ($|D_{\boldsymbol{T}}| = 1$), 还需要满足

$$\frac{\overline{T}_{11}}{T_{11}} = -\frac{\overline{T}_{12}}{T_{12}} = -\frac{\overline{T}_{21}}{T_{21}} = \frac{\overline{T}_{22}}{T_{22}} = \frac{1}{D_{\boldsymbol{T}}}. \tag{16.87}$$

事实上这种条件在实际水力系统中从来没有出现过, 尽管集总惯性和柔性的任何组合确实会构成守恒系统. 后者可以比较容易地证明如下: 某惯性或者柔性具有 $D_{\boldsymbol{T}} = 1$, 且具有纯实数 T_{11} 和 T_{22} 以及纯虚数 T_{21} 和 T_{12}, 即 $T_{11} = \overline{T}_{11}$, $T_{22} = \overline{T}_{22}$ 且 $T_{21} = -\overline{T}_{21}$, $T_{12} = -\overline{T}_{12}$. 所以, 单个惯性和柔性都满足方程 (16.86) 和方程 (16.87), 可以比较容易地看出具有纯实数 T_{11} 和 T_{22} 以及纯虚数 T_{21} 和 T_{12} 的部件的所有组合都保持这些特性. 所以, 惯性和柔性的任何组合都满足方程 (16.86) 和方程 (16.87) 并且是守恒的.

（2）对于一个部件或者系统，如果对所有可能的 $\widetilde{m}_1$ 和 $\widetilde{p}_1^{\mathrm{T}}$ 值 ΔE 都是正的，则该部件或系统是"完全被动"的. 就是说需要从外部给流体提供能量以维持定常状态的振荡. 为了说明传递函数表示"完全被动"的特征，方程（16.83）改写为

$$\Delta E = \frac{|\widetilde{p}_1^{\mathrm{T}}|^2}{4\rho}[-\varGamma_1 - \varGamma_2 x\overline{x} + (1-\varGamma_3)x + (1-\overline{\varGamma}_3)\overline{x}], \qquad (16.88)$$

式中，$x = \dfrac{\widetilde{m}_1}{\widetilde{p}_1^{\mathrm{T}}}$. 所以 ΔE 的符号由方括号中表达式的符号确定. 可以看出如果 $\varGamma_2 < 0$ 则该式具有最小值，且如果

$$\varGamma_1\varGamma_2 > |1-\varGamma_3|^2, \qquad (16.89)$$

那么方程（16.88）对所有的 x 值都是正的. 方程（16.89）中，由于 $\varGamma_2 < 0$，所以 $\varGamma_1 < 0$. 因此，部件或者系统具有完全被动特性的充分必要条件是

$$\varGamma_1 < 0 \text{ 且 } G < 0, \qquad (16.90)$$

其中，

$$G = |1-\varGamma_3|^2 - \varGamma_1\varGamma_2 = |D_r|^2 + 1 - 2\mathrm{Re}\{\varGamma_3\}. \qquad (16.91)$$

条件（16.90）也隐含了 $\varGamma_2 < 0$. 反之，当且仅当 $\varGamma_1 > 0$ 且 $G < 0$——隐含着条件 $\varGamma_2 > 0$——时，总满足 $\Delta E < 0$，此时的部件或系统是"完全主动的". 当然，部件或者系统并不仅仅表现为上述两种性质，既不是完全被动的又不是完全主动的部件或者系统称为"潜在主动"部件或系统. 也就是说，对于 $\widetilde{m}_1$ 和 $\widetilde{p}_1^{\mathrm{T}}$ 的组合 ΔE 有可能是负值，是不是这种结果同与系统或者部件相连接的系统的其他部分有关. 由于 $\varGamma_1$ 几乎总是负值，所以绝大多数系统都根据 G 的符号确定要么是完全被动系统要么是潜在主动系统，所以 G 又被称作"动力主动度". 图 16.3 所示为系统的分类情况.

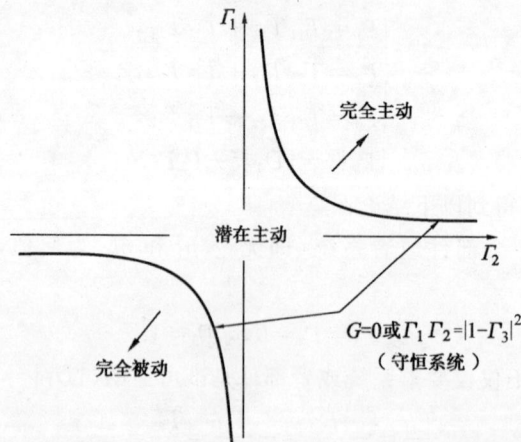

图 16.3　完全主动、完全被动以及潜在主动部件和系统所对应的条件示意图

当然，在实际中传递函数以及像动力主动度这样的特征量不仅仅是频率的函数，而且还与平均流动状态相关. 因此，需要追踪 G 随频率的变化、在传递函数信息可用的频率范围内构建 G 为负值的平均流动条件来计算系统不稳定发生的可能性.

上述分析应用的是系统或部件稳定性研究中最一般性的方法，由此得到的结果——按照系统或部件特性常用的方法——不太好理解. 因此这里介绍两个一般情况

下的特殊例子,这两个例子不仅结果简单,而且具有普遍性.首先来看一个系统或者说是部件,其排出到一个扬程一定的大蓄水池中,因此 $\tilde{p}_2^{\mathrm{T}}=0$. 根据方程(16.82)得到

$$\Delta E = \frac{|\tilde{m}_1|^2}{2\rho}\mathrm{Re}\left\{\frac{\tilde{p}_1^{\mathrm{T}}}{\tilde{m}_1}\right\}. \tag{16.92}$$

注意:ΔE 总是纯实数,其符号只与"输入阻抗"

$$\frac{\tilde{p}_1^{\mathrm{T}}}{\tilde{m}_1} = -\frac{T_{12}}{T_{11}} \tag{16.93}$$

的实部有关.因此,当"输入抵抗"为正,即

$$\mathrm{Re}\left\{\frac{-T_{12}}{T_{11}}\right\}>0 \tag{16.94}$$

时,具有常数扬程出口的部件或者系统是动态稳定的.由于方程(16.92)使物理理解比较简单、容易,所以方程(16.92)所示的净波动能量通量、输入抵抗以及系统稳定性之间的关系非常重要.在实际中,可以应用输入抵抗与频率之间的关系图形来监测平均流动条件的变化.在输入抵抗变为负值的频率上就会发生不稳定性.

第 2 个特殊情况是,部件或者系统开始于——而不是输出到——一个扬程为常数的蓄水池.因此,

$$\Delta E = \frac{|\tilde{m}_2|^2}{2\rho}\mathrm{Re}\left\{-\frac{\tilde{p}_2^{\mathrm{T}}}{\tilde{m}_2}\right\}, \tag{16.95}$$

其稳定性与"输出阻抗"

$$-\frac{\tilde{p}_2^{\mathrm{T}}}{\tilde{m}_2} = -\frac{T_{12}}{T_{22}} \tag{16.96}$$

的实部有关.因此,当"输出抵抗"为正即

$$\mathrm{Re}\left\{-\frac{T_{12}}{T_{22}}\right\}>0 \tag{16.97}$$

时,进口扬程为常数的部件或者系统是动态稳定的.在实际中,由于很多部件和系统的 T_{11} 和 T_{22} 都接近 1,所以根据系统的稳定条件,即方程(16.94)和方程(16.97),就可以得到系统稳定的近似条件为系统抵抗 $\mathrm{Re}\{-T_{12}\}$ 为正值.尽管情况并不总是这样,不过相比于方程(16.94)和方程(16.97)所确定的更精确的条件,这一方法却更方便应用、更容易计算.尤其要说明的是,系统抵抗可以根据定常态运行特性获取.例如对于泵或水轮机,系统抵抗与扬程-流量曲线的斜率直接相关,当这些装置在扬程-流量曲线的正斜率、$\mathrm{Re}\{-T_{12}\}$ 为负值的范围内运行时就会出现不稳定性,这种情况在泵的应用中已被广泛接受和认可.

在很多情况下,近似稳定性准则 $\mathrm{Re}\{-T_{12}\}>0$ 是有效的,不过并不是对所有问题该准则都准确,确认这一点同样重要.一个明显且重要的案例就是该近似稳定性准则不适合空化引起的不稳定性.与空化相关的不稳定性并不是由于扬程-流量曲线的正斜率引起的,而是在该斜率还是负值的条件下,由于空化引起的传递函数中其他矩阵元的改变产生的.本章后面各节将介绍发生空化时泵的传递函数的变化并介绍一种近年刚刚发现的空化不稳定性.

16.5 无空化发生时泵的传递函数

本节分析与泵或者其他透平机械的传递函数相关的问题. 对于 16.3.5 节的简单流体流动,可以应用已有的流体流动控制方程来建立简单部件的传递函数. 但是对于很复杂的流体或者结构,不可能用简单的一元流动方程来构建传递函数,而必须求助于更通用性的守恒定律或者状态转移矩阵的试验测量. 首先来看泵内不可压缩流动的状态转移矩阵 TP(所有泵状态转移矩阵都具有方程(16.35)定义的形式 T),显然 TP 不仅仅是频率 ω 的函数,也是以流量系数 ϕ 表示的平均运行点以及空化数 σ 的函数. 在频率很低的时候,可以认为泵仅仅沿定常性能曲线变化. 因此在没有空化发生的情况下,对于小振幅摄动,传递函数为

$$TP = \begin{bmatrix} 1 & \dfrac{\mathrm{d}(\Delta p^{\mathrm{T}})}{\mathrm{d}m} \\ 0 & 1 \end{bmatrix}, \tag{16.98}$$

式中,$\dfrac{\mathrm{d}(\Delta p^{\mathrm{T}})}{\mathrm{d}m}$ 为总压增量与质量流量的定常运行曲线的斜率. 这里定义泵抵抗为 $R_{\mathrm{P}} = -\dfrac{\mathrm{d}(\Delta p^{\mathrm{T}})}{\mathrm{d}m}$,在设计点时 R_{P} 一般是正值. 不过在小流量时 R_{P} 也有可能为负值. 对于有限频率,矩阵元 TP_{21} 和 TP_{22} 会分别发展成为 0 和 1,这是因为当流体和结构不可压缩且无空化发生时流入和流出泵的瞬时流量是相等的. 此外,TP_{11} 也必然会成为 1,这是因为对于不可压缩流动,压力差与压力大小没有关系. 根据上述分析,在较高频率下传递函数的表达式为

$$TP = \begin{bmatrix} 1 & -I_{\mathrm{P}} \\ 0 & 1 \end{bmatrix}, \tag{16.99}$$

式中,泵阻抗 I_{P} 一般由抵抗部分 R_{P} 和应抗部分 $\mathrm{j}\omega L_{\mathrm{P}}$ 组成. 抵抗 R_{P} 和惯性 L_{P} 是频率 ω 和平均流量的函数. 应用这种简单的泵阻抗模型并结合进出口管路的传递函数(方程(16.73))就可以建立泵系统动力学特性的模型.

图 16.4 所示为试验测得的典型的抵抗分量和应抗分量,纵坐标中($-TP_{12}$)的实部为抵抗分量,(TP_{12})的虚部为应抗分量. 研究对象为外径 189 mm 的离心泵,测量工况为流量系数 $\phi = 0.442$,转速 $n = 3\,000$ r/min. 从图中可以看出,在低频时抵抗接近准静态值,但是高频时却与准静态值偏离相当大. 不仅如此,应抗分量几乎与频率成线性关系. 图 16.5 将图 16.4 中的抵抗和惯性值与动态模型计算结果(图中的虚线)进行了比较. 在动态模型中,每个泵叶轮叶片流道用一个抵抗和一个惯性表示、蜗壳由多个抵抗和惯性串联表示. 由于每个叶片流道在相对于蜗壳出口不同的位置处与蜗壳连接,因此每个叶片流道内的流动在流到泵出口的过程中其经受的阻抗不同. 相应的结果就是,泵的抵抗和惯性外特性与频率相关,如图 16.5 所示. 其与试验结果(图 16.5 中的离散点)非常接近,但是还不能完全令人满意. 此外还要说明的是,图中只是对一种流量系数为 0.442(高于设计流量)的情况进行了比较. 对于更大流量的情况,计算结果与试验结果差别很大.

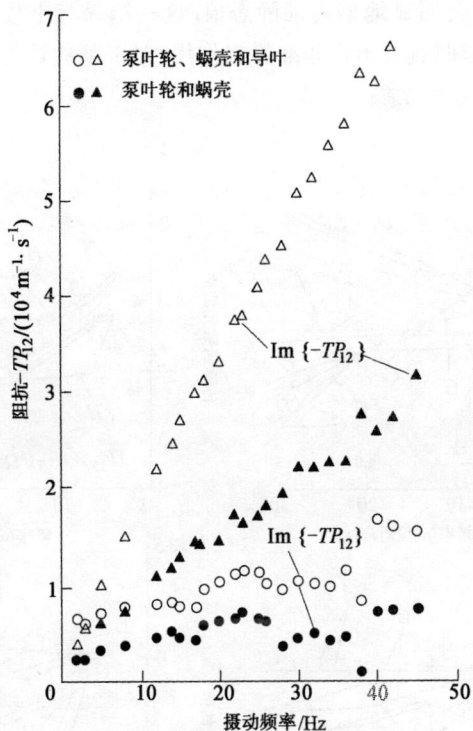

图 16.4　离心泵阻抗测量结果

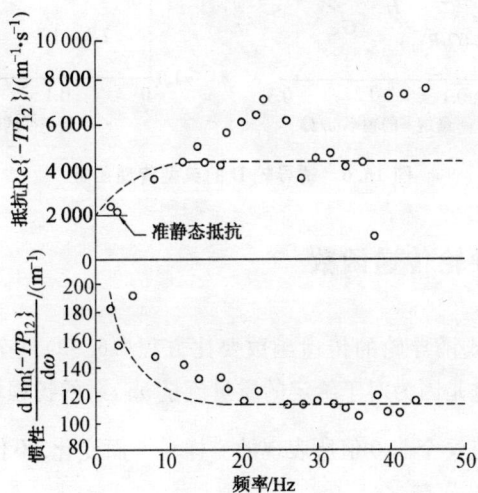

图 16.5　离心泵的典型惯性和抵抗值

在对无空化轴流泵和斜流泵阻抗的测量数据中,抵抗相对于频率都具有相似的增长趋势(参见 16.6 节).图 16.6 所示为直径 102 mm 诱导轮的典型传递函数,试验流量系数 $\phi_1 = 0.07$,转速 $n = 6\,000$ r/min.图中所示数据具有 5 个不同的空化数,A 组,C 组,D 组,G 组,H 组的空化数分别为 0.370,0.100,0.069,0.052,0.044,其中 A 组数据对应无空化工况,另外 4 组数据将在下一节用到.实部和虚部分别由实线和虚线表示,箭头所指为准静态泵抵抗.在图 16.5 和图 16.6 所示的两组动态数据中,当约化频率(频率/主轴转频)超过0.02时,数据就会明显地偏离准静态值. 这一结果与下述准则大体一致:当约化频率高于 $0.05 Z_R \phi / \cos \beta$ 时就会出现非准静态作用. 对于某些诱导轮,应用该准则得到的临界约化频率的值约为 0.015.

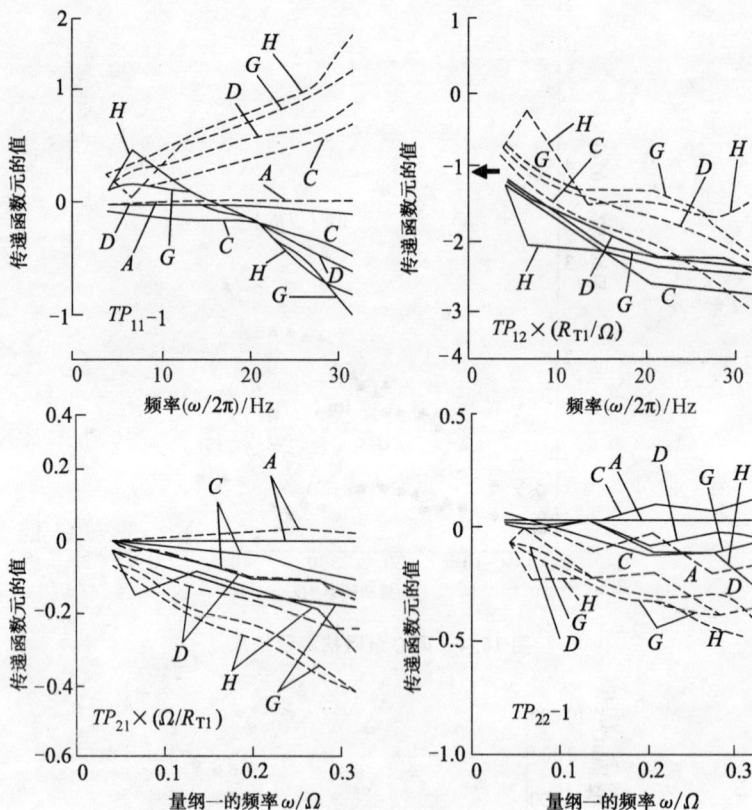

图 16.6　诱导轮 D 的典型传递函数

16.6　空化诱导轮传递函数

当存在空化时,泵或诱导轮的传递函数要比方程(16.99)复杂得多. 即使在低频下, TP_{11} 的值也不等于1,这是因为对于给定的质量流量 m_1,泵的扬程增量会随着进口总压的变化——正如 $\dfrac{\mathrm{d}(\Delta p^T)}{\mathrm{d} p_1^T}$ 是一个非 0 值所表现的一样——而变化. 不仅如此,空化体积 V_c 也会随进口总压 p_1^T($NPSH$ 或者空化数)以及质量流量 m_1(或冲角)的变化而变化,因此,

$$\boldsymbol{TP} = \begin{bmatrix} 1 + \dfrac{\mathrm{d}(\Delta p^T)}{\mathrm{d} p_1^T}\bigg|_{m_1} & \dfrac{\mathrm{d}(\Delta p^T)}{\mathrm{d} m_1}\bigg|_{p_1^T} \\ \mathrm{j}\omega\rho_L \dfrac{\mathrm{d} V_c}{\mathrm{d} p_1^T}\bigg|_{m_1} & 1 + \mathrm{j}\omega\rho_L \dfrac{\mathrm{d} V_c}{\mathrm{d} m_1}\bigg|_{p_1^T} \end{bmatrix}. \tag{16.100}$$

方程(16.100)这一空化泵传递函数的准静态或者说低频形式是由加州理工学院 Brennen 教授和 Acosta 教授在 20 世纪 70 年代上半期提出的. 除了试验方法以外,准静态方法即方程(16.100)适用的频率上限以及高于该频率上限的传递函数的形式都还难以确定. 很显

然,动态传递函数需要通过试验才能测定.该方程式中出现了两项与空化体积有关的量,$-\rho_L\left(\dfrac{\mathrm{d}V_c}{\mathrm{d}p_1^{\mathrm{T}}}\right)_{m_1}$ 和 $-\rho_L\left(\dfrac{\mathrm{d}V_c}{\mathrm{d}m_1}\right)_{p_1^{\mathrm{T}}}$,分别称之为空化柔度和空化质量流量增益系数,关于这两个参数参见第 15 章.

典型的传递函数是以直径为 102 mm 的诱导轮 D(参见 6.1 节)为对象测得的,图 6.9 为该诱导轮的无空化定常状态性能曲线.该诱导轮在转速为 6 000 r/min、流量系数 ϕ_1 = 0.07 以及 5 个不同空化数下的状态转移矩阵与频率(直到 32 Hz)的函数关系如图 16.6 所示,其中 5 个空化数分别是 A 组数据对应无空化工况、C 组数据稍有空化而 H 组数据接近空化断裂.实部和虚部分别由实线及虚线表示.首先指出的一点是,在没有空化的工况(A)下,传递函数非常接近方程(16.99)期望的形式,其中 $TP_{11}=TP_{22}=1,TP_{21}=0$.再有就是阻抗($TP_{12}$)由一个期望的惯性($TP_{12}$ 的虚部与频率是线性关系)和一个抵抗($-TP_{12}$ 的实部)组成,其与由扬程曲线的斜率得到的准静态阻抗(如图 16.6 中箭头所指 $TP_{12}R_{\mathrm{T1}}/\Omega=1.07$)相符合.抵抗随频率的增加而增加.

在图 16.6 中还可以清楚地看到,随着空化的发展,传递函数与方程(16.99)的差别越来越大.$TP_{11}=TP_{22}$ 远离值 1 并出现了随频率呈近乎线性变化的非 0 虚部.TP_{21} 也同样出现了非 0 值,并且随着空化数的降低柔性表现为明显的增加趋势.这些现象表明当空化比较强烈的时候,行列式 D_{TP} 就不再为 1.图 16.7 所示为对应图 16.6 中数据的行列式.图中表明对于无空化工况 $A,D_{\mathit{TP}}\approx1$,但是随着空化的发展其逐步从 1 偏离.由此可以得出结论:对于无空化工况下为被动动力学特性的泵,空化的存在会使其呈现出潜在主动动力学特性.

将图 16.6 中试验得到的传递函数数据拟合为

$$TP_{ij}=\sum_{n=0}^{n^*}A_{nij}(\mathrm{j}\omega)^n \tag{16.101}$$

形式的多项式,式中 n^* 的值为 3 或 5,如图 16.8 所示.现在来看几个特别有意义的系数 A_{nij}(其中 $A_{011}=A_{022}=1,A_{021}=0$,原因如前所述).首先来看惯性量 $-A_{112}$,其以量纲一的形式绘制在图 16.9 中,图中带圆圈的数据是直径为 102 mm 的诱导轮 D 的值,来自图 16.6;不带圆圈的点是直径为 75.8 mm 的诱导轮 C 的值.尽管在小空化数下具有明显的发散,不过大小不同的两个诱导轮泵表现出类似的惯性.数据还表明随着 σ 的降低惯性也有所减少.不过另一方面,图 16.10 所示的柔性 $-A_{121}$ 的相应数据看起来与空化数大致成反比.而且,空化质量流量增益系数 $-A_{122}$ 以及表示 TP_{11} 虚部斜率的系数 A_{111} 也具有同样的性质.二者分别如图 16.11 和图 16.12 所示.所有这些数据都满足各个动力学特性的量纲为一化处理所隐含的物理换算.

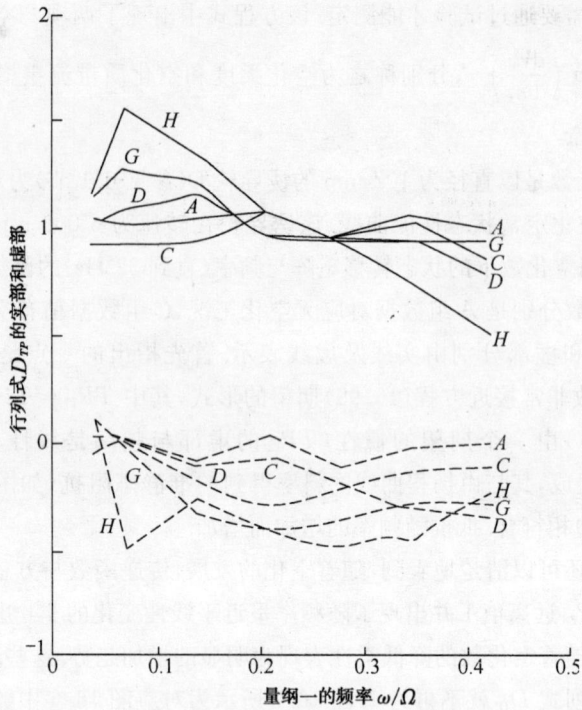

图 16.7　对应图 16.6 中试验传递函数的行列式 D_{TP}

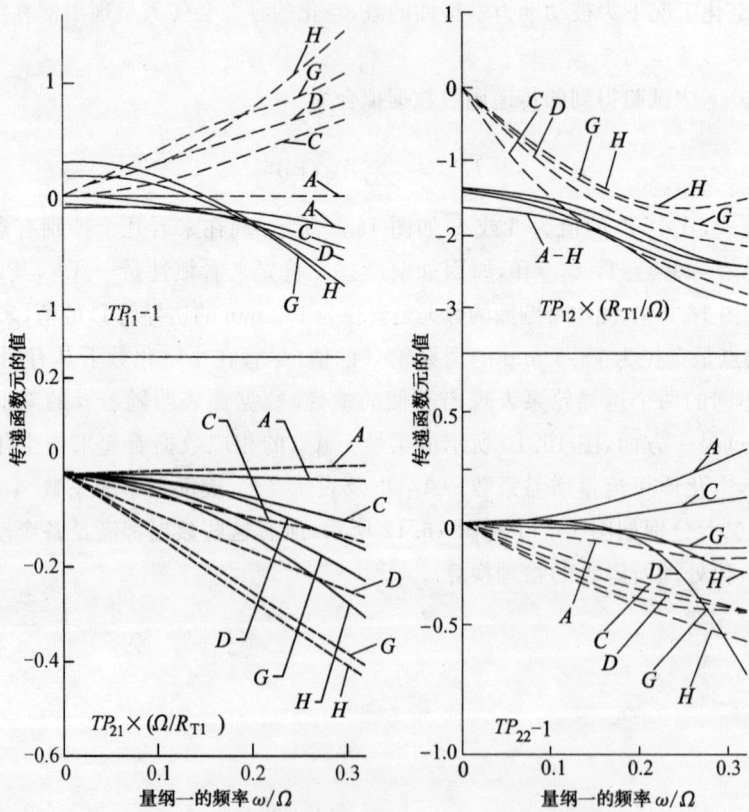

图 16.8　图 16.6 中试验数据的多项式拟合曲线.

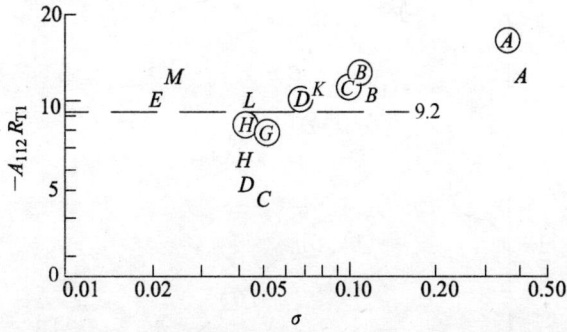

图 16.9 诱导轮(诱导轮 C 和 D)量纲一化为—$A_{112}R_{T1}$的惯性—A_{112}与空化数的函数关系

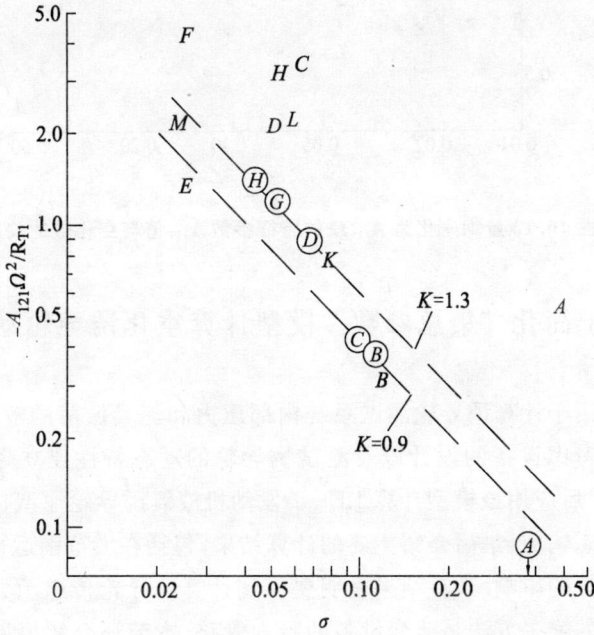

图 16.10 量纲一化为—$A_{121}\Omega^2/R_{T1}$的柔性—A_{121}值与空化数的关系,其他条件同图 16.9

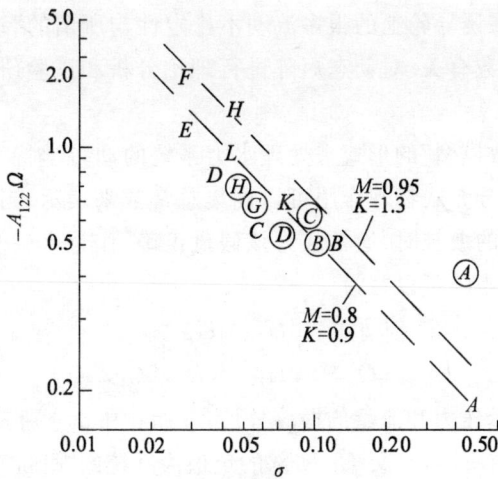

图 16.11 量纲一化为—$A_{122}\Omega$的空化质量流量增益系数—A_{122}值与空化数的关系

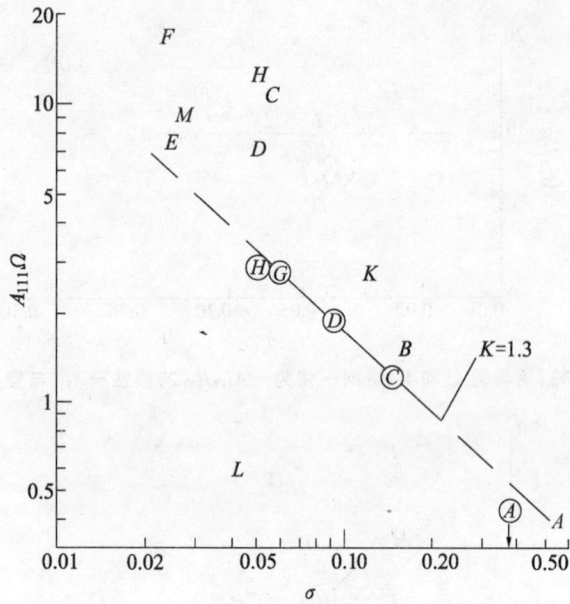

图 16.12 量纲一化为 $A_{111}\Omega$ 的特征参数 A_{111} 值与空化数的关系

16.7　基于简化"集总参数"模型计算空化诱导轮动态传递矩阵

本节介绍一用于计算诱导轮测试系统内部压力和流量振荡的解析模型. 首先基于几个简化假设并考虑设备的设计以及测试诱导轮的动态特性建立降阶模型（Reduced Order Model），然后应用该模型计算 LE−7 发动机液氧诱导轮原型在试验中给定外部流量激励下的动态响应，最后介绍主要的计算结果，包括在大范围运行工况下所期望的振荡以及设备设计的影响. 计算结果表明要得到计算诱导轮传递函数所需的两个线性不相关试验条件的唯一方法是改变设备的吸入管路. 本节还介绍根据分析模型得到的其他一些重要设计准则.

如前所述，作用在诱导轮上的很多流动不稳定性与所谓的"动态矩阵"也就是状态转移矩阵或者传递函数有关. 对动态矩阵进行理论分析和试验研究的最早努力可以追溯到 20 世纪 70 年代.

通常以"集总参数模型"的形式来处理水力系统的动力学特性. "集总参数模型"假设两个测量点之间的分布式物理作用可以用集总常数来表示. 当系统的几何尺寸远小于所关注频率下声波的波长时，通常认为该假设正确. 作为这一假设的直接结果，一般系统如诱导轮的动态矩阵可以写为

$$\begin{bmatrix} \tilde{p}_d \\ \tilde{Q}_d \end{bmatrix} = \begin{bmatrix} H_{11} & H_{12} \\ H_{21} & H_{22} \end{bmatrix} \begin{bmatrix} \tilde{p}_u \\ \tilde{Q}_u \end{bmatrix}$$

式中，$\tilde{p}$ 和 $\tilde{Q}$ 分别表示压力和流量的振荡分量；下标 u 和 d 分别表示所考虑系统的上游和下游流动条件. 如前所述，定义 H_{12} 实部的负值为系统的"抵抗"，H_{12} 虚部的负值为系统的"惯性"，H_{21} 虚部的负值为系统的"柔性".

泵的抵抗对其不稳定特性具有决定性作用.在频率为 0 Hz 的情况下,泵抵抗与泵性能曲线斜率的意义相同,这样就很容易理解具有正值的抵抗与喘振模态不稳定性直接相关.不仅如此,研究也表明诸如旋转空化等其他流动不稳定性也是由传递矩阵元的特定组合促成的.对于这一点,大量的试验研究和理论分析已经清楚地表明,空化柔度和质量流量增益系数具有决定性的作用(参见第 15 章).

各种各样的试验研究还发现,如果对稳定的系统施加流量振荡,系统能否会由稳定状态转变为不稳定状态与强迫振荡的频率有关.这些研究表明,利用理论分析和试验手段获取足够精确的动态矩阵非常重要.因此,本节将建立一个用于计算动态传递矩阵的简化解析模型,该模型不仅可以用于诱导轮,还可以用于含有诱导轮在内的整个测试系统.该模型以几个简单的基本假设(一元流动、小振荡、不可压缩流体以及准静态响应)为前提,其可用于预测在给定系统强加外部波动条件下设备内的压力和流量振荡.由此得到结论对设备设计具有指导作用,即应当如何进行设备设计以获得最好的试验性能.本节的分析计算关注的并不是诱导轮传递矩阵本身,而是如何应用简化的理论-经验模型计算诱导轮传递矩阵.

将本节所介绍的模型用于大阪大学工程科学系的空化试验设备.用于计算的测试诱导轮是日本 LE-7 火箭发动机的液氧诱导轮模型.先前对该诱导轮的试验研究表明泵的空化形态引发了几种流动不稳定性(参见第 15 章).试验研究主要是分析作用在诱导轮上的不同流动不稳定性的特性及存在不稳定性时的流场特征,由此发现了诸如旋转空化、不对称叶面空化以及高阶模态等形式的不稳定性.研究还发现可以通过改变壳体的形状来降低或者抑制某些不稳定性,例如在壳体上开 J 型槽可以有效地降低旋转空化和非对称空化.

16.7.1 试验装置

图 16.13 所示为空化试验设备示意图,示意图中还标注了一些主要参数符号.

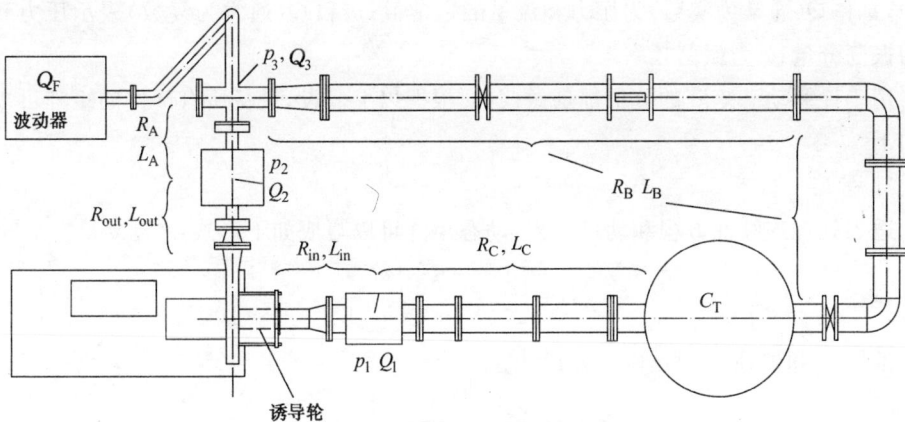

图 16.13 试验装置示意图

试验中压力和流量振荡的实际测量面分别用下标 1(诱导轮上游)和 2(诱导轮下游)表示.设备中这两点之间的区域称为"测量段".通过一专用装置在测量点 2 的下游

处施加一外部流量振荡(用 Q_F 表示).吸入管路(在储水罐和上游测量点之间)用下标 C 表示,出水管路(在波动器和储水罐之间)用下标 B 表示.吸入和排出管路的内径为 203.5 mm,测量段的内径为 155.2 mm.波动器下游装有一个锥形扩散管,而在测量点 1 的后面则安装一个锥形收缩管.在出水管路段装有两个阀门用于调节流量.

用于计算的测试诱导轮是日本 LE-7 火箭发动机的液氧诱导轮模型,如图 16.14 所示.该 3 叶片诱导轮轮缘半径 $r_t = 74.9$ mm,变轮毂半径结构(进口轮毂比为 0.25,出口轮毂比为 0.51).轮缘进口叶片安放角为 7.5°,轮缘叶栅稠密度为 1.91.

16.7.2 模型说明

图 16.14　测试诱导轮

本节提出的模型基于下述初始假设:

① 流动为非定常、准一元流动.

② 所有振荡都很小(只考虑方程中的一阶项).

③ 除了空化区域和含有空气的区域之外,工作流体不可压缩,忽略其柔性.

④ 系统所有部件为准定常响应.尽管已有广泛的研究证明该假设对于空化工况下的实型泵并不正确,不过该假设为要介绍的简化降阶分析提供了一个很好的起点,这一假设对由该分析得到的结果和主要结论——尤其是对试验设计方面——的影响并不是十分明显.

基于上述假设,压力和流量可以写成时间的复数函数形式为

$$p(t) = \bar{p} + \tilde{p} \cdot e^{j\omega t},$$

$$Q(t) = \bar{Q} + \tilde{Q} \cdot e^{j\omega t},$$

式中,$\bar{p}$ 和 $\bar{Q}$(通常为实数)为压力和流量的定常值;$\tilde{p}$ 和 $\tilde{Q}$(通常为复数)表示压力和流量的振荡分量;ω 为振荡频率.

用于计算动态矩阵的分量都是振荡的.根据以上假设,设备所有部件的矩阵可以计算如下.

1. 管路

适当处理连续性方程和动量方程,动态矩阵可以写成如下形式:

$$\boldsymbol{H} = \begin{bmatrix} 1 & -R - j\omega L \\ 0 & 1 \end{bmatrix},$$

其中抵抗 R 和惯性 L 根据以下方程计算:

$$R = f\rho \frac{\bar{Q}_u}{A_u^2} + \rho \left(\frac{1}{A_d^2} - \frac{1}{A_u^2} \right) \bar{Q}_u,$$

$$L = \rho \frac{1}{\lambda},$$

式中,ρ 是工作流体的密度;A 是管路断面面积;λ 是管路的惯性长度(定义为管道平均

断面面积除以管路长度); f 为管路内的损失系数.

2. 储水罐

储水罐的动态矩阵为

$$\boldsymbol{H}=\begin{bmatrix} 1 & 0 \\ -\mathrm{j}\omega C & 1 \end{bmatrix},$$

其柔性

$$C=\frac{\bar{V}}{\gamma \bar{p}},$$

式中, $\bar{p}$ 和 $\bar{V}$ 为储水罐上部空气的平均压力和体积, γ 为空气的比热比.

3. 诱导轮

在无空化工况下, 诱导轮的动态矩阵具有与管路断面结构相同的形式. 在这种情况下, 惯性 L 只由叶片流道的惯性长度就可计算, 抵抗 R 可以根据动量方程计算如下:

$$R=-\frac{\rho \Omega r_{\mathrm{t}}}{A_{\mathrm{u}}}\frac{\mathrm{d}\psi}{\mathrm{d}\phi}+\rho \bar{Q}_{\mathrm{u}}\left(\frac{1}{A_{\mathrm{d}}^2}-\frac{1}{A_{\mathrm{u}}^2}\right).$$

在空化工况下, 方程变得非常复杂. 由于在叶片上存在蒸气区域, 该区域的振荡导致进口和出口之间流动振荡发生漂移. 因此, 要计算泵内部形成的空穴的体积, 需要其与流量系数 ϕ 以及空化数 σ 之间的函数关系. 组合应用连续方程和动量方程可以得到动态矩阵为

$$\boldsymbol{H}=\begin{bmatrix} 1-(S+\mathrm{j}\omega X) & -R-\mathrm{j}\omega L \\ -\mathrm{j}\omega K & 1-\mathrm{j}\omega M \end{bmatrix}$$

式中, $S+\mathrm{j}\omega X$ 为压力增益系数; $R+\mathrm{j}\omega L$ 为泵阻抗; K 为空化柔度; M 表示质量流量增益系数. 这些参数定义如下:

$$S+\mathrm{j}\omega X=-\left.\frac{\partial \psi}{\partial \sigma}\right|_{\phi}+KL_{\mathrm{ind}}\omega^2-\mathrm{j}\omega\left(\frac{\rho \bar{Q}_{\mathrm{u}}}{A_{\mathrm{d}}^2}-\frac{\rho \omega r_{\mathrm{t}}}{A_{\mathrm{d}}}\left.\frac{\partial \psi}{\partial \phi}\right|_{\sigma}K\right),$$

$$R+\mathrm{j}\omega L=-\frac{\rho \Omega r_{\mathrm{t}}}{A_{\mathrm{d}}}\left.\frac{\partial \psi}{\partial \phi}\right|_{\sigma}-\rho \bar{Q}_{\mathrm{u}}\left(\frac{1}{A_{\mathrm{u}}^2}-\frac{1}{A_{\mathrm{d}}^2}\right)+ML_{\mathrm{ind}}\omega^2-\mathrm{j}\omega M\left(\frac{\rho \bar{Q}_{\mathrm{u}}}{A_{\mathrm{d}}^2}-\frac{\rho \Omega r_{\mathrm{t}}}{A_{\mathrm{d}}}\left.\frac{\partial \psi}{\partial \phi}\right|_{\sigma}\right)+\mathrm{j}\omega L_{\mathrm{ind}},$$

$$K=-\frac{2}{\rho \Omega^2 r_{\mathrm{t}}^2}\left.\frac{\partial V_{\mathrm{c}}}{\partial \sigma}\right|_{\phi},$$

$$M=-\frac{1}{A_{\mathrm{u}}\Omega r_{\mathrm{t}}}\left.\frac{\partial V_{\mathrm{c}}}{\partial \phi}\right|_{\sigma},$$

式中, V_{c} 为空穴体积; L_{ind} 为诱导轮叶片流道的惯性.

在建立简单的半经验半理论模型之前, 需要应用各种不同的方法来计算空穴体积 V_{c}, 这里根据在 10.2 cm 诱导轮上所获得的试验数据(参见 16.6 节), 应用多项式来计算空化体积. 要应用这些数据来计算 4 个不同空化数工况下的空化柔度, 因此采用下面的方程形式:

$$V_{\mathrm{c}}(\phi,\sigma)=a_1(\sigma-\sigma_{\mathrm{c}})^4+a_2(\sigma-\sigma_{\mathrm{c}})^3+a_3(\sigma-\sigma_{\mathrm{c}})^2+a_4(\sigma-\sigma_{\mathrm{c}})+V_{\mathrm{c}}(\sigma_{\mathrm{c}}),$$

式中, 常数 a_1, a_2, a_3 和 a_4 根据 Brennen 提供的 $C(\sigma)$ 的 4 组试验数据来计算; σ_{c} 为 Brennen-Acosta 部分空化叶栅模型中的"阻塞空化数"(就是空穴变为无限长时对应的空化数), 其与诱导轮形状、冲角以及流量系数有关, 参见式(4.27).

要计算阻塞空化数下的空穴体积 $V_c(\sigma_c)$ 需要做如下假设:

① 在阻塞空化数 σ_c 下发生完全断裂(即诱导轮扬程为 0).

② 在 σ_c 下,叶片流道内完全充满泡状空化,其含气率 α 根据关系式

$$\Delta\psi = \frac{\alpha(2-\alpha)\phi^2}{2(1-\alpha)^2\sin^2\beta_t}$$

来计算,式中,β_t 为轮缘叶片安放角;$\Delta\psi$ 是断裂的差值,根据上述假设①计算.

③ 最后,含气率 α 乘以叶片流道体积就得到阻塞空化数下的空穴体积.

后面的计算结果证实该模型可以较好地再现第 16.6 节所示试验得到的传递矩阵.

4. 整个装置的特性

求解问题所需要计算的 4 个未知数分别为在进口测量点的压力和流量振荡 $\tilde{p}_1$ 和 $\tilde{Q}_1$ 以及在出口测量点相应的振荡 $\tilde{p}_2$ 和 $\tilde{Q}_2$. 根据测量段内的平衡可以先得到的两个方程为

$$\begin{bmatrix} \tilde{p}_2 \\ \tilde{Q}_2 \end{bmatrix} = \begin{bmatrix} HM_{11} & HM_{12} \\ HM_{21} & HM_{22} \end{bmatrix} \begin{bmatrix} \tilde{p}_1 \\ \tilde{Q}_1 \end{bmatrix},$$

其中,传递矩阵 **HM** 的具体形式为

$$\boldsymbol{HM} = \begin{bmatrix} 1 & -R_{out}-j\omega L_{out} \\ 0 & 1 \end{bmatrix} \begin{bmatrix} 1-(S+j\omega X) & -R_{ind}-j\omega L_{ind} \\ -j\omega K & 1-j\omega M \end{bmatrix} \begin{bmatrix} 1 & -R_{in}-j\omega L_{in} \\ 0 & 1 \end{bmatrix}.$$

对于装置中测量段下游与流量波动器之间的部分(参见图 16.13),在波动器后的振荡为

$$\tilde{Q}_3 = \tilde{Q}_2 + \tilde{Q}_F,$$

$$\tilde{p}_3 = \tilde{p}_2 - (R_A + j\omega L_A)\tilde{Q}_2.$$

根据测量段之外装置的平衡方程得到问题的"边界条件"为

$$\begin{bmatrix} \tilde{p}_1 \\ \tilde{Q}_1 \end{bmatrix} = \begin{bmatrix} HB_{11} & HB_{12} \\ HB_{21} & HB_{22} \end{bmatrix} \begin{bmatrix} \tilde{p}_3 \\ \tilde{Q}_3 \end{bmatrix},$$

其中,传递矩阵 **HB** 通过下式计算

$$\boldsymbol{HB} = \begin{bmatrix} 1 & -R_C-j\omega L_C \\ 0 & 1 \end{bmatrix} \begin{bmatrix} 1 & 0 \\ -j\omega C_T & 1 \end{bmatrix} \begin{bmatrix} 1 & -R_B-j\omega L_B \\ 0 & 1 \end{bmatrix}.$$

综合上述表达式,就可获得解决问题所需的另外两个方程(即 4 个未知数 4 个方程).

在无空化工况下,应用结构简单的诱导轮动态矩阵,压力和流量振荡等于

$$\tilde{Q}_1 = \tilde{Q}_2 = \frac{-(R_B+j\omega L_B)\tilde{Q}_F}{(R_m+R_A+R_B+R_C)+j\omega(L_m+L_A+L_B+L_C)},$$

$$\tilde{p}_1 = \frac{\tilde{Q}_F}{j\omega C_T} + \frac{(R_C+j\omega L_C)(R_B+j\omega L_B)\tilde{Q}_F}{(R_m+R_A+R_B+R_C)+j\omega(L_m+L_A+L_B+L_C)},$$

$$\tilde{p}_2 = \frac{\tilde{Q}_F}{j\omega C_T} + \frac{[(\bar{R}+R_C)+j\omega(\bar{L}+L_C)](R_B+j\omega L_B)\tilde{Q}_F}{(R_m+R_A+R_B+R_C)+j\omega(L_m+L_A+L_B+L_C)},$$

其中,

$$R_m = R_{in} + R_{ind} + R_{out};$$

$$L_m = L_{in} + L_{ind} + L_{out}.$$

由于储水罐的柔性 C_T 值非常大,因此 $\tilde{p}_1$ 和 $\tilde{p}_2$ 表达式第一项的值往往小得可以

忽略,或至少激励频率 ω 足够大时可以如此.例如,对于 LE - 7 发动机液氧诱导轮在额定工况下($\phi=0.078$,$n=3\ 000$ r/min,储水罐内平均压力 $\bar{p}=1.01\times10^5$ Pa,储水罐中的空气体积 $\bar{V}=625$ L)工作的设备,对于不同的激励频率 ω 值分别为 1Hz,2Hz,3Hz,4Hz,5Hz 时,可得到表达式 $\tilde{p}_1$ 中第一项与第二项的比值分别为 0.255,0.057,0.023,0.007,0.020.

5."反问题"计算

当根据上述方程得到压力和流量振荡以后,就可以以其作为输入数据来分析计算测量得到的传递矩阵 **HM**.在本例中,为了计算传递矩阵 **HM** 中的 4 个未知分量,至少还需要两组在线性不相关工况下得到的试验数据.用下标 a 和 b 表示用于计算的两组试验数据,其可以写为

$$\begin{bmatrix} \tilde{p}_{2a} \\ \tilde{Q}_{2a} \end{bmatrix} = \begin{bmatrix} HM_{11} & HM_{12} \\ HM_{21} & HM_{22} \end{bmatrix} \begin{bmatrix} \tilde{p}_{1a} \\ \tilde{Q}_{1a} \end{bmatrix},$$

$$\begin{bmatrix} \tilde{p}_{2b} \\ \tilde{Q}_{2b} \end{bmatrix} = \begin{bmatrix} HM_{11} & HM_{12} \\ HM_{21} & HM_{22} \end{bmatrix} \begin{bmatrix} \tilde{p}_{1b} \\ \tilde{Q}_{1b} \end{bmatrix},$$

由此可以得到以下含有 4 个未知数的四元方程组:

$$\underbrace{\begin{bmatrix} \tilde{p}_{1a} & \tilde{Q}_{1a} & 0 & 0 \\ \tilde{p}_{1b} & \tilde{Q}_{1b} & 0 & 0 \\ 0 & 0 & \tilde{p}_{1a} & \tilde{Q}_{1a} \\ 0 & 0 & \tilde{p}_{1b} & \tilde{Q}_{1b} \end{bmatrix}}_{T} \begin{bmatrix} HM_{11} \\ HM_{12} \\ HM_{21} \\ HM_{22} \end{bmatrix} = \begin{bmatrix} \tilde{p}_{2a} \\ \tilde{p}_{2b} \\ \tilde{Q}_{2a} \\ \tilde{Q}_{2b} \end{bmatrix}.$$

显然,为了更准确地计算 **HM** 的各元素,矩阵 **T** 的行列式应尽可能远离 0 值.此条件可以通过在充分独立条件下得到的两组试验数据来满足.对于无空化工况,应用压力和流量振荡的计算方程并忽略 $\tilde{p}_1$ 表达式中的第一项,由此就得到矩阵 **T** 的行列式的值如下:

$$\det\boldsymbol{T} = \left\{ \frac{(R_{Ba}+\mathrm{j}\omega L_{Ba})(R_{Bb}+\mathrm{j}\omega L_{Bb})}{[(R_m+R_{Aa}+R_{Ba}+R_{Ca})+\mathrm{j}\omega(L_m+L_{Aa}+L_{Ba}+L_{Ca})]} \times \right.$$

$$\left. \frac{[(R_{Cb}-R_{Ca})+\mathrm{j}\omega(L_{Cb}-L_{Ca})]\tilde{Q}_F^2}{[(R_m+R_{Ab}+R_{Bb}+R_{Cb})+\mathrm{j}\omega(L_m+L_{Ab}+L_{Bb}+L_{Cb})]} \right\}^2.$$

由此可知,如果对装置的 C 段(即储水罐和上游测量点之间的吸入管路)不做任何改变,无论装置的其他部分做任何改变,矩阵 **T** 的行列式都为零.可以证明,在空化工况下也是如此.此外,如果波动器安装在吸入管路中而不是输出管路中时,根据计算就会得到相反的结果:即这种情况下只有那些对装置中没有安装波动器的部分——即输出管路——有影响的改变才有效.

该结论为试验提出了第一个重要的设计准则:即只有通过改变吸入管路才能够得到用于计算动态矩阵所需要的两个线性无关条件.这些改变包括改变抵抗 R_C、惯性 L_C 或者二者都改变.所有这些都会在后文中进行计算.

16.7.3 结果和讨论

这里应用两组不同的方式进行计算.第一组是在公称设计下,计算系统对不同工况

的预期振荡.第二组称之为"反问题"计算.即为了获取第二线性无关性试验条件而对装置的几种改型设计所做的有效性计算.

1. 公称设计:压力和流量振荡

图 16.15 至图 16.18 所示三维图为空化工况下($\sigma=0.1, n=3\ 000$ r/min)压力和流量波动的幅值,它是激振频率 ω 和流量系数 ϕ 的函数,由波动器形成的流量波动的振幅大小为 1 L/s.这些图中没有标注相位信息,相同空化工况下($\sigma=0.1, n=3\ 000$ r/min)诱导轮在额定流量点 $\phi=0.078$ 的压力和流量波动大小和相位信息如图 16.19 至图 16.22 所示.同样,其流量波动的振幅由波动器形成,大小为 1 L/s.相位滞后相对于波动器产生的流量振荡相位计算.

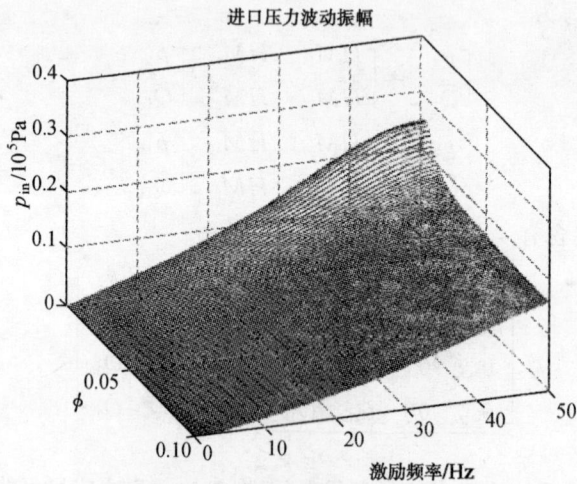

图 16.15　上游压力振荡的振幅

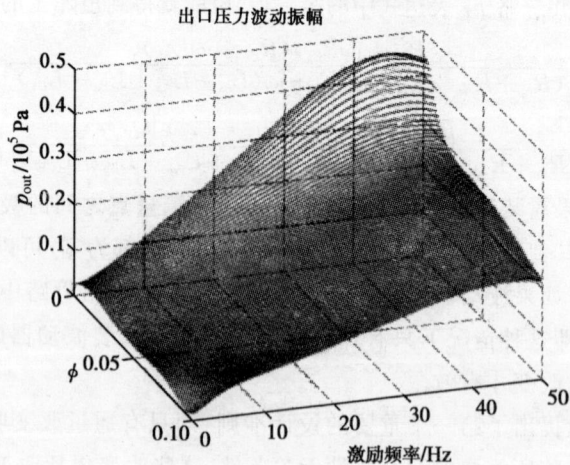

图 16.16　下游压力振荡的振幅

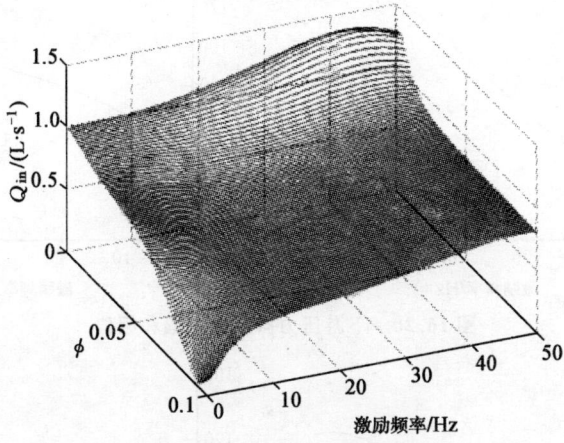

进口流量波动振幅

图 16.17 上游流量振荡的振幅

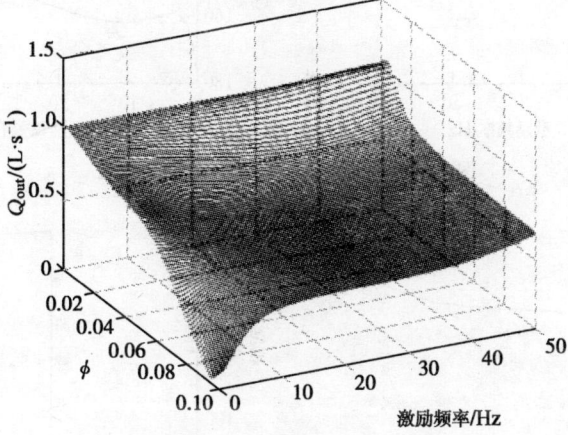

出口流量波动振幅

图 16.18 下游流量振荡的振幅

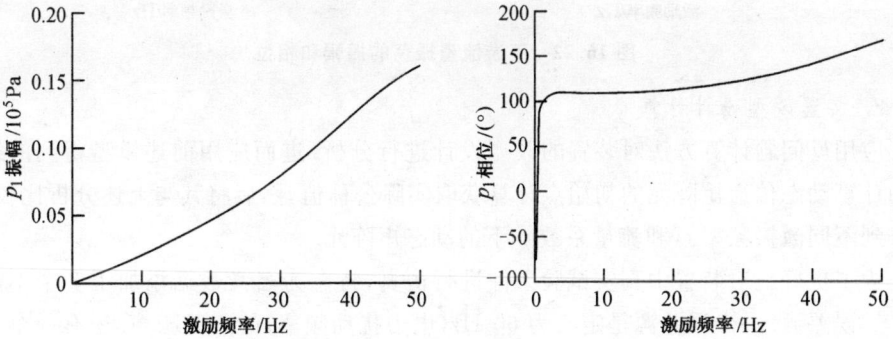

图 16.19 上游压力振荡的振幅和相位

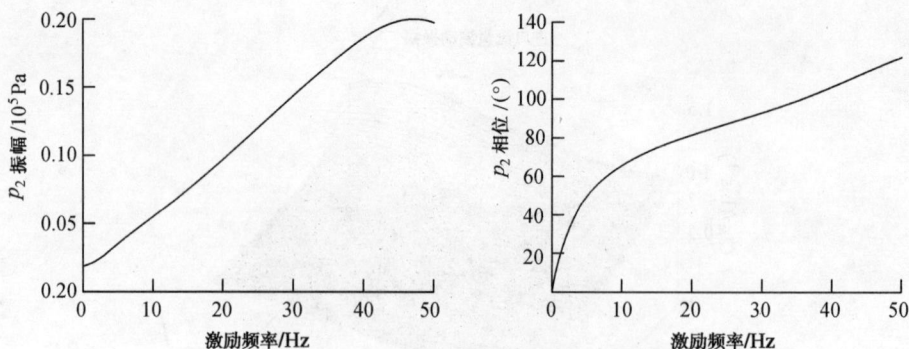
图 16.20　下游压力振荡的振幅和相位

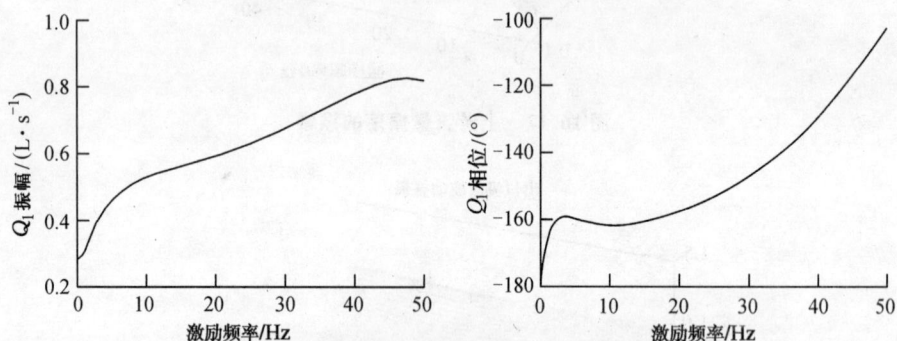
图 16.21　上游流量振荡的振幅和相位

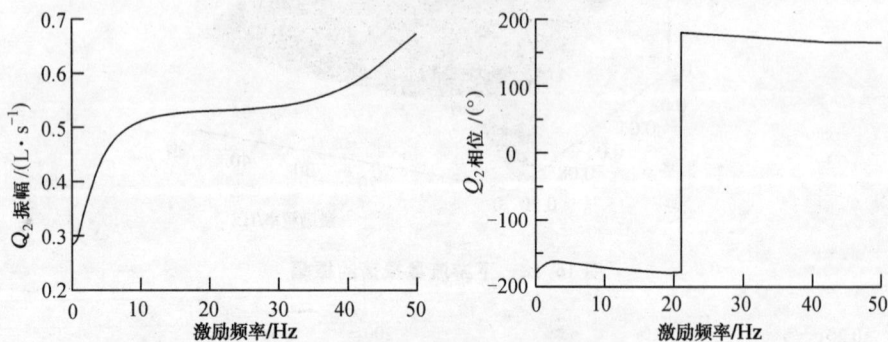
图 16.22　下游流量振荡的振幅和相位

2. 装置改型设计计算

应用反问题计算方法对装置的改型设计进行分析. 进而应用前述模型得到的结果作为计算动态传递矩阵元的初始点计算获取实际公称值, 然后将其与上述分析比较. 计算得到不同激振频率 ω 和流量系数 ϕ 下的动态矩阵元.

为了更好地对装置中真实试验条件进行仿真, 特意为名义数据添加了 3 个不同的"人工"误差源. 一个误差源是定义为 60 Hz(电力扰动频率)的正弦噪声. 还有一个是在所有频率上的随机"白噪声", 其包含在测量信号的谱中, 用于仿真在实验室环境下经常出现的典型白噪声. 对前述模型得到的数值结果取有限位小数, 由此得到的误差作为第 3 个误差源, 其目的是对试验用传感器的精度进行仿真.

误差的第 4 个重要来源是由计算矩阵 T 的行列式带来的, 该矩阵在足够接近实际的设计情况下通常为奇异矩阵.

随后应用傅里叶分析对由此方式得到的仿真试验信号(将其当做真正的试验信号)进行详细分析,与已知激励频率相关的信息以该频率上振荡的振幅和相位的形式剥离出来.最后,这些推算数据用于计算传递矩阵的元并与期望的值进行比较.

应用上面提出的计算方法,针对下述参数的变化研究了 3 种不同的装置改型设计。

名义设计:根据解析模型方程得到矩阵元的名义值.

新设计 6(ND6)S——单级板:为了得到第 2 个线性无关性条件,在装置的吸入管路中添加了一个抵抗,该抵抗由一个含有 69 个直径为 12 mm 的穿孔板构成.

新设计 6(ND6)M——多级板:除了抵抗是由多个穿孔板构成之外,其他同新设计 6(ND6)S 相同.新设计 6(ND6)M 采用了 3 个穿孔板,穿孔板上孔的直径都是 12 mm,但是孔的数量不同,3 个板上的孔数目分别为 58,73 和 91,其目的是使抵抗损失分布合理,避免在板上发生空化.

新设计 7(ND7):安装一个长度为 6.3 m 的长管增加装置吸入管路的惯性.

图 16.23 至图 16.28 所示数据的参数值为 $\sigma=0.1$(空化工况),$n=3\,000$ r/min,由波动器引起的流量振荡振幅为 1 L/s. 图中所示有"(ND6)S","(ND6)M"及"(ND7)"3 种设计形式下动态矩阵元的名义值与计算值的比较以及矩阵 T 行列式的计算值.对于动态矩阵元,图中仅绘制了(与诱导轮不稳定性最为相关的)HM_{12} 和 HM_{21}.图中数据考虑了两种情况:流量系数固定($\phi=0.078$)工况下各参数随激振频率变化的情况;激振频率固定($\omega=5$ Hz)工况下各参数随流量系数变化的情况.

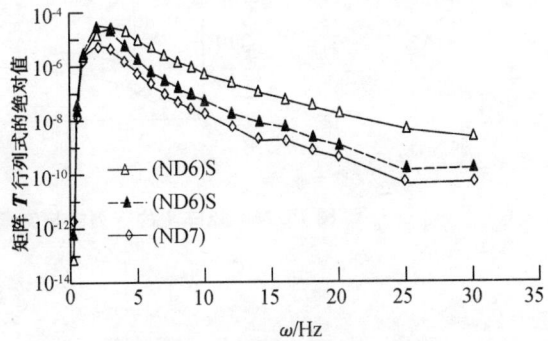

图 16.23　矩阵 T 的行列式与激振频率 ω 的关系($\phi=0.078$)

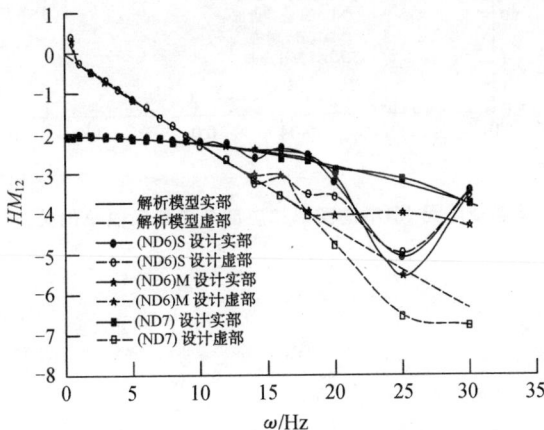

图 16.24　动态矩阵元 HM_{12} 的实部和虚部与激振频率 ω 的关系($\phi=0.078$)

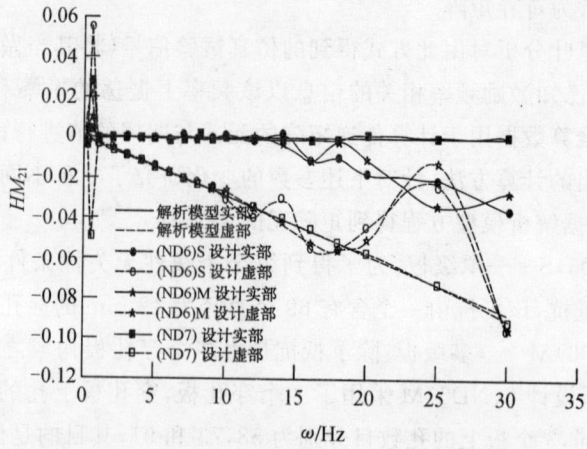

图 16.25　动态矩阵元 HM_{21} 的实部和虚部与激振频率 ω 的关系($\phi=0.078$)

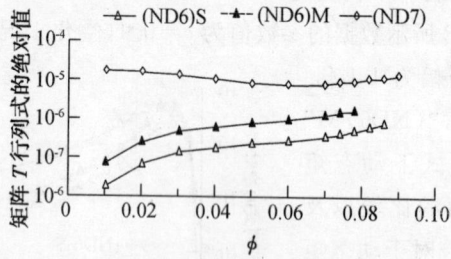

图 16.26　矩阵 T 的行列式与流量系数 ϕ 的关系($\omega=5$ Hz)

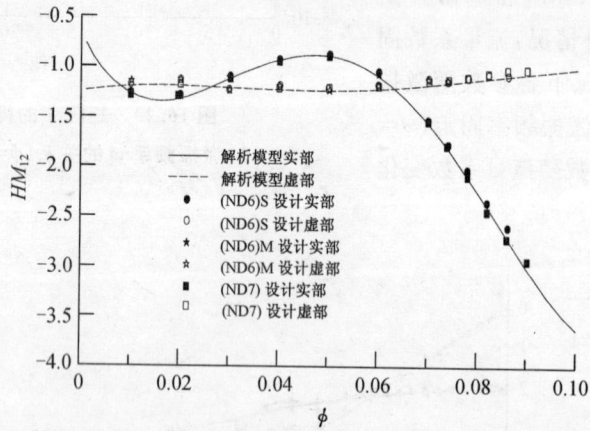

图 16.27　动态矩阵元 HM_{12} 的实部和虚部与流量系数 ϕ 的关系($\omega=5$ Hz)

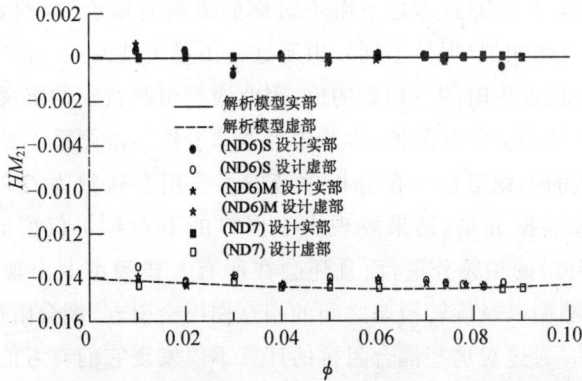

图 16.28 动态矩阵元 HM_{21} 的实部和虚部与流量系数 ϕ 的关系($\omega=5$ Hz)

由图中可以看出,流量系数存在比较小的误差,结果总体上可行,激励频率的结果良好.然而在非常低的激励频率(小于 1 Hz)和较高的激励频率(大于 20 Hz,(ND7)不在此列,其在高频区更有效)下精度有所降低.在低频率下精度较低是因为此种情况下压力振荡的值非常小(如图 16.19 和图 16.20 所示),这种情况下压力传感器的精度成为误差的重要来源.对于(ND6),其在高频率下精度较低的原因是:在高频率下,相比于其抵抗 R_c,在振荡计算中设备吸入管路的感应 L_c 明显变得更加重要.因此,(ND7)设计比两种(ND6)设计都更有效.

由此证明,在系统的吸入管路中(指储水罐和上游测量断面之间)简单地插入一个已校准的抵抗就可以得到第二个用于试验分析传递函数的线性无关性条件.这在实际问题中对于大多数频率是适用的,不过在激励频率较高的条件下(大于 20 Hz),为了得到精确的结果可能需要在吸入管路中安装一段很长的管路((ND7)设计)以增加其惯性.

16.7.4 结果和讨论

虽然本节提出的用于计算空化诱导轮装置动态矩阵的分析模型基于很多假设进行了非常多的简化处理,但是其对于装置设计以及试验研究而言仍然为一有力的工具,尤其是其可以利用反问题计算(人工对模型计算结果添加误差源后作为试验仿真数据)来获取有关装置设计有效性的非常有用的指导性信息.此外,模型方程表明在应用试验方法确定动态矩阵时,获得第二个线性无关性条件的唯一有效设计变化与吸入管路有关(反之,如果外部波动在吸入管路中的话则与排出管路有关).

不过,对诱导轮传递函数更好的计算一直是本领域的研究人员所追求的,在追求更好的计算的同时也需要进行更广泛的试验研究以测量压力和流量振荡并与模型计算结果比较.

16.8 下游不对称引起的多频空化不稳定性

第 15 章介绍了早期发现的空化喘振和旋转空化等多种形式的空化不稳定性,最近全球几个空间项目对高速空化涡轮泵诱导轮的测试发现还存在更复杂的不稳定性.本节介绍的这一不稳定性是通过考虑下游不对称的影响而揭示的,例如蜗壳对旋转扰动的作用,其与旋转空化相似(但是不同).由于这一不稳定性发生时的空化数远远高于传统的喘振和旋转空化发生时的空化数的值,因此应当引起特别的重视.传统的运行要求空化数要高于发生性能劣化时的值,本节内容意味着这一准则已不必要(因为即使再高也存在着其他形式的不稳定性).在分析中考虑了作用在转频为 Ω 的泵上的一个具有任意频率 ω 的一般喘振分量,结果发现由于出口的不对称不仅引起频率为 $\Omega-\omega$ 和 $\Omega+\omega$(以及高阶谐波)的拍频分量,而且还会在所有上述频率上出现旋转和喘振分量.此外,这些频率与喘振以及旋转模态之间的相互作用会引起"耦合阻抗",从而影响每个基频的动力学特性.通过对这些耦合阻抗的计算不仅发现它们有可能是负值(会激发不稳定性),而且发现对于略低于 Ω 的喘振频率其耦合阻抗大多数为负值.这意味着一个频率约为 0.9Ω 的喘振模态和一个频率约为 0.1Ω 的低频旋转模态的耦合会形成一个不稳定特征.本节还介绍如何在空化泵进口和出口的非定常压力测量中显现这种不稳定性,从而为认识这种不稳定性建立了一个标志.

16.8.1 分析

同传统的计算一样,总压 p 和质量流量 m 的非定常线性摄动表达式为

$$p_i(t) = \bar{p}_i + \mathrm{Re}\{\tilde{p}_{i,\omega}\mathrm{e}^{\mathrm{j}\omega t}\}, \tag{16.102}$$

$$m_i(t) = \bar{m}_i + \mathrm{Re}\{\tilde{m}_{i,\omega}\mathrm{e}^{\mathrm{j}\omega t}\}, \tag{16.103}$$

式中,符号 i 表示流体流动路径上的一个具体位置.上述线性化处理是所有所关心频率的波动量的叠加总和.因此,复数量 $\tilde{p}_{i,\omega}$ 和 $\tilde{m}_{i,\omega}$ 综合了 i 位置上频率为 ω 的波动总压和质量流量的振幅和相位.

通过下述两个关系式可以比较方便的表示空化泵的动态响应:

$$\tilde{p}_{2,\omega} - \tilde{p}_{1,\omega} = G\tilde{p}_{1,\omega} - (R+\mathrm{j}\omega L)\tilde{m}_{2,\omega}, \tag{16.104}$$

$$\tilde{m}_{2,\omega} - \tilde{m}_{1,\omega} = -\mathrm{j}\omega C\tilde{p}_{1,\omega} - \mathrm{j}\omega M\tilde{m}_{1,\omega}, \tag{16.105}$$

式中,下标 $i=1$ 和 $i=2$ 分别指泵的进口和出口位置;而 $G+1, R, L, C$ 和 M 分别为泵增益、泵抵抗、泵惯性、泵柔度以及泵质量流量增益系数.该模型(指方程(16.104)和方程(16.105))还隐含了一点就是该关系假设是线性的.毫无疑问非线性作用肯定存在,不过对非线性问题的分析超出了我们的现有能力.

因为通过泵转子的流动是通过每个叶片流道的流动的总和.因此如果在所有时刻所有的叶片流道都相同,那么可以将每个叶片流道(叶片数为 Z)的传递函数写成

$$\tilde{p}_{2,\omega,z} - \tilde{p}_{1,\omega,z} = G\tilde{p}_{1,\omega,z} - (R+\mathrm{j}\omega L)Z\tilde{m}_{2,\omega,z}, \tag{16.106}$$

$$\tilde{m}_{2,\omega,z} - \tilde{m}_{1,\omega,z} = -\mathrm{j}\omega\frac{C}{Z}\tilde{p}_{1,\omega,z} - \mathrm{j}\omega M\tilde{m}_{1,\omega,z}, \tag{16.107}$$

式中,下标 $z=1, 2, \cdots, Z$ 用于表示每个叶片流道的总压和质量流量.如果上述方程描述了叶片流道内所有的动力学特性,那么显然方程(16.106)和方程(16.107)描述的各个流道的动力学特性的总和就是方程(16.104)和方程(16.105)控制的整个泵的外特性传递函数,即

$$\tilde{p}_{2,\omega,z} = \tilde{p}_{2,\omega}, \quad \tilde{p}_{1,\omega,z} = \tilde{p}_{1,\omega}, \tag{16.108}$$

$$\widetilde{m}_{2,\omega} = \sum_{z=1}^{Z} \widetilde{m}_{2,\omega,z}, \quad \widetilde{m}_{1,\omega} = \sum_{z=1}^{Z} \widetilde{m}_{1,\omega,z}. \tag{16.109}$$

不过,本节中所关注的问题正在于泵的出口通常都是不对称的.如图 16.29 所示,通常出口流动由单蜗壳收集,因此从一个流道内流出的流动可能会比另外一个流道中流出的流体流过远得多的路程,如图 16.29 所示的 3 条典型流线 aa, bb 和 cc.当然,进口流动也有可能不对称.不过已有的研究发现进口不对称对叶轮内流动不对称的影响相当小,即使恰恰在叶轮进口上游安装一个突变的直角弯管也不会有大的影响.而另一方面,出口流动不对称却对叶轮内的流动不对称有惊人的作用.基于此原因以及方便问题简化,这里只考虑出口流动的不对称性.

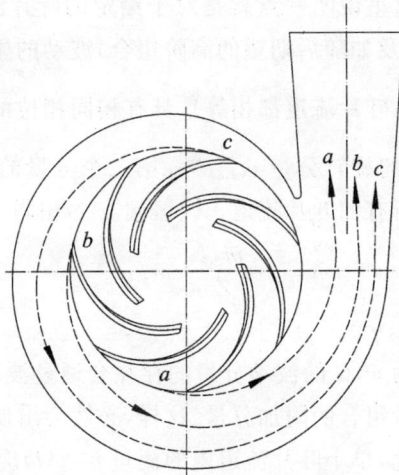

图 16.29   泵蜗壳示意图,具有不同路径长度的 3 条典型流线 aa, bb 和 cc

诸如由单蜗壳或者由叶轮下游的直角弯管引起的出口不对称性的基本作用在于每个流道的有效长度以叶轮转频 Ω 为频率发生振荡.也就是说每个叶片流道的瞬时惯性会以频率 Ω 和某个幅度振荡,这里的出口惯性波动幅度用 L^* 表示.显然泵抵抗也是振荡的,但是为了简化问题忽略了泵抵抗的振荡作用(L^* 大小的计算也更简单一些).这种额外的动力学作用合并到图 16.30 所示的泵模型中.每个叶片流道都具有方程(16.106)和方程(16.107)所表示的动力学形式,不过其中的 $\widetilde{p}_{2,\omega,z}$ 要用 $\widetilde{p}_{M,\omega,z}$ 来替代,其中位置 M 表示叶轮叶片流道 z 的出口,这样方程

$$\widetilde{p}_{M,\omega,z} - \widetilde{p}_{1,\omega,z} = G\widetilde{p}_{1,\omega,z} - (R+j\omega L)Z\widetilde{m}_{2,\omega,z} \tag{16.110}$$

替代方程(16.106),而方程(16.107)不变.同方程(16.116)中的合并一样,给初始叶片流道动力学特征加上一个额外的振荡惯性 L^{**},即

$$L^{**} = \mathrm{Re}\{L^* \mathrm{e}^{\mathrm{j}\Omega t + \mathrm{j}2\pi z/Z}\}, \tag{16.111}$$

式中,L^* 为实数常数;$\mathrm{j}2\pi z/Z$ 表示叶片流道间的特征相位.该相位的方向或者时间延迟与随着叶轮旋转方向增大的流道标号 z 是一致的.由于

$$\sum_{z=1}^{Z} \mathrm{e}^{\frac{\mathrm{j}2\pi z}{Z}} = 0 \tag{16.112}$$

因此,叶片流道压力在出口($i=2$)和 $i=M$ 位置的算术平均值相同.

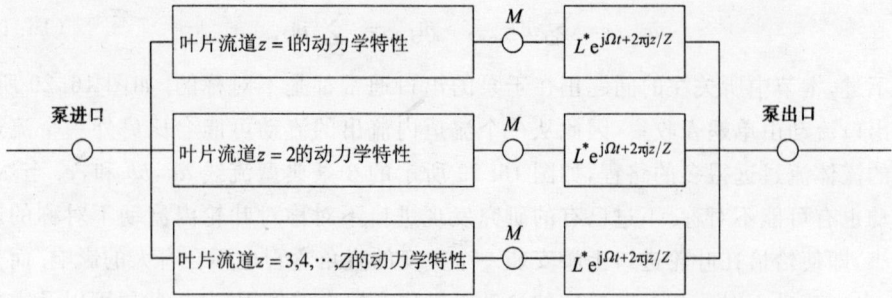

图 16.30　由单个叶片流道动力学特性和不对称出口惯性组成的泵模型

为了后面的应用,在这里说明一点就是对于给定的叶片流道 z,以任何一般频率 ξ (尤其是 $\omega,\Omega-\omega,\Omega+\omega$ 以及如随后期望的高阶组合)波动的质量流量 $\widetilde{m}_{2,\xi,z}$ 必然是两部分和的形式,一部分是所有叶片流道都相等且具有相同相位的"喘振"分量 $\dfrac{\widetilde{m}_{2,\xi}}{Z}$,另外一部分是由下游不对称引起的旋转分量 $\widetilde{m}_{\phi,\xi}\mathrm{e}^{\mathrm{i}\frac{2\pi z}{Z}}$. 第二个分量的相位随 z 变化,其与振荡惯性的方式相同,而对于所有的叶片流道,其"振幅"$\widetilde{m}_{\phi,\xi}$ 相同. 因此,

$$\widetilde{m}_{2,\xi,z}=\frac{\widetilde{m}_{2,\xi}}{Z}+\widetilde{m}_{\phi,\xi}\mathrm{e}^{\mathrm{i}\frac{2\pi z}{Z}}, \tag{16.113}$$

其中,$\xi=\omega,\Omega,\Omega-\omega,\Omega+\omega,\cdots$.

此外,可以想象频率为 ω,Ω 的波动分量的存在会通过波动惯性形成频率为 $\Omega-\omega,$ $\Omega+\omega$ 及其高阶谐波和高阶组合的附加分量. 这样,必然会出现频率为 $\omega,\Omega,\Omega-\omega,\Omega+\omega$ 以及更高频率的分量. 因此,单个叶片流道内的流量 $\widetilde{m}_{2,z}(t)$ 应当表示为

$$\widetilde{m}_{2,z}=\frac{\widetilde{m}_2}{Z}+\mathrm{Re}\begin{Bmatrix}\widetilde{m}_{2,\omega,z}\mathrm{e}^{\mathrm{j}\omega t}+\widetilde{m}_{2,\Omega,z}\mathrm{e}^{\mathrm{j}\Omega t}+\\[2pt]\widetilde{m}_{2,\Omega-\omega,z}\mathrm{e}^{\mathrm{j}(\Omega-\omega)t}+\widetilde{m}_{2,\Omega+\omega,z}\mathrm{e}^{\mathrm{j}(\Omega+\omega)t}+\\[2pt]\widetilde{m}_{2,2\Omega-\omega,z}\mathrm{e}^{\mathrm{j}(2\Omega-\omega)t}+\widetilde{m}_{2,2\Omega+\omega,z}\mathrm{e}^{\mathrm{j}(2\Omega+\omega)t}+\\[2pt]\text{高阶谐波分量}\end{Bmatrix}, \tag{16.114}$$

还可以根据定义式(16.102)将位置 $i=M$ 和出口 $i=2$ 之间的压力差 $p_{M,z}-p_2$ 简单地写成

$$p_{M,z}-p_2=\bar{p}_{M,z}-\bar{p}_2+\mathrm{Re}\begin{Bmatrix}(\widetilde{p}_{M,\omega,z}-\widetilde{p}_{2,\omega})\mathrm{e}^{\mathrm{j}\omega t}+(\widetilde{p}_{M,\Omega,z}-\widetilde{p}_{2,\Omega})\mathrm{e}^{\mathrm{j}\Omega t}+\\[2pt](\widetilde{p}_{M,\Omega-\omega,z}-\widetilde{p}_{2,\Omega-\omega})\mathrm{e}^{\mathrm{j}(\Omega-\omega)t}+\\[2pt](\widetilde{p}_{M,\Omega+\omega,z}-\widetilde{p}_{2,\Omega+\omega})\mathrm{e}^{\mathrm{j}(\Omega+\omega)t}+\\[2pt](\widetilde{p}_{M,2\Omega-\omega,z}-\widetilde{p}_{2,2\Omega-\omega})\mathrm{e}^{\mathrm{j}(2\Omega-\omega)t}+\\[2pt](\widetilde{p}_{M,2\Omega+\omega,z}-\widetilde{p}_{2,2\Omega+\omega})\mathrm{e}^{\mathrm{j}(2\Omega+\omega)t}+\\[2pt]\text{高阶谐波分量}\end{Bmatrix},$$

$$\tag{16.115}$$

忽略蜗壳或者弯管的抵抗,该压力差的值等于惯性 L^{**} 乘以方程(16.114)所表示的质量流量对时间的导数,即

$$p_{M,z} - p_2 = L^{**} \mathrm{Re} \left\{ \begin{array}{l} \mathrm{j}\omega \widetilde{m}_{2,\omega,z} \mathrm{e}^{\mathrm{j}\omega t} + \mathrm{j}\Omega \widetilde{m}_{2,\Omega,z} \mathrm{e}^{\mathrm{j}\Omega t} + \\ \mathrm{j}(\Omega - \omega) \widetilde{m}_{2,\Omega-\omega,z} \mathrm{e}^{\mathrm{j}(\Omega-\omega)t} + \\ \mathrm{j}(\Omega + \omega) \widetilde{m}_{2,\Omega+\omega,z} \mathrm{e}^{\mathrm{j}(\Omega+\omega)t} + \\ \mathrm{j}(2\Omega - \omega) \widetilde{m}_{2,2\Omega-\omega,z} \mathrm{e}^{\mathrm{j}(2\Omega-\omega)t} + \\ \mathrm{j}(2\Omega + \omega) \widetilde{m}_{2,2\Omega+\omega,z} \mathrm{e}^{\mathrm{j}(2\Omega+\omega)t} \end{array} \right\}, \tag{16.116}$$

将方程(16.111)所示的 L^{**} 表达式代入式(16.116)得到

$$p_{M,z} - p_2 = \frac{L^*}{2} \mathrm{Re} \left\{ \begin{array}{l} \mathrm{j}\Omega \widetilde{m}_{2,\Omega,z} \mathrm{e}^{-\mathrm{j}2\pi z/Z} + \\ \mathrm{j}\Omega \widetilde{m}_{2,\Omega,z} \mathrm{e}^{2\mathrm{j}\Omega t + \frac{\mathrm{j}2\pi z}{Z}} + \\ \mathrm{j}(\Omega + \omega) \widetilde{m}_{2,\Omega+\omega,z} \mathrm{e}^{\mathrm{j}\omega t - \frac{\mathrm{j}2\pi z}{Z}} - \\ \mathrm{j}(\Omega - \omega) \overline{\widetilde{m}}_{2,\Omega-\omega,z} \mathrm{e}^{\mathrm{j}\omega t + \frac{\mathrm{j}2\pi z}{Z}} + \\ \mathrm{j}\omega \widetilde{m}_{2,\omega,z} \mathrm{e}^{\mathrm{j}(\Omega+\omega)t + \frac{\mathrm{j}2\pi z}{Z}} - \\ \mathrm{j}\omega \overline{\widetilde{m}}_{2,\omega,z} \mathrm{e}^{\mathrm{j}(\Omega-\omega)t + \frac{\mathrm{j}2\pi z}{Z}} + \\ \mathrm{j}(\Omega - \omega) \widetilde{m}_{2,\Omega-\omega,z} \mathrm{e}^{\mathrm{j}(2\Omega-\omega)t + \frac{\mathrm{j}2\pi z}{Z}} + \\ \mathrm{j}(\Omega + \omega) \widetilde{m}_{2,\Omega+\omega,z} \mathrm{e}^{\mathrm{j}(2\Omega+\omega)t + \frac{\mathrm{j}2\pi z}{Z}} + \\ \mathrm{j}(2\Omega - \omega) \widetilde{m}_{2,2\Omega-\omega,z} \mathrm{e}^{\mathrm{j}(\Omega-\omega)t - \frac{\mathrm{j}2\pi z}{Z}} + \\ \mathrm{j}(2\Omega + \omega) \widetilde{m}_{2,2\Omega+\omega,z} \mathrm{e}^{\mathrm{j}(3\Omega-\omega)t + \frac{\mathrm{j}2\pi z}{Z}} + \\ \text{高阶谐波分量} \end{array} \right\}. \tag{16.117}$$

由此,附加振荡惯性的引入导致了除基频 ω 之外其他波动流动频率的产生.那么很明显,在方程(16.115)的右侧就需要含有诸如 $3\Omega-\omega, 3\Omega+\omega$ 等高阶谐波分量.不过,由于本节不关心这些高阶频率的解,所以这些项在后面进一步的计算中都忽略了.为了简化问题,只保留了与频率 $\omega, \Omega-\omega$ 以及 $\Omega+\omega$ 相关的项.取方程(16.115)和方程(16.117)的一级近似值得到

$$\widetilde{p}_{M,\omega,z} - \widetilde{p}_{2,\omega} = -0.5\mathrm{j}(\Omega-\omega)L^* \overline{\widetilde{m}}_{2,\Omega-\omega,z} \mathrm{e}^{\frac{\mathrm{j}2\pi z}{Z}} +$$
$$0.5\mathrm{j}(\Omega+\omega)L^* \widetilde{m}_{2,\Omega+\omega,z} \mathrm{e}^{-\frac{\mathrm{j}2\pi z}{Z}}, \tag{16.118}$$

$$\widetilde{p}_{M,\Omega-\omega,z} - \widetilde{p}_{2,\Omega-\omega} = -0.5\mathrm{j}\omega L^* \overline{\widetilde{m}}_{2,\omega,z} \mathrm{e}^{\frac{\mathrm{j}2\pi z}{Z}} +$$
$$0.5\mathrm{j}(2\Omega-\omega)L^* \widetilde{m}_{2,2\Omega-\omega,z} \mathrm{e}^{-\frac{\mathrm{j}2\pi z}{Z}}, \tag{16.119}$$

$$\widetilde{p}_{M,\Omega+\omega,z} - \widetilde{p}_{2,\Omega+\omega} = -0.5\mathrm{j}\omega L^* \widetilde{m}_{2,\omega,z} \mathrm{e}^{\frac{\mathrm{j}2\pi z}{Z}} +$$
$$0.5\mathrm{j}(2\Omega+\omega)L^* \widetilde{m}_{2,2\Omega+\omega,z} \mathrm{e}^{-\frac{\mathrm{j}2\pi z}{Z}}, \tag{16.120}$$

式中, $\approx$ 表示共轭复数.

应用上面的关系式,当频率为 $\omega, \Omega-\omega$ 以及 $\Omega+\omega$ 时可以消除传递函数方程(16.110)中的中间变量 M 点的压力.应用关系式(16.108),式(16.109)和式(16.112)将得到的方程在所有的叶片流道上合起来替代方程(16.113)中的分解项,就得到一组各种波动压力和质量流量之间关系的方程式,即

$$\widetilde{p}_{2,\omega} - \widetilde{p}_{1,\omega} = G\widetilde{p}_{1,\omega} - (R + \mathrm{j}\omega L)\widetilde{m}_{2,\omega} + 0.5\mathrm{j}(\Omega-\omega)L^* \overline{\widetilde{m}}_{4,\Omega-\omega} -$$
$$0.5\mathrm{j}(\Omega+\omega)L^* \widetilde{m}_{4,\Omega+\omega}, \tag{16.121}$$

$$\tilde{p}_{2,\Omega-\omega} - \tilde{p}_{1,\Omega-\omega} = G\tilde{p}_{1,\Omega-\omega} - \{R+j(\Omega-\omega)L\}\tilde{m}_{2,\Omega-\omega} +$$
$$0.5j\omega L^* \bar{\tilde{m}}_{\phi,\omega} - 0.5j(2\Omega-\omega)L^* \tilde{m}_{\phi,2\Omega-\omega}, \qquad (16.122)$$

$$\tilde{p}_{2,\Omega+\omega} - \tilde{p}_{1,\Omega+\omega} = G\tilde{p}_{1,\Omega+\omega} - \{R+j(\Omega+\omega)L\}\tilde{m}_{2,\Omega+\omega} -$$
$$0.5j(2\Omega+\omega)L^* \tilde{m}_{\phi,2\Omega+\omega}. \qquad (16.123)$$

注意:在第 1 个和第 2 个方程中各有两个新项,在第 3 个方程中有一个新项.这些新项说明频率间有相互作用.特别注意的是,频率为 ω 的波动流量是如何反馈到 $\Omega-\omega$ 频率而没有反馈到 $\Omega+\omega$ 频率中去的.

在相加之前对该组方程式中的每个关系式乘以 $\mathrm{e}^{-\frac{\mathrm{j}2\pi z}{Z}}$ 就可以得到另外一组很重要的关系式.这些处理得到的波动流量的旋转分量 $\tilde{m}_{\phi,\omega}$ 的关系式为

$$\tilde{m}_{\phi,\omega} = \frac{j(\Omega-\omega)L^*}{2Z^2(R+j\omega L)}\bar{\tilde{m}}_{2,\Omega-\omega}, \qquad (16.124)$$

$$\tilde{m}_{\phi,\Omega-\omega} = \frac{j\omega L^*}{2Z^2[R+j(\Omega-\omega)L]}\bar{\tilde{m}}_{2,\omega} \qquad (16.125)$$

$$\tilde{m}_{\phi,\Omega+\omega} = -\frac{j\omega L^*}{2Z^2[R+j(\Omega+\omega)L]}\tilde{m}_{2,\omega} \qquad (16.126)$$

$$\tilde{m}_{\phi,2\Omega-\omega} = -\frac{j(\Omega-\omega)L^*}{2Z^2[R+j(2\Omega+\omega)L]}\tilde{m}_{2,\Omega-\omega}, \qquad (16.127)$$

$$\tilde{m}_{\phi,2\Omega+\omega} = -\frac{j(\Omega+\omega)L^*}{2Z^2[R+j(2\Omega+\omega)L]}\tilde{m}_{2,\Omega+\omega}, \qquad (16.128)$$

以及下述高阶喘振分量

$$\tilde{m}_{2,\Omega+\omega} = \tilde{m}_{2,2\Omega-\omega} = \tilde{m}_{2,2\Omega+\omega} = \tilde{m}_{2,3\Omega-\omega} = \tilde{m}_{2,3\Omega+\omega} = 0. \qquad (16.129)$$

注意:关系式(16.124)和(16.125)具有对称特性.

应用上述关系式可以消去方程(16.121)至方程(16.123)中的 $\tilde{m}_{\phi,\omega}$, $\tilde{m}_{\phi,\Omega-\omega}$ 和 $\tilde{m}_{\phi,\Omega+\omega}$,从而得到频率 ω 和 $\Omega-\omega$ 的耦合传递函数方程

$$\tilde{p}_{2,\omega} - \tilde{p}_{1,\omega} = G\tilde{p}_{1,\omega} - (R+j\omega L+X_\omega)\tilde{m}_{2,\omega}, \qquad (16.130)$$

$$\tilde{p}_{2,\Omega-\omega} - \tilde{p}_{1,\Omega-\omega} = G\tilde{p}_{1,\Omega-\omega} - [R+j(\Omega-\omega)L+X_{\Omega-\omega}]\tilde{m}_{2,\Omega-\omega}, \qquad (16.131)$$

$$\tilde{p}_{2,\Omega+\omega} - \tilde{p}_{1,\Omega+\omega} = G\tilde{p}_{1,\Omega+\omega} - [R+j(\Omega+\omega)L+X_{\Omega+\omega}]\tilde{m}_{2,\Omega+\omega}, \qquad (16.132)$$

式中"耦合阻抗"

$$X_\omega = \frac{\omega L^{*2}}{2Z^2}\frac{[\omega R-j(\Omega^2-\omega^2)L]}{[R-j(\Omega-\omega)L][R+j(\Omega+\omega)L]} = Z(\omega), \qquad (16.133)$$

$$X_{\Omega-\omega} = \frac{(\Omega-\omega)L^{*2}}{2Z^2}\frac{[(\Omega-\omega)R-j\omega(2\Omega-\omega)L]}{(R-j\omega L)[R+j(2\Omega-\omega)L]} = Z(\Omega-\omega), \qquad (16.134)$$

$$X_{\Omega+\omega} = \frac{\omega L^{*2}}{4Z^2}\frac{(\Omega+\omega)(2\Omega-\omega)}{[R+j(2\Omega+\omega)L]}. \qquad (16.135)$$

注意:阻抗 X_ω 和 $X_{\Omega-\omega}$ 具有对称特性.这样其就可以表示为一个函数 $Z(\omega)$ 的形式.

16.8.2 泵传递函数

根据上述内容,在确定了泵的传递函数以后,可以应用这些方程对波动压力和质量流量进行下述稳定性分析:

① 对于一般频率 ω,应用方程(16.130),方程(16.133)和方程(16.105);

② 对于组合频率 $\Omega-\omega$,应用方程(16.131),方程(16.134)并用 $\Omega-\omega$ 替代 ω 后的方程(16.105).

这里所揭示的相互作用的动力学特性的结果,即实际的稳定性分析显然应当与泵运行所在的系统有关. 不过,即使不考虑此系统相关性,也可以研究上面得到的多频传递函数的两个结果,即可以研究:

① 叶轮上游和下游各固定周向位置的压力,这是在测试中最常采用的分析技术;

② 耦合阻抗 $Z(\omega)$ 和 $Z(\Omega-\omega)$,对于装有泵的系统,函数 Z 是影响系统稳定性的基本系数.

16.8.3 固定位置的压力

通常,会在圆周方向安装大量的压力传感器用于观测和分析发生在空化诱导轮或者空化泵中的不稳定性. 为了研究上述流动在靠近叶轮的某个周向位置形成的压力波动的形式,选择对叶片流道出口 $i=M$ 处的压力进行分析. 在靠近叶轮的其他轴向位置(上游和下游)的压力波动具有相同的基本形式和频率分量,因此仅关心 $i=M$ 点并不会限制所得结果的适用性.

首先,将表达式(16.113)代入方程(16.118)—(16.120)中(并应用方程(16.129)),在随叶轮旋转的坐标系内频率为 $\omega,\Omega-\omega$ 和 $\Omega+\omega$ 的波动压力可以写成如下形式:

$$\mathrm{Re}\left\{\left[\widetilde{p}'_{M,\omega}-\frac{\mathrm{j}(\Omega-\omega)L^*}{2Z}\widetilde{m}_{2,\Omega-\omega}\mathrm{e}^{\mathrm{j}\frac{2\pi z}{Z}}\right]\mathrm{e}^{\mathrm{j}\omega t}\right\},\qquad(16.136)$$

$$\mathrm{Re}\left\{\left(\widetilde{p}'_{M,\Omega-\omega}-\frac{\mathrm{j}\omega L^*}{2Z}\widetilde{m}_{2,\omega}\mathrm{e}^{\mathrm{j}\frac{2\pi z}{Z}}\right)\mathrm{e}^{\mathrm{j}(\Omega-\omega)t}\right\},\qquad(16.137)$$

$$\mathrm{Re}\left\{\left(\widetilde{p}'_{M,\Omega+\omega}+\frac{\mathrm{j}\omega L^*}{2Z}\widetilde{m}_{2,\omega}\mathrm{e}^{\mathrm{j}\frac{2\pi z}{Z}}\right)\mathrm{e}^{\mathrm{j}(\Omega+\omega)t}\right\},\qquad(16.138)$$

式中,符号"'"表示对与本节的结论有矛盾的数值进行了修正. 对频率 $2\Omega-\omega$ 和 $2\Omega+\omega$ 也需要类似的表达式. 这些压力波动必须转换到固定坐标系或者非旋转坐标系中. 为了进行上述转换,定义一组非旋转坐标系如下:(i)周向角度坐标,$\theta^*=\Omega t+2\pi z/Z$;(ii)时间坐标,$t^*=t$. 该坐标变换的一个复杂之处在于方程(16.136)至方程(16.138)的第二项需要赋予不同的频率. 频率为 $\omega,\Omega-\omega$ 和 $\Omega+\omega$ 的波动压力在固定坐标系内具有如下形式:

$$\mathrm{Re}\left\{\left(\widetilde{p}'_{M,\omega}+\frac{\mathrm{j}\omega L^*}{Z}\cos\theta^*\widetilde{m}_{2,\omega}\right)\mathrm{e}^{\mathrm{j}\omega t^*}\right\},\qquad(16.139)$$

$$\mathrm{Re}\left\{\left[\widetilde{p}'_{M,\Omega-\omega}+\frac{\mathrm{j}(\Omega-\omega)L^*}{Z}\cos\theta^*\widetilde{m}_{2,(\Omega-\omega)}\right]\mathrm{e}^{\mathrm{j}(\Omega-\omega)t^*}\right\},\qquad(16.140)$$

$$\mathrm{Re}\left\{(\widetilde{p}'_{M,\Omega+\omega})\mathrm{e}^{\mathrm{j}(\Omega+\omega)t^*}\right\}.\qquad(16.141)$$

因此,根据前面几部分所构建的流动的计算结果,在靠近叶轮处的固定、非旋转圆周位置处的压力波动具有下述特征:

① 不稳定性基频为 ω 的波动压力由振幅随周向位置变动的喘振模态组成. 其不含旋转分量. 为了方便讨论,将其称为"喘振"模态和频率;

② 频率为 $\Omega-\omega$ 的波动压力具有两个分量:一个是喘振分量,另一个是与叶轮旋转方向

相同的旋转区域的分量.尽管含有喘振分量,不过为了方便将其称为"旋转"模态和频率;

③ 频率为 $\Omega+\omega$ 的波动压力只有一个喘振分量(没有旋转分量);

④ 高阶谐波 $2\Omega-\omega,2\Omega+\omega$ 等以及多数目旋转区(来自于具有多个周向旋转区的项).

此处只关心喘振模态和旋转模态之间的相互作用.

16.8.4　耦合阻抗

现在通过重点研究方程(16.133)和方程(16.134)定义的耦合阻抗来详细分析稳定性问题,方程(16.130)和方程(16.131)为其控制方程.注意:$Z(\omega)$ 与波动惯性的平方 L^{*2} 成正比.实际上,比值 L^*/Z 的存在表明耦合阻抗 $Z(\omega)$ 是与叶轮出口下游到不对称区域结束之前之间混合区域的整个流动的惯性的平方成正比(由于惯性与流动过流断面面积成反比关系).在后面的分析中,该系数以参数 L^*/ZL 或者波动惯性的振幅与主泵惯性的比值的形式出现.

下一步研究在不稳定频率区域 $0<\omega<\Omega$ 内耦合阻抗的变化以计算其引起的后果.根据方程(16.130)和方程(16.131)可以看出,如果耦合阻抗的实部为足够小的负值,其可以克服泵的抵抗 R 从而使泵的总抵抗 $R+\mathrm{Re}\{Z(\omega)\}$ 为负值,那么在频率 ω 处就会出现不稳定性.来看耦合阻抗的实部 $\mathrm{Re}\{Z(\omega)\}$,根据方程(16.133)其可以写为

$$\frac{\mathrm{Re}\{Z(\omega)\}}{R}=\frac{1}{2}\left(\frac{L^*}{ZL}\right)^2 Z^*(\xi),\tag{16.142}$$

式中,$\xi=\omega/\Omega.$ $Z^*(\xi)$ 定义为

$$Z^*(\xi)=\frac{\xi^2\left(\dfrac{\Omega L}{R}\right)^2\left[1+(\xi^2-1)\left(\dfrac{\Omega L}{R}\right)^2\right]}{\left[1+(1-\xi)^2\left(\dfrac{\Omega L}{R}\right)^2\right]\left[1+(1+\xi)^2\left(\dfrac{\Omega L}{R}\right)^2\right]}.\tag{16.143}$$

对于参数 $\Omega L/R$ 的各种典型值,$Z^*(\omega/\Omega)$ 的典型数据如图 16.31 所示.图示数据表明 $Z^*(\omega/\Omega)$ 几乎在整个 $0<\dfrac{\omega}{\Omega}<1$ 范围内都为负值,该负值使 $R+\mathrm{Re}\{Z(\omega)\}$ 也为负值.因此,尽管结果与 $\dfrac{L^*}{ZL}$ 的大小、参数 $\dfrac{\Omega L}{R}$ 和频率 ω 相关,但是仍然会有出现不稳定性的可能.

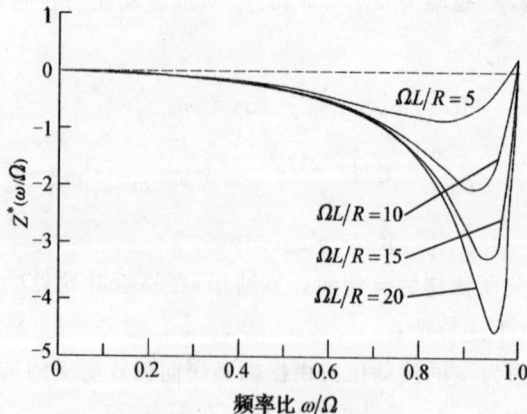

图 16.31　耦合抵抗函数

图 16.31 所选的是对应于一组 $\Omega L/R$ 值的数据. 根据已有的研究结果计算得到该值的大小在约 2~20 之间. 在这一范围内(指 2~20 之间),从图 16.31 可以清晰地看出在 ω 略低于 Ω,即在 0.9Ω 附近时耦合阻抗取最小值. 因此,最可能出现的不稳定性是一个频率略低于 Ω 的喘振模态(0.9Ω)和一个频率为 0.1Ω 的低频旋转模态.

那么,能否使 $\text{Re}\{Z(\omega)\}$ 的大小接近 R 的大小,从而使 $R+\text{Re}\{Z(\omega)\}$ 为负值. 根据方程(16.142),这一关系与 Z^* 和 $\dfrac{L^*}{ZL}$ 有关. 根据图 16.31,很明显 Z^* 的幅值远远大于 1. 此外,现有对某典型离心泵的叶轮的惯性 L 和蜗壳的惯性 $\dfrac{L^*}{Z}$ 的测量结果表明二者的大小相近. 也就是说,至少在该个案中 $\dfrac{L^*}{ZL}$ 的大小接近 1. 因此,在频率接近 0.9Ω 的大多数不稳定范围内,$-\text{Re}\{Z(\omega)\}$ 非常有可能大于 R 并引起不稳定性.

总而言之,这里的分析表明,如果在 $\Omega L/R=2\sim20$ 范围内发生这种耦合不稳定性,其会包括一个频率约为 0.9Ω 的喘振分量和一个频率为 0.1Ω 的旋转分量. 看起来似乎空化可以通过提高喘振分量的灵活性来促进这种不稳定性的出现,而且在分析系统响应时也引入了空化柔度和质量流量增益系数. 但这种不稳定性与传统的旋转空化和空化喘振不同,它不是泵准静态抵抗为正值时出现的动态不稳定性(也不需要质量流量增益系数等动态空化特征),而是更接近于压缩机失速的准静态不稳定性,对于后者,其有效抵抗为负值. 因此,其与空化没有直接关系. 了解该不稳定性的底线是,其与空化数无关,可能在空化数的值很大的时候就会发生.

参 考 文 献

［1］克里斯托弗·厄尔斯·布伦南. 泵流体力学[M]. 潘中永, 译. 镇江: 江苏大学出版社, 2012.

［2］Brennen C E. Hydrodynamics of pumps[M]. Cambridge: Cambridge University Press, 2011.

［3］Brennen C E. ポンプの流体力学[M]. 辻本良信, 译. 大阪: 大阪大学出版会, 1998.

［4］Brennen C E. Cavitation and bubble dynamics[M]. Oxford: Oxford University Press, 1995.

［5］Brennen C E. Fundamentals of multiphase flows[M]. Cambridge: Cambridge University Press, 2009.

［6］Knapp R T, Daily J W, Hammit F G. Cavitation[M]. New York: McGraw-Hill, 1970.

［7］Knapp R T, Daily J W, Hammit F G. 空化与空蚀[M]. 水利水电科学研究院, 译. 北京: 水利出版社, 1981.

［8］Li S C. Cavitation of hydraulic machinery[M]. London: Imperial College Press, 2000.

［9］Jacobsen J K. Liquid rocket engine turbopump inducers[R]. Series on NASA Space Vehicle Design Criteria, NASA SP-8052, 1971.

［10］Jacobsen J K. 液体火箭发动机涡轮泵诱导轮[M]. 傅轶青, 陈炳贵, 译. 北京: 国防工业出版社, 1976.

［11］Чебаевский ВФ, Петров В И. Кавитациионные Характеристики Высокооборотных Шнеко-Центробежных Насосов[М]. Москва, 1973.

［12］Чебаевский В Ф, Петров В И. 高速诱导轮离心泵的汽蚀特性[J]. 吴达人, 译. 水泵技术, 1977, (4): 44-65, 1977, (4): 110-136, 1978, (1): 72-96.

［13］赫尔姆特·舒尔茨. 泵: 原理、计算与结构[M]. 吴达人, 周达孝, 译. 北京: 机械工业出版社, 1991.

［14］弗·亚·卡列林. 离心泵和轴流泵中的汽蚀现象[M]. 吴达人, 文培仁, 译. 北京: 机械工业出版社, 1985.

［15］特罗斯科兰斯基, 拉扎尔基维茨. 叶片泵计算与结构[M]. 耿惠彬, 译. 北京: 机械工业出版社, 1981.

［16］Gülich J F. Centrifugal Pumps[M]. New York: Springer-Verlag Berlin Heidelberg, 2008.

［17］Bryan Karney. The ever-changing and challenging world of tube dynamics

[C]. International Forum on Fluid Machinery and Engineering,2012.

[18] Li S C. From three Gorges, see R & D strategy[C]. International Forum on Fluid Machinery and Engineering,2012.

[19] Brennen C E. Cavitation instabilities in pumps[C]. International Forum on Fluid Machinery and Engineering,2012.

[20] Roger E A Arndt. Cavitation research from an international perspective [C]. International Forum on Fluid Machinery and Engineering,2012.

[21] 潘中永,关醒凡. 泵诱导轮研究中的几个问题[J]. 水泵技术,1999(6):7-11.

[22] 潘中永,袁建平,杨敬江,等. 诱导轮与泵主叶轮的匹配关系研究[J]. 水泵技术,2000(3):7-9.

[23] 潘中永,关醒凡. 泵诱导轮理论与设计[J]. 农业机械学报,2000,31(5):45-47.

[24] 潘中永. 泵诱导轮实验研究与CFD分析[D]. 镇江:江苏理工大学,2001.

[25] Pan Zhongyong, Li Huabei. Application of image manipulation for cavitation analyzing[J]. Chinese Journal of Mechanical Engineering,2001,14(3):271-274.

[26] Pan Zhongyong, Yuan Shouqi, Li Hong, et al. Calculation of splitting vanes and inner flow analysis for centrifugal pump impeller[J]. Chinese Journal of Mechanical Engineering,2004,17(1):156-159.

[27] 山本隆義,陳山鵬,潘中永. ポンプ統括的性能診断装置(PPM)の開発(第一報)(セッション5 保守検査・管理運用)[J]. 評価・診断に関するシンポジウム講演論文集,2005,(4):105-112.

[28] 倪永燕,潘中永,李红,等. 出口压力波动特性在离心泵汽蚀检测中的应用[J]. 排灌机械,2006,24(5):40-43.

[29] 倪永燕,袁寿其,潘中永,等. 利用振动特性诊断流程泵的运行工况[J]. 排灌机械,2007,25(2):49-52.

[30] 倪永燕,袁寿其,袁建平,等. 低比转速离心泵加大流量设计法研究[J]. 中国农村水利水电,2007,8:126-129.

[31] 倪永燕. 离心泵非定常湍流场计算及流体诱导振动研究[D]. 镇江:江苏大学,2008.

[32] 潘中永,曹英杰,曹卫东,等. 离心叶轮设计系数选用原则[J]. 排灌机械,2008,26(3):34-38.

[33] 潘中永,倪永燕,李红,等. 离心泵汽蚀特性分析[J]. 排灌机械,2008,26(4):35-38.

[34] 潘中永,倪永燕,汤跃,等. 离心泵汽蚀余量计算与预测研究[J]. 农业机械学报,2008,39(12):225-228.

[35] Ni Yongyan, Yuan Shouqi, Pan Zhongyong, et al. Detection of cavitation in centrifugal pump by vibration methods[J]. Chinese Journal of Mechanical

Engineering, 2008, 21(5): 46-49.

[36] Yuan Shouqi, Ni Yongyan, Pan Zhongyong, et al. Unsteady turbulent simulation and pressure fluctuation analysis for centrifugal pumps[J]. Chinese Journal of Mechanical Engineering, 2009, 22(1): 64-69.

[37] Pan Zhongyong, Ni Yongyan, Jinyama Ho, et al. Structures and pressure fluctuations in a centrifugal pump at design and off-design conditions[C]. 2009 ASME Fluids Engineering Summer Meeting (FEDSM2009), 2009.

[38] 潘中永,李晓俊,袁寿其,等. CFD 技术在泵上的应用进展[J]. 水泵技术, 2009, (1): 1-6.

[39] 潘中永,倪永燕,袁寿其,等. 斜流泵研究进展[J]. 流体机械, 2009, 37(9): 37-41.

[40] Rong XIE, Zhong-Yong PAN, Jun-Jie Li, et al. Influences of various inlet flow structure on the pump performance[C]. Third International Conference on Information and Computing, 2010, (Ⅱ): 86-89.

[41] Xiao-Jun LI, Zhong-Yong PAN, Shuai LI, et al. Numerical simulation for influence of inducer geometric parameters on performance[C]. Third International Conference on Information and Computing, 2010, (Ⅱ): 94-97.

[42] 李晓俊. 诱导轮对离心泵空化性能影响的研究[D]. 镇江:江苏大学, 2010.

[43] 倪永燕. 基于统计数据的泵外特性预测方法分析及应用[J]. 水泵技术, 2011, (1): 6-11.

[44] 李晓俊,袁寿其,刘威,等. 带诱导轮的离心泵空化条件下的效率下降[J]. 排灌机械工程学报, 2011, 29(3): 195-199.

[45] Pan Zhongyong, Li Junjie, Li Shuai, et al. Study on radial forces of centrifugal pumps with various collectors[C]. Proceedings of ASME-JSME-KSME Joint Fluids Engineering Conference 2011, 2011.

[46] 潘中永,李俊杰,李红,等. 叶片泵旋转失速的研究进展[J]. 流体机械, 2011, 39(2): 35-39.

[47] 李晓俊,袁寿其,潘中永,等. 诱导轮离心泵空化条件下扬程下降分析[J]. 农业机械学报, 2011, 42(9): 89-93。

[48] 潘中永,李俊杰,李晓俊,等. 斜流泵不稳定特性及旋转失速研究[J]. 农业机械学报, 2012, 43(5): 64-68.

[49] 潘中永,吴涛涛,潘希伟,等. 斜流式泵喷水推进器内部流动不稳定性分析[J]. 华中科技大学学报, 2012, 40(9): 118-121.

[50] 倪永燕,吴涛涛. 泵喷水推进器分析与设计改进[J]. 船海工程, 2012, 41(5): 61-63.

[51] Bingrong He, An investigation of cavitation thresholds[D]. Manhattan: Kansas State University, 2004.

[52] Kevin Jay Farrell, Eulerian/Lagrangian Computational analysis for the pre-

diction of cavitation inception[D]. Pennsylvania: Pennsylvania State University, 2000.

[53] Xavier Escaler, Eduard Egusquiza, Mohamed Farhat, et al. Detection of cavitation in hydraulic turbines[J]. Mechanical Systems and Signal Processing, 2006, 20: 983-1007.

[54] Mehmet Atlar. A history of the emerson cavitation tunnel[R]. School of Marine Science and Technology, University of Newcastle, UK.

[55] ITTC Recommended Procedures: Testing and Extrapolation Methods Propulsion; Cavitation description of cavitation appearances[S]. Propulsion Committee of 23rd ITTC, 2002.

[56] Yamaguchi H, Maeda M, Kato H, et al. High performance foil sections with delayed cavitation inception[C]. FEDSM99-7294, Proceedings of the 3rd ASME/JSME Joint Fluids Engineering Conference, 1999.

[57] Fran ois Avellan. Introduction to Cavitation in Hydraulic Machinery[C]. The 6th International Conference on Hydraulic Machinery and Hydrodynamics. 2004: 21-22.

[58] Stepanoff A J. 离心泵和轴流泵[M]. 徐行健, 译. 北京: 机械工业出版社, 1980.

[59] Takayama Y, Watanabe H. Multi-objective design optimization of a mixed-flow pump [C]. 2009 ASME Fluids Engineering Summer Meeting (FEDSM2009), 2009.

[60] Nakamura K, Kurosawa S. Design Optimization of a High Specific Speed Francis Turbine Using Multi-Objective Genetic Algorithm[J]. International Journal of Fluid Machinery and Systems, 2009, 2(2): 102-109.

[61] Terry L. Henshaw. 遠心ポンプのNPSHを予測する[J]. ターボ機械, 2001, 29(10): 7-17.

[62] Friedrichs J, Kosyna G. Rotating cavitation in a centrifugal pump impeller of low specific speed[J]. ASME Journal of Fluids Engineering, 2002, 124 (2): 356-362.

[63] Phillip R Meng, Royce D Moore. Hydrogen Cavitation Performance of 80.6 helical Inducer Mounted in Line with Stationary Centerbody[R]. NASA TM X-1935, 1970.

[64] Bakir F, Kouidri S, Noguera R, et al. Experimental analysis of an axial inducer influence of the shape of the blade leading edge on the performances in cavitating regime[J]. ASME Journal of Fluids Engineering, 2003, 125: 293-301.

[65] Cooper P. Stabilization of the off-design behavior of centrifugal pumps and inducers[J]. I Mech E, 1984.

［66］ 辻本良信，大橋良雄，吉田義樹. 羽根車に作用するロータダイナミック流体力（1）—（3）［J］. ターボ機械，1997，25（8）：46-55；1997，25（10）：20-37；1997，25（12）：45-58.

［67］ Paul Cooper，Rehan Farooqi，Bruno Schiavello，et al. Reduction of cavitation damage in a high-energy water injection pump［C］. Proceedings of ASME-JSME-KSME Joint Fluids Engineering Conference 2011，2011.

［68］ Kendrick H Light. Development of a Cavitaiton Erosion Resistant Advanced Material System［D］. Maine：University of Maine，2005.

［69］ Pawel S J，Mansur L K. Cavitation-erosion Resistance of 316LN Stainless Steel in Mercury Containing Metallic Solutes［J］. Journal of Nuclear Materials，2008，377：174-181.

［70］ Pan Guoshun，Yang Wenyan. Cavitation-erosion Resistance of Arc Ionplated（Ti，Cr）N Coatings［J］. Science in China（Series A），2001，44：369-374.

［71］ Han S，Lin J H，J J Kuo，et al. The cavitation-erosion phenomenon of chromium nitride coatings deposited using cathodic arc plasma deposition on steel［J］. Surface and Coatings Technology，2002，161：20-25.

［72］ Hart D，Whale D. A Review of cavitation-erosion resistant weld surfacing alloys for hydroturbines［R］. Eutectic Australia Pty Ltd.，Sydney，2007.

［73］ Kwoka C T，Chengb F T，Man H C. Laser-fabricated Fe-Ni-Co-Cr-B austenitic alloy on steels，Part I Microstructures and cavitation erosion behaviour［J］. Surface and Coatings Technology，2001，145：194-205.

［74］ Szkodo M. Cavitation erosion behavior of laser processed Fe-Cr-Mn and Fe-Cr-Co alloys［J］. Journal of Achievements in Materials and Manufacturing Engineering，2006，18（1-2）：239-242.

［75］ Li Xiaoya，Yan Yonggui，Xu Zhenming，et al. Cavitation erosion behavior of nickel-aluminum bronze weldment［J］. Trans. Nonferrous Met，2003，13（6）：1317-1324.

［76］ Drozdz D，Wunderlich R K，Fecht H J. Cavitation erosion behaviour of Zr-based bulk metallic glasses［J］. Trans. Nonferrous Met，2007，262：176-183.

［77］ Tomaz Rus，Matev? Dular，Marko Hocevar，et al. An Investigation of the Relationship between Acoustic Emission，Vibration，Noise，and Cavitation Structures on a Kaplan Turbine［J］. ASME，Journal of Fluids Engineering，2007，129：1112-1122.

［78］ Shimada M，Kobayashi T，Matsumuto Y. Dynamics of Cloud Cavitation and Cavitation Erosion［C］，Proc. of ASME/JSME Fluids Engineering Division Summer Meeting，1999.

[79] H Wu, Rinaldo L, Miorini, et al. Measurements of the Tip Leakage Vortex Structures and Turbulence in the Meridional Plane of an Axial Water-jet Pump[J]. Exp Fluids, 2011, 50: 989-1003.

[80] 孔珑. 工程流体力学[M]. 北京: 水利电力出版社, 1992.

[81] 郑洽馀, 鲁钟琪. 流体力学[M]. 北京: 机械工业出版社, 1980.

[82] 潘文全. 流体力学基础(上册)[M]. 北京: 机械工业出版社, 1980.

[83] 潘文全. 流体力学基础(下册)[M]. 北京: 机械工业出版社, 1982.

[84] H K Versteeg, W Malalasekera. An Introduction to Computational Fluid Dynamics[M]. 北京: 世界图书出版公司北京分公司, 2000.

[85] Helmut Keck, Mirjam Sick. Thirty years of numerical flow simulation in hydraulic turbomachines[J]. Acta Mech, 2008, 201: 211-229.

[86] 辻本良信. 流体機械の未来[J]. ターボ機械, 2000, 28(2): 57-60.

[87] S. Gopalakrishnan. Pump Research and Development: Past, Present and Future-An American Perspective[J]. ASME Journal of Fluids Engineering, 1999, 121: 237-247.

[88] B. Lakshminarayana. Fluid Dynamics of Inducers—A Review[J]. ASME Journal of Fluids Engineering, 1982, 104: 411-427.

[89] Beno t Pouffary. Numerical modelling of cavitation[M]. In Design and Analysis of High Speed Pumps (3-1—3-54). Educational Notes RTO-EN-AVT-143, Paper 3. Neuilly-sur-Seine, France: RTO, 2006.

[90] Dijkers R J H, Fumex B, Woerd J G H Op de, et al. Prediction of sheet cavitation in a centrifugal pump impeller with the three-dimensional potential-flow model[C]. 2005 ASME Fluids Engineering Division Summer Meeting and Exhibition, 2005.

[91] Jakobsen J K. On the mechnism of head breakdown in cavitating inducers [J]. Transactions of the ASME, Journal of Basic Engineering, 1964: 291-305.

[92] Youcef Ait Bouziad. Physical Modelling of Leading Edge Cavitation: Computational Methodologies and Application to Hydraulic Machinery[D]. Lausance: Ecole polytechnique fé dé rale de Lausanne, 2005.

[93] Yoshida Y, Seiji A, Tsujimoto Y, et al. Effects of leading edge sweep on unsteady cavitation in inducers (2nd report, Problems of Forward and Backward Sweep)[J]. Transactions of JSME, Ser. B, 2001, 67 (658): 1367-1375.

[94] Chahine Georges L. Numerical simulation of bubbly flow interactions[J]. Journal of Hydrodynamics, 2009, 21(3): 316-332.

[95] Brennen C E. A review of the dynamics of cavitating pumps[C]. Presented at the 26th IAHR Symposium on Hydraulic Machinery and Systems, 2012.

[96] Yoshinobu Tsujimoto, Satoshi Watanabe, Hironori Horiguchi. Cavitation instabilities of hydrofoils and cascades[J]. International Journal of Fluid Machinery and Systems, 2008, 1(1): 38-46.

[97] Kawanami Y, Kato H, Yamaguchi Y. Three dimensional characteristics of the cavities formed on a two-dimensional hydrofoil[C]. 3rd International Symposium on Cavitation, 1998: 1-6.

[98] Tsujimoto Y, Watanabe S, Horiguchi H. Linear analyses of cavitation instabilities of hydrofoils and cascades[C]. Proceedings of the US-Japan Seminar: Abnormal Flow Phenomena in Turbomachinery, 1998.

[99] Horiguchi H, Watanabe S, Tsujimoto Y. A linear stability analysis of cavitation in a finite blade count impeller[J]. ASME Journal of Fluids Engineering, 2000, 122(4): 798-805.

[100] Tsujimoto Y, Horiguchi H, Fujii A. Non-standard cavitation instabilities in inducers[C]. Proceedings of the 10th International Symposium on Heat Transfer and Dynamics of Rotating Machinery, 2004.

[101] Tsujimoto Y, Semenov Y. New types of cavitation instabilities in inducers [C]. Proceedings of the 4th International Symposium on Launcher Technology, 2002.

[102] Watanabe S, Tsujimoto Y, Franc J-P, et al. Linear analysis of cavitation instabilities [C]. 3rd International Symposium on Cavitation, 1998: 347-352.

[103] Franc J-P. Partial cavity instabilities and reentrant jet[C]. 4th International Symposium on Cavitation, Invited lecture 002, Pasadena, 2001: 1-21.

[104] De Lange D F, De Brun G J. Sheet cavitation and cloud cavitation, re-entrant jet and three dimensionality[J]. Applied Scientific Research, 1998, 58: 91-114.

[105] Tsujimoto Y, Kamijo K, Brennen C E. Unified treatment of flow instabilities of turbomachines[J]. AIAA Journal of Propulsion and Power, 2001, 17(3): 636-643.

[106] Kawanami Y, Kato H, Yamaguchi H, et al. Mechanisms and control of cloud cavitation on a hydrofoil[J]. ASME Journal of Fluids Engineering, 1997, 119(4): 788-794.

[107] Iga Y, Nohmi M, Goto A, et al. Numerical simulation of sheet cavitation breakoff phenomenon on a cascade hydrofoil[J]. ASME Journal of Fluids Engineering, 2000, 125(4): 643-651.

[108] Kjeldsen M, Arndt R E A, Efferts M. Spectral characteristics of sheet/cloud cavitation[J]. ASME Journal of Fluids Engineering, 2000, 22(3):

481-487.

[109] Watanabe S, Tsujimoto Y, Furukawa A. Theoretical analysis of transitional and partial cavity instabilities[J]. ASME Journal of Fluids Engineering, 2001, 123(3): 692-697.

[110] Sato K, Tanada M, Monden S, et al. Observation of oscillating cavitation on a flat-plate hydrofoil[J]. JSME International Journal, 2002, 45(3): 646-654.

[111] Kubota A, Kato H, Yamaguchi H. A new modeling of cavitating flows: a numerical study of unsteady cavitation on a hydrofoil section[J]. J. Fluid Mech. , 1992, 240: 59-96.

[112] Tsujimoto Y. Cavitation instabilities in inducers[M]. In Design and Analysis of High Speed Pumps (8-1—8-26). Educational Notes RTO-EN-AVT-143, Paper 8. Neuilly-sur-Seine, France: RTO, 2006.

[113] Tsujimoto Y, Yoshida Y, Maekawa Y, et al. Observations of oscillating cavitation of an inducer[J]. ASME Journal of Fluids Engineering, 1997, 119(4): 775-781.

[114] Acosta A J. An experimental study of cavitating inducers[C]. Second Symposium on Naval Hydrodynamics, Hydrodynamoc Noise, Cavity Flow, 1958.

[115] Tsujimoto Y, Flow instabilities in cavitating and non-cavitating pumps [M]. In Design and Analysis of High Speed Pumps (7-1—7-24). Educational Notes RTO-EN-AVT-143, Paper 7. Neuilly-sur-Seine, France: RTO, 2006.

[116] Shimura T, Yoshida M, Kamijo K, et al. Cavitation induced vibration caused by rotating-stall-type phenomenon in LH2 turbopump[C]. Proceedings of the 9th International Symposium on Transport Phenomena and Dynamics of Rotating Machinery, 2002:10-14.

[117] Shimura T, Yoshida M, Kamijo K, et al. A rotating stall type phenomenon caused by cavitation in LE-7A LH2 turbopump[J]. JSME International Journal, Series B, 2002, 45(1): 41-46.

[118] Uchiumi M, Kamijo K. Occurrence range of a rotating-stall-type phenomenon in a high head liquid hydrogen inducer[C]. Proc. of the 12th International Symposium on Transport Phenomena and Dynamics of Rotating Machinery, 2008:17-22.

[119] Young W E. Study of cavitating inducer instabilities[R]. Final Report, NACA-CR-123939, 1972.

[120] Toshifumi Watanabe, Donghyuk Kang, Angelo Cervonel, et al. Choked surge in a cavitating turbopump inducer[J]. International Journal of Fluid

Machinery and Systems 2008, 1(1): 64-75

[121] Semenov Y, Fujii A, Tsujimoto Y. Rotating choke in cavitating inducer [J]. ASME Journal of Fluids Engineering, 2004, 126(1): 87-93.

[122] Tsujimoto Y, Kamijio K, Yoshida Y. A theoretical analysis of rotating cavitation in inducers[J]. ASME Journal of Fluids Engineering, 1993, 115 (1): 135-141.

[123] Watanabe S, Sato K, Tsujimoto Y, et al. Analysis of rotating cavitation in a finite pitch cascade using a closed cavity model and a singularity method [J]. ASME Journal of Fluids Engineering, 1999, 121(4): 834-840.

[124] Hashimoto T, Yoshida M, Kamijyo K, et al. Experimental study on rotating cavitation of rocket propellant pump inducers[J]. AIAA Journal of Propulsion and Power, 1997, 13(4): 488-494.

[125] Naoki Tani, Nobuhiro Yamanishi, Yoshinobu Tsujimoto. Influence of flow coefficient and flow structure on rotational cavitation in inducer[J]. ASME Journal of Fluids Engineering, 2012, 134: 021302-1-021302-13.

[126] Kamijo K, Shimura T, Watanabe M. An experimental investigation of cavitating inducer instability[R]. AIAA paper No. 77-WA/FW-14,1977.

[127] Kamijo K, Shimura T, Watanabe M. A visual observation of cavitating inducer instability[R]. AIAA paper No. NAL TR598T,1980.

[128] Brennen C E, Acosta A J. The dynamic transfer function for a cavitating inducer[J]. ASME Journal of Fluids Engineering, 1976, 98(2): 182-191.

[129] Brennen C E. Bubbly flow model for the dynamic characteristics of cavitating pumps[J]. Journal of Fluid Mechanics, 1978, 89-2: 223-240.

[130] Brennen C E, Meissner C, Lo E Y, et al. Scale effects in the dynamic transfer functions for cavitating inducers[J]. ASME Journal of Fluids Engineering, 1982, 104(4): 428-433.

[131] Otsuka S, Tsujimoto Y, Kamijo K, et al. Frequency dependence of mass flow gain factor and cavitation compliance of cavitating inducers [J]. ASME Journal of Fluids Engineering, 1996, 118: 400-408.

[132] Brennen C E, Acosta A J. Theoretical quasi-static analysis of cavitation compliance in turbopumps[J]. Journal of Spacecraft and Rockets, 1973, 10(3): 175-180.

[133] Stripling L B, Acosta A J. Cavitation in turbopump-part 1[J]. ASME Journal of Fluids Engineering, 1962 84(3): 326-338.

[134] Horiguchi H, Watanabe S, Tsujimoto Y, et al. A theoretical analysis of alternate blade cavitation in Inducers[J]. ASME Journal of Fluids Engineering, 2000, 122(1): 156-163.

[135] Semenov Y, Tsujimoto Y. A cavity wake model based on the viscous/in-

viscid interaction approach and its application to nonsymmetric cavity flows in inducers[J]. ASME Journal of Fluids Engineering, 2003, 125(5): 758-766.

[136] Huang J D, Aoki M, Zhang J T. Alternate blade cavitation on inducer[J]. JSME International Journal, Series B, 1998, 41: 1-6.

[137] Akira Fujii, Seiji Azuma, Masaharu Uchiumi, et al. Unsteady behavior of asymmetric cavitation in a 3-bladed inducer[C]. Proceedings of CAV2003-5th International Symposium on Cavitation (Cav2003),2003.

[138] Wade R B. Linearized theory of a partially cavitating cascade of flat plate hydrofoils[J]. Appl. Sci. Res. , 1967, 17: 169 188.

[139] Motoi H, Oguchi H, Hasegawa K, et al. Higher order cavitation surge and stress fluctuation in an inducer[C]. 45th Turbomachinery Society Meeting, 2000: 118-123.

[140] Yokota K, Kurahara K, Kataoka D, Tet al. A study of swirling backflow and vortex structure at the inlet of an inducer[J]. JSME International Journal, Ser. B. , 1999, 142(3):451-459.

[141] Yamamoto K, Tsujimoto Y. Backflow vortex cavitation and its effects on cavitation instabilities [C]. Proceedings of the WIMRC Cavitation Forum, 2008.

[142] Yamamoto K, Tsujimoto Y. Backflow vortex cavitation and its effect on cavitation instabilities[J]. International Journal of Fluid Machinery and Systems, 2009, 2(1): 40-54.

[143] Shimiya N, Fujii A, Horiguchi H, et al. Suppression of cavitation instabilities in an inducer by J-Groove[C]. Proceedings of CAV2006-6th International Symposium on Cavitation, 2006.

[144] Kang D, Arimoto Y, Yonezawa K, et al. Suppression of cavitation instabilities in an inducer by circumferential groove and explanation of higher frequency components[J]. International Journal of Fluid Machinery and Systems, 2010, 3(2): 137-149.

[145] Angelo Cervone, Yoshinobu Tsujimoto, Yutaka Kawata. Evaluation of the dynamic transfer matrix of cavitating inducers by means of a simplified "Lumped-Parameter" model[J]. ASME Journal of Fluids Engineering, 2009, 131: 041103-1-041103-9.

[146] Duttweiler M E, Brennen C E. Surge instability on a cavitating propeller [J]. Journal of Fluid Mechanics, 2002, 458: 133-152.

[147] Kawata Y, Takata T, Yasuda O, et al. Measurement of the transfer matrix of a prototype multi-stage centrifugal pump[R]. Paper No. C346/88, 1988.

[148] Ng S L, Brennen C E. Experiments on the dynamic behavior of cavitating pumps[J]. ASME Journal of Fluids Engineering, 1978, 100: 166-176.

[149] Rubin S. An interpretation of transfer function data for a cavitating pump [C]. Proceedings of the 40th AIAA/ASME/SAE/ASEE Joint Propulsion Conference, 2004.

[150] Jun S I, Tokumasu T, Kamijo K. Dynamic response analysis of high pressure rocket pumps[C], Proceedings of CAV2003-5th International Symposium on Cavitation (Cav2003), 2003.

[151] Brennen C E. Multifrequency instabilitiy of cavitating inducers[J]. ASME Journal of Fluids Engineering, 2007, 129: 731 736.

[152] Bhattacharyya A. Internal flows and force matrices in axial flow inducers [D]. California: California Institute of Technology, 1994.